F. DOMMER

Programmes du 31 Mai 1902

Première CD

PHYSIQUE

Optique et Électricité

PARIS

E. ANDRÉ Fils, ÉDITEUR

Prix : 3 fr. 50

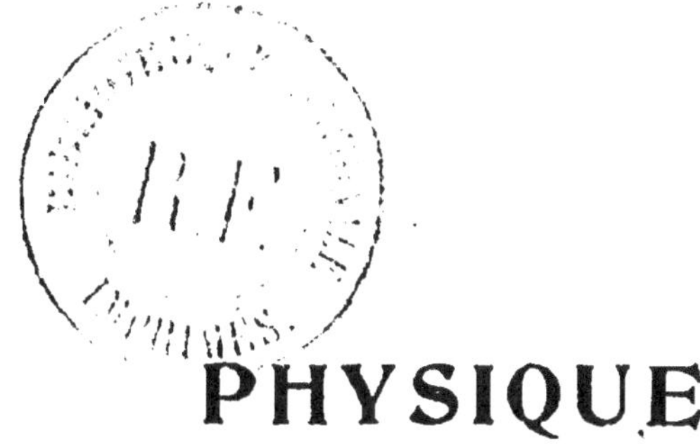

PHYSIQUE

Première C. D.

PROGRAMMES DU 31 MAI 1902

Première C. D.

PHYSIQUE

(Optique et Électricité)

PAR

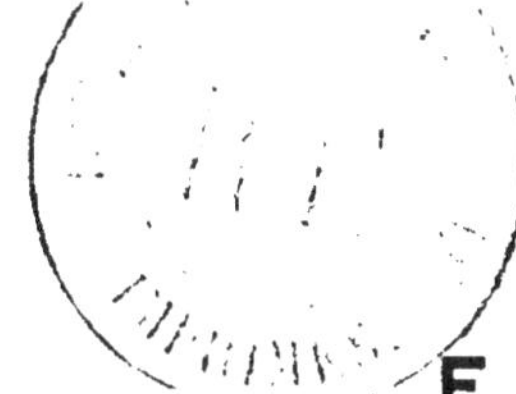

F. DOMMER

AGRÉGÉ DE L'UNIVERSITÉ

PROFESSEUR A L'ÉCOLE DE PHYSIQUE ET CHIMIE INDUSTRIELLES

DE LA VILLE DE PARIS

PARIS

LIBRAIRIE CLASSIQUE DE F.-E. ANDRÉ-GUÉDON

E. ANDRÉ Fils, Successeur

6, rue Casimir-Delavigne, 6

—

1906

PHYSIQUE ET CHIMIE

[3 heures]

(Programme commun aux Sections C et D)

I. — PHYSIQUE

Optique. — Corps lumineux et non lumineux; corps opaques, transparents, translucides.

Propagation rectiligne de la lumière; ombres. — Vitesse : principe de la méthode de la roue dentée.

Comparaison expérimentale des intensités de deux sources lumineuses.

Lois de la réflexion. — Miroirs; marche des rayons; images réelles et images virtuelles; formule des miroirs.

Lois de la réfraction : réflexion totale. — Lame à faces parallèles, prisme, lentilles : marche des rayons, images; formule des lentilles; convergence; dioptrie.

Étude optique de l'œil; accommodation; correction des défauts optiques de l'œil. — Loupe. — Principe de la lunette et du microscope.

Dispersion de la lumière; spectroscope; spectres des diverses sources lumineuses; spectres d'absorption; spectre solaire; couleur des corps.

Explication élémentaire de l'arc-en-ciel.

Photographie.

Électricité [1]. — Électrisation; cylindre de Faraday; quantité d'électricité [2]; développement simultané des deux électricités.

[1] Dans l'étude de l'électricité, comme dans les autres parties du programme, le professeur pourra suivre un ordre différent de l'ordre indiqué, et commencer, par exemple, par l'étude du courant.

[2] On n'emploiera que les unités pratiques, réservant pour plus tard leurs relations avec les unités C. G. S.

Étude expérimentale de la distribution; pouvoir des pointes.

Notion du champ électrique; le champ est nul à l'intérieur d'un conducteur; électrisation par influence; écrans électriques; principe des machines à influence.

Notion expérimentale de la différence de potentiel entre deux conducteurs; électromètre.

Condensateur; capacité; diélectriques.

Courant électrique : intensité.

Résistance; loi d'Ohm; courants dérivés. — Loi de Joule. — Expression générale de l'énergie électrique.

Électrolyse, ions, lois de Faraday. — Définition pratique de l'ampère. — Polarisation, piles, accumulateurs.

Aimants. — Champ magnétique; définition expérimentale; expériences sur les spectres magnétiques. — Champ magnétique d'un courant; règle d'Ampère; solénoïde; galvanomètre à aimant mobile.

Action d'un champ magnétique sur un courant. — Galvanomètre à cadre mobile.

Ampèremètres et voltmètres.

Aimantation par les champs magnétiques. — Flux magnétique; saturation; hystérésis. — Aimants permanents, pôles, expérience de l'aimant brisé.

Force électromotrice d'induction; loi fondamentale.

Applications de l'électricité. — Applications diverses de l'électro-aimant; télégraphe; téléphone. — Machine Gramme (moteur et générateur). — Transport de l'énergie. — Éclairage électrique. — Four électrique. — Notions d'électro-chimie.

Électricité atmosphérique. — Paratonnerre. — Magnétisme terrestre.

PHYSIQUE
(OPTIQUE ET ÉLECTRICITÉ)

OPTIQUE

CHAPITRE I

PROPAGATION DE LA LUMIÈRE

1. Sources de lumière et corps éclairés. — C'est la lumière qui est la cause de la visibilité des corps. Le soleil, une lampe électrique, une bougie envoient directement de la lumière à notre œil : on les appelle *corps lumineux ou sources de lumière.*

D'autres corps, tels que la lune, une feuille de papier blanc, deviennent visibles parce qu'ils nous renvoient la lumière qu'ils ont reçue d'une source lumineuse : on les appelle *corps éclairés.*

Si nous pénétrons dans une pièce complètement obscure, tous les objets qui nous entourent sont invisibles. Allumons une bougie : tous ces corps deviennent visibles parce qu'ils renvoient à notre œil la lumière qu'ils reçoivent de la source lumineuse.

2. Propagation rectiligne de la lumière. Rayons lumineux. — Dans un milieu *homogène*, la lumière se propage en ligne droite dans toutes les directions. On appelle *rayons lumineux* toutes les lignes qui partent d'un point lumineux vers n'importe quel point d'une surface éclairée par lui.

Nous ne donnons au mot *rayon lumineux* qu'une signification purement géométrique, qui ne peut être réalisée matériellement.

On appelle *point lumineux* une très petite surface éclairante, qui pourra être représentée grossièrement par la lumière de l'arc électrique produit entre deux pointes de charbon, ou par une petite ouverture percée dans un écran placé devant une source lumineuse.

On appelle *faisceau lumineux* l'infinité de rayons lumineux partant d'un point lumineux et compris dans un cône dont l'angle au sommet est très petit.

Lorsque le point lumineux est très éloigné, comme une étoile par exemple, les rayons partant de ce point sont considérés comme parallèles. Ils forment ce que l'on appelle un *faisceau lumineux de rayons parallèles.*

3. Corps opaques, transparents, translucides. — On appelle *corps opaques* ceux qui ne se laissent pas traverser par la lumière, comme le bois, le carton, etc.

Les *corps transparents* sont ceux qui, comme le verre, l'eau, l'air, se laissent traverser par la lumière et à travers lesquels on peut distinguer la forme des objets.

La *transparence* et l'*opacité* ne sont que des propriétés relatives. Ainsi une lame d'or, opaque sous une certaine épaisseur, laisse passer de la lumière verte si elle est réduite à l'état de lame mince. L'eau, sous une épaisseur considérable, absorbe toute la lumière.

On appelle *corps translucides* ceux qui laissent passer la lumière, mais ne permettent pas de distinguer la forme des objets. Tels sont une feuille de papier huilé, une glace de verre dépoli, etc.

4. Vérification de la propagation rectiligne de la lumière. — On peut vérifier expérimentalement que la lumière se propage en ligne droite en interposant (*fig.* 1) entre une source de lumière S et l'œil de l'observateur placé en O deux écrans A et A', percés de petites ouvertures.

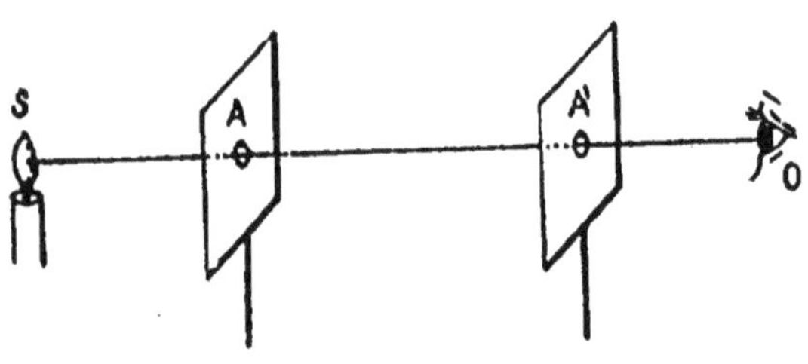

Fig. 1.

L'observateur verra la source lumineuse lorsque les ouvertures des écrans seront sur la ligne qui joint son œil à cette source; mais, si l'on déplace l'un des écrans, la bougie devient invisible pour l'observateur.

Un autre moyen de vérifier la propagation rectiligne de la lumière consiste à faire pénétrer la lumière solaire dans une pièce obscure au moyen d'une ouverture percée dans un volet : l'éclairement des poussières de l'air par le faisceau de rayons lumineux produit un cône lumineux, à contour rectiligne.

5. Ombre et pénombre. — La production de l'ombre est une conséquence directe de la propagation rectiligne de la lumière. Plaçons (*fig.* 2) un point lumineux S devant un corps opaque A, et de ce point lumineux S menons un rayon lumineux SM tangent à la surface du corps opaque ; déplaçons cette tangente suivant le contour du corps opaque A : tous ces points de contact détermineront sur la surface du corps A une courbe de contact MN. Cette courbe marquera la limite entre la partie éclairée du corps A et la partie obscure, que l'on appelle l'*ombre propre* du corps.

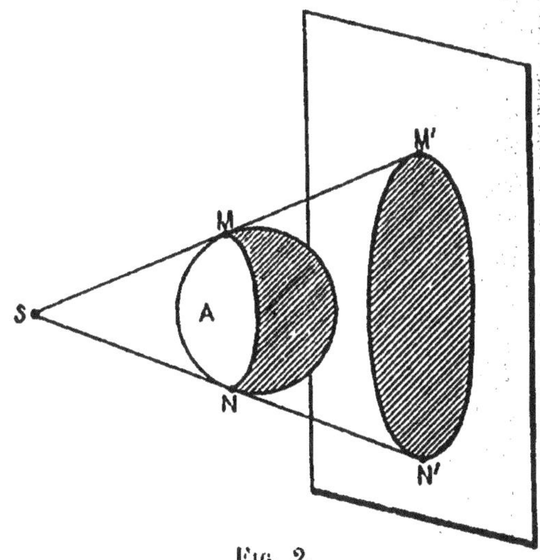

Fig. 2.

Plaçons maintenant un écran derrière le corps opaque A. Le cône, ayant pour sommet le point S et pour directrice la courbe de contact MN, rencontrera la surface de l'écran suivant une courbe M'N', laquelle limitera la partie de l'écran qui ne reçoit pas de lumière et où se forme ce que l'on appelle l'*ombre portée*.

Lorsque la source de lumière se réduit à un point lumineux, le contour de l'ombre est nettement limité ; on passe brusquement de la partie éclairée de l'écran à la partie obscure. C'est ce que l'on peut vérifier en examinant les ombres des objets éclairés par une lampe à arc, que l'on peut considérer comme une source *ponctuelle*.

Une source lumineuse ayant une surface déterminée, le soleil par exemple ou une lampe à arc entourée d'un globe en verre dépoli, donne une ombre portée, obscure au centre et dont les contours, au lieu d'être nettement délimités, de-

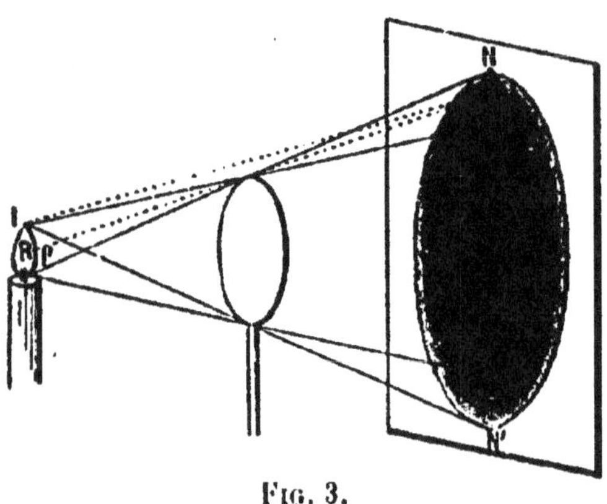

FIG. 3.

viennent de plus en plus éclairés à mesure qu'ils s'éloignent de la partie obscure. Cette partie dégradée est appelée la *pénombre*.

On peut voir la pénombre en interposant (*fig*. 3) un disque de carton entre une bougie et un écran. Le point N, situé sur le bord de la pénombre,

sera éclairé par la flamme entière de la bougie; le point M, situé sur le contour de l'ombre, ne recevra pas de lumière de la source; un point *m*, situé à l'intérieur de la pénombre, recevra de la lumière d'une portion IR de la source lumineuse. L'éclairement de la pénombre ira en augmentant de M en N, la partie MM' de l'écran sera complètement obscure et la zone MN passera graduellement de la partie obscure à la partie complètement éclairée.

6. Explication du phénomène de pénombre. Tracé géométrique des ombres. — Supposons un corps lumineux S (*fig*. 4), de forme sphérique, et une sphère opaque A. Menons les tangentes communes extérieures TT', T$_1$T'. Le cône MT'N, projeté derrière le corps opaque, ne recevra pas de lumière de la source : on l'appelle *cône d'ombre*. Menons les tangentes intérieures *t*M' et *t*'N', le cône M'ON' sera le *cône de pénombre*; et la partie de l'espace comprise entre le cône d'ombre et le cône de pénombre pourra recevoir de la lumière d'une partie de la source lumineuse.

En effet, prenons un point *m* en dehors du cône de pénombre et menons du point *m* les tangentes au corps lumineux S : ce point *m* recevra de la lumière de toute la surface du corps lumineux.

Prenons un point *m*' dans la région comprise entre le cône

d'ombre et le cône de pénombre, et menons des tangentes
au corps lumineux S : une partie de la lumière envoyée par
le corps S au point m' sera interceptée par le corps opaque A ;
tout point pris dans la région qui se trouve entre les cônes
d'ombre et de pénombre recevra d'autant plus de lumière qu'il
se rapprochera de la limite de la pénombre.

Plaçons un écran derrière le corps opaque : l'ombre sera

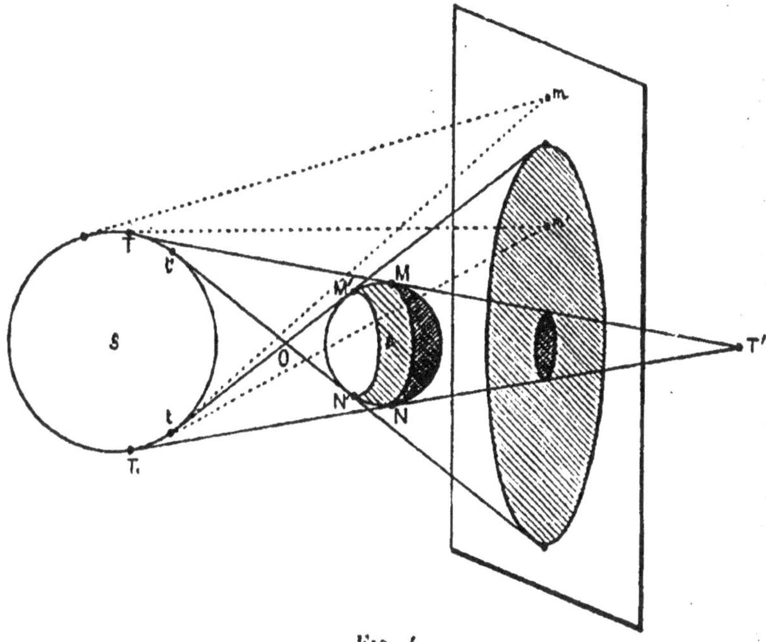

FIG. 4.

limitée par la courbe d'intersection du cône d'ombre avec
l'écran, et la pénombre sera comprise entre les courbes d'intersection des cônes de pénombre et d'ombre avec l'écran. La
courbe de contact MN du cône d'ombre avec le corps A limitera la partie du corps qui ne reçoit pas de lumière, et la
courbe de contact M'N' du cône de pénombre limitera la
partie partiellement éclairée du corps opaque A.

Les dimensions de la pénombre seront d'autant moindres
que la surface de la source lumineuse sera plus faible et que
l'écran sera plus rapproché du corps opaque ; ce que l'on peut
vérifier en observant l'ombre d'un objet éclairé par le soleil :
tout près du corps, l'ombre a un contour nettement marqué ;
elle est, au contraire, effacée à une certaine distance.

7. Chambre noire. — Si, dans la paroi antérieure d'une caisse noircie intérieurement (*fig.* 5) et dont le fond est formé par une glace en verre dépoli, on perce une petite ouverture de 4/10 à 5/10 de millimètre de diamètre, les rayons lumineux, pénétrant par ce petit trou, viennent former sur la paroi en verre dépoli une image nette, colorée et renversée des objets éclairés placés à l'extérieur. Chaque point de l'objet lumineux envoie une infinité de rayons, compris dans un cône ayant pour sommet le point lumineux A et pour base la petite ouverture S percée dans la paroi.

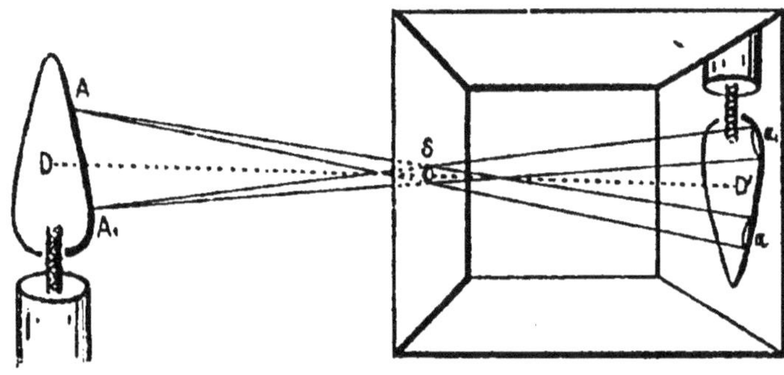

Fig. 5.

Ce cône de rayons lumineux se propage en ligne droite et vient éclairer en *a* une petite surface colorée semblable à celle du trou. Si l'aire du trou est assez petite et si la distance SD′ de l'ouverture à la plaque de verre dépoli est petite relativement à la distance SD de l'objet à l'ouverture, la surface éclairée *a* de l'écran peut être assimilée à un point. Ces taches lumineuses peuvent atteindre un diamètre d'au moins 1/10 de millimètre, que l'on appelle *cercle de diffusion tolérée*; si l'ouverture a un diamètre un peu considérable, les surfaces éclairées empiètent les unes sur les autres et l'on obtient un éclairement à peu près uniforme de l'écran : l'image disparaît.

La grandeur de l'image est à celle de l'objet comme les distances respectives SD′ et SD de l'image et de l'objet à l'ouverture. L'image est d'autant plus nette, mais d'autant moins éclairée, que le trou est plus petit. Si l'on reçoit dans la chambre noire les rayons du soleil, on obtiendra sur l'écran une image ronde qui sera l'image du soleil, et cette image sera d'autant plus grande que l'écran sera plus éloigné de l'ouverture S. En effet, les rayons qui viennent des bords extrêmes du soleil font un angle de 32′. Si nous pouvons assimiler l'ouverture à un point, il en sortira un cône lumineux de 32′ d'ouverture, et le diamètre de l'image solaire sera sensiblement égal à l'arc qui sous-tend un angle de 32′ dans un cercle ayant un rayon égal à la distance de l'écran à l'ouverture. Supposons cette distance égale à 1 mètre, le diamètre sera égal à $\frac{2\pi \times 32}{360 \times 60} = 0^m,009$, sensiblement 1 centimètre. L'expérience montre que, pour une grandeur d'image donnée, il y a un diamètre d'ouverture qui donne le maximum de netteté.

On peut obtenir avec cette chambre noire des épreuves photographiques. L'appareil a l'avantage de donner des images sans déformation, mais il ne peut être utilisé pour l'instantané.

Ce procédé de photographie sans objectif se nomme *sténopé* (*sténos*, étroit).

C'est au même phénomène que sont dues les images circulaires du soleil sur le sol, produites par le passage des rayons solaires entre les interstices des feuilles et qui, dans le cas d'éclipse, prennent la forme de croissants.

VITESSE DE LA LUMIÈRE

8. Méthode de Fizeau. — La vitesse de la lumière a été déterminée par Fizeau, au moyen de la méthode suivante (*fig.* 6) : en un point A, placé à Suresnes, se trouvait une source lumineuse envoyant un faisceau de rayons lumineux, rendus convergents par une lentille, sur une glace sans tain MN ; le faisceau, réfléchi par la glace sans tain, rencontrait, en un point P, une roue dentée R, actionnée par un mouvement d'horlogerie. Ce point P, placé au foyer[1] principal d'une lentille convergente L, donnait un faisceau lumineux parallèle, qui rencontrait une deuxième lentille donnant un faisceau convergent, lequel venait rencontrer normalement un miroir *mn*, placé à Montmartre. Ce faisceau était réfléchi sur lui-même et arrivait à l'œil de l'observateur, placé derrière la glace sans tain MN.

(1) Voir *Propriétés des lentilles convergentes*, chap. VI.

Supposons la roue R immobile : l'observateur verra le point lumineux A(¹) par réflexion dans le miroir *mn*.

Faisons maintenant tourner la roue R : la lumière réfléchie par le miroir *mn* ne pourra franchir le point P que pendant le temps où la roue R présentera un des intervalles creux compris entre deux dents. L'image semblera fixe, quoique le faisceau lumineux réfléchi soit arrêté toutes les fois qu'il rencontrera une partie pleine de la roue R; car l'impression lumineuse sur la rétine persistant pendant 1/10 de seconde et l'intervalle de temps qui s'écoule entre deux apparitions

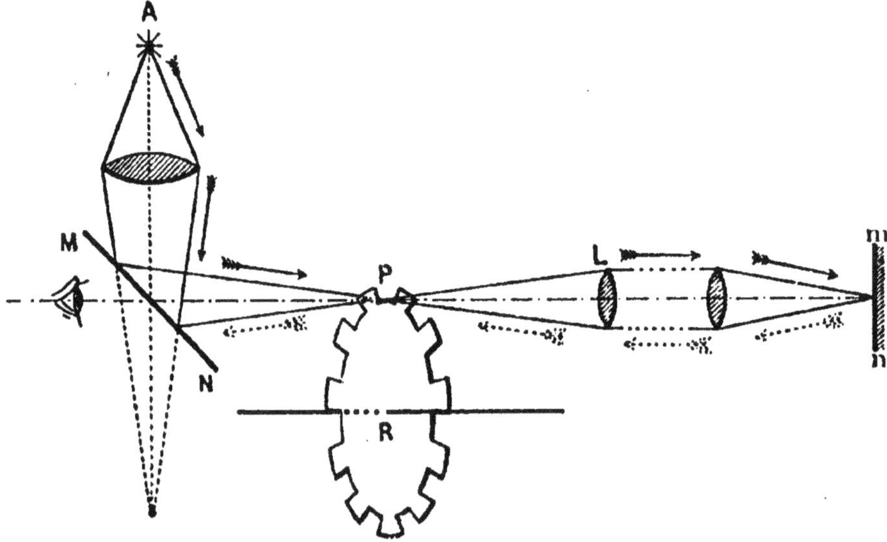

Fɪɢ. 6.

successives de la lumière étant moindre que 1/10 de seconde, il en résulte que l'impression semblera continue.

Augmentons maintenant graduellement la vitesse de la roue R : nous verrons la lumière diminuer d'intensité et disparaître complètement. C'est que, pendant le temps qu'elle mettra pour aller de Suresnes à Montmartre et revenir à Suresnes, le plein de la dent aura pris la place du creux et, les rayons étant interceptés au retour, l'œil ne verra plus aucune lumière.

Représentons par *l* la distance de Montmartre à Suresnes;
n, le nombre de dents de la roue R ;

(1) Voir *les Lois de la réflexion*, chap. ɪɪɪ, p. 31.

N, le nombre de tours par seconde de la roue R.

La lumière parcourt $2l$ pendant un temps égal à $\dfrac{1}{N \times 2n}$;

donc, la vitesse de la lumière sera représentée par la formule

$$v = \frac{2l}{\dfrac{1}{N \times 2n}} \quad \text{ou} \quad v = 4lnN.$$

Dans les expériences de Fizeau :

$$l = 8^{km},63, \quad n = 720, \quad N = 12,6, \quad v = 311.800 \text{ kilomètres.}$$

Si nous augmentons encore la vitesse de la roue jusqu'à ce qu'elle devienne double, nous verrons de nouveau apparaître la lumière. Enfin, si cette vitesse devient triple, il se produit une nouvelle éclipse.

Cornu, par une méthode plus perfectionnée, a trouvé que $v = 299.810$ kilomètres dans le vide.

La vitesse de la lumière dans l'eau a été trouvée par Foucault égale à 225.000 kilomètres. Le rapport des vitesses de la lumière dans l'air et dans l'eau est égal à 4/3.

Pour nous faire une idée de cette vitesse, remarquons que la lumière ferait en une seconde 7 fois et demie le tour de la terre à l'équateur. Malgré cette vitesse considérable, il faut huit années à la lumière partie de Sirius, une des étoiles les plus rapprochées de la terre, pour nous parvenir.

La lumière de certaines étoiles ne nous arrive qu'au bout de trois cents ans. Nous recevons celle du soleil en 8′ 16″.

APPLICATIONS DE LA PROPAGATION DE LA LUMIÈRE

9. Éclipses. — **Éclipse de lune.** — Le soleil projette (*fig.* 7) derrière la terre un *cône d'ombre* TA : la lune L, n'étant pas lumineuse par elle-même, lorsqu'elle pénètre dans ce cône d'ombre, devient invisible pour nous : c'est l'*éclipse de lune.*

Avant le moment de l'éclipse, la lune diminue graduellement d'éclat ; puis elle disparaît. Après l'éclipse, son éclat augmente par degrés jusqu'à ce qu'il redevienne normal : cela tient à son passage dans le cône de *pénombre*.

Déterminons la longueur du cône d'ombre projeté par le soleil.

Les triangles semblables EST et CTA donnent :

$$\frac{TA}{ST} = \frac{TC}{SE}.$$

Représentons par R le rayon du soleil ; r, le rayon de la

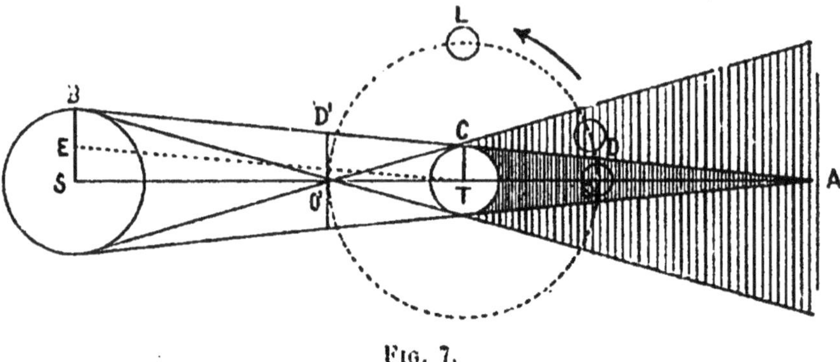

FIG. 7.

terre ; d, la distance de la terre au soleil ; l, la longueur du cône d'ombre. Nous avons :

$$\frac{l}{d} = \frac{r}{R - r} \qquad \text{ou} \qquad l = \frac{dr}{R - r},$$

$d = 23.300$ rayons terrestres, $R = 109r$, $l = 216r$.

Le rayon de l'orbite lunaire étant égal à 60 r, la lune peut rencontrer le cône d'ombre.

Calculons maintenant le rayon OD.

Les triangles semblables ACT et ADO donnent :

$$\frac{OD}{TC} = \frac{AO}{AT}.$$

En représentant par d' la distance de la lune à la terre, on a :

$$OD = \frac{AO \times TC}{AT} = \left(\frac{l - d'}{l}\right) r$$

$l = 216r$, $d' = 60r$,   d'où : $OD = \frac{8}{11} r$.

Le rayon de la lune étant $\frac{3}{11}$ de r, la lune pénétrera entièrement dans le cône d'ombre.

Éclipse de soleil (*fig.* 8). — Lorsque la lune, dans son mouvement autour de la terre, vient se placer entre le soleil et la terre, il y a éclipse de soleil. Si le cône d'ombre rencontre la terre suivant *ab*, tous les points de cette surface sont dans l'ombre : il

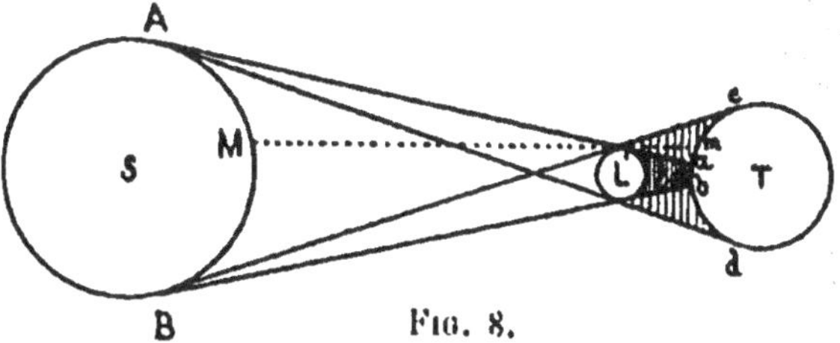

Fig. 8.

y a *éclipse totale* pour *ab*, et *éclipse partielle* pour le point *m*.

Dans le cas où le prolongement du cône d'ombre (*fig.* 9) rencontre la terre suivant une surface *ab*, il y a *éclipse annulaire*.

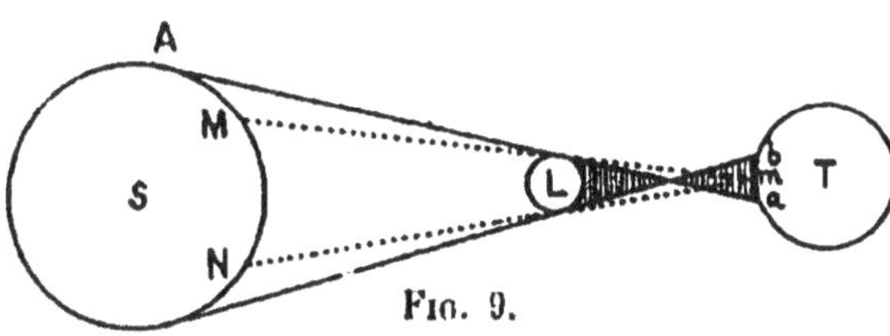

Fig. 9.

Soit un point *m*, situé sur *ab* ; le cône mené de *m* et circonscrit à la lune L rencontre le soleil suivant une surface MN, qui est cachée pour le point *m*.

Du point *m*, on verra donc un anneau lumineux entourant un cercle noir.

10. Mesure des hauteurs à l'aide de l'ombre. — Soient (*fig.* 10) AB la hauteur que l'on veut mesurer et AC l'ombre projetée par le soleil.

On place verticalement un jalon *ab*, qui donne une ombre *ac*.

Les rayons lumineux BC et *bc* étant parallèles, les triangles ABC et *abc* sont semblables et donnent :

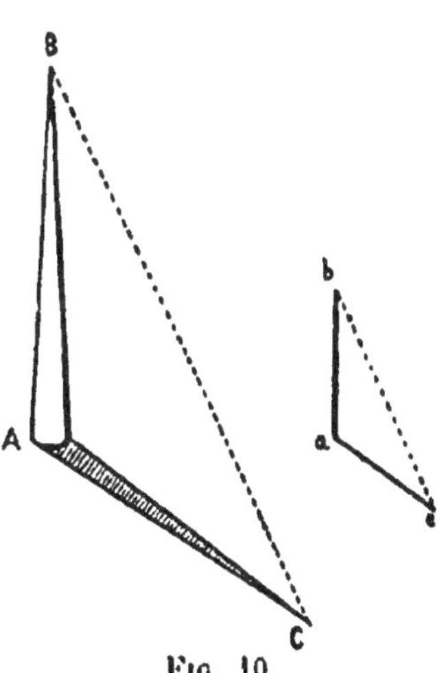

Fig. 10.

$$\frac{AB}{AC} = \frac{ab}{ac}, \quad \text{d'où :} \quad AB = \frac{AC \times ab}{ac}.$$

11. Détermination de la méridienne d'un lieu au moyen de l'ombre. — Le *gnomon* (*fig.* 11) permet de déterminer la *méridienne* d'un lieu et le *midi vrai*. Il se compose

d'un style vertical AB, projetant son ombre sur un plan hori-
zontal MN. A un instant donné, la direction AC de l'ombre du style donne l'azimut du soleil, et l'angle BCA est sa hauteur au-dessus de l'horizon. Joignons tous les points tels que C, nous obtiendrons une courbe EF. Prenant le point A comme centre, décrivons un cercle qui coupe la courbe EF en deux points C, C' : la bissectrice AN de l'angle CAC' donne la méridienne et, par suite, le midi vrai, c'est-à-dire

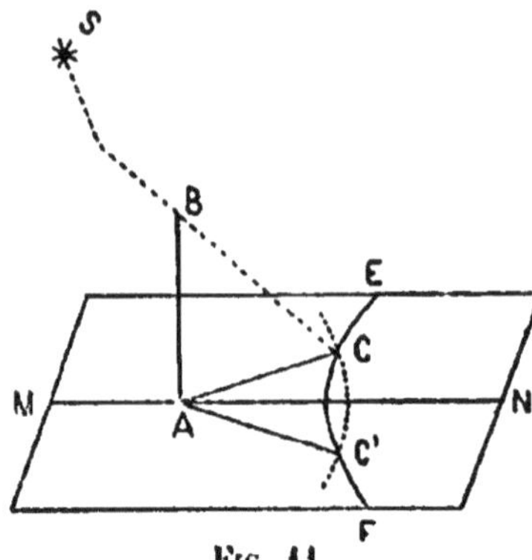

Fig. 11.

l'heure à laquelle l'ombre est la plus courte.

12. Détermination d'un alignement sur le terrain. — On applique la loi de propagation rectiligne de la lumière dans le levé de plans, pour déterminer un alignement sur le terrain.

On appelle plan de visée le plan comprenant les rayons visuels qu'un observateur dirige (*fig.* 12) par une étroite

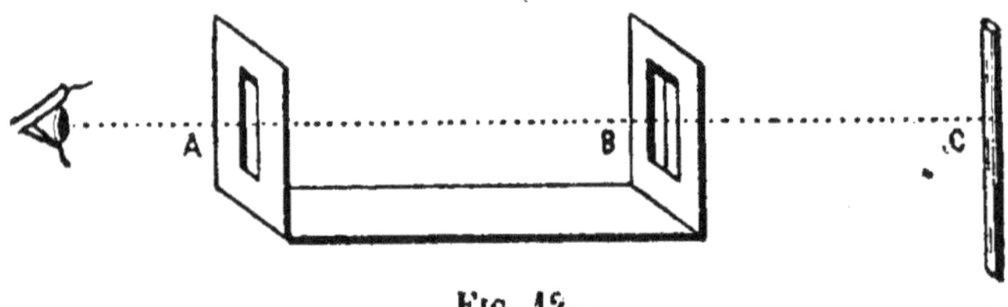

Fig. 12.

fente verticale, appelée *pinnule*, et derrière laquelle se trouve une ouverture rectangulaire ; au milieu de celle-ci est tendu un fil.

L'ensemble de la fente et de la fenêtre porte le nom d'alidade à pinnule.

Pour qu'un jalon se trouve dans la direction AB, il faut que l'observateur le voie partagé en deux parties égales par le fil vertical de la fenêtre.

Pour placer un troisième jalon dans la direction d'un ali-
gnement déterminé sur le terrain par les deux premiers, on le dispose de façon qu'il cache à la vue les précédents : ils sont ainsi en ligne droite.

CHAPITRE II

PHOTOMÉTRIE

13. But de la photométrie. — La photométrie s'occupe de la comparaison expérimentale de deux sources lumineuses.

Sources d'égale intensité. — Si l'on place devant une feuille de papier une bougie allumée, la feuille de papier paraîtra plus ou moins éclairée suivant que la bougie sera plus ou moins rapprochée. L'œil, qui nous permet d'apprécier l'inégalité de deux éclairements, ne nous met pas à même de reconnaître si une surface éclairée possède un éclairement deux ou trois fois plus grand, par exemple, que celui d'une surface voisine. Cependant nous pouvons, avec une certaine précision, constater l'égalité d'éclairement de deux surfaces éclairées par des sources lumineuses de même coloration et sous la même inclinaison.

Disposons verticalement (*fig.* 13) un écran MII, translucide, en verre dépoli ou en papier huilé, et divisons-le en deux parties par une cloison verticale AB noircie, placée perpendiculairement à l'écran.

Plaçons une bougie de chaque côté de la cloison et à des distances égales de l'écran : les deux parties de l'écran, vues par derrière, nous paraîtront également éclairées.

Nous dirons que les deux sources lumineuses ont des *intensités égales*.

On appelle sources de *même intensité des sources qui, dans la direction normale et placées à la même distance d'un écran, produisent le même éclairement.*

Une source a une intensité 2, 3, ..., *n* fois plus grande qu'une source lumineuse donnée, lorsqu'elle produit, à la même distance et dans la direction normale, le même éclairement que 2, 3, ..., *n* sources *identiques* à la source donnée.

14. Variation de l'éclairement avec la distance. —
Plaçons à la même distance devant l'écran (*fig.* 13) des
sources d'*intensité différente*, une bougie et quatre bougies
par exemple. Les deux parties de l'écran présenteront des
éclairements différents. Une bougie étant placée à 1 mètre de
l'écran, il faudra éloigner les quatre bougies à 2 mètres pour
obtenir des éclairements égaux sur les deux parties de l'écran.

Si nous répétons l'expérience avec 2 et 3 bougies, il faudra
les placer à des distances égales à $\sqrt{2}$, $\sqrt{3}$, pour obtenir le
même éclairement qu'avec une bougie à 1 mètre.

Nous en concluons que quatre bougies placées à 2 mètres

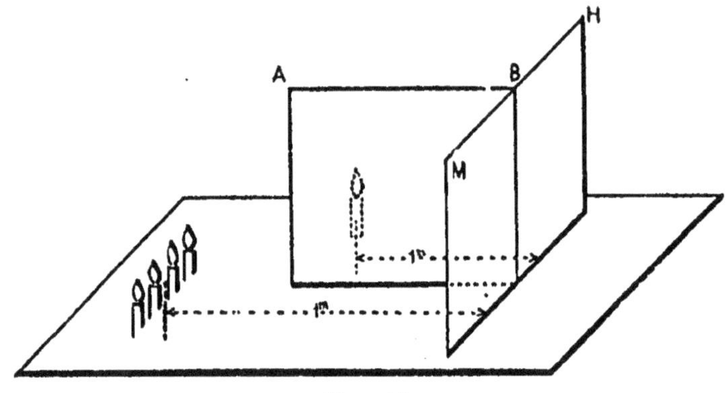

Fig. 13.

produisent un éclairement égal à celui d'une seule bougie
placée à 1 mètre.

L'intensité d'une bougie à 2 mètres est devenue quatre fois
plus faible, en même temps que sa distance à l'écran est
devenue double.

Donc, l'intensité d'une source lumineuse varie en raison
inverse du carré de sa distance à l'écran.

*L'éclairement, dans la direction normale, d'une surface par
une source lumineuse, varie en raison inverse du carré de sa
distance à la source.*

15. Influence de l'inclinaison. — Loi du cosinus. —
Considérons un faisceau lumineux, limité par un diaphragme
CD (*fig.* 14) percé d'une ouverture de section S et disposé
perpendiculairement à la direction des rayons. Soit Q la quantité de lumière qui traverse l'ouverture S et qui est reçue sur

un écran AB perpendiculaire à la direction des rayons. L'éclairement par unité de surface sera :

$$e = \frac{Q}{S}.$$

Inclinons l'écran d'un angle α : la même quantité de lumière Q sera répartie sur une surface A'B', que nous représenterons par S'; l'éclairement deviendra :

$$e' = \frac{Q}{S'}; \quad \text{mais} \quad S = S' \cos \alpha,$$

et par suite :

$$\frac{e'}{e} = \frac{S \cos \alpha}{S}; \quad \text{d'où} \quad e' = e \cos \alpha.$$

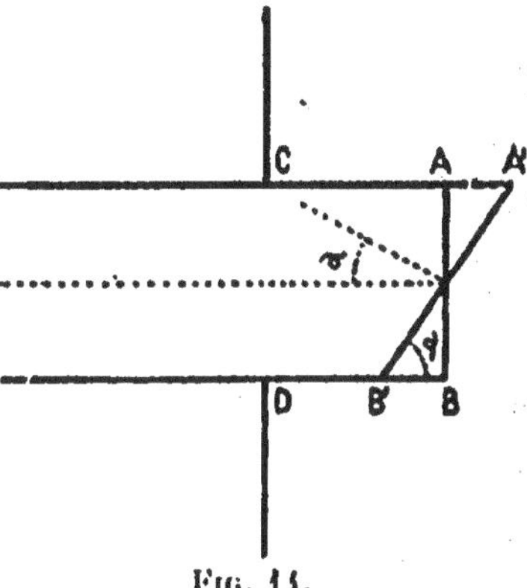

Fig. 11.

L'éclairement d'une surface, sous une incidence oblique, est égal au produit de l'éclairement fourni, dans la direction normale, par le cosinus de l'angle que les rayons lumineux font avec la normale à la surface éclairée.

16. **Principe des mesures photométriques.** — Soient deux sources lumineuses d'intensité différente I et I'; par exemple, une lampe à pétrole et une bougie. Plaçons-les de façon qu'elles produisent, dans la direction normale, le *même éclairement* sur les deux parties de l'écran (*fig. 13*).

Si d est la distance de la *source* d'intensité I à l'écran et d' la distance de la source I' à l'écran, les éclairements produits seront proportionnels à $\frac{I}{d^2}$ et $\frac{I'}{d'^2}$; et, comme les éclairements sont égaux, il s'ensuit que

$$\frac{I}{d^2} = \frac{I'}{d'^2}, \qquad \text{d'où} \qquad \frac{I}{I'} = \frac{d^2}{d'^2}.$$

Le rapport des intensités de deux sources lumineuses qui produisent, suivant la direction normale, le même éclairement sur une surface, est égal à celui des carrés de leur distance respective aux surfaces éclairées.

17. Unités d'intensité lumineuse. — L'unité absolue d'intensité lumineuse, établie par M. Violle, est représentée par l'intensité, dans une direction normale, de 1 centimètre carré de la surface d'un bain de platine fondu, à sa température de solidification (1.785°).

Pour reproduire cette unité, on fond le platine dans un creuset de chaux fermé par un couvercle de même substance, traversé par le chalumeau oxhydrique. Quand le platine est fondu, on amène le creuset sous un écran refroidi par une circulation d'eau froide et au-dessus duquel est placé un miroir incliné à 45°, qui renvoie horizontalement la lumière et permet de faire les mesures.

Unités industrielles. — On se sert, dans la pratique, de la *carcel*, représentée par l'intensité d'une lampe de dimensions déterminées et d'une hauteur de flamme de 40 millimètres, brûlant 48 grammes d'huile de colza épurée par heure. La carcel est équivalente à 0,48 de l'étalon Violle.

Les électriciens ont adopté une unité pratique, appelée *bougie décimale*, qui est équivalente à $\frac{1}{20}$ de l'*étalon Violle*.

La bougie décimale vaut environ les $\frac{8}{10}$ de la *bougie ordinaire*, qui représente le $\frac{1}{16}$ de l'étalon Violle ou le $\frac{1}{8}$ de la carcel.

PHOTOMÈTRES

18. Principe des photomètres. — Les photomètres sont des appareils qui servent à comparer l'intensité d'une source lumineuse à une autre source, prise comme unité.

Dans les photomètres que nous allons étudier, on déplace les sources à comparer de manière à produire le même éclairement sur deux surfaces voisines; on mesure les distances d et d' de chaque source à la surface éclairée et l'on applique la formule :

$$\frac{I'}{I} = \frac{d'^2}{d^2}.$$

19. Photomètre de Foucault (*fig.* 15). — Ce photomètre se compose d'une caisse ABCD, noircie intérieurement et ferméo en avant par une lame de verre G amidonnée, qui est translucide et produit le même effet qu'un verre dépoli.

Cette lame de verre est divisée en deux parties égales par un écran vertical MN, qui peut être déplacé, à l'aide d'une crémaillère et d'un pignon denté P, jusqu'à ce que les deux parties éclairées se joignent au point G, sans se superposer, c'est-à-dire jusqu'à ce que la ligne de séparation des deux plages lumineuses disparaisse, ce que l'on peut reconnaître facilement. Si l'écran mobile touche le verre, on aperçoit une

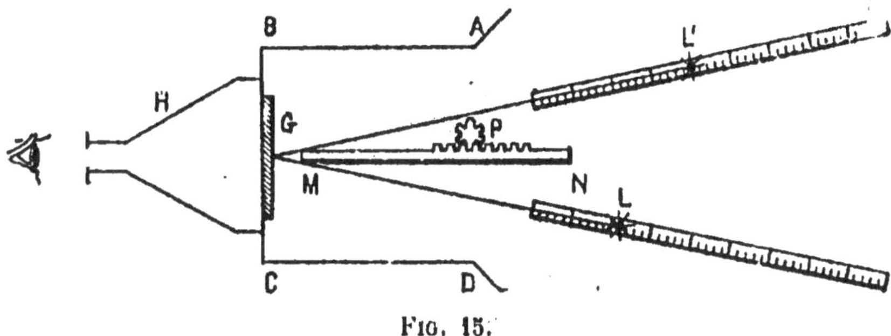

Fig. 15.

raie noire; s'il est trop éloigné, une ligne plus éclairée que le reste de l'écran.

Les sources L et L' à comparer sont placées sur deux règles divisées, également inclinées sur l'écran.

Pour éviter l'influence de la lumière diffuse de la salle, on met, devant l'ouverture circulaire portant la plaque translucide, un tube H en métal, noirci intérieurement et placé normalement à la face BC, à l'extrémité duquel on pose l'œil.

On déplacera une des sources de manière à obtenir l'égalité d'éclairement, on mesurera les distances de chaque source à l'écran et l'on appliquera la formule :

$$\frac{I'}{I} = \frac{d'^2}{d^2}.$$

Ce photomètre est utilisé pour contrôler le pouvoir éclairant du gaz d'éclairage.

On place la lampe carcel et le bec de gaz à une distance de 1 mètre de l'écran et l'on fait varier le débit du gaz, en maintenant l'égalité de lumière des deux plages : le gaz normal doit donner la *carcel-heure* pour un débit de 105 litres de gaz.

20. Photomètre de Bunsen. — Cet appareil, facile à construire (*fig.* 16), se compose d'une feuille de papier blanc au centre de laquelle on a fait une tache circulaire avec un corps gras.

Cette tache, vue par diffusion, c'est-à-dire du côté qui reçoit la lumière, paraît plus sombre que le reste de la feuille de papier; mais, vue par transparence, c'est-à-dire en plaçant la lumière derrière la feuille de papier, elle paraît plus brillante, Lorsque les deux faces de la feuille de papier sont également éclairées, la tache disparaît.

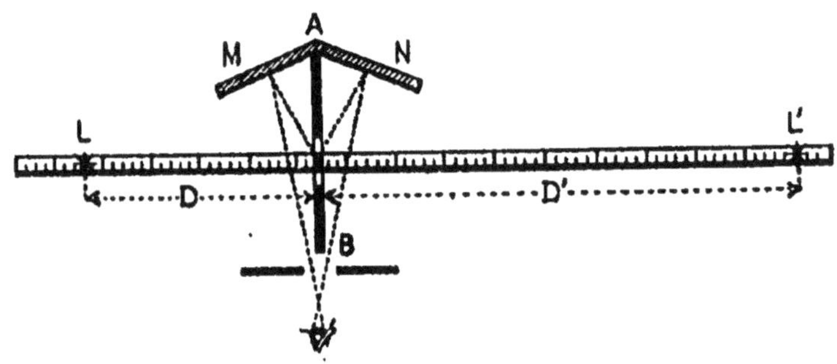

Fig. 16.

On place l'écran portant la tache entre les deux sources lumineuses à comparer, sur la droite qui les joint, et on déplace l'une des sources jusqu'à ce que l'éclairement des deux faces soit le même, ce qui fait disparaître la tache. Pour observer à la fois les deux faces de l'écran, on regarde leur image dans deux miroirs inclinés M et N disposés de chaque côté de l'écran AB, au centre duquel se trouve la tache représentée sur la figure par la partie claire. Les rayons lumineux venant de la tache sont réfléchis par les miroirs et arrivent à l'œil de l'observateur, qui voit simultanément les deux faces de l'écran; on mesure les distances D et D' de chaque source à l'écran et l'on applique la formule :

$$\frac{I'}{I} = \frac{d'^2}{d^2}$$

21. Photomètre de Rumfort. — Cet appareil (*fig.* 17 et 18), très simple et facile à construire, se compose d'un écran en papier ou en verre dépoli MN, devant lequel est fixée une baguette verticale en bois noirci.

Les deux sources lumineuses L et L' projettent sur l'écran deux ombres O et O'; chacune de ces ombres est éclairée par l'une des lumières.

L'ombre O', formée par L', est éclairée par L, et O, formée

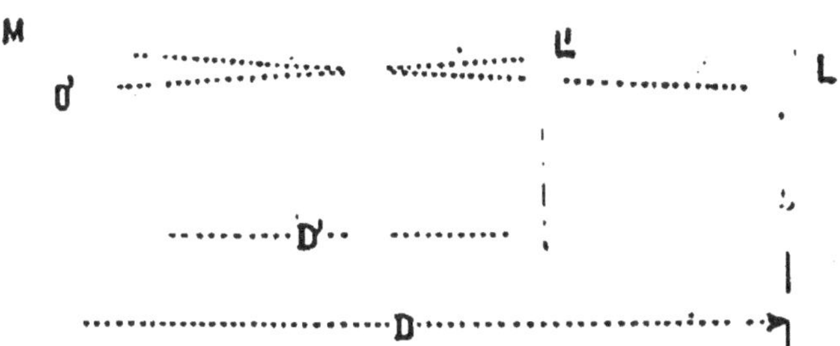

Fig. 17.

par L, est éclairée par L'; le reste de l'écran est éclairé par les deux sources lumineuses. On éloigne la source la plus

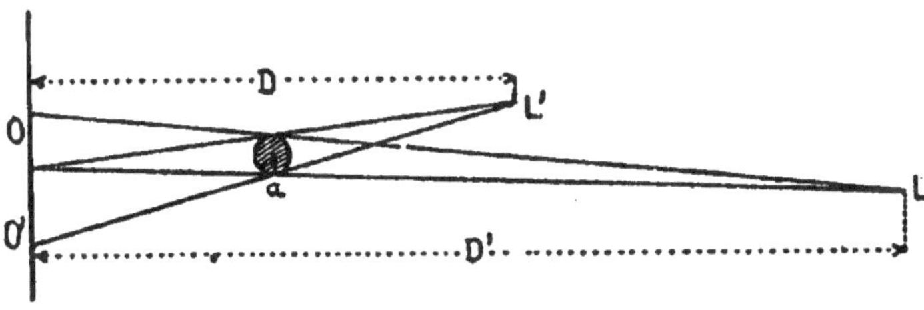

Fig. 18.

intense jusqu'à ce que les deux ombres paraissent identiques.

On mesure les distances de chaque source à l'écran et on applique la formule :

$$\frac{l'}{l} = \frac{d'^2}{d^2},$$

Il est indispensable que les deux sources soient de même couleur et il faut que les deux ombres se touchent, sans empiéter l'une sur l'autre.

22. Comparaison de deux sources de coloration différente. — Les photomètres que nous venons d'étudier ne permettent pas de comparer des sources de colorations différentes.

Il est facile de constater que les différentes sources utilisées pour l'éclairage présentent des colorations différentes. En comparant, par exemple, une lampe électrique à arc, un bec Auer et un bec de gaz ordinaire, on verra que la lumière de l'arc électrique est blanche; celle du bec Auer, verte, et celle du bec de gaz, jaune. Il faut alors ramener la mesure au cas de lumières de même teinte, en interposant entre l'œil et l'écran un milieu coloré ne laissant passer que certaines radiations : par exemple la lumière jaune, que laisse passer une solution de perchlorure de fer et de chlorure de nickel interposée entre la source et l'écran du photomètre.

La solution présente la composition suivante :

$23^{gr},3$ de perchlorure de fer anhydre; $27^{gr},3$ de chlorure de nickel cristallisé, dissous dans 100 centimètres cubes d'eau et placé dans une cuve de verre à faces parallèles, sous une épaisseur de 7 millimètres.

23. Précision dans les mesures photométriques. — Plaçons devant le photomètre (*fig.* 18) de Rumfort deux bougies d'égale intensité. L'ombre O, la plus éclairée, disparaît quand une de ces bougies est 8 fois plus éloignée que l'autre de l'écran, c'est-à-dire quand la bougie la plus rapprochée éclaire l'écran 64 fois plus que celle qui produit l'ombre qui disparaît.

Si l'ombre O disparaît, c'est que l'éclairement produit par L disparaît aussi; le reste de l'écran et l'ombre O n'étant plus éclairés que par la source L′ présentent le même éclairement. Par conséquent, l'œil n'apprécie pas la différence de deux éclairements dont les intensités diffèrent de $\frac{1}{64}$. Le rapport des intensités lumineuses est donc connu avec une approximation de $\frac{1}{60}$ environ.

24. Éclairement. — L'éclairement produit par une source lumineuse est proportionnel à l'intensité de la source et inversement proportionnel au carré de la distance de la source à la surface éclairée.

Cet éclairement peut être représenté par la formule :

$$e = \frac{d^2}{KI},$$

K étant un coefficient constant, qui dépend de l'unité d'éclairement choisie.

Unité d'éclairement. — C'est l'éclairement produit par une source d'intensité égale à l'*unité absolue* ou *étalon Violle*, à une distance de 1 centimètre.

En choisissant cette unité,

$$K = 1 \qquad \text{et la formule devient :} \qquad e = \frac{I}{d^2},$$

I étant exprimé en unités absolues (étalons Violle), et d en centimètres.

Unité pratique d'éclairement. — L'unité pratique d'éclairement est la bougie à 1 mètre ou *bougie-mètre*, c'est-à-dire l'éclairement produit par une bougie décimale placée à 1 mètre de distance de la surface éclairée.

25. **Éclairage.** — On juge de la valeur d'un *éclairage intérieur* par l'éclairement des murs. Pour lire aussi facilement qu'en plein jour, il faudrait un éclairement de 50 bougies à 1 mètre. On admet que, pour lire et écrire sans effort, il faut un éclairement de 10 *bougies-mètres*.

L'éclairement ne dépend pas seulement de la nature des foyers lumineux, mais encore de leur distribution.

On doit chercher à rendre celle-ci uniforme, de manière à se rapprocher de la lumière diffuse du jour. Il faut éviter, en effet, d'avoir des surfaces d'éclat différent. L'éclairement dépend aussi de la nature des pièces éclairées : si les tentures, les meubles sont de couleur sombre, la lumière n'est pas diffusée ; au contraire, dans le cas de surfaces blanches et de glaces, la lumière est diffusée et réfléchie, l'éclairement est plus intense.

La détermination du nombre de bougies nécessaires à l'*éclairage* d'un local est généralement obtenue empiriquement. On peut faire ce calcul d'après la surface du plancher. Sachant qu'on admet, pour un éclairage normal moyen, 1 à 2 *bougies décimales* par mètre carré, il faudra, pour un éclairage brillant, atteindre 4 à 5 bougies par mètre carré.

Éclairage des rues. — L'éclairement moyen des rues de Paris ne dépasse pas 0,05 bougie par mètre carré.

Rue de ville éclairée au gaz. . .	0,12	bougie
Beau clair de lune	0,15	—
Rue brillamment illuminée. . .	1,3	—
Intérieur bien éclairé pendant le jour.	100 à 400	bougies
Plein soleil.	70.000	—

26. Mesure de l'éclairement. Photomètre de L. Weber.

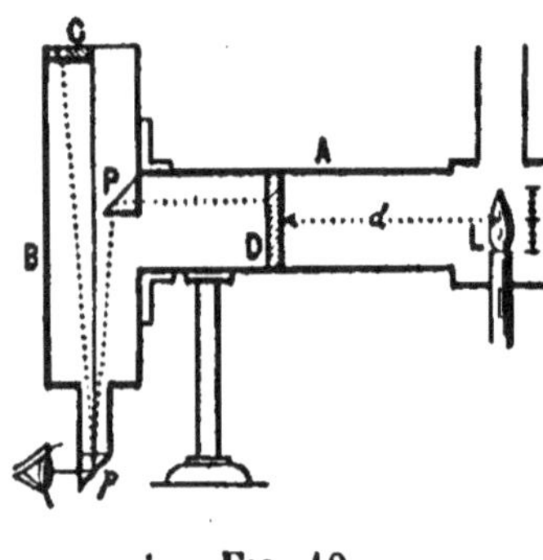

Fig. 19.

— Pour mesurer l'éclairement, on se sert du photomètre de Weber (*fig.* 19). Il se compose de deux tubes A et B, noircis intérieurement ; le premier, horizontal, est fixé sur un pied vertical ; le second, B, est mobile autour de l'axe du tube A et peut être incliné dans toutes les directions par rapport à l'horizon. Le tube A se termine par une lanterne pourvue d'une lampe étalon, laquelle envoie un faisceau divergent de lumière sur une plaque amidonnée D, que l'on peut déplacer suivant l'axe du tube, au moyen d'un bouton extérieur.

La hauteur de la flamme se lit sur une échelle. Le tube B, fermé par une plaque C amidonnée, est divisé en deux parties par une cloison.

La plaque C est disposée suivant le plan dans lequel on veut mesurer l'éclairement, par exemple dans le plan horizontal. En regardant à travers l'orifice p, on distingue à gauche une partie de la plaque C, éclairée par transparence au moyen de la lumière d'un foyer ou de la lumière diffuse passant à travers les fenêtres de la pièce où l'on se trouve. À droite, on voit par réflexion totale dans un prisme P [1] la plaque D, éclairée par transparence au moyen de la lampe étalon. En faisant varier la position de la plaque D, il arrive un moment où les deux plaques se détachent avec la même netteté, ce qui correspond à des éclairements égaux. Or, l'éclairement de la plaque D, en appelant d sa distance à

____

(1) Voir le prisme à réflexion totale, § 100.

l'étalon, est $\frac{1}{d^2}$; l'éclairement de la plaque C sera exprimé par le même nombre, qui mesurera l'éclairement.

27. Éclat intrinsèque d'une source. — On appelle éclat l'intensité lumineuse rapportée à l'unité de surface de la source éclairante. On peut encore considérer l'éclat d'un foyer lumineux comme le quotient de son intensité par sa surface. L'unité d'éclat est la bougie décimale par centimètre carré. Par exemple, une flamme d'acétylène a un éclat intrinsèque plus grand que celui d'une flamme de gaz d'éclairage.

L'éclat d'une lampe Edison de 16 bougies est égal à 16; celui d'un bec Auer, à 3,32. Le bec Auer a un éclat 4 fois et demie moindre que la lampe à incandescence. Pour ne pas fatiguer la rétine, l'éclat intrinsèque d'un foyer ne doit pas dépasser 0,4 bougie par centimètre carré de surface de la source.

Éclat de différentes sources en bougies décimales, par centimètre carré :

Soleil au zénith.	90.000
Soleil à l'horizon	3.000
Arc voltaïque.	1.500
Lumière oxhydrique.	750
Lampe à incandescence	16 à 45
Platine fondu.	20 (étalon Violle)
Flamme d'acétylène	12 à 15
Bec Auer	3 à 4
Flamme de pétrole.	0,6 à 1,2
Bougie.	0,4 à 0,6
Flamme d'un bec de gaz. . . .	0,4 à 1

28. Variation de l'intensité d'une source lumineuse avec la direction. — L'intensité d'une source lumineuse n'est pas constante dans toutes les directions. Si nous mesurons, au moyen du photomètre de Weber, les intensités d'un bec Auer dans différentes directions, nous obtenons (*fig.* 20) une courbe des intensités lumineuses appelée *courbe photométrique*, qui représente les intensités suivant certaines directions.

Angles des rayons lumineux avec la verticale :

90°	75°	60°	45°	30°

Intensité en bougies décimales :

40,8	48,8	40,5	28	17

20. Nouvelles unités. — Flux lumineux.

— Le flux lumineux est le produit d'une intensité lumineuse par l'angle solide que forme le faisceau lumineux. Supposons une sphère, de rayon égal à 1 centimètre, au centre de laquelle se trouve une source d'intensité I, et un faisceau conique de rayons de lumière découpant sur la sphère une surface Ω. Cette surface

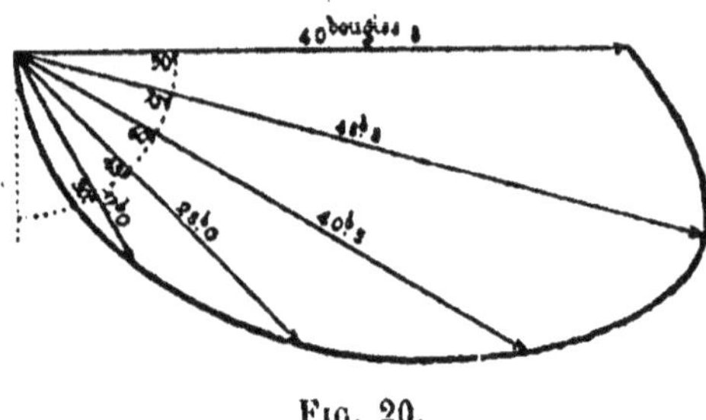

Fig. 20.

Ω mesure l'angle solide du cône lumineux ; le flux lumineux est représenté par $\Phi = \Omega I$.

Unité de flux. — L'unité de flux lumineux est produite par une source d'intensité égale à une bougie décimale, ou *pyr*, dans un angle solide d'un *stéradian* [1].

Cette unité se nomme *lumen* ; un foyer ponctuel, d'intensité égale à une bougie décimale, donne, dans toutes les directions, un flux total égal à 4π *lumen*.

Unité d'éclairement. — L'éclairement est le quotient du flux lumineux par la surface sur laquelle il tombe.

Il est représenté par la formule :

$$e = \frac{\Phi}{S}.$$

L'unité est le *lumen par mètre carré*, que l'on appelle *lux*. Cette unité est équivalente à la bougie à 1 mètre.

Lumination. — L'alumination d'une surface est le produit de son éclairement par le temps pendant lequel cette surface est soumise à l'éclairement. L'unité pratique est la *bougie à un mètre-seconde*, désignée sous le nom de *phot* par le Congrès de Photographie.

[1] Le *stéradian* est un angle solide qui découpe, sur la sphère de rayon égal à 1 centimètre, une surface Ω égale à 1 centimètre carré.

CHAPITRE III

RÉFLEXION DE LA LUMIÈRE

MIROIRS PLANS

30. Phénomène de réflexion. — Lorsque, dans une pièce obscure, on fait arriver par une petite ouverture (*fig. 21*) un faisceau de lumière solaire SI à la surface de l'eau contenue dans une cuve en verre A, on voit ce faisceau, que nous appellerons faisceau *incident*, se dédoubler en arrivant à la surface de séparation de l'eau et de l'air en un faisceau IR, qui produit une tache lumineuse R au plafond de la pièce, et un deuxième fais-

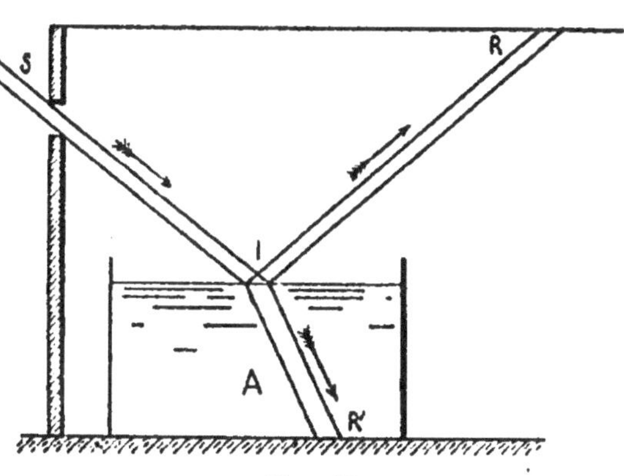

Fig. 21.

ceau qui pénètre dans le liquide suivant une direction IR′ différente de SI. Ce faisceau semble brisé au point I où il pénètre dans l'eau ; il se rapproche de la normale à la surface liquide et vient éclairer en R′ le fond de la cuve. Le faisceau IR se nomme faisceau *réfléchi*, et le phénomène qui le produit se nomme *réflexion*. Le deuxième faisceau IR′ est le faisceau *réfracté*, et le phénomène qui le produit se nomme *réfraction*.

On peut constater que les trois faisceaux sont dans un même plan vertical et que le faisceau incident SI et le faisceau réfléchi IR font des angles égaux avec la normale à la surface de l'eau, déterminée par un fil à plomb passant par le point I.

On rend visible le faisceau réfléchi en agitant dans sa direction un torchon imprégné de poussière de craie ; car ce faisceau de lumière solaire n'est pas visible par lui-même : il le devient en produisant l'éclairement des poussières qui voltigent dans l'air. Pour suivre la marche du faisceau réfracté, on ajoute à l'eau de la cuve quelques gouttes de lait ou une teinture alcoolique de benjoin, ou bien quelques gouttes d'azotate d'argent.

31. Lois de la réflexion; vérification expérimentale. — Le phénomène de réflexion est soumis à deux lois :

PREMIÈRE LOI : *Le rayon réfléchi est dans le plan formé par la normale et le rayon incident. Ce plan est appelé plan d'incidence.*

DEUXIÈME LOI : *L'angle de réflexion est égal à l'angle d'incidence.*

On peut vérifier expérimentalement ces lois au moyen d'un appareil facile à construire, qui se compose (*fig.* 22) d'un miroir plan MN, pouvant tourner autour d'un axe O. Perpendiculairement à la surface du miroir, on fixe une légère aiguille de bois OK, qui peut se déplacer devant un arc de cercle divisé en 10 parties égales.

On fait arriver sur le miroir un faisceau parallèle de lumière, provenant du soleil ou d'une lanterne de projection, et on place la pointe de l'aiguille devant la division 1

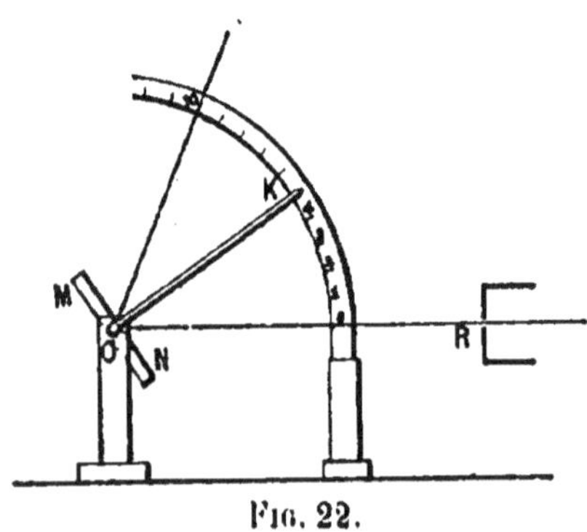

Fig. 22.

du cercle gradué. Le faisceau incident passant par le zéro de la graduation, le faisceau réfléchi passera par la division 2. Si l'on place la pointe de l'aiguille devant la division 5, le faisceau réfléchi passe par la division 10. Donc, les faisceaux incident et réfléchi font des angles égaux avec la normale OK. Le faisceau incident et le faisceau réfléchi sont dans le plan du cercle vertical. Nous vérifierons en même temps que, lorsque le miroir tourne d'un angle égal à α, le rayon réfléchi se déplace d'un angle égal à 2α.

32. Réflexion irrégulière. Diffusion. — Si nous remplaçons la cuve remplie d'eau (*fig.* 21) par une plaque métallique ou par la surface d'un bain de mercure bien propre, le faisceau incident ne donnera qu'un faisceau réfléchi, et la tache lumineuse qui se fait au plafond sera aussi vivement éclairée que si cette partie du plafond recevait directement la lumière du soleil; cela tient à ce qu'une surface de mercure possède un grand pouvoir de réflexion. Substituons à la surface métallique polie une feuille de papier blanc, c'est-à-dire un corps mat non poli : nous ne verrons plus de faisceau réfléchi régulièrement; la feuille de papier nous paraîtra uniformément éclairée par les rayons envoyés dans toutes les directions, grâce à un phénomène de réflexion irrégulière appelé *diffusion* et qui est dû aux nombreuses aspérités que présente la surface du corps. Ces aspérités envoient la lumière dans un grand nombre de directions, ainsi que le représente la figure 23. Ce phénomène de *diffusion* rend la surface éclairée visible de tous les côtés, tandis que, par la réflexion régulière, la surface polie n'est pas visible lorsqu'elle est parfaitement nette. Elle ne nous permet d'apercevoir que les images des objets placés devant elle.

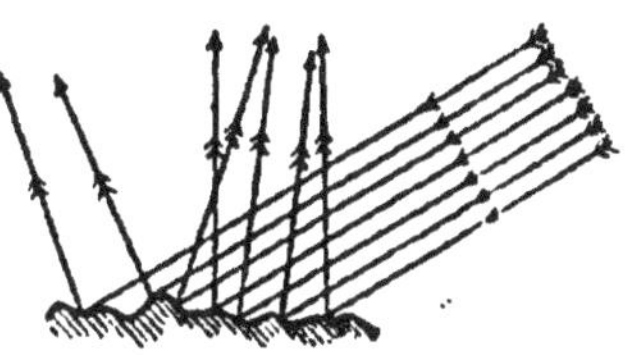

Fig. 23.

Pour les corps polis, excepté les métaux, la quantité de lumière réfléchie est d'autant plus grande que les rayons tombent plus obliquement, ce qui explique pourquoi les carreaux des fenêtres brillent vivement d'un rouge incandescent dans la lumière du soleil couchant; tandis que, pour la diffusion, la quantité de lumière diffusée est plus grande lorsque les rayons tombent normalement. La réflexion régulière ne change pas d'une façon sensible la nature de la lumière réfléchie : la lumière rouge se réfléchit rouge.

Au contraire, les surfaces diffusant la lumière renvoient une lumière de différentes couleurs, la couche superficielle d'un corps donnant une coloration particulière. Nous étudierons ce phénomène au chapitre de la *couleur des corps*.

MIROIRS PLANS

33. Étude expérimentale des miroirs plans.— On appelle *miroir plan* toute surface plane polie, capable de réfléchir la presque totalité de la lumière qu'elle reçoit. Parmi les métaux, c'est l'argent qui possède le plus grand pouvoir de réflexion.

Les miroirs plans employés généralement se composent d'une plaque de verre argenté.

Nous savons par l'expérience qu'en nous plaçant devant un miroir plan, notre image nous apparaît à la même distance derrière le miroir; si nous nous approchons, l'image se rapproche; si nous nous écartons, l'image s'éloigne. L'image n'est pas identique à l'objet : si nous levons le bras gauche, l'image lève le bras droit; si nous plaçons la main gauche devant le miroir, nous y voyons la main droite; donc, le côté gauche de l'objet devient le côté droit de l'image et réciproquement. On peut encore se rendre compte expérimentalement de ce phénomène en plaçant une page imprimée devant un miroir : les caractères apparaissent retournés, tels qu'ils se trouvent sur la forme d'imprimerie et dans les mêmes conditions que si cette feuille était vue à l'envers, par transparence.

L'image et l'objet sont des figures symétriques, dont les dimensions sont égales, mais qui ne sont pas superposables, sauf dans le cas où l'objet présente un plan de symétrie perpendiculaire au plan du miroir, c'est-à-dire si la gauche et la droite de l'objet sont identiques.

On peut vérifier expérimentalement : 1° que l'image se forme derrière le miroir exactement à la même distance que l'objet placé devant lui. Dans une chambre obscure, on dispose verticalement sur une table une plaque de verre, et à des distances égales de cette plaque, devant et derrière, on place une bougie.

On allume la bougie placée en avant : immédiatement, on aperçoit une flamme à la mèche de celle qui se trouve derrière la plaque de verre.

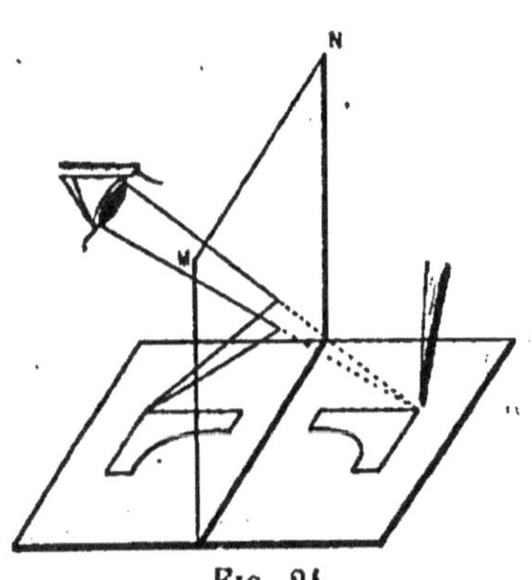

FIG. 24.

2° On peut vérifier expérimentalement que l'image et l'objet ont toutes leurs dimensions égales (*fig.* 24), mais qu'ils ne sont pas superposables, en disposant une plaque de verre MN sur une feuille de papier, perpendiculairement au plan de la feuille.

On trace sur la partie de cette feuille qui se trouve devant la plaque de verre un dessin non symétrique.

La plaque de verre joue le rôle d'un miroir et donne une image sur la partie de la feuille placée derrière elle. On trace avec un crayon les contours de cette seconde image. Les deux images auront leurs dimensions égales, mais ne seront pas superposables.

34. Lois de la réflexion déduites expérimentalement des propriétés des miroirs plans. — La vérification expérimentale donnée au paragraphe 31 n'est qu'une vérification approchée, car un faisceau lumineux, même très étroit, ne peut être confondu avec un rayon lumineux.

Sur une feuille de carton (*fig.* 25 et 26), traçons une ligne AB et fixons avec de la cire, suivant cette ligne, perpendiculairement à la feuille de carton, un petit miroir de 7 centimètres de long.

Plaçons verticalement une aiguille à 6 centimètres en avant du miroir, en N_1, et regardons dans le miroir : nous verrons l'image n de l'aiguille N_1 formée par réflexion.

Déterminons la direction du rayon réfléchi en disposant deux aiguilles N_2 et N_3 dans la direction de l'image n, de façon

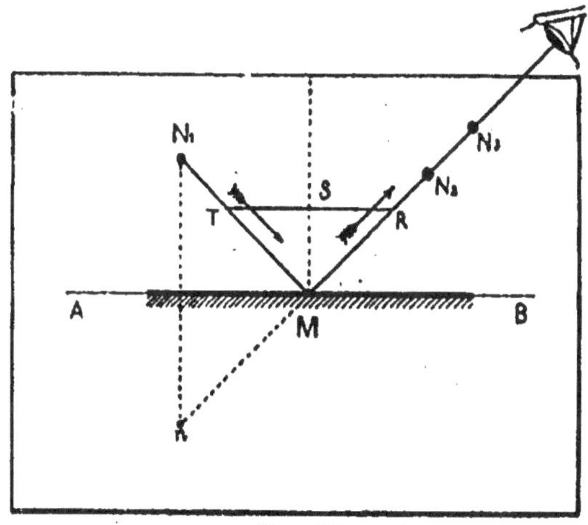

Fig. 25.

que l'image n et les aiguilles N_2, N_3 soient sur une même ligne droite. Enlevons le miroir et traçons avec un crayon la ligne N_3N_2 jusqu'à sa rencontre avec AB, en M : nous aurons la direction du rayon réfléchi. Joignons N_1M, qui représentera la direction du rayon incident; au point M, élevons une perpendiculaire MS sur AB et prenons deux points T et R équidistants de M; joignons TR : nous vérifierons que TS = SR. Donc, l'angle d'incidence TMS est égal à l'angle de réflexion RMS.

On répétera plusieurs fois l'opération en plaçant l'œil dans différentes positions et, dans tous les cas, on constatera que l'angle formé par le rayon réfléchi avec la normale est égal à l'angle d'incidence.

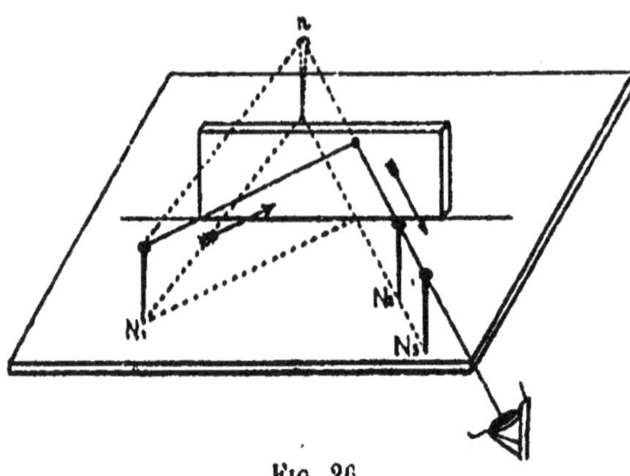

Fig. 26.

Comme la longueur de l'image est exactement la même que celle de l'aiguille, nous pouvons en conclure que le rayon réfléchi est dans le plan d'incidence. Le rayon réfléchi N_3N_2 prolongé rencontre en n la perpendiculaire abaissée du point N_1 sur le miroir AB : elle est égale à celle abaissée du point n sur le miroir. Le point n, d'où semblent partir les rayons lumineux, se nomme l'*image virtuelle* du point N_1. Ce point n'existe pas en réalité, mais l'observateur voit toujours les objets suivant la direction des faisceaux lumineux qui pénètrent dans l'œil.

35. Tracé géométrique des images dans les miroirs plans. — Foyer d'un point, donné par réflexion dans un miroir plan.

— Soit (*fig.* 27) un point lumineux A ; nous prenons pour plan de figure un plan perpendiculaire au miroir et passant par A ; et soit MN la trace du miroir.

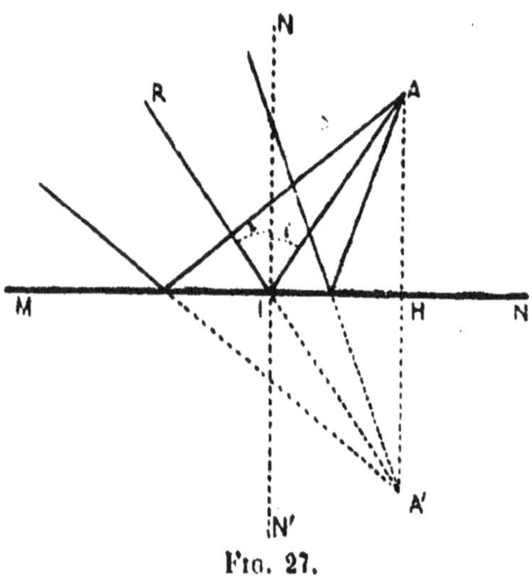

Fig. 27.

Soit un rayon quelconque AI, qui se réfléchit suivant IR dans le plan de la figure. Le rayon IR prolongé rencontre la perpendiculaire abaissée de A sur le plan du miroir MN en un point A', symétrique du point A par rapport au plan du miroir.

Dans le triangle AIA', les angles IAH et IA'H sont respectivement égaux aux angles i et r d'incidence et de réflexion; et, comme $i = r$, le triangle AIA' est isocèle. Donc, AH = A'H.

Tous les rayons partant du point A iront, après réflexion, se concentrer en A', qui sera le *foyer virtuel* du point A; c'est-à-dire que le cône de rayons lumineux partant du point A se transforme en un autre cône divergent, dont le sommet est en A'.

Image d'un objet, image virtuelle (*fig*. 28). — Un objet peut être considéré comme un ensemble de points lumineux. L'image de l'objet s'obtiendra en prenant le foyer virtuel de chacun de ces points. L'ensemble de tous ces foyers forme une image virtuelle, symétrique de l'objet par rapport au miroir.

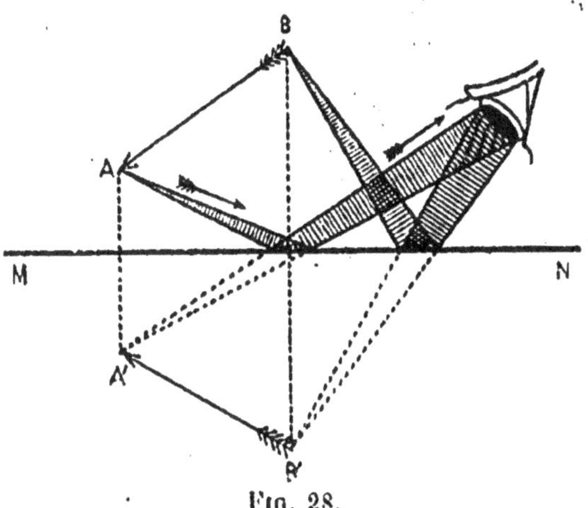

Fig. 28.

Soit un objet rectiligne AB, placé devant un miroir MN. Je joins les points A' et B', symétriques des points A, B par rapport au plan du miroir MN, et j'obtiens l'image A'B' de l'objet AB.

Images réelles (*fig*. 29). — Supposons qu'un miroir plan reçoive un cône de rayons lumineux dont le sommet A est un point virtuel, qui se trouve derrière le miroir.

Les rayons réfléchis forment un cône convergent, dont le sommet A' se trouve en avant du **miroir** et symétriquement placé par rapport à lui; ce foyer A' est un *foyer réel* de lumière, que l'on peut produire sur un écran.

Nous pourrons obtenir un objet virtuel en plaçant un objet devant une lentille convergente [1]. Nous obtenons de cet

(1) Voir *les Propriétés des lentilles convergentes*, chap. vi.

objet une image réelle AB. Interposons, entre la lentille et l'objet réel AB, un miroir plan MN ; cette image AB devient pour le miroir un objet virtuel. Nous aurons l'image réelle en prenant les symétriques A′ et B′ des points virtuels A et B.

Nous obtiendrons ainsi, en avant du miroir, une image aérienne réelle A′B′, que verra l'observateur et que l'on pourra produire sur un écran.

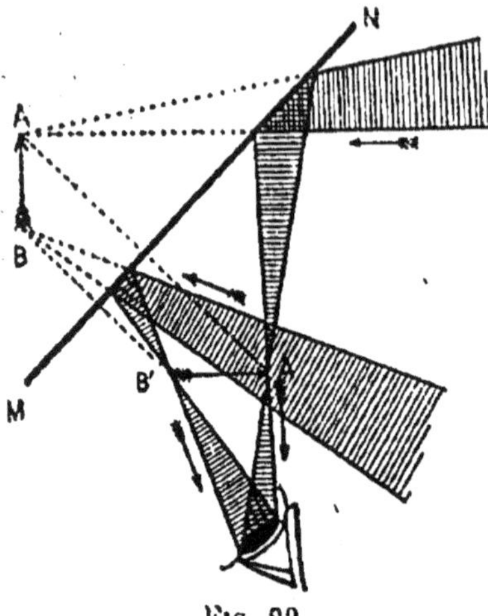

Fig. 29.

36. Champ d'un miroir. —

On appelle champ d'un miroir plan l'espace (*fig.* 30) que l'œil peut voir par réflexion dans le miroir.

Supposons l'œil en O et prenons son symétrique O′ par rapport au plan du miroir MN.

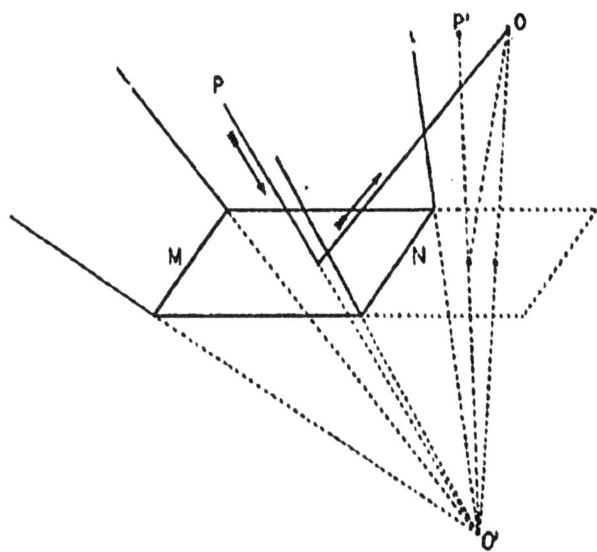

Fig. 30.

Pour qu'un point P soit visible dans le miroir pour l'œil de l'observateur placé en O, il faut que les rayons partant du point P passent, après réflexion, par le point O.

Menons le rayon dirigé suivant PO'; ce rayon, après réflexion, passe par le point O. *Tous les points compris dans le cône ayant pour sommet le point O' et pour directrice le contour du miroir* seront visibles. Pour tout point P' situé en dehors de ce cône, le rayon mené suivant P'O' ne rencontre pas le miroir et ne se réfléchit pas : par conséquent, il est invisible dans le miroir. Le champ dépend de la position de l'œil et s'élargit quand on l'approche du miroir. En déplaçant l'œil devant un miroir, on voit apparaître des objets qui n'étaient pas visibles et disparaître quelques-uns de ceux que l'on voyait précédemment.

37. Images dans deux miroirs parallèles. — Supposons deux miroirs plans parallèles MN, M'N' (*fig.* 31), tournés l'un vers l'autre, et un objet lumineux A placé entre les deux miroirs. Les rayons partant de l'objet A tombent d'abord sur le miroir MN et donnent une image A_1, symétrique de A par rapport à MN.

Les rayons réfléchis partant de A_1 tombent sur le miroir M'N', où ils produisent une nouvelle image A_2, symétrique de A_1 par rapport à

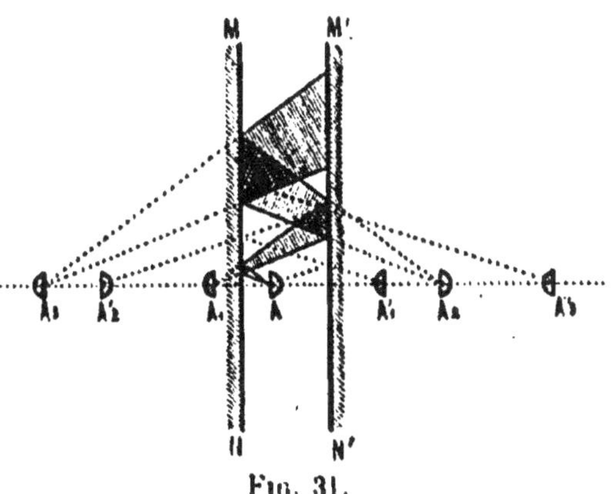

Fig. 31.

M'N'; enfin, les rayons réfléchis partant de A_2, réfléchis sur MN, donnent une image A_3, et ainsi de suite. En considérant les rayons qui partent de A et qui tombent sur le miroir M'N', on obtient une autre série indéfinie d'images A'_1, A'_2, A'_3. Si l'objet présente une face et un revers, ces différentes images présentent, pour un même miroir, alternativement la face et le revers.

Il sera facile d'établir la loi qui relie les distances des différentes images; théoriquement, le nombre des images est infini; mais, en pratique, il est limité, car chaque réflexion donne lieu à une perte de lumière. Nous pouvons constater, en effet, que les images sont de moins en moins brillantes. On observera aisément les effets des miroirs parallèles dans les salles où se trouvent des glaces sur deux murs parallèles.

38. Images dans deux miroirs inclinés. — *Miroirs rectangulaires.* — Soient OA et OB deux miroirs plans (*fig.* 32) rectangulaires, dont nous supposerons l'intersection perpendiculaire au plan de la figure, et un objet lumineux P, placé entre les deux miroirs; nous allons démontrer que, dans ce cas, il y a trois images. Les rayons qui partent de P tombent sur le miroir OA et donnent une image P_1, symétrique par rapport au miroir OA.

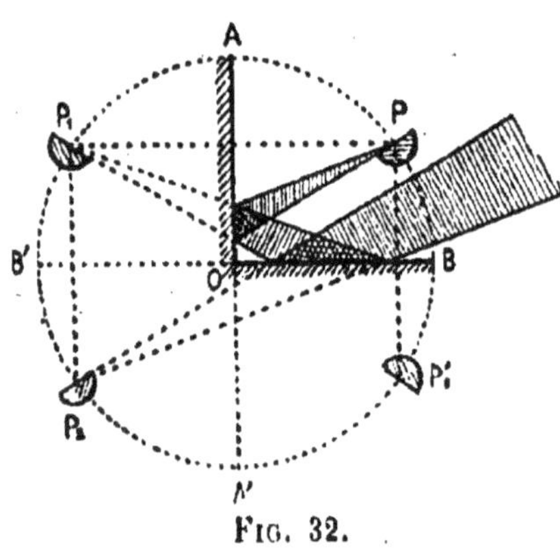

Fig. 32.

L'image P_1 joue, par rapport au miroir OB, le rôle d'un objet et donne une image P_2, symétrique de P_1 par rapport au miroir OB. Cette image P_2 étant située dans l'angle A'OB', opposé à celui des deux miroirs, est la dernière image qui puisse se former ; aucun des rayons partant du point P_2 ne peut rencontrer le miroir OA. Enfin, l'objet P donne dans le miroir OB une image P'_1, symétrique de P par rapport à OB. P'_1 donne une image P'_2, symétrique par rapport à OA et qui se confond avec P_2, car $PP'_1 = P_1P_2$.

Miroirs inclinés de 60°. — Supposons deux miroirs faisant un angle de 60° (*fig.* 33); nous aurons, dans ce cas, cinq images. L'objet lumineux P, étant placé à 20° du miroir OB, donne dans ce miroir une première image P_1, qui donne dans le miroir OA une deuxième image P_2, à une distance angulaire de 80° du point A; enfin, P_2 donne, dans le miroir OB, une troisième image P_3, à 160° de A.

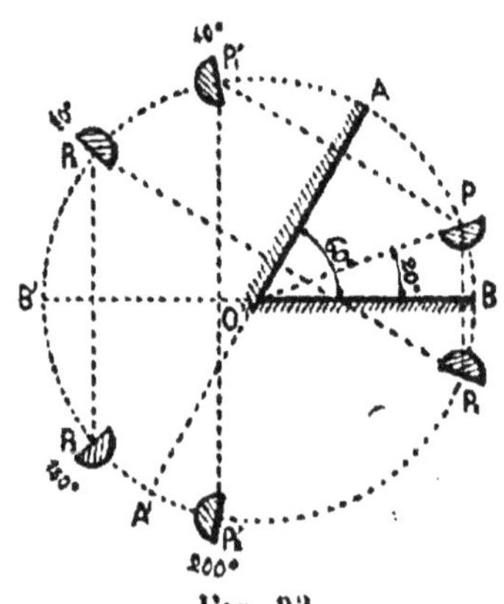

Fig. 33.

Cette image P_3 se trouve dans l'angle B'OA', opposé à l'angle BOA des miroirs. Elle ne peut envoyer aucun rayon sur OA ; c'est la dernière image formée. Considérons la deuxième série d'images : l'objet P donne, dans le miroir OA, une image P'_1, à 40° de A ; P'_1 donne, dans le miroir OB, une deuxième image P'_2, à 200° du point A ; enfin, P'_2 donnera, par rapport au miroir OA, une image P'_3, qui se confondra avec P_3, car les arcs $A'P'_2$ et $A'P_3$ sont égaux chacun à 20°.

On peut établir géométriquement que, si l'angle des miroirs est contenu exactement n fois dans la circonférence, le nombre des images sera égal à $n - 1$. Nous venons de le vérifier. Pour les miroirs rectangulaires, l'angle de 90° étant contenu 4 fois dans la circonférence, le nombre des images est égal à 3. Pour les miroirs inclinés de 60°, l'angle étant compris 6 fois dans la circonférence, le nombre des images est égal à 5.

Le kaléidoscope. — Le kaléidoscope est un appareil basé sur la formation des images dans les miroirs inclinés. Il se compose d'un système de deux miroirs formant un angle de 60° et placés dans un tube métallique, de manière que leur intersection soit parallèle à l'axe du tube. A l'extrémité de ce tube se trouvent, l'un près de l'autre, deux disques de verre : le premier est transparent et celui qui termine le tube est en verre dépoli ; entre les deux, on a placé de petits objets, tels que des fragments de verre de couleur, des brins de mousse, des fragments de dentelle. L'œil, appliqué à l'extrémité du tube, aperçoit une rosace à six compartiments, dans laquelle se succèdent alternativement la figure formée par ces objets et la figure symétrique. En faisant tourner le tube sur lui-même, on change la position des objets et, par suite, celle des images. Cet appareil est employé par les dessinateurs sur tissus pour composer leurs dessins.

39. Réflexion sur un miroir tournant. — Soit un miroir plan MN (*fig.* 34), mobile autour d'un axe O perpendiculaire au plan d'incidence, et un rayon incident RO qui se réfléchit suivant OR'. Faisons tourner le miroir MN d'un angle α autour de l'axe O ; le miroir prendra la position M'N' ; la direction du rayon incident RO restant fixe, le rayon réfléchi prendra une nouvelle direction OR".

Nous allons démontrer que le rayon réfléchi OR" tourne d'un angle 2α. En effet, la normale OH s'est déplacée d'un angle α et a pris la position OH', car les angles NON' et HOH' sont égaux comme ayant leurs côtés perpendiculaires. Il en résulte que le nouvel angle d'incidence ROH' est égal à $i + \alpha$: l'angle des rayons incident RO et réfléchi OR'' est égal à $2i + 2\alpha$. Le rayon réfléchi OR' a donc tourné d'un angle égal à 2α.

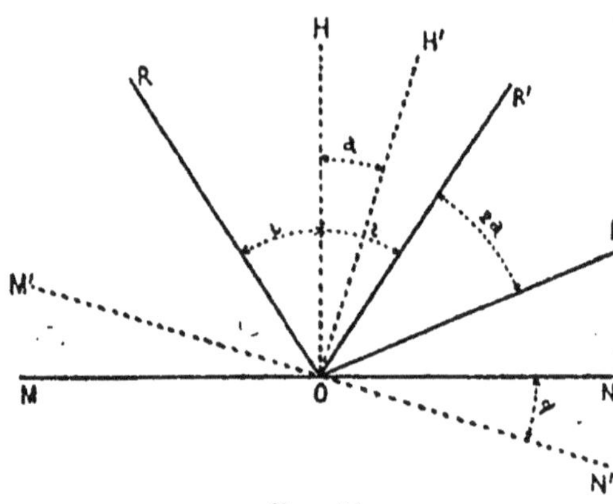

Fig. 34.

40. Double réflexion entre deux miroirs inclinés. —

Si un rayon lumineux RI (*fig.* 35), mené dans un plan d'incidence perpendiculaire à l'intersection de deux miroirs, subit deux réflexions, il fait avec le rayon réfléchi I'R' un angle égal au double de l'angle des miroirs.

Soient deux miroirs MN et M'N', faisant entre eux un angle α; soit RI le rayon incident qui se réfléchit sur MN suivant II', et sur M'N' suivant I'R'. Nous avons, dans le triangle IHI' :

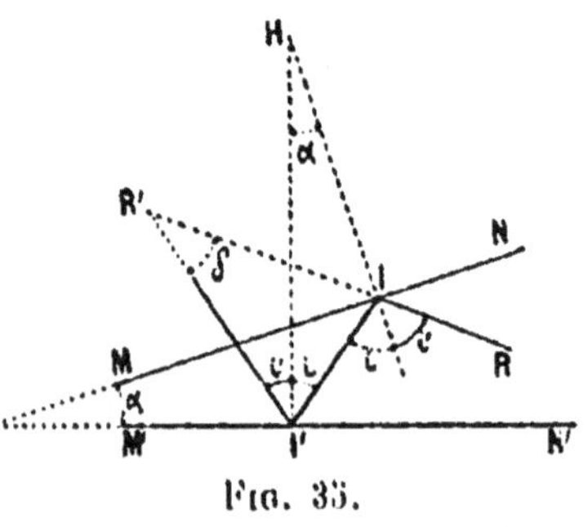

Fig. 35.

$$i = \alpha + i' \qquad \text{ou} \qquad 2i = 2\alpha + 2i'. \qquad (1)$$

Dans le triangle IRI'

$$2i = 2i' + \delta; \qquad (2)$$

retranchons (2) de (1), nous avons : $\delta = 2\alpha$.

Dans le cas particulier où $\alpha = 45°$, $\delta = 90°$. C'est sur ce principe que sont basés les *télémètres* et l'*équerre à miroir*.

APPLICATIONS DES MIROIRS PLANS

41. Mesure d'une hauteur au moyen d'un miroir plan.

— Supposons que l'on veuille mesurer la hauteur d'un arbre

(*fig.* 36). On dispose horizontalement un miroir sur le sol, et l'on se déplace de manière à voir dans le miroir l'image B' du sommet B. On mesure la hauteur OD de l'œil au-dessus du sol et les distances AC et CD. Les triangles semblables ABC et OCD donnent :

$$\frac{AB}{AC} = \frac{OD}{CD}, \quad \text{d'où} \quad AB = \frac{AC \times OD}{CD}.$$

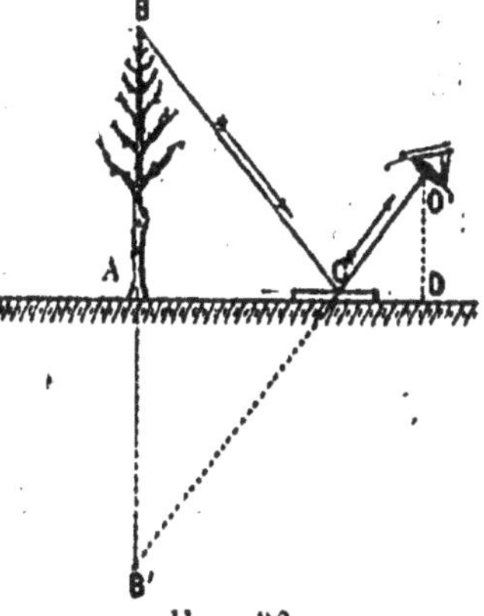

Fig. 36.

42. Mesure des petits angles

(*fig.* 37). — Cette méthode est basée sur la propriété des miroirs tournants. Soit à mesurer l'angle de déplacement d'un miroir plan MN, tournant autour d'un axe O perpendiculaire au plan d'incidence. On dispose devant le miroir une échelle RR' graduée et, au-dessus, une lunette astronomique, munie d'un réticule ([1]).

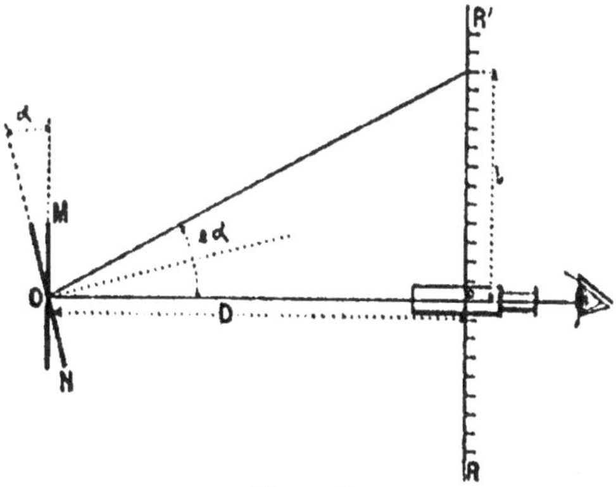

L'axe optique de la lunette, étant perpendiculaire au miroir, correspond au zéro de la graduation. L'observateur verra, par réflexion dans le miroir, le zéro de l'échelle en coïncidence avec le point de croisement des fils du réticule de la lunette. Si le miroir tourne d'un angle x, le rayon lumineux OR' qui, après réflexion, pénétrera dans l'axe de la lunette, fera un angle $2x$ avec la direction de l'axe optique de la lunette.

Fig. 37.

En mesurant OR' sur l'échelle graduée et en représentant OR' par l, on a $l = D \operatorname{tg} 2x$; mais nous avons supposé que l'angle x était petit ; on peut prendre l'arc pour la tangente, d'où

$$l = 2Dx.$$

(1) Voir la *lunette astronomique*, chap. VIII.

Nous voyons que, pour un déplacement α du miroir, le déplacement l du rayon lumineux sera proportionnel à D. Nous pourrons faire varier la sensibilité de la méthode en augmentant la valeur de D. Dans la pratique, on mesure simplement la valeur de l, qui est proportionnel à α.

Sensibilité de la méthode. — Le déplacement, pour un angle donné, est proportionnel au rayon D :

$$\text{arc } \alpha = \frac{2\pi\alpha}{360}.$$

Supposons

$$\alpha = 1^{\circ}, \qquad D = 1 \text{ mètre}, \qquad l = \frac{2\pi\alpha}{360} \times 2D;$$

$$l = \frac{6{,}28 \times 1}{360} \times 200 = 3^{cm}{,}49.$$

Nous pouvons lire sur l'échelle le 1/2 millimètre, qui correspondra à $\frac{1}{34{,}9 \times 2}$ de degré ou au $\frac{1}{69{,}8}$ de degré, à peu près une minute.

Cette méthode est employée dans les électromètres et les galvanomètres pour mesurer l'angle dont se déplace l'aiguille et sert aussi à mesurer l'angle d'inclinaison d'un fléau de balance.

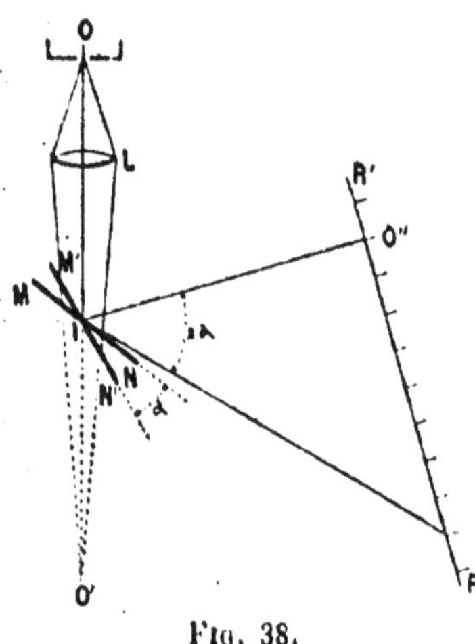

Fig. 38.

Deuxième disposition (*fig.* 38). — On peut utiliser la formation des images réelles dans les miroirs plans et supprimer la lunette. Pour cela, on dispose une lentille convergente L devant une fente lumineuse O ; la lentille L donne une image réelle O' de la fente. On interpose entre l'image O' et la lentille L un miroir plan MN. L'image O' devient un objet virtuel par rapport au miroir MN et donne, en avant du miroir, une image réelle O'' de la fente lumineuse, image que l'on reçoit sur une échelle graduée RR'.

Lorsque le miroir tourne d'un angle α, le rayon IO'' tourne d'un angle 2α et prend la position IR.

Le déplacement $O''R$ est représenté par la même formule que dans le cas précédent.

43. Sextant à un seul miroir. — Cet appareil (*fig.* 39) sert à la mesure des angles sur le terrain. Il se compose d'une *alidade à pinnule* DD', au moyen de laquelle on vise un point G, et d'un limbe gradué qui porte un miroir plan MN perpendiculaire à sa surface, et que l'on déplace en le faisant tourner autour de l'axe O, perpendiculaire au plan du limbe, de manière à voir le point H, par réflexion sur le miroir, dans la direction de G. Soit à mesurer l'angle GOH : on mesure, sur le limbe gradué, l'angle dont on a fait tourner le miroir MN pour voir le point H dans la direction de G.

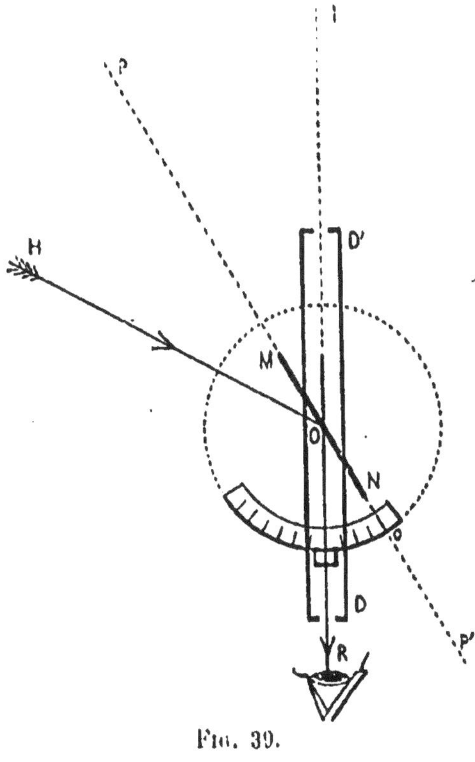

Fig. 39.

L'angle cherché $GOH = 2HOP = 2ROP'$.

L'angle GOH à mesurer sur le terrain est le double de l'angle ROP' dont on a fait tourner le miroir et que l'on mesure sur le cercle gradué.

44. Sextant. — Le *sextant* (*fig.* 40) est un appareil qui sert à déterminer la distance angulaire de deux astres ou la hauteur du soleil au-dessus de l'horizon. Il est basé sur les propriétés des miroirs tournants. Il se compose essentiellement de deux miroirs plans M et N, disposés perpendiculairement sur le plan d'un secteur AOB portant une graduation. Le miroir N est fixe, le miroir M est mobile autour d'un axe O perpendiculaire au plan du secteur; ce mouvement lui est communiqué par l'intermédiaire d'une alidade OH, qui se déplace sur un cercle divisé. Lorsque les miroirs M et N sont parallèles, l'alidade OH se trouve au zéro du cercle gradué. L'appareil porte une lunette astronomique L, munie d'un réticule. La moitié IN du miroir N est étamée, la partie III est transparente. Supposons que deux rayons partent des points S et S' suivant les directions parallèles S'O et SI : le rayon S'O, après réflexion, et le rayon SI se superposent suivant l'axe de la lunette, si les miroirs M et N sont parallèles.

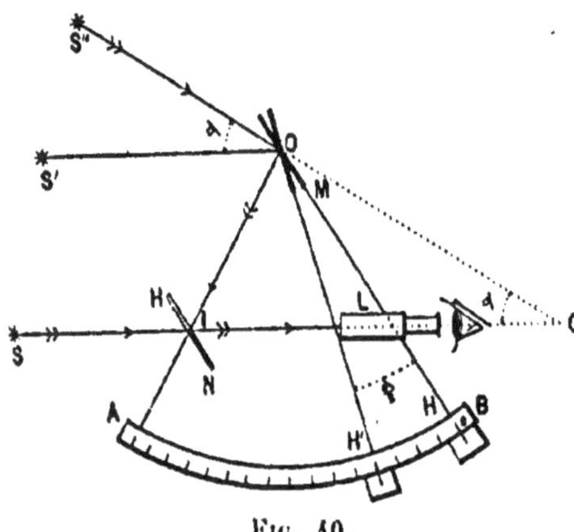

Fig. 40.

Supposons un troisième rayon dans la direction S"O, et soit S"O'S l'angle que nous voulons mesurer; les angles S"O'S et S"OS' sont égaux comme correspondants.

D'après le principe du miroir tournant, pour que le rayon S"O se réfléchisse suivant OI, il faut que l'angle du rayon incident S'O et du rayon réfléchi OI augmente de l'angle S'OS", c'est-à-dire de l'angle α que l'on veut mesurer. Il faudra faire tourner le miroir M autour du point O d'un angle $\frac{\alpha}{2}$; l'alidade se déplacera de la position OH à OH'; le point S" sera vu alors dans la direction SI et le double de l'angle dont on aura fait tourner le miroir, mesuré sur le cercle gradué, représentera la distance angulaire des deux astres S et S".

45. Principe du télémètre. — Le télémètre (*fig.* 41 et 42) est un appareil employé dans l'armée pour mesurer les distances.

Il est basé sur le problème traité au paragraphe 40. Il se compose de deux miroirs M et M' pouvant tourner autour des axes O et O' et placés à l'intérieur d'un tube T ayant sur le côté une ouverture et dont le couvercle et le fond portent deux petits trous *m*, *n*, qui permettent de viser un point S, représenté par un objet quelconque, assez éloigné. Nous supposerons que les deux miroirs font un angle de 45°. Un rayon lumineux, partant du point H dont on veut déterminer la distance, pénètre par l'ouverture latérale et, après réflexion sur les miroirs M et M', arrive à l'œil de l'observateur, qui voit le point H dans la direction du point S, les deux directions S*n* et HK étant perpendiculaires.

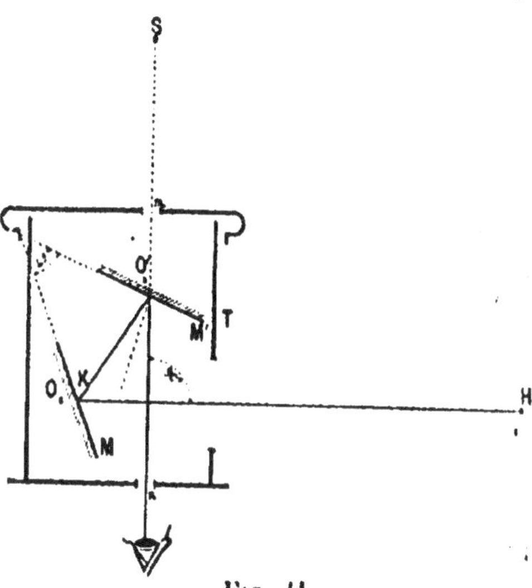

Fig. 41.

L'opérateur se porte au point B (*fig*. 42) dans la direction AS, à une distance de 30 mètres par exemple du point A. Il voit alors le point H en H'; on incline le miroir M' de manière à ramener le point H' dans la direction du point S. L'angle dont on a fait tourner le miroir est égal à l'angle $\dfrac{\text{SBH'}}{2}$. Nous avons, dans le triangle rectangle ABH :

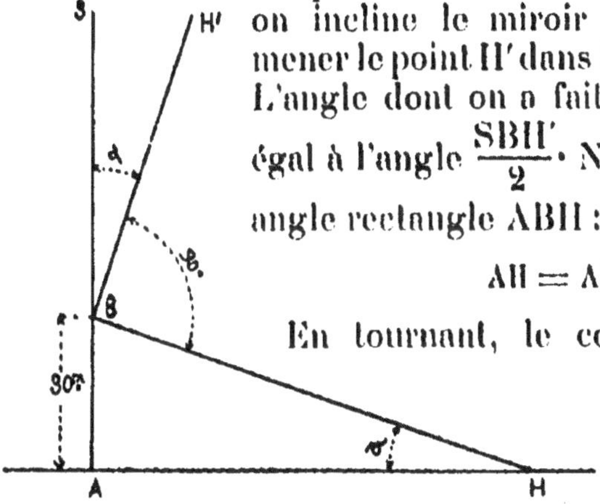

$$\text{AH} = \text{AB}\,\text{cotg}\,\alpha.$$

En tournant, le couvercle de l'appareil produit l'inclinaison du miroir M' et une graduation permet, d'après le déplacement du couvercle, de lire directement la valeur AH, c'est-à-dire la distance du point H à l'observateur.

Fig. 42.

46. Appareil pour contrôler le pointage du tir. —

— Ce petit appareil (*fig*. 43), employé dans l'armée se compose d'un verre fumé MN vertical, jouant le rôle d'un miroir et

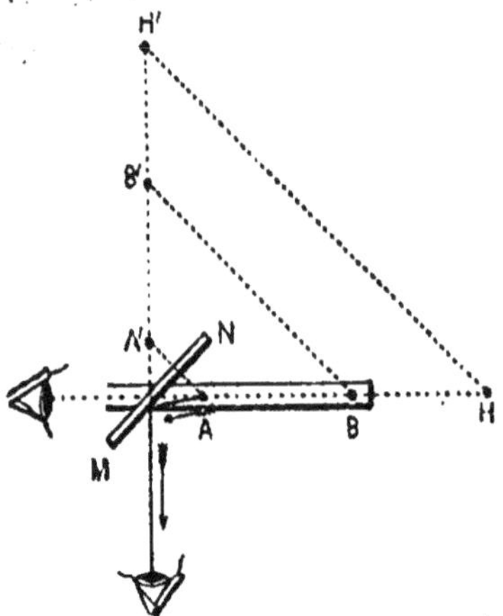

Fig. 43.

incliné à 45° sur la ligne de mire du fusil, entre la hausse A et l'œil du pointeur. Celui-ci voit directement, au travers de ce verre fumé, la hausse A, le guidon B et le but H.

L'instructeur, placé à droite du tireur, voit l'alignement A'B'H' de ces trois points par réflexion sur le verre fumé jouant le rôle de miroir, et peut s'assurer de la justesse du tir.

47. Porte-lumière. — Le porte-lumière (*fig*. 44) est un appareil permettant de faire pénétrer dans une chambre obscure un faisceau de rayons solaires conservant une direction constante, malgré le mouvement du soleil. Il se compose d'un miroir plan, placé en dehors de la chambre obscure et fixé à une plaque P, dans le volet de la pièce, par deux tringles; le miroir peut recevoir deux mouvements: le premier autour

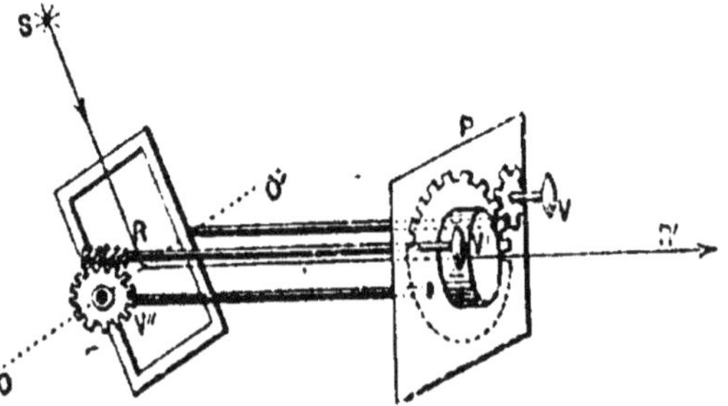

Fig. 44.

de l'axe RR', au moyen d'une couronne dentée et d'un pignon V; le deuxième autour de l'axe OO', au moyen d'un pignon V″ et d'une vis sans fin commandée par un bouton V'. Grâce à ces deux mouvements, on maintient le rayon réfléchi dans une direction constante.

CHAPITRE IV

MIROIRS SPHÉRIQUES

48. Définitions. — On appelle *miroir sphérique (fig. 45)* un miroir dont la surface réfléchissante est une portion de sphère. On appelle *miroir concave* celui dont la partie réfléchissante correspond à la partie concave de la sphère, et *miroir convexe*, celui dont la partie réfléchissante correspond à la partie convexe de la sphère.

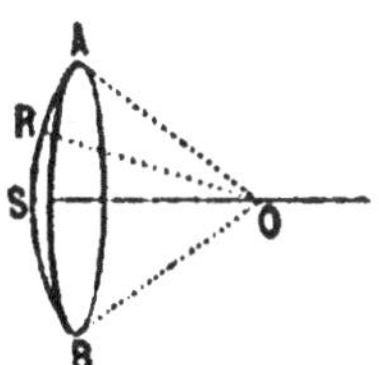

Fig. 45.

On appelle *centre de courbure* le centre O de la sphère, et *rayon de courbure* le rayon OR de la sphère ; *sommet* du miroir, le *pôle* S de la calotte sphérique, c'est-à-dire le milieu du miroir ; *axe principal*, la ligne OS qui joint le centre de courbure au sommet du miroir ; enfin, *ouverture* du miroir, l'angle AOB qui représente l'angle générateur d'un cône ayant pour sommet le centre de courbure O, et pour directrice le contour du miroir.

Tout plan passant par l'axe principal coupe le miroir suivant une section appelée *section principale*.

Les miroirs que l'on utilise dans les applications ont un très grand rayon de courbure et une très faible ouverture : de 3° à 4°.

MIROIRS CONCAVES OU CONVERGENTS

49. Équation aux foyers conjugués. — Soient ASB (*fig. 46*) la section principale d'un miroir concave et un point lumineux P, placé sur l'axe principal, envoyant des rayons lumineux dans toutes les directions. Parmi tous ces rayons qui rencontrent la surface du miroir, considérons le rayon PA ; menons la normale au point A, qui se confond avec le rayon de courbure OA, lequel fait un angle i avec le rayon incident PA.

Construisons le rayon réfléchi AP′, qui fait avec la normale OA un angle r égal à l'angle i. Ce rayon réfléchi rencontre l'axe principal du miroir au point P′, dont nous allons déterminer la position par le calcul. Prolongeons la normale OA et, du point P, abaissons une perpendiculaire PD sur la ligne AO prolongée; portons DC = OD et joignons le point P au point C.

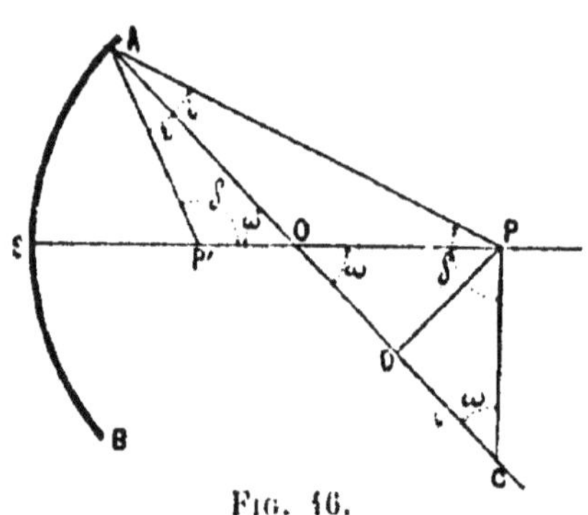

Fig. 16.

Les deux triangles AP′O et APC sont semblables; l'angle P′AO = CAP, car $i = r$.

L'angle PCA = POC par construction, mais l'angle POC = AOP′, d'où PCO = AOP′.

Les triangles semblables AP′O et APC donnent :

$$\frac{PC}{AC} = \frac{P'O}{AO} \qquad \text{ou} \qquad \frac{PO}{AO + 2OD} = \frac{P'O}{AO}.$$

Représentons la distance du point P au miroir par p, la distance du point P′ au miroir par p' et le rayon de courbure par R. Nous avons :

$$\frac{p - R}{R + 2(p - R)\cos\omega} = \frac{R - p'}{R},$$

d'où

$$p' = R\left(1 - \frac{p - R}{R + 2(p - R)\cos\omega}\right).$$

La position du point P′ variera avec l'angle ω que fait la normale passant par le point A avec l'axe principal. Si nous supposons les rayons incidents très peu inclinés sur l'axe principal, la valeur de cos ω est très près de 1. Supposons cos $\omega = 1$, nous aurons :

$$p' = \frac{pR}{2p - R}, \qquad \text{d'où} \qquad \frac{1}{p} + \frac{1}{p'} = \frac{2}{R}.$$

Cette équation est appelée équation aux foyers conjugués. Si nous faisons dans cette équation $p = \infty$, cela revient à supposer que les rayons qui viennent frapper le miroir sont parallèles à son axe principal. Nous aurons :

$$p' = \frac{R}{2}.$$

Ce point F (*fig.* 47), où tous les rayons parallèles à l'axe principal viennent se concentrer, se nomme foyer principal du mi-

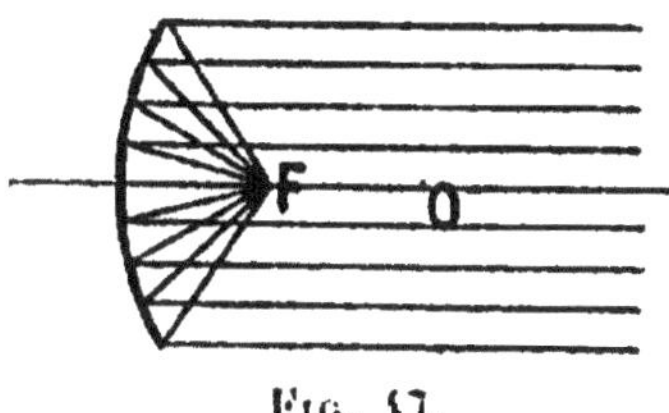

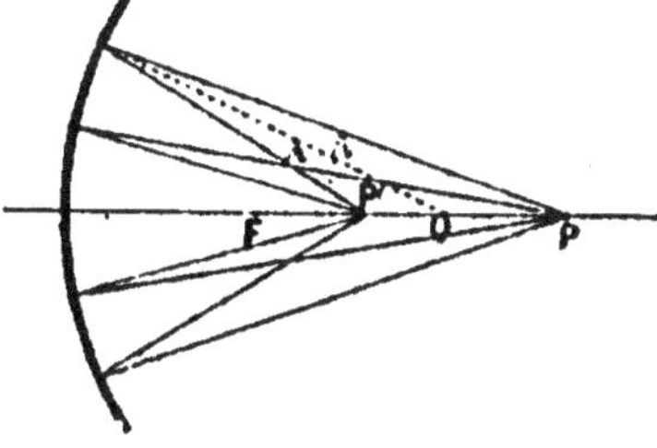

Fig. 47.   Fig. 48.

roir et sa distance au sommet du miroir se nomme *distance focale*; nous la représenterons dans les calculs par *f*. Nous remarquons que l'équation aux foyers conjugués est indépendante de l'angle ω, et nous en concluons que tous les rayons lumineux partant d'un point lumineux P (*fig.* 48) vont, après réflexion sur le miroir, se concentrer en un point P' que l'on appelle le *foyer*, ou *point conjugué* du point P.

50. Plan focal. — Menons, par le centre de courbure O (*fig.* 49) du miroir, un rayon OH quelconque. La direction de ce rayon se nomme *axe secondaire* du miroir et se trouve, par rapport à lui, dans les mêmes conditions que l'axe principal; tous les rayons lumineux parallèles à cet axe secondaire OH viendront, après réflexion, se concentrer en un point F' de cet axe, distant du miroir d'une quantité égale à $\frac{R}{2}$.

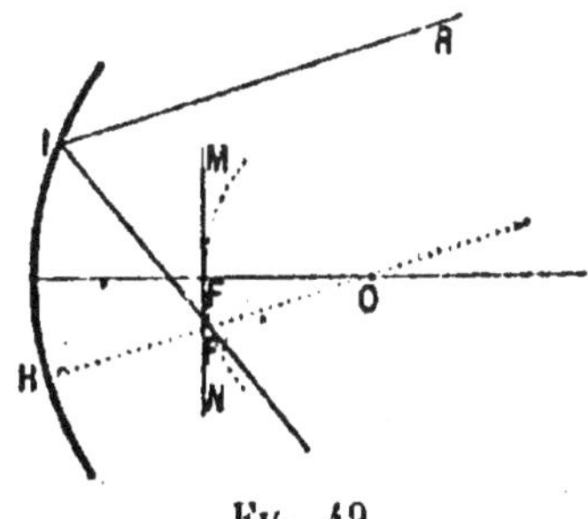

Fig. 49.

Le lieu géométrique de ces différents foyers provenant de faisceaux lumineux parallèles aux axes secondaires sera une surface sphérique décrite du point O comme centre, avec $\frac{R}{2}$ comme rayon.

Dans les miroirs que nous étudierons, l'angle d'ouverture étant très petit, ces axes secondaires font, avec l'axe principal, des angles très petits. Nous pourrons substituer à cette surface sphérique un plan tangent à la sphère au point F. Ce plan est appelé *plan focal*. Il possède les propriétés suivantes : tout faisceau de rayons parallèles rencontrant le miroir donnera, après réflexion, un faisceau convergent dont le sommet se trouvera à l'intersection de l'axe secondaire parallèle à la direction du faisceau avec le plan focal ; et réciproquement, tout faisceau divergent partant d'un point du plan focal donnera, après réflexion, un faisceau parallèle à l'axe secondaire passant par le point du plan focal d'où part le faisceau divergent.

51. Construction géométrique du foyer conjugué. — 1° Le point est sur l'axe principal. — Nous avons vu que tous les rayons parallèles à un axe secondaire viennent, après réflexion sur la surface du miroir, se concentrer en un point du plan focal qui sera le point d'intersection de l'axe secondaire parallèle aux rayons avec le plan focal ; réciproquement, si des rayons lumineux partent d'un point du plan focal, ils sortiront, après réflexion sur la surface du miroir, parallèlement à l'axe secondaire passant par le point situé sur le plan focal.

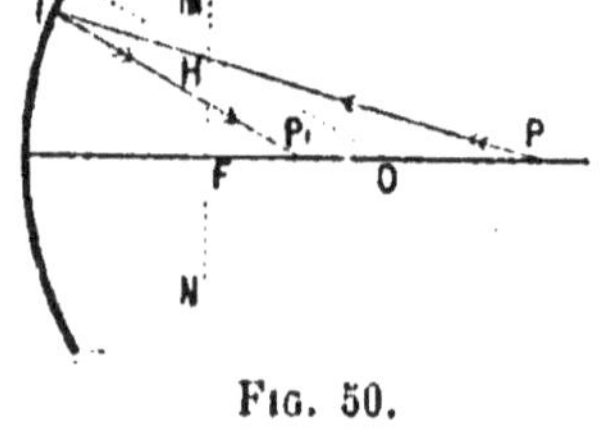

FIG. 50.

De là, nous allons déduire la construction du foyer conjugué.

Soit un point lumineux P (*fig.* 50) situé sur l'axe principal ; menons le plan focal MN ; un rayon quelconque PI, partant du point lumineux P, rencontre le plan focal en II ; nous pourrons supposer que ce rayon incident PI part du point II, situé sur le plan focal. Ce rayon, après réflexion sur le miroir, prendra la direction IP', parallèle à l'axe secondaire OII ; le rayon PO, dirigé suivant l'axe principal, se confond avec la normale et revient sur lui-même, après réflexion. Les deux rayons, partant du point P, se rencontrent au point P', qui sera le foyer conjugué du point P. Le foyer P', qui existe réellement et que l'on peut recevoir sur un écran, se nomme un *foyer réel*.

Foyer conjugué virtuel (*fig*. 51 et 52). — Plaçons le point P entre le sommet du miroir et le foyer principal, et répétons la même construction. Le rayon PI rencontre le plan focal en un point N; ce rayon, après réflexion, prendra la direction IP′, parallèle à l'axe secondaire ON.

Le point P′ sera le foyer conjugué *virtuel* du point P, mais ce foyer P′ n'existe pas en réalité. Les rayons lumineux qui

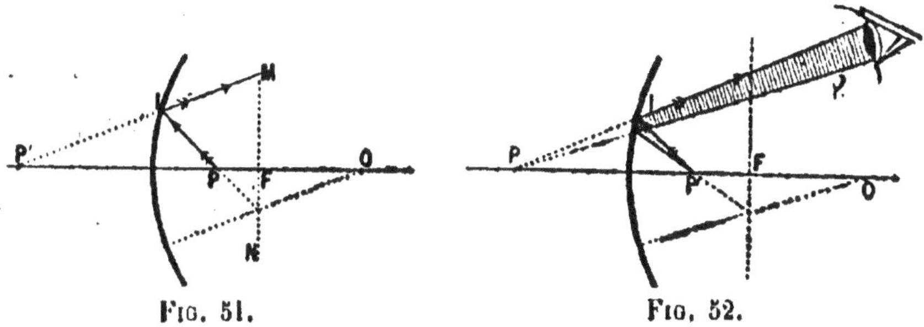

FIG. 51.　　　　　FIG. 52.

viennent impressionner l'œil de l'observateur semblent partir de ce point P′, car l'œil voit toujours les objets dans la direction des rayons lumineux qui se dirigent vers lui.

2° Le point lumineux est en dehors de l'axe principal. — Soit un point lumineux P (*fig*. 53). Parmi tous les rayons qui partent du point P, considérons le rayon PF, passant par le foyer F. Ce rayon, après réflexion sur le miroir, se dirige suivant I′P′ parallèlement à l'axe principal. On peut également tracer le rayon parallèle à l'axe principal qui, après réflexion, passe par le foyer principal F, ou un rayon quelconque PI, qui rencontre le plan focal en N et qui, après réflexion,

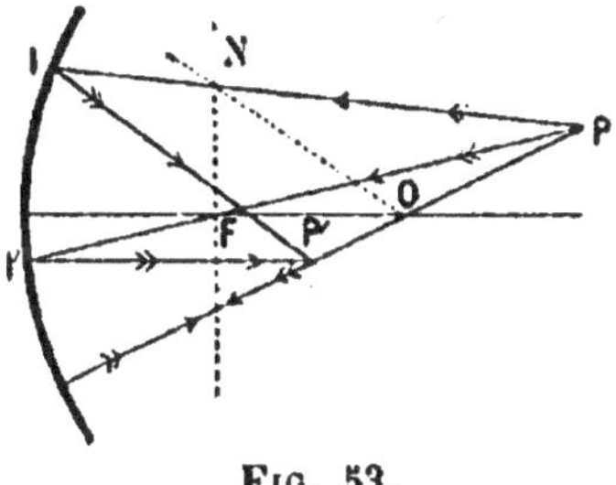

FIG. 53.

prend la direction IP′ parallèle à l'axe secondaire ON. Le rayon PO, dirigé suivant l'axe secondaire, se confond avec la normale et, après réflexion, revient sur lui-même.

Les deux rayons réfléchis se rencontrent au point P′, foyer *réel conjugué* du point P.

Foyer virtuel (*fig*. 54). — Soit un point lumineux P situé entre le sommet du miroir et le foyer. Je mène le rayon lumineux PF qui, après réflexion sur le miroir, se dirige suivant IN, parallèlement à l'axe principal, et le rayon PO, dirigé suivant l'axe secondaire. Ces deux rayons, prolongés géométriquement, se rencontreront en arrière du miroir, en un point P' qui n'existe pas en réalité, mais d'où semblent partir les rayons qui arrivent à l'œil de l'observateur.

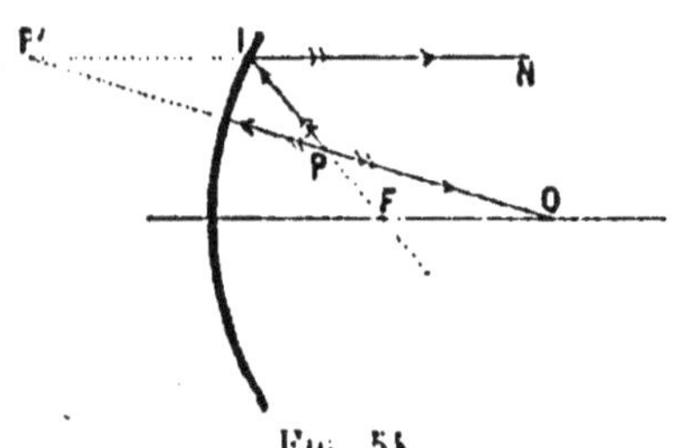

Fig. 54.

52. Construction géométrique des images.

— L'image d'un objet est constituée par l'ensemble des conjugués de tous ses points. L'image d'un arc de cercle AB (*fig.* 55), placé devant un miroir, sera un arc de cercle concentrique A'B'.

D'après l'équation aux foyers conjugués, tous les points de l'arc AB étant à la même distance du centre de courbure, la valeur de p est constante pour tous ces points.

Les points conjugués seront tous placés sur un arc de cercle décrit du

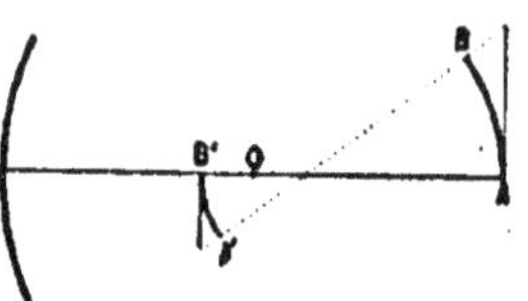

Fig. 55.

centre de courbure comme centre, avec un rayon égal à p'.

Si les arcs de cercle sont assez petits, on peut les confondre pratiquement avec de petites droites perpendiculaires à l'axe principal. Donc, l'image d'une petite droite perpendiculaire à l'axe principal sera une autre petite droite, perpendiculaire à l'axe principal.

Pour obtenir l'image d'une droite AB perpendiculaire à l'axe principal, il suffira de déterminer le point A', conjugué du point A, et d'abaisser de ce point une perpendiculaire sur l'axe principal.

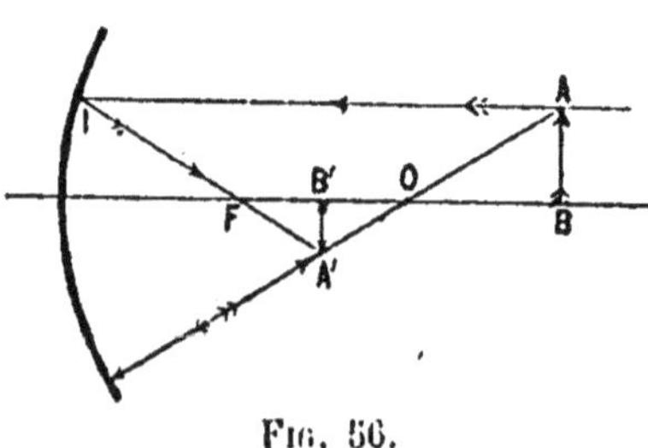

Fig. 56.

Images réelles (*fig.* 56). — Soit AB l'objet. Du point A, menons un rayon AI parallèle à l'axe principal. Après réflexion sur la surface du miroir, ce rayon passe par le foyer principal, et le rayon AO, dirigé suivant l'axe secondaire, revient sur lui-même après réflexion.

Ces deux rayons se rencontrent en A', foyer conjugué du point A. Du point A', abaissons une perpendiculaire sur l'axe principal : le point B', où cette perpendiculaire rencontre l'axe principal, donne le point B' conjugué du point B. Nous obtenons une image réelle et renversée de l'objet, image que l'on peut produire sur un écran qui diffuse la lumière dans toutes les directions et qui est vue de tous les points de l'espace.

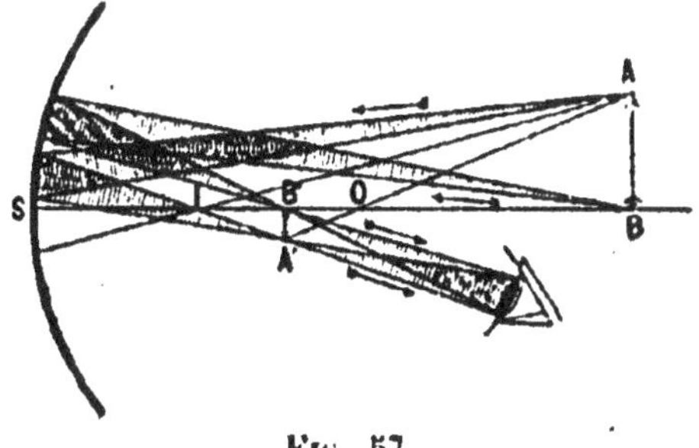

Fig. 57.

Ces images peuvent être vues directement (*fig.* 57). Les rayons émis du point A donnent naissance, après réflexion, à un cône de rayons convergents dont le sommet est A', et donneront, après le point A', un cône divergent. Si l'œil de l'observateur est placé à l'intérieur de ce cône, il recevra la lumière comme si le point A' était un objet lumineux.

L'observateur verra le point B' à la condition que son œil soit placé dans la région commune aux différents cônes · ayant ces points pour sommets, c'est-à-dire à la condition que les objets soient placés dans le champ du miroir. Ces images *aériennes* sont beaucoup plus brillantes que celles qui sont obtenues sur les écrans, car la lumière est réfléchie régulièrement et non diffusée dans toutes les directions.

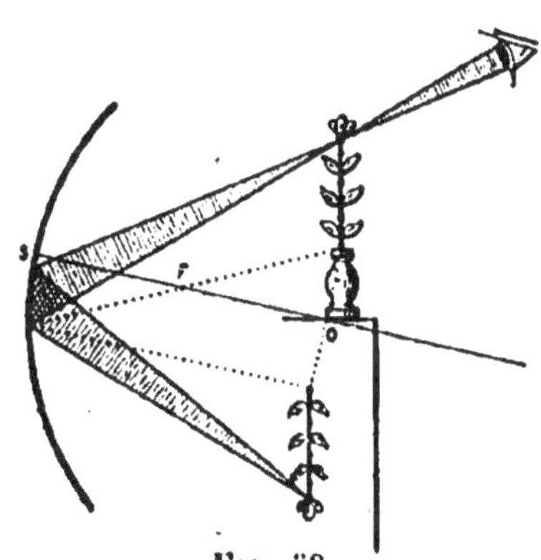

Fig. 58.

On montre l'existence de ces images aériennes par l'expérience du *bouquet magique* (*fig.* 58). On dispose, au centre de courbure d'un miroir concave, un bouquet renversé, caché à l'œil de l'observateur par un écran. L'observateur voit l'image aérienne, droite et symétrique de l'objet par rapport à l'axe principal OS. Le bouquet paraît placé dans un vase que l'on a disposé au-dessus de l'écran.

Images virtuelles. — Plaçons l'objet (*fig.* 59) AB entre le foyer et le sommet du miroir. Menons un rayon AI parallèle à l'axe principal et qui, après réflexion sur la surface du miroir, passe par le foyer F, et un rayon AO dirigé suivant l'axe secondaire; ce rayon, après réflexion, revient sur lui-même.

Ces deux rayons prolongés géométriquement se rencontrent au point A', foyer conjugué virtuel du point A. Abaissons du point A' une perpendiculaire sur l'axe principal; le pied B' de cette perpendiculaire nous donne

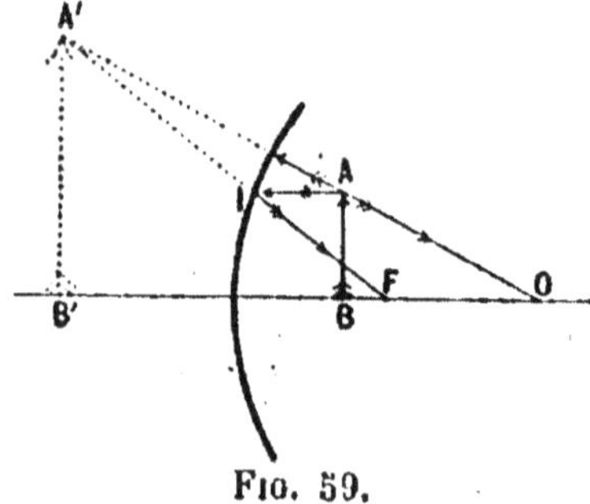

Fig. 59.

le foyer conjugué de B; nous obtenons l'image A'B' *virtuelle*, *droite et amplifiée* de l'objet. Pour voir cette image (*fig.* 60),

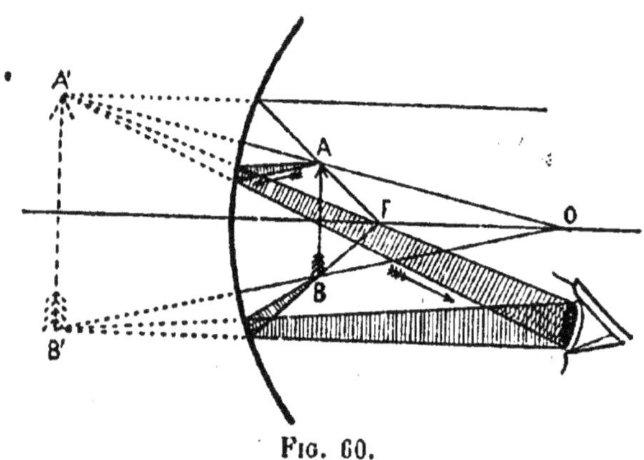

Fig. 60.

l'œil de l'observateur devra se placer dans la direction des faisceaux lumineux partant des points A' et B', ainsi qu'il a été expliqué pour les images aériennes réelles.

53. Construction géométrique de l'image d'un objet virtuel. — Foyer conjugué d'un point virtuel. — Supposons qu'un faisceau convergent

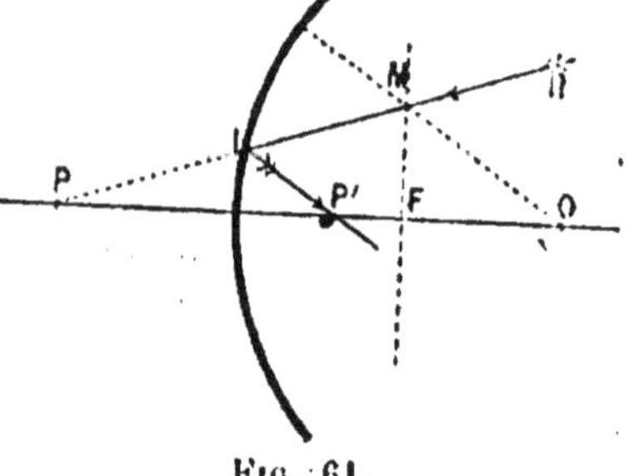

Fig. 61.

(*fig.* 61) rencontre un miroir concave, de manière que le som-

met du faisceau se trouve derrière le miroir, en P. On appelle
ce point P un *point virtuel*.

Soit P un point virtuel. Supposons un rayon lumineux RP
rencontrant le plan focal au point M ; le rayon réfléchi IP'
sera dirigé parallèlement à l'axe secondaire MO. Le point P'
sera le foyer conjugué *réel* du point P.

Image d'un objet virtuel. — Soit un objet virtuel (*fig.* 62)
AB. Je mène un rayon lumineux
passant au point A, dirigé suivant FA, qui rencontrera le miroir en I et se réfléchira suivant
IA', parallèlement à l'axe principal du miroir ; je mène également le rayon OA, dirigé suivant l'axe secondaire. Le point
d'intersection du rayon AO et du

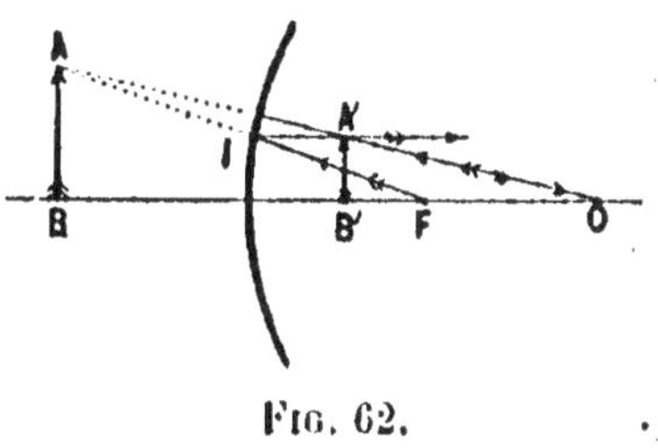

Fig. 62.

rayon réfléchi IA' nous donnera A', foyer conjugué réel du
point virtuel A.

Du point A', abaissons une perpendiculaire A'B' sur l'axe
principal : A'B' sera l'image réelle de l'objet virtuel.

54. Champ d'un miroir concave. — On appelle champ d'un
miroir (*fig.* 63) l'espace que
l'œil peut voir dans ce miroir.
Soit P la position de l'œil :
tous les rayons qui abou-
tissent au point P après réflexion sur le miroir passent,
avant leur réflexion, par le
point conjugué P' du point P.
Le champ est donc limité,

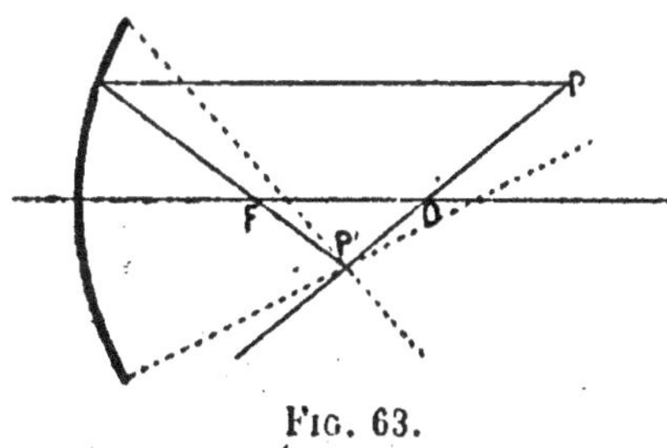

Fig. 63.

d'une part, par le miroir ; d'autre
part, par les deux nappes d'un
cône ayant pour sommet P' et
pour directrice le contour du
miroir.

**55. Relation entre les di-
mensions de l'image et de
l'objet.** — Soient un objet AB (*fig.* 64) et son image A'B'.

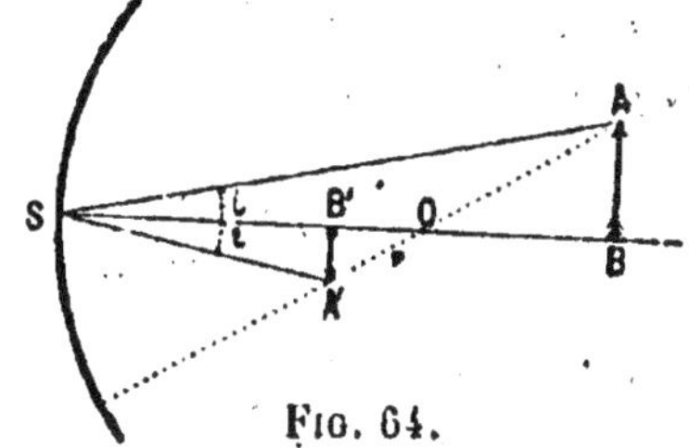

Fig. 64.

Les triangles semblables ASB et A'SB' donnent :

$$\frac{A'B'}{AB} = \frac{SB'}{SB} = \frac{p'}{p},$$

d'où, en représentant l'image et l'objet par les lettres I et O,

$$\frac{I}{O} = \frac{p'}{p}.$$

56. Discussion de l'équation aux foyers conjugués. — Les équations

$$\frac{1}{p} + \frac{1}{p'} = \frac{1}{f} \tag{1}$$

et

$$\frac{I}{O} = \frac{p'}{p} \tag{2}$$

permettent de trouver dans tous les cas la position et la grandeur de l'image, quand on donne les dimensions de l'objet et sa distance au miroir.

Dans l'équation (1), nous prendrons le sommet du miroir comme origine des segments; nous compterons ceux-ci positifs dans le sens inverse de la propagation de la lumière et négatifs dans le sens de la propagation. Si p est positif, le point lumineux est en avant du miroir du côté de la surface réfléchissante : on le dit *réel*. Nous prendrons p négatif lorsque le point lumineux est *virtuel*, c'est-à-dire quand les rayons incidents qui viennent rencontrer la surface réfléchissante forment un faisceau convergent, dont le sommet est supposé derrière le miroir. Enfin, si p' est positif, l'image sera *réelle* et se fera en avant de la surface réfléchissante ; si p' est négatif, l'image est dite *virtuelle :* elle n'existe pas en réalité et semble formée par le prolongement géométrique des rayons.

Nous voyons, d'après l'équation (1), que les segments p et p' varient en sens contraire, puisque leur somme est constante et égale à $\frac{1}{f}$; l'un décroît quand l'autre croît.

Examinons les différents cas de la discussion.

Objet réel. — 1° $p = \infty$, $p' = f$.

C'est à-dire que si l'on fait tomber sur le miroir un faisceau de rayons parallèles à l'axe principal, il se transforme, après réflexion, en un faisceau convergent dont le sommet est en F, au foyer principal (*fig.* 47).

2° $\infty > p > 2f$. — Si l'objet se rapproche, p' (*fig.* 56) augmente, l'image s'éloigne du foyer, elle est réelle.

Si nous résolvons l'équation (1) par rapport à p', $p' = \dfrac{pf}{p - f}$, p' est positif, p étant $> 2f$. En remplaçant dans (2) p par sa valeur, $\dfrac{I}{O} = \dfrac{f}{p - f}$, $\dfrac{I}{O}$ est plus petit que

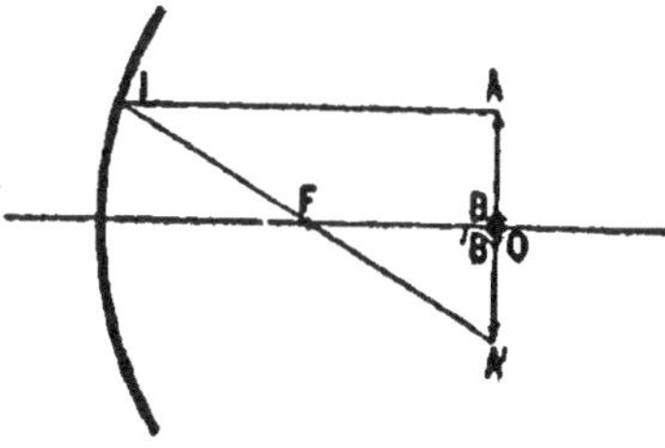

Fig. 65.

l'unité; donc, l'image est plus petite que l'objet.

Elle est renversée; car, en avant du plan focal, l'objet et l'image étant placés de part et d'autre du centre de similitude O, l'image est renversée par rapport à l'objet.

3° $p = R = 2f$ (*fig.* 65). — Si on place l'objet au centre de courbure,

$$\frac{1}{2f} + \frac{1}{p'} = \frac{1}{f}; \qquad \text{d'où} \qquad p' = 2f.$$

L'image se fait au centre de courbure.

$$\frac{I}{O} = \frac{f}{2f - f} = 1.$$

L'image est égale à l'objet et renversée.

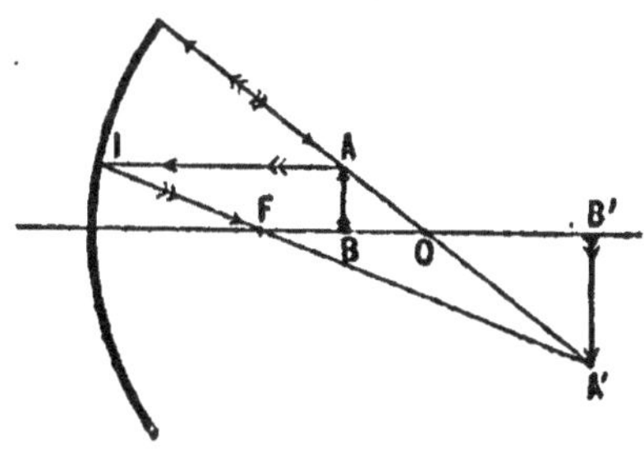

Fig. 66.

4° $f < p < 2f$ (*fig.* 66). — D'où $p' > 2f$, c'est-à-dire que l'image se fait au delà du centre de courbure.

$$\frac{1}{O} = \frac{f}{p - f}; \quad p > f; \quad \text{d'où} \quad \frac{I}{O} > 1.$$

L'image est plus grande que l'objet et renversée.

5° $p = f$. — Il n'y a plus d'image. Les rayons, après réflexion sur le miroir, sont parallèles à l'axe secondaire.

En effet :

$$\frac{1}{f} + \frac{1}{p'} = \frac{1}{f}, \qquad \frac{1}{p'} = 0, \qquad p' = \infty.$$

6° $p < f$ (*fig.* 67). — C'est-à-dire que l'objet est placé entre le sommet du miroir et le foyer.

$$p' = \frac{pf}{p-f}, \qquad p < f,$$

d'où p' est négatif. L'image est virtuelle :

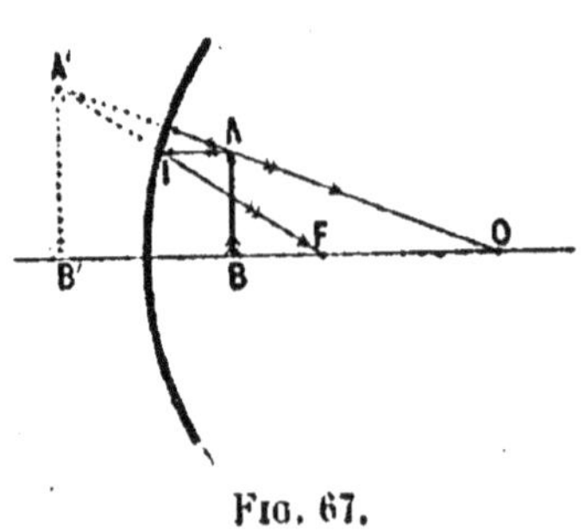

Fig. 67.

$$\frac{I}{O} = \frac{f}{p-f},$$

$$p < f, \qquad \text{d'où} \qquad I > 0.$$

L'image est plus grande que l'objet.

L'objet et l'image étant placés du même côté du centre de similitude, l'image est droite par rapport à l'objet.

7° $p = 0$, $p' = 0$. — L'image se fait au contact du miroir.

$$\frac{I}{O} = \frac{f}{p-f} = -1.$$

L'image est égale à l'objet.

Objet virtuel. — Dans l'équation aux foyers conjugués, faisons $p < 0$.

L'équation résolue par rapport à p' donne :

$$p' = \frac{pf}{p+f}.$$

Pour $p = \infty$, $p' = f$, l'image est nulle, p décroît en valeur absolue et croît en valeur relative, p' décroît, l'image est réelle, droite et se rapproche du miroir, $I < O$.

$$p = f, \qquad p' = \frac{f}{2}, \qquad \frac{I}{O} = 1/2;$$

$$p = 0, \qquad p' = 0, \qquad \frac{I}{O} = 1, \qquad I = 0.$$

RÉSUMÉ DE LA DISCUSSION

p	p'	NATURE DE L'IMAGE	SENS DE L'IMAGE	$\dfrac{1}{0}$
objet réel				
∞	f	réelle	renversée	nulle [1]
$p > 2f$	$f < p' < 2f$	réelle	renversée	$I < 0$
$p = 2f$	$p' = 2f$	réelle	renversée	$I = 0$
$2f > p > f$	$p' > 2f$	réelle	renversée	$I > 0$
$p = f$	$p' = \infty$	»	»	»
$p < f$	$p' < 0$	virtuelle	droite	$I > 0$
$p = 0$	$p' = 0$	virtuelle	droite	$I = 0$
objet virtuel				
$p = \infty$	$p' = f$	réelle	droite	nulle
$p = f$	$p' = \dfrac{f}{2}$	réelle	droite	$I = \dfrac{0}{2}$
$p = 0$	$p' = 0$	réelle	droite	$I = 0$

[1] L'image est nulle lorsque l'objet n'a pas de diamètre apparent sensible. L'image du soleil ou de la lune se forme rigoureusement dans le plan focal et a une grandeur que nous pourrons calculer.

57. Représentation graphique de la formule des miroirs concaves et discussion. —

L'équation aux foyers conjugués $\dfrac{1}{p} + \dfrac{1}{p'} = \dfrac{1}{f}$ résolue par rapport à p' donne :

$$p' = \frac{pf}{p - f}, \quad \text{d'où} \quad \frac{p - f}{p} = \frac{f}{p'};$$

p' est une quatrième proportionnelle.

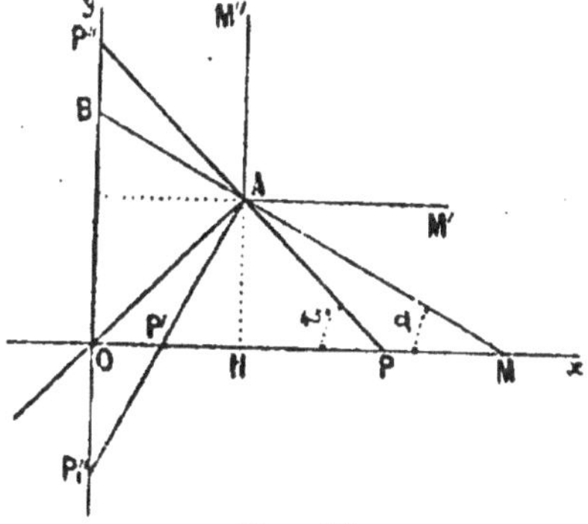

FIG. 68.

Prenons deux axes de coordonnées OX et OY (*fig.* 68); portons sur OX une longueur OM = p et ON = f. Elevons au point N une perpendiculaire sur l'axe OX et portons, à partir du point N, une longueur NA = f. Joignons AM et prolongeons la ligne MA jusqu'à sa rencontre en B avec l'axe OY. Les triangles semblables OBM et MNA donnent :

$$\frac{OM}{NM} = \frac{BO}{AN} \quad \text{ou} \quad \frac{p}{p - f} = \frac{p'}{f}, \quad \text{d'où} \quad OB = p'.$$

Pour trouver toutes les valeurs de p', nous allons faire tourner la droite BM autour du point A.

La construction graphique nous permet de déterminer en même temps la valeur de $\dfrac{I}{O}$. Le rapport $\dfrac{I}{O}$ étant égal à $\dfrac{p'}{p}$ sera représenté par la tangente trigonométrique de l'angle que fait la ligne BM avec l'axe OX.

En effet, dans le triangle rectangle BOM, $BO = OM \, \mathrm{tg}\,\alpha$, d'où

$$\frac{BO}{OM} = \frac{p'}{p} = \mathrm{tg}\,\alpha.$$

Discussion. — 1° Pour $p = \infty$, la droite MB devient parallèle à l'axe OX, OB devient égal à f.

$$\alpha = 0, \qquad\qquad \mathrm{tg}\,\alpha = 0.$$

L'image est nulle.

2° $\infty > p > 2f$. — P se rapproche, le point P' s'éloigne du point O; l'image s'éloigne du foyer. Comme l'angle α est plus petit que 45°.

$$\mathrm{tg}\,\alpha < 1, \qquad \text{d'où} \qquad I < 0.$$

3° $p = 2f$. — Le triangle POP' devient un triangle isocèle :

$$p' = 2f, \qquad \alpha = 45°, \qquad \mathrm{tg}\,\alpha = 1, \qquad I = 0.$$

4° $f < p < 2f$. — p' est plus grand que $2f$.

$$\alpha > 45°, \qquad \mathrm{tg}\,\alpha > 1, \qquad I > 0.$$

5° $p = f$. — La ligne AM devient parallèle à OY.

$$p' = \infty.$$

6° $p < f$. — La ligne AM rencontre l'axe OY en dessous de OX. L'image est virtuelle.

$$\alpha > 45°, \qquad \mathrm{tg}\,\alpha > 1, \qquad I > 0.$$

7° $p = 0$. — La ligne AM rencontre OY au point O. — Donc, $p' = 0$.

$$\alpha = 45°, \qquad \mathrm{tg}\,\alpha = 1, \qquad I = 0.$$

58. Détermination de la distance focale d'un miroir concave. — On oriente l'axe principal du miroir concave dans la direction du centre du soleil et l'on détermine, au moyen d'un petit écran, la position d'une petite image très brillante du soleil. Le point où se forme l'image est le foyer principal du miroir, et la distance de l'image au miroir représente la *distance focale* du miroir.

DEUXIÈME MÉTHODE. — On peut encore déterminer le rayon de courbure d'un miroir en disposant une source de lumière, une bougie par exemple, à une distance p du miroir ; au moyen d'un petit écran, on détermine la position de l'image ; on mesure la distance p' de l'écran et, en remplaçant p et p' par leurs valeurs dans l'équation $\dfrac{1}{p} + \dfrac{1}{p'} = \dfrac{1}{f}$, on détermine f.

On peut modifier cette deuxième méthode en se basant sur cette propriété des miroirs de donner d'un objet, placé dans un plan passant par le centre de courbure du miroir, une image égale située dans le même plan. On pourra chercher où il faut placer la bougie pour que son image se forme à côté sur un écran. La distance de la bougie au miroir sera le double de la distance focale.

59. Image du soleil. — On peut déterminer le diamètre de l'image du soleil (*fig.* 69) en fonction de son diamètre apparent (32′ environ) et du rayon de courbure du miroir.

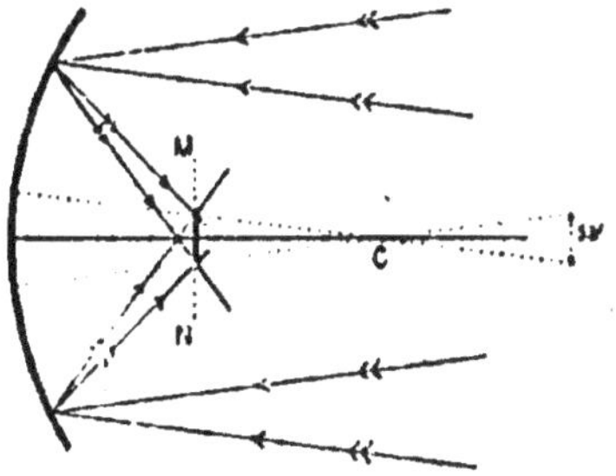

Deux points situés aux extrémités d'un même diamètre du disque solaire font leur image en MN, sur les axes secondaires passant par ces points. MN sera le diamètre de l'image qui se forme dans le plan focal du miroir.

Représentons par $\dfrac{R}{2}$ la distance focale du miroir et par δ le diamètre

Fig. 69.

apparent du soleil, c'est-à-dire l'angle sous lequel l'observateur voit le soleil. Le triangle MCN donne :

$$MN = R \operatorname{tg} \frac{\delta}{2} ;$$

mais, l'angle (δ) étant très petit, on peut prendre l'arc pour la tangente, d'où

$$MN = \frac{R}{2} \delta = d,$$

$$\delta = \frac{2\pi \times 32}{360 \times 60} = 0,009 \text{ de radian ou sensiblement } 0,01 \text{ de radian} ;$$

d'où $$d = \frac{R}{2} \times 0,01.$$

Pour un miroir de 2 mètres de rayon de courbure :

$$d = 0^m,01.$$

60. Formule de Newton. — Si nous prenons, dans l'équation aux foyers conjugués $\frac{1}{p} + \frac{1}{p'} = \frac{1}{f}$, le foyer F pour origine, d et d' étant les distances des points P et P' au point F, nous avons :

$$p = f + d \quad \text{et} \quad p' = f + d'.$$

En substituant à p et p' leurs valeurs dans l'équation aux foyers conjugués :

$$\frac{1}{f + d} + \frac{1}{f + d'} = \frac{1}{f}, \qquad \text{d'où} \qquad f^2 = d \times d'.$$

Cette équation se présente sous une forme plus simple et

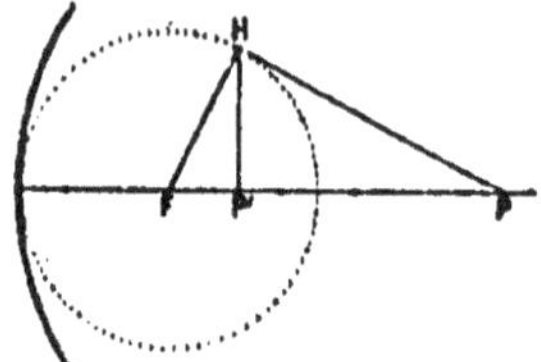

Fig. 70.

plus facile à discuter que l'équation aux foyers conjugués. Elle donne lieu à une construction graphique (*fig*. 70). Décrivons une circonférence ayant pour diamètre le rayon de courbure du miroir; du point lumineux P, menons la tangente à la circonférence, et abaissons du point de contact H de la tangente une perpendiculaire HP' sur le diamètre : P' est le foyer conjugué du point P. En effet, dans le triangle rectangle FHP, on a :

$$\overline{FH}^2 = FP' \times FP, \qquad \text{d'où} \qquad f^2 = d \times d' \,(1).$$

Discussion de la formule de Newton

Pour		
$d = \infty$	$d' = 0$
d décroît	d' croît
$d = f$	$d' = f$
$d = 0$	$d' = \infty$
d décroît de 0 à $- f$	d' croît de $- \infty$ à zéro
$d = - f$	$d' = - f$.

61. Vérification expérimentale des propriétés des miroirs concaves. — On dispose une bougie devant un miroir concave, de manière que la flamme se trouve sur l'axe principal, et l'on place, devant le miroir, un écran.

(1) La courbe représentant l'équation $f^2 = d \times d'$ est une hyperbole équilatère, facile à tracer.

1° Plaçons (*fig.* 71) la bougie au delà du centre de courbure : l'image se forme très près du foyer principal, très petite et renversée ; si nous rapprochons graduellement la bougie du centre de courbure, l'image s'éloigne du miroir, devient de plus en plus grande, mais elle est toujours plus petite que

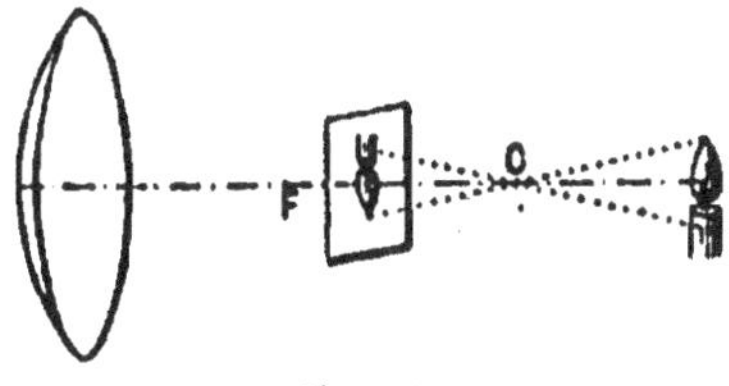

Fig. 71.

l'objet. Lorsque l'objet est au centre de courbure, l'image se fait au centre de courbure, renversée et égale à l'objet.

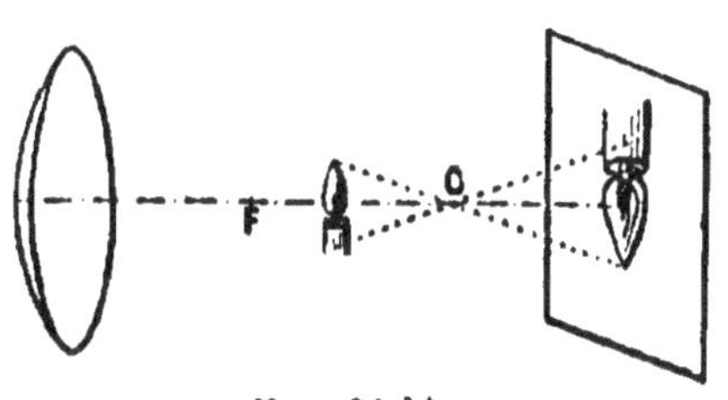

Fig. 71 *bis*.

2° Plaçons (*fig.* 71 *bis*) la bougie entre le centre de courbure et le foyer : l'image se forme au delà du centre de courbure, renversée, mais plus grande que l'objet ; l'image est d'autant plus éloignée du miroir et plus grande que la bougie est plus rapprochée du foyer principal. Quand la bougie est au foyer principal, l'image disparaît.

3° Plaçons (*fig.* 72) la bougie entre le foyer F et le miroir : l'observateur placé devant le miroir voit, derrière celui-ci, une image *virtuelle*, droite et plus grande que l'objet.

Si la bougie est placée près du foyer, l'image est très grande ; si nous rapprochons la bougie du miroir, l'image se

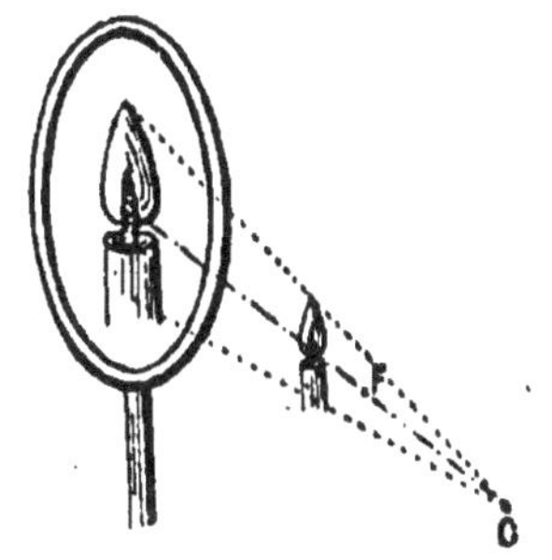

Fig. 72.

rapproche et diminue progressivement. Enfin, lorsque la bougie est contre le miroir, l'image virtuelle se forme au contact du miroir et égale à l'objet.

MIROIRS CONVEXES OU DIVERGENTS

62. Foyer d'un point lumineux situé sur l'axe principal. — Soient un miroir convexe (*fig.* 73), représenté par sa section principale, et P un point lumineux qui envoie des rayons dans toutes les directions ; soit PA l'un de ces rayons et soit OA la normale au point A. Le rayon réfléchi AR fait, avec

4*

la normale OA, un angle r, égal à l'angle i; le rayon AR, prolongé géométriquement, rencontre l'axe principal en P'. Représentons par p la distance du point lumineux P au sommet S du miroir, et par p' la distance du point P' au sommet S du miroir. Prolongeons OA et du point P abaissons une perpendiculaire PD sur la ligne OA prolongée.

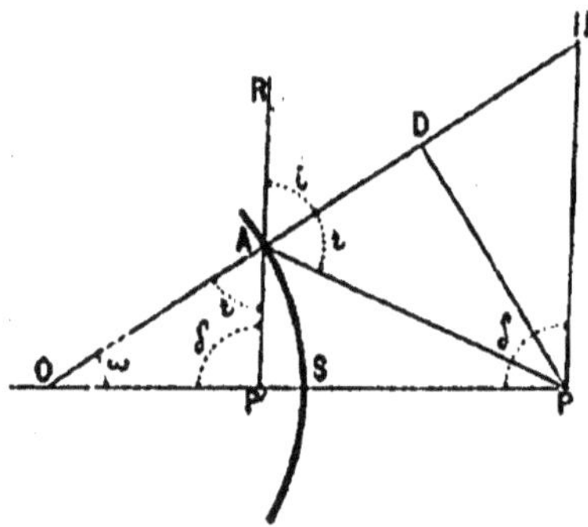

Fig. 73.

Portons AD = DH et joignons le point P au point H. Les triangles HOP et AOP' sont semblables; ils ont l'angle HOP commun. L'angle OAP' = RAH.

$$RAH = HAP = AHP.$$

Ces triangles donnent :

$$\frac{OH}{OA} = \frac{OP}{OP'}.$$

En remplaçant OP par sa valeur $p - R$, et OP' par sa valeur $- R + p'$, on a :

$$\frac{OA + 2AD}{OA} = \frac{p - R}{- R + p'},$$

$$AD = OD - OA, \qquad OD = OP \cos \omega;$$

d'où

$$AD = (- R + p) \cos \omega + R,$$

donc,

$$\frac{- R + 2 [(- R + p) \cos \omega + R]}{- R} = \frac{p - R}{- R + p'},$$

d'où

$$p' = R \left(1 + \frac{- p + R}{+ R + 2 (- R + p) \cos \omega} \right). \qquad (1)$$

La position du point P' dépendra de l'angle ω que fait la normale OA au point A avec l'axe principal. En supposant les rayons très peu inclinés sur l'axe principal, $\cos \omega$ est très près de 1. Supposons-le égal à 1. L'équation (1) devient :

$$\frac{1}{p} + \frac{1}{p'} = \frac{2}{R}.$$

Si, dans cette équation, nous faisons $p = \infty$, nous aurons

$$p' = \frac{R}{2}.$$

Ce point, où viennent converger les rayons prolongés après réflexion, se nomme le *foyer principal*.

Si nous recevons, sur un miroir convexe (*fig.* 74), un faisceau incident de rayons parallèles à l'axe principal, le miroir le transforme en un faisceau divergent, ayant pour sommet le point F.

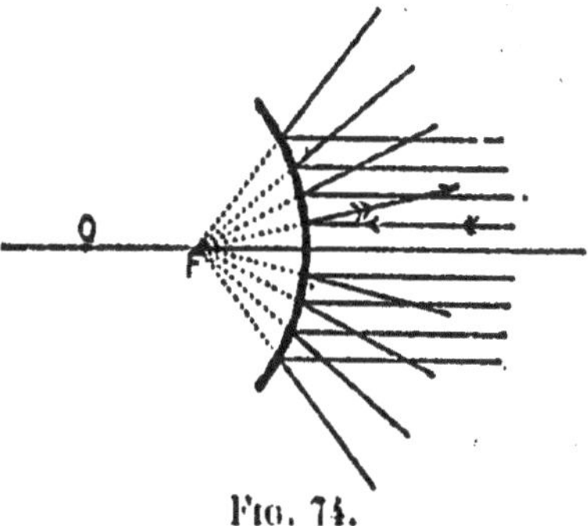

Fig. 74.

63. Construction géométrique du foyer conjugué. —

1° Le point est sur l'axe principal (*fig.* 75). — Soit un point lumineux P. Je mène un rayon quelconque PI qui, prolongé, rencontre le plan focal en un point M. Ce rayon, après réflexion, prendra la direction IK, parallèle à l'axe secondaire OM; le rayon réfléchi IK, prolongé, rencontre l'axe principal en P', qui est le foyer *conjugué virtuel* du point P.

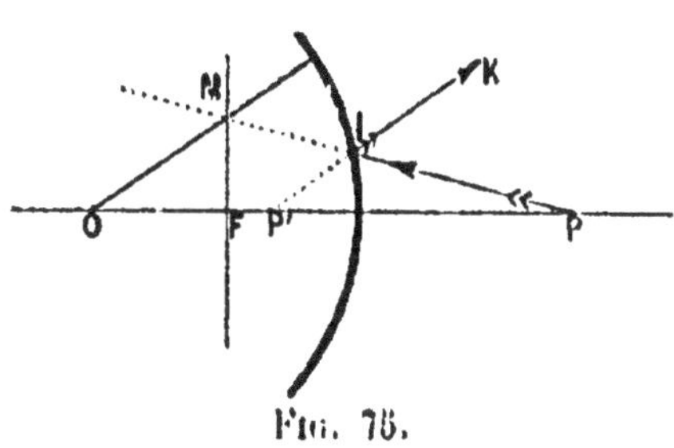

Fig. 75.

2° Le point est en dehors de l'axe principal (*fig.* 76). — Soit un point lumineux A, qui envoie des rayons dans toutes les directions. Parmi les rayons partant du point A, je considère le rayon dirigé suivant AF, qui rencontre le miroir au point I et qui, après réflexion, prend la direction IA', parallèlement à l'axe principal. Le rayon AO, rencontrant le miroir suivant la normale, se réfléchit sur lui-même; les deux rayons prolongés se rencontrent en un point A', qui est le conjugué virtuel du point A.

64. Construction géométrique des images dans les miroirs convexes. — L'image

d'une petite droite perpendiculaire à l'axe principal est une autre droite, perpendi-

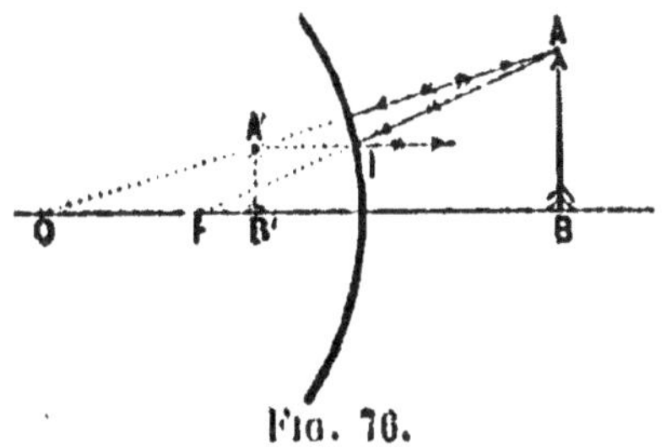

Fig. 76.

culaire à ce même axe. Soit un objet AB (*fig.* 76) placé devant un miroir convexe. Déterminons le foyer conjugué du point A. Je mène le rayon lumineux dirigé suivant AF, qui rencontre

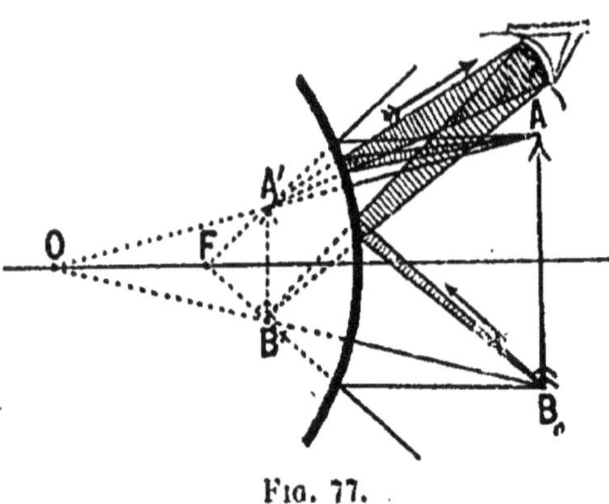

le miroir en I et se réfléchit parallèlement à l'axe principal, suivant A'I.

Le rayon AO, dirigé suivant l'axe secondaire, se réfléchit sur lui-même ; après réflexion, ces deux rayons, prolongés géométriquement , se rencontrent en A', conjugué du point A. Du point A', j'abaisse une perpendiculaire A'B' sur l'axe principal ; j'obtiens une image virtuelle A'B', droite et plus petite que l'objet.

Fig. 77.

Cette image ne se forme pas et on ne pourrait la recevoir sur un écran ; l'observateur voit l'objet AB (*fig.* 77) sur le prolongement des rayons lumineux qui semblent partir de l'image A'B'.

65. Construction de l'image d'un objet virtuel. — Soit (*fig.* 78) AB un objet virtuel. Menons le rayon RFA, qui, après réflexion sur le miroir, se dirige parallèlement à l'axe principal, et le rayon R'OA, passant par le centre de courbure O. Ces deux rayons, prolongés géométriquement, se rencontrent en A', foyer virtuel du point A. De ce point A', abaissons une perpendiculaire A'B' sur l'axe principal ; A'B' sera l'image *virtuelle* et renversée de l'objet virtuel AB.

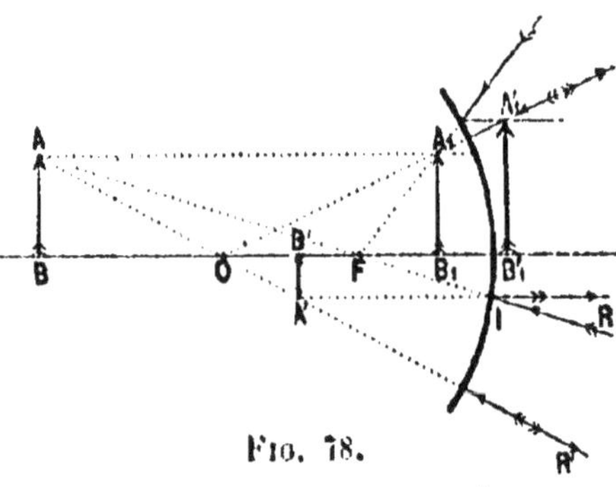

Fig. 78.

Si l'objet virtuel est placé entre le foyer et le sommet du miroir, en A_1B_1, son image $A'_1B'_1$ devient réelle, droite et plus grande que l'objet.

66. Discussion de l'équation aux foyers conjugués. — Objet réel. — Dans les miroirs convexes, toutes les images des objets réels sont droites, virtuelles et plus petites que l'objet.

Si, dans la formule

$$\frac{1}{p} + \frac{1}{p'} = \frac{1}{f},\qquad\qquad (1)$$

on fait varier p de ∞ à zéro, p' varie de $-f$ à zéro, et le rapport $\dfrac{1}{O}$, de zéro à 1. Pour $p = 0$, l'équation (1) résolue par rapport à p' donne :

$$p' = \frac{f}{1 - \dfrac{f}{p}}.\qquad \text{Si nous faisons}\qquad p = 0,\quad p' = 0.$$

Le rapport $\dfrac{I}{O}$ de l'image à l'objet croît de 0 à 1; pour $p = 0$,

$\dfrac{I}{O} = 1$, d'où $I = O$; l'image est égale à l'objet et se fait à une distance du miroir égale à zéro, c'est-à-dire au contact du miroir.

Objet virtuel. — Pour $p = -\infty$, $p' = -f$: l'image est nulle.

$$p < 2f,\qquad f > p' > 2f:$$

L'image est virtuelle et renversée : $I < O$.

$$p = -2f,\qquad p' = -2f:$$

L'image est virtuelle et renversée : $I = O$.

$$f > p > 2f,\qquad p' < 2f:$$

L'image est virtuelle et renversée : $I > O$.

$$p = f,\qquad p' = \pm\infty,\qquad I = \infty.$$
$$0 > p > f,\qquad p' > 0.:$$

L'image est réelle et droite : $I > O$.

67. Représentation graphique de la formule aux foyers conjugués et discussion. — Soit P un point lumineux (*fig.* 70). Portons sur l'axe OX, à gauche du point O, une longueur ON = f. Élevons au point N une perpendiculaire sur l'axe OX et portons sur cette perpendiculaire AN = f.

Joignons le point A au point P. Cette ligne rencontre l'axe OY au point B. OB représentera la valeur de p'.

En effet, l'équation aux foyers conjugués peut se mettre sous la forme :

$$\frac{p'}{f} = \frac{p}{p-f};$$

les triangles semblables NPA et OPB donnent :

$$\frac{OB}{NA} = \frac{PO}{PN}; \qquad \text{d'où} \qquad \frac{p'}{f} = \frac{p}{p-f};$$

tg NPA représentera le rapport $\frac{I}{O}$.

En faisant tourner la droite AP autour du point A, nous déterminerons toutes les positions de B correspondant à P. et nous obtiendrons en même temps les différentes valeurs de $\frac{I}{O}$.

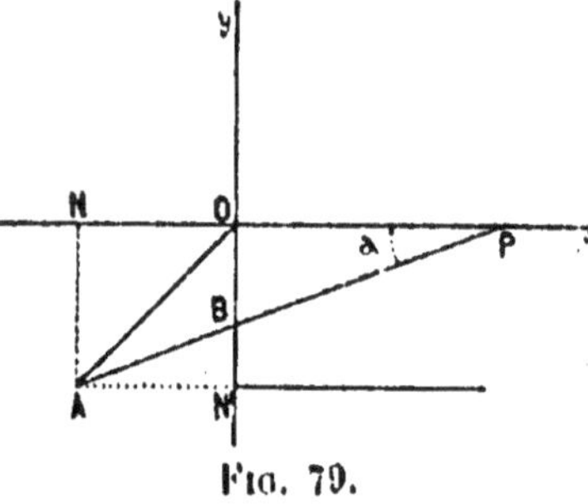

Fig. 79.

Pour $p = \infty$, la droite AB devient parallèle à OX et OB $= f$; lorsque P se rapproche du miroir, OB diminue et B se rapproche également du miroir; tg NPA croît, donc $\frac{I}{O}$ croît; mais l'angle NPA étant plus petit que 45°, $\frac{I}{O}$ est plus petit que 1 et I est plus petit que O.

Pour P $= 0$, $p' = 0$. L'angle NOA $= 45°$ tg 45° $= 1$.

$\frac{I}{O} = 1$, d'où I $= O$ (¹).

68. Détermination de la distance focale d'un miroir convexe. — On dirige l'axe principal du miroir vers le centre du soleil (*fig.* 80) et l'on place, devant la surface réfléchis-

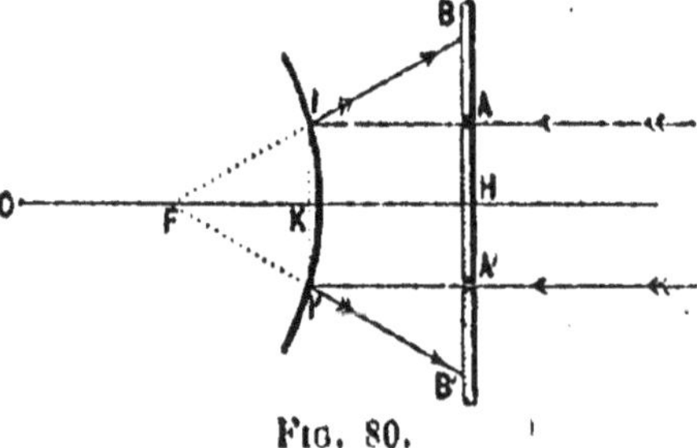

Fig. 80.

sante, un écran BB' perpendiculaire à cet axe principal et percé de deux petites ouvertures A et A', par lesquelles

(¹) En prenant P à gauche de O, on obtiendrait P' et $\frac{I}{O}$ pour les objets virtuels.

passent deux faisceaux de rayons solaires AI et A'I', qui tombent
sur le miroir et produisent, après réflexion, deux faisceaux réfléchis IB et I'B', lesquels vont donner sur l'écran BB' deux
taches lumineuses. Par tâtonnement, on dispose l'écran de
façon que la distance BB' = 2AA'.

La distance du miroir à l'écran est égale à la distance focale.

On a, dans les deux triangles semblables BFB' et IFI' :

$$\frac{FK}{FH} = \frac{II'}{BB'} = \frac{1}{2}; \qquad \text{d'où} \qquad FH = 2FK.$$

DEUXIÈME MÉTHODE (*fig.* 81). — On dispose, devant une lentille L convergente, un écran translucide portant des traits
noirs et que l'on
éclaire par derrière
au moyen d'une
source de lumière ;
on obtient en C,
sur un deuxième
écran placé der-
rière la lentille L,
l'écran translucide.

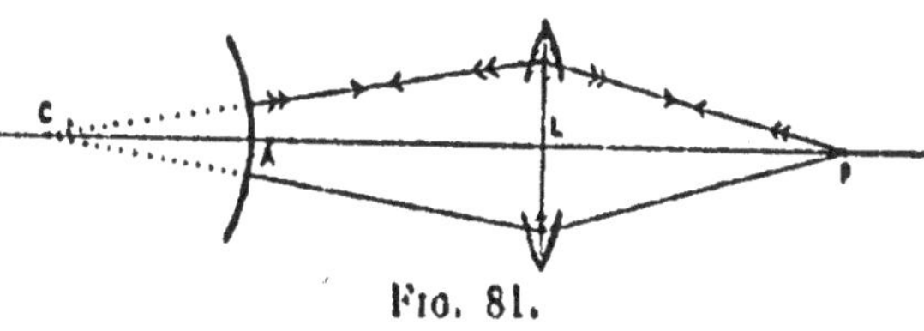

Fig. 81.

l'image réelle des traits noirs tracés sur
l'écran translucide. On mesure la distance CL de la lentille L
à l'écran C.

On enlève l'écran et on le remplace par le miroir convexe,
que l'on déplace jusqu'à ce que les traits noirs réfléchis par
le miroir se superposent à ceux de l'écran placé en P.

Le point C coïncide alors avec le centre de courbure du miroir. On mesure la distance AL du miroir à la lentille L.

Le rayon de courbure est égal à CL — AL. En effet, si nous
déplaçons le miroir de manière à faire coïncider l'objet virtuel C, produit par la lentille L, avec le centre de courbure du
miroir, les rayons partant de ce point virtuel C viendront
reformer l'image en P.

Vérification expérimentale des propriétés des miroirs convexes.
— On réalisera les expériences indiquées au paragraphe 61
pour la formation des images virtuelles.

69. Aberration de sphéricité dans les miroirs. — Pour
obtenir des images nettes dans les miroirs, il faut que les
rayons lumineux tombent dans le voisinage du sommet du
miroir et que les axes secondaires fassent un très petit angle
avec l'axe principal. Mais, lorsque l'ouverture du miroir n'est

pas très petite et que les rayons incidents font un angle assez grand avec l'axe principal, les images ne sont plus nettes et sont déformées.

On peut constater expérimentalement que les rayons qui rencontrent le bord du miroir (*rayons marginaux*) ne convergent pas au même point que les rayons voisins de l'axe principal (*rayons centraux*)(*fig.*82).

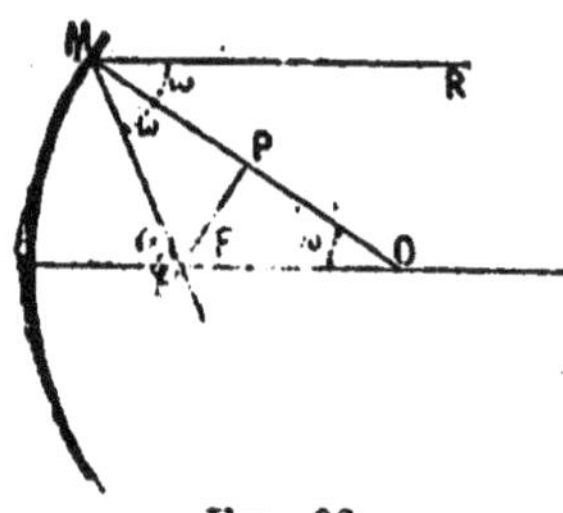

Fig. 82.

Prenons un miroir dont l'angle d'ouverture est 2ω. Le rayon RM, parallèle à l'axe principal, fait avec la normale OM un angle ω.

Le rayon réfléchi MF_1 rencontre l'axe principal en un point F_1. Abaissons, du point F_1, la perpendiculaire F_1P sur le rayon de courbure OM; le triangle OF_1M est isocèle et par suite :

$$OP = PM = \frac{R}{2}; \qquad \text{on a :} \qquad OP = F_1O \cos\omega,$$

$$\text{d'où} \qquad F_1O = \frac{OP}{\cos\omega} = \frac{R}{2\cos\omega}, \qquad \text{donc} \qquad F_1O > \frac{R}{2};$$

$$\text{pour} \qquad \omega = 0, \qquad \cos\omega = 1.$$

La distance du foyer pour les rayons centraux est égale à $\frac{R}{2}$.

En faisant varier l'angle MOF de zéro à ω (*fig.* 83), les rayons parallèles viendront successivement faire leur foyer entre le foyer F_1 des rayons marginaux et le foyer F des rayons centraux. Ces rayons réfléchis se coupent deux à deux avant de rencontrer l'axe principal; leurs intersections successives dessinent, dans une section principale du miroir, une courbe lumineuse, formée de deux branches symétriques partant du foyer F des rayons centraux; cette courbe à deux branches est la méridienne d'une surface de

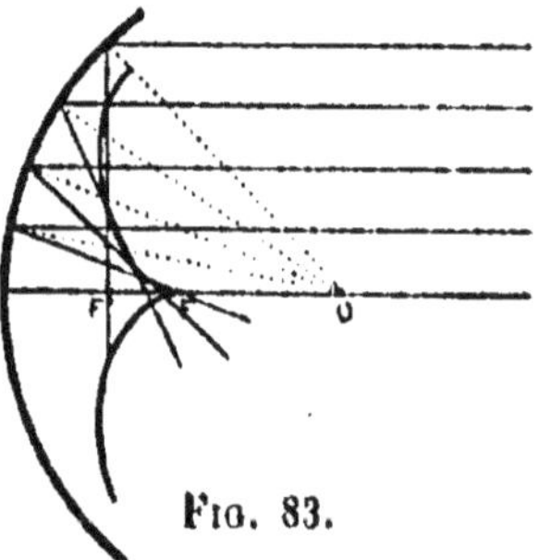

Fig. 83.

révolution autour de l'axe principal, appelée *surface caustique*.

La distance FF_1 s'appelle *aberration longitudinale*.

Dans un miroir de 30 centimètres de diamètre et de 34 centimètres de foyer, dont l'angle d'ouverture $2\omega = 24°00'$, $F - F_1 = 8^{mm},5$.

APPLICATIONS DES MIROIRS SPHÉRIQUES

70. Mesure des petits angles. — On emploie les miroirs concaves pour la mesure des petits angles de déviation. Cette méthode est utilisée pour mesurer l'angle de déviation d'un galvanomètre ou d'un électromètre.

Supposons un petit miroir concave (*fig.* 84) MN, mobile autour de l'axe O. Soit C le centre de courbure du miroir.

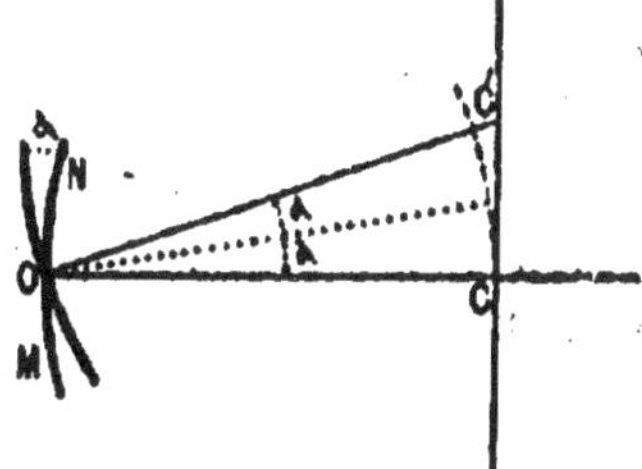

Fig. 84.

Un point lumineux C, placé au centre de courbure, donnera une image réelle, également en C. Faisons tourner le miroir d'un angle α : l'image se déplacera de l'arc CC′, égal à **2α**. Le point C étant à une distance R du miroir, nous confondrons l'arc de cercle avec la tangente ; nous aurons :

$$CC' = 2R\alpha.$$

Le déplacement, pour un angle donné, est proportionnel au rayon R du miroir.

Sensibilité de la méthode. — L'arc α est égal à $\dfrac{2\pi\alpha}{360}$.

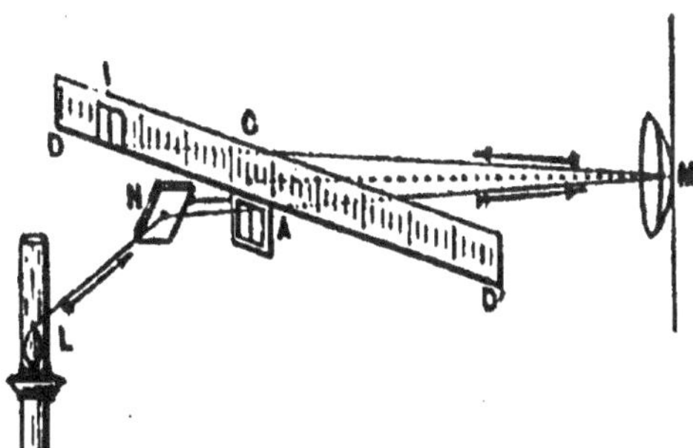

Supposons $\alpha = 1°$ et $R = 1$ mètre :

$$CC' = \frac{2\pi\alpha}{360} \times 2R$$

$$= \frac{0{,}28 \times 1 \times 200}{360} = 3^{cm}{,}49.$$

Nous pouvons lire sur l'échelle un demi-millimètre, qui correspondra

Fig. 85.

à $\dfrac{1}{34{,}9 \times 2}$ de degré, ou $\dfrac{1}{69{,}8}$ de degré, à peu près une minute.

L'appareil employé dans les laboratoires (*fig.* 85) se compose d'une fenêtre A, sur laquelle un fil se trouve tendu, un peu au-dessous du centre de courbure C du miroir M.

La fenêtre est fortement éclairée par la lumière provenant

d'une source lumineuse L et réfléchie par un miroir N. On peut orienter ce miroir dans toutes les directions. On obtient l'image I de la fenêtre, traversée par le fil noir, sur une échelle translucide en celluloïd DD'.

Réflecteurs. — On emploie aussi les miroirs concaves comme réflecteurs ou projecteurs : en plaçant au foyer principal une source lumineuse intense, on obtient un faisceau réfléchi légèrement divergent.

On les emploie également dans les télescopes et comme miroirs grossissants : miroirs à barbe, etc.

Miroirs convexes. — Ces miroirs sont très peu employés ; ils ont été utilisés dans le télescope de Cassegrain. Dans les jardins, on trouve des globes sphériques, en verre, argentés intérieurement et appelés globes *périscopiques*. Les images qu'ils donnent sont fortement déformées.

71. Miroirs paraboliques.

71. Miroirs paraboliques. — Quand on veut renvoyer dans une direction donnée (*fig.* 86), sous forme de faisceau parallèle, les rayons issus d'un point lumineux, on se sert

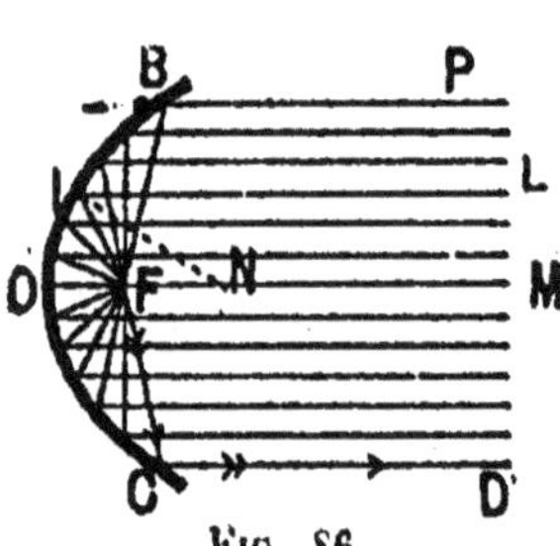

Fig. 86.

d'un miroir parabolique. La parabole est une courbe qui jouit de la propriété suivante : si on joint un point I de la courbe au foyer F de la parabole et si, par ce point I, on mène une droite IL parallèle à l'axe OM de la parabole, la bissectrice IN de l'angle LIF est normale à la courbe.

Donc, si IF est un rayon incident, le rayon réfléchi sera dirigé suivant IL, parallèlement à l'axe OM. Si nous prenons un miroir ayant la forme de la surface engendrée par la rotation d'une parabole autour de son axe, tous les rayons incidents partant du point F seront réfléchis parallèlement à OM et formeront un faisceau rigoureusement parallèle. Ces miroirs sont utilisés pour les réflecteurs de phares, les télescopes et les lanternes d'automobiles.

CHAPITRE V

PHÉNOMÈNE DE RÉFRACTION

72. Définitions. — Lorsqu'un faisceau de rayons lumineux RI (*fig.* 87) arrive à la surface de séparation de deux milieux, par exemple de l'air et de l'eau ou du verre, il se dédouble en un faisceau réfléchi et un faisceau IR' qui se brise et pénètre en I dans l'eau ou dans le verre en changeant de direction. Il se rapproche de la normale NN' menée à la surface de séparation au point I. Inversement, le faisceau s'écarterait de la normale en passant du verre dans l'air.

On appelle *rayon incident* le rayon RI qui pénètre du premier milieu dans le second ; *plan d'incidence*, le plan déterminé par la normale et le rayon incident à la surface de séparation des deux milieux au point I où le rayon incident rencontre cette surface, et *rayon réfracté*, le rayon IR' qui pénètre dans le deuxième milieu ; *angle d'incidence*, l'angle *i* que fait le rayon incident RI avec la normale, et *angle de réfraction*, l'angle *r* que fait le rayon réfracté IR' avec la normale NN'.

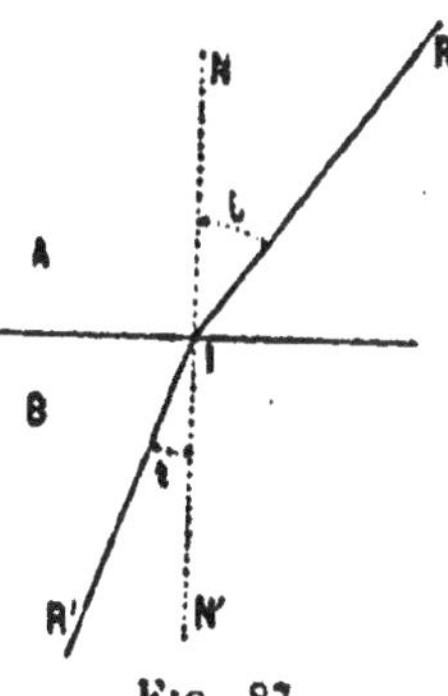

Fig. 87.

73. Lois de la réfraction. — PREMIÈRE LOI : *Le rayon réfracté est dans le plan d'incidence formé par le rayon incident et la normale.*

DEUXIÈME LOI : *Le rapport du sinus de l'angle d'incidence au sinus de l'angle de réfraction est constant pour deux milieux déterminés.* Ce rapport $\dfrac{\sin i}{\sin r}$ se nomme, pour un rayon passant d'un milieu dans un autre, de l'air dans l'eau par exemple, *indice relatif de réfraction* des deux milieux.

74. Vérification expérimentale des lois de la réfraction. — Nous allons donner d'abord une vérification approchée des lois de la réfraction, au moyen d'un appareil facile à construire (*fig*. 88). Il se compose d'une cuvette semi-circulaire en métal, percée au milieu de la face plane AB d'une fente

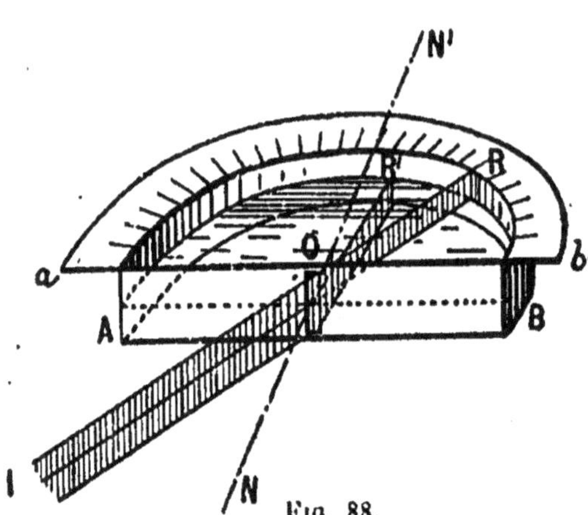

Fig. 88.

verticale O, recouverte par une plaque de verre mastiquée. Le rebord de la cuvette porte un cercle divisé en parties égales. On verse de l'eau dans la cuvette, que l'on remplit aux trois quarts. On fait arriver sur la face AB un faisceau horizontal de rayons parallèles; une partie OR du faisceau continue son chemin dans l'air, suivant sa direction primitive, et éclaire en R la paroi courbe de la cuvette. La partie inférieure OR' du faisceau entre dans l'eau, se réfracte et aboutit en R', plus près de la normale NON'. L'angle RON' est l'angle d'incidence et l'angle R'ON' l'angle de réfraction. En menant, par les points R et R', des cordes parallèles à *ab*, les moitiés de ces cordes représenteront les sinus des angles d'incidence et de réfraction.

On vérifiera que ce rapport est, pour l'eau, sensiblement égal à $\frac{4}{3}$ et qu'il est constant, quelle que soit la valeur de l'angle ION que fait le faisceau incident avec la normale. L'expérience montre également que le rayon incident RO et le rayon réfracté OR' sont dans un même plan avec la normale.

DEUXIÈME MÉTHODE. — Disposons (*fig*. 89) un cube de verre, un presse-papier par exemple, contre un écran opaque opposé au soleil. Les lignes AI et AR, qui limitent l'ombre à l'extérieur et à l'intérieur du cube, donnent la direction suivie par un même rayon lumineux SA avant et après réfraction. SAI représentera le rayon incident et AR, le rayon réfracté; NN', la normale; SAN', l'angle d'incidence; *r*, l'angle de réfraction. Nous vérifierons que le rayon pénétrant de l'air dans le verre se rapproche de la normale et se trouve brisé au point A. Mesurons les longueurs NR et NI; nous avons :

$$NI = AI \sin i \quad \text{et} \quad NR = AR \sin r;$$

d'où

$$\sin i = \frac{NI}{AI}, \quad \sin r = \frac{NR}{AR}.$$

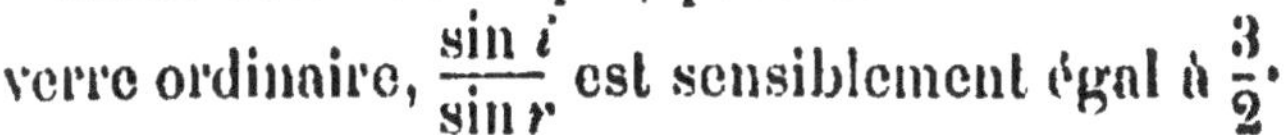

FIG. 89.

relations qui permettent de déterminer $\sin i$ et $\sin r$.

Nous vérifierons que, pour le verre ordinaire, $\dfrac{\sin i}{\sin r}$ est sensiblement égal à $\dfrac{3}{2}$.

En répétant l'opération à différents intervalles de temps et pour des positions différentes de l'ombre produite par le soleil, nous vérifierons que $\dfrac{\sin i}{\sin r}$ est constant. Enfin le rayon incident SA, la normale NN' et le rayon réfracté AR sont dans un même plan.

75. Lois de la réfraction déduites de l'expérience. — Plaçons (*fig.* 90, 91) une feuille de carton sur une planchette

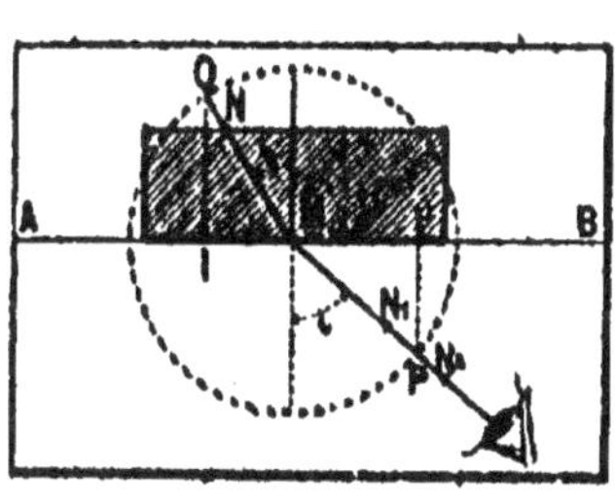

FIG. 90.

et disposons sur cette feuille une lame de verre à faces parallèles, ayant par exemple 13 centimètres de longueur, 9 centimètres d'épaisseur et 3 centimètres de hauteur. Au contact de la face de la plaque de verre, fixons une aiguille en N et, au moyen de deux autres aiguilles N_1 et N_2, placées à une distance de 5 à 6 centimètres l'une de l'autre, nous déterminerons la ligne suivant laquelle nous verrons l'aiguille N à travers la plaque de verre. Enlevons cette plaque, joignons N_1 et N_2 et prolongeons la ligne N_1N_2 jusqu'à sa rencontre avec AB au point M. Joignons le point N au point M : NM sera la direction du *rayon réfracté* et N_1N_2, la direction du *rayon incident*.

Du point M comme centre, décrivons une circonférence qui coupe le rayon incident et le rayon réfracté en P et Q;

abaissons de ces points des perpendiculaires sur AB :

$$MI' = \sin i, \qquad MI = \sin r.$$

Répétons plusieurs fois l'opération, en plaçant l'œil en différentes positions : nous constaterons que, quelle que soit la valeur de l'angle i, le rapport $\dfrac{\sin i}{\sin r}$ est une quantité constante que nous trouverons, pour le verre ordinaire, très sensiblement égale à $\dfrac{3}{2}$.

Donc, le rapport du sinus de l'angle d'incidence au sinus de l'angle de réfraction, pour le verre et l'air, est un nombre constant.

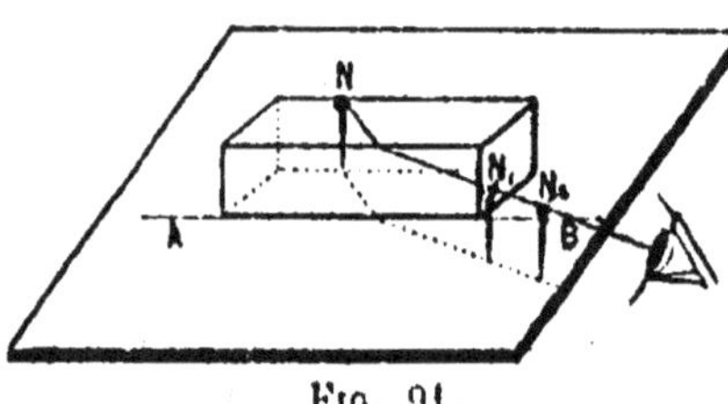

Fig. 91.

Nous vérifierons en même temps que la longueur de l'image est la même que celle de l'objet. Nous pouvons en conclure que les rayons incident et réfracté sont dans un même plan avec la normale à la surface.

Si nous remplaçons la plaque de verre par une petite cuve en verre à faces parallèles, dans laquelle nous introduirons différents liquides : eau, alcool, sulfure de carbone, nous vérifierons les lois de la réfraction et nous pourrons déterminer les indices de réfraction de ces différents liquides.

76. Phénomènes dus à la réfraction. — Expérience du bâton brisé (*fig.* 92). — Une règle plongée obliquement dans

l'eau paraît brisée au point de rencontre E de la surface de séparation de l'air et de l'eau. La partie immergée semble raccourcie et rapprochée de la surface du liquide.

Considérons un faisceau de lumière partant du point A : les deux rayons AI et AI' passant de l'eau dans l'air s'écartent de la normale

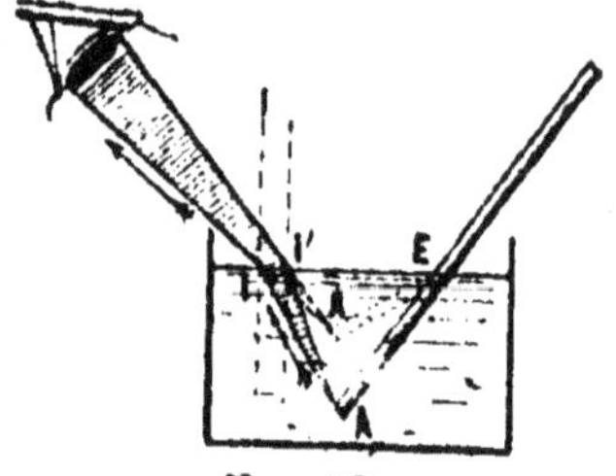

Fig. 92.

et, prolongés, vont se rencontrer en un point A', plus rapproché que A de la surface du liquide. L'observateur verra l'extrémité de la règle A en A', sur le prolongement des rayons lumineux émergents.

Expérience de la pièce de monnaie (*fig. 93*). — Mettons une pièce de monnaie au fond d'un vase à parois opaques et plaçons l'œil en un point O, situé de telle sorte que la pièce nous soit cachée par le bord du vase. Si nous versons de l'eau dans le récipient jusqu'à une certaine hauteur, la pièce devient visible pour l'œil resté en O ; elle paraît relevée, ainsi que le fond du vase.

Les rayons partant du point M, de l'eau dans l'air, s'écartent de la normale et, prolongés, viennent

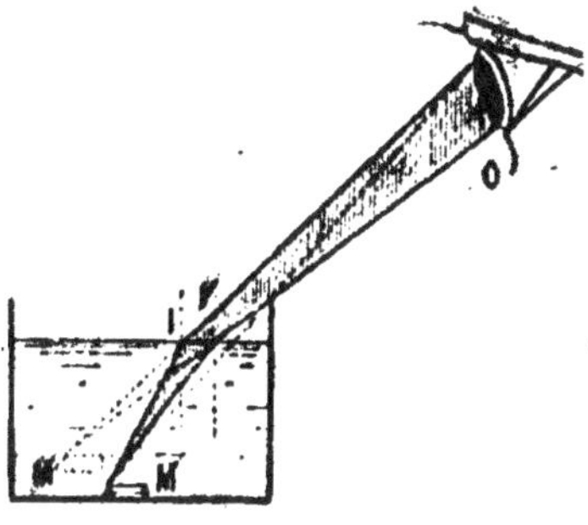

Fig. 93.

se rencontrer en M'. L'œil voit le point M en M', au point de concours des rayons émergents. C'est pour cette raison que les objets placés au fond de l'eau paraissent plus rapprochés de la surface qu'ils ne le sont réellement.

77. Loi du retour inverse de la lumière (*fig. 87*). — Si nous considérons un rayon incident RI passant du milieu A dans le milieu B, il pénètre dans le milieu B suivant IR' et nous avons :

$$\frac{\sin i}{\sin r} = n ; \qquad \text{d'où} \qquad \frac{\sin r}{\sin i} = \frac{1}{n}.$$

c'est-à-dire qu'un rayon IR' passe du milieu B dans le milieu A suivant IR.

Donc, si l'indice de réfraction d'un rayon lumineux passant d'un milieu A dans un milieu B est égal à n, l'indice de réfraction d'un rayon lumineux passant du milieu B dans le milieu A sera égal à $\frac{1}{n}$. Si n est plus grand que l'unité, nous dirons que le milieu B est plus *réfringent* que le milieu A. Si n est plus petit que l'unité, nous dirons que le milieu B est moins *réfringent* que le milieu A.

78. Construction géométrique du rayon réfracté. — Construction d'Huyghens. — Cette construction (*fig. 94*) permet de déterminer la direction du rayon réfracté quand on connaît celle du rayon incident et l'indice de réfraction relatif des deux milieux.

Prenons le plan d'incidence comme plan de la figure, et, du point I comme centre, décrivons deux circonférences ayant pour rayons l'unité et la valeur de l'indice de réfraction n. Nous supposerons $n > 1$. Soient RI le rayon incident et AB la surface de séparation des deux milieux. Prolongeons le rayon incident RI jusqu'à sa rencontre en P avec le cercle de rayon égal à 1 et, du point P, abaissons une perpendiculaire PK sur la surface de séparation AB (¹) des deux milieux. Prolongeons cette perpendiculaire jusqu'à son point de rencontre M avec le cercle de rayon égal à n; joignons le point I au point M : IM représentera la direction du rayon réfracté correspondant au rayon incident RI. Dans le triangle IPM, nous avons :

$$\frac{IP}{\sin r} = \frac{IM}{\sin i},$$

car les angles KPI et IPM, étant supplémentaires, ont des sinus égaux et de même signe, d'où

$$\frac{1}{\sin r} = \frac{n}{\sin i}, \qquad \text{et} \qquad \frac{\sin i}{\sin r} = n.$$

Si l'indice de réfraction n est donné sous forme de fraction ordinaire, $\frac{3}{2}$ par exemple, on décrira un cercle de rayon égal à 3 et un cercle de rayon égal à 2, et on répétera la même construction.

79. Discussion de la formule $\sin i = n \sin r$. — Si $n > 1$, $\sin i > \sin r$, d'où $i > r$. La différence $i - r$ se nomme *déviation*. Cette quantité croît quand l'angle d'incidence augmente. On peut le vérifier au moyen de la construction d'Huyghens ou bien par le calcul.

$$\frac{\sin i}{\sin r} = n, \qquad \frac{\sin i - \sin r}{\sin i + \sin r} = \frac{n - 1}{n + 1},$$

ou

$$\frac{2 \sin\left(\frac{i - r}{2}\right) \cos\left(\frac{i + r}{2}\right)}{2 \sin\left(\frac{i + r}{2}\right) \cos\left(\frac{i - r}{2}\right)} = \frac{\lg\left(\frac{i - r}{2}\right)}{\lg\left(\frac{i + r}{2}\right)} = \frac{n - 1}{n + 1};$$

(¹) Si la surface de séparation est une surface courbe quelconque, on abaissera la perpendiculaire PK sur la tangente à la surface de séparation au point I.

d'où

$$\operatorname{tg}\frac{i-r}{2} = \frac{n-1}{n+1}\,\operatorname{tg}\frac{i+r}{2};$$

or, $\operatorname{tg}\dfrac{i+r}{2}$ croît en même temps que i; $\dfrac{n-1}{n+1}$ est constant; donc,

$\operatorname{tg}\dfrac{i-r}{2}$ croît et, par conséquent, $i-r$ croît en même temps que i.

Pour $i=0$, $\sin r=0$. Le rayon incident NI, dirigé suivant l'incidence normale à la surface de séparation des deux milieux, pénètre dans le second milieu sans subir de réfraction, suivant IN'.

Dans la formule

$$\sin r = \frac{1}{n}\sin i,$$

n étant plus grand que 1, comme i est compris entre 0° et 90° et $\sin i$ entre 0 et 1, $\sin r$ est toujours positif et plus petit que 1. On a donc toujours, pour toute valeur de i comprise entre 0° et 90°, une valeur possible pour r et plus petite que i, c'est-à-dire que tous les rayons lumineux pourront passer du premier milieu, moins réfringent, dans le deuxième, plus réfringent.

Examinons le cas où la lumière passe de l'eau dans l'air, c'est-à-dire d'un milieu plus réfringent dans un milieu moins réfringent.

Dans la formule $\sin i = n\sin r$, la plus grande valeur de i étant égale à 90°, ce qui correspond à $\sin i = 1$, la valeur de $\sin r$ correspondante sera égale à $\sin r = \dfrac{1}{n}$. Cet angle r, le plus grand que puisse faire un rayon incident passant d'un milieu plus réfringent dans un milieu moins réfringent, se nomme l'*angle limite*. Nous le désignerons par L et sa valeur sera déterminée par la formule :

$$\sin \mathrm{L} = \frac{1}{n}.$$

80. Réflexion totale. — Passage d'un rayon lumineux d'un milieu plus réfringent dans un milieu moins réfringent. — Par exemple, de l'eau dans l'air. — Soit (*fig.* 94) le rayon incident R'I, passant de l'eau dans l'air, qui rencontre le cercle de rayon égal à n au point M. Du point M, abaissons sur AB, surface de séparation des deux milieux, une perpendiculaire qui rencontre le cercle de rayon égal à 1 en un point P; joignons le point I au point P et prolongeons IP; IR, prolongement de IP, représente la direction du rayon sortant de l'eau dans l'air. Pour que la construction d'Huyghens soit possible, il faut que la perpendiculaire abaissée du point M sur la

surface de séparation AB rencontre le cercle de rayon égal
à 1. Le dernier rayon pouvant sortir de l'eau dans l'air sera
celui pour lequel la perpendiculaire abaissée du point M
sur la surface de séparation AB rencontre cette surface au
point K'.

Ce rayon R″I sortira de l'eau dans l'air suivant la direction
IB, que l'on appelle *incidence rasante*.

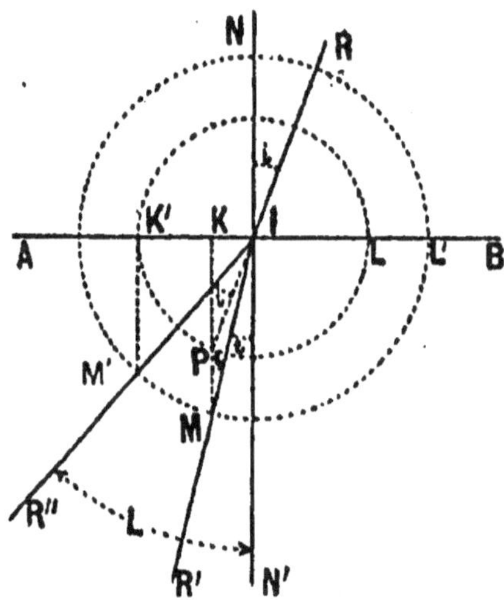

Dans le triangle rectangle IK'M', nous avons :

$$IK' = M'I \sin K'M'I,$$

ou

$$1 = n \sin L.$$

L'angle K'M'I est égal à R″IN', angle que fait avec la normale le dernier rayon qui peut émerger et que nous avons appelé angle limite L ; d'où

$$\sin L = \frac{1}{n}.$$

Fig. 94.

Tout rayon incident passant d'un milieu plus réfringent dans un milieu moins réfringent, qui fait avec la normale à la surface de séparation des deux milieux un angle plus grand que l'angle limite L, ne sortira pas du milieu plus réfringent et se réfléchira sur la surface de séparation, laquelle jouera le rôle d'un véritable miroir. On dit alors que le rayon subit la *réflexion totale*, car le faisceau de lumière se réfléchit *totalement*, c'est-à-dire qu'aucune quantité de lumière ne traverse la surface de séparation des deux milieux. Dans tous les autres cas, il y a de la lumière *réfléchie* et *réfractée*.

L'angle limite L dépend de la substance réfringente. Voici sa valeur pour quelques corps :

Eau............................	48°40'
Verre ordinaire.................	41°
Sulfure de carbone..............	37°45'
Diamant	23°30'

Rayons qui peuvent passer d'un milieu plus réfringent dans

un milieu moins réfringent. — Tous les rayons qui pénètrent du milieu B (*fig.* 95) dans le milieu A sont compris dans un cône ayant pour sommet le point O et pour angle générateur l'angle limite L. La lumière réfractée n'est pas uniformément répartie dans ce cône.

Tout rayon qui traverse la surface de séparation de deux milieux ne se transmet pas *intégralement :* une portion de la lumière est *réfléchie* suivant les lois de la réflexion. La fraction de lumière réfléchie augmente avec l'angle d'incidence et, comme l'intensité lumineuse du faisceau in-

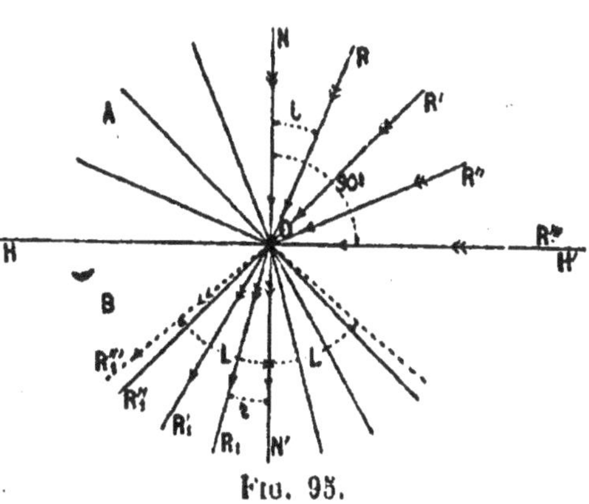

Fig. 95.

cident se partage à la surface de séparation en faisceau réfléchi et en faisceau réfracté qui pénètre dans le deuxième milieu, la fraction de lumière réfractée diminue quand l'angle d'incidence augmente. Sous l'incidence de 80°, $\frac{35}{100}$ de la lumière incidente sont réfléchis et $\frac{65}{100}$ sont transmis par réfraction. Lorsque l'incidence est normale, la quantité de lumière réfléchie est seulement $\frac{2}{100}$, et l'intensité du faisceau réfracté est presque égale à celle du faisceau incident. Elle est à peu près nulle pour l'incidence rasante, c'est-à-dire pour l'incidence de 90°.

Rayons émergeant d'un point à l'intérieur de l'eau (*fig.* 96). — Soit un point lumineux O placé dans le milieu B, plus réfringent

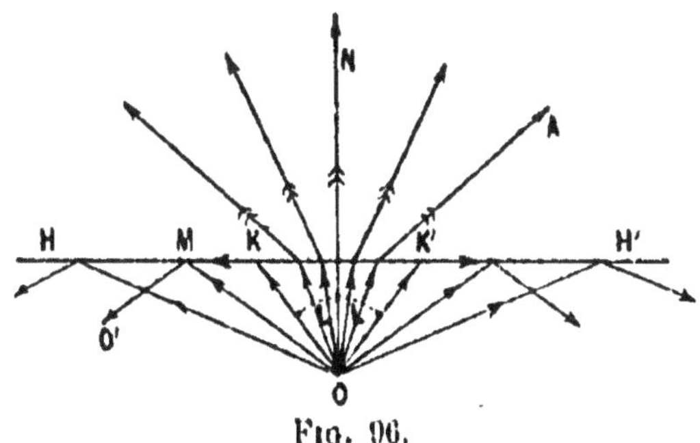

Fig. 96.

que le milieu A : tous les rayons pouvant émerger seront compris dans un cône ayant pour sommet le point O et pour angle générateur l'angle limite L. Tout rayon OM partant du point O en dehors de ce cône subira la réflexion totale, c'est-à-dire se réfléchira suivant MO', comme si la surface de séparation HH' entre les deux milieux était un miroir.

81. Vérification expérimentale du phénomène de réflexion totale.

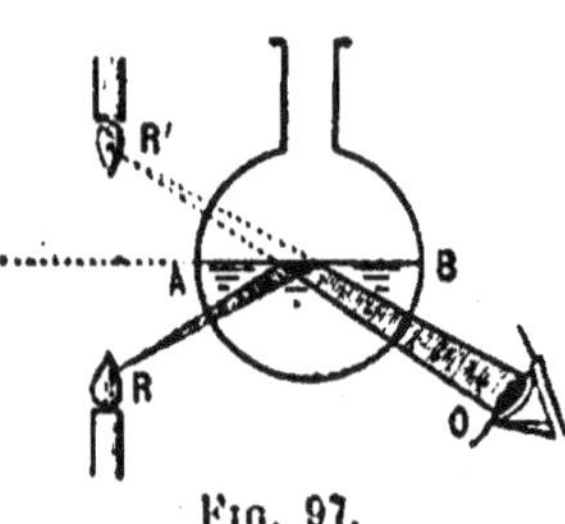

Fig. 97.

— On prend (*fig.* 97) un ballon sphérique, que l'on remplit à moitié d'eau. Une bougie est disposée derrière ce ballon. Les rayons lumineux partant de R subissent à l'intérieur de l'eau, sur la surface de séparation AB, la *réflexion totale* et forment de la bougie une image symétrique par rapport à la surface de séparation AB. L'observateur placé en O voit l'image de la bougie et, de plus, la surface AB paraît brillante comme celle d'*un miroir*.

Détermination expérimentale de l'angle limite. — On dispose (*fig.* 98) sur une cuve en verre une plaque de liège, au-dessous de laquelle on a piqué une épingle, et qui arrête les rayons lumineux partant de la tête de l'épingle et pouvant sortir de l'eau dans l'air, de façon qu'on ne puisse plus apercevoir l'épingle, même en plaçant l'œil au niveau de la surface de séparation de l'eau et de l'air; tous ces rayons seront compris dans un cône ayant pour sommet le point A et pour angle générateur l'angle limite L de l'eau, qui est égal à 48° 40'. L'épingle sera invisible à l'œil pour toute position au-dessus de la surface liquide. Il en verra l'image virtuelle dans une position symétrique par rapport à la surface de séparation, qui joue le rôle d'un miroir.

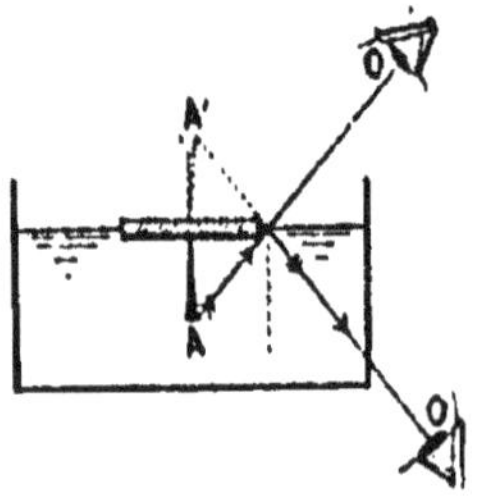

Fig. 98.

Connaissant le rayon R de la plaque de liège et la hauteur l de l'épingle, le triangle rectangle ayant pour côtés l et R donne :

$$\mathrm{tg}\, L = \frac{R}{l}.$$

TROISIÈME EXPÉRIENCE. — On dispose (*fig.* 99), au fond d'une cuve en verre, une lampe électrique dont on rend la surface opaque au moyen d'un vernis. On réserve sur la couche de vernis de petites ouvertures, dans un plan légèrement incliné par rapport à l'axe de la lampe. Cette dernière est supportée par un bloc de bois lesté par du plomb. On place verticalement dans le liquide une plaque de métal blanchie, dans laquelle on a ménagé une échancrure de la forme de la lampe, et l'on fait

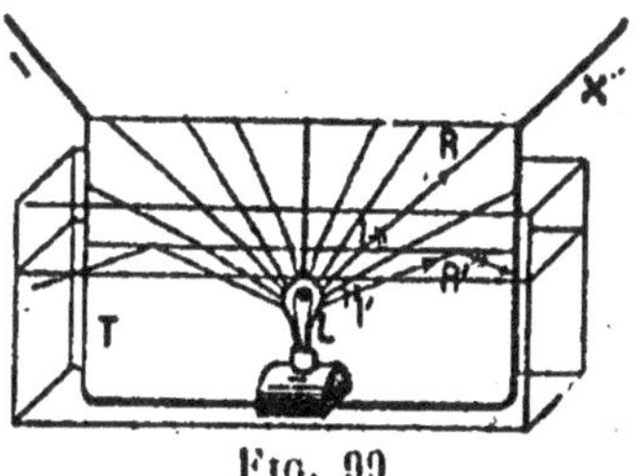
Fig. 99

passer le courant : les faisceaux lumineux sortant de la lampe par les ouvertures montrent le parcours des différents rayons passant de l'eau dans l'air, et de ceux qui subissent la réflexion totale.

82. Vision d'un objet placé dans un milieu plus réfringent que l'air, sous une incidence voisine de la normale. — Soient (*fig.* 100) un point lumineux A et un rayon lumineux Ab, faisant un très petit angle r avec la normale à la surface de séparation. Ce rayon émerge suivant la direction bA'. Nous supposerons la pupille placée en A'A''. Dans les triangles rectangles AOb et BOb, nous avons :

$$Ob = OA \, \mathrm{tg}\, r,$$
$$Ob = OB \, \mathrm{tg}\, i.$$

Représentons OA par p et OB par p', $p \, \mathrm{tg}\, r = p' \, \mathrm{tg}\, i$. Comme les angles r et i sont très petits, on peut confondre l'arc avec la tangente, d'où :

$$p' = \frac{p}{n}.$$

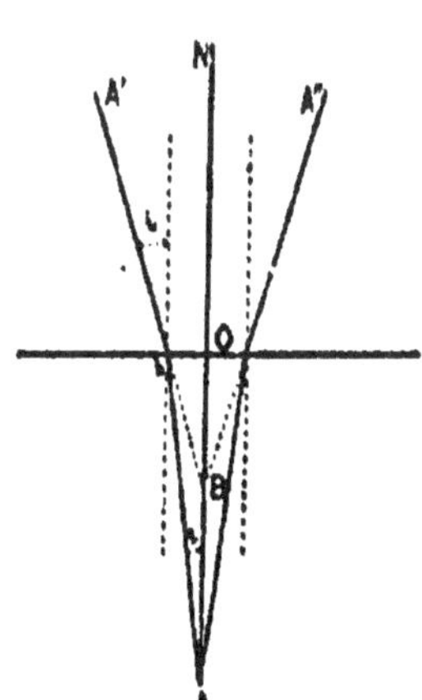
Fig. 100.

Donc, lorsque les rayons sont très rapprochés de la normale, ceux qui partent du point A viennent faire leur *foyer* en B.

L'objet semble rapproché de la surface d'une quantité égale à $p - p'$, d'où

$$p - p' = p - \frac{p}{n} = p\left(1 - \frac{1}{n}\right) = p\left(\frac{n-1}{n}\right).$$

L'indice relatif de réfraction de l'eau par rapport à l'air étant égal à 4/3,

$$p - p' = \frac{1}{4}\,p.$$

Dans le cas où l'angle r n'est pas très petit,

$$p' = p\,\frac{\operatorname{tg} r}{\operatorname{tg} i}.$$

p' varie avec l'angle d'incidence, il n'y a plus de *foyer*.

83. Réfraction à travers une lame réfringente à faces parallèles. — Le rayon incident RA (*fig.* 101), en se réfractant dans le deuxième milieu que nous supposerons plus réfringent que le premier, se rapproche de la normale et pénètre en A suivant la direction AB. Le rayon réfracté, passant d'un milieu plus réfringent dans un milieu moins réfringent, s'écarte de la normale et prend la direction BR'.

Donc,

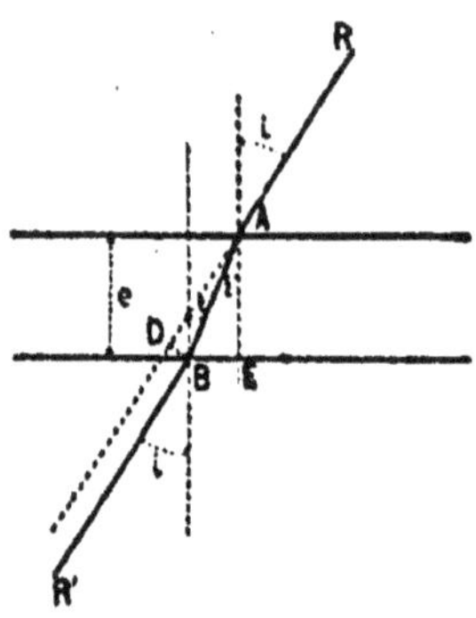

Fig. 101.

$$\frac{\sin i}{\sin r} = n \quad \text{et} \quad \frac{\sin i'}{\sin r} = n,$$

$$\text{d'où} \quad \frac{\sin i}{\sin r} = \frac{\sin i'}{\sin r'} \; ; \quad \text{donc,} \quad i = i',$$

et le rayon incident RA est parallèle au rayon émergent BR'.

Le *déplacement* du rayon lumineux, c'est-à-dire la distance BD de ces deux rayons, est *proportionnel à l'épaisseur* de la lame. Dans le triangle rectangle DBA, on a :

$$DB = AB \sin DAB = AB \sin (i - r).$$

Dans le triangle BAE, on a :

$$AE = AB \cos r, \qquad \text{d'où} \qquad AB = \frac{AE}{\cos r}.$$

Représentons l'épaisseur de la lame par e :

$$DB = \frac{e}{\cos r} \sin (i - r) ; \qquad\qquad (1)$$

$$DB = e \left(\frac{\sin i \cos r - \sin r \cos i}{\cos r} \right) = e \sin i - e \operatorname{tg} r \cos i,$$

mais

$$\sin i = n \sin r ;$$

d'où

$$BD = e \sin i \left(1 - \sqrt{\frac{1 - \sin^2 i}{n^2 - \sin^2 i}}\right). \qquad (2)$$

Donc, BD est proportionnel à e.

La formule (1) nous montre également que BD croît avec l'angle d'incidence i. En effet, $i - r$ augmente avec i et $\cos r$ décroît; l'équation (2) montre que le déplacement BD croît avec n; si i est très petit, $BD = 0$;

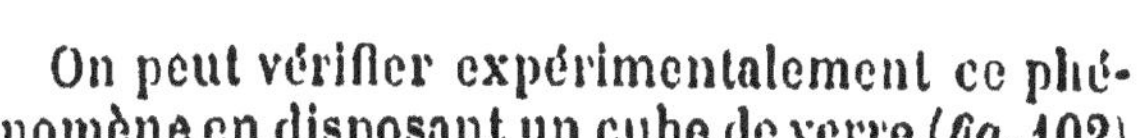

$$\text{pour } i = 90°, \qquad\qquad BD = e.$$

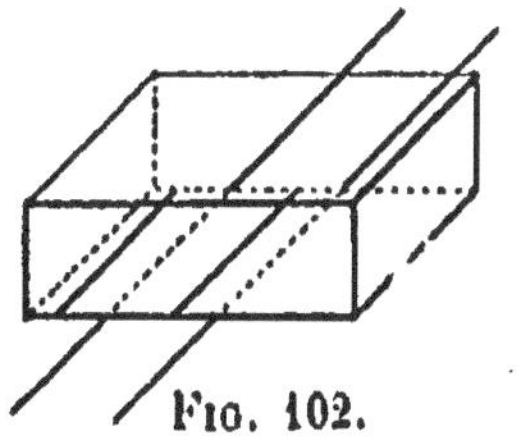

On peut vérifier expérimentalement ce phénomène en disposant un cube de verre (*fig.* 102) au-dessus d'une feuille de papier sur laquelle on a tracé des lignes noires parallèles; en regardant obliquement, les lignes semblent déplacées parallèlement.

Fig. 102.

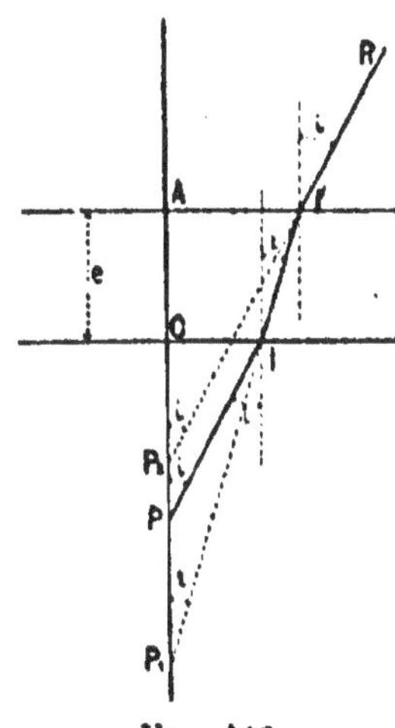

Fig. 103.

84. Vision d'un objet à travers une lame à faces parallèles, sous une incidence voisine de la normale.

— Soient un point lumineux P (*fig.* 103) et un rayon PI, voisin de la normale, qui se réfracte dans la lame suivant II' et en sort suivant I'R.

Nous avons, dans le triangle rectangle CIP_1, $CI = CP_1 \, \text{tg} \, r$; et, dans le triangle rectangle CIP, $CI = CP \, \text{tg} \, i$.

En représentant par d la distance du point P au point C,

$$\frac{\text{tg} \, i}{\text{tg} \, r} = \frac{CP_1}{CP} = \frac{CP_1}{d} = n. \qquad (1)$$

Nous avons également dans le triangle rectangle AP_2I':

$$AI' = AP_2 \, \text{tg} \, i;$$

en représentant CP_2 par x et l'épaisseur de la lame par e,

$$AI' = (e + x) \, \text{tg} \, i,$$

et dans le triangle rectangle AP_1I':

$$AI' = (e + CP_1) \, \text{tg} \, r,$$

d'où

$$\frac{\operatorname{tg} i}{\operatorname{tg} r} = \frac{c + CP_1}{c + x} = n;$$

mais, d'après la relation (1),

$$CP_1 = nd; \quad \text{d'où} \quad \frac{c + nd}{c + x} = n, \quad x = \frac{dn + c - nc}{n}.$$

Le rapprochement du point P sera égal à $d - x$:

$$d - x = d - \frac{dn + c - nc}{n} = c\,\frac{(n - 1)}{n}.$$

A travers une plaque de verre de 2 millimètres d'épaisseur et d'indice $n = \dfrac{3}{2}$, le rapprochement sera égal à $\dfrac{2}{3}$ de millimètre.

85. Indices relatifs et absolus. — Soit un rayon lumineux (*fig.* 104) se réfractant à travers deux lames à faces parallèles et de substances différentes. Le rayon incident RI pénètre à travers la première lame, en faisant avec la normale un angle r donné par la relation

$$\sin i = n \sin r.$$

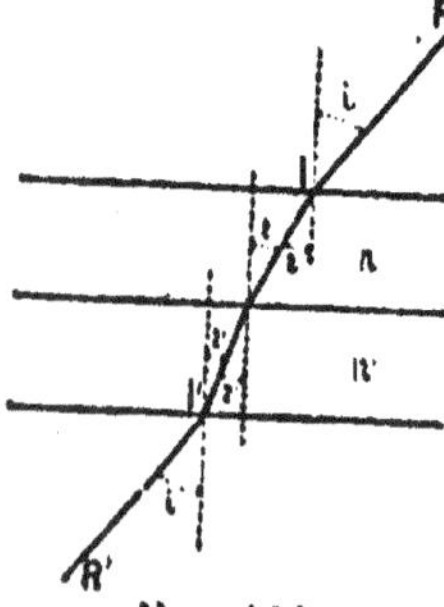

Fig. 104.

Le rayon réfracté passe dans la seconde lame en faisant avec la normale un angle r', et l'expérience montre que le rayon I'R' sort de la deuxième lame parallèlement au rayon incident RI.

Nous avons :

$$\sin i = n' \sin r'; \quad \text{d'où} \quad n \sin r = n' \sin r'$$

ou

$$\frac{\sin r}{\sin r'} = \frac{n'}{n}.$$

Le rapport $\dfrac{n'}{n}$ représente l'indice de *réfraction relatif* de la deuxième lame par rapport à la première.

Ce que nous avons représenté jusqu'à présent par n est l'indice relatif de réfraction de la substance, considéré par rapport à l'air.

Supposons qu'un rayon passe du vide absolu dans un milieu réfringent : le rapport des deux sinus sera *l'indice absolu* de ce milieu ; or, l'indice absolu de l'air est égal à 0°, et sous la pression de 760 millimètres de mercure, à 1,000294, très près de 1. Il en résulte que les indices relatifs des diverses substances par rapport à l'air sont à peu près égaux à leurs indices absolus et que l'on pourra, à la rigueur, les confondre.

86. Images multiples produites par les miroirs argentés. — Soit (*fig.* 103) un miroir plan, composé d'une lame de verre à faces parallèles et argenté sur sa seconde face A'B'. Si l'on place une bougie devant ce miroir, on aperçoit, en regardant obliquement, plusieurs images d'intensité décroissante et également espacées les unes des autres, mais dont la deuxième est la plus brillante.

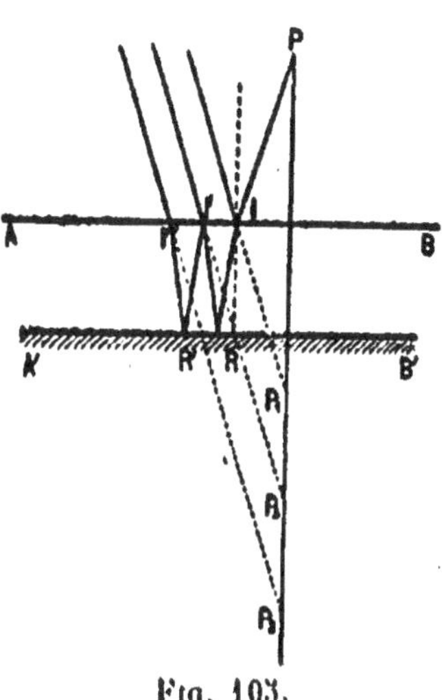

Fig. 103.

Soit un rayon incident PI, partant d'un point lumineux P, qui se réfléchit partiellement sur la face antérieure AB du miroir et donne une première image P_1 très pâle. La plus grande partie de la lumière pénètre, en se réfractant, à l'intérieur de la lame de verre suivant IR, se réfléchit presque totalement sur la face argentée A'B' suivant RI', sort par la face AB en se réfractant et donne une image brillante P_2 ; mais une fraction de la lumière est réfléchie intérieurement sur la face AB suivant I'R', puis se réfléchit sur la face argentée A'B' suivant RI'', se réfracte à la sortie de la face AB et donne une image P_3, plus faible que P_2. Le nombre des images est infini, mais il paraît limité, parce que leur intensité lumineuse va en décroissant.

PRISMES

87. Définitions. — On appelle prisme un milieu transparent, limité par deux faces inclinées. L'angle du dièdre formé par les deux faces se nomme *angle réfringent;* l'intersection des deux faces s'appelle *arête réfringente;* toute section faite par un plan perpendiculaire à l'arête réfringente se nomme *section principale.*

Un prisme est caractérisé : 1° par son *angle réfringent;* 2° par l'*indice de réfraction* de sa substance.

Les prismes employés pour les différentes expériences ont la forme de prismes *triangulaires;* la face opposée à l'arête se nomme *base du prisme.*

88. Passage d'un rayon de lumière homogène à travers un prisme. — Equations du prisme. — Supposons (*fig.* 106)

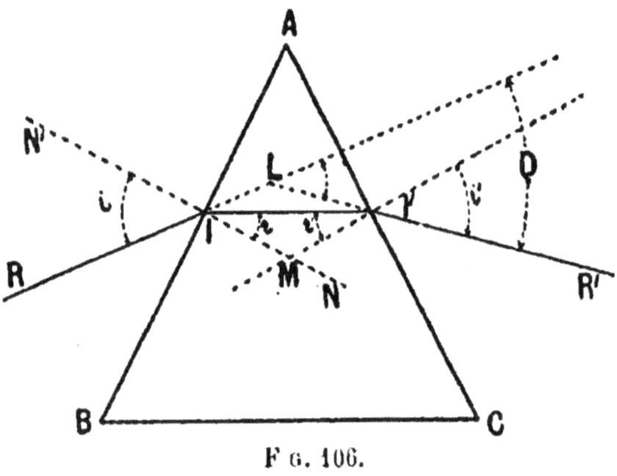

F g. 106.

le rayon incident dans le plan de la *section droite* du prisme pris pour plan de la figure.

Soient BAC la *section droite* d'un prisme; A, l'angle réfringent, et RI, un rayon incident de lumière *monochromatique* provenant de la flamme d'un bec Bunsen dans laquelle on a disposé une petite coupelle contenant du chlorure de sodium donnant une lumière jaune, ou bien un faisceau de rayons rouges obtenus en interposant un verre rouge sur le parcours du faisceau lumineux. Le rayon RI, pénétrant de l'air dans le verre, se rapproche de la normale NN' et se réfracte suivant II'; au point I', il sort du verre dans l'air, d'un milieu plus réfringent dans un milieu moins réfringent, en s'écartant de la normale.

Le rayon incident RI et le rayon émergent I'R' font entre eux un angle D, appelé *angle de déviation.*

En appliquant les lois de la réfraction, nous avons :

$$\sin i = n \sin r ; \qquad (1)$$
$$\sin i' = n \sin r'. \qquad (2)$$

Le quadrilatère AIMI' étant inscriptible, l'angle I'MN est égal à l'angle A ; or, l'angle I'MN est extérieur au triangle IMI'; d'où

$$A = r + r'. \qquad (3)$$

L'angle D étant extérieur au triangle ILI', on a :

$$D = i - r + i' - r'. \qquad (4)$$

ÉTUDE GRAPHIQUE DES PRISMES

89. Construction géométrique du rayon émergent. — Soient (*fig.* 107) BAC la section droite d'un prisme, RI un

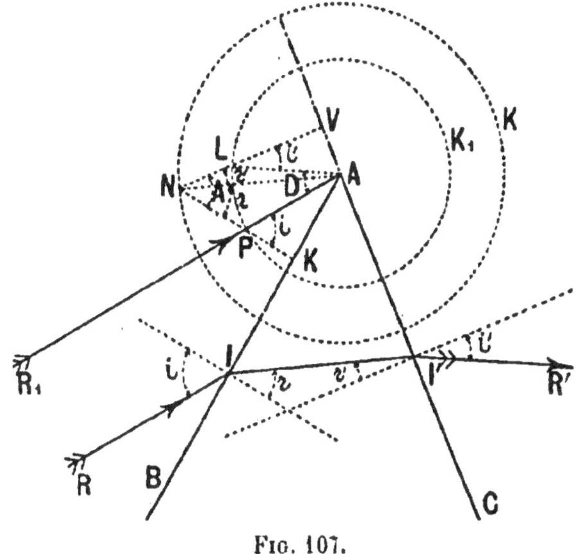

FIG. 107.

rayon incident situé dans le plan de la section droite. Je mène R_1A parallèle à RI et, du point A comme centre, je trace deux cercles K_1 et K, dont les rayons sont entre eux dans un rapport égal à n. Nous supposerons $n = \dfrac{3}{2}$. Par le point P d'intersection du cercle de rayon K_1 avec le rayon incident R_1A, j'abaisse sur la face AB du prisme une perpendiculaire qui rencontre le cercle de rayon K au point N. Je joins le point N au point A : NA représente la direction du rayon réfracté à travers le prisme. Du point N, abaissons, sur le prolongement de la face AC du prisme, une perpendiculaire qui rencontre le cercle de rayon K_1 en L. Joignons le point L au point A : LA représente la direction du rayon émergeant par la face AC du prisme.

L'angle LNP et l'angle réfringent A du prisme sont égaux comme ayant leurs côtés perpendiculaires, et l'angle LAP est égal à l'angle de déviation.

Dans le triangle NPA, nous avons :

$$\frac{AP}{\sin r} = \frac{AN}{\sin i} \qquad \text{ou} \qquad \frac{AP}{AN} = \frac{\sin r}{\sin i};$$

mais,

$$\frac{AP}{AN} = \frac{K_1}{K} = \frac{2}{3}; \qquad \text{donc,} \qquad \frac{\sin r}{\sin i} = \frac{2}{3};$$

dans le triangle NLA,

$$\frac{AL}{\sin r'} = \frac{AN}{\sin i'}, \qquad \text{d'où} \qquad \frac{\sin r'}{\sin i'} = \frac{2}{3}.$$

90. Discussion. — 1° **L'angle de déviation augmente avec**

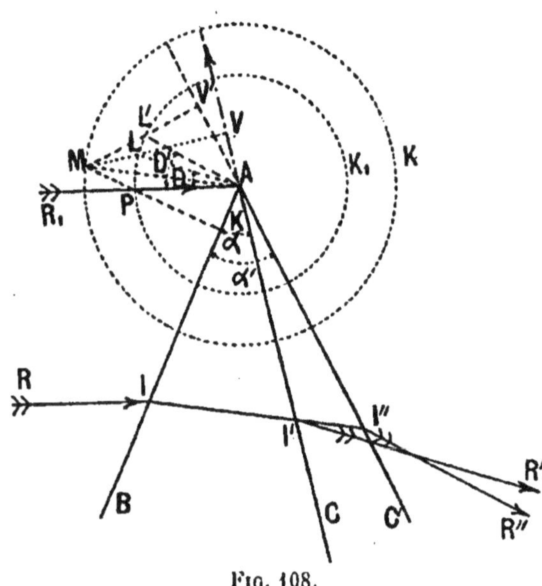

Fig. 108.

l'angle réfringent du prisme (*fig.* 108). — Supposons que l'angle réfringent augmente et devienne BAC'. Répétons la construction précédente. Du point M, abaissons une perpendiculaire sur la face AC' prolongée du prisme ; joignons le point de rencontre L' de cette perpendiculaire avec le cercle de rayon K_1 au point A.

L'A représente la direction du rayon émergeant par la face AC' du prisme. L'angle de déviation L'AP est plus grand que l'angle de déviation LAP correspondant à l'angle réfringent BAC.

2° L'angle de déviation augmente avec l'indice de réfraction de la substance du prisme (*fig.* 109). — Supposons deux

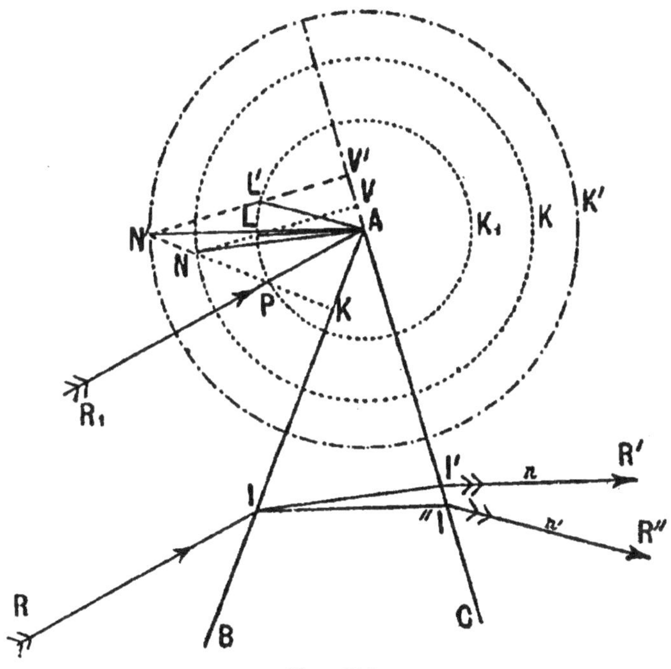

Fig. 109.

prismes ayant un même angle réfringent BAC. Le premier a un indice de réfraction

$$n = \frac{K}{K_1},$$

et le deuxième a un indice de réfraction $n_1 = \dfrac{K'}{K_1} > n$. Je construis le rayon émergent LA du prisme d'indice n, et je prolonge la perpendiculaire NP jusqu'au point de rencontre N' avec le cercle de rayon K'. Du point N', j'abaisse sur la face AC prolongée une perpendiculaire qui rencontre le cercle de rayon K_1 en L'. Je joins le point L' au point A.

L'A représente la direction du rayon émergeant par la face AC du prisme. Or, l'angle de déviation L'AP du prisme d'indice n_1 est plus grand que l'angle de déviation LAP du prisme d'indice n.

On vérifierait facilement par la construction que D augmente avec l'angle d'incidence.

3° Conditions que doit remplir l'angle réfringent du prisme pour l'émergence des rayons (*fig.* 111). — Pour qu'un rayon lumineux puisse émerger par la face AC, il faut que la perpendiculaire abaissée du point M sur cette face rencontre le cercle de rayon K_1.

Considérons le rayon incident dirigé suivant l'incidence rasante BA qui fait avec la normale à la face AB le plus grand angle d'incidence; il rencontre le cercle de rayon K_1 au point R_1. De ce point, menons la perpendiculaire R_1M sur la face AB du prisme et supposons que l'angle A ait une valeur telle que la perpendiculaire abaissée du point M sur la face AC prolongée soit tangente au cercle de rayon K_1. Un seul rayon pourra sortir du prisme suivant la face AC.

Dans le triangle rectangle formé par les deux tangentes, nous avons, en représentant par $\frac{\alpha}{2}$ la moitié de l'angle :

$$K_1 = K \sin V'M'A, \qquad \sin V'M'A = \frac{K_1}{K} = \frac{1}{n};$$

donc, l'angle V'M'A est égal à l'angle limite L, et l'angle A = 2L.

Donc, si l'angle réfringent du prisme est égal à 2L, un seul rayon incident, dirigé suivant l'incidence rasante BA, pourra sortir du prisme suivant l'incidence rasante AC. Pour tout angle réfringent plus grand que 2L, aucun rayon ne pourra émerger du prisme par la face AC.

Minimum de déviation (*fig.* 110). — L'angle de déviation formé par les rayons incident et émergent passe par un minimum.

Soit BAC l'angle réfringent d'un prisme. Supposons un rayon incident passant à travers le prisme suivant II', perpendiculaire à la bissectrice de l'angle BAC, et répétons la construction pour obtenir les rayons incident et émergent correspondant au rayon réfracté II'. La ligne MA étant bissectrice des angles LMP et LAP, on peut démontrer facilement par la géométrie que, si le sommet d'un angle M constant se déplace sur une circonférence de rayon K, l'angle D, obtenu en joignant le point A aux points L et P, sera minimum lorsque la ligne MA sera bissectrice de l'angle constant LMP, qui est égal à A. Donc, le *minimum de déviation* de l'angle D aura lieu lorsque la direction MA suivant laquelle le rayon traverse le prisme sera perpendiculaire à la bissectrice de l'angle réfringent.

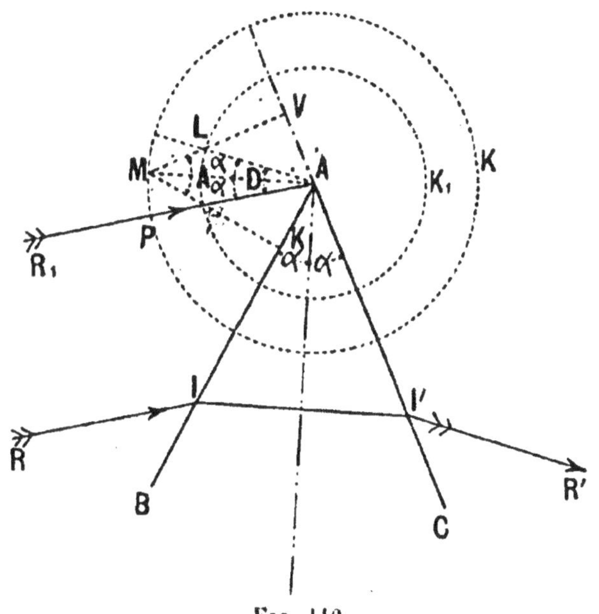

FIG. 110.

Dans ce cas, $r = r'$, $i = i'$, c'est-à-dire que le rayon incident et le rayon émergent sont également inclinés sur les faces du prisme. Nous avons alors :

$$\frac{K_1}{\sin \frac{A}{2}} = \frac{K}{\sin \left[180 - \frac{(A + D)}{2} \right]},$$

d'où

$$n = \frac{\sin \frac{A + D}{2}}{\sin \frac{A}{2}},$$

formule très importante, qui nous servira à déterminer les indices de réfraction.

4° Angle dans lequel sont compris tous les rayons incidents qui peuvent émerger du prisme (*fig.* 111). — Soit BAC l'angle réfringent d'un prisme. Le dernier rayon pouvant émerger sortira suivant l'incidence rasante AC. Cherchons la direction du rayon incident correspondant au rayon émergeant suivant

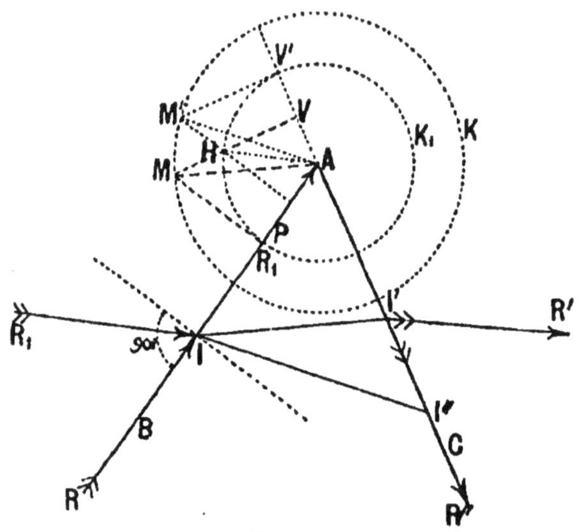

Fig. 111.

AC. Je prolonge AC jusqu'à sa rencontre en V' avec le cercle de rayon K_1. Je mène au point V' la tangente au cercle de rayon K_1, qui rencontre le cercle de rayon K en M'; et du point M' j'abaisse sur la face AB une perpendiculaire qui rencontre le cercle de rayon K_1 en H : HA représente le rayon incident correspondant au rayon émergent AC. Tous les rayons compris dans l'angle HAB pourront émerger du prisme par la face AC. Nous allons calculer l'angle HAB. Dans le triangle rectangle V'M'A, on a :

$$K_1 = K \sin \text{V'M'A} \qquad \text{ou} \qquad \sin \text{V'M'A} = \frac{K_1}{K} = \frac{1}{n};$$

donc, l'angle V'M'A est égal à l'angle limite L de la substance du prisme.

Dans le triangle M'HA, nous avons :

$$\frac{K}{\sin M'HA} = \frac{K_1}{\sin (A - L)}; \qquad \text{d'où} \qquad \sin M'HA = n \sin (A - L).$$

Or, $\qquad\qquad \sin M'HA = \sin AHP,$

AHP est l'angle que fait le rayon incident HA avec la normale à la face AB; représentons-le par B,

$$\sin B = n \sin (A - L). \qquad (1)$$

Or, tous les rayons incidents qui peuvent émerger du prisme par la face AC seront compris dans l'angle 90° — B, B étant déterminé par l'équation (1).

91. Vérification expérimentale des propriétés du prisme.

— **Variations de l'angle de déviation.** — 1° *La déviation augmente avec l'angle réfringent du prisme.* — On le vérifie (*fig.* 112) expérimentalement avec un prisme liquide, à angle variable. L'appareil se compose d'une cuve dont deux parois opposées sont formées par des lames de verre CB et C'B', mobiles autour d'une charnière et glissant à frottement entre les parois fixes de la cuve. On fait arriver un rayon de lumière homogène RI sur la face anté-

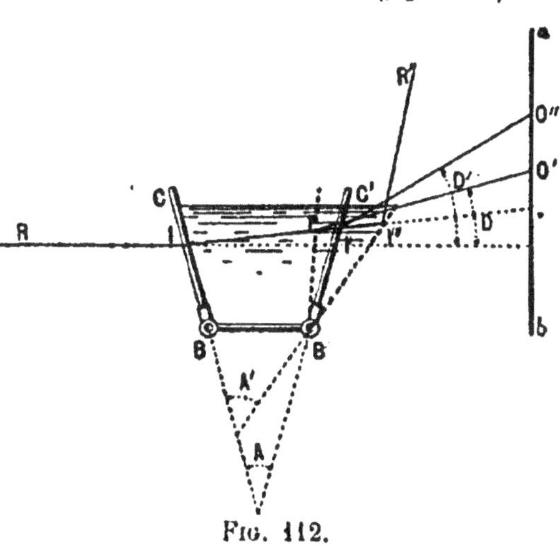

FIG. 112.

rieure de la cuve. Ce rayon sort de la cuve suivant I'O" et, après réfraction, vient produire une tache lumineuse O" sur un écran *ab*.

Si l'on rapproche les deux faces, on diminue l'angle réfringent du prisme, qui prend la valeur A; le rayon incident RI se trouve réfracté suivant I"O', l'angle de déviation D diminue.

Nous pouvons constater qu'en écartant de plus en plus la face B'C', le rayon lumineux ne sortira plus du prisme, subira la réflexion totale et viendra faire une tache lumineuse au plafond.

2° *La déviation augmente avec n* (*fig.* 113). — On le vérifie au moyen du polyprisme, formé généralement de trois prismes superposés, de même angle réfringent et formant un prisme unique.

Le premier est en verre, le deuxième en cristal, le troisième en quartz.

Les indices de réfraction vont en augmentant du verre au quartz.

On dispose l'arête réfringente du polyprisme parallèlement à une fente lumineuse éclairée par de la lumière *monochromatique*, et de telle sorte qu'une partie du faisceau lumineux ne rencontre pas l'arête du prisme, continue son chemin en ligne droite et vienne former une raie lumineuse *ab* sur l'écran. La partie du

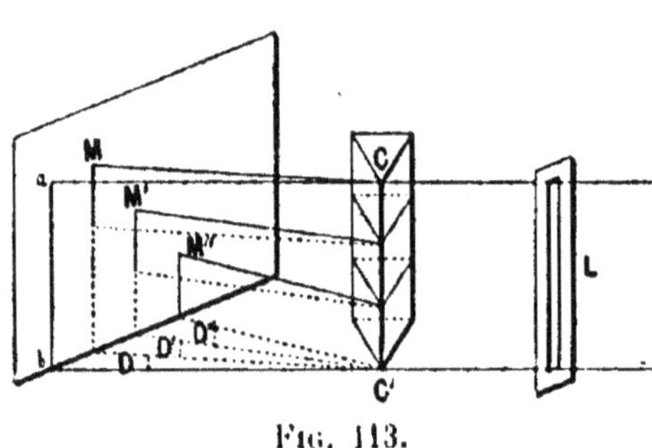

Fig. 113.

faisceau lumineux qui traverse le prisme sera réfractée dans chaque prisme suivant des lignes lumineuses M, M′, M″, de plus en plus déviées dans l'ordre des indices de réfraction. On peut réaliser (*fig.* 114) un prisme liquide, à angle variable, au moyen d'une cuve en verre à fond plat, que l'on place dans une position inclinée. On dirige, au moyen d'un miroir, un faisceau lumineux RI, qui sort de la cuve suivant R″I′; en inclinant plus ou moins la cuve, on fait varier l'angle réfringent A et l'on constate l'augmentation de l'angle de déviation.

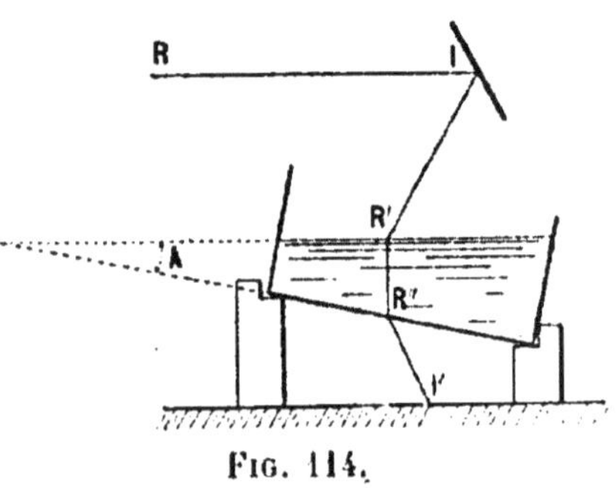

Fig. 114.

En remplaçant l'eau par du sulfure de carbone, on constate que D augmente avec n.

92. Minimum de déviation.

— Si nous faisons passer par une fente (*fig.* 115) étroite, parallèle à l'arête réfringente du prisme, un faisceau de lumière *monochromatique*, de façon qu'une partie du faisceau ne rencontre pas le prisme et forme sur un écran une raie lumineuse *ab*, la partie du faisceau qui rencontre le prisme sera déviée suivant AB, en faisant un angle de déviation égal à D. Si nous faisons tourner le prisme autour de son arête réfringente, dans le sens correspondant à l'augmentation de l'angle d'incidence (flèche n° 1), nous verrons le trait lumineux AB se déplacer en A'B', montrant que l'angle de déviation augmente avec l'angle d'incidence. Si nous tournons le prisme en sens inverse (flèche n° 2), le trait lumineux se rapprochera de *ab*; toutefois, à partir d'une certaine position de la raie lumineuse A″B″, correspondant à une déviation D″, l'image s'écartera de nouveau, mais en sens inverse, tout en continuant à faire tourner le prisme dans le même sens.

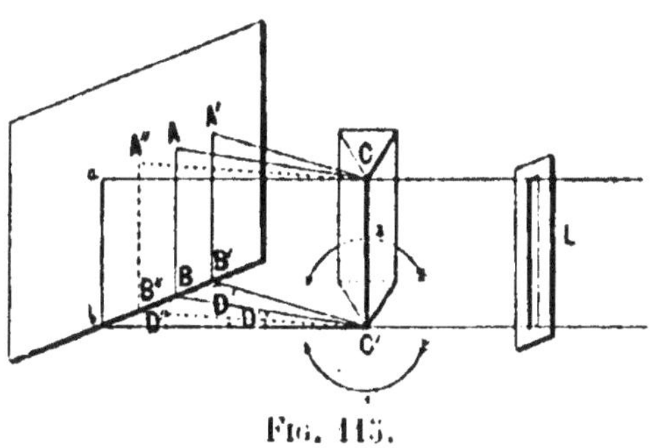

Fig. 115.

Cette valeur de D″ sera le plus petit angle que puissent faire les rayons incident et émergent. Il se nomme angle *de déviation minimum*. On peut vérifier que ce minimum se produit lorsque les rayons incident et émergent sont également inclinés sur les faces du prisme.

DISCUSSION ALGÉBRIQUE DES PROPRIÉTÉS DU PRISME

93. Conditions d'émergence (*fig.* 106). — Tous les rayons incidents qui rencontrent la face AB du prisme pénètrent dans le prisme suivant un cône ayant pour sommet le point I; pour axe, la normale au point I, et pour angle générateur, l'angle limite L, dont le sinus est égal à $\frac{1}{n}$; pour qu'un de ces rayons puisse émerger par la face AC, il faut qu'il fasse avec la normale à la face AC un angle plus petit que l'angle limite L; donc, r' doit être plus petit que L.

Dans le triangle IMI′

$$r + r' = A \qquad \text{ou} \qquad r' = A - r;$$

donc, $A - r < L$; mais, $r < L$, donc $A < 2L$.

Si l'angle de réfringence A est plus grand que le double de l'angle limite, aucun rayon n'émergera du prisme par la face AC.

94. Angle dans lequel sont compris les rayons qui peuvent émerger du prisme par la face AC (*fig.* 116). — Tous les rayons qui pénètrent dans le prisme par la face AB sont compris dans un cône ayant pour sommet le point I; pour axe, la normale en ce point à la face AB, et pour angle générateur, l'angle limite L. Examinons quels sont les rayons qui peuvent émerger par la face AC. Nous pouvons supposer que tous les rayons partent du point I. Or, tous les rayons qui, partant d'un point situé dans un milieu plus réfringent, peuvent émerger dans un milieu moins réfringent, sont compris dans un cône ayant pour sommet le point considéré I; pour axe, la normale IN en ce point à la face AC, et pour angle générateur, l'angle limite L. Menons du point I la normale IN à la face AC

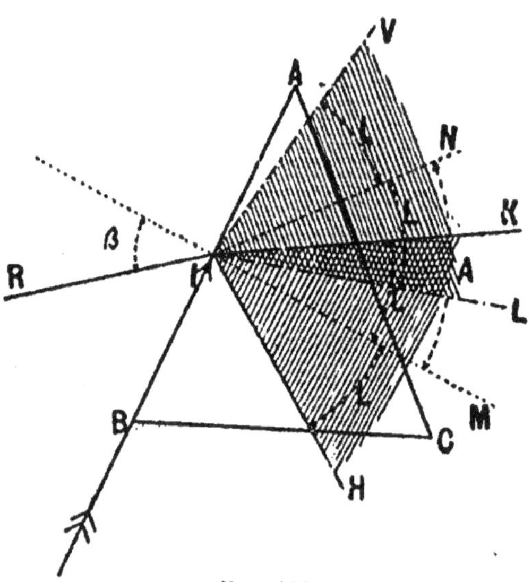

Fig. 116.

et construisons le cône qui aura pour sommet le point I et pour angle générateur l'angle limite L; tous les rayons qui pénètrent dans le prisme, en ne considérant que les rayons incidents compris dans la section droite BAC, sont compris dans l'angle KIH; les rayons pouvant émerger par la face AC sont compris dans l'angle LIV; les rayons pouvant sortir du prisme par la face AC seront compris dans la partie commune à ces deux angles, c'est-à-dire dans l'angle KIL.

Les rayons incidents qui peuvent émerger par la face AC sont compris dans l'angle BIR, qui est égal à 90° — β. β est un angle déterminé par la relation :

$$\sin \beta = n \sin (A - L);$$

en effet, le rayon IL fait, avec la normale IM à la face AB, un angle égal à A — L.

Soit RI représentant le rayon incident correspondant au rayon réfracté IL.

Si nous représentons par β l'angle du rayon incident RI avec la normale à la face AB,

$$\sin \beta = n \sin (A - L).$$

Le rayon réfracté IK, faisant avec la normale IM à la face AB un angle égal à l'angle limite L, correspond au rayon incident BI dirigé suivant la face AB, c'est-à-dire à l'incidence rasante.

Donc, tous les rayons incidents qui peuvent émerger par la face AC du prisme seront compris dans l'angle BIR, qui est égal à 90 — β.

Discussion. — Pour A $=$ L,

$$\sin \beta = 0; \qquad \text{d'où} \qquad \beta = 0.$$

Tous les rayons qui peuvent émerger par la face AC seront compris dans un angle de 90°.

$$A = 2L, \qquad \sin \beta = n \sin L ; \qquad \text{mais,} \qquad \sin L = \frac{1}{n};$$

d'où
$$\sin \beta = 1, \qquad \beta = 90°.$$

Un seul rayon peut émerger, qui pénètre dans le prisme suivant l'incidence rasante BA et émerge suivant l'incidence rasante AC.

95. Minimum de déviation. — Additionnons les équations :

$$\sin i = n \sin r, \qquad \sin i' = n \sin r' :$$
$$\sin i + \sin i' = n(\sin r + \sin r'),$$
$$2 \sin \left(\frac{i + i'}{2} \right) \cos \left(\frac{i - i'}{2} \right) = 2n \left(\sin \frac{r + r'}{2} \cos \frac{r - r'}{2} \right);$$
$$r + r' = A, \qquad D = i + i' - A, \qquad i + i' = A + D,$$

d'où
$$\sin \left(\frac{A + D}{2} \right) = n \sin \frac{A}{2} \frac{\cos \dfrac{r - r'}{2}}{\cos \dfrac{i - i'}{2}}.$$

D sera minimum en même temps que $\sin \left(\dfrac{A + D}{2} \right)$; or, $\sin \dfrac{A}{2}$ est constant. Il faut déterminer le minimum de

$$\frac{\cos \dfrac{r - r'}{2}}{\cos \dfrac{i - i'}{2}};$$

soit

$$i > i', \qquad \text{d'où} \qquad i - r > i' - r',$$

$$\text{ou} \quad i - i' > r - r'; \qquad \text{donc,} \qquad \frac{\cos\dfrac{r - r'}{2}}{\cos\dfrac{i - i'}{2}} > 1;$$

$$\text{si} \qquad i' > i, \qquad \text{d'où} \qquad i' - r' > i - r,$$

ou

$$i' - i > r' - r,$$

$$\cos(r' - r) > \cos(i' - i), \qquad \cos\tfrac{}{}(r - r') > \cos\tfrac{}{}(i - i'),$$

$$\cos(r - r') > \cos(i' - i);$$

donc,

$$\frac{\cos\dfrac{r - r'}{2}}{\cos\dfrac{i - i'}{2}} > 1. \qquad \text{La plus petite valeur de} \qquad \frac{\cos\dfrac{r - r'}{2}}{\cos\dfrac{i - i'}{2}}$$

sera l'unité, pour laquelle $r = r'$ et $i = i'$, d'où $n = \dfrac{\sin\dfrac{A + D}{2}}{\sin\dfrac{A}{2}}$.

96. Variation de l'angle de déviation avec l'indice de réfraction et l'angle réfringent. — 1° Faisons varier n; rappelons les formules du prisme :

$$\sin i = n \sin r, \tag{1}$$
$$\sin i' = n \sin r', \tag{2}$$
$$A = r + r', \tag{3}$$
$$D = (i - r) + (i' - r') = i + i' - A. \tag{4}$$

Supposons i et A constants :

Si n augmente d'après (1), $\sin r$ diminue, r diminue et $i - r$ augmente; d'après (3), r' augmente, i' augmente, donc D augmente.

2° Faisons varier A; supposons n et i constants, r étant constant; si A augmente d'après (3), r' augmente; d'après (2), i' augmente; mais nous avons vu, au paragraphe 79, que $i' - r'$ croît avec i' comme $i - r$ est constant.

Donc, d'après l'équation (4), D augmente.

97. Valeur de la déviation dans un prisme d'angle réfringent très petit et pour un angle d'incidence de quelques degrés. — Lorsque l'angle réfringent du prisme est très petit et que l'angle d'incidence i est égal à quelques degrés, les angles i, i', r, r' sont également très petits et, dans ce cas, nous pouvons remplacer les sinus par les angles.

Nous avons :

$$i = nr, \qquad i' = nr';$$

d'où

$$i + i' = n(r + r'),$$
$$i + i' = nA$$
$$D = i + i' - (r + r') = A(n - 1).$$

Donc,

$$D = (n - 1)\,A.$$

La déviation est *proportionnelle à l'angle réfringent* du prisme.

98. Réfraction atmosphérique (*fig.* 117). — Les différentes couches gazeuses qui forment l'atmosphère vont en diminuant de densité à partir de la surface de la terre et l'indice de réfraction de l'air décroît. Un rayon lumineux venant d'un astre suivant la direction oblique SI, pénétrant d'un milieu moins réfringent dans un milieu plus réfringent, se rapprochera de la normale. Le chemin suivi par le rayon lumineux sera formé de petites droites faisant des angles obtus et pénétrera dans l'atmosphère suivant une *ligne courbe*. L'observateur placé en O verra, sur la direction du dernier élément de rayon réfracté en OS′, l'astre, qui paraîtra plus élevé au-dessus de l'horizon à son lever et à son coucher. Les disques du soleil et de la lune semblent entiers

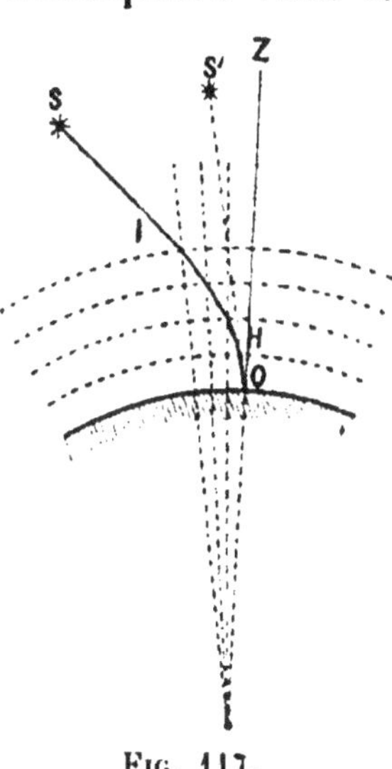

Fig. 117.

avant que le bord supérieur émerge au-dessus de l'horizon; de même, ils sont déjà couchés au moment où leur bord inférieur semble atteindre l'horizon.

99. Mirage (*fig.* 118). — Supposons une plaine sablonneuse, horizontale, frappée par les rayons du soleil. Le sable s'échauffe rapidement : au contact du sol, les couches d'air s'échauffent également et ont une densité décroissante de bas en haut, et l'indice de réfraction de ces dif-

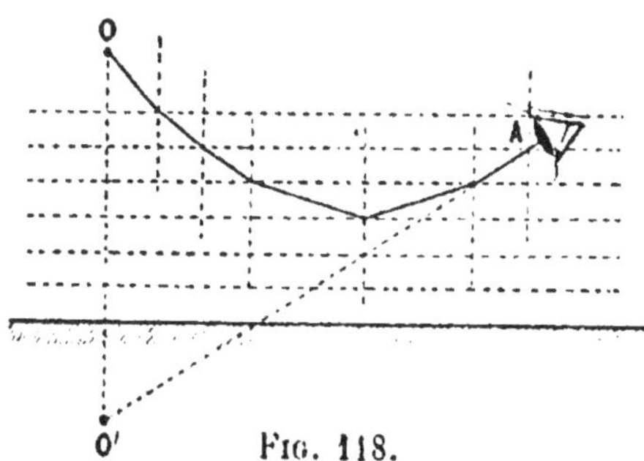

Fig. 118.

férentes couches décroît. Supposons un rayon partant du point O. Passant d'un milieu plus·réfringent dans un milieu moins réfringent, il se réfractera successivement en s'écartant de la normale, jusqu'à ce qu'il rencontre une couche où il fera avec la normale un angle égal à l'angle limite. Il subira alors la réflexion totale et se propagera symétriquement en sens inverse. L'observateur verra le point O en O' et pourra également voir directement le point O.

Les rayons venant des nuages se réfléchissent de la même manière et produisent une image brillante, donnant l'illusion d'un lac dans lequel se réfléchiraient les objets; mais, à mesure que l'observateur s'approche, les images disparaissent.

100. Vision à travers un prisme (*fig.* 119).

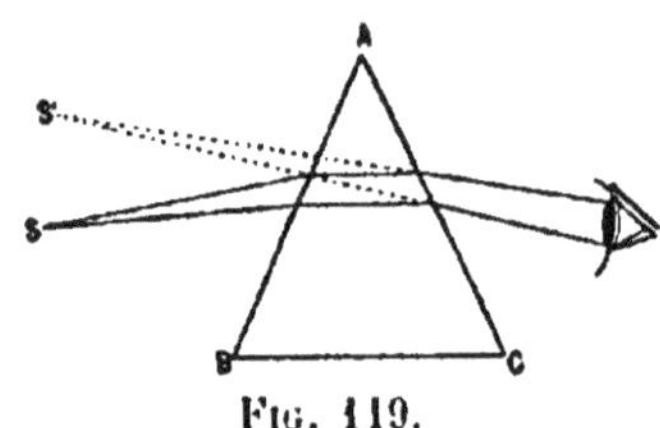

Fig. 119.

— Soient un point lumineux S et, partant de ce point, un faisceau de lumière divergent qui, après réfraction, donnera une image virtuelle S' du point S. Cette image ne paraîtra nette que dans le cas où les rayons seront dans le voisinage du minimum de déviation. Ces rayons subissent alors des déviations égales.

Si le faisceau traverse le prisme près de l'arête, le faisceau émergent n'est autre que le faisceau incident ayant tourné d'un angle égal à D, et dont le sommet S' est à la même distance du sommet du prisme que le point S.

APPLICATIONS
DU PHÉNOMÈNE DE RÉFRACTION

101. Prisme à réflexion totale

(*fig.* 120). — Soient un prisme dont la section principale BAC est un triangle rectangle isocèle et un rayon lumineux RI, dirigé normalement sur la face AB. Ce rayon pénètre dans le prisme sans subir de réfraction, suivant IO, et rencontre la face AC en faisant avec la normale à cette face un angle de

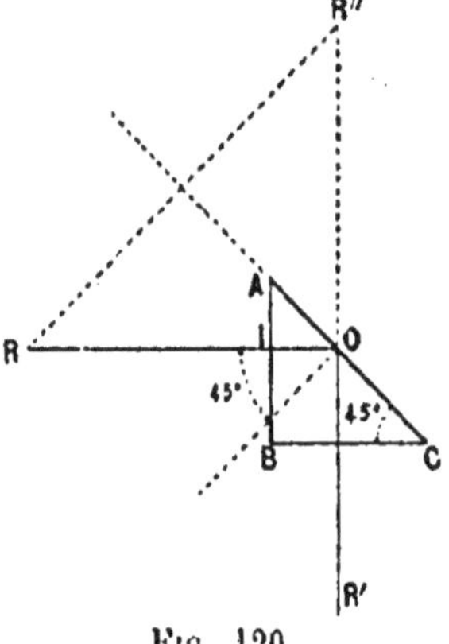

Fig. 120.

45°, plus grand que l'angle limite du verre, qui est de 41°. Il se réfléchit sur la face AC et sort du prisme normalement à la face BC, suivant OR'. Ce prisme peut jouer le rôle d'un miroir : il est utilisé dans la chambre claire, dans les télescopes et dans de nombreux appareils où il remplace les miroirs plans.

102. Chambre claire (*fig.* 121). — La chambre claire donne des objets une image qui permet de les dessiner en suivant avec un crayon leurs contours sur le papier. Elle se compose d'un prisme dont la section droite est un quadrilatère FCDE, dont l'angle C $= 90°$, l'angle E $= 135°$, et les angles D et F sont égaux chacun à $\frac{135°}{2} = 67° 30'$.

Soient un objet A, placé devant le prisme, et un rayon lumineux AB qui, partant du point A, rencontre normalement la face DC ; il pénètre sans déviation à travers le prisme et subit la réflexion totale sur la face DE, car l'angle BHK et l'angle CDE sont égaux comme ayant leurs côtés perpendiculaires. Donc, BHK $= 67° 30'$.

Cet angle étant plus grand que l'angle limite du verre, le point A donnera, par rapport à la face DE jouant le rôle d'un miroir, une image symétrique A'. Le rayon réfléchi HL subit

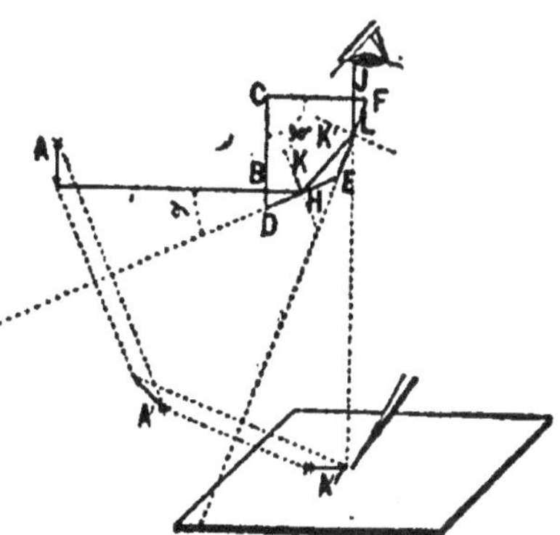

Fig. 121.

également la réflexion totale sur la face EF et vient rencontrer normalement la face CF, car l'angle LJF $= 90°$. On obtiendra une image A″, symétrique du point A' par rapport à la face EF, jouant le rôle d'un miroir.

L'emploi de deux réflexions successives a pour but de redresser l'image, qui serait renversée par une seule réflexion. On placera l'œil très près de l'arête F, afin de recevoir sur une moitié de la pupille les rayons contribuant à former l'image A″, et sur l'autre moitié les rayons venant directement d'une feuille de papier : on verra en même temps la feuille de papier et l'image A″, dont on pourra suivre les contours avec un crayon.

103. Mesure des indices de réfraction. — Méthode du minimum de déviation. — Nous avons établi, dans le cas du minimum de déviation, la formule :

$$n = \frac{\sin \dfrac{A + D}{2}}{\sin \dfrac{A}{2}}. \qquad (1)$$

dans laquelle D représente l'angle du minimum de déviation.

Pour déterminer n, il faudra mesurer A et D. On se sert

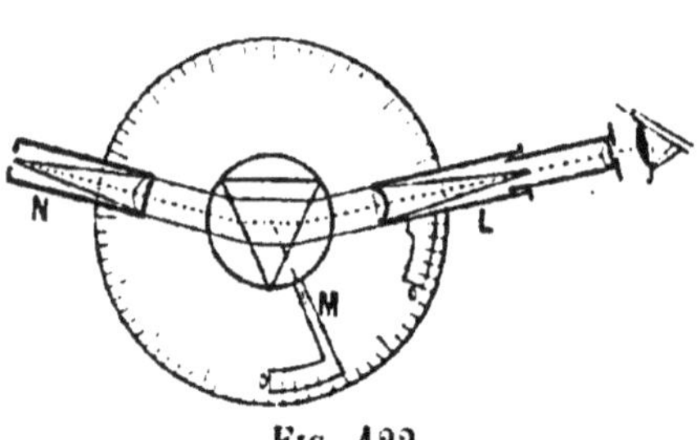

FIG. 122.

pour cela du *goniomètre* (*fig.* 122). Cet appareil se compose : 1° d'un cercle dont le limbe est divisé en demi-degrés et qui porte une alidade M. Cette alidade soutient une petite plate-forme sur laquelle on dispose le prisme à étudier, et porte un

vernier permettant d'évaluer les minutes; 2° d'une lunette astronomique, ou viseur L, dont l'axe optique est dirigé suivant un rayon du cercle divisé et qui est munie d'un réticule et d'un vernier permettant de mesurer son déplacement; 3° enfin, d'un *collimateur* N, formé d'une fente à bords parallèles placée au foyer d'une lentille.

Détermination de l'angle A. — Le collimateur et la lunette occupant une position invariable, on dispose le prisme de façon à recevoir dans la lunette les rayons lumineux partant de la fente, après réflexion sur la face AC du prisme, et de façon que le fil du réticule coïncide avec l'image de la fente du collimateur.

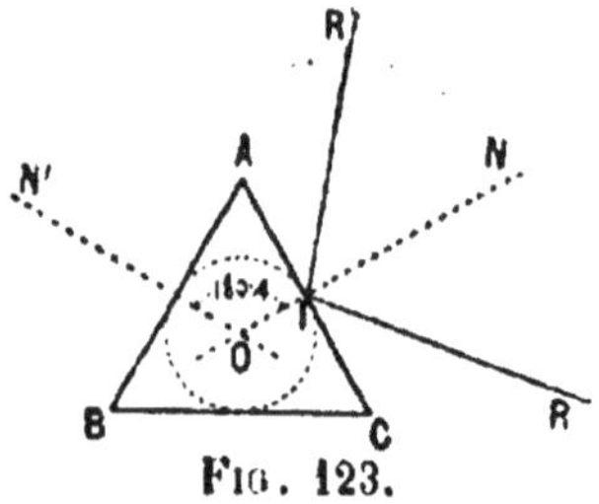

On fait tourner le prisme de manière à ce que la face AB (*fig.* 123)

FIG. 123.

occupe la position de la face AC, c'est-à-dire que le fil du réticule coïncide encore avec l'image de la fente.

On a alors fait tourner le prisme de 180° — A, d'où l'on déduit A.

Mesure de D. — On dispose la lunette de façon à ce qu'elle reçoive le faisceau émergent provenant de la fente du collimateur éclairée par de la lumière jaune et l'on fait tourner le prisme dans le sens où la déviation diminue. Le faisceau émergent se rapproche du faisceau incident; mais on constate que, pour un certain angle qui correspond au minimum de déviation, le faisceau émergent *rétrograde*, c'est-à-dire se déplace en sens contraire. On repère cette position sur le cercle gradué. On enlève le prisme et l'on déplace la lunette, de façon à ce que le réticule coïncide avec l'image de la fente du collimateur : l'angle dont on a fait tourner la lunette donne la valeur de D.

En remplaçant dans la formule (1) A et D par leur valeur, on détermine n.

Exemple :

$$A = 60° \qquad \frac{A + D}{2} = 50° \qquad \frac{A}{2} = 30°$$
$$D = 40°$$

$$n = \frac{\sin 50°}{\sin 30°} = 1,532.$$

Indices de réfraction de quelques corps

Glace	1,31	Crown-glass (verre sans plomb).	1,52
Eau	1,333	Sel gemme	1,543
Ether	1,357	Flint-glass (cristal)	1,6
Alcool éthylique	1,364	Sulfure de carbone	1,633
Benzine	1,490	Diamant	2,42

104. Réfractomètres. — Les réfractomètres sont des appareils qui permettent de déterminer rapidement les indices de réfraction de certaines substances et d'en déduire la composition, par exemple la nature d'une huile, la richesse d'un mélange d'eau et d'alcool, etc. Cette dernière détermination peut être faite au moyen du *réfractomètre* de M. Amagat, utilisé pour l'essai des vins (*fig.* 124). Il les

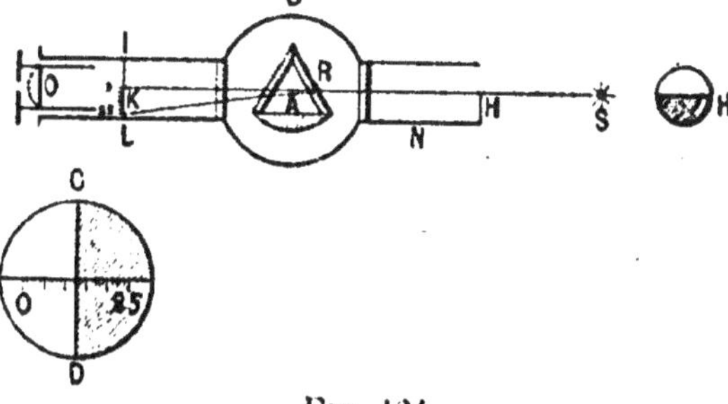

Fig. 124.

composé d'un prisme formé de glaces de verre parallèles et placé dans une cuve annulaire; d'un tube N, dont l'extrémité est obturée en partie par un diaphragme H, que l'on peut déplacer pour le réglage de l'appareil; enfin, d'un deuxième tube L, à l'intérieur duquel se trouve une plaque de verre I portant une graduation de 0 à 25, et terminé par un oculaire O, fonctionnant comme une loupe. On introduit de l'eau dans le prisme et dans la cuve : le faisceau lumineux provenant d'une source lumineuse S, après avoir traversé la cuve et le prisme qui forment un milieu à faces parallèles, passe par le zéro de la graduation. On introduit l'alcool dans le prisme : le faisceau lumineux SR est réfracté suivant RK et rencontre l'échelle graduée en un point correspondant au degré de l'alcool, l'indice de réfraction de l'alcool étant plus grand que celui de l'eau.

L'observateur verra une partie du champ plus obscure que l'autre; la ligne de démarcation CD de ces deux parties, qui est verticale, indique, par la division de l'échelle sur laquelle elle tombe, le degré cherché.

105. Principe des fontaines lumineuses. — Un vase R

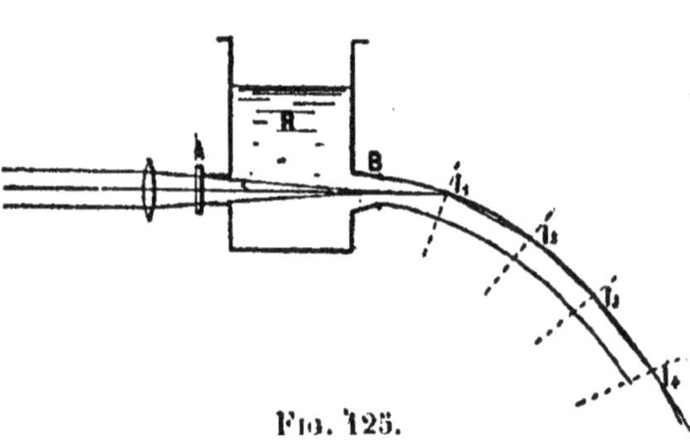

Fig. 125.

(fig. 125) est muni à sa partie inférieure de deux tubulures cylindriques, diamétralement opposées. La tubulure A est fermée par un verre de couleur, que l'on éclaire avec une lumière vive, par exemple la lumière électrique. Les rayons sont concentrés, au moyen d'une lentille convergente, au centre de la deuxième tubulure, laquelle sert à l'écoulement de l'eau contenue dans le vase R. Le faisceau lumineux subit des réflexions totales en I_1, I_2, I_3, et les rayons se maintiennent à l'intérieur du jet d'eau parabolique, qui est éclairé intérieurement.

106. Périscope. — Cet appareil optique, employé dans les sous-marins pour inspecter les points de l'horizon, a

pour but de ramener la vision d'une partie de cet horizon à un plan qui lui soit inférieur.

Il se compose en principe de deux prismes à réflexion totale. Le premier est placé à l'extrémité supérieure d'un tube vertical rigide, pouvant se télescoper et pénétrant dans l'intérieur du sous-marin à travers un presse-étoupe étanche. La partie inférieure porte un second prisme, qui est l'oculaire. En faisant tourner le périscope autour de son axe, on peut inspecter tous les points de l'horizon.

CHAPITRE VI

LENTILLES SPHÉRIQUES

107. Définitions. — On appelle *lentille sphérique* un milieu transparent, limité par deux surfaces sphériques, ou par une surface sphérique et un plan.

On appelle *axe principal* d'une lentille la ligne qui passe par les centres de courbure des sphères, ou la perpendiculaire abaissée du centre de courbure de la sphère sur la surface plane qui forme l'une des faces.

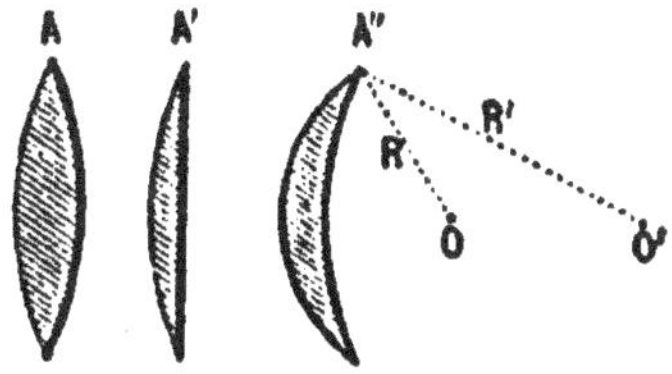

On appelle *section principale* toute section de la lentille par un plan passant par l'axe principal.

Lentilles convergentes et divergentes. — On divise les lentilles en deux groupes :

Fig. 126.

1° Les lentilles *convergentes* ou à *bord mince*, c'est-à-dire plus épaisses au centre que sur les bords.

Si l'on fait arriver sur ces lentilles un faisceau de rayons parallèles, elles le transforment en un faisceau convergent, dont le sommet est derrière la lentille.

Elles comprennent trois variétés (*fig.* 126) : la lentille

biconvexe A, la lentille plan convexe A′ et le ménisque convergent A″, formé d'une surface convexe de rayon de courbure R, et d'une surface concave de rayon de courbure R′, avec la condition R′ > R.

2° Les *lentilles divergentes ou à bord épais*, dont le bord est plus épais que le centre et qui, recevant un faisceau de rayons parallèles, le transforment en un faisceau divergent, dont le sommet est en avant de la lentille.

On distingue trois variétés de lentilles divergentes (*fig.* 126 *bis*) : la lentille *biconcave* B, la lentille *plan concave* B′ et le ménisque divergent B″, formé d'une face convexe de rayon R, et d'une face concave de rayon R′, avec la condition R > R′.

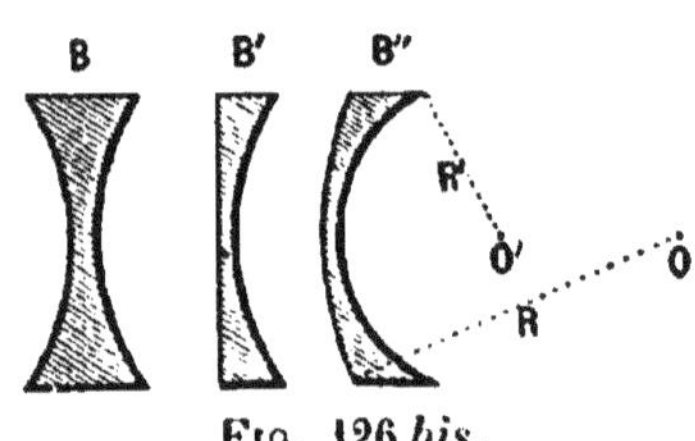

Fig. 126 *bis*.

108. Passage d'un rayon lumineux à travers une lentille convergente. — Soient une lentille biconvexe (*fig.* 127), dont nous supposerons l'indice de réfraction égal

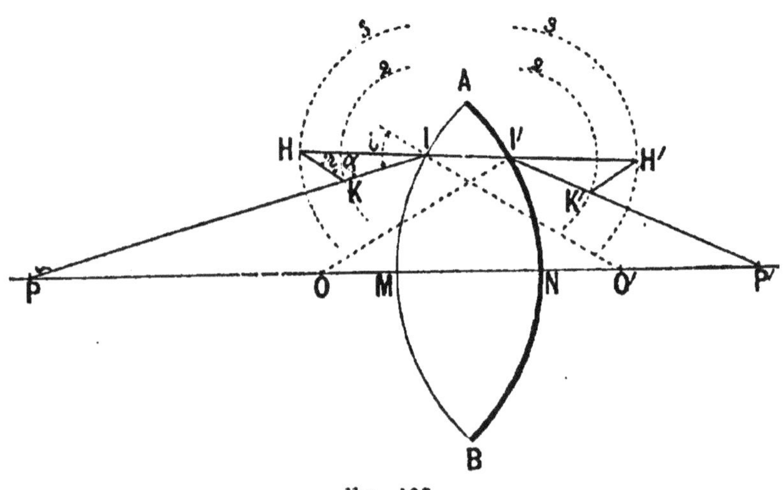

Fig. 127.

à $\frac{3}{2}$, et un rayon lumineux PI, partant du point P. Du point I comme centre, je décris deux arcs de cercle avec des rayons égaux à 2 et 3. Le rayon lumineux PI rencontre le cercle de rayon égal à 2 en un point K ; de ce point, je mène une parallèle au rayon de courbure IO′ de la face AMB de la lentille.

Cette parallèle rencontre le cercle de rayon égal à 3 au point II. Je joins le point II au point I : IHI′ représente la direction du rayon réfracté à l'intérieur de la lentille.

Du point I′, décrivons deux arcs de cercle de rayons égaux à 2 et à 3 et prolongeons II′ jusqu'au point de rencontre H′ avec le cercle de rayon égal à 3 ; du point H′, menons une parallèle H′K′ au rayon de courbure OI′ de la face ANB de la lentille ; joignons le point de rencontre K′ de cette parallèle avec le cercle de rayon 2 au point I′ : I′K′ représente la direction du rayon lumineux à sa sortie de la lentille.

En effet, dans le triangle IHK, on a :

$$\frac{IH}{\sin \alpha} = \frac{IK}{\sin r};$$

mais les angles α et i sont supplémentaires ; $\sin \alpha = \sin i$, d'où :

$$\frac{\sin i}{\sin r} = \frac{3}{2}.$$

109. Centre optique (*fig.* 128). — Soit une lentille biconvexe et soit CC′ son axe principal.

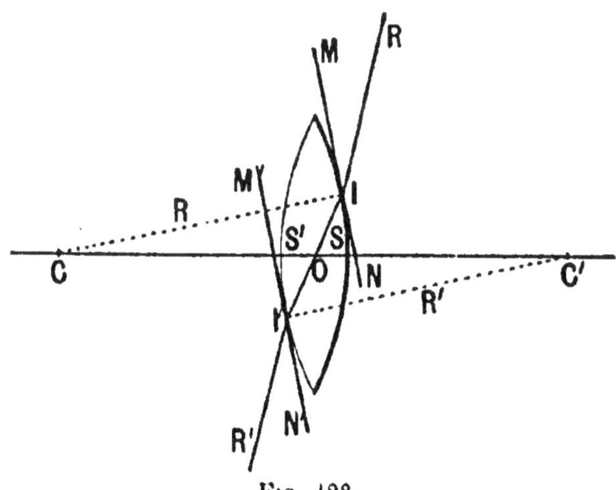

Fig. 128.

Menons deux rayons de courbure parallèles, CI et C′I′, et, aux points I et I′, menons des plans MN, M′N′ tangents aux surfaces sphériques et qui seront parallèles. Supposons un rayon lumineux traversant la lentille suivant II' : il se trouvera dans les conditions d'un rayon lumineux qui traverse un milieu à faces parallèles et les rayons incident et émergent RI et R'I', qui lui correspondent, seront parallèles.

Si nous supposons la lentille mince, nous nous trouverons dans le cas d'un rayon lumineux traversant un milieu à faces parallèles de très faible épaisseur; les rayons RI et R'I' seront dans le prolongement l'un de l'autre.

Les triangles semblables COI et C'OI' donnent :

$$\frac{CO}{OC'} = \frac{CI}{C'I'} = \frac{R}{R'}.$$

Donc, la position du point O est constante et tout rayon incident passant par ce point ne subit pas de déviation. On appelle ce point le *centre optique*.

Dans le cas de lentilles très minces, le centre optique sera déterminé par le point d'intersection de l'axe principal avec le plan principal de la lentille.

110. Détermination de la position du centre optique. Discussion. — Les triangles semblables COI et C'OI' donnent :

$$\frac{CO}{C'O} = \frac{R}{R'} = \frac{R - CO}{R' - C'O} = \frac{SO}{S'O}.$$

Représentons l'épaisseur de la lentille par e, et OS par x :

$$\frac{x}{e - x} = \frac{R}{R'}, \qquad \text{d'où} \qquad x = \frac{eR}{R + R'} :$$

1° Si $R = R'$, $x = \frac{e}{2}$;

2° Lentille plan convexe : $R = \infty$, $x = e$.

C'est-à-dire que le centre optique se trouve au point d'intersection de l'axe principal avec la face convexe de la lentille.

3° *Ménisque convergent :*

$$R \text{ est } < 0, \qquad \text{d'où} \qquad x = \frac{eR}{R - R'} :$$

mais, comme $R > R'$, $x > e$.

Le centre optique est en dehors de la lentille, du côté de la face convexe.

111. Équation aux foyers conjugués ([1]). — Dans l'étude

(1) Voir au paragraphe 117 une solution simple de l'établissement de l'équation aux foyers conjugués.

qui va suivre, nous représenterons les lentilles minces par un plan normal à l'axe principal, passant par le centre optique et que l'on appelle *plan principal*, et nous suppo-serons que la réfraction se fait suivant ce plan.

On représentera les lentilles biconvexes (*fig.* 129) par A, et les lentilles biconcaves par B.

Nous admettrons que les rayons lumineux sont très peu inclinés sur l'axe principal.

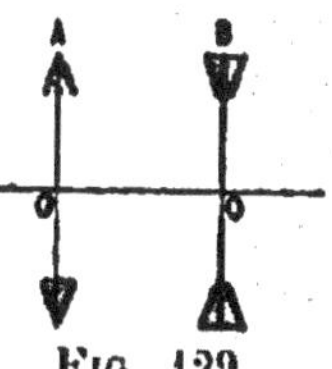

Fig. 129.

Considérons deux milieux (*fig.* 130) d'indice dif-férent, l'air et le verre par exemple, séparés par une surface sphé-rique, ce qui constitue un *dioptre* (nous supposerons cette surface convexe), et un point lumineux P, d'où part un rayon PI. Ce rayon, pénétrant de l'air dans le verre, se rapproche de la normale et vient,

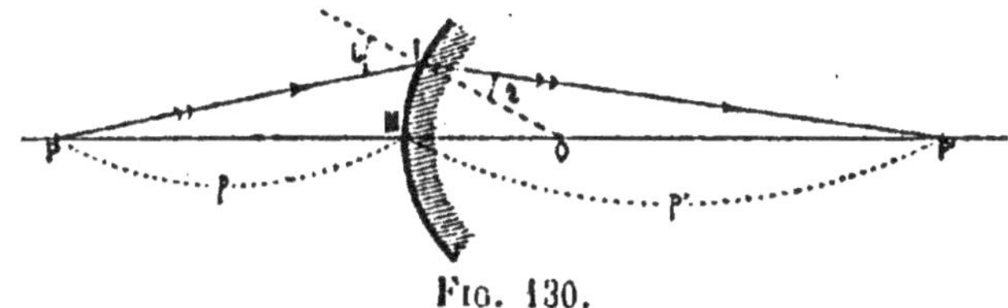

Fig. 130.

après réfraction, rencontrer l'axe du dioptre en un point P'. Les triangles PIO et OIP' ont le même sommet I ; leurs surfaces sont entre elles comme leurs bases :

$$\frac{PIO}{OIP'} = \frac{PO}{OP'} \qquad \text{ou} \qquad \frac{2PI \times IO \sin PIO}{2OI \times PI \sin OIP'} = \frac{PI \sin i}{PI \sin r} = \frac{PO}{P'O}.$$

Si nous supposons l'angle IPO très petit, c'est-à-dire le rayon lumineux PI très peu incliné sur l'axe PO, PI sera sensiblement égal à PM et IP' à MP'.

Nous prendrons comme origine des segments le point M. Nous compterons comme positifs les segments dirigés en sens inverse de la propagation de la lumière, et comme négatifs ceux qui seront dirigés dans le sens de la propagation.

Nous représenterons PM par p, P'M par $-p'$ et OM par $-$ R.

Remplaçant ces quantités par leurs valeurs, nous aurons :

$$\frac{p \sin i}{-p' \sin r} = \frac{p - R}{-p' + R} \qquad \text{ou} \qquad \frac{p}{-p'}\, n = \frac{p - R}{R - p'},$$

d'où

$$\frac{n}{p'} - \frac{1}{p} = \frac{1}{R}(n - 1). \qquad\qquad (1)$$

La valeur de p' étant indépendante de l'inclinaison du rayon PI sur l'axe PO, le point P' sera le foyer conjugué du point P, c'est-à-dire que tous les rayons partant du point P iront, après réfraction, se concentrer au point P'.

Examinons le cas où la surface de séparation entre le verre et l'air est une surface sphérique concave (*fig.* 131). Soit un rayon lumineux RI. Ce rayon, passant d'un milieu plus réfringent dans un milieu moins réfringent, s'écarte de la normale, prend la direction IP' et rencontre l'axe PO du dioptre en un point P'.

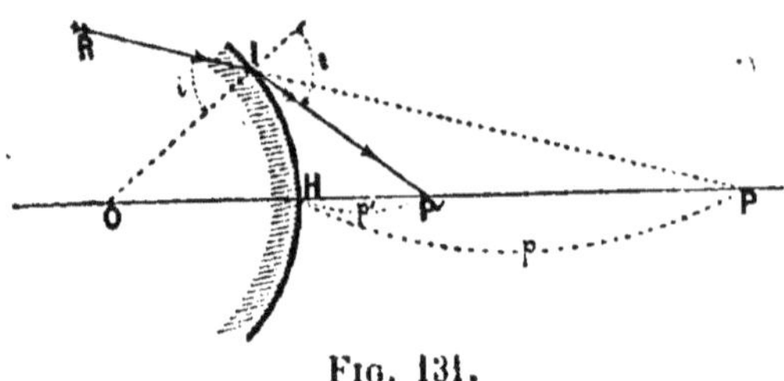

Fig. 131.

Les deux triangles PIO et OIP' ont le même sommet I et, par conséquent, la même hauteur; leurs surfaces sont entre elles comme leurs bases :

$$\frac{PIO}{OIP'} = \frac{PO}{P'O}, \qquad \text{d'où} \qquad \frac{PI \times IO \sin i}{OI \times IP' \sin r} = \frac{PO}{P'O}.$$

Comme nous supposons les angles IPH et IP'H très petits, nous pouvons supposer PI = PH et P'I = P'H. Représentons PH par — p, HP' par — p' et OH par + R'; nous aurons :

$$\frac{-p}{-p'} \times \frac{1}{n} = \frac{R' - p}{R' - p'}, \qquad \text{d'où} \qquad \frac{1}{R'n} - \frac{1}{p'n} = \frac{1}{R'} - \frac{1}{p}$$

ou

$$-\frac{1}{p'} + \frac{n}{p} = \frac{1}{R'}(n - 1) \qquad\qquad (2)$$

Considérons maintenant une lentille biconvexe (*fig.* 132), dont les

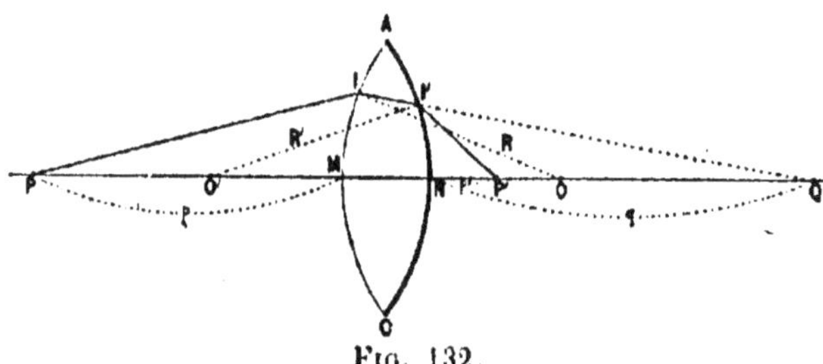

Fig. 132.

deux faces ont pour rayons de courbure R et R', et un point lumineux P, placé sur l'axe principal en avant de la lentille.

Parmi tous les rayons qui partent du point P, menons le rayon PI qui, si la deuxième face ANC de la lentille n'existait pas, viendrait, après réfraction, passer par le foyer conjugué Q donné par l'équation (1) :

$$-\frac{1}{p} + \frac{n}{q} = \frac{1}{R}(n-1).\qquad(3)$$

Ce foyer Q peut être considéré comme un point virtuel par rapport à la surface de séparation ANC du verre et de l'air; nous obtiendrons son foyer P' en appliquant la formule (2). Nous avons :

$$-\frac{1}{p'} + \frac{n}{q} = \frac{1}{R'}(n-1),\qquad(4)$$

et en retranchant (3) de (4), nous avons :

$$\frac{1}{p} - \frac{1}{p'} = -\left(\frac{1}{R} - \frac{1}{R'}\right)(n-1).$$

Cette équation, dite aux foyers conjugués, permet de déterminer p' en fonction de p.

Si $p = \infty$, c'est-à-dire si les rayons incidents venant rencontrer la lentille sont parallèles à l'axe principal, nous avons :

$$\frac{1}{p'} = -(n-1)\left(\frac{1}{R} - \frac{1}{R'}\right).$$

Ce point, où viennent se concentrer tous les rayons parallèles à l'axe principal, se nomme le *foyer principal*, et sa distance à la lentille se nomme *distance focale;* nous la représenterons par f.

Cette valeur de f sera donnée par l'équation :

$$\frac{1}{f} = -(n-1)\left(\frac{1}{R} - \frac{1}{R'}\right).$$

En remplaçant, dans l'équation aux foyers conjugués, $\frac{1}{f}$ par sa valeur, l'équation devient :

$$\frac{1}{p} - \frac{1}{p'} = \frac{1}{f}.$$

112. Équation aux foyers conjugués pour un point situé en dehors de l'axe principal (*fig.* 133). — Supposons maintenant le point P en dehors de l'axe principal. Il devra faire son foyer sur la ligne PO, que l'on appelle *axe secondaire*. Soit un rayon PI, lequel, après réfraction, rencontrera l'axe secondaire PO en un point P', qui sera le foyer conjugué du point P.

Prolongeons le rayon PI jusqu'à sa rencontre avec l'axe principal au point Q. Nous pouvons supposer que ce rayon PI part du point Q et que Q' est son conjugué; menons la parallèle PB à QQ'.

Représentons QO et OQ' par q et $-q'$; les triangles semblables QIO, PIA, QIQ' et PIB donnent :

$$\frac{PA}{PB} = \frac{QO}{QQ'}.$$

Si nous supposons que le rayon PI fait un très petit angle avec l'axe de la lentille, PA pourra être pris sensiblement égal à p. Nous pouvons écrire :

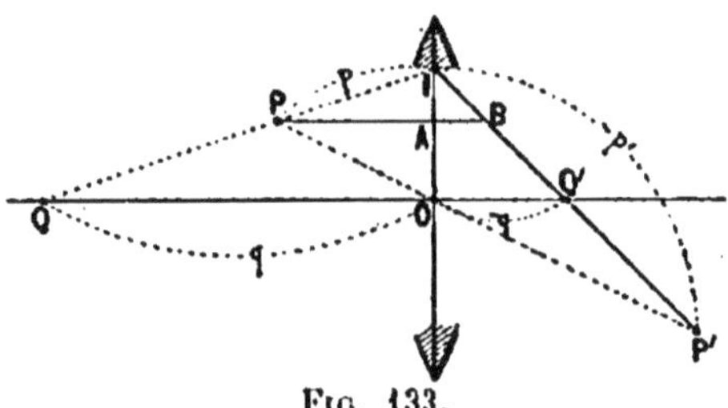

Fig. 133.

$$\frac{p}{PB} = \frac{q}{q - q'}.$$

Les triangles semblables OP'Q' et PP'B donnent :

$$\frac{PB}{OQ'} = \frac{PP'}{OP'} = \frac{PB}{-q'} = \frac{p - p'}{-p'}.$$

Multiplions les deux dernières égalités membre à membre; nous avons :

$$\frac{-pp'}{p - p'} = \frac{-qq'}{q - q'}; \qquad \text{d'où} \qquad -\frac{1}{p} + \frac{1}{p'} = -\frac{1}{q} + \frac{1}{q'};$$

mais $\dfrac{1}{q} - \dfrac{1}{q'} = \dfrac{1}{f}$; il s'ensuit que $\dfrac{1}{p} - \dfrac{1}{p'} = \dfrac{1}{f}$; c'est-à-dire que l'équation aux foyers conjugués s'applique à un point lumineux en dehors de l'axe principal.

113. Construction géométrique du foyer conjugué d'un point lumineux. — Plan focal. — Les rayons lumineux issus d'un point placé à l'infini sur un axe secondaire viendront, après réfraction, se concentrer en un point de cet axe, à une distance égale à f; tous ces points se trouveront sur une sphère ayant pour centre centre optique de la lentille et pour rayon la distance focale f. Nous pourrons confondre la sphère avec le plan tangent passant par le foyer situé sur l'axe principal. Ce plan se nomme le *plan focal*.

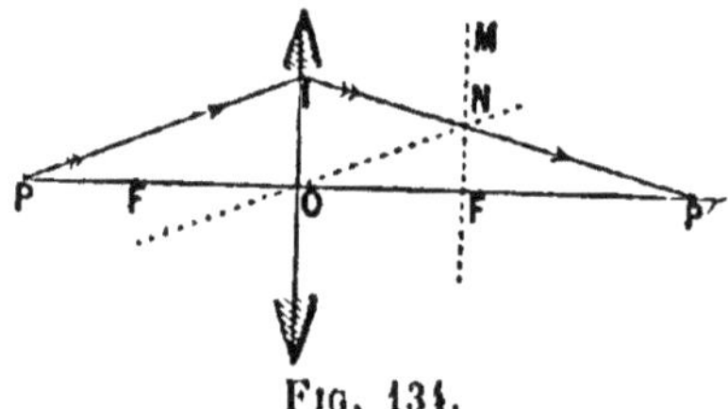

Fig. 134.

1° *Le point lumineux est sur l'axe principal.* — Soient P (*fig.* 134) le point lumineux, et un rayon incident PI qui rencontre le plan principal de la lentille au point I; menons le plan focal FM et l'axe secondaire ON, parallèle au rayon PI;

ce rayon incident PI, parallèle à l'axe secondaire ON, doit, après réfraction, passer par le point d'intersection N de l'axe secondaire ON avec le plan focal. Ce rayon IN, prolongé, rencontre l'axe principal au point P', conjugué du point P.

Supposons le point lumineux P (*fig.* 135) situé entre le centre optique de la lentille et le foyer. Soit PI un rayon lumineux qui rencontre la lentille au point I.

Je mène le plan focal MF et l'axe secondaire OM, parallèle au rayon PI, qui rencontre le plan focal au point M.

Je joins le point I au point M; IM représente la direction du

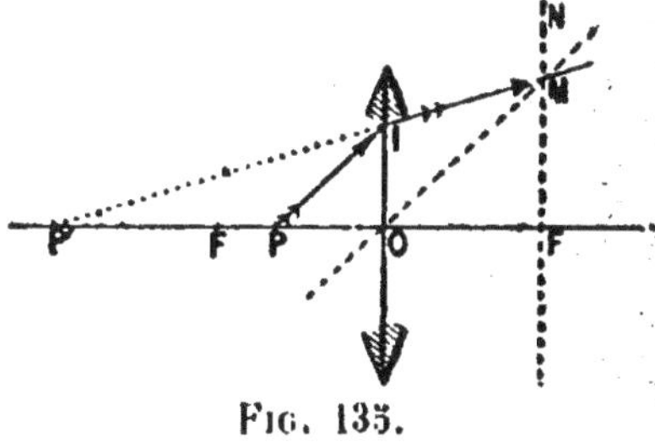

Fig. 135.

rayon réfracté. Ce rayon, prolongé géométriquement, rencontre l'axe principal au point P', en avant de la lentille. Ce foyer est *virtuel*.

2° *Le point lumineux est en dehors de l'axe principal.* —

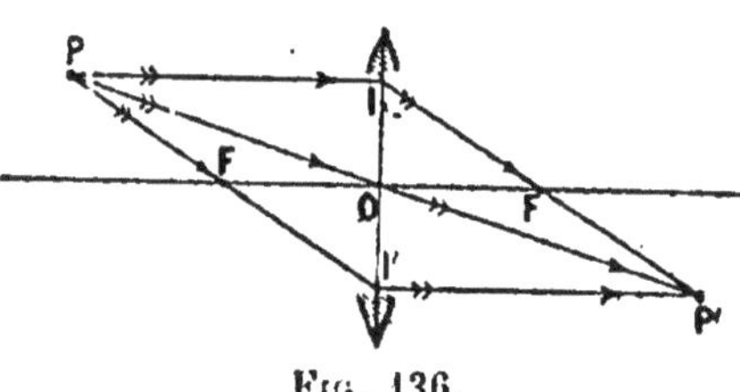

Fig. 136.

Soit P (*fig.* 136) un point lumineux en dehors de l'axe principal. Parmi tous les rayons qu'il émet, prenons le rayon PI, parallèle à l'axe principal, qui, après réfraction, passe par le foyer principal F, et le rayon PO, qui, passant par le centre optique, ne subit pas de déviation et rencontre le rayon IF en P', foyer conjugué du point P.

On peut remplacer le rayon PI, parallèle à l'axe principal, par le rayon PF, que l'on pourra supposer partant du point F et qui, après réfraction, sortira parallèlement à l'axe principal pour rencontrer l'axe secondaire PO au point P', conjugué du point P.

Supposons le point lumineux P (*fig.* 137) entre le centre optique de la lentille et le foyer.

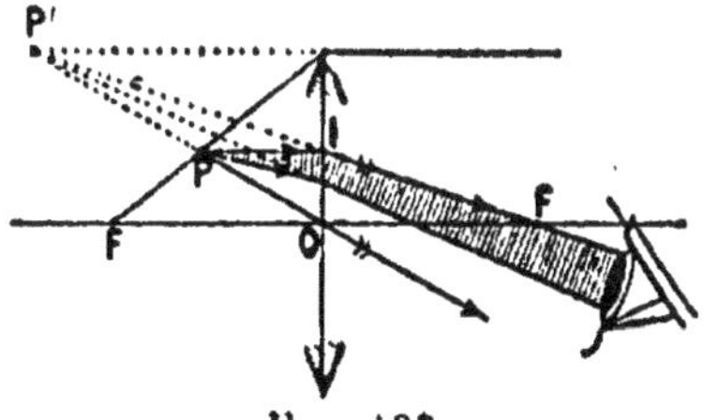

Fig. 137.

Soit un rayon lumineux PI, parallèle à l'axe principal, qui, après réfraction, passe par le foyer F, et le rayon PO, passant par le centre optique. Ces rayons, prolongés géométriquement, se rencontrent en un point P', qui est le conjugué *virtuel* du point P. Ce foyer virtuel n'existe pas en réalité, mais l'œil placé derrière la lentille verra le point P en P'. On peut, comme dans le cas précédent, faire la construction en menant un rayon PF.

114. Formation des images dans les lentilles convergentes. — Image d'une petite droite perpendiculaire à

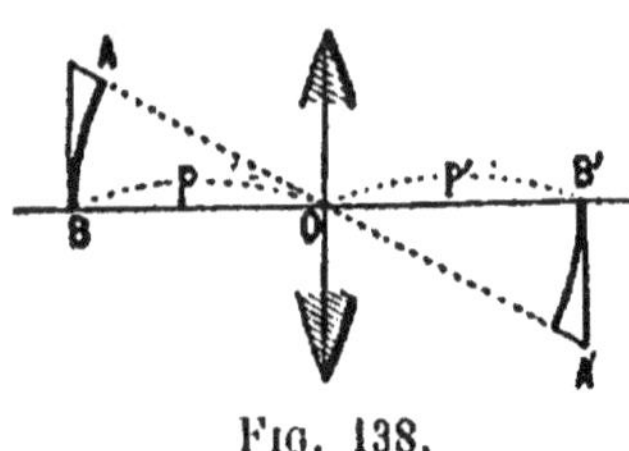

Fig. 138.

l'axe principal. — Supposons un petit arc de cercle AB (*fig.* 138); tous les points conjugués de AB se trouveront sur un deuxième arc de cercle A'B' décrit, du centre optique comme centre, avec p', distance du conjugué A' de A au centre optique, comme rayon. Remplaçons l'arc de cercle par sa tangente, car d'après l'hypothèse faite sur les lentilles la ligne AA' est très peu inclinée sur l'axe.

Nous en conclurons que l'image d'une petite droite, perpendiculaire à l'axe principal, est une autre droite perpendiculaire à l'axe principal et comprise entre les mêmes axes. Les deux droites AB et A'B' sont dites *conjuguées*, c'est-à-dire que tous les points de AB ont leurs conjugués sur A'B'.

Construction géométrique de l'image d'une droite perpendiculaire à l'axe principal. — Nous aurons deux espèces d'images :

1° Des images réelles, que nous pourrons produire sur un écran ;

2° Des images virtuelles, qui ne pourront se faire sur un écran.

Images réelles (*fig.* 139).

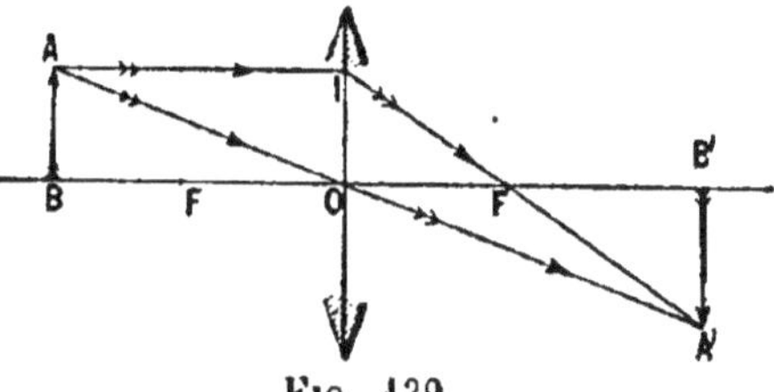

Fig. 139.

— Soient une lentille convergente et une droite AB placée au delà du foyer ; nous allons déterminer le conjugué du point A. Menons un rayon AI parallèle à l'axe principal, qui passe, après réfraction, par le foyer F, et un rayon AO, passant par le centre optique. Ces deux rayons se rencontrent en A', conjugué du point A. Du point A', abaissons une perpendiculaire A'B' sur l'axe principal : nous obtiendrons l'image A'B' *réelle* de AB.

Nous pourrons constater l'existence de cette image en
plaçant un écran en A'B'. Nous pourrons également la
voir (*fig.* 140) en plaçant l'œil de manière à recevoir les
faisceaux lumineux venant de A'B'.

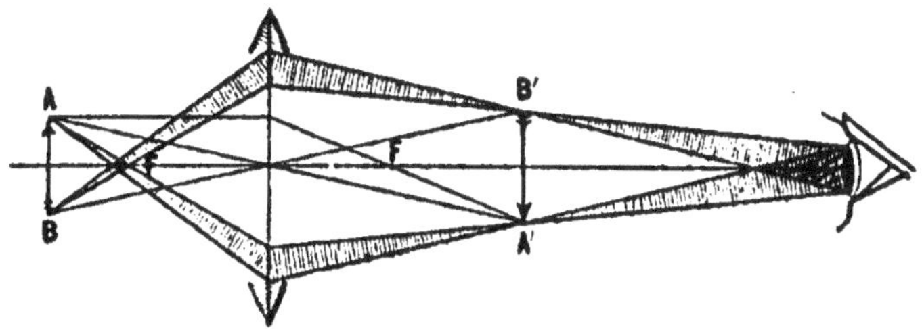

Fig. 140.

Image virtuelle (*fig.* 141). — Pour obtenir une image virtuelle, plaçons l'objet entre le foyer principal et la lentille.
Soit AB l'objet. Je mène un rayon lu-
mineux AI, parallèle à l'axe principal,
lequel, après réfraction, passe par le
foyer, et le rayon AO, qui passe par
le centre optique. Après réfraction,
ces deux rayons ne se rencontrent
pas, mais leurs prolongements géométriques se rencontrent en A', conjugué virtuel du point A. Du point
A', abaissons une perpendiculaire
sur l'axe principal : nous obtenons

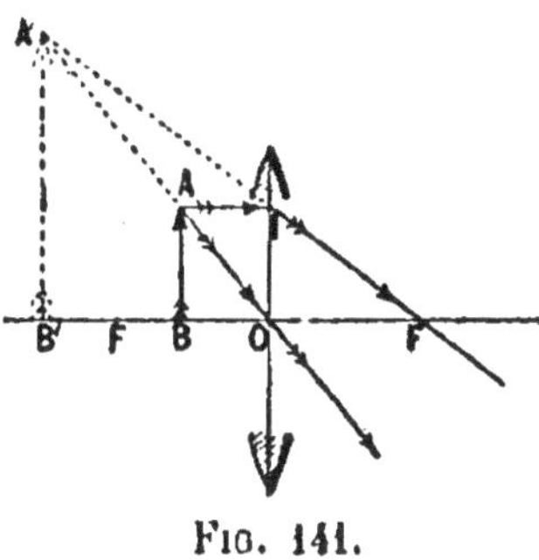

Fig. 141.

l'image A'B', *virtuelle* de AB. Cette image ne se forme pas,

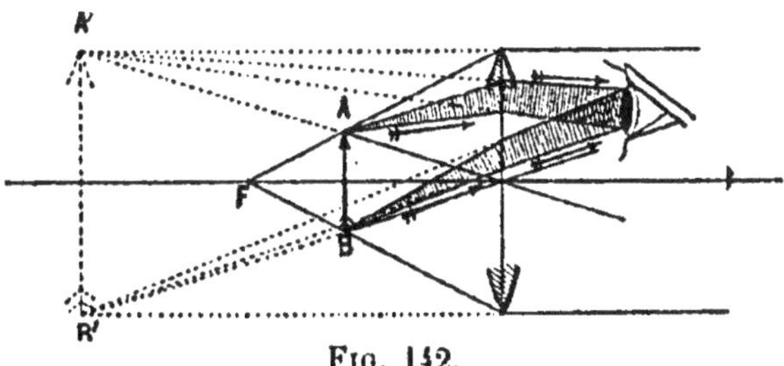

Fig. 142.

mais l'œil placé derrière la lentille (*fig.* 142) voit AB en A'B'.

115. Image d'un objet virtuel (*fig.* 143). — Soit une première lentille L, qui donne une image réelle A'B' d'un objet AB.

Interposons entre la lentille L et A'B' une deuxième lentille L' : l'image A'B' devient, par rapport à la lentille L', un *objet virtuel.* Considérons le rayon ROA', qui traversera la lentille L' sans subir de déviation, et le rayon R'I, parallèle à l'axe principal, passant par le point A' avant l'interposition de la lentille L'. Ce rayon, après réfraction à travers la lentille L', passe par le foyer F de la lentille et rencontre le

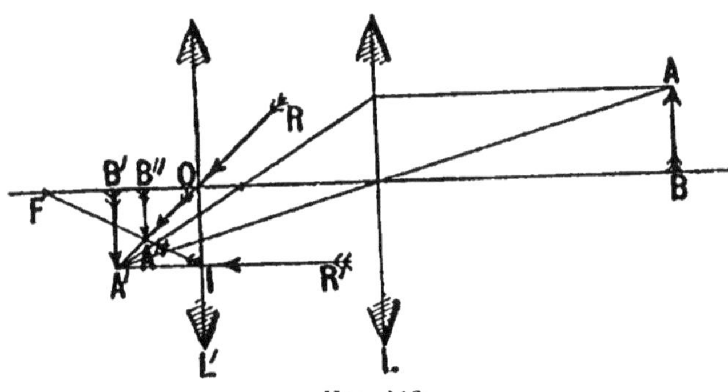

FIG. 143.

rayon RO au point A", conjugué du point A'. Du point A", abaissons une perpendiculaire A"B" sur l'axe principal; A"B" sera l'image réelle de l'objet virtuel A'B'. Toutes ces images seront *droites, réelles et plus petites que l'objet.*

116. Relation entre la dimension de l'image et celle de l'objet. — Les triangles semblables (*fig.* 139) AOB et A'OB' donnent :

$$\frac{A'B'}{AB} = \frac{OB'}{OB} = \frac{p'}{p}, \qquad \text{d'où} \qquad \frac{I}{O} = \frac{p'}{p}.$$

117. Méthode simple pour établir l'équation aux foyers conjugués (*fig.* 139). — Nous admettons comme résultat d'expérience que tous les rayons lumineux partant d'un point situé sur un axe secondaire se concentrent, après réfraction, en un point de cet axe et que tous les rayons parallèles à l'axe principal se concentrent, après réfraction, en un point de cet axe appelé foyer.

Les triangles semblables AIA' et OFA' donnent :

$$\frac{AI}{OF} = \frac{AA'}{OA'}.$$

En supposant que les rayons sont très peu inclinés sur l'axe principal, nous prendrons :

$$AI = p, \qquad OF = f, \qquad AA' = p - p', \qquad \text{d'où} \qquad \frac{p}{f} = \frac{p - p'}{-p'},$$

et enfin :

$$\frac{1}{p} - \frac{1}{p'} = \frac{1}{f}.$$

118. Discussion de l'équation aux foyers conjugués. — Relations de position et de grandeur de l'image et de l'objet.

— Considérons la formule aux foyers conjugués :

$$\frac{1}{p} - \frac{1}{p'} = \frac{1}{f}.$$

Rappelons d'abord les conventions adoptées pour les signes des segments : nous prenons pour origine des segments le centre optique de la lentille, supposée infiniment mince ; nous comptons comme positifs les segments dirigés en sens inverse de la propagation de la lumière et comme négatifs ceux qui sont dirigés dans le sens de la propagation.

$1°$ $p = \infty$, $p' = -f$. L'image se forme au foyer ; elle est réelle, renversée et très petite, si l'objet possède un diamètre apparent, comme le soleil, par exemple.

$2°$ $\infty > p > f$. Si p décroît depuis ∞ jusqu'au premier plan focal, p' décroît depuis $-f$ jusqu'à $-\infty$.

L'image se déplace depuis le premier plan focal jusqu'à l'infini.

Elle est réelle, puisque p' est négatif ; elle se forme derrière la lentille ; elle est renversée, car l'image et l'objet sont placés de part et d'autre du centre de similitude O.

Pour $p = 2f$, $p' = -2f$, $I = O$. Si l'objet est placé à une distance de la lentille égale au double de la distance focale, l'image se fait à une distance égale au double de la distance focale ; elle est renversée et égale à l'objet.

Pour $f < p < 2f$, l'image s'éloigne de la lentille et devient plus grande que l'objet.

Enfin, pour $p = f$, $p' = -\infty$, l'image se fait à l'infini, elle est infiniment grande, il n'y a plus d'image.

$3°$ $0 < p < f$. L'image devient virtuelle, car p' est positif. L'image se déplace depuis $+\infty$ jusqu'à la lentille ; elle est droite, puisqu'elle est toujours du même côté que l'objet par rapport au centre O de similitude ; elle est d'abord infiniment grande, elle diminue et se confond avec l'objet pour $p = 0$.

4° *Objets virtuels.* — Nous allons faire p négatif dans l'équation aux foyers conjugués, qui devient :

$$-\frac{1}{p} - \frac{1}{p'} = \frac{1}{f}.$$

Pour $-\infty < p < 0$, p' varie de $-f$ à 0. Les images sont réelles, car p' est négatif, c'est-à-dire qu'elles se forment dans le sens de la propagation de la lumière. Elles sont droites, car elles sont placées du même côté que l'objet par rapport au centre de similitude O.

$$\text{Pour } p = -f, \qquad p' = -\frac{f}{2}, \qquad \frac{1}{0} = \frac{1}{2};$$
$$\text{pour } p = 0, \qquad p' = 0, \qquad I = 0.$$

Représentation et discussion graphique de la formule des lentilles. — On pourra représenter par une construction graphique l'équation aux foyers conjugués et suivre la méthode indiquée pour les miroirs concaves.

119. Détermination de la distance focale d'une lentille convergente. — On dirige l'axe principal de la lentille dans la direction du centre du soleil et, en plaçant un petit écran derrière la lentille, on trouve un petit cercle lumineux, image du soleil (¹), qui donne la position du foyer principal; on en mesurera la distance à la lentille.

On peut également déterminer la distance focale en plaçant sur l'axe principal la flamme d'une bougie, dont on produira l'image réelle sur un écran. On mesurera la distance p de la bougie à l'écran et la distance p' de l'écran à la lentille, et l'on déterminera f par l'équation aux foyers conjugués.

120. Focomètre (*fig.* 144). — Pour déterminer avec précision la valeur de f, on se sert d'un appareil appelé *focomètre*, qui se compose de deux écrans translucides demi-circulaires A et B, sur lesquels sont tracées des divisions. On

---

(¹) On pourra déterminer les dimensions de l'image du soleil comme pour les miroirs concaves (§ 59).

dispose la lentille L à égale distance des deux écrans, et l'on écarte simultanément ceux-ci jusqu'à ce que l'image des traits de l'écran A, traits placés en dessous du diamètre horizontal et éclairés par une source lumineuse placée au foyer d'une lentille convergente L', se superposent aux traits de l'écran B, traits situés au-dessus du diamètre horizontal.

Nous savons que l'image est égale à l'objet pour $p = 2f$; donc, la distance de

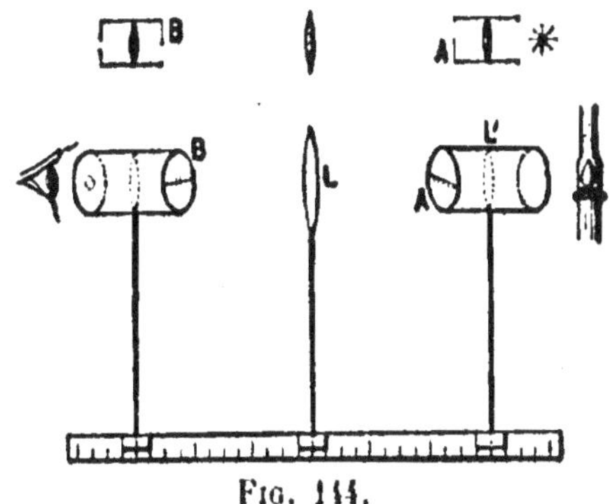

Fig. 114.

l'écran A à l'écran B sera égale à $4f$. Cette distance sera mesurée sur une règle métallique graduée.

121. Vérification expérimentale des propriétés des lentilles convergentes.

— On dispose (*fig.* 145 et 146) une bougie devant une lentille, de manière que la flamme se trouve sur l'axe principal de la lentille, et l'on place derrière celle-ci un écran, que l'on déplace jusqu'à ce que l'image s'y produise nettement. Nous constaterons :

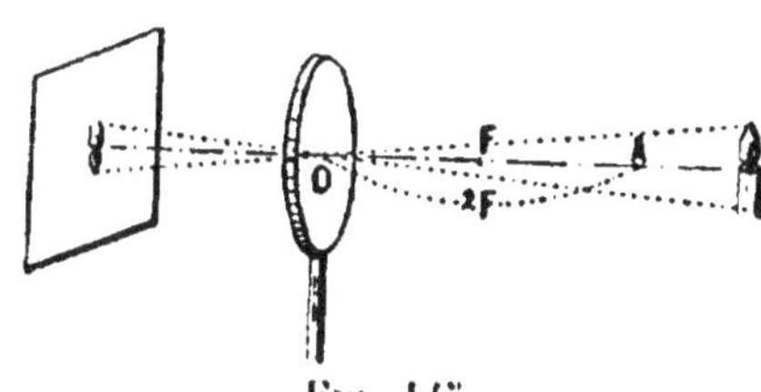

Fig. 145.

1° (*fig.* 145) que, lorsque la bougie est à une distance de la lentille plus grande que $2f$, l'image se fait au delà du foyer et qu'elle est plus petite que l'objet et renversée. Si nous approchons la bougie, l'image s'éloigne et va en augmentant.

Pour $p = 2f$, l'image se fera à une distance égale à $2f$ et sera égale à l'objet.

Si nous plaçons cet

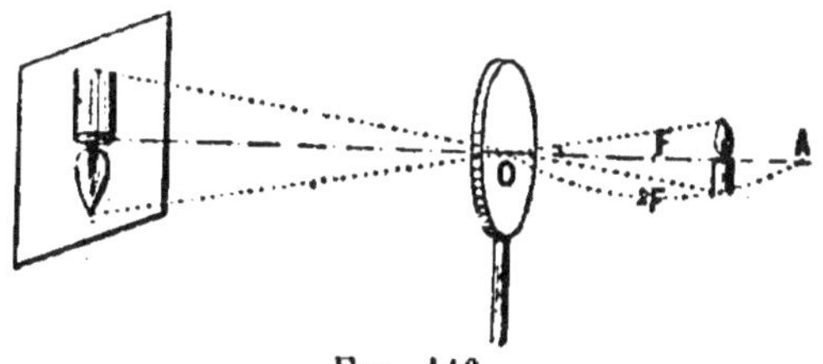

Fig. 146.

objet à une distance $> f$, mais $< 2f$ (*fig.* 146), l'image s'éloigne encore; elle est renversée et devient plus grande que l'objet. Elle s'écarte indéfiniment et devient de plus en plus grande à mesure que nous approchons la bougie du foyer.

Si nous plaçons l'objet au foyer, l'image disparaît.

2° Si nous mettons la bougie à une distance $< f$, l'image devient virtuelle (*fig.* 142). Elle ne se fait plus sur l'écran et, pour l'examiner, il faut placer l'œil derrière la lentille. D'abord très grande, elle deviendra égale à l'objet lorsque la bougie sera au contact de la lentille.

122. Lentille divergente ou à bord épais. — Passage d'un rayon lumineux à travers une lentille divergente. — Soient (*fig.* 147) une lentille biconcave dont l'indice de réfraction est égal à $\frac{3}{2}$. O et O' les centres de courbure des deux faces, et

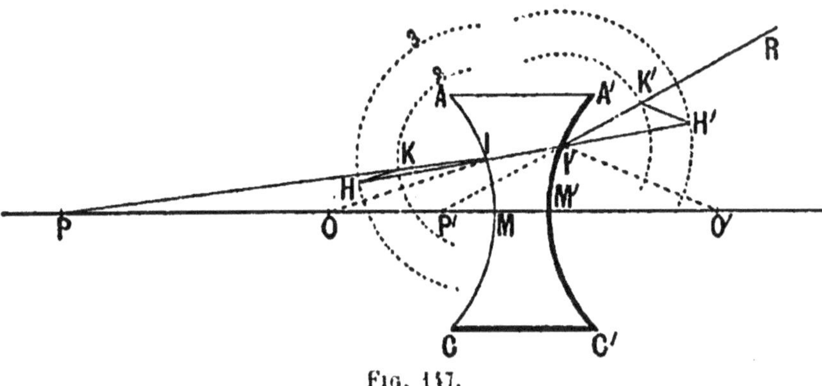

Fig. 147.

PI un rayon lumineux rencontrant la face AMC au point I. Du point I comme centre, je décris deux arcs de cercle avec des rayons égaux à 2 et à 3; du point de rencontre K du rayon PI avec le cercle de rayon 2, je mène une parallèle KH au rayon de courbure OI de la face AMC, laquelle rencontre le cercle de rayon 3 au point H. Je joins le point H au point I : HII' représente la direction du rayon réfracté à l'intérieur de la lentille.

Du point I' comme centre, je décris deux arcs de cercle de rayons égaux à 2 et à 3. Je prolonge II' jusqu'à sa rencontre H' avec le cercle de rayon 3. Par ce point H', je mène une parallèle H'K' au rayon de courbure O'I' de la face A'M'C', qui rencontre le cercle de rayon 2 au point K'. Je joins le point I' au point K'. I'K'R représente la direction du rayon lumineux après réfraction, à sa sortie de la lentille. On peut le vérifier, comme pour le cas de la lentille convergente.

123. Équation aux foyers conjugués (¹). — 1° Considérons (*fig.* 148) deux milieux, par exemple l'air et le verre, séparés par une surface sphérique concave; un point lumineux P et, partant de ce point, un rayon lumineux PI qui, passant d'un milieu moins réfringent dans un milieu plus réfringent, se rapproche de la normale OI au point I et, prolongé, rencontre l'axe du dioptre au point P'.

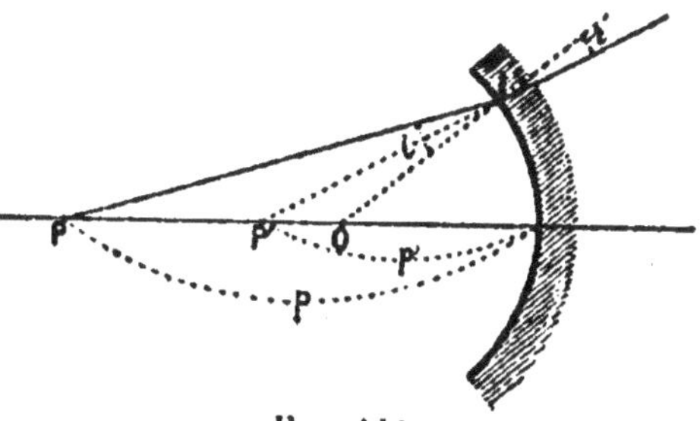

Fig. 148.

Les triangles PIO et P'IO ont même sommet et, par conséquent, même hauteur ; leurs surfaces sont entre elles comme leurs bases :

$$\frac{\text{PIO}}{\text{P'IO}} = \frac{\text{PO}}{\text{P'O}}, \qquad \text{d'où} \qquad \frac{2\text{PI} \times \text{IO} \sin i}{2\text{P'I} \times \text{IO} \sin r} = \frac{\text{PO}}{\text{P'O}}.$$

En faisant les mêmes hypothèses que pour les lentilles biconvexes, nous avons :

$$\frac{p}{p'}\, n = \frac{p - \text{R}}{p' - \text{R}}, \qquad \text{d'où} \qquad \frac{n}{p'} - \frac{1}{p} = \frac{1}{\text{R}}\,(n - 1). \qquad (1)$$

2° Considérons (*fig.* 149) deux milieux, verre et air, séparés par une surface convexe, et un point lumineux P, situé dans le premier milieu. Je mène un rayon PI qui, passant d'un milieu plus réfringent dans un milieu moins réfringent, s'écarte de la normale OI et rencontre l'axe PO du dioptre au point P', foyer conjugué du point P.

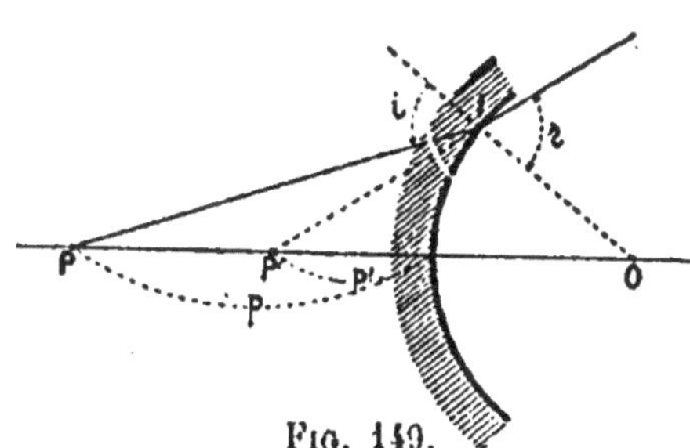

Fig. 149.

Les triangles PIO et P'IO ont même sommet et, par conséquent, même hauteur ; leurs surfaces sont entre elles comme leurs bases, d'où

$$\frac{\text{PIO}}{\text{P'IO}} = \frac{\text{PO}}{\text{P'O}} \qquad \text{ou} \qquad \frac{\text{PI} \times \text{IO}}{\text{P'I} \times \text{IO}} \times \frac{\sin i}{\sin r} = \frac{\text{PO}}{\text{P'O}}.$$

$$\frac{p}{p'}\frac{1}{n} = \frac{p - \text{R}}{p' - \text{R}} \qquad \text{et enfin :} \qquad -\frac{1}{p'} + \frac{n}{p} = \frac{1}{\text{R}}\,(n - 1). \quad (2)$$

(¹) Voir au paragraphe 126 une solution simple pour l'établissement de l'équation aux foyers conjugués.

Considérons une lentille biconcave (*fig.* 150), dont les rayons de courbure des deux faces sont R et R', et un point lumineux P situé en avant de la lentille.

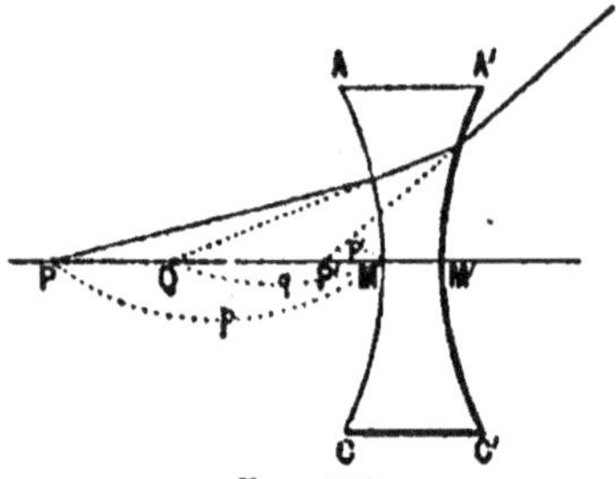

Fig. 150.

Les rayons lumineux partant du point P donnent, après réfraction, un foyer Q déterminé par la relation (1); si la deuxième face A'M'C' n'existe pas,

$$\frac{n}{q} - \frac{1}{p} = \frac{1}{R}\,(n - 1). \quad (3)$$

Or, ce point Q peut être considéré comme un point lumineux envoyant des rayons du verre dans l'air, par la surface de séparation A'M'C'. Nous aurons leur foyer P' par la relation (2) :

$$-\frac{1}{p'} + \frac{n}{q} = \frac{1}{R'}\,(n - 1). \quad (4)$$

En retranchant (3) de (4), nous avons :

$$-\frac{1}{p'} + \frac{1}{p} = -\,(n - 1)\left(\frac{1}{R} - \frac{1}{R'}\right),$$

qui représente l'équation aux foyers conjugués.

Pour $p = \infty$,

$$\frac{1}{f'} = -\,(n - 1)\left(\frac{1}{R} - \frac{1}{R'}\right),$$

f' représente la distance focale de la lentille, d'où

$$\frac{1}{p} - \frac{1}{p'} = \frac{1}{f}.$$

124. Construction géométrique du conjugué d'un point donné. — 1° Le point est sur l'axe principal (*fig.* 151). — Soient un point lumineux P et un rayon lumineux PI partant de ce point. Menons l'axe secondaire ON parallèle au rayon PI. Ce rayon devra, après réfraction, passer par le point N, intersection du plan focal FM avec l'axe secondaire parallèle au rayon PI.

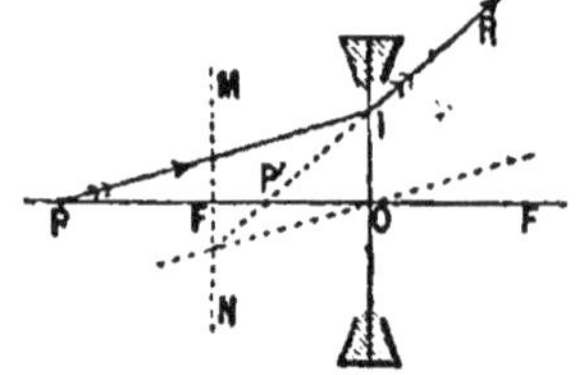

Fig. 151.

Joignons NI : NIR représente la direction du rayon réfracté qui, prolongé, rencontre l'axe principal en P', conjugué *virtuel* du point P.

2° Le point est situé en dehors de l'axe principal (*fig.* 152). — Soient une lentille biconcave et un point lumineux P. Parmi tous les rayons émis du point P, menons le rayon PI parallèle à l'axe principal ; après réfraction, son prolongement géométrique passera par le foyer principal F. Menons le rayon PO, passant par le centre optique. Ces deux rayons, prolongés géométriquement, se rencontrent en P', *conjugué virtuel* du point P. On obtiendra également ce point P'

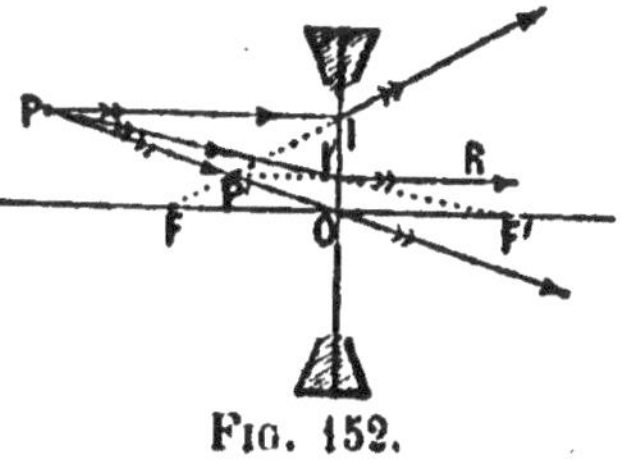

Fig. 152.

en menant par P un rayon PI'F', passant par le foyer F'. Ce rayon sortira de la lentille suivant I'R, parallèlement à l'axe principal, et, prolongé, rencontrera l'axe secondaire PO au point P'.

125. Formation des images dans les lentilles divergentes. — Objet réel. — Nous pourrons répéter la démonstration donnée au paragraphe 114 pour la formation des images dans les lentilles convergentes.

Soient une lentille divergente biconcave et AB un objet (*fig.* 153). Du point A, je mène un rayon AI parallèle à l'axe principal et qui, après réfraction, passe par le foyer principal F.

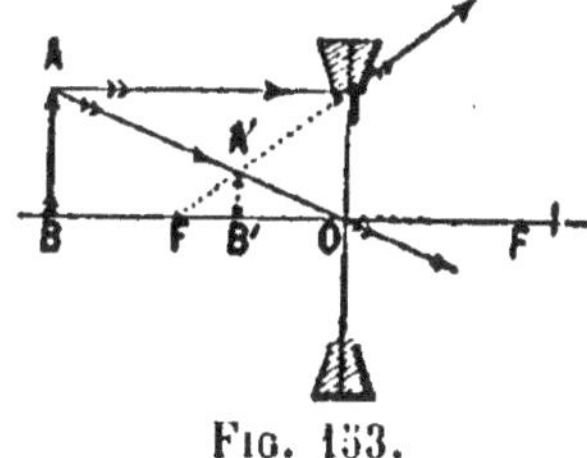

Fig. 153.

Je mène le rayon AO passant par le centre optique, qui traverse la lentille sans subir de déviation. Ces rayons, prolongés géométriquement après réfraction, se rencontrent en A', conjugué *virtuel* du point A. Du point A', j'abaisse une perpendiculaire A'B' sur l'axe principal et j'obtiens l'image virtuelle A'B' de AB.

Pour voir cette image

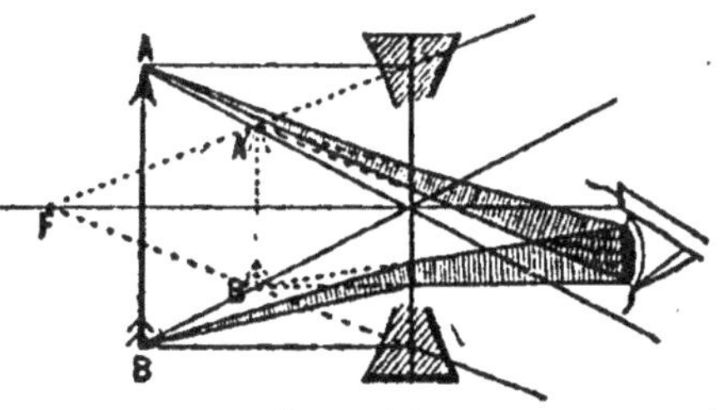

Fig. 154.

(*fig.* 154), qui ne se forme pas en réalité, il faudra placer l'œil derrière la lentille. On verra l'objet AB en A'B'.

Objet virtuel (*fig.* 155, 156, 157). — On peut obtenir cet objet virtuel A'B' en plaçant un objet AB devant une lentille convergente L, et en interposant la lentille divergente entre l'image A'B' et la lentille convergente.

1° Supposons l'objet virtuel A'B' entre le foyer F' et le centre optique de la lentille divergente.

Traçons le rayon ROA' dirigé suivant l'axe secondaire OA', qui traverse la lentille L' sans déviation, et le rayon R'M, parallèle à l'axe principal, qui, avant l'interposition de la lentille, passait par le point A'. Ce rayon, après réfraction à travers la lentille divergente, passe par le foyer F et rencontre l'axe secondaire OA'

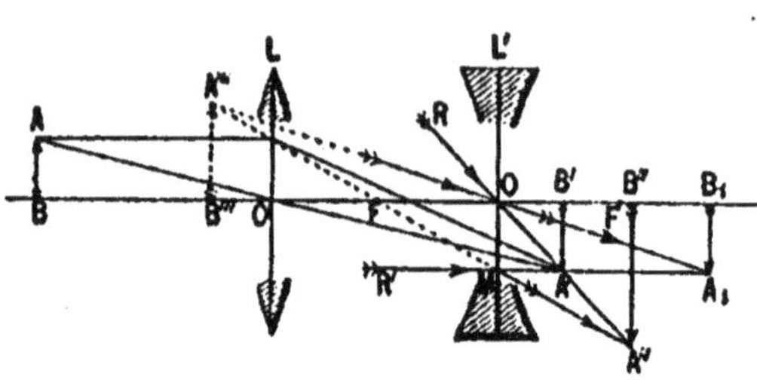

Fig. 155.

en A''. Du point A'', abaissons une perpendiculaire A''B'' sur l'axe principal : nous obtenons une image A''B'', *réelle*, *droite* et *amplifiée* de l'objet;

2° Supposons l'objet virtuel au delà du foyer, en A_1B_1. Je mène l'axe secondaire A_1O et le rayon R'M parallèle à l'axe principal. Ce rayon, après réfraction à travers la lentille divergente, passe par F, son prolongement géométrique, rencontre l'axe secondaire OA_1 en A'''. J'abaisse la perpendiculaire A'''B''' : j'obtiens une image *virtuelle* A'''B''', *renversée*, qui sera *plus grande* que l'objet virtuel si OB_1 est plus petit que $2f$, et qui sera égale à l'objet pour $OB_1 = 2f$. L'image sera plus petite que l'objet pour $OB_1 > 2f$.

126. Méthode simple pour établir l'équation aux foyers conjugués (*fig.* 156). — Nous

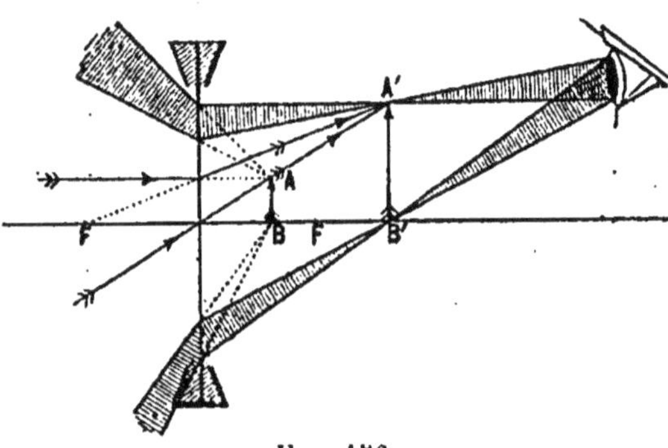

Fig. 156.

admettons comme résultat d'expérience que tous les rayons lumineux partant d'un point situé sur l'axe secondaire se concentrent, après réfraction, en un point de cet axe et que tous les rayons parallèles à l'axe principal se concentrent, après réfraction, en un point de cet axe appelé foyer.

Les triangles semblables AIA' et FA'O donnent :

$$\frac{AI}{FO} = \frac{AA'}{A'O}.$$

En supposant que les rayons sont très peu inclinés sur l'axe principal, nous prendrons :

$$AI = p, \qquad FO = f, \qquad AA' = p - p',$$
$$A'O = p', \text{ d'où } \frac{p}{f} = \frac{p - p'}{p'},$$

et enfin $-\dfrac{1}{p} + \dfrac{1}{p'} = \dfrac{1}{f}.$

127. Discussion de l'équation aux foyers conjugués. — Relations de position et de grandeur de l'image et de l'objet. — Reprenons l'équation :

$$-\frac{1}{p} + \frac{1}{p'} = \frac{1}{f}.$$

Objet réel.—Toutes les valeurs de p' étant *positives*, les images sont *virtuelles* ; et, comme p' est plus petit que p, $\dfrac{I}{O} < 1.$

Les images sont *droites*, parce qu'elles sont du même côté que l'objet par rapport au centre de similitude O.

$$\text{Pour } p = \infty, \qquad p' = f, \text{ l'image est nulle ;}$$
$$p = 2f, \qquad p' = \frac{f}{2}, \qquad \frac{I}{O} = 1/2 ;$$
$$p = 0, \qquad p' = 0, \qquad I = O, \text{ l'image est égale à l'objet.}$$

Objet virtuel. — L'équation aux foyers conjugués devient, en faisant p négatif :

$$\frac{1}{p} + \frac{1}{p'} = \frac{1}{f}.$$

Pour $p > f$, $p' > 0$, l'image est virtuelle ;
$p = \infty$, $p' = f$, l'image est nulle ;
$p = 2f$, $p' = 2f$, $I = O$;
$p = f$, $p' = \infty$, il n'y a plus d'image.
Pour $p < f$, $p' < 0$, l'image est réelle ; pour $p = 0$, $p' = 0$, $I = O$.

128. Vérification expérimentale des propriétés des lentilles divergentes. — Objet réel. — Toutes les images étant virtuelles, il suffira de placer l'œil derrière la lentille pour recevoir le faisceau de rayons réfractés. Nous verrons une image droite et plus petite que l'objet, laquelle augmentera lorsqu'on approchera la bougie de la lentille et deviendra égale à l'objet au contact de la lentille.

Objet virtuel (*fig.* 156, 157). — On prend une lentille convergente devant laquelle on place une bougie, qui donne une image réelle sur un écran. On interpose près de l'écran, entre celui-ci et la lentille convergente, une lentille divergente, de façon que l'objet virtuel AB se trouve entre le foyer et le centre optique de la lentille

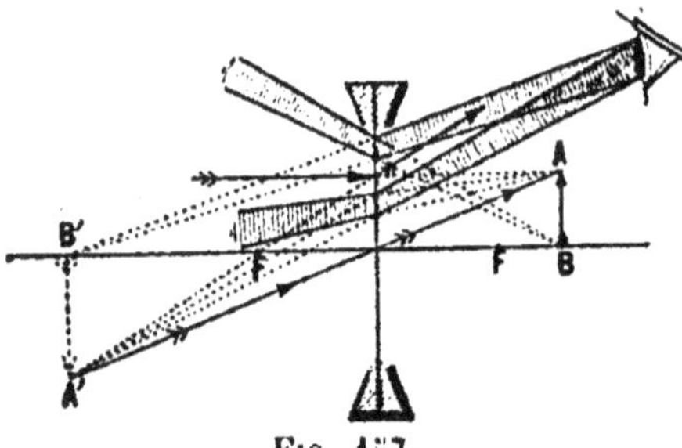

Fig. 157.

divergente. On éloigne alors l'écran et il se forme une image réelle A'B' (*fig.* 156), *renversée et agrandie*, de la bougie. Recommençons l'expérience en plaçant la lentille divergente à une distance plus grande de l'écran, de façon que l'objet virtuel AB (*fig.* 157) soit au delà du centre optique de la lentille divergente. L'image ne se fait plus sur l'écran; mais, en regardant à travers les deux lentilles, nous verrons l'image virtuelle A'B' de la bougie droite et agrandie.

129. Détermination de la distance focale principale d'une lentille divergente (*fig.* 158). — On recouvre l'une des faces de la

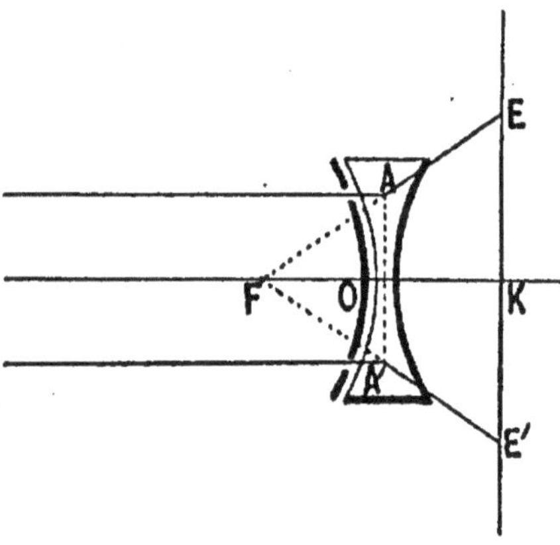

Fig. 158.

lentille avec une feuille de papier noir percée de deux trous, A, A', à égale distance du centre O. On reçoit sur cette lentille un faisceau de rayons parallèles à l'axe principal, qui donne naissance à deux faisceaux réfractés divergents AE et

A E', que l'on reçoit sur un écran ; on écarte celui-ci jusqu'à
ce que EE' = 2AA'.

Les triangles semblables AFA' et EFE' donnent :

$$\frac{AA'}{EE'} = \frac{FO}{FK} = \frac{1}{2}.$$

donc FK = 2OF, d'où OK = f.

Méthode de l'objet virtuel. — On recevra sur un écran
l'image réelle de la figure 155. On mesurera la distance de
l'objet virtuel et celle de l'image réelle A"B" à la lentille divergente. Soient p et p' ces valeurs, que nous substituerons
dans l'équation aux foyers conjugués :

$$\frac{1}{p} - \frac{1}{p'} = \frac{1}{f}.$$

On déterminera f.

**130. Détermination des rayons de courbure et de l'indice de réfraction
d'une lentille (*fig.* 159).** — Soit une lentille biconvexe AB, dont nous
voulons déterminer les rayons de courbure et l'indice de réfraction ;
nous prendrons un écran translucide, éclairé par derrière et sur

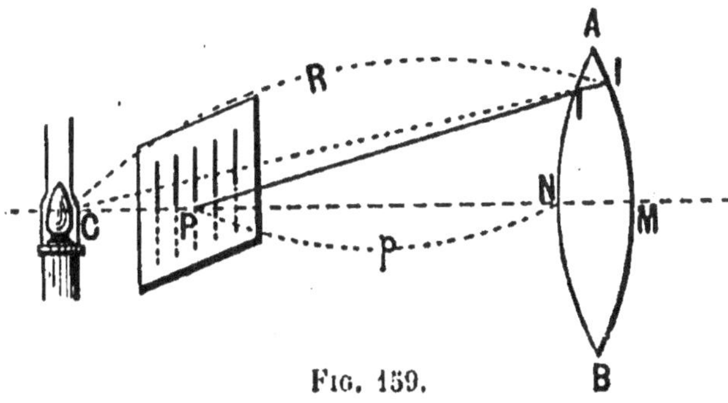

Fig. 159.

lequel on aura tracé des traits noirs ; nous le disposerons devant la
lentille AB. Supposons que nous veuillons déterminer le rayon de
courbure de la face AMB. Nous trouverons, en déplaçant la lentille
à une faible distance de l'écran, une position pour laquelle nous
obtiendrons sur celui-ci une image des traits noirs.

Cette image est formée par la face AMB, jouant le rôle d'un miroir
concave. Comme l'image et l'objet coïncident, les rayons lumineux
doivent, après réflexion sur la face AMB de la lentille, reprendre la
direction des rayons incidents, c'est-à-dire que le rayon lumineux
réfracté à travers la lentille rencontre la face AMB suivant l'incidence
normale. Soit le rayon PI, partant d'un point de l'écran lumineux
et qui traverse la lentille suivant II'. Ce rayon, prolongé géométrique-

ment, passera par le centre de courbure C de la face AMB et, après réflexion, reviendra sur lui-même suivant II, pour sortir de la lentille par la face ANB suivant IP, d'après le principe du retour inverse, c'est-à-dire que le point P et son image se confondront. Soit R le rayon de courbure de la face AMB. En représentant par p la distance de l'écran à la lentille et en substituant ces valeurs dans l'équation aux foyers conjugués, nous avons :

$$\frac{1}{p} - \frac{1}{R} = \frac{1}{f}, \qquad \text{d'où} \qquad R = \frac{pf}{f - p}.$$

On déterminera f par une des méthodes données au paragraphe 119. En retournant la lentille, nous déterminerons R'.

Pour calculer l'indice de réfraction de la lentille, nous remplacerons dans la formule :

$$\frac{1}{f} = - (n - 1)\left(\frac{1}{R} - \frac{1}{R'}\right),$$

les quantités par leurs valeurs.

131. Convergence des lentilles. — On appelle *convergence*, ou *pouvoir convergent* d'une lentille, l'inverse de la distance focale $\frac{1}{f}$. Une lentille possède une convergence égale à 1 lorsque sa distance focale est de 1 mètre. Cette unité se nomme *dioptrie*. Ainsi, une lentille de 20 centimètres de distance focale a une convergence égale à $\frac{1}{0,20} = 5$ dioptries.

132. Aberration de sphéricité des lentilles. — Nous avons supposé, dans la théorie des lentilles, qu'elles avaient une faible épaisseur et que les rayons lumineux étaient très peu inclinés sur l'axe. C'est à cette condition qu'un point lumineux possède un point conjugué.

Mais, si les rayons lumineux font un certain angle avec l'axe, les rayons incidents émis d'un même point lumineux ne vont plus, après réfraction, se couper en un point unique. Ceux qui tombent sur la région centrale (*rayons centraux*) et ceux qui rencontrent les bords de la lentille (*rayons marginaux*) ne se coupent pas au même point.

En effet, une lentille (*fig.* 160) peut être considérée comme

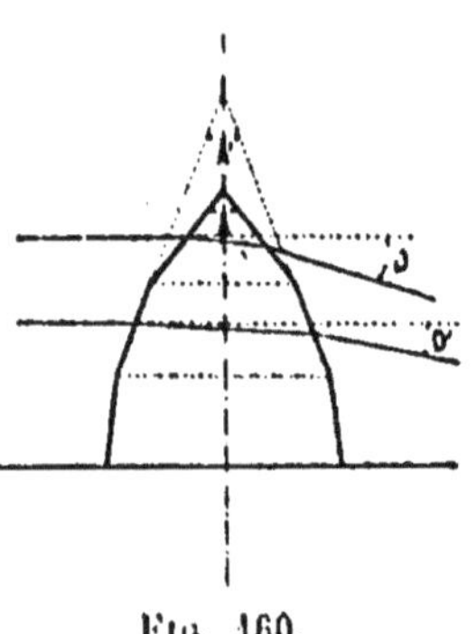

Fig. 160.

formée d'une série de prismes, dont les angles réfringents vont en diminuant du bord de la lentille à son centre.

Nous savons que, dans un prisme dont l'angle réfringent est petit, l'angle de déviation est proportionnel à l'angle réfringent.

Les rayons passant près du bord de la lentille auront une déviation D plus grande que la déviation D' des rayons passant près du centre.

Ces rayons, après réfraction, ne se rencontreront pas en un même point.

Enfin, on peut en donner une vérification expérimentale (*fig.* 161) en recevant, sur la face plane d'une lentille plan-convexe, que l'on a re-couverte d'une feuille de papier noir percée de quatre trous, deux, A, A, près de l'axe et deux, B, B, près des bords, un faisceau de rayons parallèles.

On constate que les

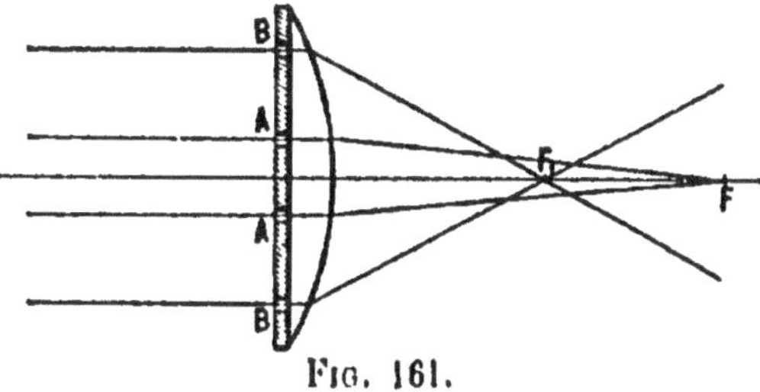

Fig. 161.

rayons centraux passant par A et A se coupent en un point F, et que les rayons marginaux passant par B se coupent en un point F₁, plus rapproché de la lentille.

Si nous recevons sur une lentille (*fig.* 162) un faisceau de rayons parallèles à l'axe principal, les rayons réfractés déterminent, par leurs intersections successives dans le plan de la section principale, une courbe lumineuse, que l'on

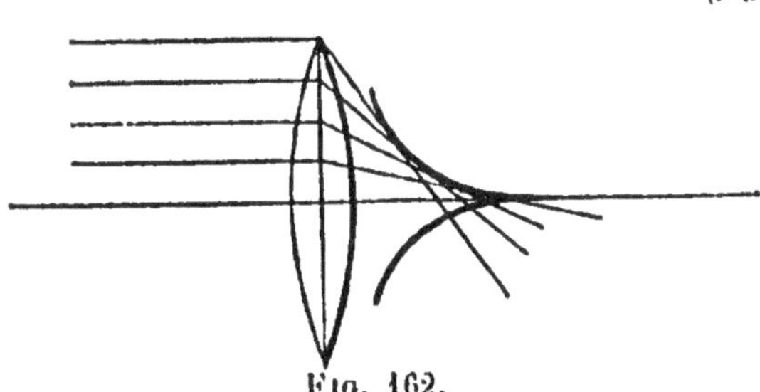

Fig. 162.

nomme *caustique par réfraction*; et, dans l'espace, une surface lumineuse ou *surface caustique*, engendrée par la révolution de la courbe précédente autour de l'axe principal.

Si l'on place un point lumineux au foyer des rayons centraux, les rayons réfractés ne formeront pas un faisceau parallèle à l'axe principal. Ce défaut de convergence est appelé *aberration de sphéricité*.

La distance FF, est appelée aberration longitudinale principale.

Pour diminuer l'aberration de sphéricité, on se sert de diaphragmes annulaires, qui masquent les bords de la lentille et arrêtent les rayons marginaux.

On peut également y remédier en partie en employant, au lieu d'une lentille de forte courbure, plusieurs lentilles de faible courbure.

La valeur absolue de cette aberration dépend de la nature de la lentille et de sa forme.

Dans le cas d'une lentille de crown-glass, biconvexe ou biconcave, l'aberration est minima lorsque *le rayon de courbure de la face de sortie est 6 fois plus grand que celui de la face d'entrée.*

Une lentille plan convexe ou plan concave, dont la face courbe reçoit la lumière incidente, a une aberration à peine supérieure au minimum. C'est pourquoi ces lentilles sont fréquemment employées dans les instruments d'optique.

133. Convergence d'un système de lentilles accolées

(*fig.* 163). — La convergence d'un système de lentilles accolées de façon que leurs axes principaux coïncident est égale à *la somme algébrique des convergences des différentes lentilles.*

Soit un point lumineux P, qui donne dans la première lentille un point conjugué P', déterminé par l'équation :

$$\frac{1}{p} - \frac{1}{p'} = \frac{1}{f}.$$

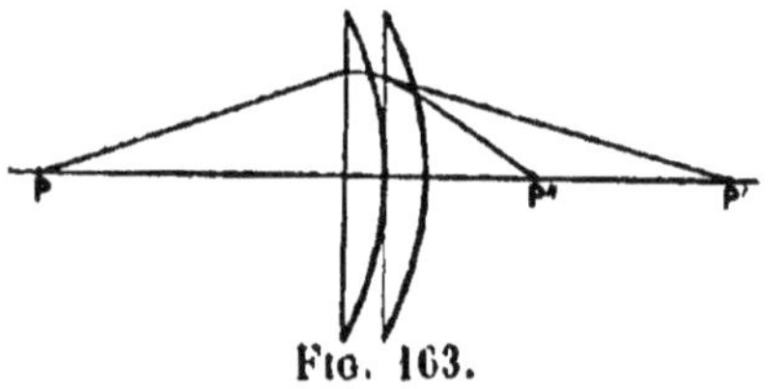

Fig. 163.

Nous pouvons considérer le point P', conjugué du point P, comme un point virtuel par rapport à la deuxième lentille. Ce point P' donnera un conjugué P'', déterminé par l'équation :

$$\frac{1}{p'} - \frac{1}{p''} = \frac{1}{f'}.$$

En additionnant les deux équations, nous avons :

$$\frac{1}{p} + \frac{1}{p''} = \frac{1}{f} + \frac{1}{f'}.$$

Le système de lentilles fonctionnera comme une lentille

unique, ayant pour convergence

$$\frac{1}{F} = \frac{1}{f} + \frac{1}{f'}$$

Si l'une des lentilles est divergente, on prendra le signe —.

Le théorème sera vrai pour un nombre quelconque de lentilles, à la condition d'avoir un système de faible épaisseur.

EXEMPLE. — Soient deux lentilles convergentes, pour lesquelles $f = 20$ centimètres, $f' = 10$ centimètres.

Elles ont pour convergence 5 dioptries et 10 dioptries :
$\frac{1}{F} = 5 + 10 = 15$ dioptries, d'où $F = 0^{mm},066$.

134. Lentilles à échelons. — Les lentilles à échelons (*fig.* 164) sont employées dans les phares pour obtenir des faisceaux lumineux puissants, visibles de très loin. Elles se composent d'une lentille convergente plan convexe, entourée d'une série de surfaces annulaires ayant la forme de zones sphériques, engendrées par la rotation autour de l'axe principal com-

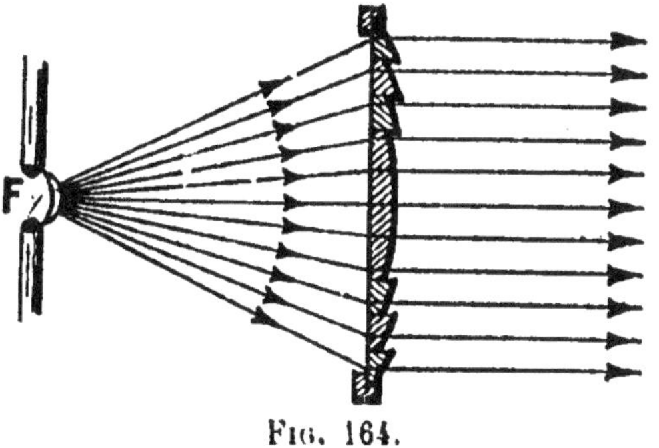

Fig. 164.

mun d'arcs de cercle a, b, c dont les rayons de courbure sont calculés de telle façon que le foyer principal de chacune d'elles soit au même point F.

Toute la lumière émise de la source placée au point F donnera un large faisceau lumineux, peu divergent, qui n'éprouvera à une grande distance qu'une faible diminution d'éclairement. Afin de permettre aux marins de reconnaître les divers phares, on détermine des éclipses de lumière d'une durée déterminée. Pour cela, on dispose autour de la source lumineuse plusieurs systèmes de lentilles à échelons. La lanterne qui les porte tourne d'un mouvement uniforme autour d'un axe vertical, de sorte que chacun d'eux ne projette la lumière dans une direction déterminée que pendant un temps très court.

CHAPITRE VII

DISPERSION DE LA LUMIÈRE

135. Décomposition de la lumière blanche. — Si, par une petite ouverture (*fig.* 165) circulaire percée dans le volet d'une chambre noire, on reçoit sur un écran un faisceau de lumière solaire, on obtient une tache lumineuse circulaire B.

Si l'on interpose un prisme entre l'écran et l'ouverture, on a de celle-ci une image al-

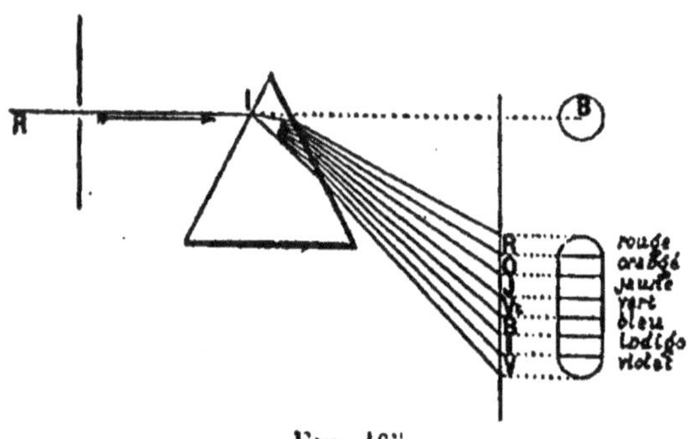

Fig. 165.

longée et colorée en un très grand nombre de teintes, dont sept *teintes principales* disposées dans l'ordre suivant :

Violet, indigo, bleu, vert, jaune, orangé, rouge.

Ce phénomène, découvert par Newton, a reçu le nom de *dispersion* et l'image colorée se nomme *spectre solaire.*

L'œil est susceptible de distinguer cent cinquante nuances dans le spectre solaire.

Longueur du spectre, dispersion. — La longueur du spectre dépend :

1° *De l'angle d'incidence.* Si nous faisons varier cet angle depuis l'incidence rasante, qui correspond à 90°, jusqu'à ce que le spectre disparaisse par *réflexion totale, la longueur de l'image colorée diminue* et prend sa plus petite valeur quand le milieu du spectre, c'est-à-dire la partie jaune, est au *minimum de déviation.* On peut le vérifier au moyen de la construction graphique donnée au paragraphe 89, en décrivant un cercle de rayon égal à 1 et deux cercles ayant pour rayons les indices de réfraction du prisme n_r et n_v, correspondant aux rayons rouge et violet, et en faisant varier l'angle d'incidence.

2° *De l'angle réfringent du prisme.* La longueur du spectre augmente avec l'angle réfringent, ainsi qu'on peut le vérifier avec le prisme à angle variable ou par la construction graphique.

3° *De la matière du prisme.* Le flint disperse 2 fois plus que le crown, ainsi qu'on peut le vérifier avec le polyprisme.

Le sulfure de carbone donne une dispersion 4 fois aussi grande que celle du crown.

La figure 166 représente les spectres obtenus avec des

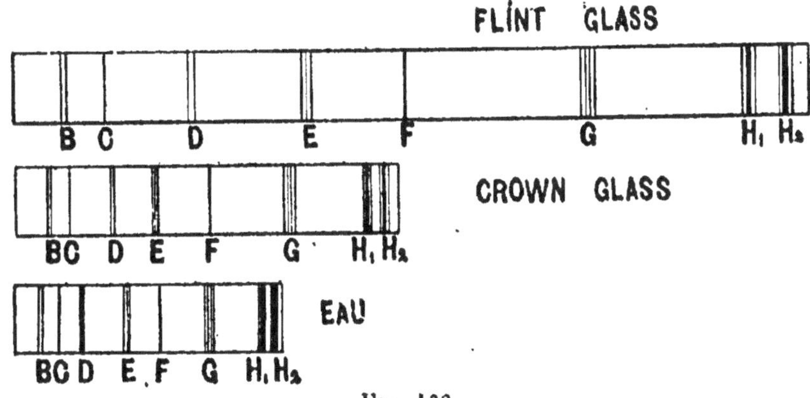

Fig. 166.

prismes de crown, de flint et d'eau de même angle réfringent et pour la même incidence.

Dispersion totale. Pouvoir dispersif. — On appelle dispersion totale d'une substance la différence entre les indices de réfraction des rayons violets et des rayons rouges.

Soient n_r et n_v les indices : la dispersion $\delta = n_v - n_r$.

On appelle *pouvoir dispersif* d'une substance le rapport $\dfrac{n_v - n_r}{n_d - 1}$ de la différence $n_v - n_r$ des indices de réfraction pour les deux couleurs extrêmes du spectre à l'indice de réfraction n_d de la couleur moyenne moins 1.

135. Explications de la dispersion. — D'après Newton, la lumière blanche est composée de différentes radiations *simples* et possédant des *réfrangibilités* différentes.

Nous allons vérifier : 1° que les radiations sont *simples*.

Produisons un spectre solaire (*fig.* 167) sur un écran MN, percé d'une petite ouverture O par laquelle passe un rayon rouge que nous recevrons sur un deuxième prisme A', lequel nous donnera une image rouge *r* sur un deuxième écran M'N'.

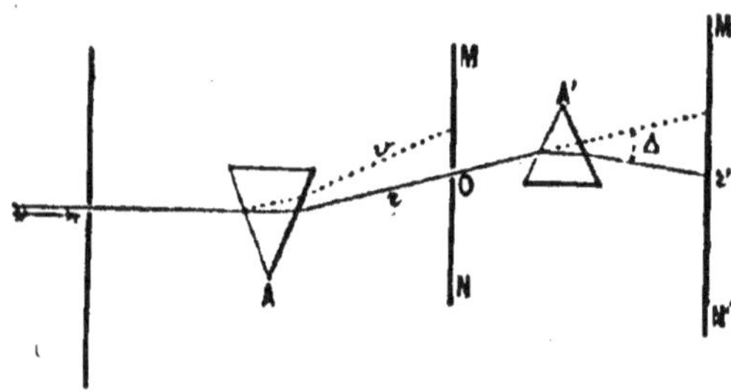

Ce rayon rouge ne subit pas de nouvelle dispersion, mais une déviation Δ. Nous pourrions réaliser cette expérience pour chacune des sept radiations du spectre.

Nous en concluons que les diverses radiations colorées du spectre solaire sont *simples*, c'est-à-dire ne peuvent plus être décomposées en traversant un prisme.

Fig. 167.

2° *Les différentes radiations n'ont pas même réfrangibilité.* — La radiation rouge, après avoir traversé le prisme A', présentera une déviation Δ. Si nous faisons tourner le prisme A autour de son arête réfringente, nous ferons passer successivement par l'ouverture O les différentes radiations, et nous vérifierons que la déviation Δ augmente du rouge au violet.

Nous en concluons que les rayons *violets sont plus réfrangibles que les rayons rouges*, c'est-à-dire que l'indice de réfraction n_v des rayons violets est plus grand que l'in-

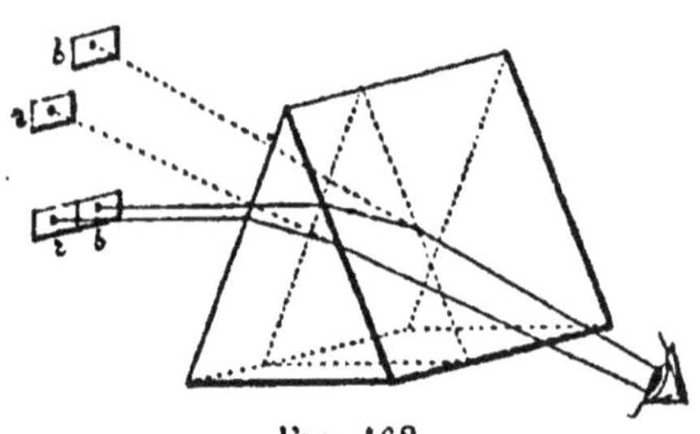

Fig. 168.

dice de réfraction n_r des rayons rouges, et qu'à chaque couleur du spectre correspond *un indice de réfraction particulier.*

On peut vérifier l'inégale réfrangibilité des radiations colorées du spectre en regardant à travers un prisme (*fig.* 168) deux rectangles, rouge et bleu, juxtaposés sur fond noir : ils paraîtront séparés et le bleu sera rapproché de l'arête du prisme.

136. Formation du spectre. — Reprenons l'expérience

primitive (*fig.* 169) et interposons entre l'ouverture et le prisme un verre rouge : nous obtiendrons sur l'écran, au-dessous de l'image blanche B obtenue avant l'interposition du prisme, une image rouge R. Interposons un verre violet : nous aurons une image vio-lette V au-dessous de l'image rouge. En interposant un verre jaune, nous aurons une image jaune entre l'image rouge et

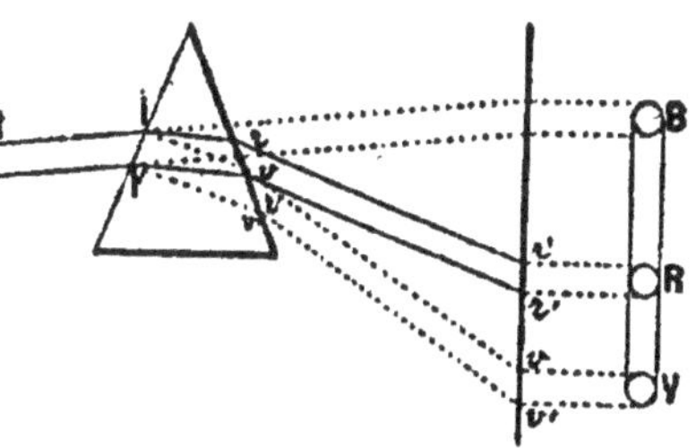

Fig. 169.

l'image violette. Dans le cas de la lumière blanche, nous aurons une série d'images colorées (*fig.* 170) em-piétant les unes sur les autres, entre l'image rouge et l'image violette. C'est cet ensemble d'images qui forme le *spectre solaire*.

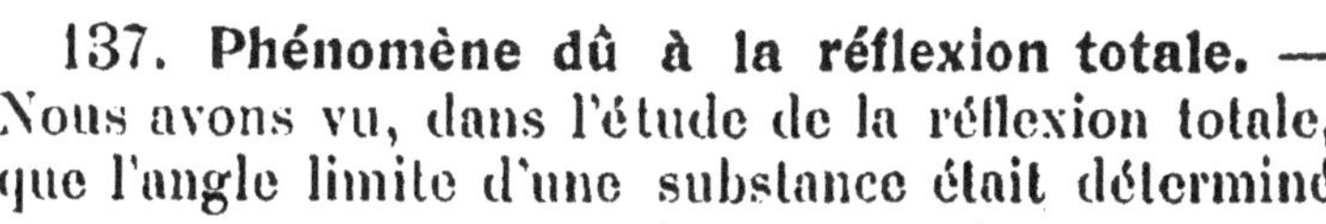

Fig. 170.

137. Phénomène dû à la réflexion totale. — Nous avons vu, dans l'étude de la réflexion totale, que l'angle limite d'une substance était déterminé par la formule : $\sin L = \dfrac{1}{n}$.

L'angle limite sera d'autant plus petit que n sera plus grand.

Comme les indices de réfraction des radiations du spectre croissent du rouge au vio-let, les premiers rayons qui subiront la réflexion totale seront les rayons violets, puis les bleus, etc.

Pour le vérifier (*fig.* 171), formons le spectre solaire sur un écran E et faisons tourner le prisme A au-tour de son arête réfrin-gente : nous constaterons que les rayons violets su-

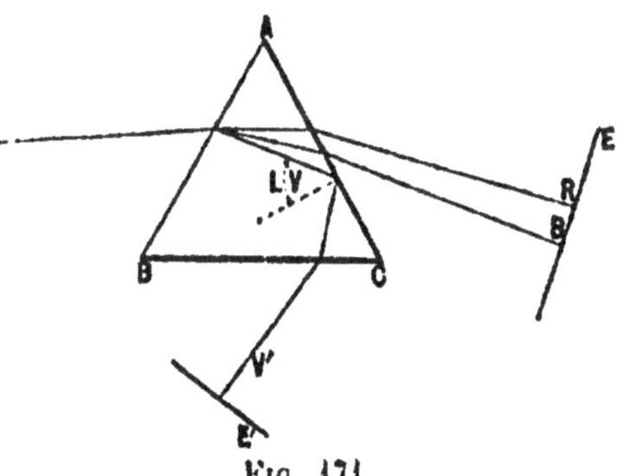

Fig. 171.

biront les premiers la réflexion totale sur la face AC du prisme et disparaîtront du spectre formé sur l'écran E, puis les rayons bleus disparaîtront, etc.

Nous pourrons recevoir sur un deuxième écran E' ces rayons, qui émergeront par la base BC du prisme.

138. Irisation des objets vus à travers les prismes.

— Si nous regardons, à travers un prisme (*fig.* 172) dont l'arête est horizontale, une fente lumineuse B parallèle à l'arête A, et si le prisme est au minimum de déviation, nous voyons une image *virtuelle* très nette de chacune des couleurs du spectre. Cette image est, un spectre *virtuel*, qui présente le violet du côté de l'arête et le rouge du côté de la base du prisme. Si la bande a une certaine largeur, on peut la supposer partagée en filets parallèles très étroits, donnant chacun un spectre virtuel complet. Ces spectres empiéteront les uns sur les autres dans la partie médiane de l'image virtuelle, qui paraîtra *blanche*; mais, sur les bords, la superposition sera incomplète. Le bord le plus rapproché du sommet du prisme sera coloré en violet, et le plus rapproché de la base, en rouge.

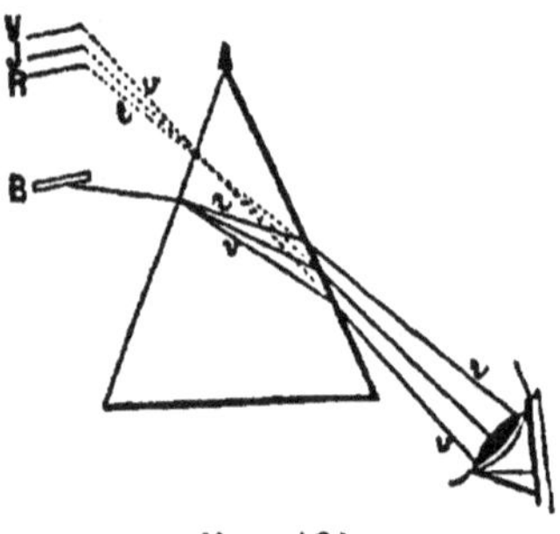

Fig. 172.

Si nous regardons un objet à travers un prisme, nous verrons l'image virtuelle de cet objet relevée vers le sommet du prisme, et les parties de son contour parallèles aux arêtes du prisme paraîtront irisées, le violet au sommet et le rouge à la base.

RECOMPOSITION DE LA LUMIÈRE BLANCHE

139. 1° Par le phénomène de réflexion (*fig.* 173). — Le

faisceau coloré qui sort du prisme est sensiblement divergent à partir du point P. Si nous le recevons sur un miroir concave, les rayons iront, après réflexion, se concentrer en un point P' situé sur l'axe secondaire du point P; en plaçant en ce point un écran, nous aurons une *image blanche*.

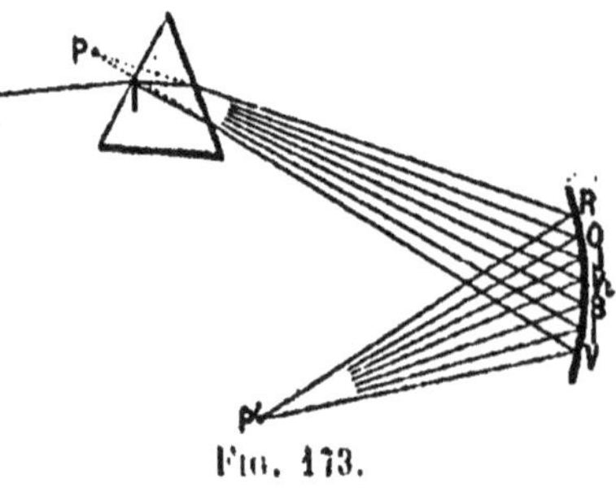

Fig. 173.

140. 2° Par réfraction (*fig.* 174). — Plaçons derrière le

prisme une lentille convergente, de façon que les rayons jaunes arrivent suivant l'axe principal de la lentille. Les rayons rouges *r* iront faire leur foyer en F_1, et les rayons violets *v* le feront en un point F_2 plus rapproché de la lentille; en F_1F_2, plaçons un écran, nous aurons un *spectre pur*.

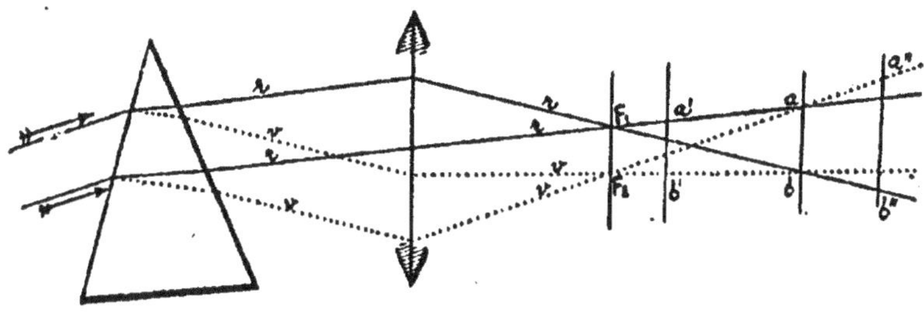

Fig. 174.

Les rayons rouges et violets viennent converger en *a* et *b*; dans la partie *ab*, nous aurons une *image blanche*. Si nous plaçons l'écran en *a'b'*, nous aurons une image blanche, bordée de rouge en haut et de violet en bas; en *a"b"*, l'image sera blanche, bordée de violet en haut et de rouge en bas.

141. 3° En utilisant la persistance des impressions lumineuses. — Disque de Newton. — Il se compose d'un disque sur lequel on a collé des secteurs présentant successivement toutes les couleurs du spectre. On le fait tourner très rapidement : les différentes radiations impressionnent la rétine pendant 1/10 de seconde et donnent, par leur superposition, une couleur d'un blanc grisâtre.

142. Prismes opposés (*fig.* 175). — On peut recomposer la lumière en se servant de deux prismes de même angle et de même substance, que l'on place en sens inverse, de manière que les faces qui se regardent

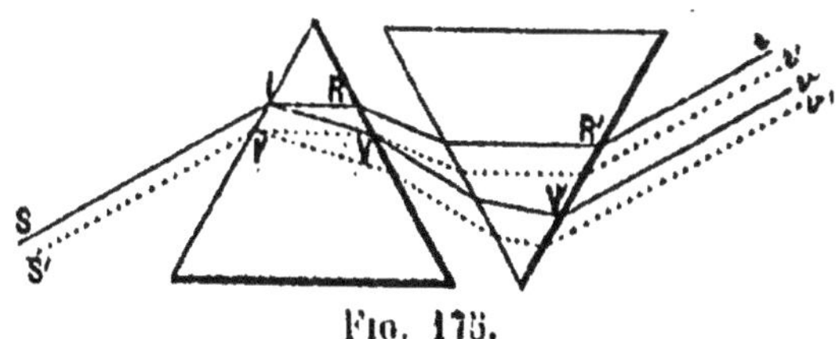

Fig. 175.

soient parallèles. Un rayon incident SI donne un rayon rouge IR, qui sort du deuxième prisme suivant R'r, parallèlement à SI, et un rayon violet IV, qui sort suivant V'v. Ces rayons émergent et forment un faisceau parallèle. Il en serait de même de S'I' et de tous les rayons compris entre SI et S'I'. Les points situés entre *r'* et *v* recevront des rayons de toutes couleurs ; la région *r'v* sera blanche ; les bords en seront colorés, le bord supérieur en *rouge orangé*, le bord inférieur en *bleu violet*, par suite de l'isolement des rayons extrêmes.

143. Aberration de réfrangibilité (*fig.* 176). — Nous avons

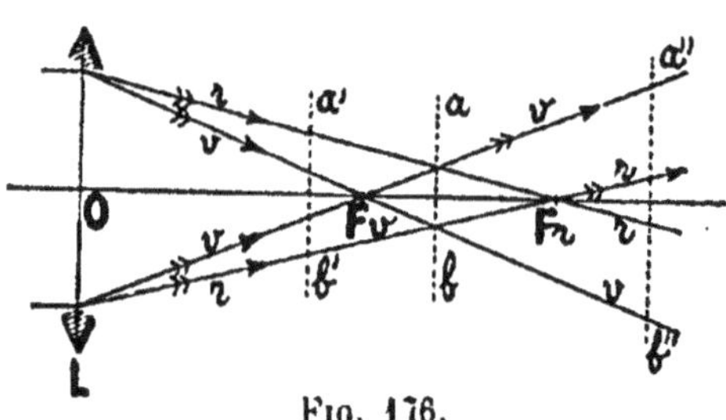

Fig. 176.

supposé, dans l'étude des lentilles, la lumière homogène. Un faisceau de lumière blanche qui traverse une lentille se comporte comme s'il traversait un prisme ayant pour faces les plans tangents aux points d'inci-dence et d'émergence et pour angle réfringent l'angle formé par ces deux plans tangents. Or, dans la formule des lentilles,

$$\frac{1}{f} = -(n-1)\left[\frac{1}{R} - \frac{1}{R'}\right],$$

pour chaque valeur de *n*, nous aurons une valeur de *f* cor-respondante, qui sera d'autant plus petite que *n* sera plus grand. En F*v*, nous aurons un foyer *violet*, et en F*r*, un foyer *rouge;* entre F*v* et F*r*, les foyers des différentes couleurs.

Si nous plaçons un écran *a'b'* à gauche de F*v*, le centre de la section du faisceau sera blanc, avec les bords irisés, et terminé par une bande rouge.

En plaçant l'écran *a"b"* à droite de F*r*, le centre de la section est encore blanc, mais le bord irisé se termine par une bande violette et le foyer est représenté par un cercle de diamètre *ab*, appelé cercle d'*aberration chromatique*. Il en résulte que les images données, même par des lentilles de petite ouverture, présentent toujours des irisations sur les bords. Cette cause d'imperfection dans la netteté des images est connue sous le nom d'*aberration chromatique*.

144. Achromatisme. — Prisme achromatique (*fig.* 177). —
Le prisme achromatique détruit la *dispersion* et ramène au parallélisme les rayons rouges et violets.

Prenons un prisme en crown, et un prisme en flint disposé en sens inverse du premier.

Nous supposerons les angles réfringents de ces deux prismes, petits.

La dispersion dans le prisme de crown sera $\Delta = (n_v - n_r)\,A$, et dans le prisme de flint :

$$\Delta' = (n'_v - n'_r)\,A'.$$

La dispersion produite par l'ensemble des deux prismes sera :

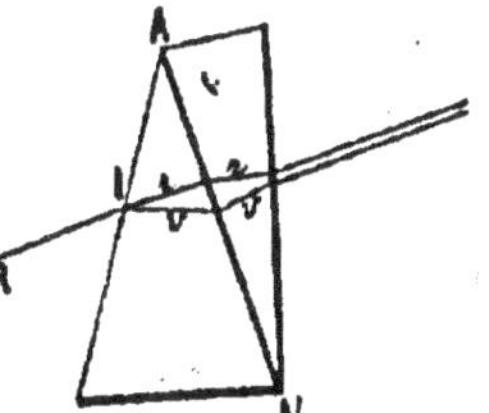
FIG. 177.

$$\delta = (n_v - n_r)\,A - (n'_v - n'_r)\,A';$$

δ sera nul si l'on a $(n_v - n_r)A = (n'_v - n'_r)A'$, c'est-à-dire si le rapport des angles des prismes est égal à l'inverse de leur *dispersion*. Or, nous pourrons obtenir un système produisant une déviation donnée, mais dont la dispersion sera nulle.

145. Lentilles achromatiques (*fig.* 178). — Pour éviter les irisations qui se forment sur le contour des images, on

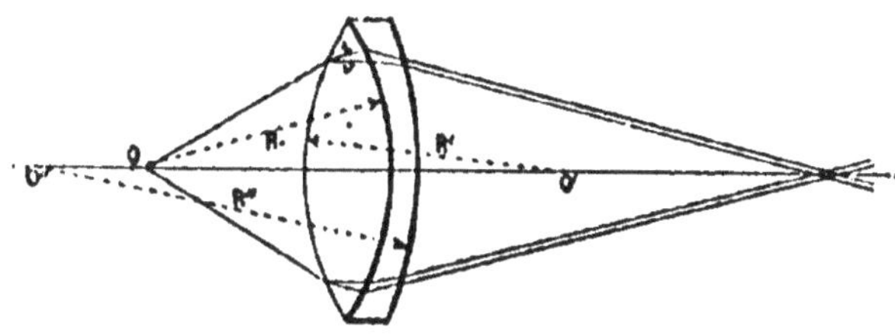
FIG. 178.

emploie des lentilles formées de deux verres différents : l'une, *convergente*, en *crown-glass* ; l'autre, *divergente*, en *flint-glass*, lequel est un verre plus réfringent que le crown ; en donnant à ces lentilles des rayons de courbure convenablement calculés, on obtient une lentille appelée *lentille achromatique*, dans laquelle les foyers de deux couleurs se confondent. Ces lentilles, qui détruisent la dispersion, amènent les rayons violets et rouges dans une direction parallèle.

On réalise généralement l'achromatisme pour le *bleu* et l'*orangé*. Les foyers des autres couleurs sont un peu différents et les images présentent encore de légères irisations. En employant trois lentilles, on peut achromatiser le *rouge*, le *jaune* et le *violet*, ce qui fait disparaître presque complètement toute irisation.

Nous verrons que, dans le spectre, les radiations *violettes* sont les radiations *chimiques* utilisées en photographie.

Les radiations jaunes possèdent, pour l'œil, le maximum *d'éclat*. Or, la mise au point pour l'œil n'est pas la même que pour les rayons chimiques. Il est indispensable de faire coïncider le *foyer visuel*, déterminé par l'œil, et le foyer *chimique* relatif à la plaque sensible qui est plus rapprochée de la lentille, si l'on veut éviter d'avoir des images floues sur les épreuves.

146. Calcul des lentilles achromatiques. — Soient deux lentilles, convergente et divergente, L en crown, L' en flint; soient R, R_1 les rayons de courbure de la lentille convergente L, et R' et R'_1, ceux de la lentille divergente L'. Supposons une radiation colorée du spectre et soit n_B son indice de réfraction pour la lentille L, et n'_B pour la lentille L'; un point P, situé à une distance p de la lentille L, donnera un foyer conjugué déterminé au moyen de l'équation aux foyers conjugués :

$$-\frac{1}{p} + \frac{1}{p_1} = -(n_B - 1)\left[\frac{1}{R} - \frac{1}{R'}\right].$$

Ce foyer P_1 va agir comme un point lumineux *virtuel* par rapport à la lentille divergente L', qui en donnera un autre foyer P' à une distance p' déterminée par l'équation :

$$\frac{1}{p_1} + \frac{1}{p'} = -(n'_B - 1)\left[\frac{1}{R_1} - \frac{1}{R'_1}\right].$$

En soustrayant les deux équations, nous éliminerons p_1, d'où :

$$-\frac{1}{p} - \frac{1}{p'} = -(n_B - 1)\left[\frac{1}{R} - \frac{1}{R'}\right] + (n'_B - 1)\left[\frac{1}{R_1} - \frac{1}{R'_1}\right].$$

Pour une deuxième radiation, dont les indices de réfraction sont n_H et n'_H pour les lentilles L et L', nous aurons la relation :

$$-\frac{1}{p} - \frac{1}{p'} = -(n_H - 1)\left[\frac{1}{R} - \frac{1}{R'}\right] + (n' - 1)\left[\frac{1}{R_1} - \frac{1}{R'_1}\right].$$

Si l'on veut que les deux foyers P_B et P_H se confondent, il faut que l'on ait :

$$-(n_B - 1)\left[\frac{1}{R} - \frac{1}{R_1}\right] + (n'_D - 1)\left[\frac{1}{R_1} - \frac{1}{R'_1}\right]$$
$$= -(n_H - 1)\left[\frac{1}{R} - \frac{1}{R'}\right] + (n'_H - 1)\left[\frac{1}{R_1} - \frac{1}{R'_1}\right];$$

ou

$$\frac{\dfrac{1}{R} - \dfrac{1}{R'}}{\dfrac{1}{R_1} - \dfrac{1}{R'_1}} = \frac{n'_H - n'_B}{n_H - n_B}. \tag{1}$$

Ce dernier rapport se nomme *rapport d'achromatisme.*

Nous avons, dans ce problème, quatre inconnues : R, R', R$_1$, R'$_1$. Il faut donc déterminer quatre relations :

1° On se donne la distance focale principale F$_D$ des rayons moyens ou rayons jaunes du spectre :

$$\frac{1}{F_D} = \frac{1}{f_D} - \frac{1}{f'_D}.$$

2° $\quad \dfrac{1}{F_D} = -(n_D - 1)\left[\dfrac{1}{R} - \dfrac{1}{R'}\right] + (n'_D - 1)\left[\dfrac{1}{R_1} - \dfrac{1}{R'_1}\right].$ (2)

3° Les deux faces en contact ont même rayon de courbure :

$$R_1 = R'. \tag{3}$$

4° On cherche à rendre *minima l'aberration de sphéricité,* ainsi que nous l'avons vu au paragraphe 132. Comme il n'existe pas une très grande différence entre les indices n_D et n'_D pour les deux verres, les conditions sont sensiblement les mêmes que pour une lentille unique. Le rayon de courbure de la face d'entrée doit être à peu près le 1/6 de celui de la face de sortie.

Donc :

$$R = \frac{1}{6}\,R'_1. \tag{4}$$

Au moyen des relations (1), (2), (3), (4), nous pourrons déterminer les rayons de courbure des deux lentilles.

Pour les objectifs photographiques, on achromatise les rayons violets et rouges ; pour les lunettes, l'orangé et le bleu.

RAIE	COULEUR	INDICES DE RÉFRACTION		
		CROWN	FLINT	SULFURE DE CARBONE
B....	rouge	1,5226	1,6045	1,6132
C....	rouge orangé	1,5237	1,6062	1,6165
D...	jaune	1,5265	1,6109	1,6259
F....	vert bleuâtre	1,5332	1,6225	1,6506
G....	bleu violacé	1,5392	1,6335	
H...	violet	1,5442	1,6428	1,6981

EXEMPLE. — Calculons une lentille achromatique, en achromatisant le bleu et le rouge et en prenant la distance focale des rayons jaunes égale à 20 centimètres, en résolvant les équations (1), (2), (3), (4) :

$$R = 9^{cm},642, \qquad R' = 5^{cm},618, \qquad R_1 = 5^{cm},618, \qquad R'_1 = 57^{cm},852.$$

147. Production d'un spectre pur (*fig.* 179). — Pour obtenir un spectre pur, dans lequel les différentes images n'empiètent pas les unes sur les autres et où les images des radiations soient bien séparées, il faut : 1° avoir un prisme d'angle assez grand et de matière très homogène ;

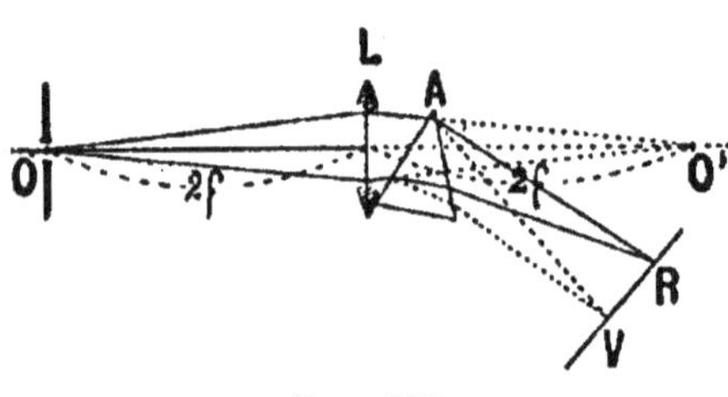

Fig. 179.

2° avoir des rayons incidents parallèles ;

3° que le corps lumineux dont le spectre est l'image étalée soit aussi petit que possible dans le sens du spectre, c'est-à-dire une simple fente ;

4° que le prisme soit au minimum de déviation.

La lumière solaire est reçue sur une fente verticale *très étroite*, et le faisceau, sur une lentille convergente *achromatique* L, placée à une distance de l'ouverture égale au double de la distance focale de la lentille, qui donnera une image réelle de la fente en O', à une distance 2f. Plaçons, très près derrière cette lentille, un prisme dont l'arête réfringente soit parallèle à la fente, et dont la position corresponde au minimum de déviation.

L'image O' ne se formera plus et jouera, par rapport au prisme, le rôle d'un objet virtuel.

Le prisme donnera une infinité d'images colorées réelles RV, ayant la forme d'un rectangle très délié et empiétant d'autant moins les unes sur les autres que la fente sera plus étroite. Toutes les images seront sensiblement à une distance du point A égale à AO'. En plaçant un écran à une distance égale à 2f et en l'orientant perpendiculairement à la direction moyenne des rayons, on pourra recevoir sur un écran un spectre réel très pur.

148. Raies du spectre solaire (*fig.* 180, Pl. I). — Lorsqu'on examine un spectre solaire pur, on le voit sillonné d'un très grand nombre de *raies* obscures. Ces raies indiquent

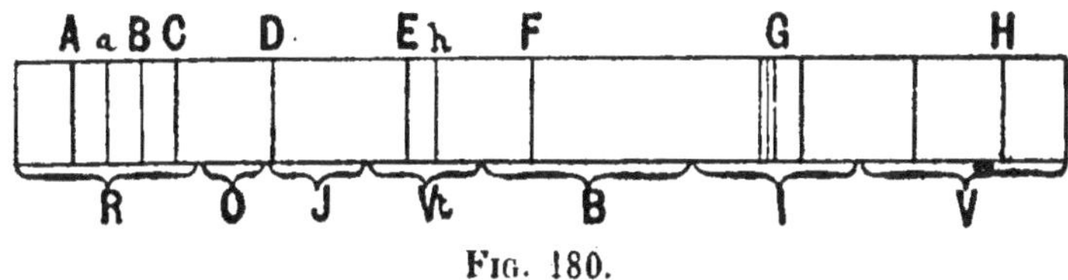

Fig. 180.

évidemment que les couleurs qui donneraient des images de la fente aux endroits où elles se forment manquent dans la lumière solaire, ou que tout au moins ces radiations sont beaucoup moins intenses que les autres.

On découvre un nombre d'autant plus grand de raies qu'on opère avec un spectre plus pur et un prisme plus *dispersif*.

Frauenhofer a désigné chaque raie par une lettre : la raie A dans le rouge, la raie D dans le jaune, la raie E dans le vert, la raie F dans le bleu, la raie H dans le violet.

Parmi les raies, les unes sont épaisses, les autres si fines qu'elles sont difficilement visibles ; on compte plus de 2.000 de ces dernières.

149. Spectroscope. — Le spectroscope est un appareil servant à étudier les spectres des sources lumineuses.

Il est basé sur le principe suivant :

Soit une fente O (*fig.* 181), éclairée par la source dont on veut étudier le spectre ; on dispose devant cette fente une lentille L, à une distance égale à la distance focale principale ; les rayons, après réfraction à travers la lentille, donnent un faisceau de rayons parallèles, que l'on reçoit sur un prisme A placé au minimum de déviation pour les rayons jaunes.

Derrière ce prisme se trouve une deuxième lentille achromatique L', qui donne une image réelle *rv* du spectre; devant

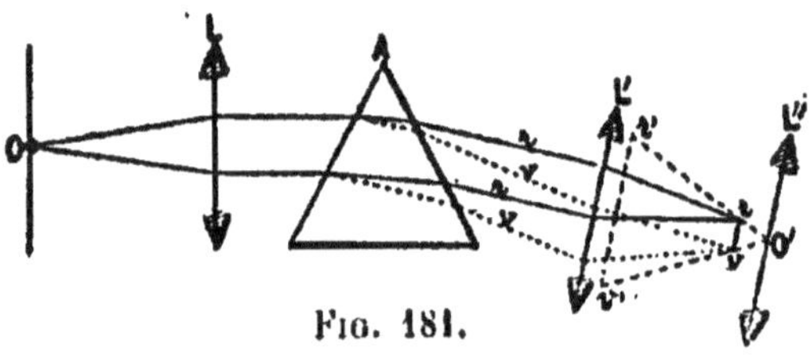

cette image, on dispose une troisième lentille L'', qui fonctionne comme une loupe (¹) et donne une image *virtuelle* agrandie du spectre *r'v'*.

Fig. 181.

L'appareil se compose (*fig.* 182) de quatre parties :

1° le collimateur ;

2° le prisme ;

3° la lunette ;

4° le micromètre.

1° Le *collimateur* D a pour but d'obtenir un faisceau de rayons parallèles.

Il se compose d'un tube terminé par une fente O, à bords

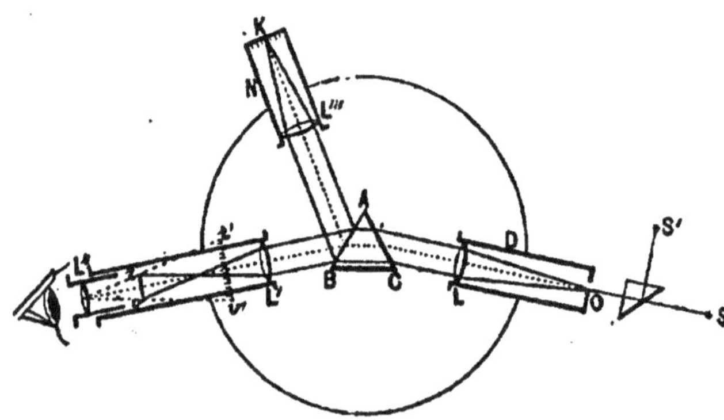

Fig. 182.

parallèles, dont on peut faire varier la largeur et qui est située dans le plan focal d'une lentille L; les rayons provenant de la source S à étudier, placée devant la fente, sortent de la lentille parallèlement.

2° Le prisme A, en flint très dispersif, est au minimum de

<hr>

(1) Voir la loupe, chap. ix.

déviation pour les rayons jaunes; les autres rayons s'y trouvent également.

3° La lunette est une lunette astronomique, qui se compose d'un objectif L', lequel donne dans son plan focal un spectre pur *rv*, et d'une deuxième lentille L″, l'oculaire, fonctionnant comme une loupe, et qui donne du spectre une image virtuelle *r'v'*, laquelle sera vue par l'œil.

4° Le *micromètre* N se compose d'une division micrométrique photographiée sur verre K et placée dans le plan focal d'une lentille L‴; ce micromètre, éclairé par une bougie, donne à la sortie de la lentille un faisceau de rayons parallèles qui se réfléchissent sur la face AB d'incidence du prisme et, après avoir traversé l'objectif de la lunette, donnent une image réelle du micromètre dans le plan focal de cette lentille; à son tour, l'oculaire donnera une image virtuelle, qui se superposera à celle du spectre lorsqu'on mettra l'œil devant la lunette. Nous verrons les divisions du micromètre en même temps que le spectre.

150. Spectres d'émission. — Spectres des solides et des liquides incandescents (Pl. I). — Si nous examinons avec le spectroscope le spectre d'un corps solide ou liquide incandescent, celui que fournissent par exemple la lumière Drummond, l'arc électrique, le platine en fusion, un bec de gaz dont la partie éclairante est due à des particules de charbon portées à l'incandescence, nous obtiendrons un spectre continu formé d'une infinité de radiations, et dont l'étendue dépendra de la *température*. Si nous produisons le spectre du filament de charbon d'une lampe à incandescence dont nous augmenterons graduellement l'intensité du courant, vers 600°, température qui correspond au rouge sombre, le spectre comprendra les radiations rouges; mais, à mesure que la température s'élèvera, d'autres radiations, de plus en plus *réfrangibles*, apparaîtront; le violet se verra vers 1.000°; vers 1.500°, on trouvera toutes les couleurs.

151. Spectre des vapeurs et des gaz incandescents (Pl. I). — Les vapeurs et les gaz incandescents donnent des spectres *discontinus*, formés d'un certain nombre de raies *brillantes* (*spectre de lignes*) isolées, séparées par de larges intervalles obscurs. Chaque radiation correspond à une réfrangibilité déterminée, c'est-à-dire possède un indice de réfraction particulier.

La nature et le nombre de ces raies sont *caractéristiques* du gaz ou de la vapeur qui émet la lumière.

Pour produire ces spectres discontinus ou *spectres de lignes*, on emploie différents procédés.

On prend un bec Bunsen dont la flamme, très *peu éclairante*, produit une *haute température*, et on la dispose devant la fente du collimateur du spectroscope ; on prend un fil de platine, contourné en boucle, que l'on plonge dans la dissolution du sel d'un métal facilement décomposable, un chlorure par exemple : en introduisant ce fil dans la flamme, on voit apparaître le spectre de lignes caractéristique du métal.

Le spectre du *sodium* se compose d'une raie *jaune* très brillante, qui peut se dédoubler en deux raies fines très voisines si l'on rend très étroite la fente du collimateur.

Le *potassium* est caractérisé par deux raies, l'une dans le rouge, l'autre dans le violet.

Le *lithium* donne une raie rouge, plus réfrangible que celle du potassium, et une raie jaune très faible.

Le *baryum* donne une dizaine de raies, dont les plus brillantes sont dans le vert.

Le *strontium* donne quatre raies rouges brillantes, une dans l'orangé et une bleue.

Le *calcium* donne des raies orangées et jaunes, une raie verte très vive et une raie bleue.

Le *thallium* donne une raie verte très brillante.

Spectre du radium. — Avec l'étincelle et une solution de chlorure de radium, on obtient un spectre composé de trois raies principales : une dans le bleu, deux autres dans le violet et l'ultra-violet.

Le spectre de flamme des sels de radium contient deux belles bandes rouges, une raie dans le bleu vert et deux lignes faibles dans le violet. Ce spectre est très brillant.

Spectre des métaux. — Pour obtenir le spectre des métaux, on fait éclater l'étincelle d'induction d'une bobine de Ruhmkorff entre deux tiges du métal à étudier ; le métal est volatilisé : on obtient le spectre de lignes de sa vapeur.

Les spectres obtenus en introduisant dans la flamme du

bec Bunsen différents sels d'un même métal : *chlorure*, *bromure*, *iodure*, ne sont pas identiques ; certaines raies se retrouvent dans tous : ce sont celles qui caractérisent la vapeur métallique ; les autres, moins brillantes, appartiennent au chlore, au brome et à l'iode.

Spectres d'émission des gaz incandescents. — Pour obtenir ces spectres, on fait passer l'étincelle d'induction d'une bobine de Ruhmkorff à travers un tube de Plücker (*fig.* 183). C'est un tube formé de deux ampoules

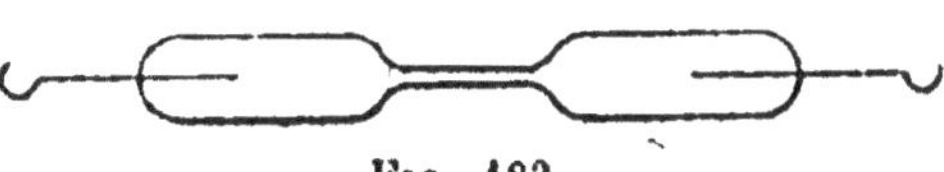

Fig. 183.

réunies par un tube capillaire, muni d'électrodes en platine et dans lequel le gaz à étudier a été amené à l'état de raréfaction, ce qui favorise particulièrement l'*effluve*. Ce tube est fixé sur un support, et la partie capillaire est placée devant la fente du collimateur. Le spectre est formé de raies brillantes, qui caractérisent le gaz.

L'éclat et la finesse des raies dépendent de la température et de la pression. Quand la pression augmente, les raies se joignent et forment un spectre continu.

Le spectre de l'*hydrogène* se compose d'une raie *rouge* intense, coïncidant avec la raie C du spectre solaire ; d'une raie *verte*, coïncidant avec la raie F du spectre solaire ; d'une raie *bleue*, dans le voisinage de la raie G, et d'une raie *violette*, coïncidant avec la raie *h* du spectre solaire.

Le spectre de l'*oxygène* se compose de deux raies *rouges* intenses et de plusieurs bandes faibles dans le *vert* et le *bleu*.

Le *chlore* donne un grand nombre de raies brillantes dans le vert.

Chaque raie correspondant à un indice de réfraction déterminé, il est facile de repérer chaque radiation au moyen des divisions du micromètre.

Nous déplacerons celui-ci de façon à ce que la raie D du sodium corresponde à la division 100 du micromètre ; une radiation d'indice déterminé se trouvera toujours à la même division du micromètre. On pourra dresser un tableau des spectres de lignes brillantes pour chaque métal.

152. Spectres d'absorption, spectres de bandes, raies (Pl. I) telluriques du spectre solaire. — Lorsque l'on interpose entre une source de lumière blanche et la fente du spectroscope des corps transparents, *gazeux, liquides* ou *solides,* une partie des radiations se trouvent absorbées, la transparence n'existant que pour certaines radiations, et donnent sur le spectre des *bandes obscures,* appelées *bandes d'absorption,* qui dépendent de l'épaisseur et sont caractéristiques pour certaines substances.

Parmi les spectres d'absorption produits par les gaz, citons celui de AzO^2, obtenu en interposant un petit ballon rempli de vapeur d'AzO^2; on obtient un spectre formé d'une série de *raies noires* analogues à celles du spectre solaire, particulièrement dans le bleu et le violet.

Certaines substances donnent des *spectres de bandes;* par exemple l'*eau céleste,* solution de sel de cuivre additionné d'ammoniaque, ne laisse passer que les rayons bleus.

Une dissolution très étendue de *permanganate de potassium* donne sept bandes étroites, situées dans le vert et le bleu.

Le spectre de la *chlorophylle,* substance colorante verte des feuilles des végétaux, soluble dans l'alcool et l'éther, donne un spectre caractérisé par sept bandes, principalement une large bande très noire dans le rouge; une au commencement de l'orangé; une autre entre le jaune et le vert; une dernière dans le vert; au delà du bleu, l'absorption est complète.

L'*oxyhémoglobine* donne deux bandes noires entre les raies D et E; si on la réduit en y introduisant du sulfure d'ammonium, les deux raies sont remplacées par une seule, placée dans la même région du spectre.

Parmi les spectres d'absorption des solides, les verres rouges colorés par l'oxyde cuivreux Cu^2O ne laissent passer qu'une lumière rouge monochromatique.

Raies telluriques. — La vapeur d'eau peut produire des spectres d'absorption. Un certain nombre de raies du spectre solaire, voisines de A, C, D, sont produites par l'absorption de la vapeur d'eau de l'atmosphère : on les appelle *raies telluriques.*

On constate que ces raies s'atténuent à mesure que le soleil s'élève sur l'horizon et à mesure que l'on s'élève dans l'atmosphère. On a pu les produire en interposant des colonnes de vapeur d'eau sur le trajet des rayons fournis par des sources de lumière artificielle.

153. Analyse spectrale. — L'analyse spectrale est une méthode d'analyse basée sur l'examen des spectres d'*absorption* (¹) et d'*émission* fournis par les vapeurs des corps portés à l'incandescence, chaque métal ou métalloïde étant caractérisé par un système de raies brillantes parfaitement repérées.

Cette méthode d'analyse est d'une extrême sensibilité : $\dfrac{3}{10.000.000}$ de milligramme de sodium dans une flamme suffisent pour obtenir la raie jaune.

Le potassium et le baryum sont moins sensibles : il faut $\dfrac{1}{1.000}$ de milligramme pour observer leurs raies caractéristiques.

Pour reconnaître la présence d'un métal, on dispose devant la fente du spectroscope un deuxième brûleur Bunsen qui, par l'intermédiaire d'un prisme à réflexion totale, donnera un spectre caractéristique du métal que l'on cherche.

On comparera ces deux spectres et, d'après la coïncidence des mêmes raies, on pourra reconnaître la présence du métal. Cette méthode a permis de découvrir des métaux nouveaux : le *rubidium*, caractérisé par deux raies rouges très brillantes et par deux raies violettes ; le *cæsium*, caractérisé par deux raies bleues ; le *thallium*, par une raie verte ; l'*indium*, par une raie bleue et une raie violette, et le *gallium*, par deux raies violettes ; plus récemment, l'argon et l'hélium. Enfin, l'analyse spectrale a permis de reconnaître la constitution des astres.

154. Renversement des raies brillantes des spectres des vapeurs et des gaz incandescents. — Si nous plaçons devant la fente du spectroscope une source de lumière blanche intense, produite par un corps incandescent, nous obtenons un *spectre continu*. Interposons entre la source lumineuse et la fente un brûleur Bunsen dans la flamme duquel nous plaçons du chlorure de sodium : si cette source existait seule, elle donnerait un spectre d'*émission* représenté par la raie jaune D. Dans les conditions actuelles, cette raie jaune est

(¹) Les spectres d'absorption sont utilisés dans l'étude des matières colorantes; pour reconnaître la présence de la fuchsine dans les vins; pour diagnostiquer l'empoisonnement dû à l'oxyde de carbone, par l'analyse spectrale du sang; enfin en métallurgie, dans la fabrication du métal Bessemer. L'observation de la flamme au spectroscope indique la fin de l'opération par la disparition des lignes vertes du manganèse et des lignes bleues du carbone; il ne reste que la raie jaune du sodium.

représentée par une *raie noire* occupant la place de la raie D. Cette expérience, due à Foucault, porte le nom de renversement de la raie brillante du sodium.

Un corps gazeux absorbe les radiations lumineuses qu'il est capable d'émettre, mais il faut que la source lumineuse qui fournit les radiations soit d'une *intensité* plus considérable que celle qui les absorbe.

En effet, la source lumineuse qui absorbe les radiations jaunes peut également les émettre ; or, le spectre de cette deuxième source paraîtra sombre auprès du premier spectre, fortement éclairé.

155. Explication des raies noires du spectre solaire. — Kirchoff a déduit, de l'expérience du renversement des raies, l'explication des *raies noires* du spectre solaire. La surface du soleil n'est pas uniformément lumineuse : elle présente une infinité de points brillants, isolés les uns des autres ; leur ensemble constitue ce que l'on appelle la *photosphère*, sorte de nuage lumineux formé de particules incandescentes liquides ou solides et qui entoure le globe central, constitué par une masse gazeuse plus sombre que la photosphère, laquelle donnerait un spectre continu. Cette photosphère est entourée d'une autre couche rose, nommée *chromosphère*, gazeuse et facile à observer pendant les *éclipses totales* de soleil ; elle s'élève généralement à une faible hauteur, sauf à certains endroits, où l'on aperçoit comme des jets de flamme de couleur rosée, qu'on appelle protubérances roses. Cette *chromosphère* donne un spectre de raies brillantes ; elle produit l'absorption des radiations des différentes substances qui composent la photosphère.

L'analyse spectrale a permis de déterminer la plupart des éléments qui existent à la surface du soleil.

En effet, les raies noires du spectre solaire correspondent aux raies brillantes données par certaines vapeurs métalliques.

On y trouve le *fer*, l'*hydrogène*, caractérisé par les raies C, F, G, H ; le *sodium*, par la raie D, le *magnésium*, le *nickel*, le *titane* ; certains corps paraissent manquer, comme O, Si, Ag, Au, Pt. On a prouvé l'existence des vapeurs métalliques précédentes dans la chromosphère, par l'analyse directe de cette couche durant une éclipse de soleil ; la lune cachant les parties brillantes de cet astre, on ne reçoit dans le spectroscope que des rayons émanant de la chromosphère qui déborde du disque lunaire. Dans ces conditions, on obtient les raies brillantes des métaux précédents. M. Janssen a étudié directement la chromosphère et les protubérances en produisant, à l'aide d'une lentille, une image réelle du soleil et en plaçant la fente du spectroscope sur le bord même de cette image.

Spectre des planètes. — La lune et les planètes donnent des spectres identiques au spectre du soleil, car ces astres ne sont pas lumineux par eux-mêmes ; ils réfléchissent la lumière du soleil ; on a pu constater, dans les spectres de Vénus, Jupiter, Saturne, la présence de raies noires dues à l'absorption de leur atmosphère ; dans Mars, la présence de la vapeur d'eau, et l'absence d'atmosphère pour la lune.

Spectre des étoiles (Pl. I). — Les étoiles donnent des spectres sillonnés de raies noires, mais qui ne sont pas identiques à celles du spectre solaire, ce qui prouve que ces astres sont lumineux par eux-mêmes ; les raies de l'hydrogène se rencontrent dans les étoiles. Les étoiles blanches, comme Sirius, ne donnent que quelques raies noires ; la partie violette est très brillante, ce qui indique une température élevée. A côté des raies de l'hydrogène, les autres correspondent au sodium et au magnésium ; on en conclut que l'atmosphère de ces étoiles est principalement formée d'hydrogène.

Découverte de l'hélium. — On avait remarqué depuis longtemps une raie très brillante de la chromosphère, située dans le *jaune*, près de la raie D, et qu'on n'avait pu identifier avec aucun des éléments terrestres ; on avait donné le nom d'*hélium* à cette substance inconnue.

W. Ramsay a, depuis, découvert cette raie dans le spectre d'un gaz raréfié extrait d'un minéral, la *clévéite*, et, peu après, d'une météorite (minerai d'urane de thorium), dans certaines eaux minérales.

156. Couleurs complémentaires. — Si, dans l'expérience du paragraphe 140 (*fig.* 174), on supprime avec un écran opaque les rayons rouges *r* à leur sortie du prisme, l'image *ab* deviendra verte. Si l'on supprime les rayons violets *v*, elle deviendra rouge.

Enfin, si l'on supprime plusieurs couleurs du spectre, les

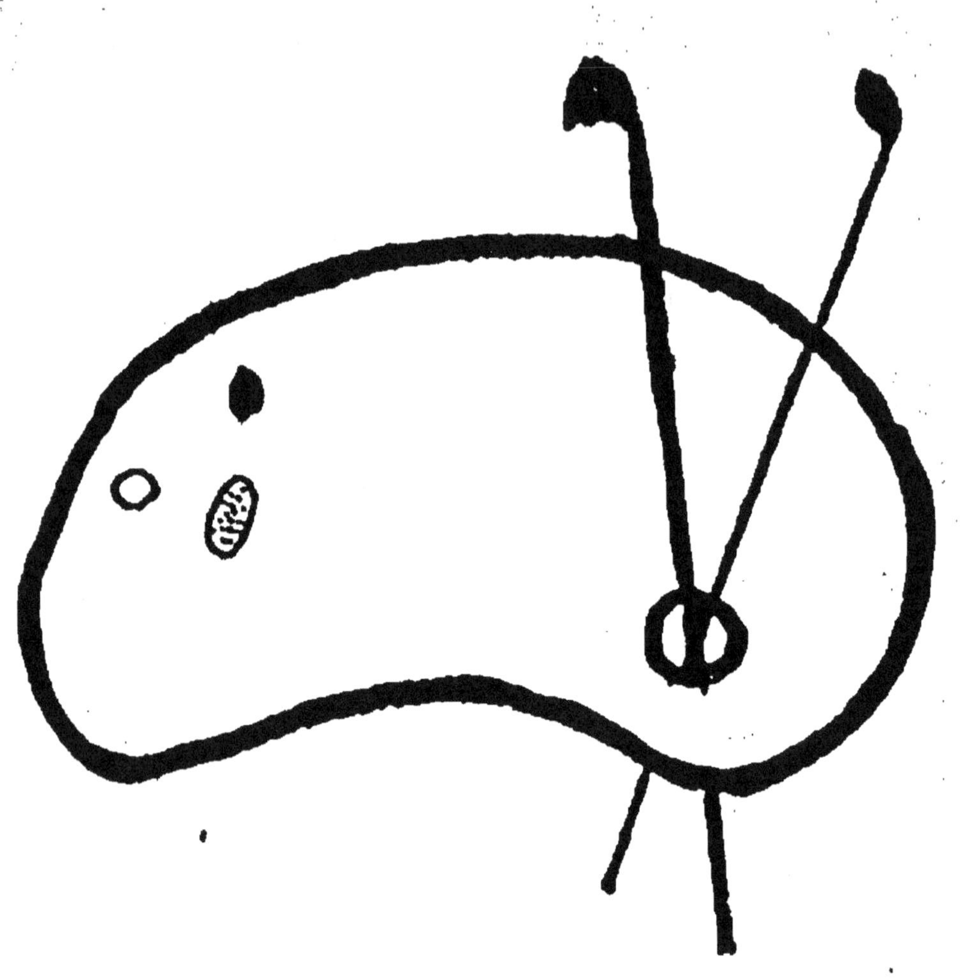

ORIGINAL EN COULEUR
NF Z 43-120-8

couleurs conservées forment par leur mélange une certaine teinte A; les couleurs supprimées formeraient par leur mélange une autre teinte B; le mélange de ces deux teintes doit donner du blanc. Ces deux teintes A et B sont dites *complémentaires*; par exemple, le vert est la couleur complémentaire du rouge. On peut réaliser l'expérience précédente d'une façon plus frappante, en interposant sur le trajet des rayons rouges *r* un prisme d'angle très aigu, qui rejette en dehors, sur un deuxième écran, la couleur complémentaire de celle qui se forme sur le premier.

Voici les principales couleurs complémentaires :

COULEUR DU SPECTRE	TEINTE COMPLÉMENTAIRE
rouge	bleu verdâtre
orangé	bleu de Prusse
jaune	bleu d'outremer
vert	pourpre
bleu	jaune orangé
violet	jaune verdâtre

157. Couleur des corps. — La coloration des corps provient des modifications qu'ils font subir à la lumière.

1° Coloration par transmission. — Certains corps transparents ont la propriété de laisser passer toutes les radiations; ils seront *incolores* pour la lumière blanche; exemple, le verre. Si l'on regarde le spectre solaire à travers un verre à vitre, on en voit toutes les couleurs.

Les corps transparents peuvent absorber certaines radiations; ils présentent alors la couleur *complémentaire* de celle qu'ils ont absorbée.

Un verre rouge à l'oxyde cuivreux Cu^2O, éclairé par la lumière solaire, arrêtera la partie du spectre en dehors du rouge, c'est-à-dire la couleur complémentaire du rouge, le vert. A travers un verre rouge à l'oxyde cuivreux, le spectre solaire se réduit au rouge : les autres couleurs sont arrêtées.

Si nous regardons un paysage à travers un verre rouge, les feuilles nous paraîtront noires. Si nous prenons un verre vert, le rouge sera absorbé.

Enfin, si nous superposons un verre rouge et un verre vert, nous obtiendrons un corps opaque, ne laissant traverser aucune lumière.

Lorsque la lumière n'est absorbée que dans la masse du

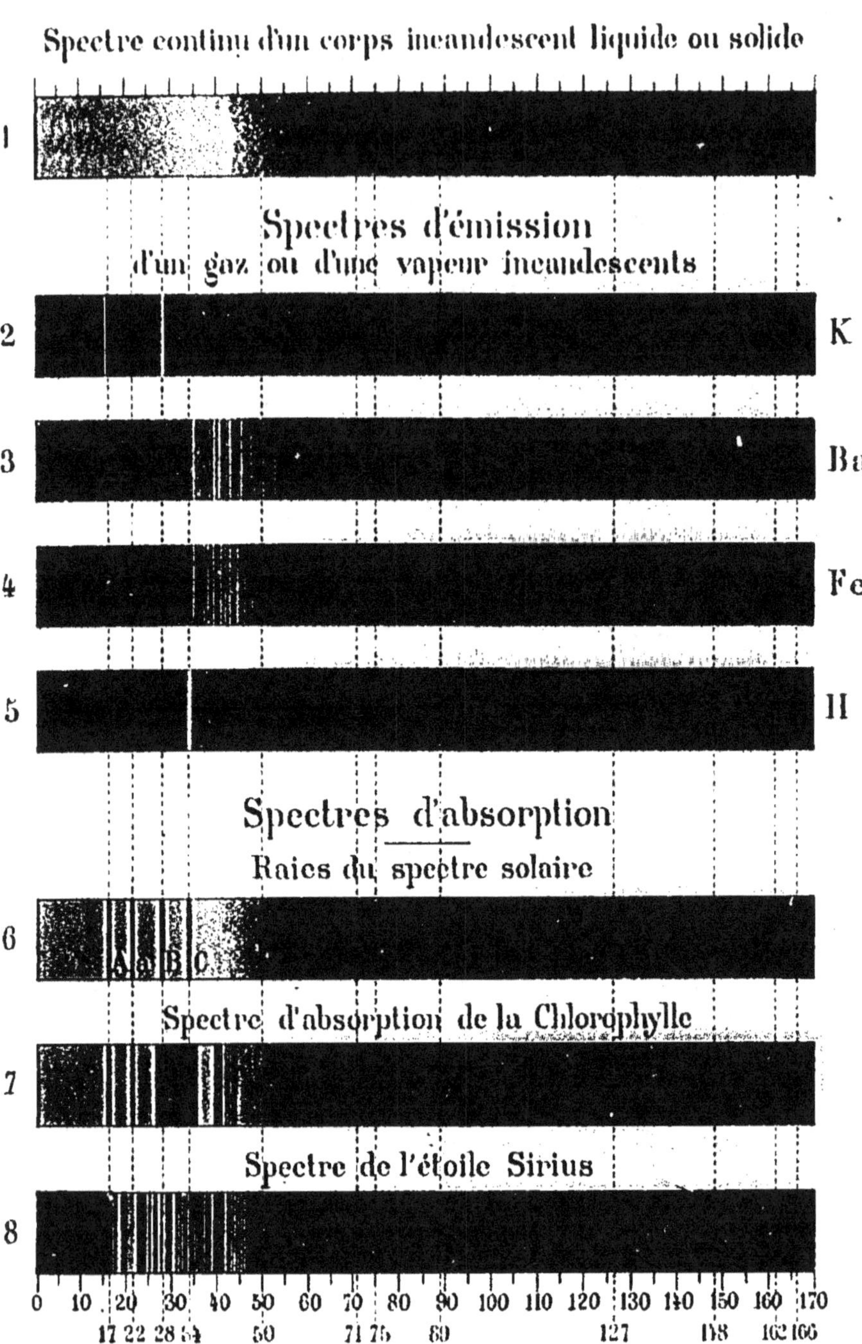

Paris. — Chromotyp. E. Carion, sr, rue Mazarine, 35.

corps, la lumière réfléchie est de même nature que la lumière *incidente* : c'est le cas des verres colorés.

Si nous disposons des verres colorés sur du papier blanc, nous les verrons avec leur couleur, parce que la lumière réfléchie par le papier arrive à l'œil après avoir traversé le verre; si nous les plaçons sur du papier noir, la coloration disparaît.

Certains corps donnent une couleur différente suivant leur épaisseur. Si l'on place une solution d'un sel de chrome dans un verre à pied, elle est rouge à la partie supérieure, verte à la partie inférieure.

2° Coloration par diffusion. — Les corps imparfaitement polis ou mats diffusent d'une manière inégale les différents rayons de la lumière incidente; certains rayons sont absorbés par la couche *superficielle* et l'autre partie, diffusée, donne au corps sa coloration :

1° *Un corps éclairé par une radiation de la couleur qu'il est capable de diffuser apparaît avec cette couleur;*

2° *S'il est éclairé par une radiation de la couleur qu'il absorbe, il paraîtra noir;*

3° *Enfin, s'il est éclairé par la lumière solaire, il présentera la couleur complémentaire de celle qu'il absorbe.*

Si nous recevons le spectre solaire sur un morceau de velours noir, nous ne verrons aucune couleur :

Un corps noir absorbe toutes les radiations et n'en réfléchit aucune.

Si nous recevons le spectre solaire sur un papier blanc, nous obtenons toutes les couleurs du spectre :

Un corps blanc diffuse toutes les radiations et n'en absorbe aucune.

Si nous recevons le spectre solaire sur un ruban rouge, celui-ci paraîtra d'un rouge vif dans le rouge, faiblement orangé dans l'orangé et noir dans le reste du spectre : les corps rouges diffusent la lumière rouge et absorbent toutes les radiations autres que le rouge ou voisines du rouge.

Un ruban bleu paraîtra bleu vif dans la partie bleue du spectre. C'est pour cette raison que les étoffes rouges, éclairées par une flamme contenant des rayons *jaunes*, paraissent sombres, et que les étoffes ne présentent pas les mêmes couleurs suivant qu'elles sont éclairées par la lumière solaire ou par une lumière artificielle. Si nous éclairons une pièce avec la lumière jaune du sodium, les objets jaunes conservent leur couleur normale ; les objets blancs paraissent jaunes, et les autres couleurs, obscures ou noires.

158. Relation entre la coloration par diffusion et la coloration par transmission. — Corps à couleur superficielle. — Certains corps colorés transparents ont une couleur, vus par transmission, et une couleur, vus par diffusion ; la première est *complémentaire* de la deuxième.

La fuchsine est verte par réflexion et colore en rouge la lumière qui la traverse en couche mince.

L'or est jaune rouge par réflexion et vert par transmission.

On les désigne sous le nom de corps à *couleurs superficielles*.

Les métaux polis réfléchissent toutes les radiations, comme l'argent, ou certaines d'entre elles, comme le cuivre et l'or.

Leurs colorations sont généralement obtenues par une série de réflexions ; par exemple, l'or présente une couleur superficielle rouge après plusieurs réflexions, ce que l'on constate en regardant le fond d'un gobelet doré ; le zinc prend une couleur superficielle indigo, et le cuivre, une couleur rouge écarlate.

159. Couleurs fondamentales. — Les couleurs fondamentales sont le *rouge*, le *vert*, le *violet*, et les couleurs dérivées l'*orangé*, le *jaune*, le *bleu*. Ces dernières peuvent être formées par un mélange des premières.

160. Couleurs composées. — Ce sont des mélanges de radiations lumineuses différentes, agissant simultanément sur un même point de la rétine et produisant l'impression d'une seule couleur.

Exemple : le *pourpre* est un composé de rouge et de violet.

Pour le peintre, les couleurs fondamentales sont le *rouge*, le *jaune* et le *bleu :* il obtient le vert avec le jaune et le bleu.

161. Arc-en-ciel. — Théorie élémentaire (*fig*. 184-186). — Si l'on tourne le dos au soleil, lorsqu'il n'est pas très élevé au-dessus de l'horizon et qu'il est placé devant un nuage qui se résout en pluie, on aperçoit un cercle lumineux présentant les couleurs du spectre, le rouge à l'extérieur, le violet à l'intérieur ; et généralement on en voit un deuxième, moins brillant, et dont les couleurs sont disposées en sens inverse, le rouge en dedans et le violet en dehors. Ce phénomène est dû à la *dispersion* et à la *réflexion* de la lumière solaire dans les gouttes de pluie.

Supposons une gouttelette d'eau (*fig.* 185), de forme sphérique, sur laquelle arrive un rayon de lumière *monochromatique*, par exemple un rayon *rouge* RI ; une partie de la lumière sera

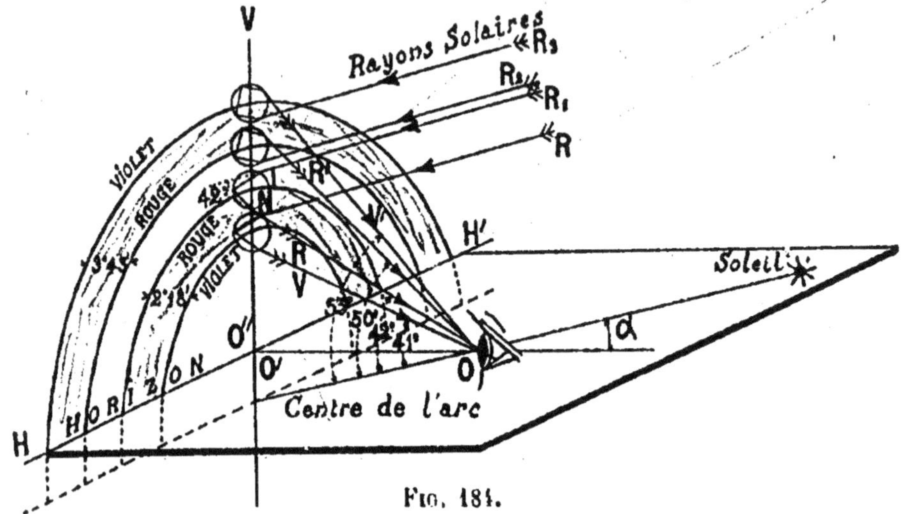

Fig. 184.

réfléchie sur la surface de la goutte ; une deuxième partie se réfractera suivant II' ; en I', une autre partie sera réfléchie suivant I'I", et enfin sortira en I", en se réfractant suivant I"R' ; l'angle R'I"N' sera égal à *i*, les triangles IOI' et I"OI' étant égaux.

L'angle de *déviation* est égal à D ; déterminons son supplément Δ. Dans le triangle II'M, l'angle extérieur

$$r = i - r + \frac{\Delta}{2}, \qquad \text{d'où} \qquad \frac{\Delta}{2} = r + r - i = 2r - i$$

ou

$$\Delta = 2(2r - i). \qquad\qquad (1)$$

Nous pouvons calculer Δ pour une incidence *i* donnée et pour une radiation déterminée ; par exemple pour le rouge, l'indice de réfraction de l'eau par rapport à l'air est $n_r = 1,33$.

Nous avons la relation $\sin i = n_r \sin r$. On déterminera *r* et, au moyen de la formule (1), on calculera Δ. En faisant varier *i* de 0 à 90°, nous constaterons que Δ passe par un maximum correspondant au minimum de la déviation D. Cette valeur maximum de Δ est de 42°,5 et correspond à une incidence $i = 59°$ pour les rayons rouges. Si nous traçons une courbe en portant en abscisses les angles d'incidence i et en ordonnées les valeurs de Δ, nous pourrons trouver ce maximum de 42°,5.

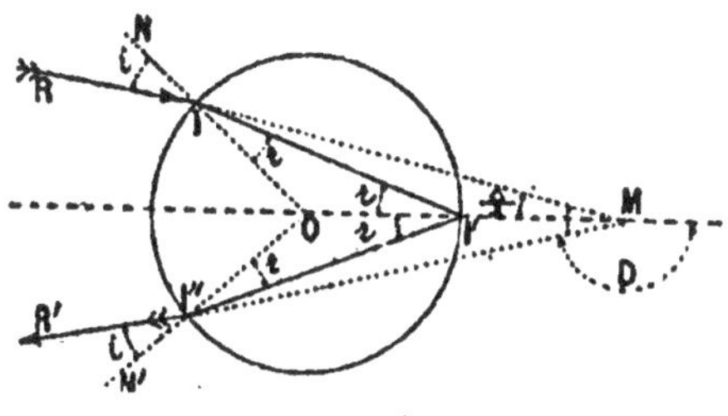

Fig. 183.

De plus, les rayons incidents parallèles, très voisins de l'incidence de 59° qui correspond au minimum de D, sortiront de la goutte d'eau en faisant un angle très voisin de Δ ; il y aura, dans la direction d'émergence définie par cette condition, plus de rayons lumineux que dans toute autre direction et, pour ainsi dire, concentration de la lumière. Si nous faisons le même calcul pour les rayons violets, en prenant $n_v = 1,34$, nous trouverons $\Delta = 41°$.

La moindre variation de l'angle d'incidence modifie considérablement l'angle D.

Si nous examinons l'arc-en-ciel, le diamètre apparent du cercle rouge sera de 42° ; celui du cercle violet, de 41°.

Supposons un cône dont le sommet soit en O (en ce point plaçons l'œil de l'observateur) et dont l'axe OO', représenté par la ligne qui joint le point O au centre du soleil, ait pour angle générateur 42°. Un rayon de lumière solaire R_1I, rencontrant une goutte de pluie N suivant l'incidence 59°, donnera un rayon *rouge* qui, faisant avec le rayon incident un angle de 42°, viendra passer en O.

Or, tous les rayons solaires très voisins de l'incidence de 59° émergeront à très peu près suivant la même direction et donneront un point rouge ; on les appelle rayons *efficaces*. Toutes les gouttes comprises dans le plan vertical HH'V et sur la circonférence qui a son centre en O', sur la ligne qui joint l'œil au soleil et qui représente l'intersection du cône avec le plan vertical, enverront des rayons *effiscace* vers le point O où se trouve l'œil de l'observateur ; celui-ci verra un arc rouge. En répétant le même raisonnement, nous verrons un arc violet intérieur, correspondant à un diamètre apparent de 41°.

Les bandes correspondant aux autres couleurs se superposeront : les couleurs ne sont pas simples ; l'arc rouge présentera une certaine épaisseur, c'est-à-dire une bande rouge ayant pour diamètre apparent 32'. Lorsque le soleil

sera sur l'horizon, l'arc sera égal à une demi - circonférence, le point O″ coïncidera avec le point O′. Si le soleil est à 42° au-dessus de l'horizon, le premier arc sera invisible. C'est pour cette raison que l'arc-en-ciel n'est visible que le matin et le soir.

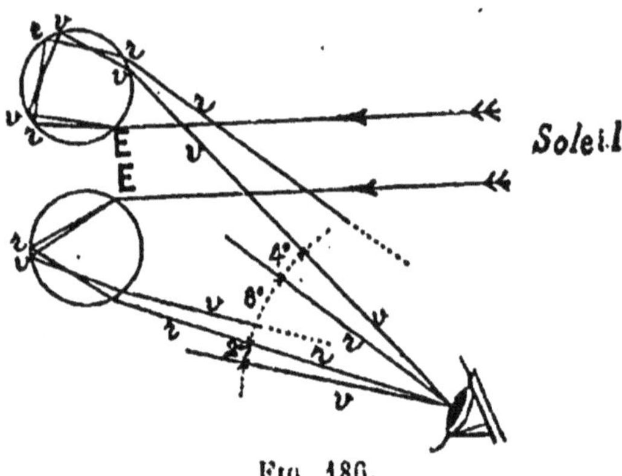

Fig. 186.

Le deuxième arc-en-ciel est formé par des rayons ayant subi deux réflexions à l'intérieur des gouttes de pluie (*fig.* 186 *bis*). Soit le rayon RI qui, après avoir subi deux réflexions en N et M à l'intérieur de la goutte, sort, après réfraction, suivant I'R'.

Dans le triangle II'O, l'angle i extérieur est égal à :

$$i = \frac{\omega}{2} + \alpha, \qquad \alpha = \frac{360 - (3 \times 180 - 6r)}{2}, \qquad \text{d'où} \quad \omega = 180 - 2(3r - i).$$

On pourra calculer la valeur de ω pour des incidences comprises entre 0° et 90° ; en traçant la courbe, on constatera un minimum de déviation correspondant à un maximum

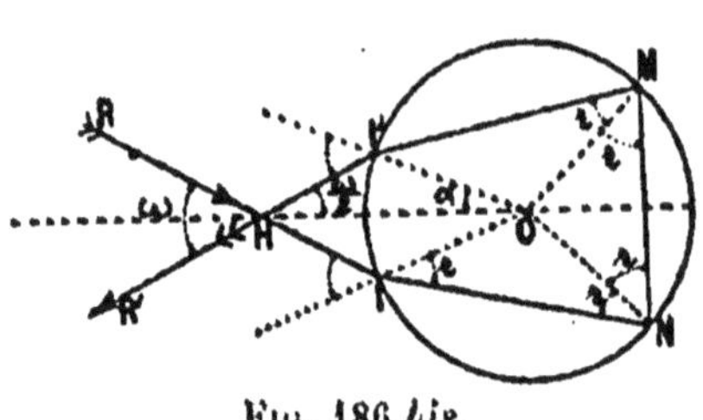

Fig. 186 *bis*.

de $\omega = 50°$ pour les rayons rouges et $\omega = 53°$ pour les rayons violets, pour une incidence voisine de 72°.

On obtiendra un deuxième arc-en-ciel, dont le rouge sera à l'intérieur et le violet à l'extérieur ; il sera moins brillant que le premier : cet affaiblissement est dû aux deux réflexions intérieures avec perte de lumière.

La construction d'Huygens (*fig.* 187-188) permet de tracer la marche d'un rayon émergent.

Soit un rayon incident RI faisant, avec la normale IO, un angle de 50°.

Décrivons, du point I comme centre, deux circonférences

ayant pour rayons 1 et $n_r = 1,33$; prolongeons le rayon jusqu'au point de rencontre U avec le cercle de rayon égal à 1

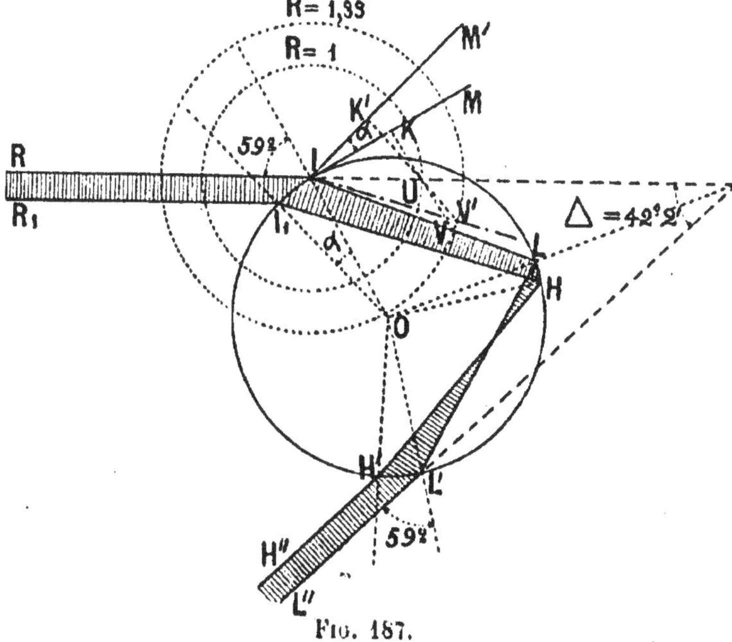

Fig. 187.

et abaissons, du point U, une perpendiculaire UK sur la tangente IM à la circonférence O; prolongeons cette perpendi-

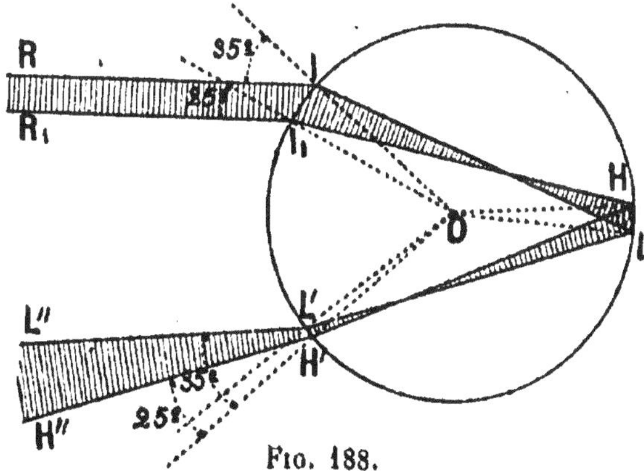

Fig. 188.

culaire jusqu'à sa rencontre V avec le cercle de rayon 1,33,
joignons le point I au point V; IV représentera la direction
du rayon réfracté, qui se réfléchit en L suivant LL'.

Je mène la normale OL' et je mène L'L" faisant un angle

de 59° avec OL'; L'L" représente la direction du rayon émergent. On vérifierait que l'angle Δ des rayons RI et L"L' est égal à 42°.

Pour un deuxième rayon R_1I_1, voisin de l'incidence de 59°, on répétera la même construction ; en menant au point I une ligne IM', faisant avec IM un angle α égal à l'angle que font les deux normales OI et OI_1, on obtiendra la direction IV' du rayon réfracté; on mènera une parallèle I_1H à IV', et on aura la direction du rayon réfracté à l'intérieur de la goutte. La suite de la construction se fera comme pour le premier rayon. Le rayon HH' émergera suivant H'H", sensiblement parallèle à L'L".

La figure 188 montre la marche de deux rayons voisins pour une incidence différente de 59° : les deux rayons émergents vont en s'écartant.

162. Vérification expérimentale du phénomène de l'arc-en-ciel (*fig.* 189-190).

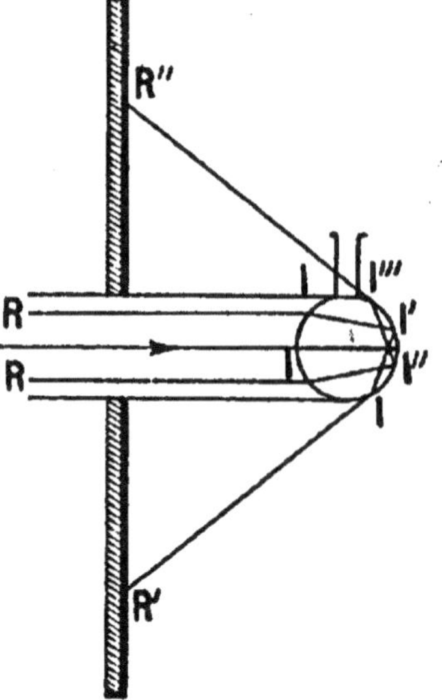

Fig. 189.

— On peut reproduire le phénomène de l'arc-en-ciel en faisant pénétrer, dans une pièce obscure, un faisceau de lumière solaire par une ouverture O, percée dans un volet, et derrière laquelle on dispose, à 1 ou 2 mètres, un ballon de 1 litre par exemple, d'un diamètre au moins égal à celui de l'ouverture.

Les rayons lumineux RI, après réfraction et réflexion dans le ballon, donneront des rayons IR' et I'''R", qui viendront peindre un arc-en-ciel sur le mur, où l'on pourra

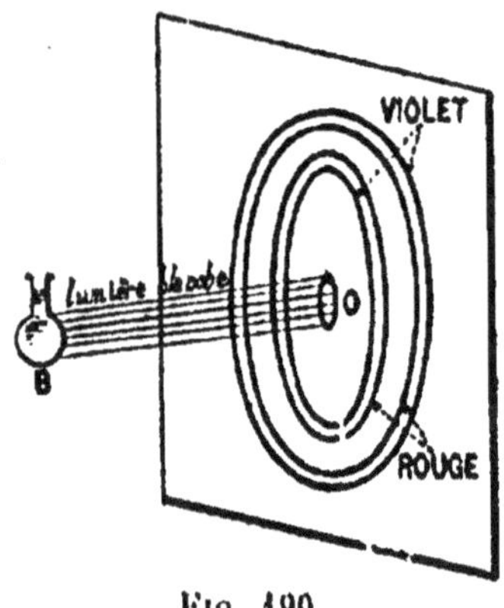

Fig. 190.

également apercevoir le deuxième.

CHAPITRE VIII

L'ŒIL

163. Description de l'œil (*fig.* 191). — L'œil a la forme d'un globe à peu près sphérique ; son fonctionnement peut être comparé à celui de la chambre noire. Il est formé de membranes enveloppes et de *milieux réfringents* :

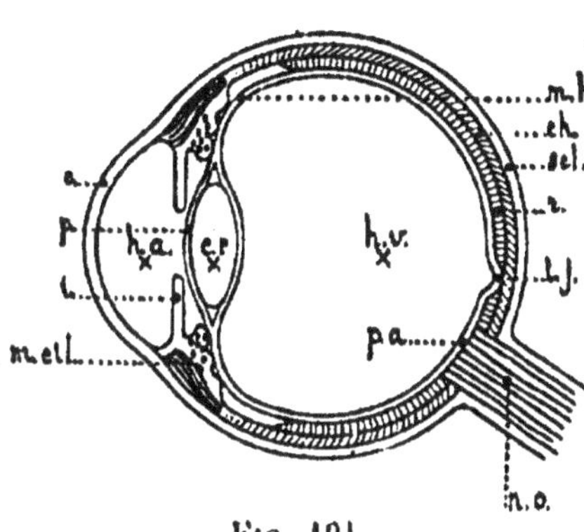

Fig. 191.

scl, sclérotique. — *c*, cornée transparente. — *ch*, choroïde. — *r*, rétine. — *tj*, tache jaune. — *pa*, point aveugle. — *i*, iris. — *p*, pupille. — *cr*, cristallin. — *mh*, membrane hyaloïde. — *ha*, humeur aqueuse. — *hv*, humeur vitrée. — *no*, nerf optique. — *meil*, muscles ciliaires.

1° D'une tunique externe, fibreuse, résistante, appelée *sclérotique*, qui forme le blanc de l'œil, terminée en avant par un amincissement qui forme la cornée transparente, enchâssée comme un verre de montre, d'une épaisseur de $0^{mm},4$, d'un rayon de courbure de 8 millimètres et d'un indice de réfraction $n = 1,34$;

2° D'une tunique moyenne, la *choroïde*, recouverte d'un pigment noir destiné à empêcher les réflexions intérieures ; elle se termine en avant par une cloison appelée l'*iris*, percée d'un trou, la *pupille*, dont le diamètre variable est en moyenne de 6 millimètres, et qui, agissant comme un diaphragme, règle la quantité de lumière qui pénètre dans l'œil et arrête les rayons marginaux, de façon à atténuer l'*aberration* de *sphéricité*.

La choroïde forme les *muscles ciliaires*, qui comprennent des fibres longitudinales et circulaires et jouent un rôle important dans l'*accommodation*.

En arrière de l'iris se trouve une lentille biconvexe, le *cristallin*, dont la face antérieure est moins bombée que la face postérieure ; il est relié à la paroi de l'œil par un ligament annulaire, appelé *ligament suspenseur*. Le cristallin est formé de couches concentriques, dont l'indice augmente de

la périphérie au centre. Ils sont, pour la couche extérieure :
$n = 1,4053$; pour la couche médiane : $n = 1,4294$; enfin, pour
le noyau : $n = 1,4541$.

Cette variation des indices permet d'atténuer l'aberration
de sphéricité des rayons marginaux qui, dans les lentilles
homogènes, sont trop fortement réfractés et qui, dans le cristallin, traversent les couches les moins réfringentes.

L'épaisseur du cristallin est de $4^{mm},2$; sa distance focale
varie de 15 à 17 millimètres; son indice moyen de réfraction est
de 1,45; le rayon de courbure de la face antérieure est de
8 millimètres, et celui de la face postérieure, de $5^{mm},8$.

Les faces du cristallin sont respectivement à 4 et à 15 millimètres de la partie antérieure et du fond de l'œil;

3° De la rétine, partie sensible de l'œil, sur laquelle doivent
se former les images des objets extérieurs; elle est formée
par l'épanouissement du nerf optique et constituée par des
éléments sensoriels, les *bâtonnets*, qui ont 4 microns de diamètre; elle présente une petite cavité, appelée *fosse centrale*,
entourée d'une partie jaune nommée *tache jaune*, qui contient
les organes sensoriels appelés *cônes*.

L'œil est divisé en deux chambres : la chambre antérieure,
remplie par un liquide, l'humeur aqueuse, dont l'indice de
réfraction $n = 1,337$, et la chambre postérieure, remplie par
un liquide gélatineux, l'humeur vitrée, dont l'indice de réfraction est égal à $n = 1,338$.

164. Fonctionnement de l'œil. — L'œil peut être considéré, au point de vue optique, comme formé de trois parties :

1° un *ménisque convergent*, limité par la cornée et la face
antérieure du cristallin ;

2° une *lentille biconvexe*, le cristallin ;

3° un *ménisque divergent*, constitué par la partie comprise
entre la face postérieure du cristallin et la rétine.

Les rayons lumineux subissent, à l'intérieur de l'œil, trois
réfractions successives : 1° sur la face antérieure de la cornée ;
2° sur la face antérieure du cristallin ; 3° sur la face postérieure du cristallin.

On peut remplacer ce système optique *centré* par une lentille convergente unique, qui aura son centre O placé à très
peu près sur la face postérieure du cristallin et dont l'indice
sera 1,4, et la distance focale principale, 15 millimètres.

Les rayons qui traversent cette lentille sont reçus en arrière par l'écran, constitué par la rétine, et viennent y faire leur image [1]. Pour qu'il y ait vision nette de l'objet, il faut que l'image soit formée exactement sur la rétine. On appelle axe visuel la ligne qui joint le centre optique de l'œil à la fosse centrale ou tache jaune, qui est la partie la plus sensible de la rétine et sur laquelle doit se faire l'image des objets extérieurs.

Œil normal ou emmétrope. — Dans un œil normal au repos, la rétine est située dans le plan focal du système optique. Les images nettes seront celles des objets à l'infini, comme une étoile, une planète ou des objets très éloignés.

L'œil normal au repos peut encore percevoir nettement les objets au delà de 5 mètres.

Pour que la vision soit nette, il suffit que le cône de rayons réfractés émanés d'un point détermine sur la rétine une petite région éclairée, dont le rayon doit être au plus égal à 4 microns : c'est ce que l'on appelle le *cercle de diffusion*. En effet, l'œil est équivalent à une lentille de 15 millimètres de distance focale. Si nous supposons l'objet à 5 mètres de l'œil, l'image se fait à $0^{mm},06$ en arrière de la rétine. Le cône de rayons lumineux ayant pour base l'ouverture de la pupille, dont nous supposerons le diamètre égal à 2 millimètres en pleine lumière, rencontre la rétine suivant un cercle dont le rayon r est déterminé par la relation :

$$\frac{r}{1} = \frac{0,06}{15},$$

d'où $$r = 0^{mm},004 \quad \text{ou} \quad 4\ \mu.$$

Accommodation. — Un objet placé près de l'œil ne forme plus son image sur la rétine : les rayons convergents ne s'y concentrent plus en un point lumineux; ils forment un petit cercle, d'un rayon plus grand que celui du cercle de diffusion. Il n'y a plus d'image nette. Mais l'œil est capable d'*accommodation*. Le rayon de la face (*fig.* 192) antérieure peut varier de 10 à 6 millimètres; celui de la face postérieure, de 6 millimètres à $5^{mm},5$, et la distance focale, de 3 millimètres.

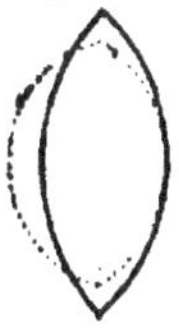

Fig. 192.

(1) En plaçant devant une ouverture, percée dans le volet d'une chambre noire, un œil de bœuf, dont la cornée est tournée vers l'extérieur et dont on a aminci la sclérotique, on voit se peindre sur cette membrane translucide l'image renversée des objets.

Le cristallin devient alors plus convergent et sa distance focale plus petite, ainsi que nous pouvons le constater au moyen de l'équation aux foyers conjugués; l'image de l'objet se rapproche de la lentille jusqu'à coïncider avec la rétine, c'est-à-dire avec le plan focal de l'œil.

Mécanisme de l'accommodation. — L'accommodation se fait sous l'action du *muscle ciliaire*, qui attire en avant la membrane hyaloïde; celle-ci, qui s'attache sur l'équateur de la capsule cristallienne, la tend fortement et la déprime à l'état de repos; la contraction du muscle ciliaire diminue cette tension et le cristallin se bombe, en vertu de son élasticité : son rayon de courbure diminue, ainsi que la distance focale. Mais la contraction du muscle ciliaire a une limite : le cristallin ne peut se bomber que dans une certaine mesure. Lorsque la distance des objets à l'œil est moindre qu'un minimum déterminé, la vision n'est plus nette dès que cette distance atteint 25 centimètres, *minimum de la vision distincte* ou *punctum proximum*. Les variations de courbure du cristallin peuvent se vérifier par l'expérience suivante.

Si, devant l'œil d'une personne, nous plaçons une bougie, nous verrons trois images (*fig.* 193 *bis*) : l'une *b*, droite et nette,

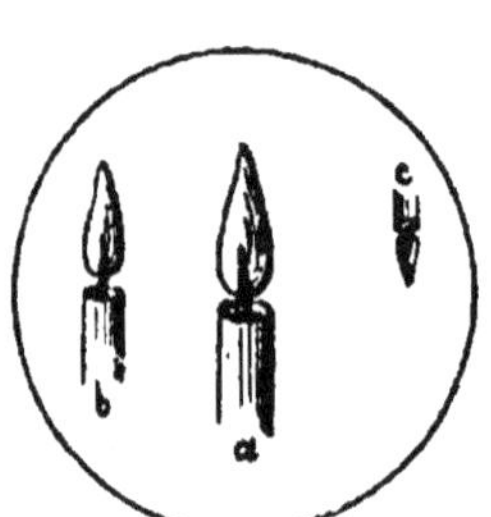

Fig. 193.

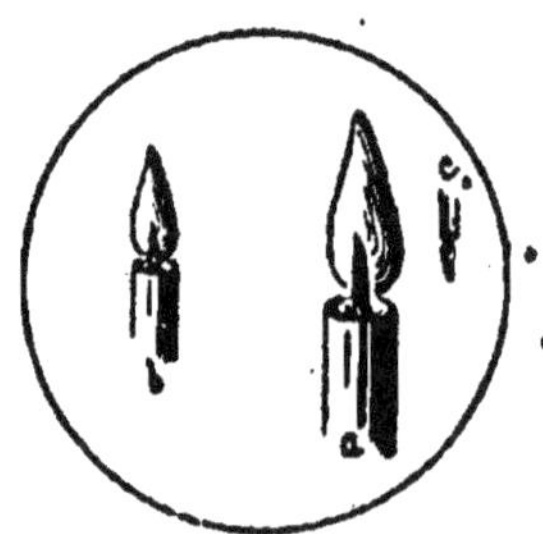

Fig. 193 *bis*.

donnée par la face antérieure de la cornée considérée comme un miroir convexe; la seconde à droite, *a*, plus grande et plus pâle, donnée par la face antérieure du cristallin ; la troisième, *c*, petite et renversée, due à la face postérieure du cristallin, agissant comme un miroir concave. Si le sujet, qui regardait à l'infini, fixe un objet rapproché, l'observateur voit la deuxième image, *a*, formée par la face antérieure du cristallin, devenir plus petite (*fig.* 193), ce qui prouve que la face antérieure du cristallin s'est bombée et a diminué de rayon de courbure ; les autres images ne changent pas.

Netteté de la vision (*fig.* 194, 195). — L'image, pour être vue nettement, doit se faire sur la rétine ; on peut le vérifier au moyen de l'expérience suivante.

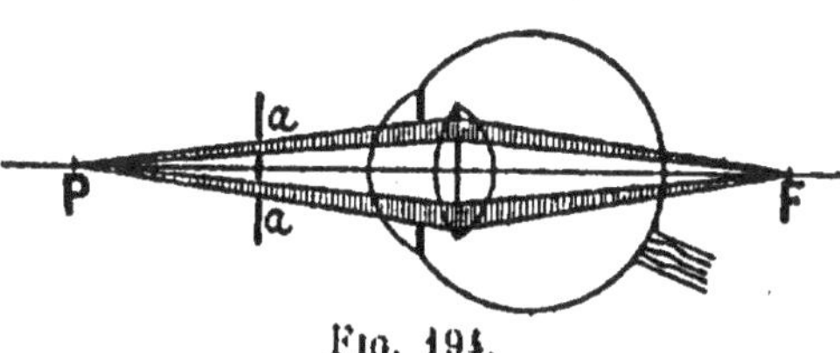

Fig. 194.

Dans une feuille de carton, on perce avec une aiguille deux petits trous a, a, dont la distance ne dépasse pas 1 millimètre ; on place ces petits trous tout près de l'œil et on dispose, entre les deux ouvertures, la pointe d'une aiguille P : en se plaçant devant une fenêtre, on voit d'abord une image double, parce que les faisceaux lumineux pénétrant par les deux ouvertures viennent se

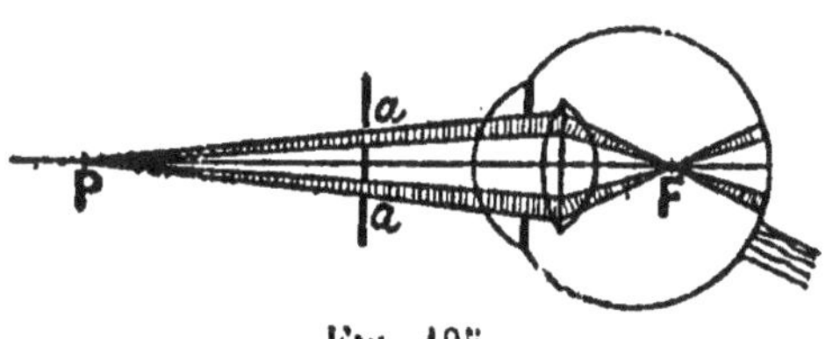

Fig. 195.

concentrer derrière la rétine et forment sur celle-ci deux images. Si l'on éloigne la pointe, les deux images se rapprochent et finissent par se confondre : en ce point, on a la vision nette ; si l'on éloigne la pointe, l'image apparaît double, les deux faisceaux se croisent en avant de la rétine et viennent donner deux images. Si l'on fait trois ouvertures dans la feuille de carton, on voit la pointe de l'aiguille triple avant que l'on atteigne la distance de la vision nette.

On peut réaliser cette expérience d'une manière plus frappante. On prend un disque percé d'une ouverture circulaire (*fig.* 196), de 5 millimètres de rayon, dont une moitié est recouverte d'un verre vert V, et l'autre, d'un verre rouge R.

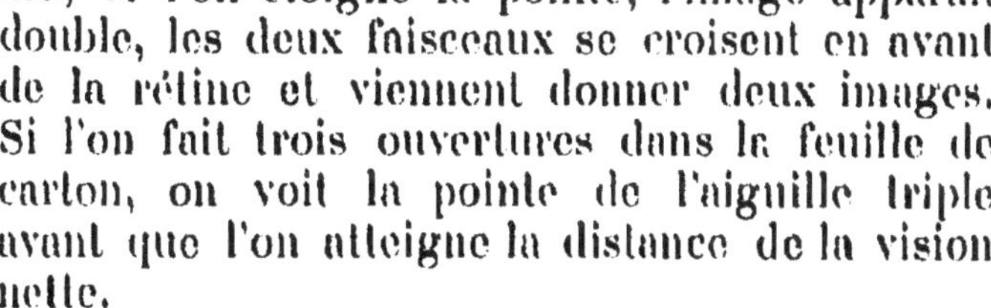

Fig. 196.

Si l'on dispose ce petit appareil devant l'un des yeux et que l'on place devant le verre rouge et vert une aiguille très rapprochée, on verra celle-ci double : verte à gauche, rouge à droite, si l'aiguille se trouve placée en deçà de la *vision nette* ; elle apparaît au contraire rouge à gauche et verte à droite, si elle est transportée au delà de cette distance; placée à la distance de la vision nette, elle apparaît simple, avec la teinte qu'elle aurait, vue directement.

L'explication est la même que celle de l'expérience précédente.

165. Défauts de l'œil. — Myopie (*fig.* 197). — Nous avons vu que, si la rétine est située dans le plan focal principal de l'œil au repos, il est dit *normal* ou *emmétrope*. Mais dans certains cas, par suite d'une tension insuffisante de la membrane hyaloïde, le cristallin est trop bombé et son foyer se trouve en F, en avant de la rétine.

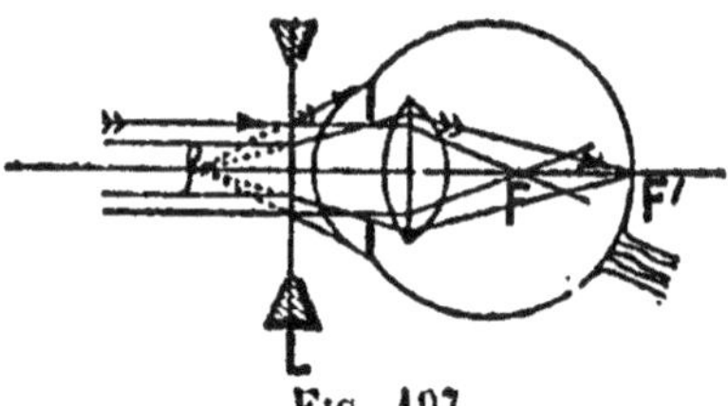

Fig. 197.

L'œil est dit *myope*.

Il en résulte que les images des objets éloignés viennent se faire en avant de la rétine. Mais, si l'on approche l'objet, l'image s'éloigne du cristallin et finit par atteindre la rétine. Les myopes approchent les objets de l'œil de 8 à 10 centimètres.

L'œil au repos ne voit que les objets placés à une distance finie. Il existe une distance maximum de la vision distincte, ou *punctum remotum*, et seuls peuvent être vus les objets placés entre ce maximum et le minimum de la vision distincte. L'œil myope peut en outre s'accommoder, c'est-à-dire rapprocher encore le foyer du cristallin et voir des objets plus rapprochés.

Par exemple, le *punctum remotum* pourra être à 80 centimètres, et le *punctum proximum*, à 8 centimètres : l'*intervalle d'accommodation* est de 42 centimètres.

Hypermétropie (*fig.* 198). — Si la membrane hyaloïde est trop tendue, le cristallin est trop aplati, et, pour l'œil au repos, le foyer F est alors en arrière de la rétine.

Dans ce cas, l'œil ne voit nettement aucun objet, puisque les rayons parallèles à l'axe principal viennent converger derrière la rétine; les rayons partant d'un point plus rapproché viendront converger aussi derrière la rétine. Pour voir les objets à l'infini, il faut déjà une accommodation; la distance minima de la vision distincte est alors très grande et l'œil ne

peut voir de près, avec accommodation, qu'à une distance de
5 mètres.

Un œil hypermétrope peut voir, à l'état de repos, les objets
virtuels qui lui sont fournis par une lentille.

En effet, un objet virtuel (*fig.* 198) AB pourra donner une
image réelle A'B' sur la rétine.

Prenons une bougie qui donne, à l'aide d'une lentille con-

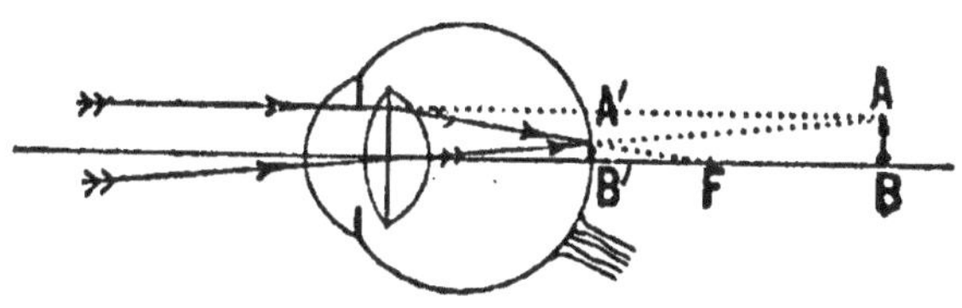

Fig. 198.

vergente, une image réelle dont nous pouvons déterminer la
position avec un écran. Plaçons la tête immédiatement derrière la lentille, de manière que l'œil reçoive les rayons
convergents : il se peut qu'il voie la bougie. Tout se passe
comme si la bougie et la lentille n'existaient pas et que l'on
ait affaire à un objet virtuel.

Presbytie. — Avec l'âge, le muscle ciliaire se fatigue,
l'accommodation se fait d'une façon de moins en moins active,
la distance minimum de la vision distincte est de plus en plus
éloignée ; chez le vieillard, l'accommodation est insignifiante :
le *punctum proximum* vient se confondre avec le *punctum
remotum;* l'œil ne voit plus que les objets à l'infini. L'œil
normal devient généralement presbyte vers quarante-cinq
ans ; le lecteur écarte alors le livre de 40 à 50 centimètres
(2 dioptries) ; à soixante ans, il ne peut voir en deçà de
1 mètre (1 dioptrie) ; à soixante-dix ans, la vision est à l'infini :
le presbyte a 0 dioptrie.

166. Puissance de l'œil normal. — On appelle puissance
de l'œil l'angle sous lequel on peut voir un objet ayant
1 mètre, placé normalement à l'axe de l'œil.

La puissance s'exprime en dioptries et est égale à $\dfrac{1}{\Delta}$. La
puissance de l'œil normal = 0 dioptrie : quand l'objet est à
l'infini, $\dfrac{1}{\infty} = 0$.

L'œil myope a une puissance plus grande que l'œil normal : elle est de 2 dioptries pour $0^m,50$ et de 12,5 dioptries pour $0^m,08$, pour les *punctum remotum* et *proximum*.

Pour l'œil hypermétrope, la puissance est toujours faible : $1/5$ de dioptrie pour $\Delta = 5$ mètres.

167. Visibilité des détails d'un objet à l'œil nu. — La grandeur de l'image rétinienne dépend de son diamètre apparent. Nous avons (*fig.* 199) :

$$\frac{l'}{l} = \frac{\delta}{\Delta},$$

d'où

$$l' = l\,\frac{\delta}{\Delta}.$$

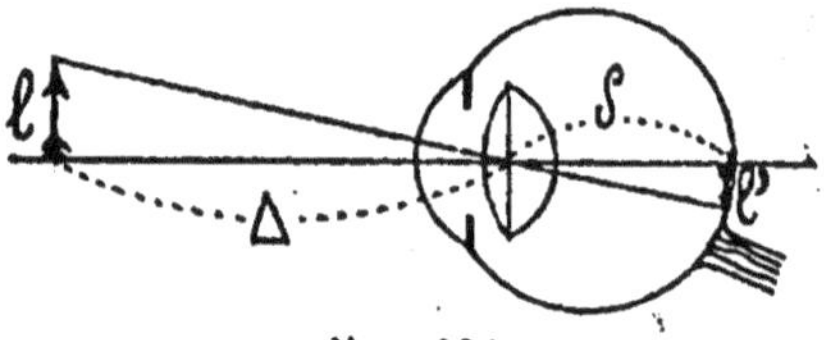

Fig. 199.

L'image rétinienne varie proportionnellement à $\frac{l}{\Delta}$, c'est-à-dire au diamètre apparent, et en raison inverse de la distance de l'objet à l'œil. Elle a sa plus grande valeur à la distance du *punctum proximum*. C'est en ce point qu'il faudra placer l'objet pour en distinguer tous les détails.

Dimensions de l'image d'un objet sur la rétine pour une puissance donnée. — Soit un objet de l millimètres de longueur, examiné par un œil dont la puissance est égale à P dioptries.

La tangente de l'angle sous lequel on voit 1 millimètre est égale à $\frac{P}{1000}$ de radian ; l'image est un arc qui correspond à $\frac{P}{1000}$ de radian, dans un cercle ayant pour rayon la distance du centre optique de l'œil à la rétine, soit 15 millimètres.

L'image sera égale à

$$\frac{P \times l}{1000} \times 15 \text{ millimètres.}$$

L'image rétinienne est proportionnelle à la puissance de l'œil.

Exemple : $P = 2$ dioptries, $l = 4$ millimètres.

$$\lambda = \frac{2 \times 4 \times 15}{1000} = 0^{mm},120.$$

168. Correction des défauts de l'œil. — 1° **Myopie**

(*fig.* 197). — Pour que l'œil myope puisse voir les objets à l'infini, il faut que les rayons venant de l'infini fassent leur foyer en un point correspondant au punctum remotum. Si celui-ci est à 50 centimètres, on placera devant l'œil une lentille divergente de 50 centimètres de distance focale (— 2 dioptries). L'objet placé à l'infini donnera une image au punctum remotum, en *f*.

Presbytie (*fig.* 200). — Le presbyte n'a pas besoin de ses lunettes pour voir au loin. Pour lire à 30 centimètres, il devra se servir d'une lentille convergente L, dont la distance focale devra être telle que les images virtuelles des objets se fassent au punctum proximum.

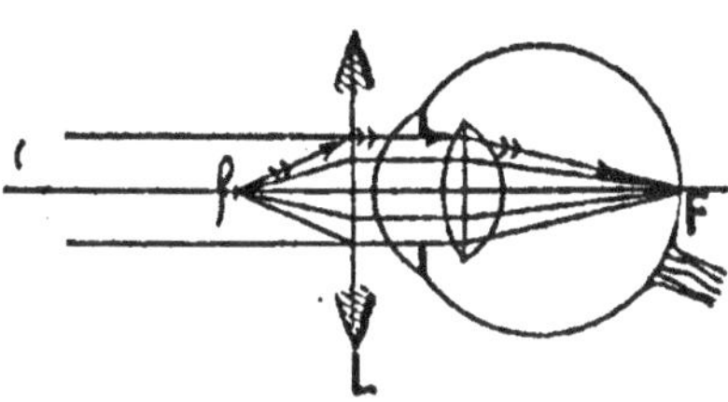

Fig. 200.

Soit Δ le minimum de la vision distincte, déterminé expérimentalement au moyen de l'optomètre (paragraphe 178).

Quelle doit être la valeur de *f* pour qu'elle permette de voir nettement les objets à 30 centimètres de l'œil ? Pour lire commodément, il faut que les rayons incidents partant d'un point situé à 30 centimètres de l'œil semblent venir d'un point situé à la distance du minimum de la vision distincte.

En appliquant l'équation aux foyers conjugués,

$$\frac{1}{30} - \frac{1}{\delta} = \frac{1}{f}, \qquad f = \frac{30\delta}{\delta - 30}.$$

Pour calculer le numéro du verre en dioptries, on exprime les longueurs en mètres :

$$N = \frac{1}{f} = \frac{\delta - 0{,}30}{0{,}30\delta}.$$

Si $\delta = 5$ mètres, $N = 3{,}16$ dioptries.
Si le presbyte ne voit qu'à l'infini,

$$f = 30 \text{ centimètres}, \qquad \frac{1}{f} = 3{,}3 \text{ dioptries}.$$

Hypermétropie (*fig.* 198). — Un œil hypermétrope ne peut voir à l'état de repos que des images virtuelles.

Le *punctum remotum* est négatif; à mesure que l'œil est

de moins en moins hypermétrope, la distance du punctum remotum augmente en valeur absolue et tend vers zéro.

Si la distance du punctum remotum de l'œil à l'état de repos, c'est-à-dire sans accommodation, est égale à 1 mètre, pour ramener le punctum remotum à l'infini, l'hypermétrope devra se servir d'une lentille convergente d'une dioptrie.

En effet, la lentille convergente placée devant l'œil, recevant des rayons parallèles, donnera une image qui aura son foyer à 1 mètre. Ce point virtuel sera ramené par l'œil sur la rétine.

169. Punctum cæcum ou tache aveugle. — Il existe sur la rétine une région *pa*, dépourvue de bâtonnets et de cônes, par où le nerf optique pénètre dans l'œil et que l'on appelle *tache aveugle* ou *punctum cæcum*.

Cette région n'a pas de sensibilité visuelle ; on peut le vérifier au moyen de l'expérience de Mariotte (*fig.* 201). On

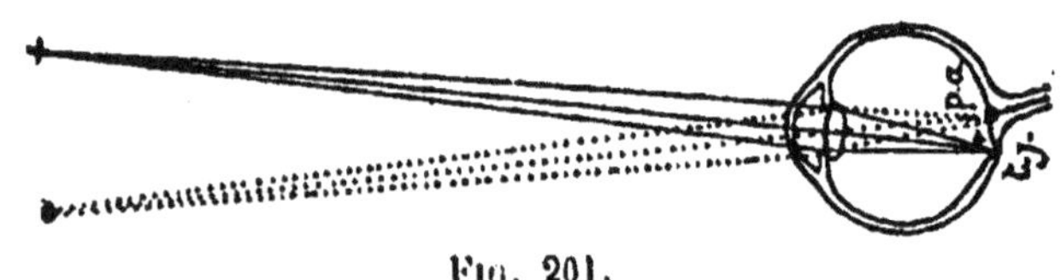

Fig. 201.

trace sur une feuille de papier un cercle noir et une croix, à une distance de 10 centimètres l'un de l'autre. Si l'on regarde avec l'œil gauche en fixant attentivement la croix, on constate que, quand la figure est à 30 centimètres de l'œil, l'image du cercle disparaît, et on le voit, au contraire, en deçà et au delà de cette distance ; car, à 30 centimètres, l'image du cercle vient se faire sur le punctum cæcum. *pa*.

170. Impression rétinienne. — Le mécanisme de l'impression rétinienne est basé sur la production de phénomènes chimiques, comparables aux phénomènes photographiques. Les calices rétiniens qui entourent les bâtonnets sécrètent une substance spéciale, appelée *pourpre rétinien*, qui a la propriété de se décomposer à la lumière : il devient d'abord rose, puis incolore. Si l'on met pendant quelques instants une grenouille devant une fenêtre vers laquelle on aura dirigé son œil, et qu'après avoir transporté l'animal dans une chambre noire on détache l'œil pour séparer la rétine de la choroïde, on voit, dessinée sur la rétine, l'image de la fenêtre. Cette image peut être fixée dans une solution d'alun.

On ne connaît rien de précis sur le rôle des cônes, qui ne sont pas en relation avec le pourpre rétinien. La tache jaune représente pourtant la partie la plus sensible de la rétine. C'est sur cette tache jaune que se forment les images ; pour voir nettement, il faut que l'œil soit dirigé de façon que son axe visuel, qui aboutit à la tache jaune, rencontre l'objet.

Persistance des impressions rétiniennes. — Les impressions rétiniennes persistent pendant $\frac{1}{5}$ à $\frac{1}{20}$ de seconde.

Quelques phénomènes bien connus sont dus à la persistance des impressions rétiniennes : la traînée produite par une étoile filante, la rayure de la pluie, le cercle de feu produit par la rotation rapide d'un tison enflammé. Lorsque l'excitant est très intense, l'impression dure longtemps : par exemple, si l'on ferme les yeux après avoir fixé une bougie.

Fatigue rétinienne. — Lorsque, après avoir regardé un objet fortement éclairé, on jette les yeux sur une feuille de papier blanc, on voit l'image de l'objet apparaître en sombre : cela est dû à la fatigue des éléments [sensoriels] de la rétine.

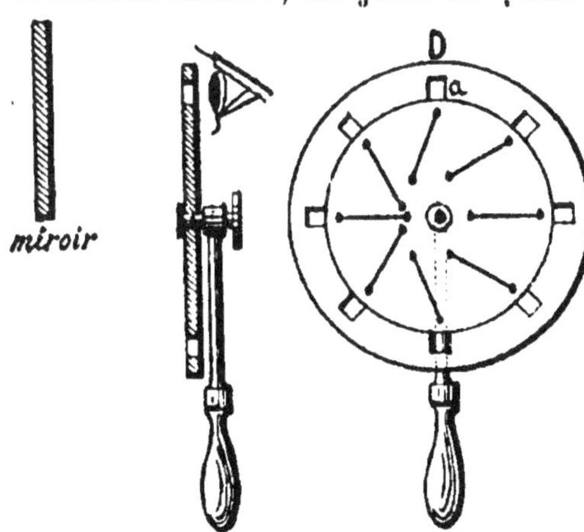

Fig. 202.

171. Phénakisticope. — Praxinoscope. — Cinématographe. — Différents appareils sont basés sur la durée des impressions rétiniennes. Si l'on place l'œil devant une fente derrière laquelle on fait défiler des photographies prises successivement d'un objet en mouvement, et si l'on suppose que l'intervalle entre deux images consécutives soit moindre qu'un dixième de seconde, l'impression produite par la première image durera encore lorsque se produira l'impression de la suivante : l'œil verra l'objet en mouvement.

Le phénakisticope (*fig.* 202) se compose d'un plateau circulaire D, portant à sa circonférence une série d'ouvertures *a*;

Fig. 203.

sur ce plateau sont tracées les différentes positions que peut prendre une ligne droite tournant autour d'un point situé en

Fig. 203 *bis*.

son milieu. On dispose ce disque devant un miroir. L'œil de l'observateur étant placé derrière l'une des ouvertures, on

Fig. 203 *ter*.

communique au disque un mouvement de rotation assez rapide : les différentes images de la droite se superposent sur la rétine et la droite semble animée d'un mouvement de rotation.

Le praxinoscope est basé sur le même principe. Il se compose d'un prisme polygonal fixe, dont les faces latérales sont formées par des miroirs; il est placé au centre d'une caisse circulaire, sur le pourtour de laquelle on dispose des bandes de papier (*fig.* 203, 203 *bis*, 203 *ter*); sur ces bandes, des personnages sont représentés dans les différentes phases de leurs mouvements. On communique à la caisse un mouvement de rotation et l'observateur, étant placé devant un des miroirs, voit successivement, par réflexion, les différentes images dont les impressions se superposent sur la rétine et lui donnent l'illusion de personnages en mouvement.

Cinématographe. — Il se compose d'une boîte présentant sur sa face antérieure un objectif, qui servira à projeter sur un écran les photographies obtenues sur une bande de celluloïd. Une bande positive de 15 mètres comprend 900 épreuves et correspond à une scène de la durée d'une minute. Sur la face postérieure de la boîte se trouve une fenêtre, laquelle reçoit les rayons d'une lampe électrique située derrière la bande enroulée sur un axe horizontal: celle-ci se déroule verticalement devant la fenêtre, où elle est éclairée par transparence; successivement, chaque épreuve sera projetée sur l'écran.

Le mouvement de la bande est rendu intermittent, de telle sorte que chaque épreuve s'arrête entre la lampe et l'objectif; car, si le mouvement était continu, la sensation serait confuse; les images successives se superposeraient en partie.

Si nous supposons qu'une scène dure une minute avec 900 épreuves, cela représente $\frac{1}{15}$ de seconde pour chaque épreuve. On décompose le temps en deux parties : l'épreuve s'arrête devant l'objectif et est projetée sur l'écran pendant $\frac{2}{45}$ de seconde; pendant le $\frac{1}{45}$ suivant, l'épreuve descend.

Mais, pendant la descente de l'épreuve, un écran échancré tourne derrière elle, afin d'intercepter la lumière de la lampe et d'éviter les traînées lumineuses. Pendant l'arrêt, l'échancrure laisse passer à nouveau la lumière.

Le mouvement est tellement rapide que l'œil n'aperçoit ni les interruptions de lumière, ni les arrêts de la bande.

172. Vision des couleurs. — Hypothèse de Young et d'Helmholz. — En chaque point de la rétine se trouvent réunis des éléments sensoriels de trois espèces : les uns surtout sensibles au *vert*, les autres au *rouge*, les autres au *violet*. Toutes les teintes peuvent être obtenues par le mélange, en quantité variable, de ces trois couleurs; par conséquent, une teinte donnée impressionnerait chacune de ces trois sortes d'éléments sensoriels d'une façon différente, et l'effet résultant nous donnerait l'impression de la couleur considérée.

Daltonisme. — Le daltonisme est un accident de la vision caractérisé par l'impossibilité de distinguer une ou plusieurs couleurs *fondamentales*.

Le rouge paraît obscur ou se confond avec le vert; toute couleur où entre le rouge est modifiée; le blanc paraît vert bleuâtre. On explique ce phénomène par l'absence d'éléments sensoriels sensibles au rouge.

L'emploi de *lunettes rouges* peut déterminer un daltonisme passager.

Images subjectives. — Si, pendant un certain temps, on fixe un objet coloré en rouge placé sur un fond noir, puis que l'on porte rapidement les yeux sur un objet blanc, on voit l'image de l'objet colorée en vert, couleur *complémentaire* du rouge. On admet que les éléments sensoriels sensibles au rouge sont fatigués et ne sont plus impressionnés. Une croix rouge, tracée sur un fond vert, s'efface quand on la regarde fixement pendant quelque temps : on ne voit plus qu'une teinte continue grisâtre.

173. Vision binoculaire. — Normalement, un point lumineux A fait son image dans les deux yeux, en deux points a, a_1 que l'on appelle points *correspondants* (*fig.* 201). Par l'habitude, nous fusionnons les deux impressions reçues ainsi simultanément. Mais si, accidentellement, les deux images a viennent se faire

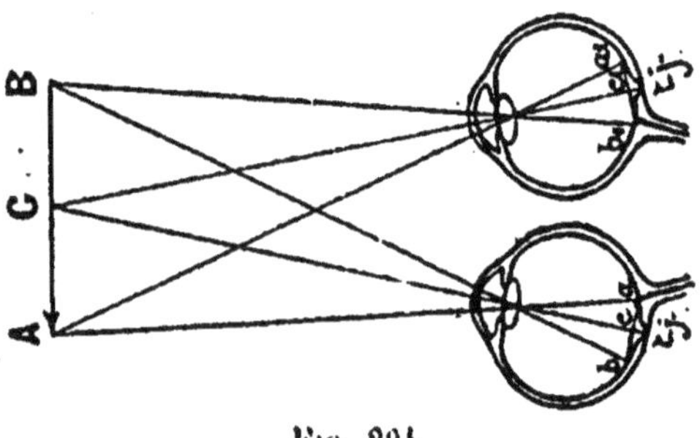

Fig. 201.

en des points non correspondants, par exemple si l'on fait dévier l'œil avec le doigt, l'objet est vu double.

On appelle *angle optique* l'angle que forment entre eux les deux axes visuels dirigés vers un même point ; cet angle est d'autant plus petit que l'objet est plus éloigné.

Par l'éducation de l'œil, nous pouvons juger que, lorsque cet angle diminue, la distance du point visé augmente.

174. Notion du relief.

— La notion du relief s'acquiert en partie par l'éducation de l'œil ; mais la vision binoculaire est la principale cause de la sensation du relief. Les deux yeux ne nous donnent pas une image identique d'un objet en relief : c'est la perception simultanée de ces deux perspectives qui produit l'impression d'une image unique avec *relief*. Nous en avons une vérification dans le stéréoscope.

175. Stéréoscope (*fig.* 205).

— Le stéréoscope est un appareil destiné à donner la sensation du relief par l'observation d'images planes.

On fait deux photographies d'un même sujet, en des points écartés l'un de l'autre de 7 centimètres environ, distance normale des deux yeux.

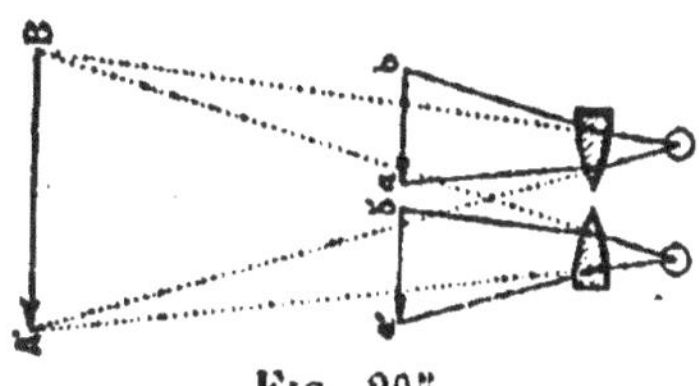

Fig. 205.

L'une de ces photographies représente l'objet vu par l'œil droit ; l'autre, l'objet vu par l'œil gauche.

Le stéréoscope se compose de deux demi-lentilles convergentes, devant lesquelles sont disposées les deux photographies ab, $a'b'$; l'objet $a'b'$, vu par l'œil gauche, donnera une image virtuelle AB, et l'objet ab, vu par l'œil droit, donnera une image virtuelle AB qui se confond avec celle de $a'b'$.

Les deux yeux voient, superposées en AB, les deux images qu'on leur a présentées séparément, ce qui produit la sensation du relief.

176. Astigmatisme.

— L'astigmatisme est un accident de la vision dû à un défaut de symétrie dans la courbure de la cornée ; celle-ci, au lieu d'être une surface de révolution autour de l'axe optique, présente en son sommet une courbure maxima dans un méridien déterminé, et une courbure minima dans le méridien perpendiculaire.

Un œil *astigmate* voit mieux les lignes horizontales que les lignes verticales ou inversement ; il ne voit pas distinctement les aiguilles d'une horloge quand elles sont dans une certaine position ; pour les voir nettement, il est obligé d'incliner la tête, afin de placer l'œil dans une position convenable.

On combat l'astigmatisme avec des verres *cylindriques* ne présentant de courbure que dans une seule direction ou qui possèdent, dans deux directions perpendiculaires l'une à l'autre, des courbures différentes, ce qui a pour but d'augmenter la convergence des rayons dans le méridien où la distance focale est trop grande.

177. Acuité visuelle. — On appelle *acuité visuelle*, ou *pouvoir séparateur* de l'œil, la distance angulaire des deux points les plus rapprochés que l'œil puisse distinguer l'un de l'autre. Cet angle est égal à 1 minute, à peu près $\frac{1}{3000}$ de radian.

Quand deux points sont à une distance angulaire supérieure à une minute, leurs images paraissent séparées ; en dessous de cet angle, on ne peut les distinguer. Quelle est la distance des deux points les plus rapprochés qu'un œil normal puisse distinguer ? Si son minimum de vision distincte est de 25 centimètres, l'écartement des deux points sera de $\frac{25}{3000}$ de centimètre ou sensiblement $\frac{1}{10}$ de millimètre. Dans le cas d'un œil myope, où le minimum de vision distincte est de 8 centimètres, la distance serait de $\frac{8}{3000}$ ou sensiblement $\frac{1}{40}$ de millimètre : on pourrait alors voir des détails quatre fois plus fins.

Mesure de l'acuité visuelle. — On peut mesurer l'acuité visuelle en cherchant à quelle distance il faut éloigner une graduation en millimètres pour qu'on ne puisse en séparer les traits ; ceux-ci se fondent en une teinte uniforme à 3 mètres. On dit qu'un œil a une *acuité* égale à 1, s'il voit nettement et distingue entre eux des caractères ayant un diamètre apparent de 5' ; cet angle sous-tend un arc de 1^{mm},4 à 1 mètre.

Les oculistes se servent de tableaux typographiques : à 5 mètres, l'œil d'acuité égale à 1 doit distinguer des caractères de 7 millimètres de hauteur ; son acuité est égale à a, s'il distingue à 5 mètres des caractères qui ont $\dfrac{7}{a}$ millimètres de hauteur.

Exemple. — Sachant que 1 degré à 1 mètre vaut $17^{mm},45$, 1 degré à 1 kilomètre vaut $17^m,45$. Donc, un homme vu à 1 kilomètre apparaît sous un angle d'environ $0°,1$, ou 6 minutes : un œil d'acuité 1 peut encore distinguer certains détails.

178. Optomètre. — L'optomètre (*fig.* 206) sert à déterminer les punctum proximum et remotum. Il se compose

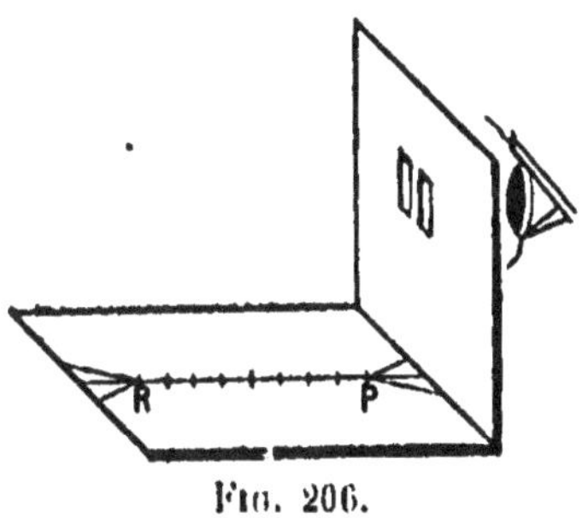

d'une planchette horizontale portant un trait noir RP dans le sens de la longueur et à l'extrémité de laquelle est fixée une deuxième planchette, perpendiculaire à la première.

La planchette verticale est percée de deux fentes verticales très minces et très rapprochées ; leur distance est plus petite que

Fig. 206.

le diamètre de la pupille. On regarde la raie noire au travers de ces fentes, en fixant sur elle des points plus ou moins éloignés.

Pour les points qui sont plus près de l'œil que le punctum proximum, et pour lesquels l'accommodation n'est plus possible, les deux pinceaux lumineux issus de ce point qui traversent les deux fentes vont se couper dans l'œil, à l'endroit où se fait l'image, c'est-à-dire derrière la rétine (*fig.* 191). Les deux pinceaux coupent la rétine suivant deux petites droites, et l'œil aperçoit la raie noire RP *dédoublée ;* mais, dès que le point coïncide avec le punctum proximum, l'accommodation se fait : les deux pinceaux se coupent sur la rétine en un seul point. Si l'on regarde des points plus éloignés que le punctum remotum, les deux pinceaux lumineux partis d'un pareil point se coupent en avant de la rétine, s'écartent, tombent sur la rétine suivant deux petites droites, et l'on voit encore la raie noire RP dédoublée (*fig.* 192).

Les deux punctum sont donc les points R et P entre lesquels la ligne droite tracée sur la planchette est vue simple, non dédoublée. On pourra repérer la position de ces points et déterminer les distances des punctum proximum et remotum.

Lorsque les deux punctum sont très éloignés de l'œil, on modifie la vue de l'observateur en plaçant devant ses yeux des lentilles de convergence connue, et l'on détermine, à l'aide de l'optomètre, la distance de l'œil aux punctum proximum P_1 et remotum R_1; on en peut déduire ensuite les punctum P et R.

Si l'on accole un système de deux lentilles très rapprochées, l'ensemble peut, comme nous l'avons vu (§ 133), remplacer une lentille unique, dont la distance focale est donnée par la relation :

$$\frac{1}{F} = \frac{1}{f} + \frac{1}{f_1}.$$

Si nous représentons par δ la distance du centre optique de l'œil, c'est-à-dire du centre optique de la lentille équivalente à l'œil normal, à la rétine ([1]), par f_r la distance focale de l'œil accommodé pour la vision nette au punctum remotum et par f_p la distance focale de l'œil accommodé pour le punctum proximum, en appelant P et R les distances à l'œil des punctum proximum et remotum, l'équation aux foyers conjugués donne :

$$\frac{1}{P} + \frac{1}{\delta} = \frac{1}{f_p}; \quad (1) \qquad\qquad \frac{1}{R} + \frac{1}{\delta} = \frac{1}{f_r}. \qquad (2)$$

Si nous supposons l'œil armé de la lentille, les deux punctum paraîtront à des distances P_1 et R_1, que nous mesurerons avec l'optomètre; nous aurons, en représentant par f' la distance focale de la lentille :

$$\frac{1}{P_1} + \frac{1}{\delta} = \frac{1}{f_p} + \frac{1}{f'} \qquad\qquad (3)$$

et

$$\frac{1}{R_1} + \frac{1}{\delta} = \frac{1}{f_r} + \frac{1}{f'}; \qquad\qquad (4)$$

d'où, en retranchant (3) de (1) et (4) de (2), on a :

$$\frac{1}{P} = \frac{1}{P_1} - \frac{1}{f'} \qquad\qquad \text{et} \qquad\qquad \frac{1}{R} = \frac{1}{R_1} - \frac{1}{f'}.$$

[1] Voir § 104, *Fonctionnement de l'œil.*

Si nous représentons les distances en dioptries :

$$D = D_1 - D', \qquad\qquad d = d_1 - D';$$

en d'autres termes, les points P_1 et R_1 ont été rapprochés de D' dioptries.

Si nous employons une lentille de 10 dioptries, nous aurons :

$$D_1 - D = 10 \text{ dioptries.}$$

Les *punctum proximum* et *remotum* se rapprochent de l'œil quand on interpose une lentille convergente.

L'amplitude d'accommodation est représentée par $\dfrac{1}{P} - \dfrac{1}{R}$; mais, comme

$$\frac{1}{P} - \frac{1}{R} = \frac{1}{P_1} - \frac{1}{R_1},$$

l'amplitude d'accommodation n'est pas changée par l'interposition de la lentille convergente.

170. Illusions d'optique. — Irradiation (*fig.* 207). — Si l'on trace un cercle blanc sur un fond noir et un cercle noir de même rayon sur un fond blanc, le cercle blanc paraît plus grand que le cercle noir.

Un papier présentant des rayures de même largeur, alternativement blanches et noires, donnera la sensation de raies blanches plus larges que les noires; il paraîtra contenir plus de blanc que de noir. Un point noir, un trait fin, noir, faits sur un fond blanc, peuvent être peu visibles, tandis qu'un point blanc ou un trait blanc sur un fond noir paraissent plus larges. On explique ces phénomènes en admettant que l'impression produite sur la rétine par un objet brillant s'étend au delà du contour de l'image qu'il forme sur elle.

Fig. 207.

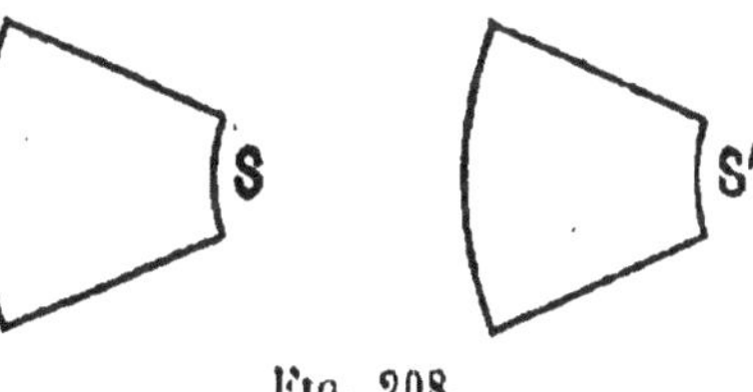

Fig. 208.

Lorsque la lune se présente sous la forme d'un croissant complété par la lumière cendrée, le croissant dépasse notablement la partie du disque faiblement éclairée.

Traçons l'un à côté de l'autre deux trapèzes (*fig*. 208) *identiques* et superposables : celui de gauche paraît plus petit. Traçons 4 lignes parallèles (*fig*. 209) et coupons-les par des traits, dirigés pour l'une de droite à gauche, pour l'autre de

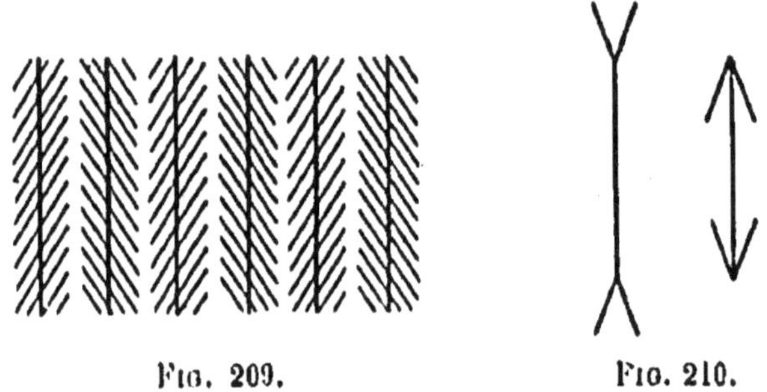

Fig. 209.   Fig. 210.

gauche à droite. Ces quatre lignes sembleront ne plus être parallèles. Aux extrémités de deux lignes égales (*fig*. 210), plaçons le sommet d'un angle dont l'ouverture sera, pour la première, dirigée vers l'extrémité ; pour la seconde, vers la ligne : la première paraîtra plus grande.

CHAPITRE IX

INSTRUMENTS D'OPTIQUE(¹)

180. Loupe. — La loupe (*fig*. 211) (142) se compose d'une lentille convergente, devant laquelle on dispose, entre le foyer et le centre optique, l'objet que l'on veut examiner, de manière à obtenir une image virtuelle amplifiée.

Soient L la lentille, et AB un objet placé entre le foyer F et le centre optique O. Je mène un rayon AI parallèle à l'axe

(¹) Les questions traitées dans les paragraphes imprimés en petits caractères sont en dehors du programme officiel ; elles ont été traitées pour faciliter l'étude des questions qui peuvent être posées sur les lentilles.

principal, et un rayon dirigé suivant l'axe secondaire AO ; ces deux rayons, prolongés géométriquement, se rencontrent en A', conjugué du point A.

J'abaisse, du point A', une perpendiculaire A'B' sur l'axe principal : l'observateur placé derrière la lentille verra l'image A'B', virtuelle de AB. Mais les objets apparaissent sous un angle plus grand qu'à l'œil nu.

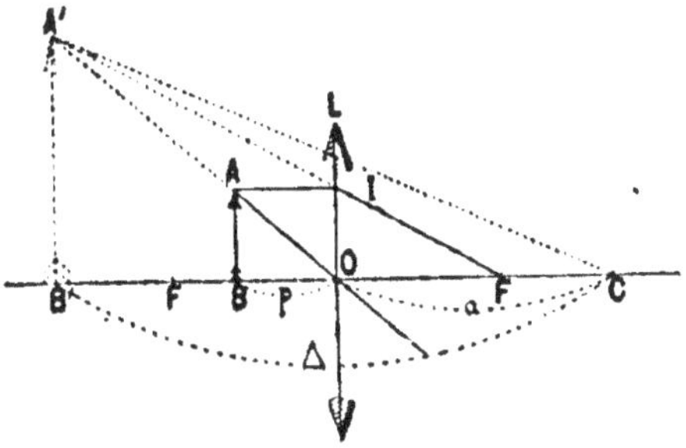

En effet, si nous supposons l'image A'B' à une distance de l'œil égale au minimum de la vision distincte, nous la verrons sous un angle dont la tangente est égale à $\dfrac{A'B'}{\Delta}$; si nous regardons directement l'objet à l'œil nu, en le plaçant au minimum de la vision distincte,

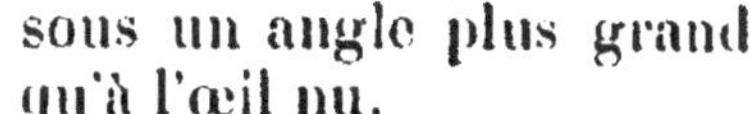

Fig. 211.

nous le verrons sous un angle dont la tangente est égale à $\dfrac{AB}{\Delta}$.

Mais, comme l'image virtuelle A'B' est plus grande que AB, il s'ensuit que $\dfrac{A'B'}{\Delta} > \dfrac{AB}{\Delta}$.

Par conséquent, l'image rétinienne étant plus grande, le pouvoir séparateur est plus grand, et la loupe permet de mieux distinguer les détails de l'objet.

181. **Puissance de la loupe.** — On appelle *puissance* d'une loupe l'angle sous lequel on peut voir un objet ayant une dimension égale à l'unité de longueur. Calculons cette puissance. Supposons le centre optique de l'œil en C, à une distance a du centre optique O de la loupe : l'image virtuelle A'B' est vue sous un angle égal à A'CB'.

En prenant la tangente pour l'angle, on a :

$$A'CB' = \frac{A'B'}{CB'},$$

qui peut s'écrire :

$$A'CB' = \frac{A'B'}{AB} \times \frac{AB}{CB'},$$

et l'angle sous lequel nous verrons un objet de longueur égale à l'unité, c'est-à-dire la puissance, sera :

$$P = \frac{A'B'}{AB} \times \frac{AB}{CB' \times AB} \qquad \text{ou} \qquad P = \frac{A'B'}{AB} \times \frac{1}{CB'}.$$

En supposant l'image A'B' au minimum de la vision distincte, et en représentant par p la distance de l'objet à la lentille :

$$\frac{A'B'}{AB} = \frac{OB'}{OB} = \frac{\Delta - a}{p}.$$

L'équation aux foyers conjugués permet de déterminer la distance p, à laquelle il faut placer l'objet pour obtenir une image virtuelle A'B', au minimum de la vision distincte. Nous aurons :

$$\frac{1}{p} - \frac{1}{\Delta - a} = \frac{1}{f}, \qquad \text{d'où} \qquad P = \frac{1}{f}\left(1 + \frac{f - a}{\Delta}\right).$$

Discussion. — 1° $f - a > 0$. — Le centre optique de l'œil est placé entre le foyer et le centre optique de la lentille. Si Δ augmente, P diminue; il faudra mettre au point de façon à ce que l'image se forme au minimum de la vision distincte.

2° $f - a < 0$. — Si Δ augmente, P augmente. Il faudra mettre au point de façon à ce que Δ soit maximum, c'est-à-dire au punctum remotum.

3° $a = f$, $P = \frac{1}{f}$. — La puissance est indépendante de Δ, c'est-à-dire de la vue de l'observateur, si l'on mesure les distances focales en mètres.

Cette valeur, évaluée en dioptries, est la puissance propre de la loupe et dépend de la convergence de la lentille, pour des distances focales de $0^m,10$, $0^m,05$, $0^m,01$.

Les puissances sont de 10 dioptries, 20 dioptries, 100 dioptries.

4° $a = 0$, $P = \frac{1}{f} + \frac{1}{\Delta}$. — P sera maximum lorsque l'œil sera placé contre la loupe.

Loupe du graveur. — Pour $a = f$, la puissance $P = \frac{1}{f}$ est indépendante de la distance de l'objet et de la nature de l'œil. Si l'on examine un objet en relief, en le plaçant de façon que ses détails apparaissent sans causer de fatigue, les différentes parties de mêmes dimensions de cet objet, situées à des distances différentes, sont vues sous des angles égaux et l'objet ne paraît pas déformé. Les horlogers, les graveurs se servent de loupes montées à l'extrémité d'un tube dont la longueur est égale à la distance focale principale de la loupe. En plaçant l'œil à l'extrémité libre de ce tube, ils peuvent travailler les pièces de précision sans craindre de modifier les rapports de leurs différentes parties.

182. Grossissement. — Le grossissement de la loupe est égal au rapport des angles sous lesquels on voit l'image et l'objet vu à l'œil nu, au minimum de la vision distincte. La puissance P étant égale à l'angle sous lequel on voit l'unité de longueur de l'objet, l'image sera vue sous l'angle $P \times AB$, et, à l'œil nu, l'objet sera vu sous l'angle $\dfrac{AB}{\Delta}$. Donc,

$$G = P \times AB : \frac{AB}{\Delta} = P\Delta.$$

En remplaçant P par sa valeur dans la valeur de G, on a :

$$G = \frac{1}{f}\left(1 + \frac{f - a}{\Delta}\right)\Delta = \frac{1}{f}(\Delta + f - a).$$

Dans le cas où $a = f$, $G = \dfrac{\Delta}{f}$, et dans le cas où $a = 0$,

$G = 1 + \dfrac{\Delta}{f}$, ou sensiblement $G = \dfrac{\Delta}{f}$.

Le grossissement dépend : 1° de la convergence $\dfrac{1}{f}$ de la lentille, et 2° de la vue de l'observateur.

Pour une loupe de distance focale donnée, le grossissement est plus grand pour un œil hypermétrope que pour un œil myope; il sera maximum en même temps que la puissance pour $a = 0$.

Pour un œil dont le punctum proximum est de $0^m,25$, les grossissements de la loupe seront :

Distances focales......	$0^m,10$	$0^m,05$	$0^m,01$
Grossissements	2 ,5	5	25

183. Champ de la loupe. — Le champ de la loupe, pour une position de l'œil, est la partie de l'espace où doivent être placés les objets pour être vus à travers la loupe. Ce champ est limité par le premier plan focal de la lentille et par la nappe antérieure d'un cône ayant pour sommet le centre optique de la lentille et pour directrice le contour de la pupille. Le champ est maximum quand l'œil est au contact de la loupe, et diminue lorsque l'œil s'éloigne.

184. Latitude de mise au point. — Quand on regarde un objet avec une loupe à court foyer, 3 centimètres par exemple, on ne peut déplacer cet objet que d'une très faible quantité pour voir nettement l'image. En effet, en le déplaçant depuis le foyer jusqu'à la loupe, l'image se déplace de l'infini à la loupe. Cherchons quel sera le déplacement de l'objet pour un œil normal, dont le punctum proximum est de 20 centimètres. L'équation aux foyers conjugués donne :

$$-\frac{1}{20} + \frac{1}{x} = \frac{1}{3},$$

d'où $x = 2^{cm},61$. Il faudra déplacer l'objet de 4 millimètres pour faire varier l'image de l'infini au punctum proximum.

185. Microscope (*fig.* 212. 213). — Le microscope sert à examiner les objets de très petite dimension. Il se compose de deux

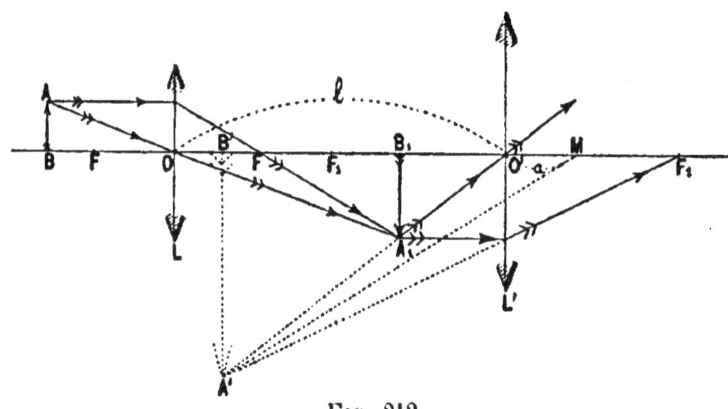

Fig. 212.

lentilles convergentes L, L'. La première, appelée *objectif*, est une lentille à court foyer, devant laquelle on place l'objet AB, à une très petite distance du foyer ; elle donne une image réelle amplifiée A_1B_1 qui vient se faire entre le foyer principal et le centre optique d'une deuxième lentille L', appelée *oculaire*, qui fonctionne comme une loupe et qui donne une image virtuelle $A'B'$ agrandie et renversée de l'objet. Cette image est vue par l'observateur.

186. Puissance du microscope. — On appelle puissance du microscope l'angle sous lequel on voit l'image d'un objet égal à l'unité de longueur. Si nous supposons l'œil en M, nous voyons l'image $A'B'$ sous l'angle $B'MA'$, dont la tangente est égale à $\dfrac{A'B'}{B'M}$, et l'unité de longueur de l'objet sera vue sous l'angle $P = \dfrac{A'B'}{B'M \times AB}$, qui sera égal à la puissance.

On peut écrire :

$$P = \frac{A'B' \times A_1B_1}{B'M \times A_1B_1 \times AB} ; \qquad \text{mais} \qquad \frac{A'B'}{B'M \times A_1B_1}$$

représente la puissance de l'oculaire, et $\dfrac{A_1B_1}{AB}$ le grossissement linéaire produit par l'objectif. *Donc, la puissance du microscope est égale au produit du grossissement linéaire de l'objectif par la puissance de l'oculaire.* Nous avons trouvé, pour la puissance de la loupe :

$$P = \frac{1}{f}\left(1 + \frac{f - a}{\Delta}\right). \qquad\qquad \frac{A_1B_1}{AB} = \frac{OB_1}{OB} ;$$

en supposant sensiblement $OB = F$, en représentant par l la longueur du microscope et en faisant sensiblement $OB_1 = l - f$,

$$\frac{OB_1}{OB} = \frac{l - f}{F}.$$

La puissance du microscope sera :

$$P = \frac{1}{f}\left(1 + \frac{f - a}{\Delta}\right) \frac{l - f}{F}.$$

1° Pour $a = f$, le centre optique de l'œil étant placé au foyer,

$$P = \frac{l - f}{Ff}.$$

Dans ce cas particulier, la puissance du microscope est

indépendante de la vue de l'observateur : 1 millimètre de l'objet sera toujours vu sous le même angle.

Pour un microscope d'une grande puissance, il faut $\frac{1}{F}$ très grand, c'est-à-dire un objectif très *convergent*, et la puissance croît avec l, qui ne dépasse pas 25 à 30 centimètres.

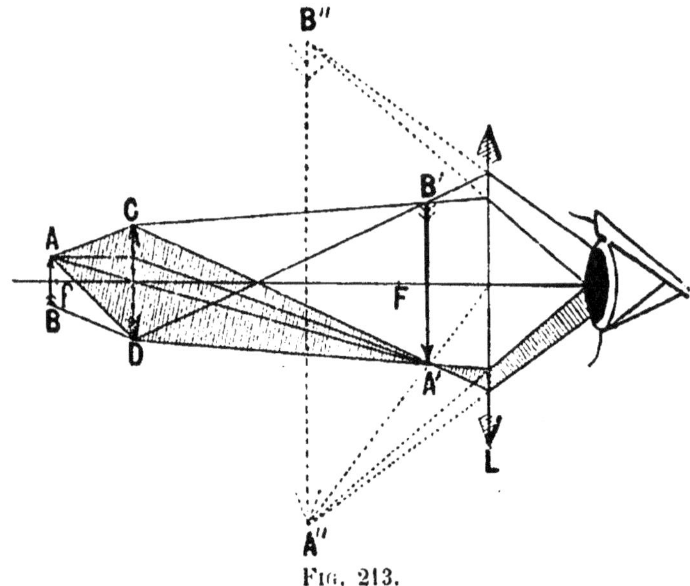

FIG. 213.

On pourra *augmenter* la puissance en augmentant l par le tirage, c'est-à-dire en éloignant l'objectif de l'oculaire.

187. Grossissement du microscope. — Le grossissement est égal au rapport des angles sous lesquels on voit l'image et l'objet à l'œil nu, au minimum de la vision distincte. L'unité de longueur de l'objet est vue sous un angle égal à P ; l'objet entier sera vu sous l'angle $P \times AB$. L'objet sera vu à l'œil nu, à la distance Δ du punctum proximum, sous l'angle $\frac{AB}{\Delta}$:

$$G = P \times AB : \frac{AB}{\Delta} = P\Delta.$$

Pour le cas particulier où $a = f$,

$$G = \frac{(l-f)\Delta}{Ff};$$

11*

or, le facteur $\dfrac{l-f}{F}$ représente le grossissement linéaire de l'objectif, et $\dfrac{\Delta}{f}$, le grossissement de l'oculaire.

Le grossissement du microscope est donc égal au produit du grossissement linéaire de l'objectif par le grossissement angulaire de l'oculaire.

Ce grossissement dépend de la valeur de Δ, c'est-à-dire de la vue de l'observateur : le grossissement du microscope est plus grand pour un œil hypermétrope que pour un œil myope.

Exemple. — Déterminons la puissance d'un microscope pour lequel $l = 0^m,20$, $F = 0^m,002$, $f = 0^m,02$.

$$P = \frac{0,20 - 0,02}{0,02 \times 0,002} = 4.500 \text{ dioptries.}$$

En supposant $\Delta = 20$ centimètres, le grossissement sera :

$$G = \frac{(0,20 - 0,02)}{0,02 \times 0,002} \times 0,20 = 900.$$

Ce nombre représente le grossissement en diamètres.

Les oculaires des microscopes ont des puissances qui varient de 10 à 50 dioptries, et les objectifs, des grossissements qui varient de 25 à 100; la puissance des microscopes varie de 250 à 5.000 dioptries. Le maximum de puissance réalisée dans le microscope est de 5.000 à 6.000 dioptries, ce qui correspond, pour un minimum de vision distincte de 20 centimètres, à un grossissement de 1.000 à 1.200.

188. Champ moyen du microscope (*fig.* 214). — Le champ du microscope est la partie de l'espace comprenant les points

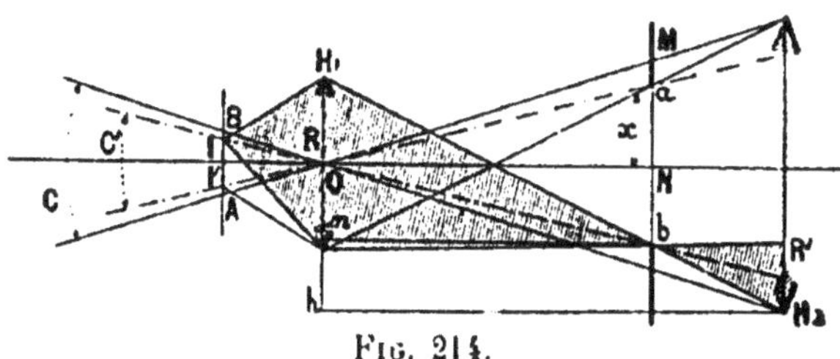

Fig. 214.

visibles dans l'appareil. Considérons le cas d'un *oculaire simple*, c'est-à-dire formé d'une seule lentille. Le cône lumineux partant d'un point de l'objet étant très effilé peut être confondu avec son axe secondaire. Pour qu'un point soit visible, il faut que l'axe secondaire de ce point, passant par le centre optique de l'objectif, rencontre l'oculaire. Tous ces points seront compris dans la nappe extérieure C d'un cône ayant pour sommet le point O, centre optique de l'objectif, et pour base le contour de l'oculaire.

La valeur de l'angle C du champ moyen sera égale à $\dfrac{2r}{l}$, r désignant le rayon d'ouverture de l'oculaire.

Mais tous les points du champ ne seront pas également éclairés. Considérons un faisceau de rayons divergents partant du point A, qui se concentrent au point M après réfraction à travers l'objectif : une partie seulement de ces rayons rencontreront l'oculaire. Pour obtenir un champ uniformément éclairé, on limitera le champ primitif en disposant, dans le plan focal de l'oculaire, un diaphragme dont l'ouverture sera égale à la section ab d'un cône mené en joignant les bords de l'objectif aux bords de l'oculaire, par le plan focal. Le champ C' sera représenté par la nappe d'un cône ayant pour sommet le centre optique O de l'objectif et pour directrice le contour de l'ouverture ab du diaphragme.

En effet, tous les rayons partant du point I et ayant pour axe secondaire IO rencontreront l'oculaire après réfraction à travers l'objectif.

Déterminons le diamètre du diaphragme. Représentons par x le rayon de l'ouverture du diaphragme : les triangles semblables H_1hH_2 et H_1mb donnent :

$$\frac{H_1m}{H_1h} = \frac{mb}{H_2h} \quad \text{ou} \quad \frac{R+x}{R+R'} = \frac{l-f}{l},$$

d'où

$$x = R' - f\left(\frac{R+R'}{l}\right) \quad \text{et} \quad 2x = d - f\left(\frac{D+d}{l}\right)$$

Mais D, diamètre de l'objectif, est négligeable vis-à-vis de d, diamètre de l'oculaire ; donc :

$$2x = d - \frac{fd}{l} = f\left(\frac{d}{f} - \frac{d}{l}\right).$$

$\dfrac{r}{f}$ est une quantité constante pour les oculaires, appelée *raison d'ouverture* et égale à $\dfrac{1}{4}$: d'où $\dfrac{d}{f} = \dfrac{1}{2}$; donc :

$$2x = \frac{1}{2} f\left(\frac{l-f}{l}\right).$$

Le champ aura pour valeur $C' = \dfrac{2r}{ON}$ ou :

$$C' = \frac{\frac{1}{2} f\left(\frac{l-f}{l}\right)}{l-f} = \frac{1}{2}\frac{f}{l}.$$

Le champ ne dépend que de l'oculaire et de l; en augmentant l, on diminue le champ.

Cercle de vision. — Nous allons déterminer la partie visible de l'objet observé dans le microscope.

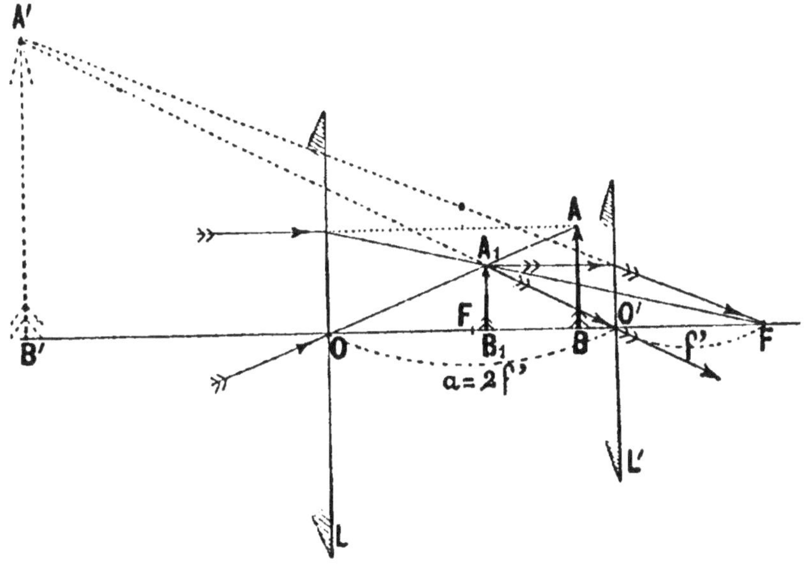

Fig. 215.

L'angle de champ rencontre le plan focal de l'objectif, dans lequel se trouve l'objet, suivant un cercle ayant pour diamètre $II' = d'$. Dans le triangle IOI', on a :

$$d = \frac{1}{2}\frac{f}{l} \times F.$$

Mais nous avons trouvé sensiblement, pour le grossissement :

$$G = \frac{\Delta l}{fF} \qquad \text{ou} \qquad \frac{fF}{l} = \frac{\Delta}{G}, \qquad \text{enfin} \qquad d' = \frac{1}{2}\frac{\Delta}{G}.$$

Le diamètre de la partie visible de l'objet est inversement proportionnel au grossissement.

189. Cercle oculaire. -- Tous les rayons qui traversent l'objectif se comportent comme s'ils venaient de sa surface et passent, après réfraction à travers l'oculaire, par un cercle C'D', image de CD.

Cette image, appelée cercle oculaire, est très petite : 2/10 à 3/10 de millimètre. On peut placer l'œil de manière à ce qu'elle tombe à l'intérieur de la pupille, qui a 2 à 3 millimètres de rayon : on peut alors embrasser le champ tout entier.

190. Oculaire négatif de Huyghens (*fig.* 215, 216). -- Dans les microscopes, l'oculaire n'est pas formé d'une seule lentille. On utilise un oculaire composé, formé de deux lentilles plan con-

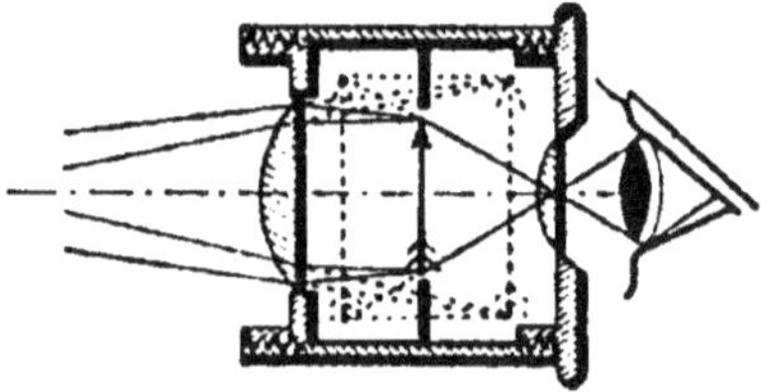

FIG. 216.

vexe, montées dans une même bonnette, dont les faces courbes sont tournées du côté de l'objet.

Grossissement et champ dans le cas de l'oculaire négatif. -- L'image réelle fournie par l'objectif se formerait en AB, si la lentille L n'existait pas; mais cette lentille donne une image A_1B_1, plus petite que AB et plus rapprochée de L; une deuxième lentille L', qui sert de loupe, donne une image virtuelle agrandie A'B' de A_1B_1.

Le grossissement G de l'oculaire négatif sera :

$$G = \frac{A'B'}{\Delta} : \frac{AB}{\Delta} \qquad \text{ou} \qquad \frac{A'B'}{AB} = \frac{A'B'}{A_1B_1} \times \frac{A_1B_1}{AB} ;$$

mais,

$$\frac{A'B'}{A_1B_1} = \frac{O'B'}{O'B_1}, \qquad \frac{A_1B_1}{AB} = \frac{OB_1}{OB}.$$

Dans l'oculaire négatif, on fait

$$f' = \frac{f}{3}, \qquad a = \frac{2}{3} f = 2f'.$$

D'après l'équation aux foyers conjugués,

$$-\frac{1}{OB} + \frac{1}{OB_1} = \frac{1}{f},$$

d'où

$$\frac{OB_1}{OB} = 1 - \frac{OB_1}{f}, \qquad OB_1 = a - O'B_1,$$

d'où

$$\frac{OB_1}{OB} = 1 - \frac{a - O'B_1}{f}, \qquad (1)$$

$$\frac{1}{O'B_1} - \frac{1}{\Delta} = \frac{1}{f'} \qquad \text{ou} \qquad O'B_1 = \frac{\Delta f'}{\Delta + f'}.$$

En remplaçant dans (1) $O'B_1$ par sa valeur, on a :

$$\frac{OB_1}{OB} = 1 - \frac{a}{f} + \frac{\Delta f'}{(\Delta + f')f'},$$

$$\frac{O'B}{O'B_1} = \frac{\Delta + f'}{f'}, \qquad \text{d'où} \qquad G = 1 - \frac{a}{f} + \frac{\Delta}{f'} - \frac{a\Delta}{ff'} + \frac{\Delta}{f}.$$

En négligeant $1 - \dfrac{a}{f}$,

$$G = \Delta\left(\frac{1}{f} + \frac{1}{f'} - \frac{a}{ff'}\right) \qquad \text{ou} \qquad G = \frac{2\Delta}{f} \qquad \text{et} \qquad P = \frac{2}{f}.$$

Donc, l'oculaire négatif a une puissance double de celle de son premier verre. Un oculaire simple, ayant même puissance, devrait avoir une distance focale égale à $\frac{f}{2}$. Or, comme la raison d'ouverture $\frac{r}{f}$ des oculaires est constante, le diamètre d'ouverture de cet oculaire simple sera la moitié de celui du premier verre de l'oculaire négatif. L'angle du champ moyen du microscope, donné par la formule $C = \frac{2r}{l}$, sera, pour une puissance égale, double de celui de l'oculaire simple.

192. Description du microscope (*fig.* 217, 218, 219). — Le microscope se compose d'un objectif B, formé de deux ou trois lentilles achromatiques (*fig.* 218) à très court foyer, tournant leurs faces planes du côté de l'objet et dont le diamètre moyen est de quelques millimètres. La première lentille C_1 (*fig.* 219) donne de l'objet AB une image virtuelle A_1B_1; la seconde lentille C_2 donne de A_1B_1 une deuxième image virtuelle A_2B_2, et cette dernière se trouve assez éloignée de la troisième lentille pour y donner une image réelle A_3B_3, que l'on observe avec l'oculaire. L'objectif B et l'oculaire A sont montés aux extrémités de deux tubes concentriques, qui peuvent coulisser l'un dans l'autre.

Celui qui porte l'objectif passe à frottement dans un collier H, fixé à un support qu'une vis micrométrique, à pas très petit, actionnée par une molette V, permet de déplacer le long d'une colonne J, solidaire de la platine K.

On peut ainsi rapprocher tout le corps du microscope de l'objet, placé sur une plaque de verre M que

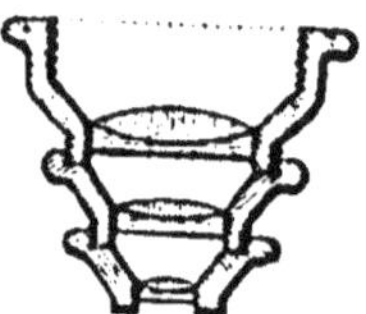

Fig. 218.

deux ressorts ou valets *r* maintiennent appliquée

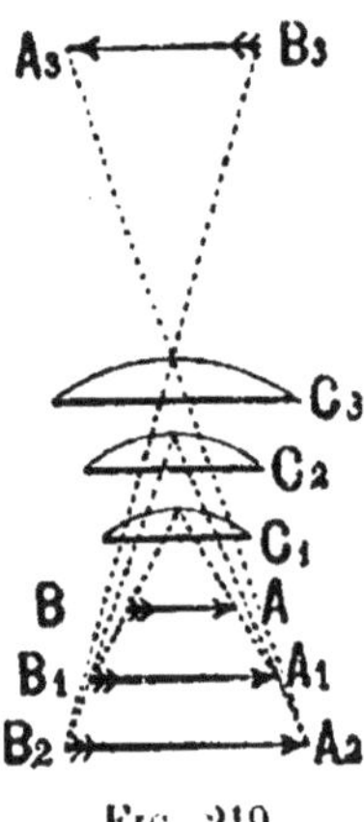

Fig. 219.

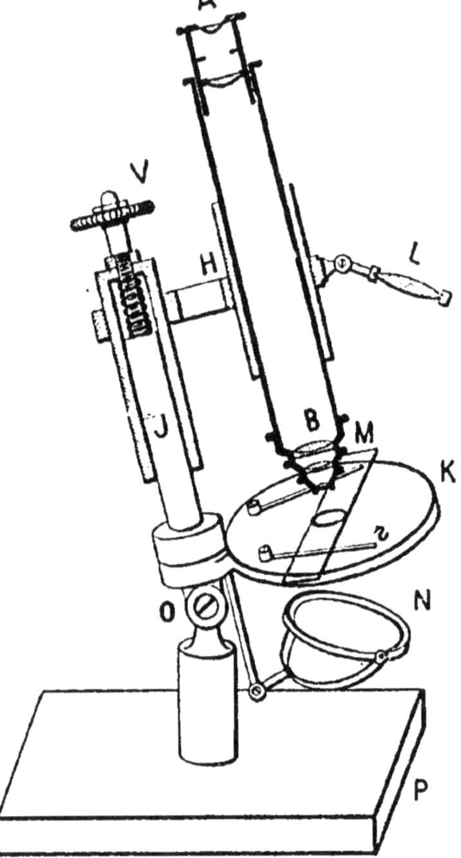

Fig 217.

sur la platine ; l'axe de l'appareil peut tourner autour d'un axe horizontal O et prendre toutes les inclinaisons par rapport à la verticale.

Lorsque l'objet est transparent, il est éclairé par en dessous à travers une ouverture ménagée dans la platine, au moyen d'un miroir concave N, que l'on peut orienter de façon à concentrer la lumière des nuages sur l'objet.

Dans les microscopes très puissants, on obtient l'éclairement au moyen d'un *condenseur*, formé d'un système de lentilles sur lesquelles un miroir envoie un faisceau de lumière solaire. Si l'objet est opaque, on l'éclaire par en dessus au moyen d'une lentille L convergente.

193. Latitude de mise au point. — Pour la mise au point, l'objet étant fixe, on déplace le tube portant l'objectif et l'oculaire. Les limites du déplacement, pour une vision nette, sont encore beaucoup plus faibles que dans la loupe. Le déplacement de AB (*fig.* 212) doit être tel que le déplacement de A_1B_1 corresponde à la *latitude de mise au point* de l'oculaire; un déplacement très petit de AB peut produire un grand déplacement de A_1B_1. Comme ce dernier est très faible, celui de AB doit être très petit.

EXEMPLE. — Cherchons le déplacement qu'il faudrait donner à AB, devant un objectif de 2 millimètres de distance focale.

Pour que le déplacement de A_1B_1 soit de 2 millimètres, on trouve, en appliquant la formule aux foyers conjugués, $0^m,0002$.

194. Mesure expérimentale de la puissance (*fig.* 220). — On place sur le porte-objet un micromètre M, lame de verre portant des traits espacés de 1 centième de millimètre, et l'on dispose, au-dessus de l'oculaire, une chambre claire composée d'un parallélipipède en verre ABCD, dont les faces AD et BC sont inclinées à 45°. On place en dessous, à la distance minima de la vision distincte, une feuille de papier R portant une division en millimètres. Un rayon lumineux partant de la feuille de papier se réfléchit sur CB, et DA et pénètre dans l'œil. Les rayons venant du micromètre, qui ont traversé l'oculaire, tombent sur un prisme P, collé contre la face AD du prisme ABCD, traversent un milieu à faces parallèles et pénètrent dans l'œil, sans subir de déviation; les divisions de la règle se superposent à celles du micromètre. Une division grossie du micromètre recouvrira par exemple 2 millimètres : le diamètre

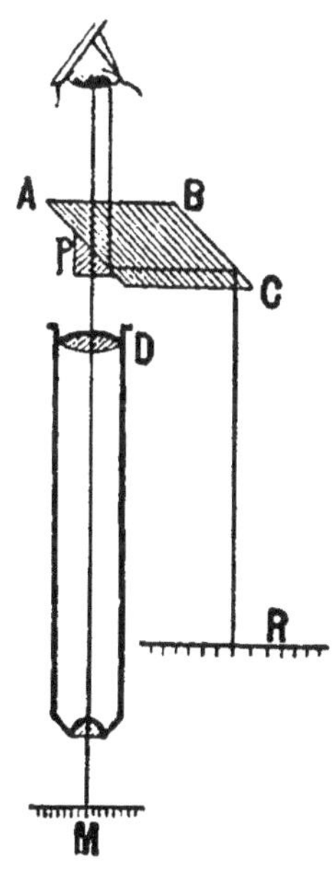

FIG. 220.

apparent, c'est-à-dire l'angle sous lequel on voit une division du micromètre à travers l'oculaire, sera $P \times 0^m,00001$.

D'un autre côté, les 2 millimètres de la règle sont vus sous un angle $\dfrac{0^m,002}{\Delta}$. Ces deux angles sont égaux :

$$0,00001 \times P = \frac{0,002}{\Delta},$$

$$P = \frac{200}{\Delta}, \qquad \Delta = 16, \qquad P = \frac{200}{0,16} = 1.250 \text{ dioptries.}$$

Pour mesurer le grossissement linéaire, on déterminera le nombre de millimètres recouverts par une division du micromètre.

Si une division grossie du micromètre recouvre 2 millimètres, l'objet a pour dimensions $0^{mm},01$, et son image, 2 millimètres ; le grossissement linéaire sera :

$$\frac{2}{0,01} = 200.$$

Si l'on dispose sur le porte-objet une préparation, on pourra en suivre les contours sur la feuille de papier avec un crayon et en obtenir un dessin exact, qui permettra d'en déterminer les dimensions.

En combinant le microscope avec une chambre noire photographique et en rendant réelle, moyennant un tirage convenable, l'image virtuelle A'B' fournie par l'oculaire, on réalise la *microphotographie*.

195. Objectifs à immersion. — On appelle angle d'ouverture l'angle CAD (*fig.* 213) formé par les rayons extrêmes émanés d'un point A de l'objet et pénétrant dans l'objectif ; plus cet angle est grand, plus il passe de rayons lumineux pour former l'image d'un point de l'objet, et plus les détails sont rendus visibles. Mais un angle d'ouverture considérable augmente les aberrations de sphéricité et favorise les pertes de lumière par réflexion à la surface. Pour remédier à ces inconvénients, Amici a imaginé de mettre une goutte d'eau entre l'objet et l'objectif : on a ce que l'on appelle les *objectifs à immersion*.

Usages du microscope. — Les microscopes sont utilisés par les naturalistes, les médecins ; les métallurgistes, pour reconnaître les qualités des aciers ; dans les laboratoires d'essais, pour reconnaître certaines falsifications, — farines, chocolats, composition des pâtes à papier. Dans les laboratoires de physique, on les dispose sur les comparateurs et les machines à diviser.

196. Lunette astronomique (*fig.* 221). — La lunette astronomique est destinée à l'observation des astres, c'est-à-dire
des objets que l'on peut considérer à l'infini.

Elle se compose d'un objectif formé par une lentille L
convergente, à grande surface et à long foyer, capable de recevoir une grande quantité de lumière pour la formation de
l'image. L'objet étant placé à l'infini, cette lentille donne une

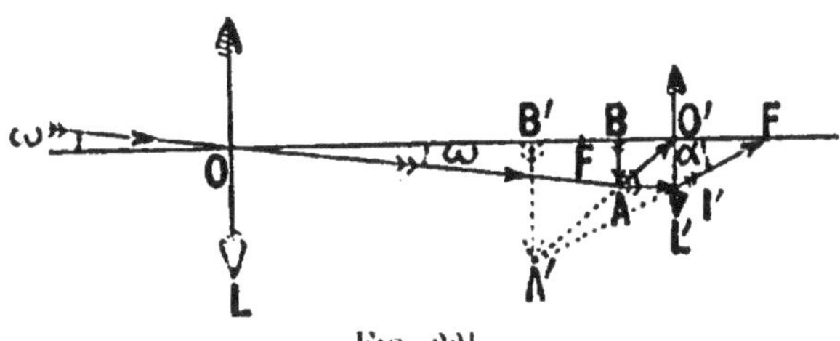

Fig. 221.

image réelle AB, très petite, qui vient se faire au plan focal
de l'objectif :

$$AB = F \times \omega,$$

ω étant le demi-diamètre apparent du soleil, égal à 0,01.

L'image est d'autant plus grande que F est plus grand ;
pour un objectif de 1 mètre de distance focale,

$$AB = \frac{F}{100} \qquad \text{ou} \qquad 1 \text{ centimètre.}$$

Une deuxième lentille convergente L' à court foyer, appelée
oculaire, fonctionne comme une loupe et donne, de cette
image réelle AB, une image virtuelle A'B', agrandie et renversée.

L'objet étant à l'infini, nous ne représenterons que l'axe
secondaire passant par l'extrémité d'un diamètre de l'objet.
Supposons l'axe de la lunette dirigé suivant le centre de
l'astre : nous avons une image très petite, qui se fait dans le
plan focal de l'objectif, en AB. Cette image est située entre le
foyer F et le centre optique de l'oculaire L', qui nous donnera une image virtuelle A'B', droite et agrandie, de l'objet.
On mettra au point en rapprochant ou en éloignant l'oculaire
de l'objectif. Pour une vue normale ou presbyte, on accommo-
dera la lunette pour la vision à l'infini ; un myope accommo-
dera pour le punctum remotum, ou maximum de la vision distincte.

La figure 222 indique la marche des rayons lumineux dans la lunette astronomique.

Description de la lunette (*fig.* 223). — La lunette est formée d'un objectif A achromatique et dépourvu d'aberration de sphéricité, dont le rayon de courbure de la première face est

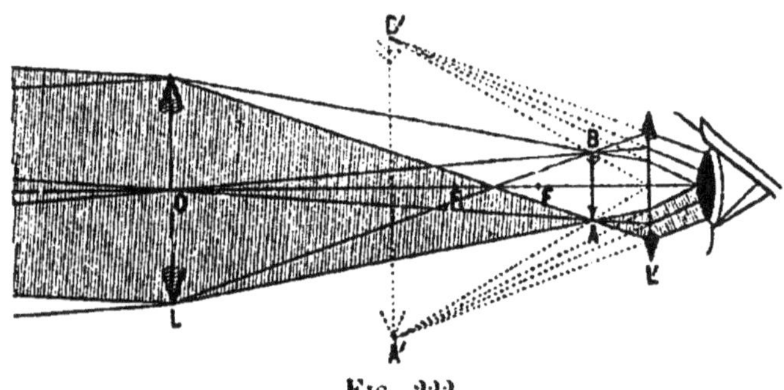

Fig. 222.

le 1/6 de celui de la dernière, fixé à l'extrémité d'un gros tube B ; à l'autre extrémité se trouvent deux tirages D et C. Le tube D porte un oculaire composé.

Pour mettre au point, on commence par déplacer le tube D à l'intérieur du tube C, jusqu'à ce que l'image apparaisse

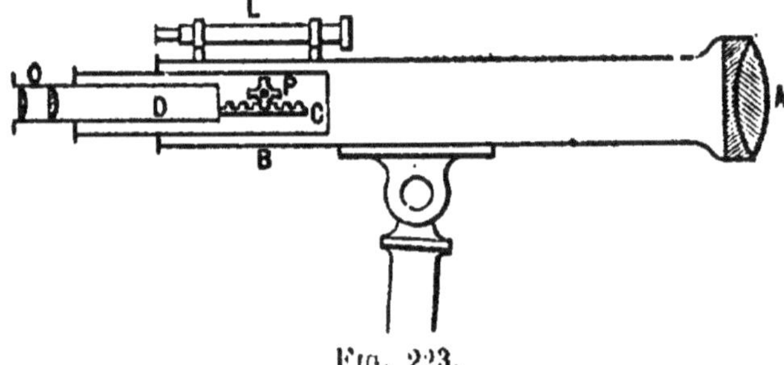

Fig. 223.

avec une certaine netteté, et on achève en déplaçant C à l'intérieur du tube B, au moyen d'un pignon P et d'une crémaillère.

Le champ de la lunette astronomique n'étant que de quelques minutes, il est difficile de déterminer la position d'un astre. On obvie à cet inconvénient en disposant sur cette lunette une deuxième lentille L, de *faible grossissement*, mais de *champ plus grand*, que l'on appelle le *chercheur*, et qui est disposée de façon à ce que son axe optique soit parallèle à celui de la grande lunette. Lorsque l'axe optique du chercheur est pointé sur un astre, celui-ci se trouve dans le champ de la grande lunette.

197. Grossissement de la lunette astronomique. — On appelle grossissement d'une lunette le rapport des angles sous lesquels on voit l'image et l'objet, c'est-à-dire le rapport des *diamètres apparents* de l'image et de l'objet.

Supposons le centre optique de l'œil au foyer de l'oculaire, en F (*fig.* 221) :

$$G = \frac{\alpha}{\omega} = \frac{A'B'}{FB'} : \frac{AB}{BO} ;$$

en représentant par F et f les distances focales de l'objectif et de l'oculaire, on a :

$$\frac{A'B'}{FB'} = \frac{O'T'}{FO'} = \frac{AB}{f},$$

$$\frac{AB}{BO} = \frac{AB}{F}, \qquad \text{d'où} \qquad G = \frac{F}{f},$$

$\frac{1}{f}$ étant la puissance de l'oculaire.

Le grossissement de la lunette astronomique est égal au produit de la puissance de l'oculaire par la distance focale de l'objectif.

On peut encore déterminer le grossissement de la façon suivante : soient P la puissance de l'oculaire, et AB l'image examinée avec l'oculaire ; l'angle sous lequel on voit A'B' est $P \times AB$.

Or,

$$ABF = \omega, \qquad \text{d'où} \qquad \omega = \frac{AB}{F},$$

donc,

$$G = \frac{P \times AB}{\frac{AB}{F}} = P \times F.$$

Les lunettes utilisées dans les observatoires ont un grossissement qui varie de 50 à 1.000 et plus[1].

(1) L'objectif de la lunette de l'Exposition universelle de 1900 avait 1m,25 de diamètre et une distance focale de 60 mètres.

Les lunettes à très fort grossissement peuvent atteindre jusqu'à 20 mètres de long.

La distance focale de l'oculaire est généralement de 1 centimètre.

198. Anneau oculaire; œilleton (*fig.* 224). — Si, derrière l'oculaire d'une lunette, on place un écran, on verra un petit cercle très lumineux, appelé *anneau oculaire*.

L'objectif L joue, par rapport à l'oculaire L', le rôle d'un objet lumineux et donne de l'objectif une image réelle, qui formera l'anneau oculaire.

Cette image est généralement plus petite que le diamètre de la pupille : en plaçant celle-ci à l'anneau oculaire, l'œil reçoit donc tous les rayons qui ont traversé l'objectif.

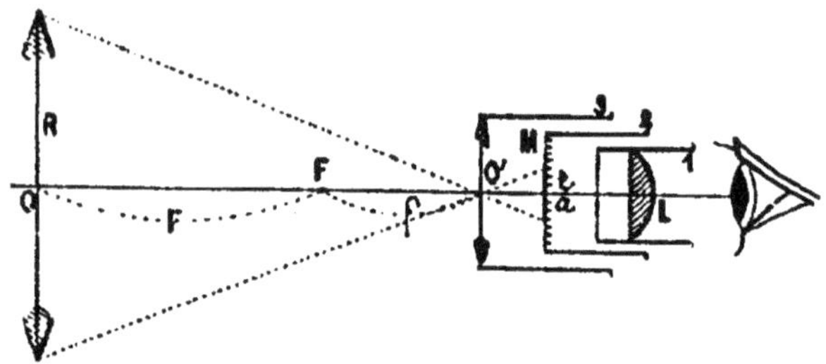

Fig. 224.

L'*œilleton* est une plaque percée d'une ouverture située dans le plan de l'anneau oculaire. C'est le point où il faut placer l'œil pour recevoir tous les rayons qui rencontrent l'objectif et embrasser tout le champ de l'instrument.

Rayon de l'anneau oculaire. — Considérons l'objectif comme un objet par rapport à l'oculaire ; en désignant par R et r les rayons de l'objectif et de l'anneau oculaire, nous avons $\dfrac{r}{R} = \dfrac{O'a}{OO'}$.

Déterminons O'a par l'équation aux foyers conjugués :

$$\frac{1}{O'O} + \frac{1}{x} = \frac{1}{f}. \qquad \text{où} \qquad \frac{1}{x} = \frac{1}{f} - \frac{1}{F + f}.$$

d'où

$$\frac{r}{R} = \frac{f}{F}, \qquad\qquad r = R \times \frac{f}{F}.$$

Or, $\dfrac{F}{f}$ étant égal au grossissement, $G = \dfrac{R}{r}$.

199. Détermination expérimentale du grossissement de la lunette astronomique. — **Méthode du dynamètre de**

Ramsden (*fig.* 224). — Cette méthode est basée sur la détermination du rayon du cercle oculaire, lequel, au moyen de la formule $G = \dfrac{R}{r}$, permet de déterminer G.

Le dynamètre de Ramsden se compose : 1° d'une loupe L, engagée dans un système de trois tubes à deux tirages ; 2° d'un micromètre M, divisé en centièmes de millimètre.

Cet appareil s'ajuste sur l'oculaire de la lunette ; on met au point le micromètre avec la loupe et l'on déplace 1 et 2, de manière à ce que l'image du *cercle oculaire* se fasse sur celle du micromètre ; la lunette étant réglée à l'infini, on applique contre le bord de l'objectif les deux pointes d'un compas d'ouverture connue, et on obtient leur image sur le micromètre ; le rapport de l'objet et de l'image réelle donne le grossissement.

Deuxième méthode (*fig.* 225). — On dispose sur l'oculaire de la lunette une chambre claire, formée de deux miroirs plans

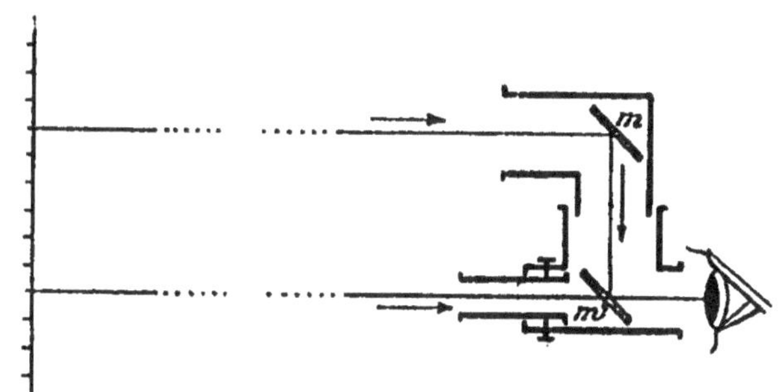

Fig. 225.

m et m', inclinés à 45°. Le miroir m' est désétamé à son centre. On dispose à une certaine distance une échelle graduée, dont les divisions sont vues à l'œil nu par réflexion sur les miroirs m et m', et à travers la lunette.

On compte le nombre de divisions de la mire, vue à l'œil nu, que recouvre une division de la mire, vue à travers la lunette. Soit n le nombre obtenu : le grossissement sera égal à n. En effet, soit α l'angle sous lequel nous voyons une division à l'œil nu. Cette division sera vue à travers la lunette, en représentant par G le grossissement, sous un angle égal à Gα, et, comme n divisions sont vues à l'œil nu sous l'angle $n\alpha$, il s'ensuit que G$\alpha = n\alpha$; donc, $G = n$.

Réticule (*fig.* 226). — Le réticule se compose d'un diaphragme percé d'une ouverture circulaire dans laquelle sont tendus deux fils d'araignée, *ab, cd*, perpendiculaires entre eux et placés dans le plan où viennent se former les images réelles fournies par l'objectif.

Le réticule peut se déplacer par rapport à l'oculaire, afin de le mettre au point pour différentes vues.

Axe optique. — C'est la ligne qui joint le centre optique de l'objectif au point de croisement des fils du réticule, et qui détermine la ligne de visée.

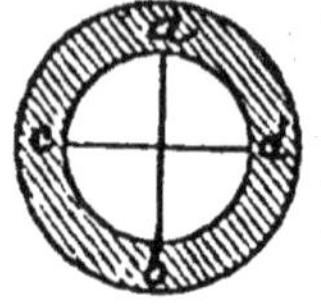

Fio. 226.

Lorsque l'on veut déterminer la direction d'un astre, on fait coïncider le point de croisement des fils du réticule avec le point que l'on veut viser.

Longueur de la lunette. — Pour obtenir un fort grossissement, il faut faire $\frac{F}{f}$ le plus grand possible. On ne peut diminuer f au-dessous d'une certaine limite, à cause des aberrations qui se produisent dans les oculaires trop convergents. On donne une très grande distance focale à l'objectif.

La longueur de la lunette est égale à $L = F + f$ ou sensiblement F; dans une bonne lunette, le grossissement ne dépasse pas 1.000 et la longueur atteint 8 mètres.

200. Champ de la lunette (*fig.* 227). — Le champ de la lunette est l'espace dans lequel doit être situé un point, pour que son image soit vue à travers l'oculaire. Le champ C est limité par la nappe extérieure d'un cône ayant pour sommet le centre optique O de l'objectif et pour directrice le contour de l'oculaire. En effet, l'axe secondaire des cônes lumineux, partant d'un point situé dans la nappe du cône, rencontre l'oculaire.

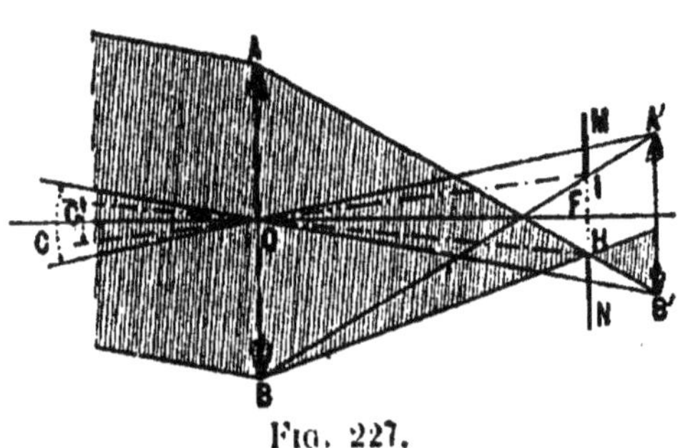

Fio. 227.

La valeur du champ moyen, en représentant par r le rayon d'ouverture de l'oculaire, est :

$$C = \frac{2r}{F + f} \qquad \text{ou sensiblement :} \qquad C = \frac{2r}{F} = \frac{2r}{f} : \frac{F}{f} = \frac{2r}{f} : G.$$

Le champ varie en raison inverse du grossissement.

Si $2r = 1$ centimètre, $F = 500$ centimètres, $C = \dfrac{1}{500} = 6$ minutes.

Si nous considérons les rayons parallèles dont l'axe secondaire passe par OA', une partie de ces rayons, après réfraction à travers l'objectif, ne rencontrent pas l'oculaire; de là résulte l'inégalité d'éclairement du champ.

Pour obvier à cet inconvénient, on dispose un diaphragme MN, percé d'une ouverture centrale et placé dans le plan focal de l'oculaire. Pour en déterminer le diamètre, on joint les extrémités AB' et BA' des bords de l'objectif et de l'oculaire. L'ouverture du diaphragme sera égale à III, et le champ C' sera représenté par la nappe extérieure d'un cône ayant pour sommet le centre optique O de l'objectif et pour directrice le contour de l'ouverture du diaphragme. Ce champ ne dépasse habituellement pas quelques minutes. Tous les rayons parallèles à l'axe secondaire OII, partant d'un point situé dans ce champ, rencontreront l'oculaire et l'éclairement du champ sera uniforme.

201. Oculaire positif de Ramsden (*fig.* 228). — L'oculaire de la lunette astronomique n'est pas un oculaire simple, mais un oculaire

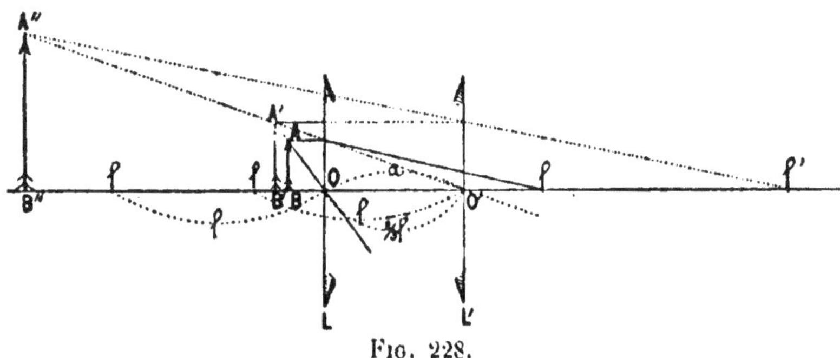

Fig. 228.

composé, dit oculaire positif ou doublet de Ramsden, formé de deux lentilles plan convexe L et L', dont les faces courbes sont vis-à-vis l'une de l'autre, et pour lesquelles $f = f'$ et la distance des deux lentilles est $a = \dfrac{2}{3} f$. Cet oculaire composé a pour but de diminuer l'aberration de sphéricité et de faire disparaître à peu près complètement le défaut d'achromatisme que présenterait l'objectif; enfin, l'oculaire positif permet l'emploi d'un réticule. L'image AB réelle fournie par l'objectif se forme en avant de la première lentille L, entre son centre optique et son foyer f; cette lentille donne de AB une image virtuelle A'B', qui se forme entre le centre optique O' et le foyer f' de la lentille L', laquelle donne de A'B' une deuxième image A"B" virtuelle et agrandie, située à une distance Δ de O'.

Le grossissement de l'oculaire positif de Ramsden est :

$$G = \frac{A''B''}{\Delta} : \frac{AB}{\Delta} = \frac{A''B''}{AB}.$$

qui peut s'écrire :

$$\frac{A''B''}{A'B'} \times \frac{A'B'}{AB} = \frac{O'B'}{O'B} \times \frac{OB'}{OB};$$

D'après l'équation aux foyers conjugués,

$$\frac{1}{O'B'} - \frac{1}{\Delta} = \frac{1}{f'}, \qquad \frac{1}{O'B'} = \frac{\Delta + f'}{\Delta f'}; \qquad \text{d'où} \qquad \frac{O'B'}{O'B} = \frac{\Delta + f'}{f'}.$$

Calculons $\dfrac{OB'}{OB}$ d'après l'équation aux foyers conjugués :

$$\frac{1}{OB} - \frac{1}{OB'} = \frac{1}{f}, \qquad \text{d'où} \qquad \frac{1}{OB'} = \frac{f - OB}{OB \times f}, \qquad B'O = O'B' - a;$$

mais,

$$O'B' = \frac{\Delta f'}{\Delta + f'}, \qquad OB' = \frac{\Delta f'}{\Delta + f'} - a, \qquad \frac{1}{OB} = \frac{f + \dfrac{\Delta f'}{\Delta + f'} - a}{\left(\dfrac{\Delta f'}{\Delta + f'} - a\right)f}.$$

Et enfin :

$$G = \frac{O'B'}{O'B} \times \frac{OB'}{OB} = 1 + \frac{\Delta}{f} + \frac{\Delta - a}{f} - \frac{\Delta a}{f'f}.$$

Comme, dans cet oculaire,

$$f = f', \qquad a = \frac{2}{3}f, \qquad G = \frac{1}{3} + \frac{4}{3}\frac{\Delta}{f}.$$

Si f est très petit par rapport à Δ, on a sensiblement :

$$G = \frac{4}{3}\frac{\Delta}{f}, \qquad \text{et la puissance} \qquad P = \frac{4}{3f}.$$

Donc, la puissance de cet oculaire composé est égale aux 4/3 de la puissance de son premier verre.

Il en résulte qu'un oculaire simple, ayant même puissance et même grossissement G que l'oculaire composé, devrait avoir une distance focale égale aux 3/4 de celle du premier verre de l'oculaire de Ramsden. Or, comme la raison d'ouverture $\frac{r}{f}$ des oculaires est constante, le diamètre d'ouverture de cet oculaire simple sera les 3/4 de celui du premier verre de l'oculaire composé. Enfin, dans le cas du champ moyen dont l'angle C est représenté par la formule $C = \frac{2r}{F}$, le champ de l'oculaire composé, pour un même grossissement, sera les 4/3 de celui de l'oculaire simple.

202. Clarté d'une lunette. — On appelle clarté d'une lunette le rapport de la quantité de lumière envoyée par un astre sur l'unité de surface de la rétine, à travers la lunette, à la quantité reçue directement.

Soit d le diamètre de la pupille, q la quantité de lumière reçue par unité de surface de la pupille; pour la surface de la pupille, elle sera $q \times 2\pi d^2$; elle se répartira sur l'image rétinienne. Or, la surface de cette image est proportionnelle au carré du diamètre apparent α de l'astre vu à l'œil nu; la quantité de lumière reçue par unité de surface de l'image rétinienne sera égale à :

$$\frac{2\pi q d^2}{K \alpha^2}.$$

La quantité de lumière envoyée sur l'objectif de la lunette est égale à $q \times 2\pi D^2$; elle se répartira sur l'image rétinienne, dont la surface est proportionnelle au carré du diamètre apparent β de l'astre, vu à travers la lunette; la quantité de lumière répartie par unité de surface sera égale à :

$$\frac{q \times 2\pi D^2}{K \beta^2}, \qquad \text{d'où la clarté } C_r \text{ est égale à :} \qquad \frac{D^2}{d^2} \times \frac{\alpha^2}{\beta^2};$$

mais,

$$\frac{\alpha^2}{\beta^2} = \frac{1}{G^2} = \frac{r^2}{D^2},$$

d'où $C_r = \frac{r^2}{d^2}$; or, r, rayon du cercle oculaire, est plus petit que d, diamètre de la pupille; donc, $C_r < 1$.

Dans le cas d'une planète, qui possède un diamètre apparent, la clarté est plus petite que 1 : c'est-à-dire que la planète, tout en paraissant grossie, n'est pas plus lumineuse qu'à l'œil nu.

Dans le cas des étoiles, qui n'ont pas de diamètre apparent :

$$\frac{\alpha^2}{\beta^2} = 1, \qquad \text{d'où} \qquad C_r = \frac{D^2}{d^2}, \qquad C_r > 1.$$

Les lunettes nous montrent dans le ciel des étoiles invisibles à l'œil nu ; elles paraissent comme de simples points, mais leur éclat est augmenté ; le reste du ciel ne paraît pas plus lumineux qu'à l'œil nu.

203. Application des lunettes. — Les lunettes astronomiques sont utilisées dans un très grand nombre d'appareils, et sont connues sous le nom de viseurs dans les cathétomètres, goniomètres, spectroscopes, dans le niveau d'Égault utilisé pour le nivellement.

Stadimètre (*fig.* 229). — Le stadimètre est une lunette employée dans l'armée pour déterminer les distances. Soit d la distance focale de l'objectif. Pour tous les objets éloignés, les images se font dans le plan focal F de l'objectif, sur un micromètre. L'objet H donne une image qui recouvre n divisions

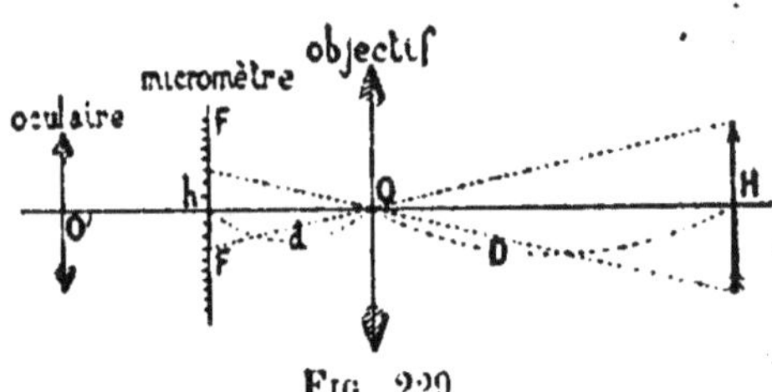

Fig. 229.

du micromètre, dont la valeur est connue et égale à l ; nous avons :

$$\frac{H}{h} = \frac{D}{d} = \frac{H}{nl}, \qquad \text{d'où} \qquad D = \frac{Hd}{nl}.$$

Connaissant la dimension H, la hauteur d'un homme par exemple, on en déduit la distance D.

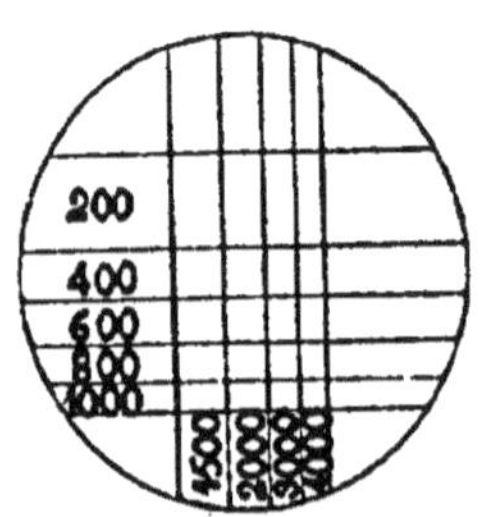

Fig. 230.

Lunette d'officier (*fig.* 230). — Dans cette lunette se trouve, au foyer de l'objectif, un réticule formé de fils fins disposés comme dans la figure. En mettant la lunette au point et en examinant entre quels fils est comprise la hauteur d'un homme, on en déduit la distance par lecture directe.

Stadia (*fig.* 231). — Le stadia est une lunette employée pour le nivellement et qui permet de mesurer les distances au moyen d'une mire. Elle porte un réticule formé de deux fils parallèles ab, cd. Supposons une mire CD, divisée en autant de parties égales que la distance OM contient de mètres ; déplaçons la mire en H : le nombre des divi-

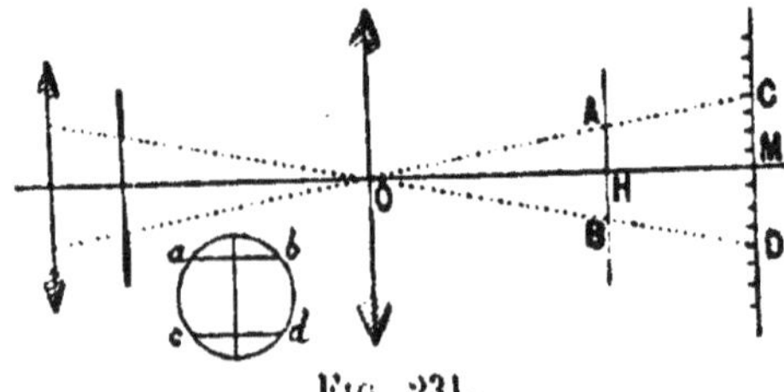

Fig. 231.

sions lues sur la mire, entre les fils ab et cd, représentera la distance OH.

En effet, $\dfrac{OM}{OH} = \dfrac{CD}{AB}$, mais la distance OM est exprimée par le même nombre que CD ; donc, OH sera représenté par le même nombre que AB, qui sera la distance de la mire à l'opérateur.

204. Lunette terrestre ou longue-vue (*fig.* 232, 233). — La lunette terrestre diffère de la lunette astronomique par

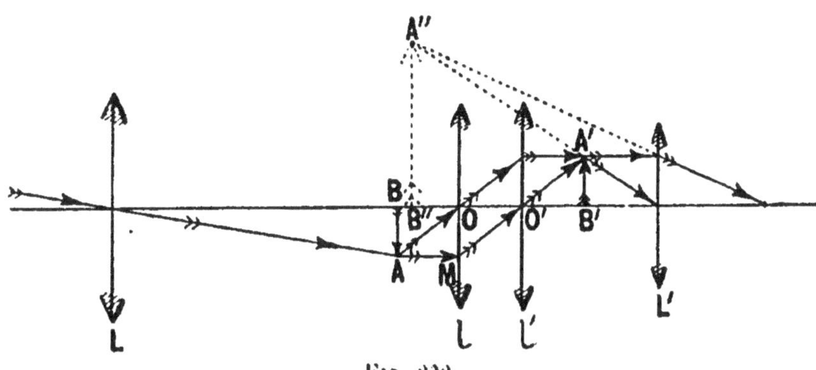

Fig. 232.

l'adjonction d'un système de deux lentilles, appelé véhicule et destiné à redresser les images. Ces deux lentilles l, l' ont même distance focale, et le centre optique de l'une correspond au foyer de l'autre.

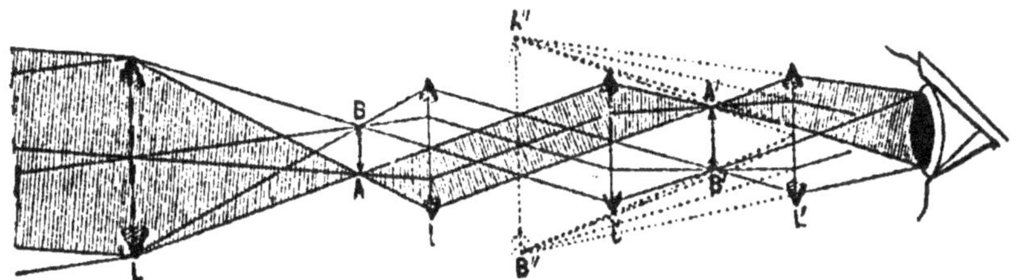

Fig. 233.

L'image AB produite par l'objectif L vient se faire au plan focal de la lentille l ; le rayon AM, parallèle à l'axe principal, passe, après réfraction, par le foyer de la lentille l, qui se confond avec le centre optique O' de la lentille l', et traverse cette lentille sans subir de déviation. Le rayon AO, passant par le foyer O de la lentille l', sort parallèlement à l'axe principal ; ces rayons viennent se rencontrer en A'. Abaissons, de A', une perpendiculaire A'B' sur l'axe principal : nous aurons l'image A'B', droite et égale à AB. Cette image vient se faire entre le foyer et le centre optique de l'oculaire, qui fonctionne comme une loupe et donne une image virtuelle et droite A"B".

La figure 233 représente la marche des rayons lumineux dans une lentille terrestre.

Le redressement des images pourrait être obtenu par une seule lentille, placée entre l'oculaire et le second plan focal de l'objectif, mais on préfère employer plusieurs verres, qui donnent moins d'aberration.

Oculaire négatif (*fig. 234*). — Dans les lunettes terrestres, l'oculaire est généralement un oculaire négatif. Les quatre lentilles sont

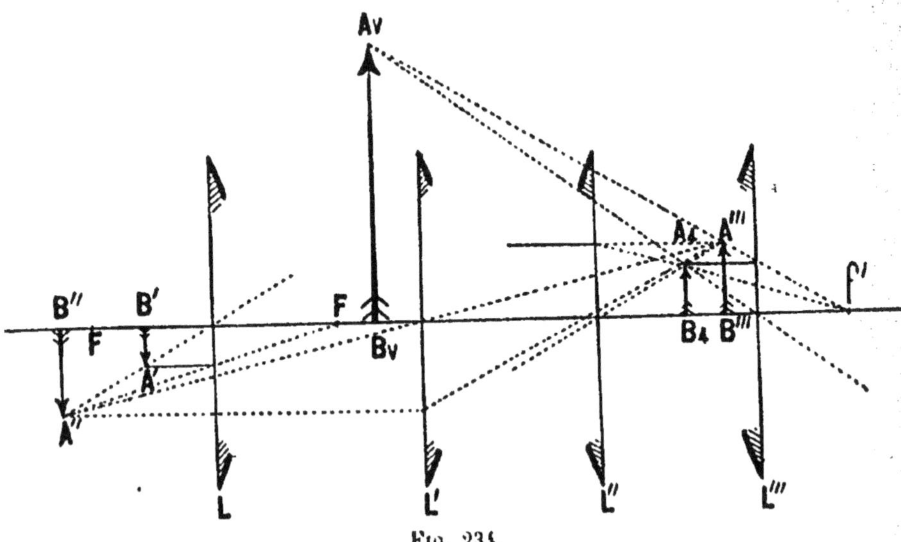

Fig. 234.

montées dans un même tube et forment l'*oculaire terrestre*. L'image A'B' produite par l'objectif vient se faire entre le centre optique de la première lentille L et son foyer, et donne une image virtuelle A'B' agrandie; la lentille L' donne, de l'image A'B', une image réelle A"B", et la lentille L" de l'oculaire composé donne, de A'"B'", une image réelle A_1B_1; enfin, la lentille L'" donne, de A_1B_1, une image virtuelle AvBv. Ce deuxième système de redressement augmente le champ et la puissance de l'oculaire.

205. Lunette de Galilée (*fig. 235*). — La lunette de Galilée se compose d'un objectif convergent L, qui donne une image réelle AB d'un objet placé à l'infini, laquelle se fait dans le plan focal principal de l'objectif.

12*

Le redressement de cette image est obtenu en interposant
entre elle et l'objectif une lentille divergente, qui constitue
l'oculaire, de façon que l'image réelle AB soit au delà du
foyer F de la lentille divergente. L'image AB ne se forme pas
et joue le rôle d'un objet virtuel par rapport à la lentille divergente; le rayon lumineux OA ne subit pas de déviation en
traversant la lentille divergente, et le rayon RA, parallèle à
l'axe principal, prolongé géométriquement après réfraction,
passe par le foyer F de l'oculaire; ces deux rayons lumineux,
prolongés géométriquement, se rencontrent en A'; abaissons

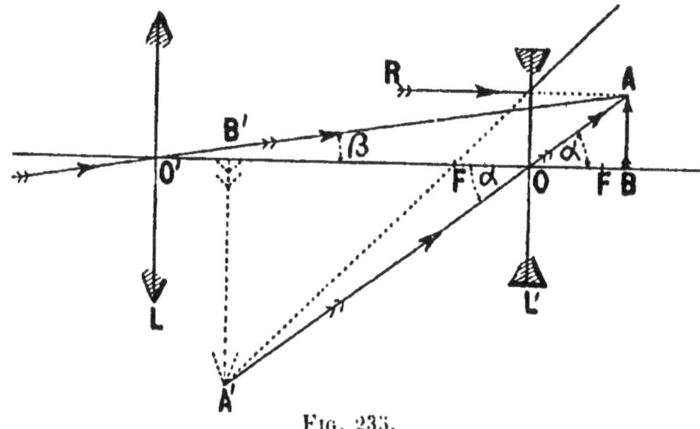

Fig. 235.

de ce point une perpendiculaire : nous avons une image A'B
virtuelle, droite et plus grande que AB.

Grossissement de la lunette de Galilée. — Le grossissement
est égal au rapport des diamètres apparents de l'image et de
l'objet :

$$G = \frac{\alpha}{\beta} = \frac{AB}{OB} : \frac{AB}{O'B} = \frac{O'B}{OB}.$$

Déterminons OB au moyen de l'équation aux foyers conjugués :

$$-\frac{1}{OB} - \frac{1}{D} = -\frac{1}{f}, \qquad \frac{1}{OB} = \frac{D-f}{Df};$$

O'B étant sensiblement égal à F, distance focale de l'objectif,

$$G = F\left(\frac{1}{f} - \frac{1}{D}\right).$$

Pour l'œil accommodé à l'infini,

$$G = \frac{F}{f}.$$

Dans le cas d'un œil myope, il faudra enfoncer l'oculaire après la mise au point pour un œil normal.

Le grossissement de la lunette de Galilée est, pour les jumelles de théâtre, de 3 à 5; pour les jumelles de campagne et les jumelles marines, de 10 à 20; dans cette lunette, l'image fournie par l'oculaire étant virtuelle, il n'y a pas de *point oculaire* ni d'*œilleton*, et l'on ne peut disposer de réticule.

La longueur de la lunette est sensiblement diminuée et égale à F — f; à grossissement égal, elle est moins longue que la lunette astronomique. Le faisceau lumineux étant divergent à la sortie de l'oculaire, il faut placer l'œil aussi près que possible pour avoir le maximum de champ.

206. Champ de la lunette de Galilée (*fig*. 236). — Le champ α est limité, pour une position déterminée de l'œil, par un cône ayant pour sommet le centre optique de l'objectif et pour base l'ouverture de la pupille. Mais on pourra voir dans la lunette tous les points dont les axes secondaires AOA' rencontrent l'oculaire. Le champ est très grand; néanmoins, la

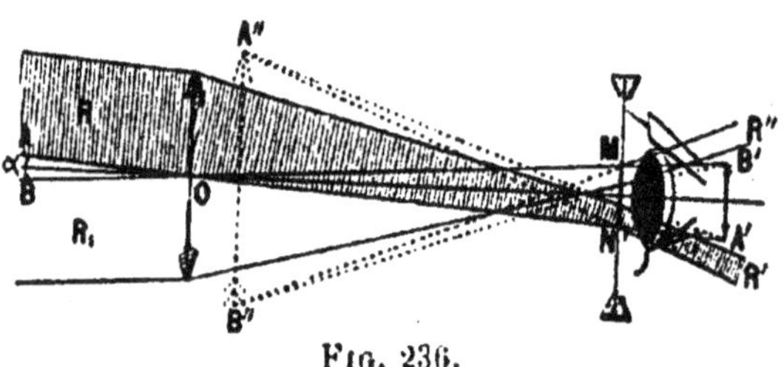

Fig. 236.

pupille ne peut admettre tous les pinceaux lumineux réfractés par l'oculaire; c'est en déplaçant l'œil qu'on peut parcourir le champ, limité par un cône ayant pour sommet le centre optique de l'objectif et pour base l'oculaire; en effet, soient MN le diamètre de la pupille, α l'angle obtenu en joignant OM et ON, et A'B' l'image d'un objet dont les axes secondaires, passant par les extrémités de son diamètre, font entre eux l'angle α : le faisceau des rayons R, parallèles à l'axe secondaire AO, donne un faisceau divergent R, et le faisceau de rayons R_1, parallèles à BO, donne un faisceau divergent R'. Ces deux faisceaux pénétreront dans l'œil, et le champ sera limité par l'angle α.

207. Description de la jumelle de théâtre (*fig*. 237). — Elle se compose de deux lunettes de Galilée, disposées parallèlement, afin d'utiliser la vision binoculaire; il se forme une image dans chaque œil.

Les tubes A portent les objectifs D ; à l'intérieur des tubes A se trouvent des tubes B à tirage, portant les oculaires,

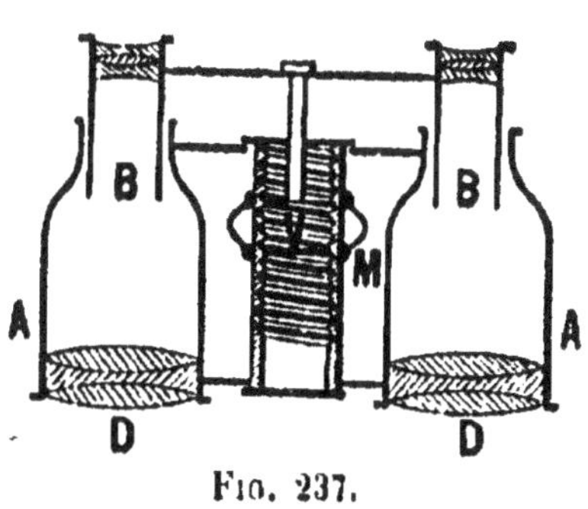

Fig. 237.

et réunis par une traverse reliée à une tige ; celle-ci est terminée par une vis V, fixée à l'intérieur d'un tube formant écrou ; en faisant tourner le tube au moyen de la molette M, la vis se déplace à l'intérieur de l'écrou, et on éloigne ou on rapproche l'objectif de l'oculaire, pour la mise au point.

L'objectif et l'oculaire sont constitués par des lentilles achromatiques.

Chaque lentille achromatique se compose d'une lentille intermédiaire en flint et de deux autres en crown.

208. Télescope (*fig.* 238). — Il est employé pour examiner les astres. Il se compose d'un objectif constitué par un miroir

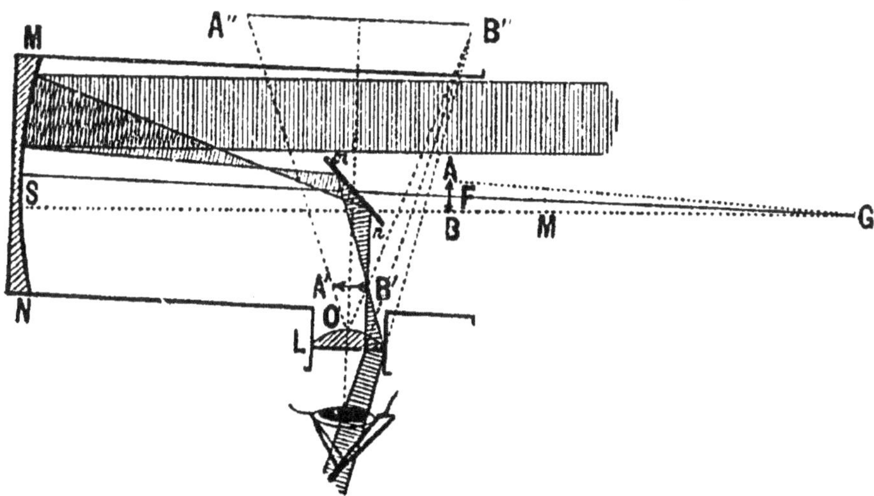

Fig. 238.

concave MN, tourné vers l'astre que l'on veut observer, et qui donne dans son plan focal une image réelle AB. Un miroir plan *mn*, incliné à 45° sur l'axe, placé un peu en avant du plan focal, ramène l'image AB parallèlement à l'axe, en A'B'.

On examine cette image avec une loupe L. La substitution

du miroir à l'objectif a pour but de supprimer l'aberration de sphéricité.

Le grossissement est égal au rapport des diamètres apparents de l'image et de l'objet ; en représentant par f et F les distances focales de l'oculaire et du miroir,

$$G = \frac{A'B'}{f} : \frac{AB}{F} = \frac{F}{f}.$$

La longueur du télescope est sensiblement égale à F.

Le télescope revient, en réalité, à une lunette astronomique dont le centre optique de l'objectif serait en S et le foyer en F.

Champ du télescope. — Le champ du télescope est limité par un cône ayant pour sommet celui du miroir et pour base le contour de l'oculaire, supposé placé sur l'axe principal du miroir, dans la position symétrique de sa position réelle par rapport au miroir plan, c'est-à-dire à une distance MF égale à celle de l'image A'B' à l'oculaire. L'anneau oculaire est l'image réelle du miroir, fournie par l'oculaire.

209. Lanterne de projection (*fig.* 239). — C'est un appareil servant à projeter sur un écran des positifs sur verre.

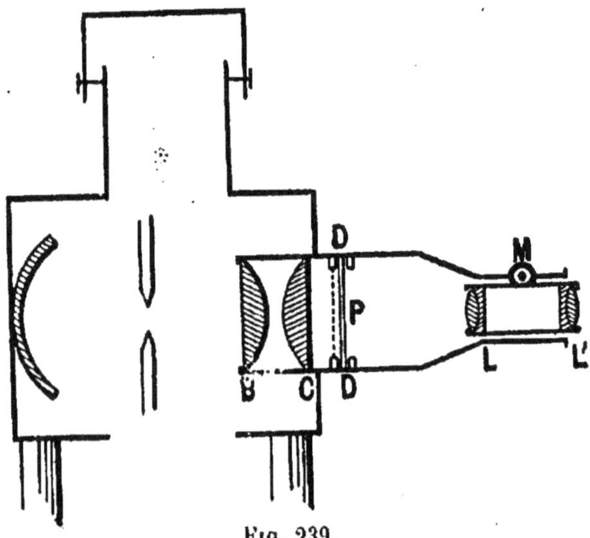

Fig. 239.

Il se compose de deux lentilles achromatiques L, L' formant l'objectif de la lanterne, capable de donner sur un écran l'image agrandie de photographies P que l'on place dans la coulisse D; derrière la plaque se trouvent deux lentilles convergentes B, C, dont l'ensemble constitue le *condensateur*, qui a pour but de concentrer les rayons de la source lumineuse sur le dessin à projeter.

La source lumineuse peut être un régulateur électrique ou une lampe oxhydrique; un miroir concave, porté par la face postérieure de la lanterne, renvoie sur le condensateur les rayons émis par la source lumineuse; un pignon M et une crémaillère permettent de déplacer l'objectif pour la mise au point.

210. Fanal pour automobile, éclairant de près et de loin (*fig.* 210). — On peut, par une combinaison de miroir et de lentille, obtenir un fanal

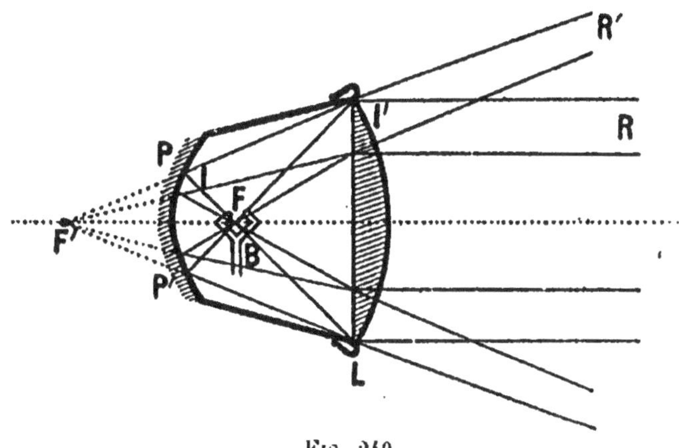

Fig. 210.

qui projette un faisceau parallèle I'R pour éclairer au loin, et un faisceau divergent I'R' pour éclairer à faible distance. Ce problème intéressant est résolu dans l'appareil suivant, qui se compose d'un miroir hyperbolique PP', dont les foyers sont en F et F'. On utilise la propriété de la tangente à l'hyperbole, qui est bissectrice de l'angle formé par les rayons vecteurs menés au point de contact.

Les rayons lumineux, partant du foyer F, vont, après réflexion sur le miroir, former leur foyer virtuel au foyer F' de l'hyperbole; or, ce dernier coïncide avec celui de la lentille convergente L; ces rayons réfléchis, venant du foyer F' de la lentille, sortent parallèlement à l'axe principal et donnent le faisceau parallèle.

La source lumineuse, constituée par un brûleur à acétylène placé en F, donne un faisceau de rayons qui divergent à leur sortie de la lentille et produisent l'éclairement à faible distance.

CHAPITRE X

PHOTOGRAPHIE

211. Théorie de la photographie. — La photographie est l'art de produire et de fixer les images des objets par l'action de la lumière sur certaines substances *impressionnables*.

Elle est basée sur l'action exercée par les rayons *chimiques* du spectre sur le *chlorure*, le *bromure* et l'*iodure d'argent*. Cette action de la lumière peut être réductrice ou oxydante.

Nous savons que le spectre solaire se compose de sept teintes principales. Les rayons les plus réfrangibles, le bleu, l'indigo et le violet, agissent sur les sels d'argent; on les appelle rayons *chimiques*, *actiniques* ou *photogéniques*. Les rayons orangés et rouges sont à peu près inactifs, mais le spectre solaire n'est pas limité à la partie visible : il existe au delà du violet des radiations invisibles, qui peuvent cependant réduire les sels d'argent; cette partie du spectre est appelée *ultra-violet*; de même, en deçà du rouge, se trouve une région invisible, appelée *infra-rouge*, qui contient des radiations calorifiques obscures.

Toute source de lumière riche en rayons bleus, indigo ou violets, comme la lumière électrique, la lumière du magnésium, agira sur les sels d'argent.

Action des rayons chimiques. — Les chlorure, bromure et iodure d'argent, exposés à la lumière directe du soleil, deviennent d'abord violets, puis noirs ; cette teinte noire est due à l'argent métallique réduit à l'état pulvérulent ; en même temps, il se dégage du chlore, du brome et de l'iode.

Cette action de la lumière est beaucoup plus rapide lorsqu'on ajoute au sel d'argent, soumis à l'action de la lumière, un corps organique susceptible de se combiner avec le chlore, le brome et l'iode qu'abandonne le métal. Parmi

ces substances organiques, la cellulose, l'albumine, la gélatine jouissent de la propriété d'exalter la sensibilité des sels
d'argent soumis à l'action de la lumière.

Les substances telles que les chlorure, bromure, iodure
d'argent qui, sous l'influence de la lumière, sont transformées
en argent métallique avec dégagement de chlore, de brome
ou d'iode, sont appelées matières *impressionnables*. Certaines
substances possèdent la propriété d'achever la réduction
du bromure d'argent dans les parties ayant reçu l'action de la
lumière. On leur donne le nom de *révélateurs*.

**Action particulière de chaque radiation du spectre sur les
substances impressionnables.** — Si nous produisons un spectre
pur avec un prisme de quartz, qui possède la propriété de se
laisser traverser par les radiations les plus réfrangibles du
spectre, et que nous le recevions sur un papier sensible au gélatino-bromure d'argent, nous verrons ce papier noircir progressivement, depuis le vert bleuâtre jusqu'au violet, et même,
au delà du violet, sur une étendue au moins égale à celle qui
sépare le violet du rouge, montrant ainsi la présence des
radiations de l'ultra-violet, plus réfrangibles que le violet,
et auxquelles l'œil est insensible, sans doute parce que ses
milieux, le cristallin et l'humeur vitrée, les absorbent.

212. Préparation du cliché ou épreuve négative. —
La préparation de la première épreuve comprend trois opéra-
tions : la *pose*, le *développement* et le *fixage*.

Cette première épreuve, dite négative, est ainsi nommée
parce que, quand on la regarde par transparence, les blancs
de l'objet sont vus en noir. Cela vient de ce que la lumière
émise par les parties éclairées a réduit les sels d'argent; au
contraire, les noirs de l'objet sont vus en blanc, parce que
ces parties, n'ayant pas été impressionnées, restent transparentes après dissolution de la substance impressionnable. Par
exemple, en photographiant une croix blanche sur un fond
noir, on aura une croix noire sur un fond blanc. Pour obtenir
cette épreuve négative, on se sert de la chambre noire.

Chambre noire (*fig.* 211). — La chambre noire se compose
d'une caisse dont les parois antérieure et postérieure sont en
bois, et les parois latérales formées par un soufflet. Cette

caisse doit être complètement imperméable à la lumière. Sur la paroi antérieure se trouve vissé un tube métallique T qui contient un système convergent de lentilles, lequel forme l'objectif.

La face postérieure porte un cadre dans lequel se trouve enchâssée une glace dépolie, destinée à recevoir l'image réelle des objets extérieurs, produite par l'objectif. Cette paroi peut être éloignée ou rapprochée de l'objectif, à l'aide d'une crémaillère et d'un pignon denté P, afin

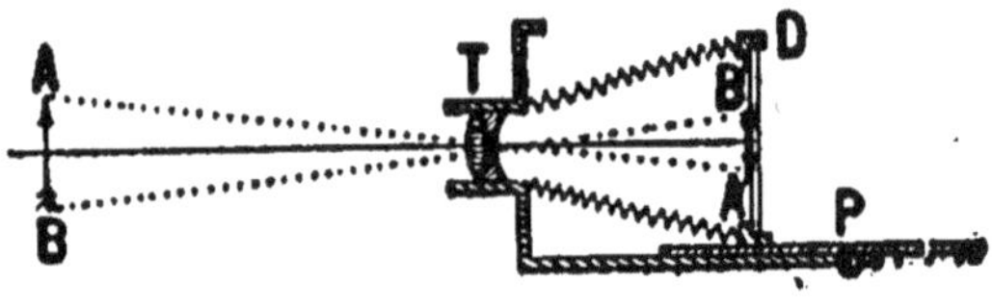

Fig. 241.

d'obtenir sur la glace une image aussi nette que possible des objets extérieurs. C'est ce que l'on appelle la *mise au point*.

Dans les appareils à main employés pour l'instantané, on supprime la glace dépolie; la plaque sensible occupe la position du plan focal de l'objectif, de sorte que tous les objets situés au delà d'une certaine distance sont au point. Ces appareils renferment généralement un certain nombre de plaques, que l'on substitue les unes aux autres par un mécanisme spécial. Ils sont munis d'un viseur constitué par une petite chambre noire, sur le verre dépoli de laquelle on peut voir l'image telle qu'elle sera sur la plaque sensible.

Les objets AB étant généralement situés à une distance de l'objectif plus grande que le double de sa distance focale, leur image A'B' est renversée et plus petite que l'objet.

Plaques sensibles. — Les plaques sensibles utilisées aujourd'hui sont formées d'une plaque de verre ou d'une pellicule de celluloïd, sur lesquelles on a déposé une couche de gélatino-bromure d'argent, obtenue par double décomposition entre l'azotate d'argent et le bromure de sodium en suspension dans une émulsion de gélatine; c'est ainsi que l'on obtient les plaques pour instantanés. La plaque sensible est disposée dans un châssis fermé, et mise à la place du verre dépoli : on la démasque et l'on enlève l'obturateur, lequel peut être manœuvré à la main, ou mécaniquement pour l'instantané. Le temps de pose varie avec la sensibilité de la plaque, c'est-à-dire la nature de la substance impressionnable, l'éclairage du sujet, sa distance, sa couleur, la clarté de l'objectif, le diamètre du diaphragme, etc.

Après exposition à la lumière, on referme le châssis qui contient la plaque sensible ; celle-ci est alors portée dans un laboratoire obscur, éclairé par une lanterne à verre rouge rubis étudié au spectroscope et qui ne doit laisser passer que de la lumière rouge.

Après exposition à la lumière dans la chambre noire, la réaction chimique n'est pas complète ; l'image n'apparaît pas sur la plaque sensible, qui conserve son aspect laiteux. Il faut rendre visible cette image *latente*, en complétant l'action de la lumière par l'opération du *développement*.

Développement. — On immerge la plaque dans une cuvette contenant le révélateur, doué de la propriété de continuer la réduction du bromure d'argent |sur les parties de la plaque ayant reçu l'action de la lumière, lesquelles correspondent aux parties claires du sujet. Les révélateurs appartiennent à la catégorie des corps réducteurs.

Les plus employés sont : l'oxalate ferreux, composé d'un mélange de sulfate ferreux et d'oxalate neutre de potassium ; le pyrogallol, composé de pyrogallol, de sulfite de sodium et de carbonate de sodium ; l'hydroquinone, additionné de carbonate et de sulfite de sodium ; le diamidophénol, à l'état de chlorhydrate, mélangé de sulfite de sodium ; l'iconogène, etc. On pousse le développement jusqu'à ce que les détails de l'objet apparaissent ; on lave la plaque à grande eau et l'on passe au *fixage*.

Formule pour les instantanés :

Eau	50^{gr},00
Hydroquinone...........................	3 ,25
Sulfite de sodium......................	26 ,15
Carbonate de potassium................	52 ,30

Fixage. — Le fixage a pour but d'enlever le sel d'argent non impressionné. On dispose la plaque dans une cuvette contenant une solution à 12 0/0 d'hyposulfite de sodium, qui dissout le bromure d'argent, et l'on prolonge l'opération jusqu'à ce que le ton jaunâtre disparaisse. Après un lavage prolongé, on laisse sécher le cliché à l'abri des poussières.

213. Épreuve positive. — Avec le cliché de l'épreuve négative, on obtient une épreuve positive, dans laquelle les tons de l'image sont remis à leur place : les blancs deviennent noirs et les noirs deviennent blancs.

Les positifs se font sur papier ou sur verre. Le papier sensible est soit à l'albumino-chlorure d'argent, soit au gélatino-bromure d'argent, soit enfin au gélatino-citrate d'argent.

Le tirage se fait avec le châssis-presse, qui se compose d'une petite caisse plate ayant une glace comme fond et deux couvercles que des ressorts maintiennent en place dès qu'ils ont été rabattus.

Le cliché est appliqué sur la glace, du côté opposé à la pellicule ; celle-ci est recouverte du papier à impressionner, au-dessus duquel on place encore quelques feuilles de papier ; on rabat les couvercles et l'on expose à la lumière diffuse. Les parties sombres, ne laissant passer que peu de lumière, formeront les clairs de l'épreuve ; tandis que les parties claires, laissant passer la lumière qui réduit le sel d'argent, formeront les noirs. On expose jusqu'à ce que ces noirs aient une intensité suffisante.

On lave à l'eau pour éliminer le sel d'argent et l'on passe au virage.

Virage. — Le virage a pour but de remplacer une partie de l'argent réduit, qui peut être altéré par les actions *oxydantes* et sulfurantes des gaz de l'atmosphère, et de donner un ton plus agréable, en remplaçant l'argent par l'or *inaltérable*. On immerge l'épreuve dans un bain d'or, formé de 1 gramme de chlorure d'or pour 1 litre d'eau, et de 10 grammes de craie lavée. On fixe ensuite à l'hyposulfite de sodium, qui dissout le chlorure d'argent contenu dans les blancs et celui qui s'est formé pendant le virage ; puis on lave l'épreuve, pendant plusieurs heures, à l'eau courante, pour la débarrasser de l'hyposulfite de sodium, qui amènerait la destruction de l'image au bout d'un temps plus ou moins long.

214. Épreuves positives au platine. — Les épreuves aux sels d'argent s'effacent avec le temps, tandis que les épreuves au platine sont inaltérables et donnent les tons noirs de la gravure. Le papier au platine est recouvert d'une préparation sensible, composée d'oxalate ferrique et de chloroplatinate de potassium. On l'expose, sous un négatif, à une douce lumière et on pousse l'impression jusqu'à ce que l'image apparaisse en gris clair, avec les détails légèrement indiqués. On développe ensuite dans une solution à 30 0/0 d'oxalate de potassium dans de l'eau distillée, à une température de 70°. Le révélateur achève l'action de la lumière et forme, dans les parties insolées, un dépôt noir de platine réduit. Lorsque l'épreuve possède le ton voulu, on fixe dans un bain d'acide chlorhydrique à 15 pour 1.000, qui dissout les sels de platine et de fer non impressionnés ; enfin, on lave l'épreuve.

215. Épreuves positives au charbon. — Ce procédé est basé sur la propriété que possède la *gélatine bichromatée* de devenir insoluble, même dans l'eau chaude, lorsqu'elle a été impressionnée par la lumière. On recouvre la feuille de papier de gélatine bichromatée à laquelle on a mélangé un pigment constitué par le noir de fumée. On place ce papier sous un cliché négatif, que l'on expose à la lumière. Les parties éclairées deviennent insolubles en lavant l'épreuve à grande eau ; tout ce qui n'a pas été insolé est dissous. Le pigment noir reste là où la gélatine a été insolée et constitue le dessin. On obtient ainsi des photographies inaltérables.

216. Plaques orthochromatiques. — Les plaques ordinaires ne sont sensibles qu'aux radiations bleues ou violettes. Mais on peut fabriquer des plaques sensibles aux rayons jaunes ou verts, jaunes ou rouges, et à toutes les couleurs du spectre, même aux rayons ultra-violets. Si l'on interpose, entre la fente du spectroscope et une source de lumière donnant un spectre continu, des dissolutions de certaines matières colorantes artificielles extraites du goudron de houille, on observe des spectres d'absorption, formés de bandes dans la partie la moins réfrangible du spectre.

La *chrysaniline* produit une bande d'absorption dans le vert ; l'*érythrosine*, dans le jaune ; le *violet de méthyle*, dans le jaune orangé ; la *cyanine*, dans l'orangé et le rouge ; le *vert malachite*, dans le vert, le jaune et le rouge. Ces mêmes substances, incorporées dans une émulsion de gélatino-bromure d'argent, la rendent sensible aux radiations qu'elles absorbent ou aux radiations voisines. Le gélatino-bromure d'argent est très impressionnable par les rayons bleus, violets et ultra-violets, mais peu par les verts et les jaunes et pas du tout par les rayons orangés et les rouges ; au contraire, notre œil voit le vert, le jaune, l'orangé et le rouge avec un degré de luminosité supérieur à celui du bleu et du violet : la lumière n'agit donc pas sur les plaques photographiques comme sur la rétine. Il en résulte que les diverses parties de l'image d'un objet polychrome ont une luminosité fort différente de celle qui est perçue par l'œil : les couleurs peu réfrangibles paraissent plus foncées, plus sombres que dans la nature ; les couleurs très réfrangibles se montrent trop claires. On a cherché à diminuer la sensibilité des plaques ordinaires pour les couleurs très réfrangibles, afin d'obtenir le redressement des tonalités et de présenter les objets colorés avec leur valeur réelle.

Le procédé consiste à incorporer à l'émulsion de gélatino-bromure certaines substances capables d'absorber les radiations lumineuses peu réfrangibles et de se combiner au brome du sel d'argent.

Par exemple, avec de l'*éosine* additionnée d'une petite quantité d'azotate d'argent, il se forme un éosinate d'argent, environ cinq fois plus sensible pour les rayons jaunes et verts que l'éosine simple, mais qui diminue la sensibilité de l'émulsion aux rayons bleus et violets.

On rend les plaques sensibles au vert par la chrysaniline; au vert et au jaune, par l'éosine; au jaune orangé, par l'érythrosine; au rouge orangé, par la cyanine. La matière colorante est ajoutée à l'émulsion avant l'étendage. Ces plaques sont appelées *orthochromatiques*.

Les plaques Lumière sont classées en deux séries : série A, sensibles aux rayons verts et aux jaunes; série B, sensibles aux rayons jaunes et aux rouges. La série A est utilisée pour les paysages et les tableaux dont les teintes dominantes sont le jaune et le vert; la série B, pour tableaux, vitraux, étoffes.

Ces plaques doivent être maniées dans le laboratoire avec une lumière rouge rubis très faible, puisqu'elles sont sensibles à la lumière rouge.

217. Photogravure (Phototypographie). — On distingue deux procédés :

1° Pour les images au trait, les figures géométriques, le dessin au trait d'appareils, comme les figures de ce livre, par exemple;

2° Pour les images à teintes continues ou dégradées : photographies, tableaux, aquarelles, dessins des journaux illustrés, etc.

Pour les images au trait, on photographie au collodion humide (1) l'image à reproduire, en la réduisant aux dimensions que doit avoir l'épreuve définitive. On obtient un négatif renversé par rapport au modèle, et qu'il faut retourner. On étale sur le cliché, pour servir de support à la pellicule, une couche d'une solution de caoutchouc dans la benzine.

On prend une plaque de zinc bien plane et parfaitement nettoyée, que l'on recouvre d'une solution à 4 0/0 de bitume de Judée dans la benzine. Le bitume de Judée possède les mêmes propriétés que la gélatine bichromatée : les parties insolées deviennent insolubles dans l'essence de térébenthine. On détache du verre la double

(1) Le collodion se prépare en mettant dans un flacon bouché à l'émeri : alcool, 50 centimètres cubes; éther, 50 centimètres cubes; fulmi-coton, 1 gramme.

pellicule de collodion et de caoutchouc; on l'applique, en la retournant, sur la plaque de zinc, on expose à la lumière et on développe avec l'essence de térébenthine, qui dissout le bitume de Judée dans toutes les parties non insolées. On obtient ainsi un positif sur zinc, dans lequel le bitume de Judée, rendu insoluble par l'action de la lumière, reproduit l'image et forme réserve sur toutes les parties qui doivent être en relief. On procède ensuite à la *morsure* avec l'acide nitrique, afin de ronger les parties qui doivent rester blanches à l'impression, laissant le dessin en relief. On pourra ensuite tirer *des épreuves* à la presse.

Pour reproduire les dessins en *teintes continues : similigravure, autotypie*, on photographie le dessin à reproduire en disposant, à une petite distance en avant de la plaque sensible, un *réseau* appelé *trame*, formé d'un quadrillage régulier de 33 à 80 traits opaques au centimètre carré.

Ces lignes opaques portent ombre sur la plaque sensible, et chaque trait laisse derrière lui, sur le positif, une ligne noire impressionnée; de plus, les mailles très fines du réseau jouent le rôle de la petite ouverture d'une chambre obscure et donnent des images du trou du diaphragme, dont l'ouverture est formée d'un carré portant aux angles des carrés plus petits. Dans les clairs, les parties blanches empiètent sur ces lignes d'ombre, par le phénomène d'irradiation.

En examinant le cliché à la loupe, on voit que les grands clairs sont reproduits par un pointillé noir très fin sur fond blanc; les demi-teintes, par une sorte de damier présentant des carrés noirs et blancs de même dimension; les parties les plus foncées, par un pointillé blanc sur fond noir; ces points blancs étant d'autant plus petits que la teinte est plus noire, on arrive jusqu'au noir absolu.

Une telle épreuve peut être immédiatement reproduite en photogravure; la réticulation du réseau permet à l'encre de s'attacher sur la planche au moment de l'impression.

Pour obtenir l'image sur Zn, on emploie le *procédé à l'émail*. On prend une solution d'albumine, de colle de poisson et de bichromate d'ammonium et d'une petite quantité d'ammoniaque; on étend par les procédés ordinaires; on insole sous un négatif tramé et retourné; on lave à l'eau, puis on introduit la plaque dans une solution de matière colorante violet de méthyle, ce qui permet d'apprécier si l'image est au point voulu. On lave et on sèche, puis on cuit sur un bec Bunsen; la plaque prend un ton brun chocolat : elle est prête pour la morsure à l'acide azotique.

218. Photocollographie, phototypie. — Ce procédé permet d'obtenir directement des teintes modelées pour le tirage à la presse. On étend une couche de gélatine bichromatée sur une glace; on insole sous un négatif et on lave abondamment, pour éliminer tout le bichromate. L'insolubilisation de la couche de gélatine bichromatée est proportionnelle aux valeurs des négatifs. On encre la planche, préalablement mouillée, avec une encre grasse qui ne prendra que sur les parties insolées, proportionnellement à leur degré d'insolation, et sera chassée dans les autres. On applique une feuille de papier et on tire à la presse.

219. Photographie en couleurs. — Les trois couleurs fondamentales : violet, vert, orangé, peuvent, par leur mélange, donner toutes les autres couleurs.

En superposant le violet et le vert, et le mélange de ces deux couleurs sur l'orangé, on a le blanc ; mais ceci n'a lieu qu'en employant les couleurs à l'état radiant, dans les rayons du spectre solaire.

Si l'on prend comme couleurs matérielles les couleurs complémentaires des couleurs fondamentales : jaune, rouge, bleu, et qu'on les superpose toutes les trois avec une égale intensité, on obtient du noir dû au pigment coloré, au lieu d'obtenir du blanc.

220. Procédé trichrome. — Etant donné un objet coloré à reproduire, on en prend trois clichés successifs, en ayant soin d'interposer chaque fois un écran en gélatine, coloré en *orangé* pour le premier, en *vert* pour le deuxième et en *violet* pour le troisième. On développe comme d'habitude.

Les poses successives sont dans le rapport de 7 — 5 — 1 environ. Il en résulte que le premier cliché contient en *noir* les rayons orangés, le deuxième les rayons verts, le troisième les rayons violets.

Les parties transparentes de ces clichés correspondent donc aux couleurs *complémentaires* de celles-ci, c'est-à-dire au bleu, au rouge, au jaune.

Il s'agit de reproduire les couleurs sur papier.

On prend pour cela le papier dit au charbon ou à la gélatine bichromatée. Trois papiers blancs sont couverts d'une couche de gélatine colorée en bleu, rouge et jaune.

On sensibilise ces papiers avec 3 à 5 0/0 de bichromate de potassium ; on sèche, on expose le temps nécessaire, le papier *bleu sous le cliché orangé*, le *rouge sous le cliché vert*, le *jaune sous le cliché violet*.

On lave pour enlever le bichromate.

On applique fortement les trois papiers sur trois glaces *talquées* et on met dans l'eau chaude : le papier se détache et la gélatine restée soluble se dissout.

Il reste sur le verre la gélatine insolubilisée qui, colorée par le pigment, constitue l'image. On prend alors du papier *transfert*, simplement gélatiné. On le mouille et on l'applique sur l'épreuve jaune ; on laisse sécher et on détache le papier, qui entraîne l'image. On recommence avec le rouge et le bleu, en ayant soin de bien repérer chaque fois, et l'épreuve est terminée.

OBJECTIFS PHOTOGRAPHIQUES [1]

221. Défauts d'un objectif constitué par une lentille unique. — La partie essentielle de l'appareil photographique, celle qui en fait toute la valeur, c'est l'objectif.

Un objectif qui ne serait formé que d'une seule lentille aurait de nombreux défauts, dont les principaux seraient : 1° l'*aberration chromatique* ; 2° l'*aberration de sphéricité* ; 3° la *distorsion* ; 4° l'*astigmatisme*.

222. Aberration chromatique. — **Objectif achromatique.** — Nous avons vu qu'un faisceau de lumière blanche parallèle à l'axe principal d'une lentille donne, pour chaque couleur, un foyer. En plaçant un objet coloré devant une lentille, nous aurons donc une série d'images colorées. Or, c'est à l'extrémité violette du spectre que se trouvent les rayons les plus actifs, et la mise au point s'est faite sur les rayons les plus lumineux, c'est-à-dire les rayons jaunes, non sur les rayons violets : il en résultera que chaque point de l'objet donnera une tache d'une certaine étendue, qui produira une image floue.

En réalité, la lentille présente deux foyers principaux, placés du même côté : un foyer visuel, déterminé par l'œil, et un foyer chimique, relatif à la surface sensible et plus rapproché de la lentille que le premier.

Correction de l'aberration chromatique. — On corrige l'aberration chromatique par l'emploi d'*objectifs achromatiques*, qui ont pour effet d'achromatiser le jaune de la raie du sodium avec l'indigo correspondant à une des raies de l'indium.

On obtient ainsi la réunion des points de concours des rayons photographiques et des rayons lumineux.

L'objectif est composé de deux lentilles, l'une convergente, en crown, l'autre divergente, en flint.

---

[1] Ce chapitre est, en principe, en dehors du programme, mais nous avons cru utile de donner sur les objectifs photographiques quelques notions qui permettront aux étudiants de réaliser simplement des épreuves pratiques intéressantes.

ÉLECTRICITÉ ET MAGNÉTISME

CHAPITRE 1

PHÉNOMÈNES ÉLECTRIQUES FONDAMENTAUX

235. Electrisation par frottement. — Corps bons ou mauvais conducteurs. — Si l'on frotte un bâton de verre, d'ébonite ou d'ambre, avec une étoffe de laine, ce bâton acquiert, par le frottement, la propriété d'attirer les corps légers, comme des fragments de papier, de la râpure de liége, des boules de moëlle de sureau, des feuilles d'or, etc. On dit que ces corps sont *électrisés*, et la cause inconnue de ce phénomène est appelée *électricité*, qui veut dire ambre, du mot grec ηλεχτρον, l'ambre étant le premier corps sur lequel on ait reconnu cette propriété.

Certains phénomènes caractérisent encore, par un temps sec, l'état d'un corps électrisé : ainsi, on voit se produire entre la baguette et le doigt de petites étincelles, qui éclatent avec un crépitement particulier.

Une baguette de métal (*fig.* **248**), tenue à la main, ne s'électrise pas par frottement ; mais si on la fixe à l'extrémité d'une baguette d'un corps capable de s'électriser par frottement, comme le *verre*, l'*ébonite*, la *paraffine*, elle s'électrise de la même manière et peut attirer les corps légers. Nous

métal   verre

Fɪɢ. 248.

pourrons, de plus, constater qu'une baguette de verre électrisée n'attire les corps légers que dans la région frottée, c'est-à-dire que l'électricité reste localisée au point où elle a été développée, sans pouvoir se déplacer de ce point à un autre ; tandis qu'une baguette de métal électrisée attire les corps légers en tous les points de sa surface.

Enfin, une baguette de verre ou d'ébonite électrisée, tou-

Documents manquants (pages, cahiers...)
NF Z 43-120-13

chée avec le doigt, perd son électricité au point touché et partout ailleurs, reste électrisée ; tandis qu'une baguette de métal électrisée, touchée en un de ses points, perd instantanément toute son électricité. Nous considérons l'électricité comme susceptible de se mouvoir facilement dans les métaux, le corps de l'homme, et de se déplacer très difficilement dans l'ambre, le verre, l'ébonite. C'est pour cette raison que l'électricité développée sur une baguette de métal tenue à la main se perd dans le sol, par l'intermédiaire du corps de l'homme. Les premiers corps comme l'ambre, le verre, l'ébonite sont appelés *mauvais conducteurs ;* les seconds, tels que les métaux, le corps de l'homme sont dits *bons conducteurs.*

La conductibilité est une propriété graduée ; il n'y a pas de corps absolument conducteurs et absolument isolants. Tous les corps sont plus ou moins conducteurs. Nous pouvons vérifier la plus ou moins grande conductibilité des corps au moyen de l'expérience suivante (*fig.* 249) : prenons une sphère de métal A, supportée par un pied de paraffine, et mettons-la en communication avec la boule B d'un

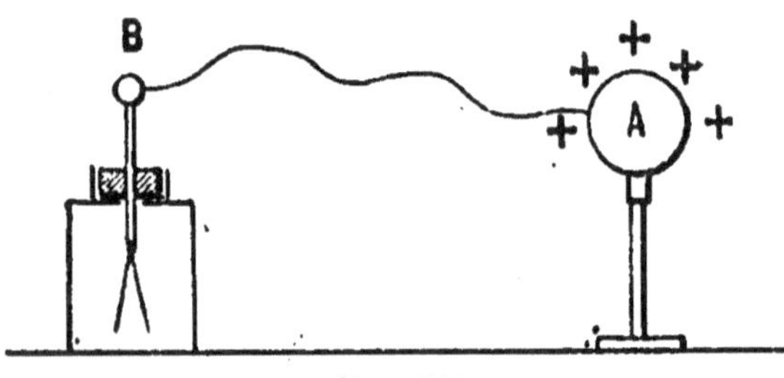

Fig. 249.

électroscope à feuilles d'or (1), par l'intermédiaire d'un fil de cuivre. Nous électrisons la sphère en la frappant avec une peau de chat et nous voyons immédiatement les feuilles d'or diverger, même si le fil est très long. Nous constatons que la vitesse de l'électricité est extrêmement grande dans les métaux ; nous verrons plus tard qu'elle est comparable à la vitesse de la propagation de la lumière.

Si l'on remplace le fil de cuivre par un fil de coton ciré, la divergence des feuilles ne se produit qu'au bout de quelques instants et augmente progressivement ; la vitesse de propagation n'est que de quelques millimètres par seconde.

Si l'on remplace le fil de coton ciré par un fil de soie

(1) Appareil qui permet de reconnaître la présence de l'électricité et que nous décrirons au paragraphe 238.

bien sec, les **feuilles ne divergent** pas, même après plusieurs heures ; mais, si l'on **mouille le fil** de soie, il devient immédiatement conducteur.

La vitesse de propagation est **également** très faible pour le verre et la paraffine : une fraction de **millimètre par** heure.

236. Isolants. — Les corps très mauvais conducteurs sont appelés *isolants*. L'air est un isolant ; en effet, s'il en était autrement, nous ne pourrions conserver l'électricité sur aucun corps conducteur. Tous les gaz, la vapeur d'eau comprise, sont isolants.

Le *vide parfait* est le meilleur isolant. La paraffine est un des meilleurs isolants ([1]), mais il manque de solidité; le pétrole, l'essence de térébenthine, la benzine sont de très bons isolants. Le verre n'est un isolant que par les temps secs ; même sec et chaud, il n'est pas un isolant parfait; sa conductibilité dépend beaucoup de sa composition chimique ; par les temps humides, la vapeur d'eau de l'atmosphère se condense à sa surface, qui devient conductrice.

C'est pour cette raison qu'il est nécessaire de dessécher, en les chauffant, tous les appareils servant aux expériences et supportés par des pieds isolants en verre. On emploiera de préférence comme supports isolants, dans toutes les expériences, la paraffine ou la diélectrine.

On peut classer les corps par ordre de conductibilité, d'après le tableau suivant :

BONS CONDUCTEURS	ASSEZ BONS	DEMI-CONDUCTEURS	MAUVAIS CONDUCTEURS
Argent.	Graphite.	Corps humain.	Huiles.
Cuivre.	Charbon de bois.	Eau de puits.	Porcelaine.
Or.	Dissolutions salines et acides.	Toile.	Flint glass.
Zinc.		Coton.	Soie.
Platine.	Eau de mer.	Bois sec.	Soufre.
Fer.	Terre humide.	Paille.	Résine.
Plomb.	Flamme.	Marbre.	Ebonite.
Mercure.	Gaz raréfiés.	Alcools.	Glace, neige.
Bismuth.	Gaz à haute température.		Air sec.
Charbon de cornue.			Ambre.
			Paraffine.

([1]) On emploie comme isolant un mélange de soufre et de paraffine, plus résistant, appelé *diélectrine*.

237. Attractions et répulsions électriques. — Distinction des deux électricités. — Pendule électrique. — Pour l'étude des corps électrisés, nous nous servirons du pendule électrique *isolé* (*fig.* 250), qui se compose d'une petite balle en moëlle de sureau A, suspendue à un fil de soie F isolant (*fil de cocon*), fixé à un bloc de paraffine D relié à un support en verre B.

Si, après avoir frotté une baguette de verre *poli* avec de la laine, nous l'approchons de la boule de sureau A du pendule, celle-ci se précipite sur la baguette de verre et, après un instant de contact, elle est vivement repoussée; de même, si l'on frotte une baguette d'ébonite sur de la laine et qu'on l'approche de la boule de sureau d'un autre pendule isolé A', elle est attirée et, après contact, immédiatement repoussée par l'ébonite.

Distinction des deux électricités. — Nous allons constater que l'état de charge électrique du verre est différent de celui de l'ébonite.

Première expérience. — Chargeons par *contact* les deux boules de sureau des pendules A et A' (*fig.* 251, 252) avec le bâton de verre électrisé. Si nous cherchons à rapprocher

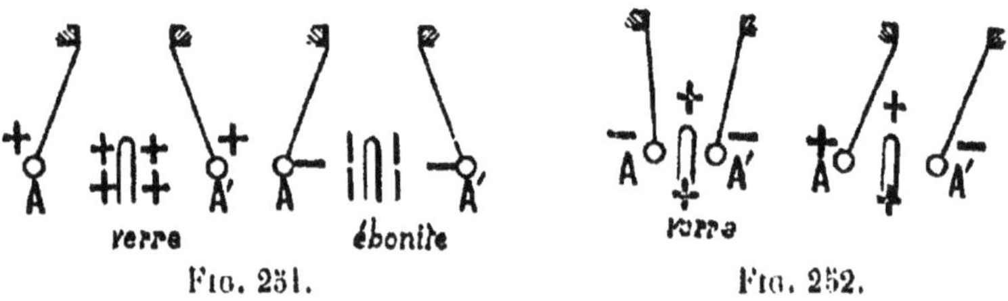

Fig. 251.   Fig. 252.

l'une de l'autre ces deux boules, elles montrent une vive répulsion : nous en concluons que *deux corps chargés d'électricité de même nature se repoussent*.

Si nous répétons l'expérience avec une baguette d'ébonite frottée sur une peau de chat, nous obtenons le même résultat.

Enfin si, les boules A et A' ayant été chargées avec la baguette de verre, on approche d'elles un bâton d'ébonite électrisé, elles sont attirées; de même, les boules A et A', chargées par le bâton d'ébonite électrisé, sont attirées par le bâton de verre. Enfin, si nous chargeons A avec le bâton de verre et A' avec le bâton d'ébonite et que nous approchions la baguette de verre, A sera repoussée et A' sera attirée. La charge électrique du verre et la charge électrique de l'ébonite se comportent donc de deux manières exactement opposées.

Deuxième expérience. — Si nous disposons (*fig.* 253) une baguette de verre électrisée sur une pointe, de façon qu'elle puisse tourner, et que nous approchions une deuxième baguette de verre électrisée, il se produira une rotation par répulsion ; nous constaterons le même phénomène avec deux baguettes d'ébonite. Enfin, si de la baguette de verre électrisée fixée sur la pointe, nous approchons une baguette d'ébonite électrisée, nous aurons une rotation par attraction. Nous

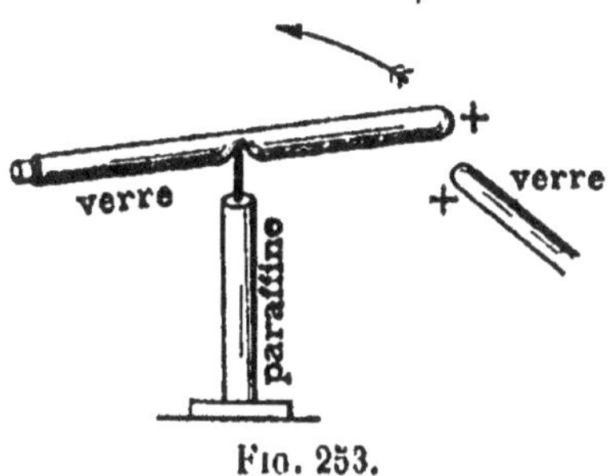

Fig. 253.

en concluons que *les corps chargés de l'électricité du verre attirent les corps chargés de l'électricité de l'ébonite.* Pour distinguer ces deux espèces d'électricité, nous appellerons positive l'électricité du verre frotté sur la laine, en la représentant par le signe +; et nous appellerons négative l'électricité de l'ébonite frottée sur la laine, en la représentant par le signe —.

En examinant l'état électrique de différents corps, on constate qu'il n'est possible de produire que deux *états électriques :* les uns se chargent comme le verre, c'est-à-dire repoussent la boule d'un pendule chargé de l'électricité du verre ; les autres se chargent comme l'ébonite, c'est-à-dire repoussent la boule d'un pendule chargé de l'électricité de l'ébonite. On ne connaît aucun corps qui repousse à la fois le pendule chargé de l'électricité du verre et le pendule chargé de l'électricité de l'ébonite.

Un même corps peut être chargé positivement ou négativement, suivant le corps avec lequel il est frotté et suivant les circonstances dans lesquelles se fait le frottement. Une étoffe de flanelle prend de l'électricité + quand elle est frottée avec un bâton de *résine*, et de l'électricité — lorsqu'elle est frottée avec un bâton de *verre*.

Le verre *poli* frotté sur la flanelle ou la soie s'électrise positivement ; le verre *dépoli* s'électrise positivement quand on le frotte avec de la flanelle, et négativement quand on le frotte avec de la soie ; un corps chaud frotté avec un corps de même composition chimique, mais froid, s'électrise négativement.

Nous pouvons classer les corps qui s'électrisent par frottement, de telle sorte que chacun d'eux soit chargé *négativement* par les corps qui le précèdent et *positivement* par ceux qui le suivent :

Diamant ;	Toile, laine, soie ;	Soufre ;
Cristal de roche ;	Cire à cacheter ;	Cire ;
Verre ;	Caoutchouc ;	Résine.

238. Électroscope à feuilles d'or [1]. — L'électroscope à feuilles d'or est un appareil (*fig.* 254) qui sert à reconnaître si

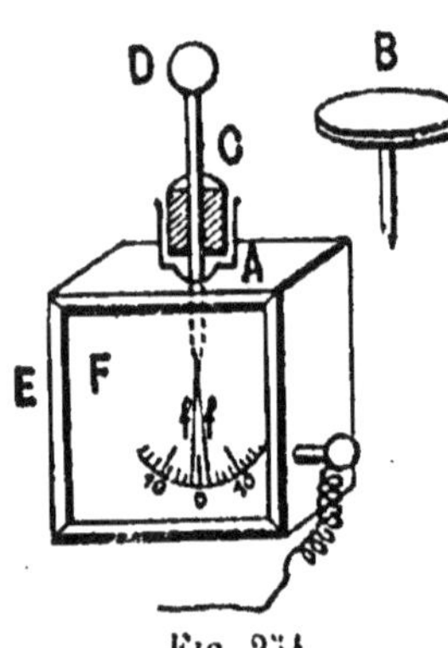

Fig. 254.

un corps est électrisé et à déterminer la nature de son électricité. Il se compose essentiellement d'une tige de cuivre A, portant à son extrémité inférieure deux petites feuilles d'or ou d'aluminium f, f, de 3 à 4 centimètres de longueur et de 3 millimètres de largeur. L'extrémité supérieure de la tige porte une boule D ou un plateau B en cuivre. La tige A est fixée dans un bouchon isolant de paraffine C, qui ferme une ouverture percée dans la partie supérieure d'une cage métallique E, laquelle a pour but, ainsi que nous le verrons plus loin, de jouer le rôle d'écran et de protéger les feuilles d'or de l'action des corps électrisés extérieurs et de l'agitation de l'air. Cette cage porte, sur sa paroi antérieure, une glace en verre F, pour observer la déviation des feuilles d'or devant un cadran gradué, dont le point zéro correspond au point de jonction des feuilles, quand l'électroscope n'est pas chargé. Si l'on met en contact la boule ou le plateau de l'électroscope avec un corps électrisé, la tige de l'électroscope s'électrise par *contact* et les feuilles d'or, chargées d'une même électricité, se repoussent et divergent plus ou moins. Le même phénomène se produit si l'on approche à distance un corps électrisé de la boule de l'électroscope ; l'appareil se charge alors par *influence* [2].

Pour reconnaître avec l'électroscope à feuilles d'or le signe

(1) La théorie de l'électroscope est exposée au chapitre VIII.
(2) Voir les phénomènes d'influence, chapitre IV.

du corps électrisé, on charge la boule de l'électroscope avec la source dont on veut déterminer le signe, et l'on approche un bâton d'ébonite électrisé négativement.

1° Si la divergence des feuilles augmente, la source est négative ; 2° si elle diminue, la source est positive.

239. Production simultanée, par frottement, des deux électricités.

— Deux corps frottés l'un contre l'autre s'électrisent, l'un *positivement*, l'autre *négativement*.

Pour le vérifier (*fig.* 255), prenons deux disques, A et B, l'un en verre, l'autre en bois recouvert de drap, munis de manches en paraffine, et frottons-les l'un contre l'autre ; nous verrons que, quelle que soit la nature des corps, l'un des disques est chargé positivement et l'autre négative-

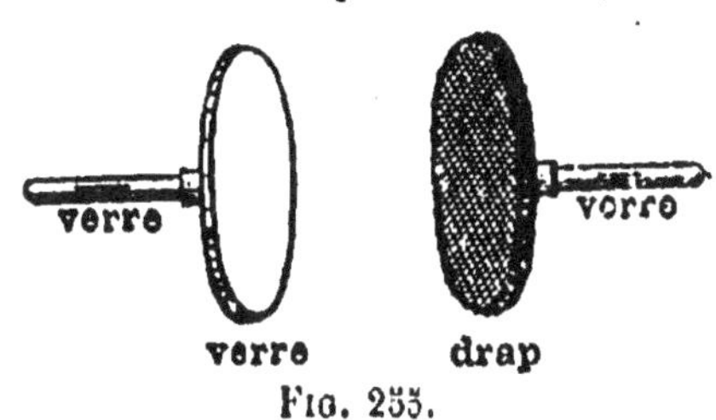

Fig. 255.

ment. Si nous approchons successivement chacun d'eux d'un pendule isolé, électrisé positivement, ce pendule sera attiré par l'un des disques et repoussé par l'autre.

LOI DES ATTRACTIONS ET DES RÉPULSIONS ÉLECTRIQUES

240. Mesure des forces électriques.

— L'électricité se manifestant par des phénomènes d'attraction ou de répulsion, on définira les quantités d'électricité que possèdent les corps électrisés au moyen des forces attractives ou répulsives qu'ils exercent, dans des conditions déterminées, sur un corps électrisé.

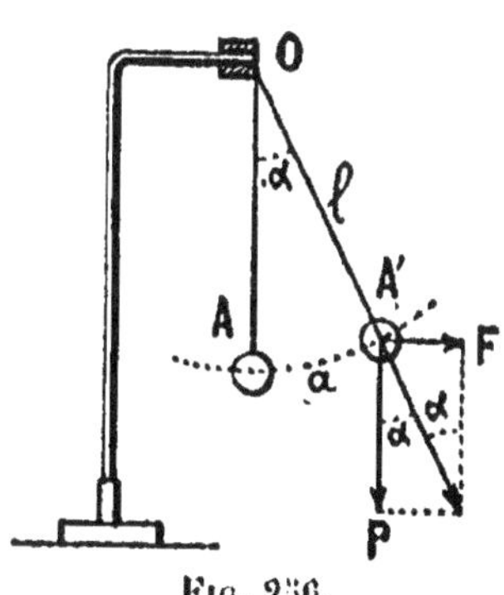

Fig. 256.

Pour mesurer ces forces, nous nous servirons du pendule électrique (*fig.* 256), dont nous avons déjà donné la description. Nous allons établir la relation qui existe entre la déviation du pendule et la force exercée par un corps électrisé sur la boule en moëlle de sureau.

Soient P, le poids de la balle; α, l'angle de déviation du pendule ; l, la longueur du fil et a, le déplacement de la balle sous l'action de la force F. Il y a équilibre lorsque la résultante des forces P et F est dirigée dans le prolongement du fil. Donc :

$$F = P \operatorname{tg} \alpha.$$

Si le fil est long et l'angle α petit,

$$F = P\alpha ; \qquad \text{mais} \qquad \alpha = \frac{a}{l}; \qquad \text{d'où} \qquad F = \frac{Pa}{l}.$$

Donc, la force F est *proportionnelle à l'écart a de la boule de sa position initiale*. La sensibilité de l'appareil sera proportionnelle à la longueur du fil, et inversement proportionnelle au poids de la boule.

Exemple. — Supposons un pendule pour lequel :

$$l = 100 \text{ centimètres,} \qquad P = 0^{gr},1, \qquad a = 1 \text{ centimètre;}$$

la force F serait égale à 1 milligramme.

Quantités ou charges égales d'électricité. — Lorsque deux corps électrisés, placés à la même distance r de la boule du pendule A électrisé, produisent la même déviation a, nous disons qu'ils possèdent des *charges* ou *quantités d'électricité égales*.

Lorsqu'un corps électrisé produira sur la boule du pendule A, à une distance r, une déviation 2, 3, 4 fois plus grande qu'un autre corps électrisé placé à la même distance, nous dirons qu'il possède une quantité d'électricité double, triple, quadruple du premier.

Si des corps électrisés A_1, A_2, A_3, placés à une même distance r, que nous supposerons très grande par rapport aux dimensions des corps eux-mêmes, de la boule d'un pendule électrisé, produisent des déviations α_1, α_2, α_3, ces corps seront chargés de quantités d'électricité proportionnelles à α_1, α_2, α_3. Ces valeurs α_1, α_2, α_3 représenteront en unités arbitraires les charges des corps A_1, A_2, A_3.

Loi de Coulomb. — *Les forces répulsives ou attractives qui s'exercent entre deux petites sphères électrisées, chacune étant réduite à son centre et la force étant dirigée suivant la ligne des centres :*

1° pour des charges données, varient en raison inverse du

carré de la distance ; c'est-à-dire que les forces répulsives ou attractives qui s'exercent entre deux sphères distantes de d, $2d$, $3d$, $4d$, sont égales à f, $\dfrac{f}{4}$, $\dfrac{f}{9}$, $\dfrac{f}{16}$;

2° *pour une distance donnée, varient proportionnellement au produit des charges.*

Si nous supposons que l'une des charges reste invariable, ainsi que la distance, et que nous rendions la charge de l'autre sphère 2, 3, 4 fois plus grande, la force répulsive ou attractive deviendra 2, 3, 4 fois plus grande.

Si q et q' représentent les charges des deux sphères, d leur distance, K un certain coefficient qui dépend du choix des unités, la force f est exprimée par la formule :

$$f = \pm \frac{Kqq'}{d^2},$$

qui représente la loi de Coulomb.

Si q et q' sont de même signe, la force f est positive, il y a répulsion ; s'ils sont de signe contraire, f est négative, il y a attraction.

Cette formule n'est exacte que si les corps sont placés dans le vide : elle est très sensiblement exacte pour l'air ; mais, pour un autre milieu, il faut multiplier le deuxième membre par un coefficient dépendant de la nature de ce milieu.

241. Unité de masse ou de quantité d'électricité. — Coulomb. — On prend comme unité de masse ou de charge électrique la quantité d'électricité positive qui, placée dans le vide à l'unité de distance d'une quantité égale, exerce une force répulsive égale à l'unité de force. Si nous employons les unités C. G. S., *l'unité C. G. S. électrostatique de masse électrique ou de quantité sera la masse électrique qui, agissant sur une masse égale placée dans le vide à 1 centimètre de distance, exercera une force répulsive égale à une dyne.*

Dans ce cas, le coefficient K de la formule de Coulomb est égal à l'unité, et la loi de Coulomb est représentée par la formule :

$$f = \frac{qq'}{d^2}.$$

Exemple. — Deux petites sphères de même rayon sont chargées, l'une de 24 unités C. G. S. électrostatiques et l'autre, de — 8 unités C. G. S. Quelle est la force avec laquelle elles s'attirent, à une distance de 4 centimètres ?

$$f = \frac{24 \times 8}{4^2} = 12 \text{ dynes.}$$

L'unité de quantité adoptée dans la pratique est le *coulomb*, dont nous donnerons plus loin la définition. C'est une unité excessivement grande par rapport aux charges que peuvent prendre les conducteurs électrisés à l'état statique. Ceux-ci ne renferment jamais qu'une fraction de *microcoulomb* (millionième de coulomb). Le coulomb est égal à 3×10^9 unités C. G. S. électrostatiques.

Si les masses électriques sont exprimées en *coulombs*, les longueurs en *centimètres* et les forces en *dynes*, le coefficient de la formule de Coulomb est :

$$K = 9 \times 10^{18}, \qquad \text{d'où} \qquad f = \frac{qq' \times 9 \times 10^{18}}{d^2}.$$

EXEMPLE. — Calculer la force répulsive qui s'exercerait entre deux corps chargés chacun d'un microcoulomb, à 10 mètres de distance :

$$f = \frac{9 \times 10^{18} \times \frac{1}{10^6} \times \frac{1}{10^6}}{(10^3)^2} = 9 \text{ dynes.}$$

242. Lois des attractions et des répulsions entre les corps électrisés, déduites de l'expérience. —

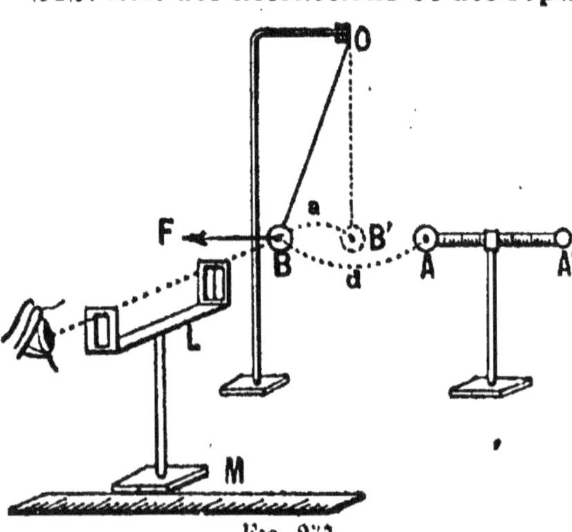

Fig. 257.

Disposons (*fig.* 257) un pendule électrique isolé, formé d'une balle de sureau B recouverte d'une feuille d'or, suspendue par deux fils, et que nous mettrons en contact avec une sphère métallique de même rayon A, isolée et électrisée, pouvant être éloignée ou rapprochée de la sphère B. Ces deux sphères, chargées par contact de même électricité, se repoussent : B s'écarte d'une longueur a de sa position initiale B', et la force répulsive F est proportionnelle à l'écart a de la sphère B de sa position initiale. Soient a l'écart de la sphère B, lequel représentera en unités arbitraires la force répulsive s'exerçant entre A et B, et d la distance des sphères A et B. Déplaçons la sphère A vers la droite, de façon que la distance de la sphère B à sa position d'origine B' devienne $\frac{a}{4}$, $\frac{a}{9}$, $\frac{a}{16}$: nous vérifierons que les distances de B à A deviennent $2d$, $3d$, $4d$. Nous mesurerons l'écart a au moyen d'une alidade à pinnule L, que nous déplacerons le long d'une règle divisée M, et le déplacement de la boule A se lira sur la tige AA', qui porte une graduation. Nous pouvons conclure *que, pour une charge donnée, les forces qui s'exercent entre deux conducteurs électrisés varient en raison inverse du carré des distances.*

Loi des quantités. — Les deux sphères B et A étant de même rayon, déchargeons la sphère B en la mettant en communication avec le sol : elle revient au contact avec A, qui lui communique une charge égale à la moitié de la sienne propre, et est immédiatement repoussée. Si q est la charge primitive de A, les sphères A et B, après contact, possèdent des charges égales à $\frac{q}{2}$, et on vérifiera alors que la distance de B à la position d'origine B' est de $\frac{a}{4}$ pour une même distance d des sphères A et B.

Enfin, si nous touchons la sphère A avec une troisième sphère de même rayon, l'écart de la sphère B de sa position d'origine B' deviendra $\frac{a}{8}$ pour une même distance d des sphères A et B. Nous en concluons que les *forces* qui s'exercent entre deux conducteurs électrisés, pour une même distance, sont *proportionnelles aux produits des charges électriques.*

CHAPITRE II

CYLINDRE DE FARADAY. — MESURE DES QUANTITÉS D'ÉLECTRICITÉ. — DISTRIBUTION ÉLECTRIQUE

243. Cylindre de Faraday. — L'électricité est une grandeur mesurable. — Plaçons un cylindre en métal B (*fig.* 258), au moins 3 fois plus haut que large, sur le plateau de l'électroscope à feuilles d'or, dont la cage conductrice est en communication avec le sol. Electrisons positivement une sphère métallique A, de 3 à 4 centimètres de diamètre, maintenue par un manche isolant, en la mettant en contact avec un conducteur électrisé.

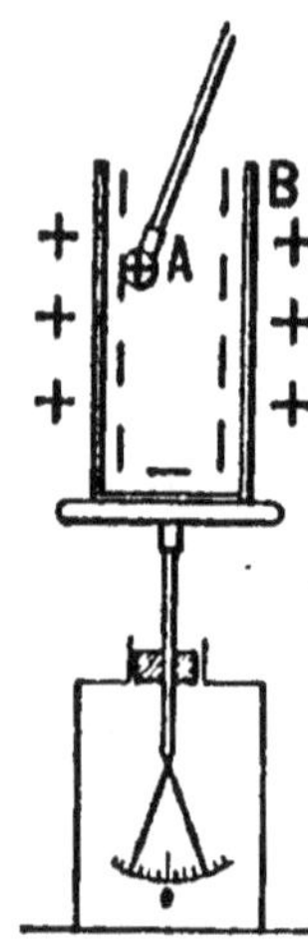

Fig. 258.

Introduisons la boule A, électrisée, à l'intérieur du cylindre : les feuilles d'or divergent et leur écartement augmente jusqu'à ce que la sphère atteigne une profondeur dépassant la moitié de la hauteur du cylindre; à partir de cette position, la divergence des feuilles reste constante, quelle que soit la position de la sphère A relativement à la surface interne du cylindre. Si nous retirons la boule A, les feuilles d'or retombent au zéro. Si nous l'introduisons à nouveau, les feuilles reprennent la même divergence que précédemment.

Si nous mettons la sphère A en contact avec le cylindre, les feuilles d'or conservent la même divergence et, si nous la retirons, elle ne contient plus d'électricité et le cylindre est électrisé. Au moment du contact, la sphère A et le cylindre ne forment plus qu'un seul conducteur : l'électricité de A passe sur la surface externe du cylindre ([1]).

Si nous déchargeons le cylindre en le mettant en communication avec le sol et si nous introduisons une autre sphère,

____

([1]) Voir les phénomènes d'influence, chapitre IV.

électrisée positivement, nous observerons une nouvelle divergence des feuilles. Si cette divergence est égale à celle produite par la sphère A, les charges de A et de B sont égales ; si la divergence produite par B est plus grande ou plus petite que celle produite par A, nous dirons que la charge de B est plus grande ou plus petite que celle de A.

Si nous plaçons à l'intérieur du cylindre deux corps électrisés positivement A et A′, nous observerons une certaine divergence des feuilles d'or.

Si un troisième corps électrisé B produit la même divergence, il contiendra une charge positive égale à la somme des charges de A et de A′.

244. Graduation de l'électroscope. — Nous pourrons transformer l'électroscope à feuilles d'or en *électromètre*, pour la mesure des quantités d'électricité, en introduisant à plusieurs reprises dans le cylindre de Faraday la sphère A, à laquelle on aura communiqué une charge prise arbitrairement comme unité, au moyen d'un contact avec un conducteur contenant une quantité d'électricité telle, que la charge donnée à la boule de l'électroscope soit négligeable vis-à-vis de celle de la source, par exemple, une grande bouteille de Leyde ou une batterie dont l'armature externe communique avec le sol, et en notant, après chaque contact avec la paroi interne du cylindre de Faraday, les déviations α, α_1, α_2, α_3, ..., α_n des feuilles, correspondant aux quantités q, $2q$, $3q$, nq d'électricité.

Traçons deux axes de coordonnées ; portons en abscisses les valeurs de q et en ordonnées les valeurs de α. Nous obtiendrons une courbe qui nous permettra de déterminer, avec l'électroscope, une quantité d'électricité en unités arbitraires. Pour mesurer la charge d'un corps électrisé, il suffira d'introduire ce corps à l'intérieur du cylindre de Faraday, de noter la déviation des feuilles d'or et de déterminer, au moyen de la courbe, l'abscisse correspondant à l'ordonnée qui mesure la déviation des feuilles sur le cadran de l'électroscope.

245. Conservation de l'électricité. — **Addition des charges.** — *Les charges électriques s'ajoutent sans augmentation ni diminution, comme des quantités algébriques positives et négatives.* — Par exemple, si nous plaçons à l'intérieur du

cylindre de Faraday une sphère A positive, contenant une charge de 10 unités, et que nous la mettions en contact :
1° avec une sphère B à l'état neutre, la divergence des feuilles qui indique la somme des charges $q + q'$ des sphères A et B correspond à 10 unités ;

2° avec une sphère positive B, ayant une charge de 5 unités, nous trouvons que la divergence des feuilles indique
$$q + q' = 15 \text{ unités} ;$$
3° si B est négatif et possède une charge — 5 unités et que A ait une charge positive de 10 unités, la divergence des feuilles correspond à la somme $q + q' = 5$.

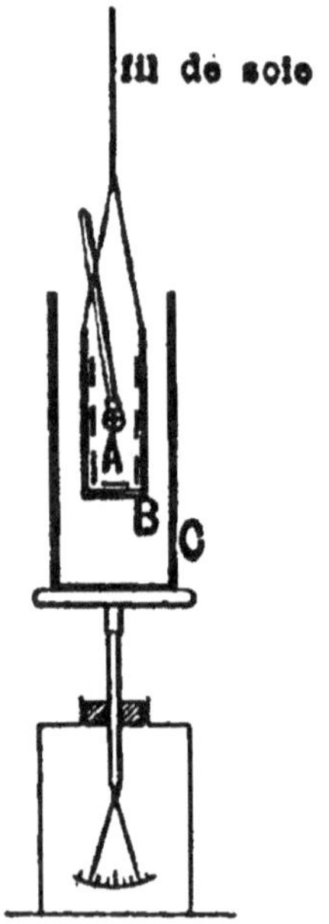

Enfin, si A et B ont des charges égales et de signes contraires, les feuilles d'or restent au zéro et les sphères ne contiennent plus d'électricité après le contact.

Plongeons dans un cylindre B en métal (*fig.* 259), supporté par des fils isolants, une sphère A électrisée positivement et touchons le cylindre B avec le doigt.

Si l'on introduit A et B à l'intérieur d'un deuxième cylindre de Faraday C, placé sur le plateau d'un électroscope, les feuilles ne divergent pas, que A se trouve à l'intérieur de B ou en dehors, A et B étant maintenus à côté l'un de l'autre sans se toucher.

Fig. 259.

Si nous retirons A, C est chargé négativement sur sa face externe ; si B est retiré en laissant A à l'intérieur, C est chargé sur sa face externe d'électricité positive ; enfin si nous établissons le contact entre A et B, les feuilles d'or ne divergent pas.

Principe de la conservation de l'électricité. — Il résulte de ces expériences que l'action de plusieurs corps chargés, contenus dans une enceinte à paroi conductrice, est égale à l'action de la somme algébrique de toutes les charges particulières, et indépendante de la position des corps électrisés et des contacts établis entre eux.

On ne peut produire ou détruire une certaine quantité d'électricité sans produire ou détruire une quantité équivalente d'électricité de signe contraire.

246. Dans l'électrisation par frottement, les charges de signes contraires développées sont égales. — Première expérience. — Introduisons dans le cylindre de Faraday les deux plateaux de l'expérience décrite § 239 : nous constaterons que les quantités d'électricité développées par frottement sont égales.

Deuxième expérience. — On peut encore le vérifier de la façon suivante :

On place dans une éprouvette (*fig*. 260) de verre A, isolée sur un bloc de paraffine, du mercure sec, que l'on met en com-

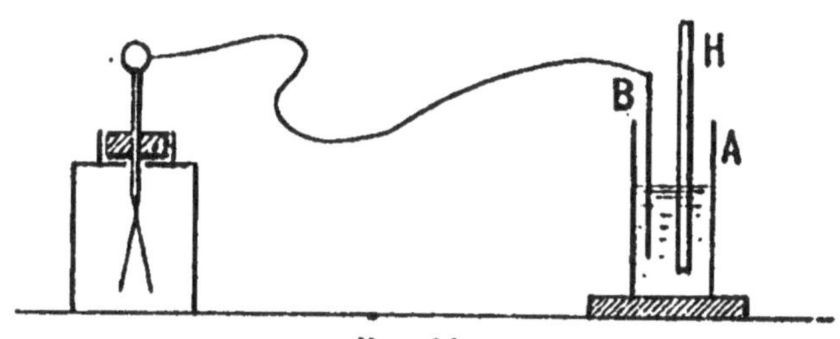

Fig. 260.

munication, par un fil de fer B, avec la boule d'un électroscope et dans lequel on plonge une baguette de verre H ; le verre et le mercure, frottés l'un contre l'autre, se chargent d'électricités contraires et en quantités égales ; les feuilles de l'électroscope ne divergent pas. Si l'on retire du mercure la baguette de verre, les feuilles divergent et l'on peut constater, avec un deuxième électroscope, que l'électricité du verre est de signe contraire à celle du mercure ; si l'on replonge la baguette de verre dans le mercure, les feuilles retombent.

Troisième expérience. — Si deux personnes sont isolées sur une plaque de paraffine et que chacune d'elles communique par le doigt avec un électroscope à feuilles d'or, si l'une frappe l'autre avec une peau de chat, les feuilles d'or divergent ; la charge de la personne frappée est négative, celle de l'autre est positive. Si elles se mettent en communication avec l'autre main, les feuilles retombent ; ce qui prouve que les deux charges étaient équivalentes.

Quatrième expérience. — On recouvre un bâton d'ébonite (*fig*. 261) ou de verre d'un bonnet de soie, attaché à un fil de soie ; on frotte ces deux corps l'un contre l'autre ; si l'on

Fig. 261.

approche de la boule de l'électroscope le bâton recouvert du bonnet de soie, on ne constate aucune déviation : les deux charges se neutralisent ; mais si l'on retire le bonnet en le tenant par le fil de soie et si on l'approche de l'électroscope, on constate qu'il est électrisé négativement, et le verre positivement.

Il résulte de ces expériences qu'un corps non électrisé ou à l'état neutre peut être considéré comme possédant, en un point quelconque, une charge d'électricité positive et une charge égale d'électricité négative.

DISTRIBUTION DE L'ÉLECTRICITÉ

247. Localisation de l'électricité à la surface extérieure des conducteurs. — A l'état d'équilibre électrique, l'électricité qui charge un corps *conducteur est tout entière à sa surface*.

Première expérience. — Pour le vérifier, prenons une sphère creuse A (*fig.* 262), présentant un petit orifice et isolée

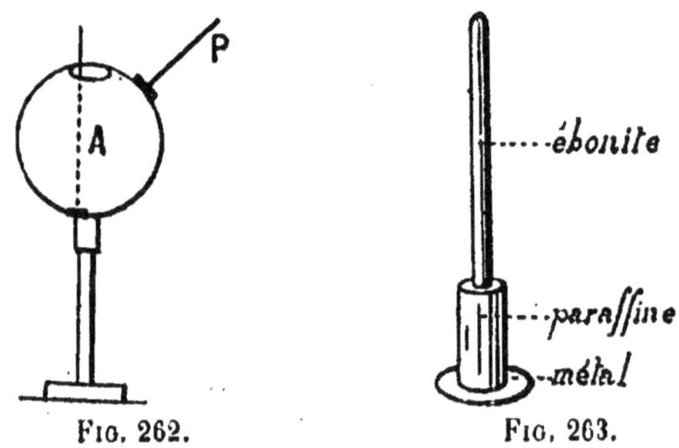

Fig. 262.   Fig. 263.

sur un pied de paraffine ou de diélectrine. Électrisons cette sphère en la frappant avec une peau de chat ; puis prenons un plan d'épreuve, qui se compose d'une baguette d'ébonite portant un cylindre de paraffine, contre lequel est appliqué un petit disque de clinquant de 1 centimètre carré de surface (*fig.* 263). Mettons ce plan d'épreuve en contact avec un point quelconque de la surface intérieure de la sphère et retirons-le sans toucher les bords : nous constatons, en l'approchant de l'électroscope à feuilles d'or ou d'un pendule électrique, qu'il n'est pas électrisé. Il n'existe donc pas d'électricité sur la surface interne du corps électrisé.

DEUXIÈME EXPÉRIENCE (*fig.* 264). — On prend une sphère A électrisée isolée sur un pied de paraffine S et l'on ajuste les deux hémisphères métalliques C et B,
supportés par des pieds isolants
P et P', séparés de la sphère A
par une couche d'air; on établit
le contact entre les deux hémisphères et la sphère A par une
tige de cuivre *l*, supportée
par un fil de soie passant
par une ouverture de l'hémisphère B ; on retire la tige de
cuivre *l* et l'on éloigne les
deux hémisphères B et C ;
A sera complètement déchargée et la charge aura été
transportée sur les deux hémisphères. Cette expérience

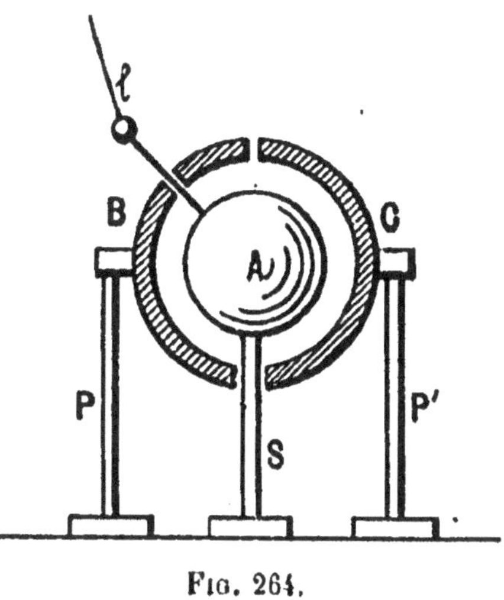

Fig. 264.

montre également le moyen de faire passer toute la charge
d'un conducteur A sur un conducteur B, pouvant contenir le
premier.

248. Répartition de la charge à la surface d'un conducteur électrisé. — Densité électrique. — La distribution de
la charge à la surface d'un corps électrisé n'est pas *uniforme*,
excepté pour un conducteur ayant la forme sphérique, soustrait à toute influence de corps électrisés. D'une manière
générale, chaque conducteur, éloigné de tout autre corps
électrisé, présente un *mode unique de distribution superficielle*,
déterminé par sa forme, et l'on dit que l'électricité est en
équilibre à la surface.

On appelle *densité électrique* la charge sur 1 centimètre carré.

Pour vérifier que la densité électrique n'est pas constante
en tous les points d'un conducteur, il suffit d'appliquer le
plan d'épreuve en divers points de la surface d'un conducteur électrisé, de *forme quelconque:* le plan d'épreuve prend,
en chaque point touché, une quantité d'électricité proportionnelle à la densité électrique en ce point, quantité que nous
pourrons mesurer en l'introduisant dans le cylindre de Faraday. Si nous désignons par *s* la surface du disque en centimètres carrés, et par *q*, la quantité d'électricité répartie sur

la surface, la densité électrique est égale à $\sigma = \dfrac{q}{s}$, que nous exprimerons en coulombs par centimètre carré.

On représente graphiquement la distribution de l'électricité sur un conducteur en traçant, en chaque point A (*fig.* 265) de

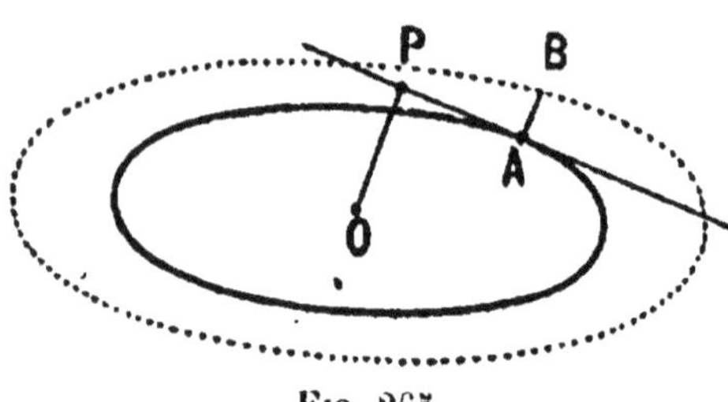

la surface, une normale sur laquelle on porte une longueur AB proportionnelle à la densité électrique en ce point; l'ensemble des points B forme une surface qui enveloppe le conducteur et représente la répartition de l'électricité.

Fig. 265.

D'une manière générale, la densité électrique, en un point d'une surface électrisée, est d'autant plus grande *que le rayon de courbure de la surface en ce point est plus petit.*

La densité électrique est *maximum* sur les parties saillantes, très faible ou nulle sur les parties plates ou rentrantes. Sur un ellipsoïde, les densités électriques aux extrémités des axes sont entre elles comme les longueurs des axes.

Pour tout autre point A de la surface, la densité est proportionnelle à la longueur de la perpendiculaire OP abaissée du centre de l'ellipsoïde sur le plan tangent en ce point. Sur un disque circulaire, à bords arrondis (*fig.* 266), la densité électrique est *minimum* au centre, *maximum* sur la circonférence. Sur un cube,

Fig. 266.

la densité électrique est minimum au centre des faces; au milieu des arêtes, elle est 2 fois 1/2 et, aux angles, 4 fois plus grande qu'au centre des faces.

Première expérience. — On peut montrer la variation de la densité électrique et en même temps, la répartition de l'électricité à la surface des conducteurs, au moyen de l'expérience suivante (*fig.* 267).

Sur un pied isolant, on dispose une toile métallique flexible, munie de deux poignées isolantes, et sur laquelle on place des bandes de papier mince et très sec. Après l'avoir électrisée, on donne à la toile la forme n° 1 ; les bandes de papier extérieures divergent, et leur divergence est d'autant plus grande que le rayon de courbure est plus petit ; on peut aussi donner

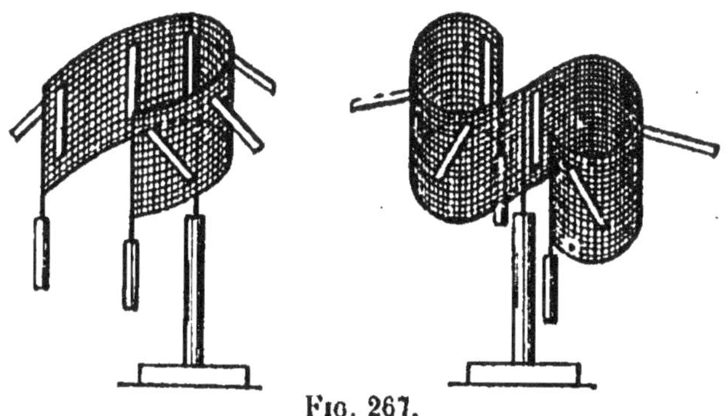

Fᵢɢ. 267.

à la toile métallique la forme n° 2, comme le montre la figure.

DEUXIÈME EXPÉRIENCE. — On souffle à l'extrémité d'un tube isolé (*fig.* 268), que l'on électrise, une bulle de savon ; sur le tube se trouvent deux bandes de papier, dont l'écartement diminue pendant le soufflage de la bulle et augmente lorsque la bulle diminue de volume.

240. Pression électrostatique. — Toutes les masses électriques réparties sur la surface d'un conducteur exercent sur l'une d'elles, située en un point A de cette surface, des forces répulsives ; la résultante de ces forces, c'est-à-dire la force de répulsion de toute la charge électrique sur une petite masse A, placée à la surface du conducteur, *est appelée pression électrostatique ;* elle est normale à la sur-

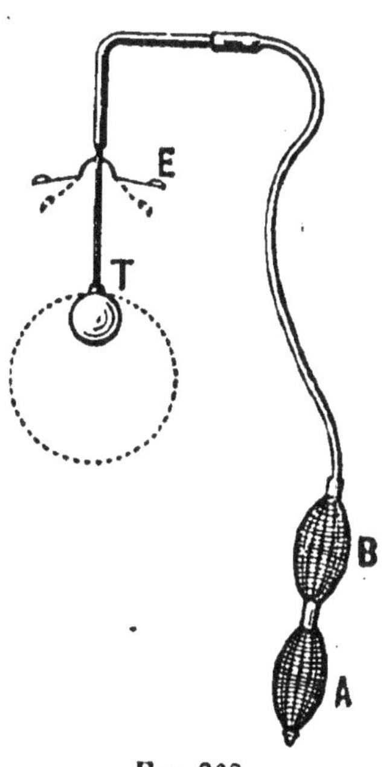

Fᵢɢ. 268.

face, car, si elle était oblique, elle donnerait une composante tangentielle, qui déplacerait la petite masse électrique à la surface du conducteur. Or, nous avons supposé l'électricité en équilibre à la surface du conducteur électrisé. Cette pression normale est équilibrée par la résistance électrique de l'isolant qui enveloppe le conducteur, par exemple l'air, qui s'oppose au passage de l'électricité d'une surface à l'autre, l'électricité n'étant maintenue à la surface des conducteurs que par la résistance de l'air ambiant. Cette *pression électrostatique* peut être comparée à la pression exercée par un gaz sur les parois de son enveloppe.

Nous établirons par le calcul qu'elle est proportionnelle au carré de la densité électrique, au point où elle s'exerce.

Elle est représentée, par unité de surface, par la formule $P = 2\pi\sigma^2$.

Si la densité σ est exprimée en coulombs par centimètre carré, la pression électrostatique est égale à :

$$P = 2\pi\,[(3 \times 10^9)\,\sigma]^2 \text{ dynes.}$$

Exemple. — La densité électrique à la surface d'un corps électrisé étant $\sigma = 0{,}0001$ de microcoulomb, quelle est la pression électrostatique par centimètre carré?

$$F = 2\pi\,(0{,}0001 \times 10^{-6} \times 3 \times 10^9)^2 = 0{,}565 \text{ dyne.}$$

250. Pouvoir des pointes. — En chaque point d'un conducteur électrisé, l'électricité est repoussée par la pression électrostatique produite par l'électricité de même signe des parties voisines. Elle tend à quitter le conducteur, mais elle est retenue par la résistance de l'air ambiant, qui est isolant. Or, la pression électrostatique en un point croît proportionnellement au carré de la densité électrique, et la densité électrique, en un point d'un conducteur, augmente quand le rayon de courbure diminue. Cette densité devient extrêmement grande sur les parties aiguës d'un conducteur et, en particulier, à l'extrémité d'une pointe.

En ces points, la pression électrostatique n'étant plus équilibrée par la résistance de l'air, l'électricité s'échappe par la pointe ; elle peut aussi prendre une valeur telle qu'elle produise, sur le milieu isolant contre lequel elle est appliquée, des efforts mécaniques plus ou moins énergiques ; et que l'isolant, s'il est solide, soit brisé. Les molécules d'air situées dans le voisinage d'une pointe électrisée se chargent d'électricité et, par suite, sont repoussées par l'électricité de même nom du conducteur ; elles sont remplacées par d'autres qui se chargent à leur tour et sont ensuite repoussées ; il en résulte un courant d'air sensible à la main, appelé *vent électrique ;* de sorte qu'un conducteur muni d'une pointe ne peut pas rester chargé. Si le conducteur est en communication avec une source qui le recharge à mesure, on obtient un écoulement continu d'électricité. On voit par ce qui précède que) tous les conducteurs ne doivent présenter ni pointes, ni arêtes vives et doivent être limités par des surfaces planes ou arrondies.

Vérification expérimentale. — On place une bougie (*fig.* 269) devant une pointe disposée sur le conducteur d'une machine électrique. La flamme est repoussée et le courant d'air peut être assez fort pour souffler la bougie ; mais l'expérience ne réussit bien qu'avec l'électricité +. Avec l'électricité — la flamme est quelquefois attirée, parce qu'elle contient, elle aussi, des charges libres (ions), qui sont des atomes chargés positivement ou négativement.

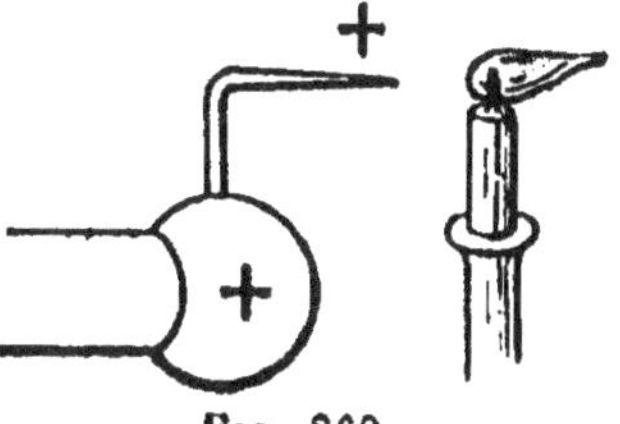

Fig. 269.

La déperdition d'électricité par une pointe est accompagnée d'aigrettes lumineuses, violacées, visibles dans l'obscurité.

Suivant que la pointe laisse écouler de l'électricité positive ou négative, on voit apparaître à son extrémité soit une aigrette violacée, soit une petite étoile brillante.

Fig. 270.

Tourniquet électrique (*fig.* 270). — Il se compose d'une tige verticale, en communication avec le conducteur d'une machine électrique, et qui supporte par une chape plusieurs tiges de cuivre, terminées en pointe et recourbées à leurs extrémités. L'électricité s'écoule par les pointes et il s'exerce une répulsion réciproque entre l'air électrisé et la pointe ; celle-ci est mise en mouvement en sens inverse de l'écoulement de l'électricité.

251. Calcul de la valeur de la pression électrostatique. — Supposons un conducteur électrique, constitué par une bulle de savon (*fig.* 268). Chaque élément de la surface agit sur les autres, suivant la loi de Coulomb. Les forces sont répulsives et disposées normalement à la surface du corps électrisé. Sous l'influence de ces forces, le conducteur tend à se gonfler pour éloigner les points les uns des autres.

L'expérience montre qu'une bulle de savon se dilate par l'électrisation.

Par l'effet du travail fourni pour produire l'extension de la bulle, l'énergie électrique du conducteur diminue.

L'énergie électrique de la bulle est $\frac{1}{2}QV$, qui devient, dans le cas d'une sphère ([1]), égale à $\frac{1}{2}\frac{Q^2}{r}$.

La perte d'énergie est égale à $\frac{1}{2}\frac{Q^2}{r} - \frac{1}{2}\frac{Q^2}{(r+\Delta r)}$, en appelant Δr l'accroissement du rayon de la bulle, ou $\frac{Q^2}{2}\left(\frac{r+\Delta r - r}{r^2 + r\Delta r}\right) = \frac{Q^2 \Delta r}{2r^2}$, en négligeant Δr.

Si nous représentons par p la pression moyenne sur l'unité de surface, le travail d'extension est :

$$W = 4\pi r^2 p \Delta r, \qquad \text{d'où} \qquad 4\pi r^2 p \Delta r = \frac{Q^2 \Delta r}{2r^3}.$$

$$p = \frac{Q^2}{8\pi r^4}; \qquad \text{mais} \qquad Q = 4\pi r^2 \sigma; \qquad \text{d'où} \qquad p = 2\pi \sigma^2.$$

Remarque. — Il ne faut pas confondre cette pression électrostatique avec l'intensité du champ en un point très voisin d'un conducteur électrisé, laquelle est égale à $4\pi\sigma$.

CHAPITRE III

CHAMP ÉLECTRIQUE. — ÉCRANS ÉLECTRIQUES

252. Champ électrique. — Lorsqu'on électrise une baguette de verre, par exemple, dans le voisinage de plusieurs électroscopes, les feuilles s'écartent ; l'état physique du milieu ambiant et de tous les corps qui l'entourent est modifié ; l'électrisation du corps se manifeste par des actions mécaniques produites autour de lui. On appelle *champ électrique* l'espace dans lequel ces actions s'accomplissent.

253. Direction et intensité du champ. — Prenons un conducteur de forme sphérique (*fig.* 271), électrisé positivement, et approchons un pendule électrique isolé, chargé positivement. Nous constaterons qu'en un point A de l'espace, il est soumis à une force répulsive qui variera en *grandeur* et en *direction* suivant la position du point considéré.

Nous dirons qu'autour du corps électrisé existe un *champ électrique*.

La *direction* de la force exercée en un point A sur le pendule électrique représentera la *direction du champ*. Soit F la valeur de la force exercée sur la boule du pendule possédant une charge q, le *quotient* $\dfrac{F}{q}$ représentera l'intensité du champ au point A.

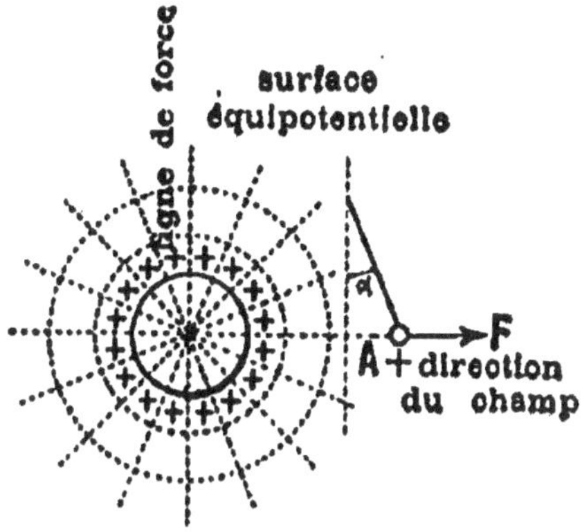

Si nous supposons $q = 1$, l'intensité du champ, en un point, est représentée par le nombre qui mesure la force exercée par ce champ sur un petit conducteur, dont la charge est égale à l'unité de masse électrique.

Le champ électrique peut être représenté par un vecteur dont la direction et la longueur sont égales à la direction et à l'intensité du champ.

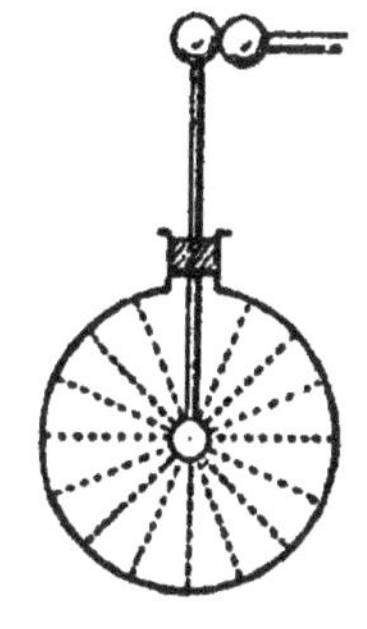

Fig. 271.

Unité d'intensité de champ. — Le champ, en un point, est égal à l'unité lorsqu'il exerce une force égale à une dyne sur un petit conducteur chargé d'une quantité d'électricité égale à une unité C.G.S. électrostatique, de quantité.

254. Lignes de force. — *On appelle ligne de force la trajectoire* que suivrait un petit conducteur électrisé positivement, libre dans l'espace et soumis à la seule action du champ. Toute ligne de force est, en chacun de ses points, tangente à l'intensité du champ.

On convient de donner aux lignes de force le sens de l'intensité du champ. Autour d'une sphère électrisée, les lignes de force sont dirigées suivant les rayons.

Pour matérialiser (*fig.* 272) l'existence des lignes de force, on fait un mélange de *sulfate de quinine* dans de l'essence de térébenthine très pure et l'on verse le tout dans un ballon, à l'intérieur duquel on plonge une boule en métal isolée, en communication avec une machine électrique; le trouble ayant

Fig. 272.

disparu, on voit les particules du sel de quinine s'orienter le long des lignes de force, sous forme de rayons blancs.

255. Direction et sens du champ, à la surface d'un conducteur. — *Le champ est normal en tous les points de la surface d'un conducteur en équilibre électrique.* Sur un conducteur en équilibre électrique, l'électricité est répartie à la surface. Si, en un point A de celle-ci, le champ était dirigé obliquement, il donnerait naissance à une composante tangentielle qui déplacerait l'électricité dans le sens de cette composante et, par conséquent, l'électricité ne saurait être en équilibre à la surface du conducteur électrisé.

Donc, en tous points de la surface d'un conducteur en équilibre électrique, la direction du champ est normale à cette surface.

Sens du champ. — Le champ est dirigé vers l'extérieur ou l'intérieur suivant que la densité électrique de la surface d'où émanent les lignes de force est positive ou négative. Il en résulte qu'une ligne de force part toujours normalement d'une région positive d'un conducteur électrisé, et qu'elle aboutit normalement à une région négative d'un autre conducteur.

256. Valeur du champ produit par une sphère électrisée en un point infiniment voisin de sa surface. — D'après Newton, la charge d'une sphère électrisée agit sur un point situé en dehors, comme si la charge de la sphère était concentrée au centre; si r est le rayon de la sphère et σ sa densité électrique, l'intensité du champ, en un point A situé à une distance a du centre de la sphère, sera :

$$\varphi = \frac{4\pi r^2 \sigma}{a^2}.$$

Si le point est infiniment voisin de la surface de la sphère électrisée, supposant a égal à r, l'intensité du champ est :

$$\varphi' = \frac{4\pi r^2 \sigma}{r^2} = 4\pi\sigma.$$

Le calcul montre que l'expression $4\pi\sigma$ convient pour un conducteur de forme quelconque.

EXEMPLE. — Quelle sera l'intensité du champ en un point

infiniment voisin de la surface d'une sphère de 10 centimètres de rayon, chargée de $\dfrac{1}{1000}$ de microcoulomb?

La densité électrique de la sphère, en unités C. G. S. électrostatiques, sera égale à :

$$\sigma = \frac{10^{-3} \times 10^{-6} \times 3 \times 10^9}{4\pi \times 10^2},$$

et le champ sera :

$$\varphi = 3 \times 10^{-2} \text{ unités C. G. S. électrostatiques.}$$

257. Flux de force. — Supposons une petite surface S, placée dans un champ électrique (*fig.* 273); soit α l'angle que fait la normale N à la surface avec la direction H du champ.

On appelle flux [1] *de force le produit de l'intensité du champ par la surface et par le cosinus de l'angle* α :

$$\Psi = s \times \varphi \cos \alpha.$$

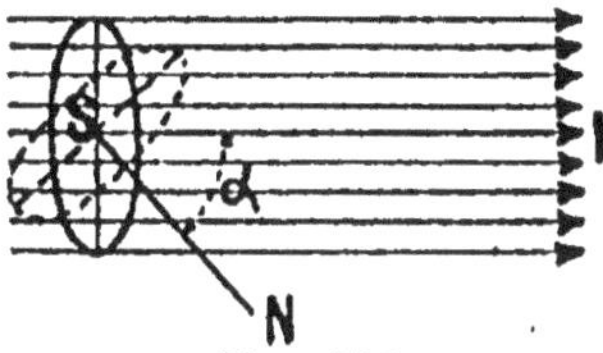

On donne au flux de force le signe $+$ quand il sort d'une surface, et le signe $-$ quand il y pénètre. Dans le cas où la surface est normale à l'intensité du champ :

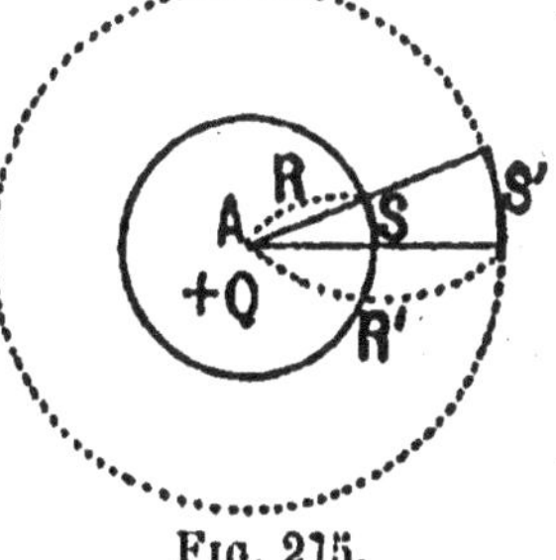

Fig. 273.

$$\Psi' = s\varphi.$$

L'*intensité du flux* de force est le flux de force pour 1 centimètre carré. L'intensité du champ en un point est numériquement égale à l'intensité du flux de force par centimètre carré.

Tube de force (*fig.* 274). — On appelle *tube de force* la surface formée par toutes les lignes de force L qui touchent un contour fermé S. Les lignes de force du champ produit par un très petit conducteur A (*fig.* 275), contenant une charge positive Q, sont dirigées suivant vant des droites qui rayonnent autour de ce point. Supposons

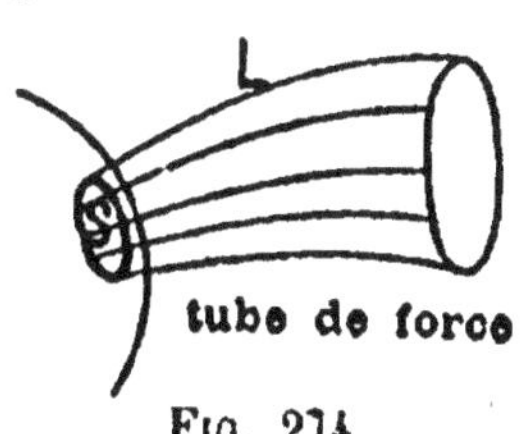

Fig. 274.

Fig. 275.

---

[1] Le flux de force est comparable à un courant d'eau circulant dans une canalisation de section variable; dans chaque section passe le même volume d'eau, représenté par le produit de la section par la vitesse: $S \times U = $ constante.

Ce produit est comparable au flux de force $\varphi \times S$, dans lequel l'intensité du champ correspond à la vitesse du courant d'eau ; nous verrons plus loin que ce flux de force reste constant.

une sphère de rayon R et, sur cette sphère, un élément de surface S : l'intensité du champ, pour tous les points situés à la surface de cette sphère, sera :

$$\varphi = \frac{Q}{R^2} ;$$

et le flux de force, à travers un élément de surface S, sera :

$$\Psi = S \times \frac{Q}{R^2}.$$

Dans ce cas, les tubes de force seront des cônes ayant pour sommet le point A.

Considérons une deuxième sphère de rayon R'; le tube de force découpe sur cette sphère une surface S'; l'intensité du champ, en un point de la sphère de rayon R', est $\varphi' = \dfrac{Q}{R'^2}$ et le flux de force, sur un élément de surface S', est égal à $\dfrac{Q}{R'^2} \times S'$;

mais $\dfrac{S}{R^2} = \dfrac{S'}{R'^2}.$

Il en résulte que, *dans un tube de force, le flux de force se conserve, c'est-à-dire reste constant.*

258. Le flux de force total, sortant d'une sphère électrisée contenant une charge Q, est égal à 4πQ. — En effet, l'intensité du champ, en un point très voisin du conducteur électrisé, est égale à $4\pi\sigma$; le flux total, pour toute la surface de la sphère, sera très sensiblement égal à $4\pi\sigma \times 4\pi R^2$. Or, la densité électrique σ, dans le cas d'un conducteur sphérique, est égale à :

$$\frac{Q}{4\pi R^2} ;$$

donc, le flux total est :

$$\Psi = 4\pi \frac{Q}{4\pi R^2} \times 4\pi R^2 = 4\pi Q.$$

259. Le flux de force sortant à travers une surface fermée, contenant à l'intérieur une masse électrique Q, est égal à 4πQ ([1]). — Supposons une sphère conductrice, à

[1] Voir le théorème de Faraday, § 265.

l'intérieur de laquelle existe une charge $+ Q$, qui développe sur les faces interne et externe des charges égales et de signes contraires $- Q$ et $+ Q$. La charge $+ Q$, répartie sur la surface externe, donnera un flux de force total égal à $4\pi Q$. Ce théorème, connu sous le nom de théorème de Gauss, est général et s'applique à une surface de forme quelconque et à des masses électriques disposées d'une manière quelconque, à l'intérieur d'une surface quelconque :

$$\Psi = 4\pi \Sigma q.$$

Champ électrique uniforme. — On dit qu'un champ électrique est uniforme lorsque, toutes les lignes de force étant parallèles, la direction du champ est la même en tous ses points. Il en résulte que l'intensité du champ est constante, car les tubes de force sont des cylindres dans lesquels le flux de force reste constant. La section du tube de force étant constante, l'intensité du champ reste constante.

280. Le champ est nul à l'intérieur d'un conducteur électrisé. — Le champ électrique est nul à l'intérieur d'un conducteur électrisé, c'est-à-dire que le champ électrique, autour d'un conducteur électrisé, est limité à la surface du conducteur.

Première expérience. — Pour le vérifier, prenons le cylindre de Faraday, isolé sur une plaque de paraffine, et après l'avoir chargé positivement, introduisons à l'intérieur une boule en moëlle de sureau à l'*état neutre*, fixée à l'extrémité d'un fil de soie. Nous constaterons qu'à une profondeur dépassant la moitié de la hauteur du cylindre, le fil reste tendu verticalement dans n'importe quelle position, même dans le voisinage des parois. La boule de sureau n'est soumise à aucune force à l'intérieur du conducteur électrisé ; donc, l'intensité du champ est nulle à l'intérieur du cylindre.

Deuxième expérience. — **Expérience de Faraday.** — Faraday avait fait construire une grande cage à parois métalliques, portée par des pieds isolants, dans laquelle il se plaça avec des électroscopes à feuilles d'or. On mit cette cage en communication avec une machine électrique. Elle s'électrisa fortement, au point que des étincelles jaillissaient entre la cage et le sol. Néanmoins, malgré la communication établie entre la paroi interne de la cage et les électroscopes, ceux-ci n'accusaient pas de trace d'électricité. Non seulement il n'y avait pas d'électricité sur les parois intérieures de la cage, mais la charge extérieure avait une action nulle à l'intérieur de tout l'espace limité par la paroi, c'est-à-dire que le champ était nul à l'intérieur du conducteur métallique. On réalise l'expérience de Faraday en plaçant, à l'intérieur (*fig.* 276) d'une cage métallique A, un électroscope à feuilles d'or B. Si l'on approche un corps électrisé S, les feuilles d'or ne divergent pas.

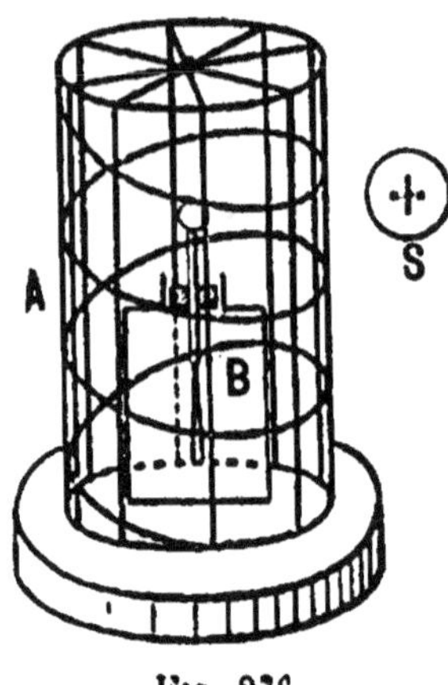

Fig. 276.

261. Éléments correspondants (*fig.* 277). — Supposons un tube de force très étroit, aboutissant aux surfaces S, S' de deux conducteurs; ces deux éléments de surface sont appelés *éléments correspondants*. Supposons ce tube de force limité par deux surfaces quelconques, intérieures aux conducteurs, de manière à former une surface fermée. D'après le théorème de Gauss, le flux total Ψ sortant d'une surface fermée contenant des charges électriques est égal à $4\pi\Sigma q$. Or, ici ce flux est nul, car en tous points de la surface du tube de force, l'intensité du champ fait un angle de 90° avec la normale à l'élément de surface au point A;

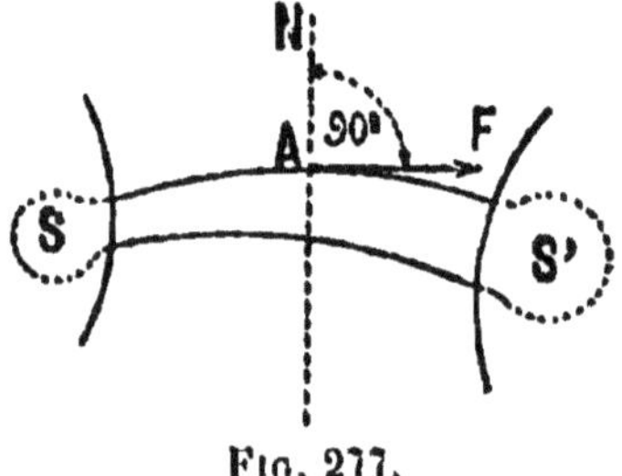

Fig. 277.

il en résulte que :

$$\varphi \cos \alpha = 0,$$

et pour tout point intérieur aux conducteurs, l'intensité du champ est nulle. Il en résulte que $\Sigma q = 0$. Donc, si la surface S porte une charge $+q$, la surface S' a une charge $-q$.

Les deux éléments correspondants S *et* S' *sont chargés de quantités d'électricité égales et de signes contraires, à la condition que le tube de force ne contienne aucune autre masse électrique.*

262. Détermination de l'intensité du champ à l'intérieur d'un conducteur sphérique électrisé (*fig.* 278). — Nous pouvons démontrer, comme application de la loi de Coulomb et de la distribution de l'électricité à la surface des corps conducteurs, que le champ est nul à l'intérieur d'un conducteur sphérique.

Démontrons que la résultante des actions exercées sur un point intérieur A, par une charge électrique uniformément distribuée sur une sphère, est nulle.

Considérons un cône, d'ouverture très petite, ayant ce point A pour sommet. Il découpe, sur la couche sphérique, deux surfaces très petites s et s'. La loi de Coulomb nous donne pour l'action F, exercée sur le point A par la charge répartie sur l'élément de surface s, $F = \dfrac{m}{R^2}$.

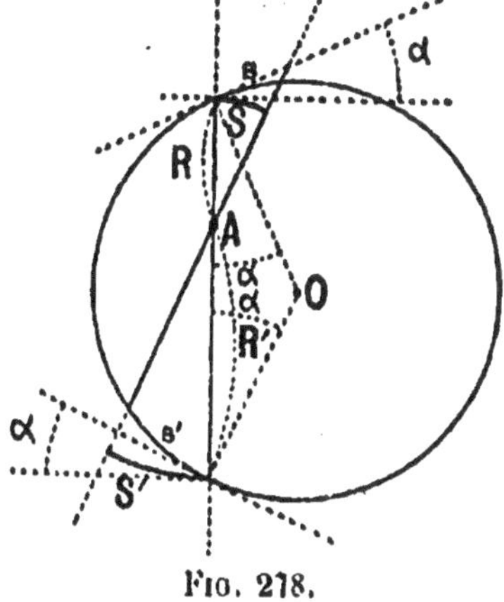

Fig. 278.

Comme la densité électrique est constante sur la sphère, $m = s\sigma$; d'où $F = \dfrac{\sigma s}{R^2}$; pour l'action exercée par la charge répartie sur s' :

$$F' = \frac{\sigma s'}{R'^2}.$$

Pour évaluer s et s', décrivons, du point A comme centre, deux sphères avec des rayons égaux à R et R'. Le petit cône, ayant son sommet en A, découpera sur ces sphères deux surfaces très petites S et S', faisant, respectivement avec les surfaces s, s' supposées planes, le même angle α ;

$$S = s \cos\alpha, \qquad S' = s' \cos\alpha, \qquad \frac{S}{S'} = \frac{s}{s'} ;$$

mais

$$\frac{S}{S'} = \frac{R^2}{R'^2},$$

d'où

$$\frac{F}{F'} = \frac{\dfrac{\sigma s}{R^2}}{\dfrac{\sigma s'}{R'^2}} = \frac{s}{s'} \times \frac{R'^2}{R^2} = \frac{S}{S'} \times \frac{R'^2}{R^2} = 1.$$

Donc, $F = F'$; par suite, les actions étant égales et de signes contraires, leur résultante est nulle. Il en est de même des autres actions élémentaires exercées par les éléments de surface sphérique, opposés deux à deux par rapport au point A et possédant des charges proportionnelles à leur surface; la résultante totale de toutes les actions sera nulle. Donc, le champ est nul à l'intérieur d'un conducteur sphérique.

ÉCRANS ÉLECTRIQUES

263. Premier cas. — **Ecran électrique non isolé.** — Reprenons le cylindre de Faraday et, après avoir introduit la sphère électrisée A, mettons la surface extérieure du cylindre en communication avec le sol : les feuilles d'or retombent et, à l'extérieur du cylindre, on ne constate aucune trace d'action électrique, soit que l'on approche un pendule électrique, soit que l'on dispose, sur la surface externe du cylindre, des feuilles de papier à cigarettes, qui retombent verticalement. Si l'on retire A, elle conserve sa charge positive et B possède, à sa surface externe, une charge égale et de signe contraire à celle de A ; car, si nous mettons A en contact avec B, *les deux charges* se neutralisent et le cylindre revient à l'état neutre.

Nous en concluons *que toutes les fois qu'un corps électrisé est entouré par des parois conductrices en communication avec le sol, ces parois possèdent une charge égale et de signe contraire à celle du corps électrisé ; ces deux charges se compensent totalement dans leur action sur les corps situés à l'extérieur du conducteur ; inversement, les corps électrisés situés en dehors de ce conducteur n'ont aucune action sur les corps enfermés à l'intérieur.* Ce conducteur constitue un écran pour les forces électriques. On le vérifie expérimentalement en chargeant un électroscope (*fig.* 279) dont l'enveloppe métallique est en communication avec le sol; on recouvre la boule avec un cylindre métallique B et l'on approche un corps électrisé A : la divergence des feuilles reste constante; le corps électrisé n'a aucune action sur les feuilles de l'électroscope.

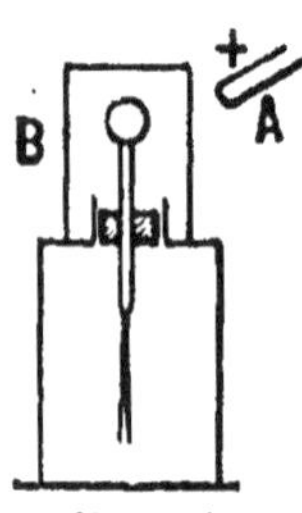

Fig. 279.

Nous constaterons qu'en approchant un deuxième électroscope du premier, les feuilles du deuxième ne divergent pas. L'enveloppe métallique de l'électroscope forme un écran électrique pour les champs extérieur et intérieur.

Il n'est pas nécessaire que l'enveloppe conductrice soit continue pour qu'elle forme écran; elle peut être constituée par une toile métallique, comme dans l'expérience de la cage métallique (*fig.* 279). De même, il n'est pas nécessaire que l'écran conducteur entoure complètement le corps à protéger (*fig*. 280); il suffit, pour protéger un corps des champs extérieur ou intérieur, d'interposer une plaque métallique de large surface. Approchons d'un électroscope un bâton d'ébonite : les feuilles divergent ; interposons, entre le bâton et le plateau de l'électroscope, une lame métallique tenue à la main : les feuilles retombent. Les parois d'une salle peuvent être considérées comme des conducteurs en communication avec le sol ; on voit que les corps électrisés placés dans une salle n'ont aucune action sur les corps placés dans une salle voisine et qu'ils ne sont pas soumis à l'action de champs extérieurs.

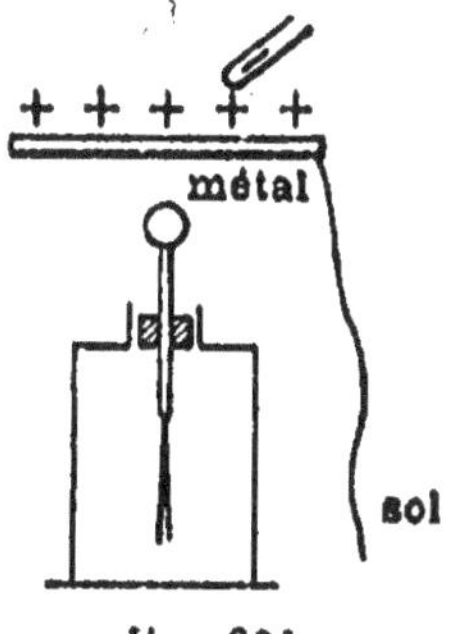

Fig. 280.

DEUXIÈME CAS. — **Écran électrique isolé.** — D'après l'expérience de la cage de Faraday, une enveloppe métallique isolée protège complètement les corps qu'elle contient de l'action des champs extérieurs seulement. Nous avons vu que la charge électrique, à la surface d'un conducteur, n'a pas d'action sur un point intérieur ; le champ est nul. On se servira d'une enveloppe métallique isolée pour protéger les appareils contre les champs extérieurs.

CHAPITRE IV

PHÉNOMÈNES D'INFLUENCE OU D'INDUCTION ÉLECTROSTATIQUE

264. Influence exercée par des corps électrisés, placés à l'intérieur d'une enceinte conductrice. — Théorème de Faraday.—1° L'enceinte conductrice est isolée(*fig*. 288).—Plaçons le cylindre de Faraday sur le plateau de l'électroscope à feuilles d'or, dont l'enveloppe métallique est en communication avec le sol, et introduisons la sphère A, électrisée positivement par exemple, à l'intérieur du cylindre : les feuilles d'or divergent et leur écartement augmente jusqu'à ce que la sphère atteigne une profondeur dépassant la moitié de la hauteur du cylindre ; à partir de cette position, la divergence des feuilles reste constante, quelle que soit la position de la sphère A relativement à la surface interne du cylindre.

Nous vérifierons, avec le plan d'épreuve, que la surface externe du cylindre est chargée positivement et que sa surface interne est chargée négativement.

1° Si nous retirons la boule A du cylindre, elle conserve toute sa charge primitive, les feuilles d'or retombent et le cylindre revient à l'état neutre. Nous pouvons en conclure *que les quantités d'électricité positive et négative développées sur les parois interne et externe du cylindre sont égales entre elles.*

2° Mettons la sphère électrisée en contact avec la paroi interne du cylindre : les feuilles d'or de l'électroscope conservent leur divergence. En retirant la sphère du cylindre, on constate qu'elle est ramenée à l'état neutre et que les feuilles d'or ont encore conservé la même divergence. Nous pouvons en conclure *que les quantités d'électricité développées sur les parois du cylindre sont égales à celles de la sphère* A : en effet, l'électricité positive de la sphère A neutralise, par son contact avec la paroi interne, l'électricité négative développée sur la face interne du cylindre ; il ne reste plus, sur la surface externe, qu'une charge positive égale à celle de la sphère A.

La sphère électrisée, étant au contact de la paroi interne, peut être considérée comme faisant partie de la surface interne du cylindre; sa charge passe immédiatement à la surface externe et la sphère A est complètement déchargée. Si le conducteur qui entoure le corps électrisé est isolé, la charge de même signe développée par le corps sur la surface externe du conducteur enveloppant forme un champ électrique. La distribution de la charge sur le conducteur enveloppant *est tout à fait indépendante de la charge intérieure* et ne dépend que de la forme de ce conducteur; par contre, la distribution de la charge intérieure dépend de la position de la sphère électrisée.

Ces phénomènes d'électrisation qui se produisent dans le champ d'un corps électrisé sont appelés *phénomènes d'influence* ou *d'induction électrostatique.* Le corps électrisé A se nomme l'*inducteur* et le cylindre se nomme l'*induit.*

2° L'enceinte conductrice est en communication avec le sol. — Introduisons la sphère électrisée A dans le cylindre et mettons celui-ci en communication avec le sol : les feuilles d'or retombent ; on ne constate, avec le plan d'épreuve, aucune trace d'électricité sur la surface externe du cylindre. Si l'on retire la sphère A, elle conserve sa charge primitive et le cylindre B possède, sur sa surface externe, une charge égale et de signe contraire à celle de A ; car si nous mettons A en contact avec B, les deux charges se neutralisent et le cylindre et la sphère reviennent à l'état neutre.

3° Influence sur une enceinte conductrice déjà électrisée. — Si le cylindre de Faraday possède auparavant une charge positive ou négative, la charge induite par la sphère A s'additionne avec celle du cylindre. Si la boule est retirée sans avoir touché la paroi, la charge primitive du cylindre subsiste. Dans le cas du contact, les deux charges intérieures se neutralisent, pendant que toute la charge extérieure du cylindre et celle qui est développée par la sphère s'additionnent.

265. Théorème de Faraday. — Sur toute surface conductrice entourant un corps électrisé sont développées, par influence ou induction, sur les faces interne et externe, des charges de signes contraires, égales en grandeur à la charge inductrice. En effet, si un conducteur B (*fig.* 281) entoure complètement un conducteur électrisé A, contenant une charge $+ q$, le flux de force qui émane de A

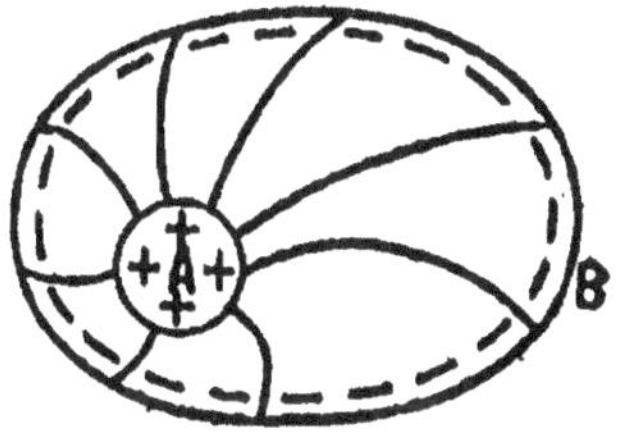

Fig. 281.

est absorbé complètement par le conducteur B ; les tubes de force émanés de A aboutissent tous à la surface de B et, comme les bases de ces tubes de force possèdent des charges égales et de signes contraires, on voit qu'il se développera sur la paroi intérieure du conducteur B une charge $- q$, égale et de signe contraire à celle de A.

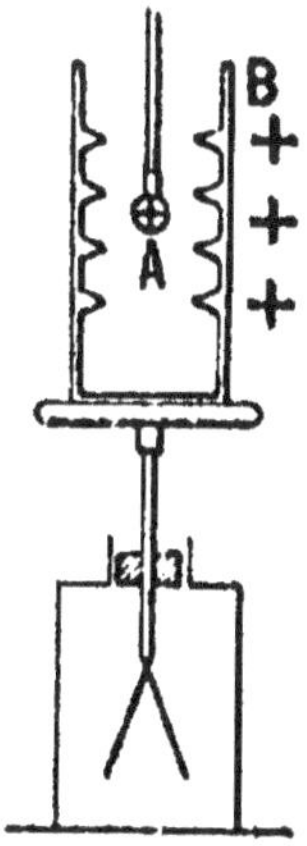

Fig. 282.

Influence produite par un inducteur A isolant. — Le théorème de Faraday s'applique dans le cas où l'inducteur A est un isolant ; mais alors (*fig.* 282), le simple contact avec la surface intérieure ne suffirait pas pour lui faire perdre sa charge. On arrive au même résultat en armant de pointes la surface interne du cylindre : l'électricité négative développée par influence sur la surface intérieure s'échappe par ces pointes et vient neutraliser l'électricité positive existant à la surface de l'inducteur A.

266. Influence d'un corps électrisé sur un conducteur qui n'enveloppe pas l'inducteur. — Influence sur un conducteur isolé. — Quand un conducteur à l'état neutre *isolé* se trouve placé dans le champ d'un conducteur électrisé isolé, il s'électrise par influence. L'électricité de signe contraire à celle de la source inductrice se répand sur la région la plus voisine de la source et l'électricité de même signe est repoussée dans la région la plus éloignée.

Prenons un conducteur A (*fig.* 283), isolé sur un pied de paraffine ou de diélectrine, chargé positivement et placé dans

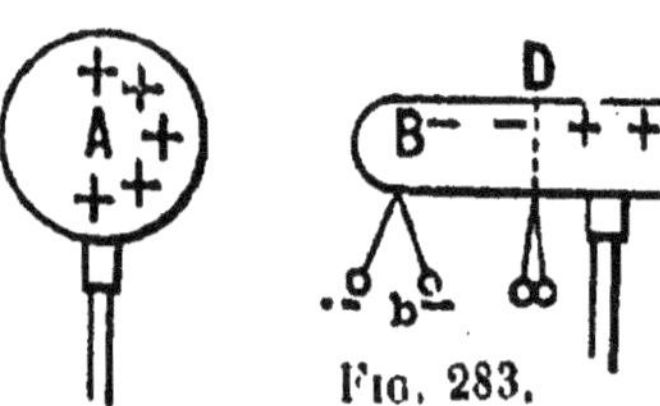

Fig. 283.

une enceinte fermée reliée au sol ; approchons un conducteur BC isolé, à l'état neutre : le conducteur BC prendra, sur la région la plus rapprochée B, une charge de nom contraire à celle de la source inductrice A, et dans la région la plus éloignée C, une charge de même nom que la charge de la source inductrice A. Si le conducteur A est chargé positivement, nous aurons en B de l'électricité négative et, en C, de l'électricité positive. Nous déterminerons le sens des électricités avec l'électroscope à feuilles d'or et la quantité d'électricité avec le cylindre de Faraday. Nous pourrons vérifier avec le plan d'épreuve que le conducteur BC est divisé en 2 plages + et − ; 1° en appliquant le plan d'épreuve en B, nous aurons de l'électricité positive, et en C, de l'électricité négative ; 2° nous vérifierons, en appliquant le plan d'épreuve de B en D, que la densité électrique est maxima aux extrémités et va en décroissant de B en D. Nous trouverons en D une ligne le long de laquelle la densité sera égale à zéro. Cette ligne se nomme *ligne neutre*.

Si le cylindre induit BC est formé de deux parties séparables (*fig.* 284), en séparant ces deux parties et en les éloignant, on constate que la partie B est chargée positivement et la partie C négativement. Il semble, d'après cette expérience, qu'avec une charge déterminée de la source inductrice A, on puisse produire indéfiniment de l'électricité, ce qui serait contraire au principe de la conservation de l'énergie ; mais, pour séparer et éloigner les deux demi-cylindres, il faut dépenser du travail contre les forces attractives

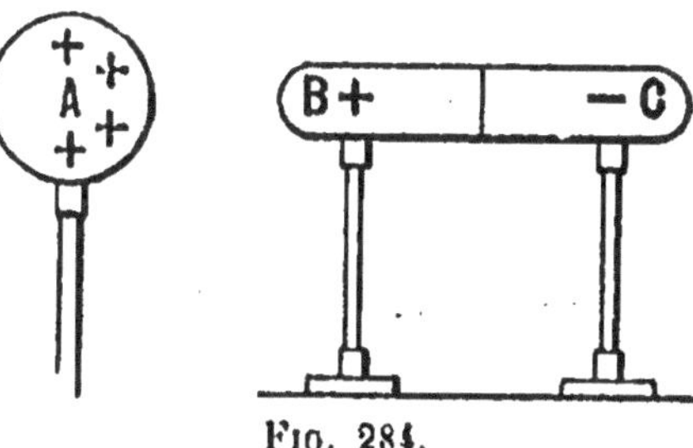

Fig. 284.

qui s'exercent entre les deux parties du conducteur, chargées d'électricités contraires, travail que nous retrouvons sous forme d'énergie électrique dans les conducteurs.

On peut également vérifier la nature et la répartition de l'électricité en disposant, suivant une génératrice du cylindre BC, des paires de petits pendules électriques *conducteurs*, suspendus par des fils de lin. Ces pendules se chargent, par contact, d'électricité de même nature que la région à laquelle ils correspondent, et divergent d'un angle sensiblement proportionnel à la densité électrique du point du conducteur auquel ils sont fixés. Approchons des pendules *b* une baguette d'ébonite électrisée négativement : ils seront repoussés et les pendules *c* seront attirés ; nous en concluons que la région B est positive et la région C, négative. Nous constaterons que la divergence des pendules va en diminuant de chaque extrémité à la ligne neutre et que, sur cette ligne neutre, les pendules ne divergent pas, indiquant une densité égale à zéro.

3° Les charges développées par influence sur le cylindre BC sont égales, d'après le principe de la conservation de l'électricité. En effet, si nous éloignons le cylindre BC de la source inductrice, il revient à l'état neutre, les pendules retombent, les électricités de noms contraires se neutralisent.

207. Explication du phénomène d'influence sur un conducteur isolé. — Supposons un corps isolé A (*fig.* 285), contenant une charge q et placé à l'intérieur d'une enceinte E communiquant avec le sol. Si le corps A était seul, il développerait, d'après le théorème de Faraday, sur la surface interne de la paroi E une quantité d'électricité — Q, et le flux de force émané du conducteur A serait absorbé par la surface interne de l'enceinte E. Si nous amenons dans le champ de A un conducteur isolé BC, sous l'influence des forces électriques du champ, les masses d'électricité positive se déplacent dans le sens des lignes de force.

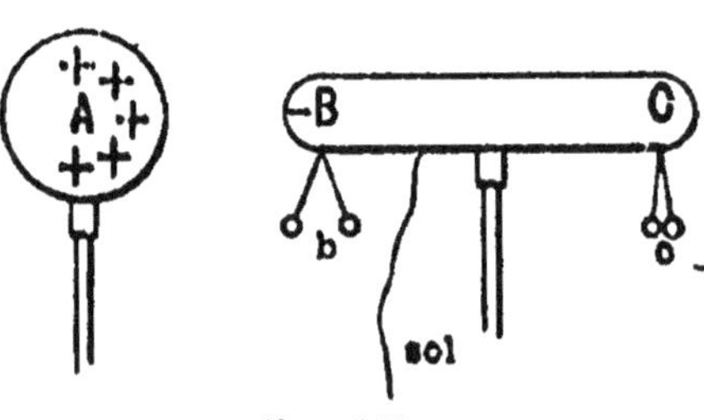

Le conducteur BC absorbera une partie du flux émané de A, et l'autre partie sera absorbée par les murs de la salle, qui seront électrisés négativement. Le conducteur BC prendra, dans la région la plus rapprochée, une charge de nom contraire à la charge inductrice. De la région C positive du conducteur, émane un flux qui est absorbé par les charges négatives de la paroi interne de la salle.

Fig. 285.

Les charges développées en B et C, égales entre elles, sont plus petites que la charge inductrice, puisque le conducteur BC ne reçoit qu'une partie du flux émané de la source inductrice A.

268. Influence d'un corps électrisé sur un conducteur en communication avec le sol (*fig.* 286). — Si l'on met un point quelconque du conducteur BC en communication avec la terre, l'électricité positive s'écoule dans le sol ; il ne reste plus sur le conducteur qu'une charge négative, attirée vers l'extrémité B du cylindre BC, ce que l'on peut vérifier avec le plan d'épreuve. Les pendules c retombent et les pendules b divergent d'un angle plus grand. Si l'on éloigne le cylindre BC de la source inductrice A, la charge négative se répand sur tout le cylindre, tous les pendules divergent (*fig.* 287) et sont tous repoussés par la baguette d'ébonite, électrisée négativement. Nous déduisons de cette expérience le moyen de communiquer à un conducteur une charge de signe contraire à celle de la source inductrice. On place le conducteur à électriser dans le champ de la source inductrice et on le met un instant

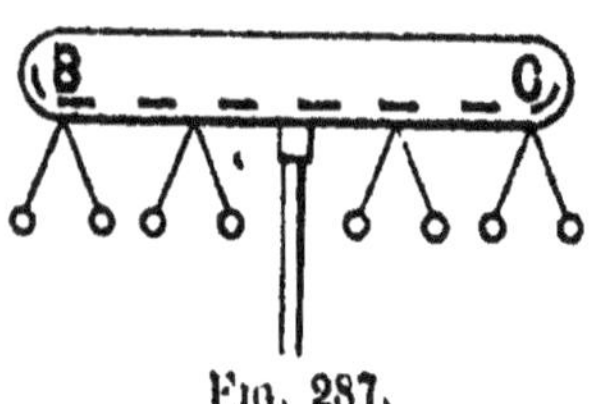

Fig. 287.

Fic. 286.

en communication avec le sol ; on l'éloigne ensuite : il reste chargé d'électricité contraire à celle de la source inductrice.

Les charges développées sur le conducteur BC sont plus petites que celle de la source inductrice et diminuent lorsque l'on éloigne l'induit de l'inducteur. On peut le vérifier en disposant, dans le voisinage de la source inductrice A, deux petites sphères *a*, *b* (*fig.* 288), sup-portées par des fils isolants et reliées par un fil métal-lique que supporte un bâ-ton de paraffine. Si l'on supprime la communica-tion, l'une des sphères est chargée négativement et l'autre positivement. En in-

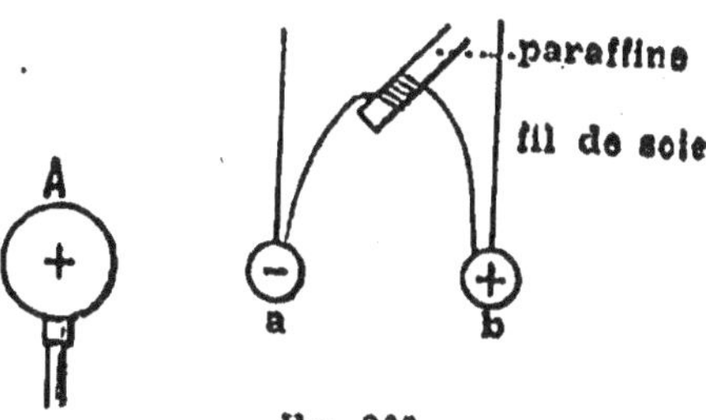

Fig. 288.

troduisant successivement la source inductrice A et l'une des sphères dans le cylindre de Faraday, nous constaterons : 1° *que la charge de la source inductrice* A *est plus grande que celle de l'induit;* 2° *que la charge de l'induit est d'autant plus petite qu'elle est plus éloignée de la source inductrice;* 3° en mettant l'une des sphères en communication avec le sol, sa charge sera plus petite que celle de la source inductrice, mais plus grande que dans le premier cas, où les sphères sont isolées.

269. Explication du phénomène d'influence sur un conducteur non isolé (*fig.* 289).

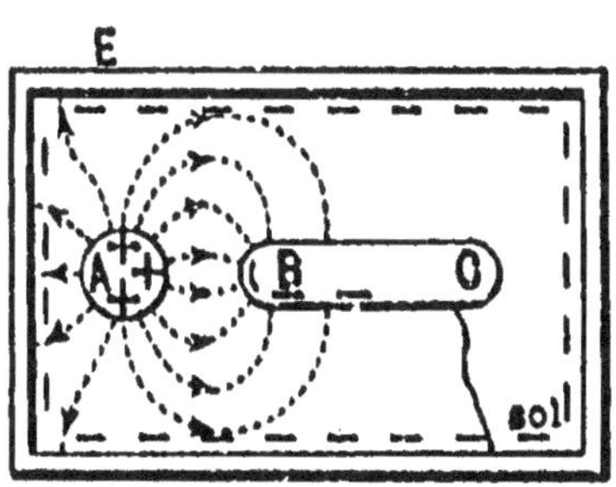

Fig. 289.

Si le conducteur est relié aux parois de la salle, qui sont en communication avec le sol, il peut être considéré comme en faisant partie. La charge déve-loppée sur BC, d'après le théo-rème de Faraday, est partout de signe contraire à celle de A. La charge de BC sera inférieure à celle de A, car une partie du flux émané de A est absorbé par la paroi interne de la salle.

270. Influence sur un conducteur isolé déjà élec-trisé. — Prenons un conducteur (*fig.* 290) BC isolé et chargé positivement, et approchons de l'extrémité B de ce cylindre un corps électrisé positivement, par exemple, un bâton de verre : la divergence des pendules *a* diminue et celle des pendules *b* augmente. Le conducteur BC électrisé a subi l'influence comme s'il était à l'état neutre ; les charges induites se superposent aux charges primitives ; la densité électrique, en chaque point, est égale à la somme algébrique de la densité primitive et de la densité provenant de la charge induite. En B, la charge positive est partiellement neutralisée par la

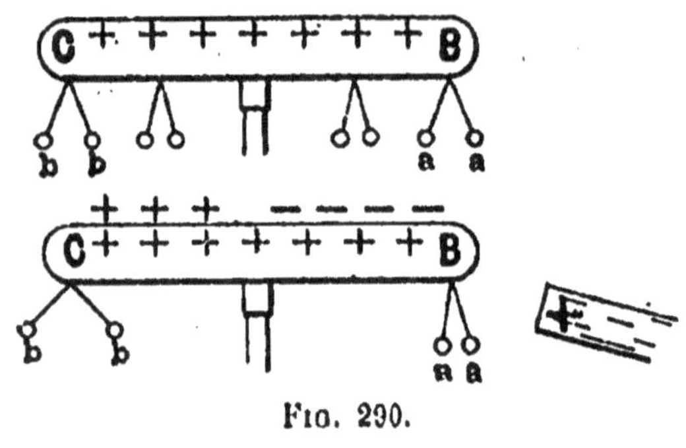

Fig. 290.

charge induite négative et la charge positive, en C, est augmentée par la charge positive induite.

271. Influence sur un conducteur portant des pointes. — 1° Supposons que l'induit B (*fig.* 291, 292) porte une

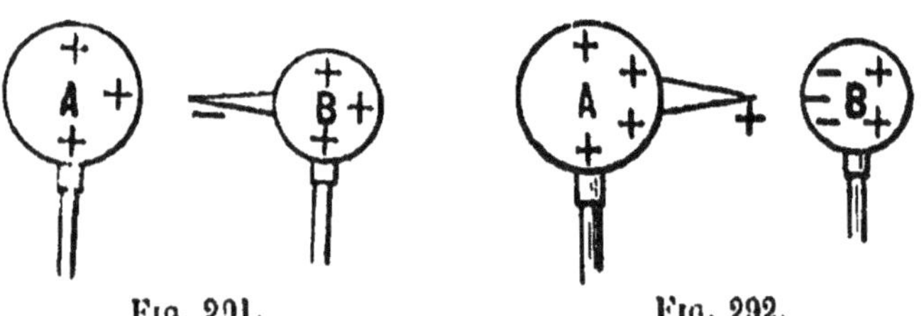

Fig. 291.   Fig. 292.

pointe : l'électricité négative, attirée à la pointe par l'inducteur A, s'écoule dans l'air ; les particules d'air, chargées négativement, sont attirées par le corps inducteur A et neutralisent une partie de sa charge. Le phénomène se produit jusqu'à ce que la pression électrostatique, à l'extrémité de la pointe, devienne insuffisante pour vaincre la résistance de l'air.

Si nous rapprochons A et B, une nouvelle quantité d'électricité négative s'échappe par la pointe.

2° Supposons la pointe placée sur l'inducteur A, chargé positivement ; de l'électricité positive s'écoule par la pointe et neutralise l'électricité négative de B, développée par influence. En résumé, l'écoulement d'électricité par une pointe produit le même effet qu'une communication plus ou moins parfaite entre les conducteurs A et B ; à la fin de l'expérience, le corps induit B possède une charge positive et la charge de l'inducteur a diminué de la même quantité.

3° Supposons B en communication avec le sol : les deux conducteurs se déchargent complètement, quel que soit celui qui porte la pointe, à la condition que celle-ci soit très fine.

272. Explication du phénomène de décharge par les pointes. — La décharge est produite par les *ions*. Ce sont des atomes, chargés positivement et négativement, qui existaient déjà en partie dans l'air et qui se forment en partie dans le champ électrique de la pointe. Pendant que les ions de même nom sont poussés le long des lignes de force, ceux de nom contraire sont attirés à la pointe et la déchargent; en même temps, ils produisent la charge de l'air et le transport de la charge du conducteur dans l'espace ou sur les conducteurs voisins.

273. Influence à travers un corps isolant. — **Diélectrique.** — L'influence s'exerce à travers les corps isolants, (*fig.* 203) solides ou liquides, comme à travers l'air. On peut le vérifier en interposant une plaque de paraffine entre l'électroscope et le bâton d'ébonite électrisé. Les feuilles d'or continuent à diverger, même, leur divergence augmente. Les substances isolantes sont appelées *diélectriques*.

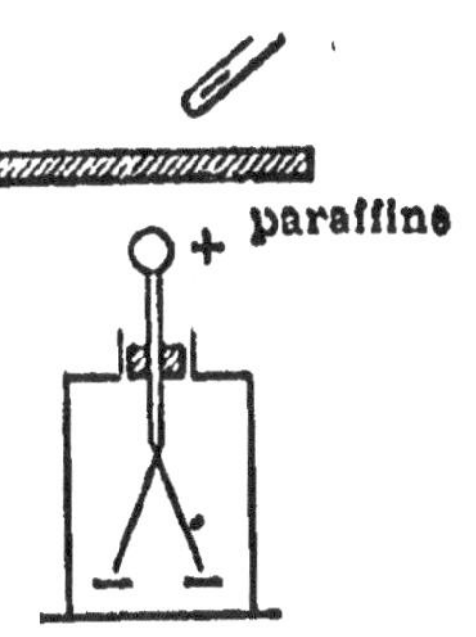

Fig. 203.

274. Explication de l'attraction des corps légers; pendule isolé, pendule non isolé. — Si nous approchons un bâton de verre A (*fig.* 294), chargé positivement, d'un pendule électrique isolé formé d'une boule de sureau, isolée par un fil de soie et à l'état neutre, il se développe par influence, en B et en D, des charges égales et de signes contraires.

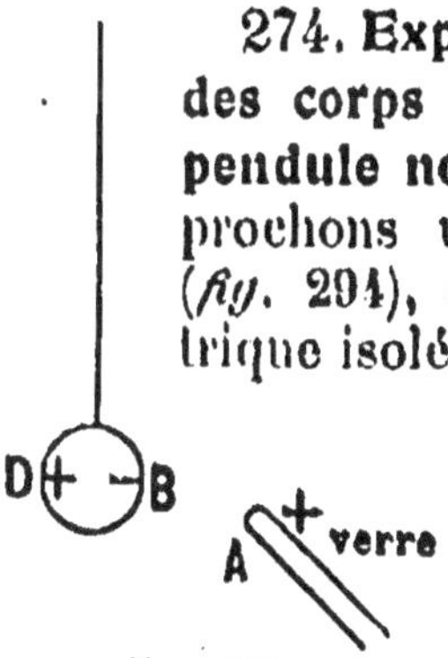

Fig. 294.

La balle de sureau est donc sollicitée par deux forces, l'une attractive, due à l'action de l'électricité positive de A sur l'électricité négative en B, l'autre répulsive, due à l'action de l'électricité positive de A sur l'électricité positive en D ; la région chargée négativement étant plus rapprochée que celle qui est chargée positivement, la force attractive l'emporte et la balle est attirée vers le bâton de verre.

Si nous supposons la b..le de sureau non isolée suspendue par un fil de lin, l'électricité positive du bâton de verre A développe sur la boule une charge négative plus grande que dans le cas du pendule isolé ; la force répulsive n'existant plus et la force attractive étant plus grande, l'attraction sera plus forte que dans le cas précédent.

Il en résulte que le pendule non isolé est plus sensible que le pendule isolé. Mais ce dernier ne peut être employé que pour reconnaître si un corps est électrisé. Pour déterminer le signe de l'électricité, il faut se servir du pendule isolé.

INFLUENCE SUR LES CORPS MAUVAIS CONDUCTEURS
POLARISATION DU DIÉLECTRIQUE

275. Un corps isolant, exposé quelque temps dans un champ électrique, finit par s'électriser. On considère ce corps isolant comme formé d'une réunion de petits conducteurs, séparés par un milieu isolant et possédant des charges $+$ et $-$, et dans lesquels les masses électriques de noms contraires, au lieu de pouvoir, comme dans les corps conducteurs, circuler librement sur les molécules voisines, sont liées intimement à chaque particule conductrice dans laquelle elles se trouvent et ne peuvent que s'y orienter. Sous l'influence du champ électrique, chacun de ces petits conducteurs se charge positivement dans la direction de sortie des lignes de force et négativement du côté par lequel elles entrent. Chaque particule présente deux pôles : elle est dite *polarisée*. Si l'influence est prolongée, l'électrisation du corps isolant persiste quand on détruit le champ inducteur et ce corps se comporte comme s'il était chargé positivement d'un côté et négativement de l'autre, la plage négative étant toujours la plus voisine de la source inductrice, supposée positive. Les seules charges agissantes sont celles des extrémités.

On peut montrer ce phénomène au moyen d'une expérience due à Faraday. On prend une cuve de verre, contenant de l'essence de térébenthine pure, et l'on y plonge les extrémités des deux conducteurs polaires d'une machine électrostatique, donnant les deux électricités. On fait flotter des petits brins de soie ; ces brins s'orientent dans la même direction et se mettent en file bout à bout, en formant des chaînes continues, parallèles aux lignes de force.

Si l'on rompt la chaîne avec une baguette, on sent une certaine résistance et la chaîne se reforme.

Cette expérience donne l'idée de l'orientation des molécules à l'intérieur d'un diélectrique.

CHAPITRE V

NOTIONS ÉLÉMENTAIRES SUR LE POTENTIEL ET LA CAPACITÉ

275. Étude expérimentale du potentiel. — Potentiel d'un conducteur électrisé. — Prenons un conducteur (*fig.* 295) isolé, électrisé, ayant, par exemple, la forme d'un ellipsoïde allongé, et mettons-le en communication lointaine, par l'intermédiaire d'un fil de cuivre fin, avec un électroscope à feuilles d'or, dont la cage mé-

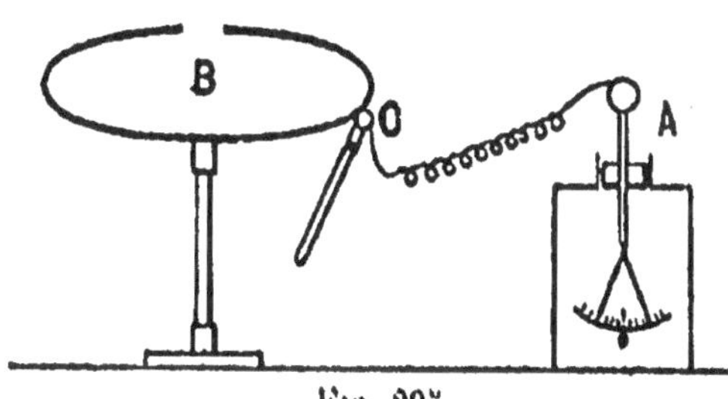

Fig. 295.

tallique est en communication avec le sol. Nous constaterons :

1° Que la divergence α des feuilles d'or reste constante, si l'on déplace le contact C sur un point quelconque du conducteur B, même à l'intérieur. Nous verrons que cette divergence α des feuilles d'or est indépendante de la densité du conducteur au point touché, car nous avons vérifié que la densité électrique était variable à la surface d'un ellipsoïde.

2° En répétant la même expérience avec le cylindre de Faraday, isolé sur une plaque de paraffine et mis en communication lointaine avec un électroscope à feuilles d'or, et en lui communiquant des charges q, $2q$, $3q$, nous constaterons que les divergences α_1, α_2, α_3 des feuilles d'or mesurent des charges qui sont entre elles comme 1, 2, 3.

Cette qualité électrique d'un conducteur électrisé, mesurée par la divergence α des feuilles d'or, *constante pour tous les points d'un conducteur électrisé, indépendante de la densité électrique et proportionnelle à la charge, se nomme le potentiel, du conducteur.*

Le potentiel d'un conducteur isolé, à l'état d'équilibre électrique, est constant pour tous les points de la surface externe et interne de ce conducteur et proportionnel à sa charge.

Signe du potentiel. — Si l'électroscope se charge positivement, le potentiel est positif ; s'il se charge négativement, le potentiel est négatif.

Origine des potentiels. — Si nous mettons l'électroscope en communication avec le sol, les feuilles retombent au zéro. Le potentiel du sol est pris par convention égal à zéro. La divergence des feuilles d'or mesure le potentiel à partir de ce zéro ; elle mesure, en réalité, la différence de potentiel entre le conducteur et la terre.

Potentiel d'un conducteur. — On appelle potentiel d'un conducteur contenu dans une salle dont les parois communiquent avec le sol, la différence de potentiel qui existe entre le conducteur et le sol.

276. Différence de potentiel. — Courant. — Si deux conducteurs isolés électrisés A et B sont mis en communication lointaine avec un électroscope, donnent la même divergence et chargent l'électroscope d'électricité de même signe, ces deux conducteurs ont *des potentiels égaux et de même signe.* Si la divergence des feuilles d'or produite par A est plus grande que celle qui est produite par B, le potentiel de A est plus élevé que celui de B. Enfin, si la divergence des feuilles produite par A correspond à une charge double ou triple de celle qui est produite par B, le potentiel de A est double ou triple de celui de B.

REMARQUE. — *Deux conducteurs électrisés peuvent posséder des charges égales et des potentiels différents.* — Pour le vérifier, prenons deux sphères conductrices, de rayons différents, possédant la même charge électrique : celle qui a le plus petit rayon aura le plus grand potentiel.

Prenons deux conducteurs électrisés positivement. Soient Q et Q' leurs charges, que nous mesurons en les introduisant dans le cylindre de Faraday, sans toucher les parois. Mesurons également V et V' avec un électroscope à feuilles d'or, étalonné en volts (¹). Réunissons les deux conducteurs par un fil de cuivre fin et long, de capacité négligeable.

1° Les potentiels sont égaux $V = V'$.

Supprimons la communication et mesurons de nouveau les charges des conducteurs avec le cylindre de Faraday : nous constaterons qu'elles conservent la même valeur et que les potentiels restent égaux.

Quand on met en communication lointaine deux conducteurs au même potentiel, l'état électrique reste identique.

2° Supposons $V > V'$. Nous constaterons, après avoir supprimé la communication, que les potentiels sont égaux, car les deux conducteurs réunis forment un conducteur unique, pour lequel le potentiel est constant ; et que le potentiel commun V_1 sera compris entre V et V'.

$$V > V_1 > V'.$$

La somme des charges restera constante, d'après le principe de la conservation de l'électricité. Si Q_1 et Q'_1 représentent les nouvelles charges de A et B, nous vérifierons que $Q_1 < Q$. Mais

$$Q + Q' = Q_1 + Q'_1$$

Courant électrique. — Si deux conducteurs à des potentiels différents sont mis en communication, celui qui est au potentiel le plus élevé cède de l'électricité à celui qui est au potentiel le plus bas, jusqu'à ce qu'ils deviennent égaux. Cette *différence de potentiel* entre deux conducteurs détermine un mouvement d'électricité positive du corps au plus haut potentiel vers le corps au plus bas potentiel. Ce transport d'électricité s'appelle un *courant*.

Si nous mettons un conducteur ayant un potentiel positif en communication avec le sol, l'électricité positive s'écoule vers le sol, qui est au potentiel zéro. Si le conducteur est à un potentiel négatif, l'électricité positive s'écoulera du sol vers le conducteur, jusqu'à ce que son potentiel devienne zéro.

(¹) Voir l'étalonnage d'un électromètre à feuilles d'or, § 312.

Pour montrer l'existence (*fig.* 296) de ce courant, relions le conducteur C à un *électroscope* de *décharge* (électroscope de Gaugain), par un fil de coton ciré.

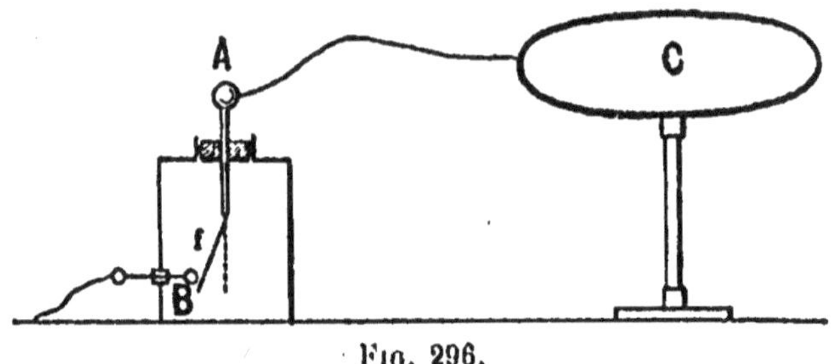

Fig. 296.

L'électroscope de décharge ne porte qu'une seule feuille d'or *f*, en regard de laquelle se trouve une petite boule de laiton B, en communication avec le sol.

Lorsque l'on charge la boule A, la feuille d'or induit de l'électricité de nom contraire sur la boule B et se trouve attirée par celle-ci ; la feuille d'or vient alors toucher la boule B et retombe aussitôt : la charge de l'électroscope s'est écoulée dans le sol. A chaque contact, les feuilles d'or se déchargent, pour s'électriser à nouveau aux dépens du conducteur C. Ces décharges successives montrent l'existence d'un transport d'électricité du conducteur au sol, c'est-à-dire un courant.

277. Potentiel d'un conducteur électrisé placé dans le champ de corps électrisés. — Le potentiel d'un conducteur ne dépend pas seulement de sa charge, mais des charges de tous les conducteurs voisins. En effet, si, d'un électroscope chargé positivement, c'est-à-dire indiquant un potentiel positif, nous approchons un bâton de verre électrisé, la divergence des feuilles d'or augmente, montrant un accroissement du potentiel.

Si nous approchons une baguette d'ébonite électrisée négativement, les feuilles d'or se rapprochent, indiquant une diminution du potentiel. En approchant davantage le bâton d'ébonite, les feuilles retombent et le potentiel devient égal à zéro.

Si nous approchons encore le bâton, les feuilles divergent et le potentiel devient négatif.

Un conducteur chargé positivement peut acquérir un potentiel égal à zéro ou négatif, par la présence dans son voisinage d'un corps chargé négativement.

Le potentiel d'un corps est *toujours élevé* par le rapprochement d'une charge positive et *toujours abaissé* par le rapprochement d'une charge négative. *Si l'on approche d'un conducteur électrisé positivement un corps en communication avec le sol, son potentiel est abaissé et, pour un corps négatif, il est élevé.*

278. Potentiel d'un conducteur soumis à l'influence de corps électrisés.

— Un conducteur isolé, soumis à l'influence d'un corps électrisé positivement, par exemple, présente deux plages, positive et négative. Si nous le mettons en communication lointaine avec l'électroscope, la divergence des feuilles d'or indiquera : 1° un potentiel constant et de même signe que le corps inducteur, quel que soit le point de ce conducteur mis en communication avec l'électroscope ; 2° un potentiel du corps induit plus faible que celui du corps inducteur. Le potentiel du corps induit diminue lorsqu'on l'éloigne du corps inducteur. Enfin, si l'on double la charge de l'inducteur, le potentiel de l'induit devient double. Si l'induit est en communication avec le sol, il prend une charge de signe contraire à celle de la source inductrice, mais son potentiel est égal à zéro.

REMARQUE. — *Un corps contenant une charge électrique positive ou négative peut être au potentiel zéro.*

279. Capacité. — Unité de capacité. — Mesure de la capacité.

— Supposons un conducteur *éloigné de tout conducteur électrisé ou entouré de conducteurs en communication avec le sol,* par exemple un cylindre de Faraday, isolé, en communication lointaine avec un électroscope. Soient Q sa charge et V son potentiel. Si nous doublons la charge, nous constaterons, au moyen de l'électroscope, que le potentiel devient double. Nous en concluons que la charge est proportionnelle au potentiel. La charge peut être représentée par la formule :

$$Q = CV, \qquad \text{d'où} \qquad C = \frac{Q}{V},$$

C étant une constante appelée *capacité, qui exprime le rapport de la charge au potentiel.* Si nous supposons V = 1,

$$Q = C.$$

Définition de la capacité d'un conducteur. — Unité de capacité, Farad. — *La capacité électrique d'un conducteur,* éloigné de tout conducteur électrisé, est égale à la quantité d'électricité qu'il faut lui donner pour que son potentiel devienne égal à l'unité. L'unité pratique de capacité est appelée *farad;* c'est la capacité d'un conducteur qui, chargé au potentiel d'un volt, contiendrait 1 coulomb d'électricité. Ce nombre étant très considérable, on emploie le *microfarad*, qui est la millio-nième partie du farad. La capacité électrique d'un conducteur dépend de sa forme, de ses dimensions et de tous les corps électrisés qui sont dans son voisinage.

On peut vérifier expérimentalement que deux conducteurs, de formes différentes et de même surface, ont des capacités différentes.

Electrisons l'un des hémisphères de l'appareil représenté par la figure 11 et mesurons son potentiel, en le mettant en communication lointaine avec l'électroscope à feuilles d'or. Approchons au contact l'autre hémisphère : la surface du conducteur reste la même, en considérant la surface de l'hémisphère, formée de la surface interne et externe, comme égale à la surface de la sphère. Toute l'électricité se porte à la surface de la sphère ; les feuilles de l'électroscope se rapprochent, indiquant une diminution de potentiel; donc, pour des charges égales, le potentiel de la sphère est plus petit que celui de l'hémisphère ; il en résulte que la capacité de la sphère est plus grande que celle de l'hémisphère.

Capacité d'un conducteur sphérique. — *La capacité d'un conducteur sphérique, éloigné de tout conducteur électrisé, est proportionnelle à son rayon.* Pour le vérifier, prenons une sphère de rayon R, à laquelle nous donnons une charge Q, mesurée avec le cylindre de Faraday.

Mettons-la en communication lointaine, par un fil de cuivre fin et long, de capacité négligeable, avec une deuxième sphère à l'état neutre, de rayon $\dfrac{R}{n}$ par exemple.

Soient q et q' les charges après la communication; les deux sphères étant au même potentiel, les quantités d'électricité sont entre elles comme les rayons :

$$\frac{q'}{q} = \frac{\frac{R}{n}}{R} = \frac{1}{n}, \quad \text{d'où} \quad \frac{q'}{q+q'} = \frac{1}{n+1} \quad \text{ou} \quad \frac{q'}{Q} = \frac{1}{n+1},$$

si nous supposons $n = 3$.

Nous vérifierons, avec le cylindre de Faraday, que $q' = \dfrac{Q}{4}$.

Si le rayon de la sphère est exprimé en centimètres, la capacité est exprimée en farads par la formule :

$$C = \frac{R}{3^2 \times 10^{11}} \text{ farads.}$$

EXEMPLE. — Quel est le rayon d'une sphère métallique, de la capacité d'un microfarad ?

$$\frac{R}{3^2 \times 10^{11}} = \frac{1}{10^6}, \qquad R = 0.000 \text{ mètres.}$$

Une sphère d'une capacité d'un farad aurait un rayon :

$$R' = 9 \times 10^9 \text{ mètres.}$$

280. Mesure de la capacité d'un conducteur. — Communiquons à une sphère conductrice de rayon R une charge Q, que nous mesurons avec le cylindre de Faraday, et mettons-la en communication lointaine, par un fil fin, avec le conducteur dont on veut déterminer la capacité. Nous mesurons à nouveau la charge de la sphère, qui était Q et qui, après la communication, devient $Q - q$. Comme les potentiels sont égaux, il en résulte, d'après la formule $V = \dfrac{Q}{C}$, que

$$\frac{Q - q}{R} = \frac{q}{x}, \qquad \text{d'où} \qquad x = \frac{RQ}{Q - q}.$$

281. Partage de l'électricité entre deux conducteurs mis en communication lointaine. — *Quand on met en communication lointaine deux conducteurs A et B, de potentiel et de capacité différents, le partage des charges se fait de manière que la somme des charges reste constante et que les potentiels deviennent égaux.* Soient Q et Q' les charges, et C et C' les capacités des conducteurs A et B. Établissons la communication lointaine par un fil fin ; représentons par x le potentiel commun après la communication ; d'après le principe de la conservation de l'électricité,

$$Q + Q' = Cx + C'x, \qquad \text{d'où} \qquad x = \frac{Q + Q'}{C + C'}.$$

Si V et V' sont les potentiels primitifs des conducteurs A et B,

$$x = \frac{CV + C'V'}{C + C'},$$

et les charges :

$$Q_1 = \frac{(Q + Q')}{C + C'}\, C, \qquad Q_2 = \left(\frac{Q + Q'}{C + C'}\right) C'.$$

EXEMPLE. — Soient deux conducteurs A et B, dont les potentiels sont :

$$V = 10.000 \text{ volts}, \qquad V' = 1.000 \text{ volts.}$$

La capacité de A est :

$$C = \frac{1}{10^5} \text{ de microfarad};$$

celle de B :

$$C' = \frac{1}{10^6} \text{ de microfarad.}$$

Après la communication, le potentiel commun

$$V = \frac{\dfrac{10^4}{10^5 \times 10^6} + \dfrac{10^3}{10^6 \times 10^6}}{\dfrac{1}{10^5 \times 10^6} + \dfrac{1}{10^6 \times 10^6}} = 0.181 \text{ volts.}$$

et

$$Q_1 = \frac{0181}{10^5 \times 10^6} = 0{,}0918 \text{ microcoulomb,}$$

$$Q_2 = \frac{0181}{10^6 \times 10^6} = 0{,}00918 \text{ microcoulomb.}$$

282. Analogie d'une différence de potentiel et d'une différence de niveau en hydrostatique. — Le courant, ou flux d'électricité, qui a pour effet d'égaliser les potentiels, peut être comparé au courant liquide qui prend naissance au moment où l'on fait communiquer deux vases (*fig.* 297) R et R', renfermant de l'eau à des niveaux différents H et H', mesurés au-dessus d'un plan de comparaison xy pris pour zéro. Il a pour effet d'établir le même niveau H_1

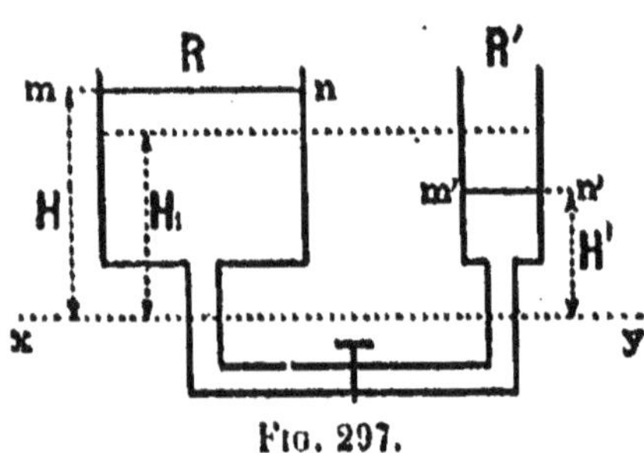

Fig. 297.

dans les deux vases. On peut comparer le potentiel à la hauteur H, qui mesure le niveau de l'eau dans le vase R, au-dessus du plan de comparaison xy. Pour cette raison, le potentiel est quelquefois appelé *niveau électrique* et la différence de potentiel entre deux conducteurs est comparable à une différence de niveau; enfin, on peut comparer la quantité d'eau qui passe d'un vase dans l'autre à la quantité d'électricité qui passe entre deux conducteurs présentant une différence de potentiel.

1° Si le niveau est le même dans les deux vases R et R', qu'on fait communiquer au moyen d'un robinet, il ne varie pas, non plus que la quantité d'eau dans chaque vase.

C'est le cas de deux conducteurs au même potentiel, mis en communication.

2° Supposons que le niveau H, dans le premier vase, soit plus grand que le niveau H' dans le second.

Après la communication, il s'établira un niveau moyen H_1 dans les deux vases, de telle sorte que $H > H_1 > H'$, et comme la quantité d'eau reste constante, si nous représentons par S et S' les sections des deux vases :

$$SH + S'H' = (S + S') H_1 \,(^1).$$

Cette formule est identique à celle qui représente l'équilibre électrique entre deux conducteurs, mis en communication lointaine.

L'électroscope à feuilles d'or est un indicateur de niveau électrique. — L'électroscope est un indicateur de niveau électrique, dont on peut expliquer le rôle au moyen d'un exemple hydrostatique (*fig.* 298). Supposons qu'il s'agisse de mesurer le niveau du liquide dans le vase A : nous mettrons ce réservoir en communication avec un tube B, de faible section, à la base duquel est marqué le zéro; l'eau s'élèvera, dans ce tube, sensiblement au même niveau que dans le vase A, car sa section est négligeable vis-à-vis de celle du vase A, et la hauteur H mesurera le niveau dans le vase A, quel que soit le point de ce vase mis en communication avec le tube B.

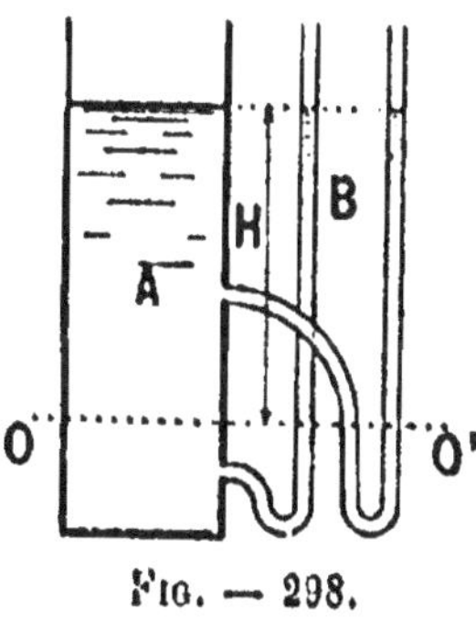

Fig. — 298.

L'électroscope mis en communication lointaine avec un corps électrisé se met au même potentiel que ce corps, car sa capacité électrique étant très faible, la charge du conducteur et son potentiel ne sont pas sensiblement modifiés.

(1) Dans la figure 207, il faut supposer *xy* au-dessus du conduit qui établit la communication de R et R'.

L'électroscope de faible capacité joue exactement le même rôle, vis-à-vis du conducteur électrisé, que le tube étroit B vis-à-vis du vase A.

283. Expression du travail électrique. — Définition du potentiel par le travail. — Travail électrique. — Un conducteur électrisé donne naissance autour de lui à un champ électrique; supposons, en un point de ce champ, un très petit conducteur, contenant une charge positive égale à l'unité et sur lequel agissent des forces. S'il est abandonné à lui-même, il se met en mouvement dans le sens des lignes de force : il y a production d'un travail positif comparable à celui qu'un corps pesant, qui tombe dans le champ de la pesanteur, peut produire pour mettre en mouvement une horloge, par exemple; si l'on déplace ce petit conducteur contre les lignes de force, on dépense du travail; le travail est négatif et ce travail dépensé augmente l'énergie potentielle du petit conducteur.

Ce travail négatif est comparable à celui qu'il faut fournir pour élever un poids au-dessus du sol. Il se trouve sous forme d'énergie potentielle, laquelle pourra être transformée en travail par la chute du poids.

A chaque position du petit conducteur électrisé dans le champ électrique, correspond une énergie potentielle déterminée, de même qu'un corps pesant, soulevé à différentes hauteurs dans le champ de la pesanteur, possède une énergie potentielle déterminée pour chaque position au-dessus du sol.

Potentiel en un point d'un champ électrique. — On appelle potentiel, en un point A d'un champ électrique, l'énergie potentielle correspondant à la position du petit conducteur dans le champ du corps électrisé en ce point A. Cette énergie potentielle est égale au travail dépensé pour amener ce petit conducteur, chargé de l'unité d'électricité positive, d'un point très éloigné au point A; ou bien, le potentiel au point A est le travail effectué par les forces électriques pour déplacer un petit conducteur contenant une charge positive égale à l'unité, du point A à l'infini.

284. Calcul du potentiel en un point du champ d'un conducteur sphérique. — Nous allons calculer le travail (*fig.* 200) nécessaire pour déplacer l'unité d'électricité positive de Z à A, vers le conducteur O. Traçons deux axes de coordonnées rectangulaires; portons en abscisses les distances du petit conducteur au centre O du conducteur électrisé contenant une charge $+ q$, et en ordonnées, les valeurs des forces exercées par le conducteur O sur le petit conducteur, lesquelles seront, d'après la loi de Coulomb, représentées par la formule :

$$f = \frac{q}{d^2}.$$

Divisons la distance AZ en parties égales.

La force électrique en A, d'après la loi de Coulomb, est égale à $\frac{q}{a^2}$ et en B, égale à $\frac{q}{b^2}$.

Si la valeur de la force restait constante pendant le déplacement du petit conducteur dans l'intervalle AB, la force moyenne, pendant le déplacement, serait plus grande que $\frac{q}{b^2}$ et plus petite que $\frac{q}{a^2}$.

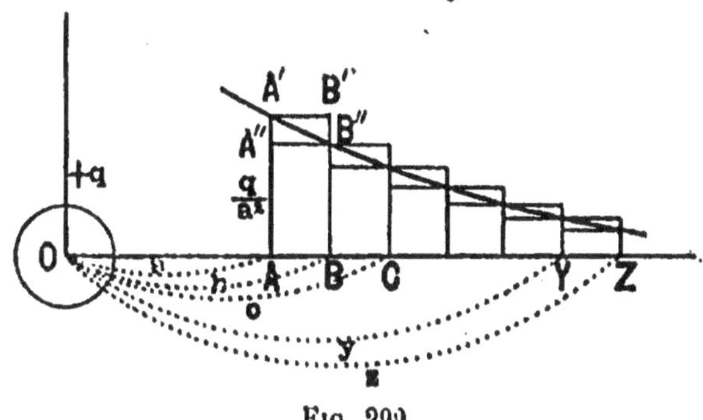

Fig. 299.

Le travail accompli pour transporter le petit conducteur de B en A est représenté par l'aire AA'B'B, qui est plus grande que l'aire du rectangle AA"B"B :

$$AA''B''B = \frac{AB \times q}{b^2} = \frac{(b-a)q}{b^2} = \left(\frac{q}{a} - \frac{q}{b}\right)\frac{a}{b};$$

mais cette aire AA'B'B est plus petite que l'aire du rectangle :

$$AA'B'B = \frac{AB \times q}{a^2} = \left(\frac{q}{a} - \frac{q}{b}\right)\frac{b}{a}.$$

Si nous représentons par A le potentiel au point A, et par B le potentiel au point B, A—B représentera le travail qu'il faut dépenser pour amener l'unité d'électricité positive de B en A.

Nous pourrons écrire pour chaque intervalle :

$$\left(\frac{q}{a} - \frac{q}{b}\right)\frac{a}{b} < A - B < \left(\frac{q}{a} - \frac{q}{b}\right)\frac{b}{a},$$

$$\left(\frac{q}{b} - \frac{q}{c}\right)\frac{b}{c} < C - B < \left(\frac{q}{b} - \frac{q}{c}\right)\frac{c}{b},$$

$$\cdots\cdots\cdots\cdots\cdots\cdots\cdots\cdots\cdots\cdots$$

$$\left(\frac{q}{y} - \frac{q}{z}\right)\frac{y}{z} < Y - Z < \left(\frac{q}{y} - \frac{q}{z}\right)\frac{z}{y};$$

Mais $\frac{b}{a}$ est plus grand que l'unité ; donc :

$$\frac{c}{b} = \frac{b + AB}{a + AB} < \frac{b}{a},$$

De même $\dfrac{a}{b} < 1$:

$$\frac{b}{c} = \frac{a + AB}{b + AB} > \frac{b}{c}.$$

En remplaçant $\dfrac{b}{c}$. ..., $\dfrac{y}{z}$ par $\dfrac{a}{b}$, et $\dfrac{c}{b}$, ..., $\dfrac{z}{y}$ par $\dfrac{b}{c}$, les inégalités subsistent. En additionnant ces inégalités, on a :

$$\left(\frac{q}{a} - \frac{q}{z}\right)\frac{a}{b} < A - Z < \left(\frac{q}{a} - \frac{q}{z}\right)\frac{b}{a}.$$

Si nous augmentons indéfiniment le nombre des intervalles de AZ, $\dfrac{a}{b}$ et $\dfrac{b}{a}$ tendent vers l'unité.

A la limite :

$$A - Z = \frac{q}{a} - \frac{q}{z},$$

Si nous faisons croître z jusqu'à ∞, nous aurons le potentiel au point A du champ.

En désignant par V le potentiel au point A, nous avons :

$$V = \frac{Q}{a}.$$

Le potentiel, en un point d'un champ électrique créé par un conducteur sphérique, est égal au quotient de la charge électrique par la distance de ce point au centre du conducteur.

Si, au lieu de transporter une charge égale à l'unité, nous déplaçons une charge Q_1, le travail à fournir sera :

$$W = \frac{Q \times Q_1}{a}.$$

Le travail est le même, quel que soit le chemin suivi par le petit conducteur (fig. 300).

Pour transporter une charge positive du point A du champ en un point B, par le chemin AmB il faut effectuer contre les forces électriques un travail négatif Vb — Va, représenté par W.

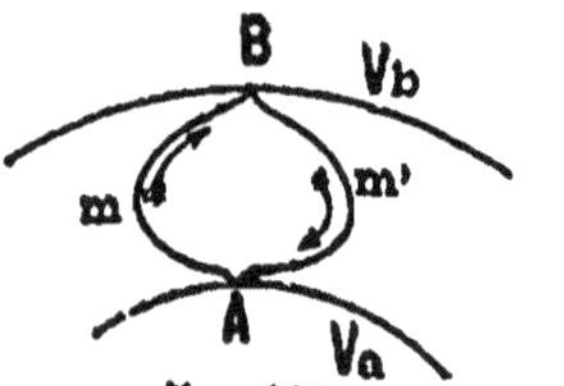

Fig. 300.

Supposons, par exemple, que ce travail négatif W soit de 5 joules et que, pour amener la charge électrique de A en B, par le chemin Am'B, le travail dépensé soit de 10 joules.

Supposons que nous déplacions la charge de A en B par le chemin AmB, nous dépenserons un travail de 5 joules; le déplacement de la charge de B en A, par le chemin Bm'A, produirait un travail positif de 10 joules; donc, à chaque tour, on pourra recueillir 5 joules sans dépense de travail équivalent et l'on pourrait produire ainsi une quantité indéfinie de travail avec une quantité d'énergie donnée, ce qui serait la *réalisation du mouvement perpétuel, reconnue impossible.*

Le potentiel d'un conducteur électrisé est constant pour tous les points de sa surface. — Le potentiel est constant à la surface et dans l'intérieur d'un même conducteur à l'état d'équilibre électrique.

Nous savons que les lignes de force sont normales à la surface d'un conducteur électrisé en équilibre. Si l'on transporte une masse d'électricité positive égale à l'unité à la surface d'un conducteur, d'un point A au point A', comme, dans le trajet, la force qui agit sur la masse électrique est constamment normale au déplacement de celle-ci, la composante tangentielle est nulle; il s'ensuit que le travail est nul et que la différence de potentiel est égale à zéro; donc, tous les points de la surface d'un conducteur électrisé sont au même potentiel.

Si nous déplaçons la masse électrique d'un point A, situé à la surface du conducteur, au point A_1 placé à l'intérieur, comme le champ est nul à l'intérieur d'un conducteur en équilibre électrique, le travail produit pour déplacer l'unité d'électricité positive sera égal à zéro.

Les points A et A_1 sont au même potentiel.

Différence de potentiel entre deux points d'un champ électrique. — Soient deux points A et B d'un champ électrique et soient V et V' les potentiels en ces deux points. V représente le travail nécessaire pour amener l'unité d'électricité positive de l'infini au point A et V', le travail nécessaire pour amener l'unité d'électricité positive de l'infini au point B. Donc, la *différence de potentiel* ou *chute de potentiel* V — V' représente le travail qu'il faut dépenser pour amener l'unité d'électricité positive du point B au point A. Si nous prenons comme origine des potentiels le potentiel du sol, que nous supposerons égal à zéro, le *potentiel, en un point d'un champ,* sera égal au travail dépensé pour amener l'unité d'électricité positive du sol en ce point.

Potentiel d'un conducteur. — Le potentiel d'un conducteur électrisé est la différence constante de potentiel entre un point quelconque de ce conducteur et le sol.

C'est le travail nécessaire pour amener l'unité d'électricité positive, du sol à la surface de ce conducteur.

Unité pratique de différence de potentiel. Volt. — Pour élever une charge Q du potentiel zéro au potentiel V, il faut dépenser un travail égal à $Q \times V$; réciproquement, d'après le principe de la conservation de l'énergie, la charge Q, tombant du potentiel V au potentiel *zéro*, produit un travail égal à QV.

L'unité pratique de différence de potentiel se nomme *volt*; le volt représente la chute de potentiel pour laquelle l'unité pratique de quantité d'électricité, le coulomb, produit un travail d'un joule [1].

Potentiel en un point d'un champ composé. — Lorsque le champ est formé par plusieurs charges $Q + Q_1 - Q_2$, on démontre que le potentiel résultant, en un point du champ, est égal à la somme algébrique des potentiels particuliers à ce point.

Soit un point situé à des distances r, r_1, r_2 des conducteurs ; le potentiel sera :

$$V = \frac{Q}{r} + \frac{Q_1}{r_1} - \frac{Q_2}{r_2}.$$

285. **Potentiel d'un conducteur sphérique.** — Le potentiel, en un point du champ distant de a d'un conducteur sphérique électrisé, éloigné de tout corps électrisé, est égal à $\frac{Q}{a}$. Pour un point à la surface du conducteur, le potentiel sera :

$$V = \frac{Q}{R}.$$

Le potentiel d'un conducteur sphérique est proportionnel à sa charge, ce qui est vrai pour un conducteur de forme quelconque, ainsi que nous l'avons vérifié expérimentalement.

Remarque sur les unités électriques. — Dans la formule que nous avons établie et qui exprime le potentiel,

$$V = \frac{Q}{a},$$

V et Q sont exprimées en unités C. G. S., électrostatiques, desquelles il est facile de passer aux unités électriques pratiques.

Le *volt* est égal à $\frac{1}{3 \times 10^2}$ unité C. G. S. électrostatique de potentiel.

Le *coulomb* est égal à 3×10^9 unités C. G. S. électrostatiques de quantité.

Le *farad* est égal à 3×10^{11} unités C. G. S. électrostatiques de capacité.

Enfin, le *joule* est égal à 10^7 unités C. G. S. électrostatiques, c'est-à-dire à 10^7 ergs ou à $\frac{1}{9,81}$ kilogrammètre, sensiblement le 1/10 du kilogrammètre.

[1] Voir la définition du joule, § 285.

EXEMPLE. — 1° Une sphère métallique, de 30 centimètres de rayon, possède une charge d'un microcoulomb; quel est le potentiel, au centre et à une distance de 60 centimètres du centre?

Dans la formule $V = \dfrac{Q}{a}$, Q et a sont exprimées en unités C. G. S. électrostatiques; le coulomb est égal à 3×10^9 unités C. G. S. de quantité et le volt est égal à $\dfrac{1}{300}$ d'unité C. G. S. électrostatique de potentiel.

V sera donné en volts par la formule :

$$V = \frac{10^{-6} \times 3 \times 10^9 \times 3 \times 10^2}{30} = 30.000 \text{ volts};$$

$$V' = \frac{10^{-6} \times 3 \times 10^9 \times 3 \times 10^2}{60} = 15.000 \text{ volts.}$$

2° Quel sera le travail dépensé pour amener une charge d'un microcoulomb, du sol en un point d'un champ dont le potentiel est 10.000 volts?

Transformons V et Q en unités C. G. S. :

$$W = V \times Q,$$
$$W = \frac{10^{-6} \times 3 \times 10^9 \times 10^4}{3 \times 10^2} = 10^5 \text{ ergs,}$$
$$W = \frac{10^5}{10^7} = 0,01 \text{ joule.}$$

286. Energie électrique d'un conducteur. — La charge électrique d'un conducteur exige un certain travail, qui se trouve à l'état d'énergie électrique dans le conducteur et qui peut être restituée, pendant la décharge sous forme de chaleur ou sous forme de travail.

Pour charger un conducteur (*fig.* 301) de capacité C et l'amener du potentiel zéro au potentiel V, il faut lui communiquer une charge Q = CV. Si nous portons en abscisses les valeurs de Q et en ordonnées les valeurs de V correspondantes, nous obtenons une ligne droite. Supposons la charge Q du conducteur divisée en n parties égales.

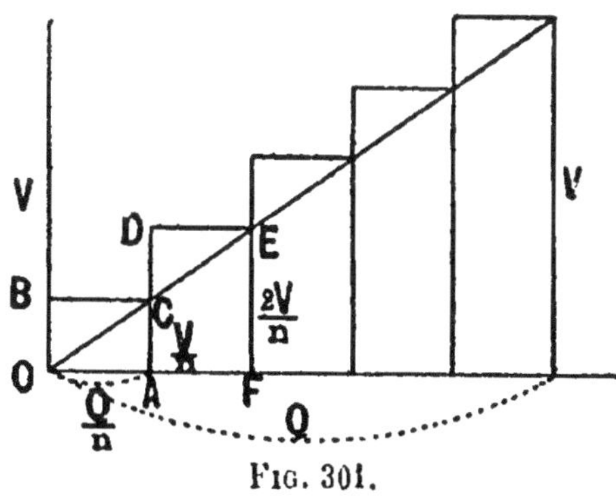

Fig. 301.

Le travail à dépenser pour élever une charge $\dfrac{Q}{n}$ du potentiel zéro au potentiel $\dfrac{V}{n}$, supposé constant, est égal à $\dfrac{Q}{n} \times \dfrac{V}{n}$ et sera représenté par le rectangle OBCA.

Ce travail est plus grand que celui qui est nécessaire pour élever le conducteur du potentiel zéro au potentiel $\dfrac{V}{n}$. La surface du deuxième rectangle ADEF représentera le travail nécessaire pour élever une charge $\dfrac{Q}{n}$ du potentiel zéro au potentiel $\dfrac{2V}{n}$.

En faisant la somme de tous ces rectangles, nous aurons le travail par excès, nécessaire pour amener la charge Q au potentiel V. Si nous augmentons indéfiniment la valeur de n, la somme des rectangles tend vers la surface du triangle, qui est égale à :

$$W = \frac{1}{2}\,QV \qquad \text{ou} \qquad W = \frac{1}{2}\,CV^2.$$

L'énergie électrique d'un conducteur électrisé est égale au demi-produit de la quantité d'électricité par le potentiel.

Exemple. — Quelle est l'énergie d'un conducteur sphérique de 10 centimètres de rayon, chargé au potentiel de 10.000 volts ?

$$W = \frac{10 \times (10000)^2}{3^2 \times 10^{11}} = 0{,}00\ \text{joule.}$$

Représentation graphique des formules générales. — L'énergie électrique d'un conducteur est caractérisée :

1° par la quantité ;
2° par le potentiel ;
3° par la capacité.

Toutes ces grandeurs sont reliées entre elles par les relations suivantes :

$$Q = CV,$$
$$W = \frac{1}{2}\,QV = \frac{1}{2}\,CV^2 = \frac{1}{2}\,\frac{Q^2}{C}.$$

Pour un conducteur sphérique (*fig.* 302), de 2 centimètres de rayon, possédant une charge de 36 unités C. G. S. électrostatiques, ou 0,012 microcoulomb, la courbe n° 1 représente le potentiel $V = \dfrac{Q}{a}$; la courbe n° 2, la valeur du champ en différents points de l'espace ; cette courbe peut être déduite directement de la première ; en effet,

$$V = \frac{Q}{a}, \qquad H = \frac{Q}{a^2}, \qquad \text{d'où} \qquad H = \frac{V}{a}.$$

On divisera l'ordonnée de la courbe n° 1, qui représente le potentiel, par la valeur a de la distance au point O.

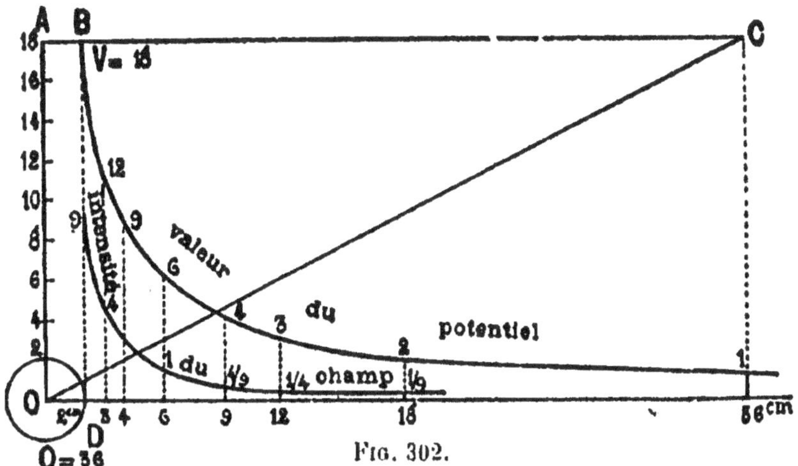

Fig. 302.

Le rectangle OABD représente la charge $Q = CV$ et le triangle OAC représente l'énergie électrique :

$$W = \frac{1}{2} QV = 324 \text{ ergs ou } 0{,}0000324 \text{ joule.}$$

287. Surfaces équipotentielles. — Si l'on relie tous les points de même potentiel d'un champ électrique, on obtient une surface de niveau, ou surface *équipotentielle*, qui entoure le corps électrisé. La surface du conducteur est la plus intérieure de toutes ces surfaces.

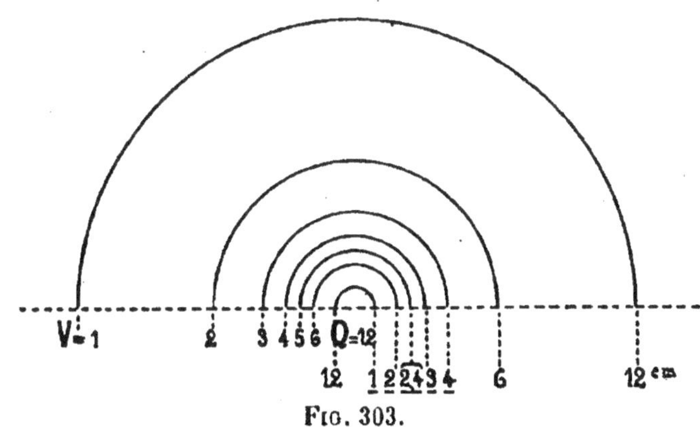

Fig. 303.

Autour d'un conducteur sphérique, les surfaces équipotentielles sont des sphères concentriques, car tous les points distants de a du centre de la sphère ont pour potentiel $\frac{Q}{a}$.

La figure 303 représente les surfaces équipotentielles autour d'un conducteur sphérique possédant une charge de 12 unités C. G. S. électrostatiques, pour lesquelles la différence de potentiel est égale à 1.

Les surfaces équipotentielles de potentiel :

$$12, \qquad 6, \qquad 5, \qquad 4, \qquad 3, \qquad 2, \qquad 1.$$

sont distantes du centre de :

$$1^{cm}, \qquad 2^{cm}, \qquad 2^{cm},4 \qquad 3^{cm}, \qquad 4^{cm}, \qquad 6^{cm}, \qquad 12^{cm}.$$

Les lignes de force sont normales aux surfaces équipotentielles. — Pour déplacer l'unité d'électricité positive de A en B, sur une surface équipotentielle, ces deux points étant au même potentiel, le travail est nul, c'est-à-dire que la projection de la force sur le déplacement est égale à zéro ; ce qui veut dire que la force, en chaque point, est normale au déplacement, considéré comme se faisant suivant le plan tangent.

Dans un *champ uniforme*, les lignes de force, ainsi que les surfaces équipotentielles, sont parallèles et équidistantes. Ce champ existerait, par exemple, entre deux plaques de métal indéfinies, dont l'une serait chargée positivement et l'autre négativement.

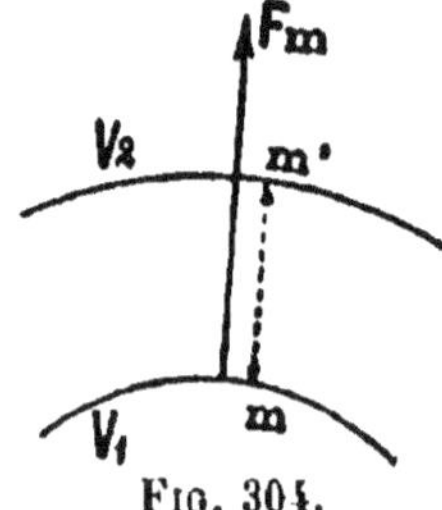

Fig. 304.

288. Intensité du champ en fonction du potentiel (*fig.* 304). — Si une masse électrique égale à l'unité se déplace de m à m', distants l'un de l'autre de a, suivant une ligne de force, le travail dépensé est égal à $V_2 - V_1$, différence de potentiel entre les points m et m'.

Supposons ces deux points très rapprochés et représentons par Fm la valeur moyenne du champ, le travail sera représenté par :

$$F_m \times d = V_1 - V_2, \qquad \text{d'où} \qquad F_m = \frac{V_1 - V_2}{d}.$$

Plus d sera petit, plus Fm se rapprochera de la valeur du champ en m.

CHAPITRE VI

MACHINES ÉLECTROSTATIQUES

289. Principe des machines électrostatiques. — Les machines électriques sont des appareils qui transforment le travail en énergie électrique et qui produisent et entretiennent une différence de potentiel constante aux extrémités de deux conducteurs, appelés *pôles* de la machine.

Toute machine électrique se compose essentiellement : 1° d'un *producteur d'électricité*, ou *source* ; 2° d'un *transmetteur*, ou *transporteur* ; 3° d'un *collecteur*. Elles se divisent en machines à *frottement* et machines à *influence*, suivant que la source ou producteur d'électricité, qui charge le transmetteur, est obtenue par frottement ou par influence.

Ces machines sont dites à *addition* lorsque le transmetteur apporte à chaque course une charge constante au collecteur, et à *multiplication*, lorsque la charge du transmetteur s'accroît à chaque course par le jeu de la machine.

291. Electrophore. — L'électrophore (*fig.* 305) est un appareil qui permet d'obtenir presque indéfiniment de petites quantités d'électricité.

Il se compose : 1° d'un disque d'ébonite B, fixé sur une plaque métallique A, portant une cheville métallique *m*, qui dépasse très légèrement la surface du plateau B ; 2° d'un plateau conducteur C, en aluminium ou en

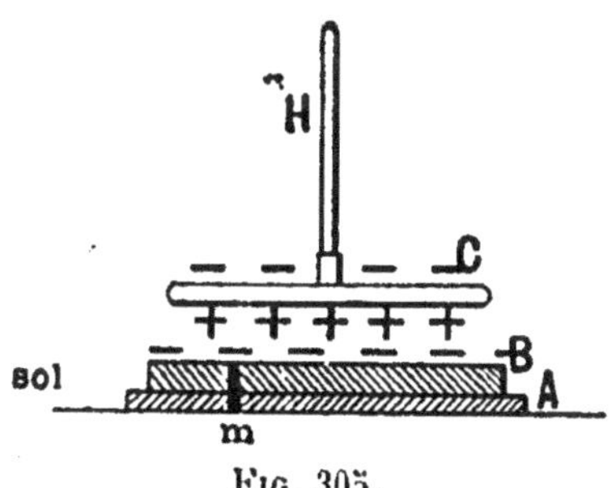

Fig. 305.

bois, recouvert d'une feuille d'étain et muni d'un manche isolant H. On charge négativement le disque d'ébonite B, en le frappant avec une peau de chat ; puis on applique le plateau conducteur C sur le disque d'ébonite B, lequel, chargé négativement, induit sur le plateau C, en communication avec le sol par la cheville *m*, une charge positive, la charge négative s'écoulant dans le sol.

Quand on retire le plateau C verticalement, par le manche isolant, il contient une charge positive.

On pourra, par un temps sec, charger le plateau C autant de fois que l'on voudra.

292. Principe d'une machine à addition. — Prenons un cylindre de Faraday (*fig.* 306), isolé sur un bloc de paraffine,

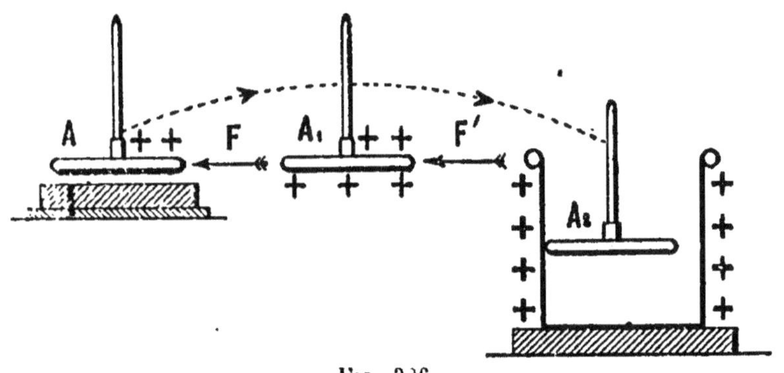

Fig. 306.

et chargeons d'électricité positive le plateau A d'un électrophore, que nous mettrons en contact avec la paroi interne du cylindre de Faraday ; il lui communiquera sa charge $+ q$.

Répétons plusieurs fois cette opération : à chaque voyage, le cylindre prendra une charge $+ q$, qui s'ajoutera à la précédente. La charge du cylindre augmentera à chaque contact en progression arithmétique, ainsi que le potentiel et l'énergie électrique. Nous aurons constitué une machine électrique, dans laquelle le plateau d'ébonite de l'électrophore représente le *producteur*, le plateau A, le *transporteur*, et le cylindre de Faraday, le *collecteur*.

L'énergie électrique du collecteur, après la charge, est équivalente au travail dépensé pour le transport de la charge du producteur au collecteur.

En effet, la charge positive du plateau A est attirée par la charge négative du producteur et repoussée par la charge positive du collecteur.

Pour déplacer le plateau A du producteur au collecteur, il faut dépenser du travail, et ce travail est d'autant plus grand que le potentiel du collecteur est plus élevé.

Nous étudierons, comme type de machine à frottement et à addition, la machine de Ramsden.

292. Machine à frottement. — La machine de Ramsden (*fig.* 307) se compose d'un plateau de verre A, tournant autour d'un axe horizontal par l'intermédiaire d'une manivelle M. Ce plateau A frotte

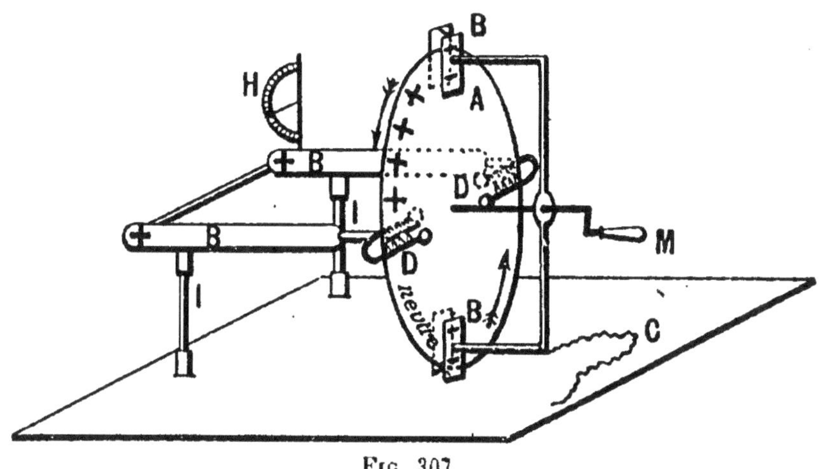

Fig. 307.

entre deux paires de coussins en cuir BB, rembourrés et enduits de bisulfure d'étain ou or mussif, portés par des montants verticaux et mis en communication avec le sol par une chaîne métallique C.

En passant entre les coussins B, le plateau A prend une charge positive et les coussins une charge négative, qui s'écoule dans le sol.

Cette partie de l'appareil constitue le *producteur.*

Aux deux extrémités du diamètre horizontal, se trouvent deux doubles peignes D, armés de pointes métalliques tournées vers le plateau et que l'on appelle *mâchoires.* Elles sont reliées à des conducteurs cylindriques B, B, en cuivre, de grande surface, supportés par des pieds isolants I, I en verre. Le plateau de verre forme le *transmetteur.* Les peignes et les conducteurs constituent le *collecteur.*

Le plateau de verre, chargé positivement, passe entre les mâchoires et induit une charge négative qui, s'écoulant par les pointes, neutralise la charge positive du plateau et repousse une charge positive à l'extrémité du conducteur B ; le même effet se produit à chaque tour du plateau et les charges positives s'additionnent sur le collecteur.

Cette machine ne présente qu'un seul pôle, positif, mais elle peut fournir de l'électricité négative en isolant les coussins et en mettant à la terre les conducteurs B,B.

Dans la machine de Ramsden, les forces électriques s'opposent au mouvement de rotation du plateau. En effet, le transmetteur chargé positivement est attiré par le producteur chargé négativement et repoussé par le collecteur.

Le travail dépensé pour mettre la machine en mouvement est destiné : 1° à mettre le plateau en mouvement contre les forces électriques ; et 2° à vaincre le travail de frottement, qu'il faudra rendre aussi petit que possible.

294. Principe des machines à influence et à multiplication.

— Prenons deux cylindres de Faraday A et B (*fig*.308), possédant des charges $+ Q$ et $- Q$, et deux sphères métalliques a et b, dans le voisinage des cylindres A et B. Ces sphères, mises momentanément en communication avec le sol, prennent par influence, a, une charge $- mQ$ et b, une charge $+ mQ$, m étant < 1. Mettons la sphère b en contact

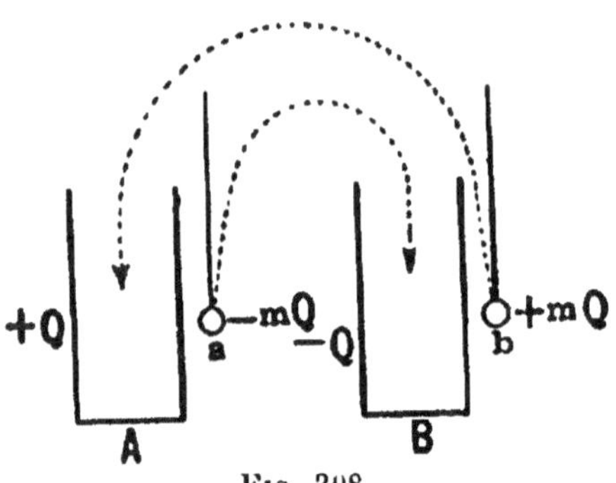

Fig. 308.

avec la paroi interne du cylindre A, et la sphère a avec celle du cylindre B. Les cylindres A et B possèdent, après le contact, les charges $+ Q (1 + m)$ et $- Q (1 + m)$.

Répétons cette opération : les sphères a et b prendront les charges $+ mQ (1 + m)$ et $- mQ (1 + m)$ et les cylindres A et B, après le deuxième contact, prendront les charges $+ Q (1 + m)^2$ et $- Q (1 + m)^2$.

Après avoir répété n fois l'opération, les cylindres A et B auront des charges $+ Q (1 + m)^n$ et $- Q (1 + m)^n$; donc, la charge croît en progression géométrique, dont la raison est $(1 + m)$.

Limite de charge. — En réalité, la charge, sur le collecteur d'une machine, atteint bientôt un maximum qui ne peut être dépassé, car l'air n'est pas un isolant absolu ; la perte par l'air croît avec la charge, c'est-à-dire avec le potentiel.

Dans une machine électrique quelconque, les étincelles jaillissent entre les pôles quand leur différence de potentiel a atteint une valeur déterminée ; la limite de charge est la différence de potentiel pour laquelle l'étincelle jaillirait entre les deux collecteurs polaires, et qui ne dépend que de leur distance et des pertes d'électricité, par défaut d'isolement des supports et par l'air, qui croissent rapidement avec le potentiel; la limite de charge est atteinte lorsque ces pertes compensent le débit de la machine, lequel dépend de l'état de l'atmosphère et de la vitesse de rotation. La limite de charge sera d'autant plus faible que l'isolement sera moins parfait. Une machine à influence peut, par un temps sec, entretenir entre ses deux pôles une différence de potentiel de 100.000 volts, donnant des étincelles de 15 centimètres.

294. Machine à influence et à multiplication. — On peut construire (*fig.* 309) une très simple machine à influence et à multiplication, réalisant les conditions de l'expérience précédente, en prenant : 1° deux plaques de fer-blanc A, A', de 15 centimètres, recourbées en forme d'U et fixées sur des pieds isolants ; 2° un bâton de verre, mobile autour d'un axe horizontal par l'intermédiaire d'une manivelle H', et à l'extrémité duquel sont fixés deux disques en fer-blanc B, B', de 5 centimètres de diamètre.

Ces disques peuvent tourner à l'intérieur des plaques recourbées A, A', sans les toucher. Entre les deux plaques A, A', on dispose un fil métallique M, M', supporté par un pied isolant et dont les extrémités M, M' recourbées sont touchées en même temps par les deux disques B, B'.

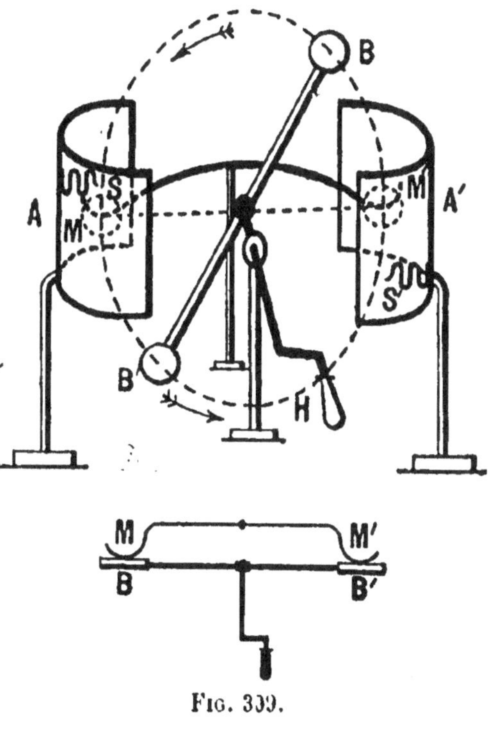

Fig. 309.

A la partie supérieure de la plaque A, se trouve une petite spirale S de fil métallique, et à sa partie inférieure, une deuxième spirale S'; ces spirales sont touchées par les disques B, B' pendant leur rotation.

On communique à la plaque A une légère charge positive; au moment où les disques B, B' viennent au contact des extrémités du fil métallique MM', la source A induit sur le disque B une charge négative et refoule, à travers le fil MM', une charge positive sur B'; mais B vient au contact de la spirale S' et cède à A' sa charge négative; tandis que B′, au contact de la spirale S, cède sa charge positive à A.

Les charges de A et A′ vont en s'accroissant continuellement, jusqu'à ce que la différence de potentiel des plaques A et A′ ait atteint son maximum.

295. Machine de Holtz. — Cette machine (*fig.* 310) se compose de deux grands plateaux de verre A et B, placés en regard à 1 centimètre l'un de l'autre. Le plateau B est fixe et présente deux échan-

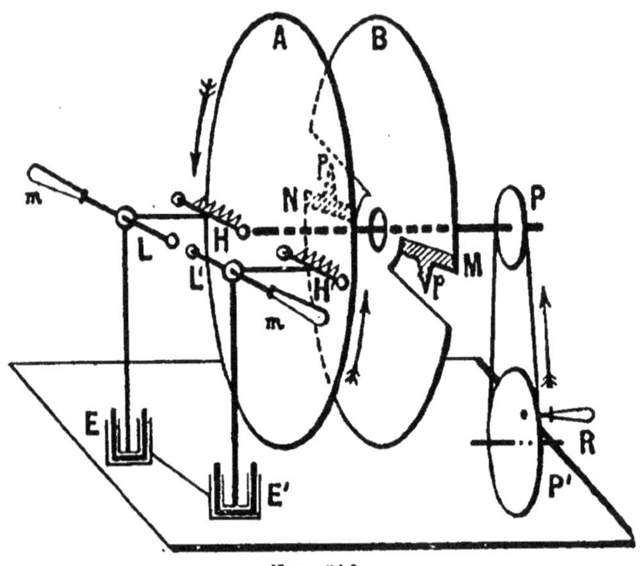

FIG. 310.

crures aux extrémités du diamètre horizontal; sur le bord inférieur de l'une et sur le bord supérieur de l'autre, sont collées des bandes de papier M et N portant une pointe *p*, appelées *armatures*.

Le plateau A est mobile autour d'un axe horizontal, mis en mouvement rapide, dans le sens opposé à la direction des pointes *p*, par un système de poulies P et P′, une courroie et une manivelle R.

En face des armatures M et N et en avant du plateau mobile A, se trouvent deux peignes métalliques H et H′, armés de pointes tournées vers le plateau et communiquant avec deux conducteurs LL′, appelés conducteurs polaires, isolés et terminés par des boules, lesquels peuvent être rapprochés ou écartés à volonté, à l'aide de manettes *m, m* en ébonite. Les collecteurs polaires L et L′ communiquent avec les armatures internes de deux bouteilles de Leyde E, E′(1), dont les armatures externes sont reliées par une tige métallique.

Pour établir la théorie de la machine de Holtz, nous la suppose-

(1) Voir la bouteille de Leyde, paragraphe 300.

rons réduite à un manchon de verre (*fig.* 311) cylindrique, et nous
supposerons également que les armatures N et N' sont supportées
par des pieds isolants.

Supposons les conducteurs polaires L, L' en contact, et électrisons
l'armature N' négativement ; elle induira par influence, à travers le
conducteur H'L'LH, de l'électricité
positive, qui s'écoulera par le peigne
H' et chargera positivement le demi-
cylindre supérieur, repoussant
l'électricité négative, qui s'écoulera
par le peigne H et chargera négativement le demi-cylindre inférieur.
Après un demi-tour du cylindre, la
moitié supérieure sera chargée positivement et la moitié inférieure,
négativement. Le cylindre transmetteur, chargé, agit par influence
sur l'armature de papier N et les
actions de ses deux moitiés s'ajou-

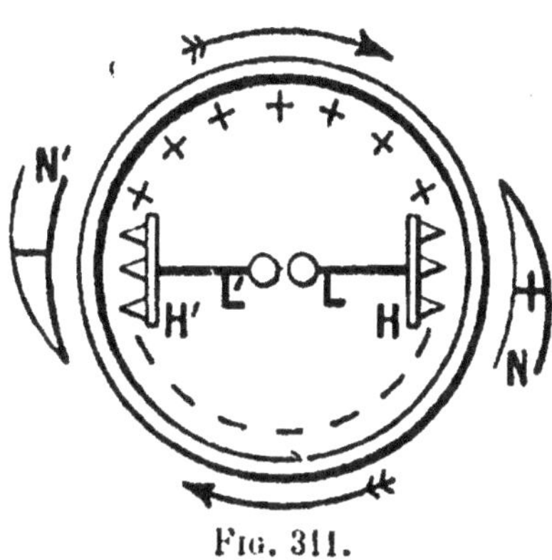

Fig. 311.

tent pour faire écouler, par la pointe de l'armature N, de l'électricité négative et par la pointe de l'armature N', de l'électricité positive, et leur communiquer des charges contraires, qui restent sur
les armatures N et N' et s'ajoutent à la charge précédente.

Si nous écartons les collecteurs polaires, les étincelles éclatent
entre les deux boules des collecteurs LL' ; le plateau transporteur
abandonne sa charge positive au collecteur L et prend une charge
contraire : le collecteur positif L laisse écouler par les pointes une
charge égale d'électricité négative, qui neutralise le plateau ; mais
la charge négative attirée aux pointes se compose des quantités produites par la charge positive du plateau transporteur et par la charge
de l'armature N ; donc, le flux d'électricité qui sort des pointes col-
lectrices est plus grand que la charge positive du plateau, par conséquent, celui-ci sera chargé négativement à sa sortie du collecteur.

Le condensateur a pour but d'augmenter la capacité du collecteur.

L'étincelle ne jaillira que lorsque la machine aura fourni une
charge suffisante pour porter ce condensateur à une différence de
potentiel correspondant à la distance explosive qui sépare les deux
conducteurs polaires.

Au moment de l'amorcement de la machine, on voit dans l'obscurité, au peigne négatif, des pointes lumineuses, tandis que du
peigne positif, part une nappe lumineuse violacée, qui semble couler
des pointes et remonter sur le plateau mobile, en sens contraire de
sa rotation. Si l'on sépare les collecteurs polaires non reliés aux
armatures du condensateur, il se produit plusieurs étincelles entou-

rées d'une lueur violette; pour une plus grande distance, on voit une aigrette noyée dans une lueur violette en forme d'œuf; cela tient à la faible capacité des collecteurs.

296. Machine de Wimshurst. — Cette machine (*fig.* 312), à multiplication et à influence, se compose de deux plateaux identiques A et B en verre ou en ébonite, qui tournent en sens contraires par l'intermédiaire de poulies P, P', P₁ P'₁, reliées par des courroies droite et

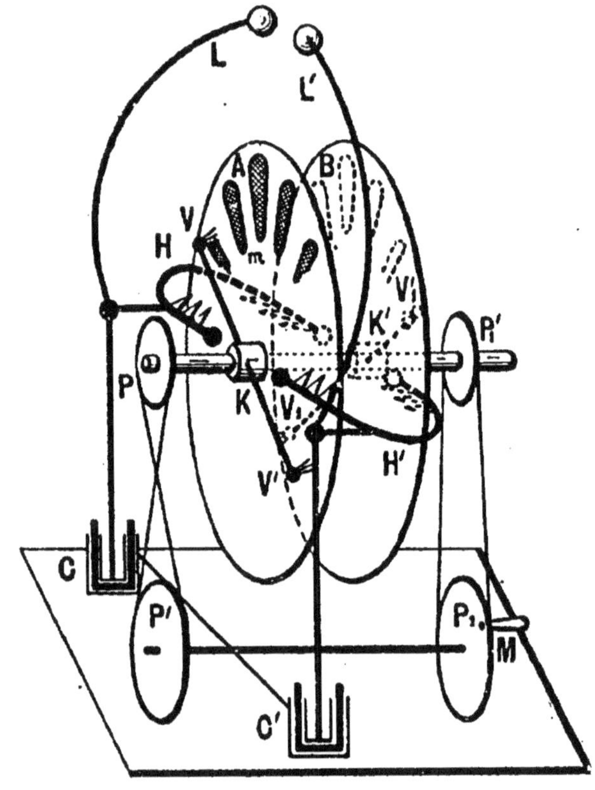

FIG. 312.

croisée. Ces plateaux sont recouverts de bandes d'étain *m*, disposées dans le sens des rayons, et constituent le *transporteur*. Deux peignes H et H', en forme de fer à cheval et armés de pointes dressées vers le plateau, sont placés à l'extrémité du diamètre horizontal et embrassent l'ensemble des deux plateaux. Ils communiquent avec deux conducteurs L, L' terminés par des boules, pouvant être rapprochés ou écartés à volonté et dont les extrémités forment les pôles de la machine. Deux conducteurs diamétraux K et K', inclinés de 60° sur l'horizon et disposés symétriquement par rapport au diamètre vertical, sont terminés par de petits balais V V' V₁ V'₁ en fil métallique, qui frottent sur le plateau.

Les conducteurs polaires communiquent avec les armatures internes de deux bouteilles de Leyde C, C', dont les armatures externes sont reliées par une tige de métal.

Pour expliquer le fonctionnement de la machine, remplaçons les deux plateaux par deux cylindres A et B (*fig.* 313) de même axe, tournant en sens contraires.

Supposons qu'une partie HE' du cylindre A possède une charge positive [1] très faible.

Elle induit, à travers le conducteur diamétral EF, de l'électricité négative, qui s'écoule par le balai E et de l'électricité positive, qui s'écoule par le balai F.

Ces charges, négative et positive, du plateau B arrivent devant le conducteur diamétral E' F' et agissent par influence sur ce conduc-

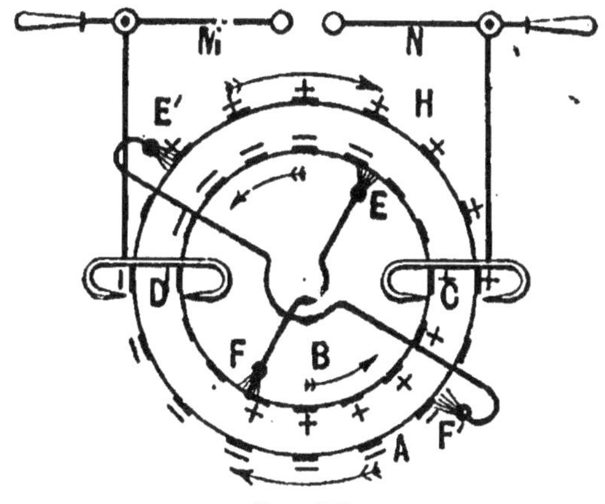

Fig. 313.

teur; de l'électricité positive s'écoule par le balai E' et charge positivement les bandes supérieures du cylindre A, en même temps qu'elle augmente la charge positive initiale de la partie E'H; l'électricité négative s'écoule par F' et charge négativement les bandes inférieures du cylindre A. Les actions de ces nouvelles charges s'ajoutent à celles qui existaient déjà sur le cylindre pour induire, à travers le conducteur EF, une charge plus forte. Les charges des bandes inductrices s'accroissent automatiquement, par le jeu de l'appareil.

Les bandes d'étain des deux cylindres A et B, qui arrivent à travers la mâchoire C, sont chargées positivement; celles qui arrivent dans la mâchoire D sont chargées négativement; ces charges passent, par l'intermédiaire des pointes, sur les conducteurs polaires M et N, entre lesquels jaillit l'étincelle. La machine de Wimshurst présente

___
(1) Cette charge peut être produite au contact du balai et de la bande d'étain, qui se chargent par contact d'électricités contraires, quand on les sépare.

l'avantage de s'amorcer elle-même en circuit ouvert et de fonctionner par un temps humide.

C'est actuellement la plus employée des machines électrostatiques.

297. Débit, puissance et réversibilité des machines électrostatiques.

— Le débit d'une machine électrostatique est la quantité d'électricité qu'elle fournit par seconde. La *puissance* d'une machine électrostatique est égale à la quantité d'énergie électrique qu'elle fournit par seconde.

Le débit des machines électrostatiques est extrêmement faible ; il n'est que de quelques dix millièmes de coulomb par seconde. Aussi ne présentent-elles aucune utilité industrielle ; mais elles peuvent produire des différences de potentiel de plus de 100.000 volts.

Nous verrons plus loin qu'une pile de Daniell, de force électromotrice de 1,08 volt et de résistance intérieure de 1/10 d'ohm, débitera, dans un circuit interpolaire de 1/10 d'ohm de résistance, 5,4 coulombs par seconde. Le débit des machines électrostatiques est proportionnel à la vitesse et, pour les machines à frottement, proportionnel à la surface en contact avec les coussins; il dépend de la nature des surfaces frottantes et il est indépendant de la pression exercée par les coussins sur le plateau.

Pour des plateaux de même diamètre, le débit des machines à influence est plus grand que celui des machines à frottement.

Pour mesurer le débit d'une machine, on compte le temps que met la machine pour charger, à un potentiel connu, un condensateur d'une capacité connue.

Si, en t'', elle porte à un potentiel de V volts une batterie de capacité de C microfarads, la quantité d'électricité fournie par la machine pendant t'' sera égale à $Q = CV \times 10^{-6}$ coulombs, et le débit par seconde, $I = \dfrac{Q}{t''}$ coulombs.

L'énergie électrique produite pendant t'' sera $\dfrac{1}{2} QV$ joules, et la puissance,

$$\frac{1}{2}\frac{QV}{t} = \frac{1}{2}\frac{CV^2 \times 10^{-6}}{t} \text{ watts.}$$

EXPÉRIENCES RÉALISÉES SUR UNE MACHINE A INFLUENCE
A 8 DOUBLES PLATEAUX
DE 44 CENTIMÈTRES DE RAYON, FAISANT 60 TOURS

VOLTS	INTENSITÉ DU COURANT en microampères	PUISSANCE en watts	PUISSANCE DÉPENSÉE en watts	RENDEMENT
18.800....	27,81	0,262	2,08	18,65
117.000....	13,11	0,767	3,57	21,50

EXEMPLE. — Une machine électrostatique tourne avec une vitesse de 12 tours par seconde; il faut 10 tours de plateau pour charger un condensateur d'une capacité de 0,4 de microfarad, de manière à lui faire donner une étincelle de 1 millimètre; la distance explosive de 1 millimètre correspond à 5.000 volts. Quel est le débit de la machine? La charge du condensateur sera :

$$Q = 5000 \times 0,4 \times 10^{-6} \quad \text{ou} \quad Q = 0,002 \text{ coulomb,}$$

et le débit par seconde :

$$\frac{2 \times 10^{-3} \times 12}{10} = 0,0024 \text{ coulomb.}$$

Le travail par seconde sera :

$$W = \frac{2 \times 10^{-3} \times 12 \times 5000}{10} = 12 \text{ joules,}$$

et la puissance, 12 watts.

208. Réversibilité des machines électrostatiques. — Pour mettre (*fig.* 314) la machine en mouvement, il faut

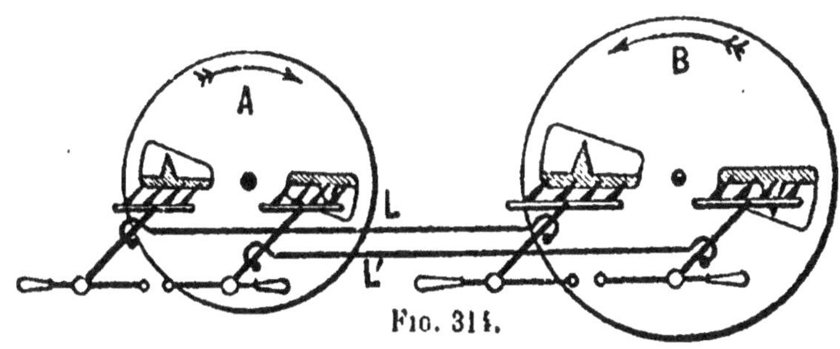

FIG. 314.

vaincre une résistance produite sur le plateau par la répulsion du collecteur et l'attraction de la source.

Si l'on maintient une différence de potentiel entre les collecteurs polaires, la machine se mettra à tourner en sens inverse et deviendra un *moteur électrique*. Pour réaliser cette expérience, on réunit par de gros fils métalliques les collecteurs polaires d'une machine de Holtz B à ceux d'une autre machine A, dont on enlève la courroie pour diminuer les frottements. On fait tourner la machine B : la machine A tourne en sens inverse; ou bien, on charge une batterie avec une machine de Holtz et on peut, avec cette batterie, faire tourner une deuxième machine de Holtz.

CHAPITRE VII

CONDENSATEURS ÉLECTRIQUES

PRINCIPE DES CONDENSATEURS

299. Modification de la capacité électrique d'un conducteur. — On peut faire varier la capacité d'un conducteur : 1° en augmentant sa surface.

On place une chaîne sur le plateau de l'électroscope chargé ; en soulevant la chaîne, les feuilles se rapprochent, le potentiel diminue et comme la charge reste constante, la capacité augmente.

2° En approchant (*fig.* 315) un conducteur isolé ou en communication avec le sol.

Pour le vérifier, prenons un électroscope à feuilles d'or, surmonté d'un plateau A, et communiquons-lui une charge qui produise une divergence des feuilles d'or égale à α, en le mettant en contact avec une source au potentiel V. Approchons du plateau de cet électroscope un deuxième plateau B conducteur, tenu à la main par un manche isolant : la divergence des feuilles diminue à mesure que l'on approche le plateau B du plateau A, ce qui indique une diminution du potentiel de A ; la quantité d'électricité du plateau A restant constante et égale à Q et Q étant égal à $C \times V$, si le potentiel V diminue, il en résulte que la capacité C augmente ; et cette capacité deviendra d'autant plus grande que la distance des deux plateaux sera plus petite.

Si nous mettons le conducteur B, maintenu à la même distance du plateau A, en communication avec le sol, la divergence des feuilles diminue encore et la capacité augmente.

3° En interposant entre les plateaux A et B une plaque isolante de paraffine, *parfaitement neutre*. L'écartement des feuilles diminue et l'effet est comparable au rapprochement

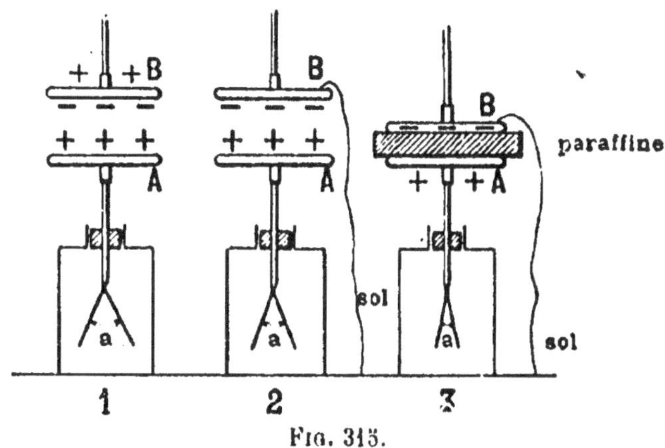

Fig. 315.

des deux plateaux. L'effet est d'autant plus accentué que la lame est plus épaisse. Pour ramener le potentiel du plateau A à sa valeur primitive, il faudra lui céder une nouvelle charge, en le mettant en communication avec la source au potentiel V. Tel est le principe de la condensation électrique.

CONDENSATEURS. — CAPACITÉ

300. Carreau de Franklin. — Bouteille de Leyde. — Un condensateur se compose de deux conducteurs appelés *armatures*, séparés par un corps isolant ou *diélectrique*. Il résulte des expériences précédentes que la capacité d'un condensateur sera d'autant plus grande :

1° que les armatures auront une plus grande surface ;

2° que les armatures seront plus rapprochées l'une de l'autre.

Enfin, 3° la capacité du condensateur dépendra de la nature du diélectrique. Un condensateur dont le diélectrique est constitué par la paraffine aura une capacité plus grande que celle d'un condensateur à lame d'air.

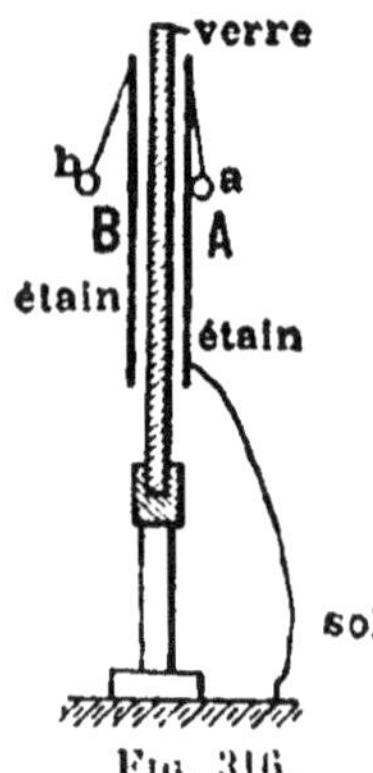

Fig. 316.

Or, dans l'expérience précédente, nous avons constitué un condensateur dont les armatures sont les plateaux A et B et dont la plaque de paraffine forme la lame isolante ou *diélectrique*.

Le condensateur le plus simple est le carreau de Franklin (*fig.* 316), qui se compose d'une plaque de verre, sur les deux faces de laquelle on colle des feuilles d'étain A et B, en laissant autour d'elles une large bande de verre, qu'on vernit ensuite à la gomme laque pour obtenir un meilleur isolement.

Les feuilles d'étain constituent les armatures du condensateur, et la lame de verre, le diélectrique.

Bouteille de Leyde (*fig.* 317). — La bouteille de Leyde se compose d'une bouteille en verre, tapissée extérieurement et intérieurement de feuilles d'étain, jusqu'à une certaine distance du goulot. La feuille d'étain intérieure constitue l'armature interne et communique avec une tige de cuivre D, qui passe à travers le bouchon et qui est terminée par une chaîne H et des fils de cuivre B, lesquels établissent la communication de la tige métallique D avec l'armature interne. La feuille d'étain extérieure C forme l'armature externe. Le verre de la bouteille constitue l'isolant ou diélectrique.

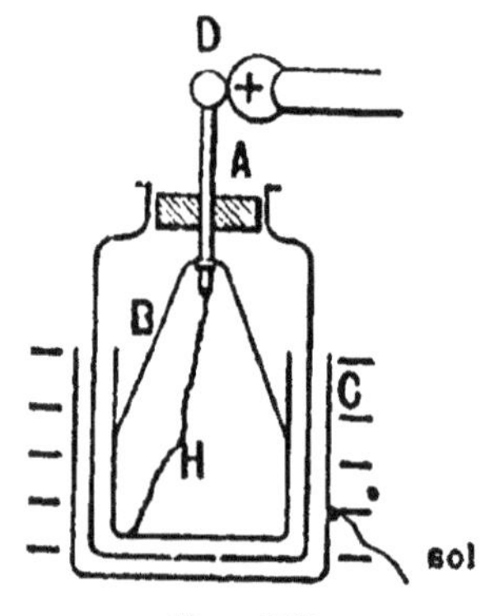

Fig. 317.

Pour charger la bouteille de Leyde, on met en contact l'armature interne avec l'un des pôles d'une machine électrique dont l'autre pôle est à la terre, et l'armature externe avec le sol, en tenant la bouteille à la main.

On peut également charger le condensateur en reliant simultanément les deux armatures à des sources de potentiels égaux et de signes contraires.

Capacité et énergie électrique d'une bouteille de Leyde. — Nous verrons plus loin que la capacité d'une bouteille de Leyde est proportionnelle à la surface des armatures et inversement proportionnelle à l'épaisseur du diélectrique et à un certain coefficient K, qui dépend de sa nature et que l'on appelle *le pouvoir inducteur spécifique*.

La capacité sera représentée par la formule suivante :

$$C = \frac{SK}{4\pi e \times 3^2 \times 10^5} \text{ microfarads.}$$

Dans cette formule, S est exprimé en centimètres carrés ; e, en centimètres ; C, en microfarads.

EXEMPLE. — Quelle sera la capacité d'un carreau de Leyde dont les feuilles d'étain ont 25 centimètres sur 15 centimètres ? $e = 0^{cm},1$; $K = 3,2$.

$$C = \frac{3,2 \times 25 \times 15}{4\pi . 0,1 \times 3^2 \times 10^5} = 0,00115 \text{ microfarad.}$$

EXEMPLE. — Une bouteille de Leyde a un diamètre de 12 centimètres ; les feuilles d'étain ont une hauteur de 20 centimètres ; l'épaisseur du verre est de $0^{cm},3$; $K = 6$.

1° Capacité de la bouteille de Leyde :

$$C = \frac{SK}{4\pi e \times 3^2 \times 10^5} \qquad S = 2\pi r h + \pi r^2 = 276\pi.$$

$$C = \frac{276 \times \pi \times 6}{4\pi \times 0,3 \times 3^2 \times 10^5} = 0,00153 \text{ microfarad.}$$

2° Quantité d'électricité qui charge l'armature, au potentiel de 60.000 volts :

$$Q = 0,00153 \times 60000 = 0,0000918 \text{ coulomb.}$$

3° Énergie du condensateur chargé :

$$W = \frac{1}{2} QV = \frac{1}{2} \times 0,0000918 \times 60000 = 2,76 \text{ joules.}$$

301. Calcul de la capacité d'un condensateur fermé. — Condensateur sphérique. — On appelle condensateurs fermés ceux dans lesquels l'armature interne est entourée complètement par l'armature externe.

Considérons un condensateur sphérique (*fig.* 318), formé de deux sphères métalliques concentriques A et B, très rapprochées. Soit e l'épaisseur de la couche d'air qui sépare les deux sphères.

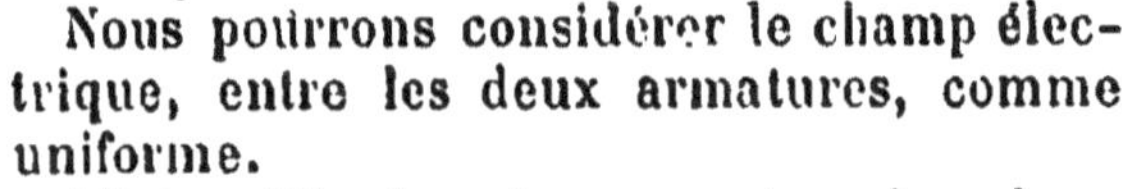

Fig. 318.

Nous pourrons considérer le champ électrique, entre les deux armatures, comme uniforme.

L'intensité du champ entre les deux sphères, e étant très petit, sera égale à :

$$H = \frac{V_1 - V_0}{e}\,(1),$$

V_1 étant le potentiel de A, V_0, celui de B ; son intensité dans le voisinage de la sphère électrisée est égale à $H = 4\pi\sigma$; d'où :

$$4\pi\sigma = \frac{V_1 - V_0}{e}\,; \qquad \text{mais,} \qquad \sigma = \frac{Q}{4\pi R^2},$$

Q étant la charge des armatures ; d'où :

$$\frac{4\pi Q}{4\pi R^2} = \frac{V_1 - V_0}{e}, \qquad Q = \frac{(V_1 - V_0)\,4\pi R^2}{4\pi e}.$$

$$Q = \frac{(V_1 - V_0)\,S}{4\pi e}.$$

Donc, l'expression de la capacité est $C = \dfrac{S}{4\pi e}$ pour un condensateur à lame d'air ; et pour un diélectrique quelconque, $C = \dfrac{SK}{4\pi e}$ (2).

Cette formule s'applique à tout condensateur fermé, quelle que soit sa forme, et en particulier à la bouteille de Leyde, pourvu que l'on puisse négliger l'épaisseur du diélectrique.

302. Calcul de la capacité d'un condensateur plan. — Un condensateur plan se compose de deux plateaux (*fig.* 319) métalliques A et B, séparés par un diélectrique.

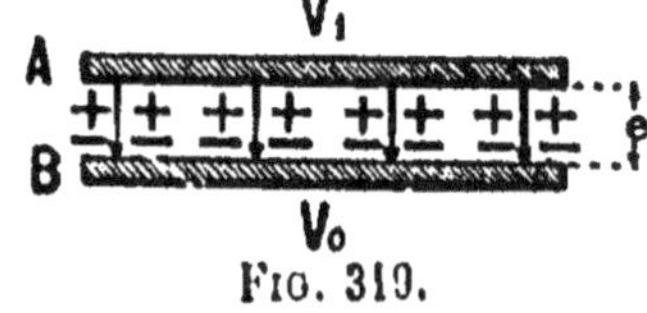

Fig. 319.

Les surfaces de ces deux plateaux métalliques A et B, placés à une très petite distance e, forment deux surfaces équipotentielles parallèles. Le champ est uniforme, car les lignes de force comprises entre les plateaux sont normales aux surfaces équipotentielles et par conséquent, parallèles : le champ est constant. Soient σ et $-\sigma$ les densités électriques sur les plateaux A et B.

L'intensité du champ entre les deux plateaux sera, e étant très petit :

$$H = \frac{V_1 - V_0}{e}.$$

Dans le voisinage du plateau, elle est égale à :

$$H = 4\pi\sigma, \qquad \text{d'où} \qquad \sigma = \frac{H}{4\pi}.$$

La charge du plateau A est égale à $Q = S \times \sigma = \frac{SH}{4\pi}$; d'où $Q = \frac{S(V_1 - V_0)}{4\pi e}$ pour l'air ; et pour un diélectrique quelconque,

$$Q = \frac{SK(V - V_0)}{4\pi e} ;$$

l'expression $\frac{SK}{4\pi e}$ représente la capacité électrostatique du condensateur plan.

303. Pouvoir inducteur spécifique d'un diélectrique. —
Les forces attractives ou répulsives exercées entre deux corps électrisés dépendent du milieu dans lequel ils se trouvent. L'expression de la loi de Coulomb est, pour un milieu quelconque,

$$F = \frac{qq'}{Kr^2}.$$

K est un coefficient qui varie avec la nature du diélectrique.

Le pouvoir inducteur spécifique d'un diélectrique est le rapport qui existe entre la capacité d'un condensateur dont les armatures sont séparées par une lame de cette substance, et celle d'un condensateur de même forme et de mêmes dimensions, à lame d'air.

Le potentiel d'une sphère dont la valeur dans l'air est exprimée par $\frac{Q}{R}$ sera, pour un autre milieu, $\frac{Q}{R \times K}$.

En effet, la force électrique étant divisée par K, il en sera de même du potentiel, qui représente le travail; la formule d'un condensateur fermé devient, pour la même raison :

$$C = \frac{KS}{4\pi e \times 3^2 \times 10^5} \text{ microfarads.}$$

Valeur de K pour différents diélectriques. — Le pouvoir inducteur est pris, par rapport à celui de l'air, à 0° et à la pression de 760 millimètres, et supposé égal à 1.

Paraffine...............................	1,9 à 2,2
Pétrole.................................	2,0 à 2,5
Ebonite................................	2,5 à 3,0
Mica...................................	5,0 à 8,0
Soufre.................................	2,0
Verre..................................	3,0 à 10,0

BATTERIES ÉLECTRIQUES

304. Batteries en surface, en cascade. — On appelle batterie électrique une réunion de bouteilles de Leyde; les bouteilles de Leyde peuvent être associées en surface ou en cascade. Dans le premier cas (*fig.* 320), on fait communiquer

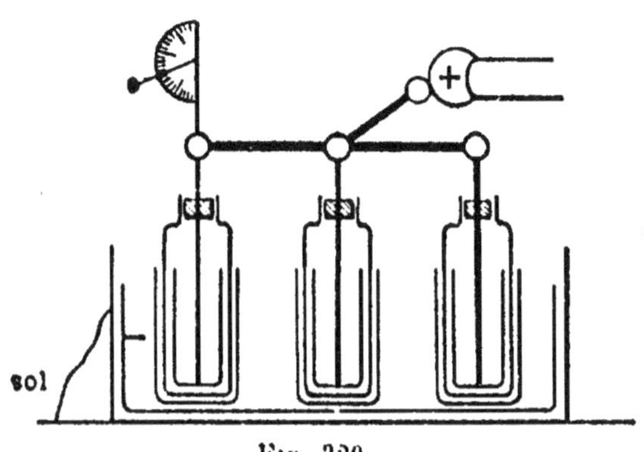

Fig. 320.

les armatures internes entre elles et les armatures externes entre elles; pour cela, on dispose les bouteilles dans une caisse, tapissée intérieurement par une feuille d'étain qui fait communiquer les armatures externes, et l'on réunit les armatures internes par des conducteurs métalliques. On obtient ainsi un condensateur dont la capacité est égale à la somme des capacités de toutes les bouteilles de Leyde.

Capacité et énergie d'une batterie de condensateurs en surface. — Chaque bouteille se charge comme si elle était seule, puisque l'armature externe, qui communique avec la terre, constitue un véritable écran électrique.

Si nous représentons par c la capacité de l'une des bouteilles, la capacité de la batterie sera égale à nc et la charge sera, pour un potentiel V :

$$Q = \frac{SnKV}{4\pi e \times 3^2 \times 10^5} \text{ coulombs.}$$

On peut comparer expérimentalement les capacités de deux batteries, avec l'électroscope à décharge (*fig.* 296). On mettra la boule de l'électroscope en communication avec l'armature interne de la batterie, et l'armature externe à la terre ; dans chaque décharge, passe une même quantité d'électricité.

La quantité d'électricité sera proportionnelle au nombre de contacts.

L'énergie de la batterie sera :

$$W = \frac{1}{2} ncV^2 = \frac{1}{2} nqV = \frac{1}{2} \frac{Q^2}{nc}.$$

Pour une charge donnée Q, l'énergie d'une batterie en surface est en raison inverse du nombre n des bouteilles, et pour un potentiel donné V, l'énergie est proportionnelle à n.

Exemple :

Une batterie de 6 bouteilles de Leyde, de 450 centimètres carrés de surface, dont l'épaisseur du verre est, 2^{cm} ; K = 3, est chargée avec une machine au potentiel V = 90.000 volts. Quelle est la capacité et quelle est la charge de la batterie ?

$$C = \frac{3 \times 450 \times 6}{4\pi \, 0,2 \times 3^2 \times 10^5} = 0,00358 \text{ microfarad,}$$

$$Q = 0,0003223 \text{ coulomb.}$$

$$\text{L'énergie } W = \frac{1}{2} \times 0,0003223 \times 90000 = 14,5 \text{ joules.}$$

Condensateurs en cascade (*fig.* 321). — Pour disposer une batterie de condensateurs en cascade, on isole les bouteilles, on relie l'armature externe de la première bouteille avec l'armature interne de la seconde, puis l'armature externe de celle-ci avec l'armature interne de la troisième, etc. Pour charger le condensateur, on met l'armature interne de la première bouteille en communication avec le pôle d'une machine électrique, et l'armature externe de la dernière bouteille en communication avec la terre.

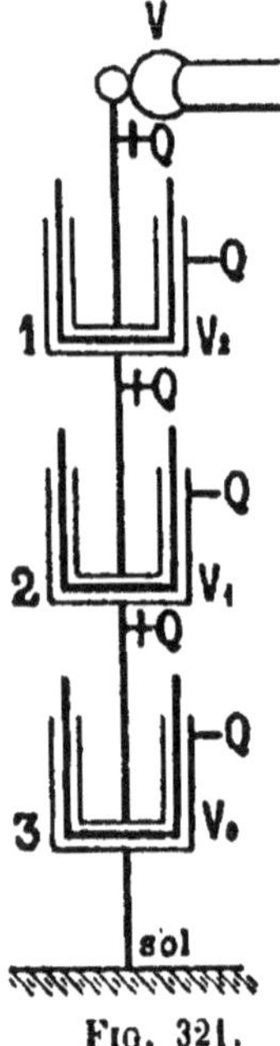

Fig. 321.

Capacité et énergie électrique d'un condensateur en cascade. — L'armature interne de la première bouteille prendra une charge $+ Q$, et l'armature externe, une charge $- Q$; l'armature interne de la deuxième bouteille, une charge $+ Q$, et son armature externe, une charge $- Q$, etc. Soient C_1, C_2, C_3, les capacités des bouteilles, V_0, V_1, V_2 les potentiels des armatures.

Nous avons, pour la charge de l'armature interne de chaque bouteille,

$$Q = (V - V_2) C_1, \qquad Q = (V_2 - V_1) C_2,$$
$$Q = (V_1 - V_0) C_3;$$

d'où

$$V - V_2 = \frac{Q}{C_1}, \qquad V_2 - V_1 = \frac{Q}{C_2},$$
$$V_1 - V_0 = \frac{Q}{C_3}.$$

En faisant la somme de ces égalités :

$$V - V_0 = Q \left(\frac{1}{C_1} + \frac{1}{C_2} + \frac{1}{C_3} \right).$$

Si les capacités C_1, C_2, C_3 sont égales:

$$V - V_0 = \frac{Q \times n}{C}, \qquad \text{d'où} \qquad Q = (V - V_0) \frac{C}{n}.$$

La capacité d'une batterie de n bouteilles en cascade est n fois plus faible que celle d'un seul condensateur.

Si les bouteilles ont même capacité, la différence de potentiel qui existe entre les armatures est la même et égale à :

$$V = \frac{Q}{C}.$$

Si l'armature externe de la dernière bouteille est en communication avec le sol, la différence de potentiel des deux armatures étant V, l'armature interne de cette bouteille et l'armature externe de la précédente se trouvent au potentiel V ; l'armature interne de la bouteille 2 et l'armature externe de la outeille 3 seront au potentiel 2 V ; enfin l'armature interne de la bouteille 3 sera au potentiel 3V, etc. D'une manière générale, l'armature externe de la dernière bouteille étant à la terre, si le nombre des bouteilles est égal à n, l'armature de la première est au potentiel nV ; *chaque bouteille ne supporte qu'une fraction égale à* $\frac{1}{n}$ *de la différence de potentiel* V — V_0 *entre les armatures extrêmes.* On emploie ce mode d'association quand on veut avoir une charge à un potentiel qu'une seule bouteille ne pourrait supporter sans danger de rupture pour la lame isolante. Pendant la décharge du condensateur, les armatures intermédiaires possédant des charges $+ q$ et $- q$ n'interviennent pas dans l'expression de l'énergie, qui est représentée par la formule :

$$W = \frac{1}{2} qV = \frac{1}{2} \frac{CV^2}{n} = \frac{1}{2} n \frac{Q^2}{C},$$

V étant le potentiel de la source et C, la capacité d'une bouteille.

Pour une charge donnée Q, *l'énergie du condensateur est proportionnelle au nombre n des bouteilles.*

Pour un potentiel donné V, *l'énergie est en raison inverse de n.* On peut, au moyen d'un condensateur en cascade, obtenir un potentiel plus élevé que celui de la source, en chargeant d'abord les bouteilles en surface au potentiel V et en les groupant en cascade. Si n est le nombre des bouteilles, C la capacité, V la différence de potentiel des armatures de chaque bouteille isolée, la différence de potentiel de la batterie sera nV, et l'énergie $W = \frac{1}{2} C (nV)^2$.

En résumé, si l'on veut faire subir à une charge électrique une faible chute de potentiel, on emploie le couplage en surface ; si l'on veut lui faire subir une grande chute de potentiel, on emploie le couplage en cascade.

REMARQUE. — Si n bouteilles identiques possèdent une charge q, on conserve *leur énergie totale* quand on les associe en surface ou en cascade.

En effet, si nous avons n bouteilles accouplées en surface, l'énergie est $W = \frac{1}{2} nCV^2$; si nous les montons en cascade, l'énergie est $W = \frac{1}{2} C \frac{V'^2}{n}$, mais le potentiel $V' = nV$, d'où :

$$W = \frac{1}{2} C \frac{n^2 V^2}{n} = \frac{1}{2} nCV^2.$$

305. Condensateur étalon (*fig*. 322). — Ce condensateur est généralement d'une capacité d'un microfarad ; il est formé de lames de mica superposées ; sur chaque lame, on

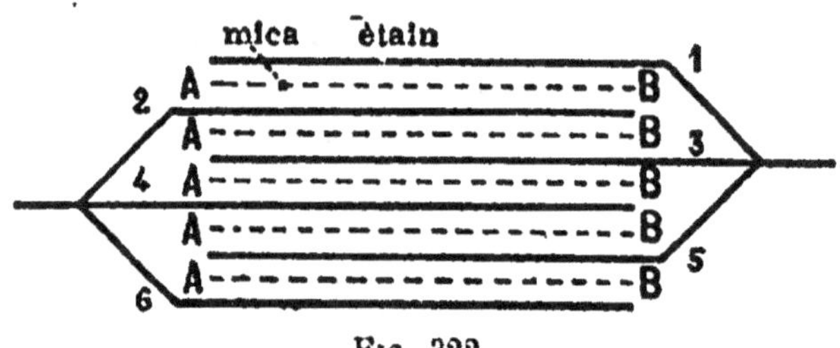

Fig. 322.

a collé une feuille d'étain ou déposé une mince couche d'argent. Toutes les feuilles métalliques d'ordre pair sont réunies entre elles et forment l'une des armatures du condensateur ; les feuilles d'ordre impair, réunies entre elles, forment la deuxième armature.

Calcul d'un condensateur étalon d'une capacité d'un microfarad. — Nous supposerons le condensateur formé de feuilles d'étain, séparées par des feuilles de papier paraffiné, de 15 centimètres sur 15 centimètres ; l'épaisseur de l'isolant $e = 0^{cm},01$; $K = 2,5$. Quel sera le nombre de feuilles à superposer pour obtenir une capacité d'un microfarad ?

$$C = \frac{SK}{4\pi e \times 3^2 \times 10^5},$$

d'où

$$\frac{x \times 125 \times 2,5}{12,5 \times 0,01 \times 3^2 \times 10^5} = 1, \qquad x = 200.$$

306. Décharge d'un condensateur. — La décharge d'un condensateur peut être effectuée de deux façons :

1° *par contacts successifs ;*

2° *par décharge instantanée.*

1° On décharge le carreau de Franklin (*fig*. 316), portant des pendules a, b, sur ses deux armatures A et B, en touchant d'abord l'armature collectrice A ; le pendule a qui lui correspond retombe, tandis que le pendule b, de l'armature B, s'écarte ; si l'on touche maintenant celle-ci, le pendule b retombe et celui de l'armature A s'écarte de nouveau. Chacun des doubles contacts réduira la différence de potentiel entre les armatures. On démontre par le calcul que le voltage décroît en progression géométrique et pourra devenir aussi petit que l'on voudra ; théoriquement, il faudrait un nombre infini de contacts pour décharger le condensateur.

2° Décharge instantanée (*fig.* 323). — Pour cela, on relie les deux armatures au moyen de *l'excitateur*, qui se compose de deux tiges de laiton articulées B, B, terminées par des boules. Ces tiges peuvent être tenues par deux poignées isolantes, en verre ou en ébonite N, N. On touche l'armature externe avec l'une des branches et l'on approche l'autre du bouton A de l'armature interne : une forte étincelle jaillit et la bouteille est presque *complètement* déchargée.

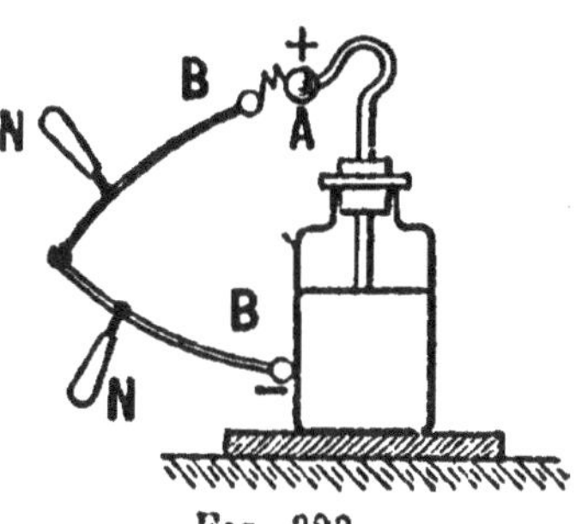

Fig. 323.

Si l'on rapproche la branche de l'excitateur du bouton de l'armature interne A, il se produit une seconde décharge, puis une troisième et ainsi de suite. Après la première décharge, il reste une certaine charge appelée charge *résiduelle*.

On ne constate l'existence de cette charge résiduelle que dans les condensateurs où la lame isolante est constituée par un liquide ou par un solide ; elle n'existe pas dans un condensateur à lame d'air.

La charge du condensateur réside dans le diélectrique (*fig.* 324). — On peut montrer que, dans une bouteille de Leyde, la

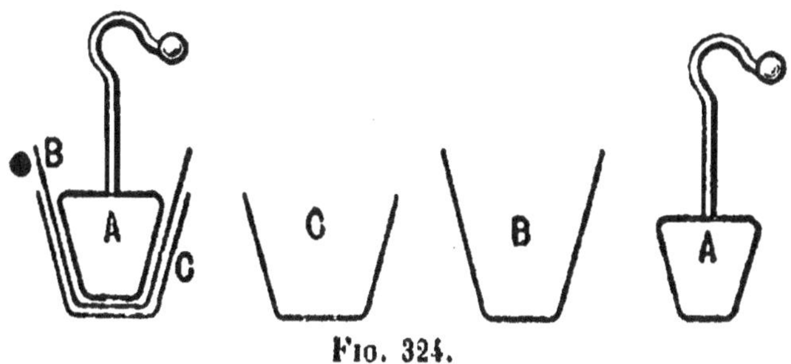

Fig. 324.

charge réside dans le diélectrique. Pour cela, on prend une

bouteille dans laquelle les armatures A, B, C, peuvent être facilement séparées ; on la charge comme à l'ordinaire et on la dispose sur une plaque isolante ; on enlève l'armature interne A en la maintenant isolée, et l'on constate qu'elle ne possède qu'une faible charge, qu'on lui enlève par contact avec le doigt.

On enlève de même la faible charge de l'armature externe C ; enfin, on remet le tout en place et l'on décharge la bouteille : il se produit une décharge presque aussi forte que celle qui se produit lorsqu'on a chargé directement la bouteille.

307. Bouteille électrométrique de Lane. — Mesure du débit d'une machine électrostatique et de la charge d'une batterie. — La bouteille de Lane (*fig.* 325) sert à mesurer le débit d'une machine élec-

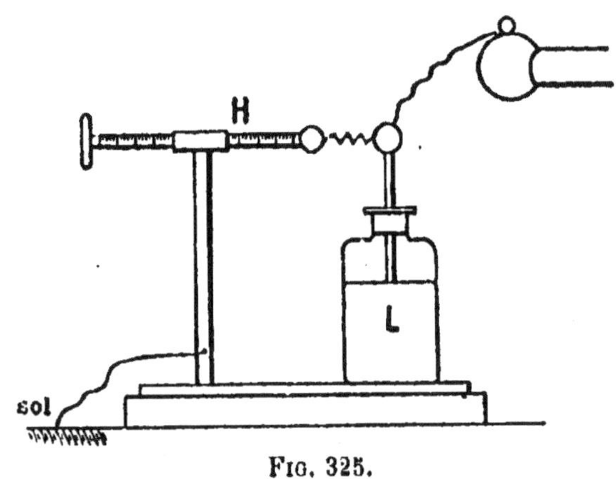

Fig. 325.

trostatique ou la charge d'une batterie. Elle est constituée par une bouteille de Leyde L, dont l'armature interne est reliée à l'un des pôles de la machine électrostatique, l'autre pôle étant à la terre. L'armature externe de la bouteille communique avec une tige métallique horizontale H, terminée par un bouton que l'on peut rapprocher de celui qui termine l'armature interne de la bouteille de Leyde L. Lorsque la machine débite, la différence de potentiel augmente entre les deux armatures du condensateur et dès qu'elle atteint une valeur suffisante, une étincelle jaillit entre elles, la bouteille de Leyde se décharge et, pour une même *distance explosive*, chaque étincelle correspond au passage dans le sol d'une même quantité d'électricité.

Le débit de la machine est donc proportionnel au nombre des étincelles.

Si V est la différence de potentiel correspondant à la distance explosive mesurée par la distance des deux boutons ; C, la capacité de la bouteille de Leyde ; N, le nombre d'étincelles par seconde, la quantité d'électricité débitée en une seconde par la machine sera : $Q = NCV$.

Exemple. — Une machine de Holtz, mise en communication avec une bouteille de Lane dont la capacité est $\frac{1}{100}$ de microfarad et la distance explosive 1 centimètre, correspondant à 25,000 volts, donne 76 étincelles par minute. Quel est le débit de la machine par seconde ?

Le débit de la machine sera :

$$Q = \frac{76 \times 25000}{100 \times 60} = 316{,}66 \text{ microcoulombs.}$$

Mesure de la charge d'une batterie (*fig.* 326). — Pour mesurer la charge d'une batterie, on isole la bouteille de Lane sur un bloc de

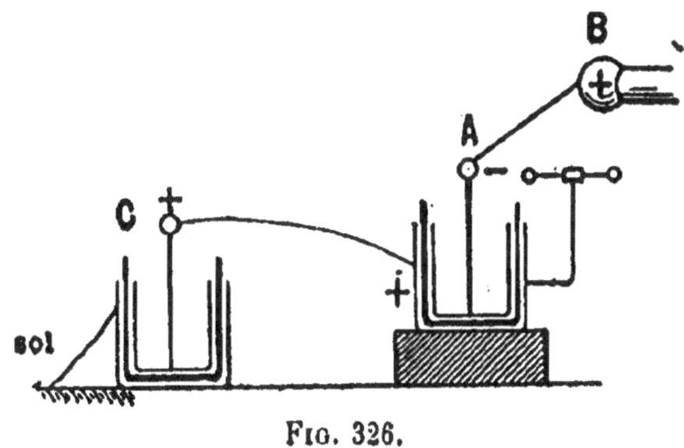

Fig. 326.

paraffine ; on relie son armature interne avec la machine et son armature externe, avec l'armature interne de la batterie dont on veut mesurer la charge et dont l'armature externe est à la terre. La charge acquise par celle-ci est proportionnelle au nombre des étincelles.

308. Vérification expérimentale de la formule des batteries. — Thermomètre de Riess. — L'énergie produite par la décharge d'une batterie est représentée par la formule :

$$W = \frac{1}{2} \frac{Q^2}{nc}.$$

La quantité de chaleur provenant de la décharge de la batterie est proportionnelle à l'énergie dépensée pour la charge de cette batterie. Cette quantité de chaleur en calories g. d. s'obtiendra en divisant l'énergie W en joules, par l'équivalent mécanique de la calorie, 4,18 joules :

$$M = \frac{1}{2} \frac{Q^2}{nc \times 4{,}18}.$$

On peut mesurer la chaleur produite au moyen du thermomètre de Riess (*fig.* 327), qui se compose d'un ballon de verre A, communiquant avec un manomètre incliné M, très sensible. Dans ce ballon contenant de l'air, se trouve une spirale en fil de platine, à l'intérieur duquel on produit la décharge du condensateur.

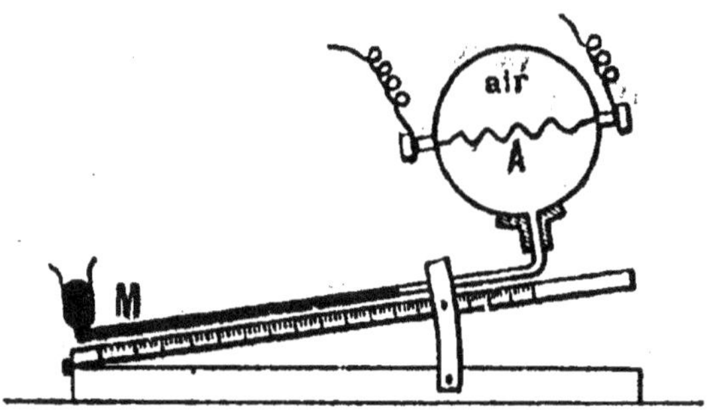

Fig. 327.

Au moment de la décharge, l'énergie électrique est transformée en chaleur; l'air s'échauffe et subit une brusque augmentation de pression; cet accroissement de pression est proportionnel à la chaleur dégagée et se mesure par le déplacement de la colonne liquide dans le manomètre.

Q se mesure avec la bouteille de Lane.

Si q est la quantité d'électricité pour une étincelle et N, le nombre d'étincelles pour un temps donné :

$$Q = Nq.$$

Soit p l'accroissement de pression lu au manomètre ; il sera proportionnel à W :

$$W = Kp = \frac{1}{2}\frac{q^2N^2}{nc}, \qquad \text{d'où} \qquad p = \frac{1}{2}\frac{q^2N^2}{Knc} = K'\frac{N^2}{n}.$$

Nous vérifierons que p est proportionnel au carré du nombre des étincelles, et inversement proportionnel au nombre des bouteilles.

309. Rigidité électrostatique. — La capacité d'un condensateur croît en raison inverse de l'épaisseur du diélectrique ; mais on ne peut diminuer indéfiniment l'épaisseur de celui-ci, car, pour une différence de potentiel déterminée, le diélectrique est percé par l'étincelle.

On appelle *rigidité électrostatique* le quotient de la différence de potentiel (exprimé en kilovolts) qui produit la rupture du diélectrique, par son épaisseur en centimètres.

Pour les condensateurs à lame de mica, la rigidité est de 1.150 kiloyolts, c'est-à-dire qu'une différence de potentiel de 1.150.000 volts pourrait percer un condensateur dont la lame isolante aurait une épaisseur de 1 centimètre.

EXEMPLE. — On peut calculer la pression que des charges contraires produisent sur le diélectrique.

Soit un condensateur sphérique, dont l'épaisseur du diélectrique est $0^{cm},004$, chargé à un potentiel de 18.000 volts.

Quelle est la force par centimètre carré qui s'exerce sur le diélectrique ?

$$K = 2,4$$

Cette force, par centimètre carré, est égale à la pression électrostatique :

$$F = 2\pi\sigma^2, \qquad F = 2\pi\left(\frac{Q}{S}\right)^2,$$

d'où

$$F = 2\pi\left(\frac{CV}{S}\right)^2 = 2\pi\left(\frac{SVK}{4\pi e \times S}\right)^2 = 2\pi\left(\frac{VK}{4\pi e}\right)^2 = \left(\frac{VK}{e}\right)^2 \times \frac{1}{8\pi},$$

Transformons V en unités C. G. S. électrostatiques :

$$F = \left(\frac{18000 \times 2,4}{3 \times 10^2 \times 0,004}\right)^2 \times \frac{1}{8\pi} = 51.592.356 \text{ dynes} \quad \text{ou} \quad 52^{kg},49.$$

310. Électroscope condensateur de Volta (*fig.* 328). — Pour produire une divergence appréciable des feuilles d'or dans l'électroscope ordinaire, il faut des sources d'un potentiel de 50 volts. L'électroscope condensateur permet d'observer l'électrisation de sources à faible potentiel, 1 volt par exemple, mais qui peuvent, comme une pile, fournir de grandes quantités d'électricité.

Il se compose d'un électroscope ordinaire, dont la boule a été remplacée par un plateau métallique A, recou-

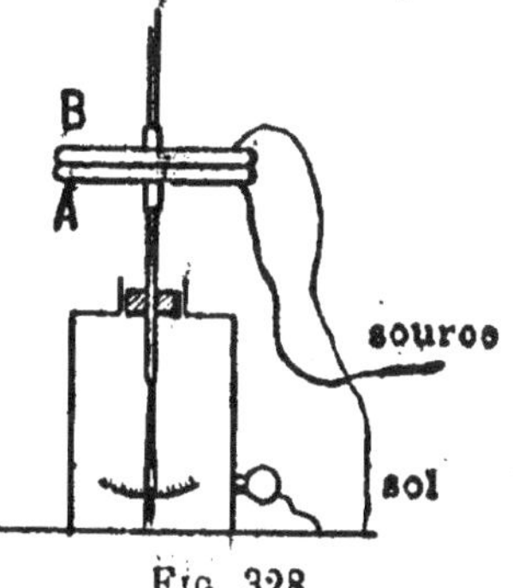

Fig. 328.

vert d'une couche de vernis et au-dessus duquel se trouve un deuxième plateau B, supporté par un manche isolant et recouvert sur sa face inférieure d'une couche de vernis.

L'ensemble des deux couches de vernis forme un diélectrique infiniment mince.

Si nous mettons le plateau inférieur A en communication avec une source au potentiel V, et le plateau supérieur B à la terre, C étant la capacité du condensateur, l'armature A prendra une charge $Q = CV$.

Si nous éloignons le plateau B, la quantité Q d'électricité reste la même sur le plateau A; mais sa capacité devient $C' < C$, c'est-à-dire égale à la capacité d'un plateau métallique éloigné de tout conducteur électrisé.

A mesure que l'on éloigne le plateau B du plateau A, l'épaisseur du diélectrique augmente et la capacité du plateau A diminue; si nous supposons que l'épaisseur de la couche de vernis soit $\frac{1}{10}$ de millimètre, lorsque les plateaux seront éloignés de 50 centimètres, la capacité du plateau A sera devenue sensiblement 5.000 fois plus petite; et comme $Q = C'V'$, le potentiel V' deviendra 5000 fois plus grand que V; les feuilles d'or pourront diverger.

Exemple : Supposons une source au potentiel de 1 volt et un électroscope condensateur, dont les plateaux ont 5 centimètres de rayon et dont l'épaisseur du diélectrique est $0^{cm},005$; $K = 2,5$.

Appliquons la formule du condensateur plan :

$$C = \frac{SK}{4\pi e \times 3^2 \times 10^5},$$

$$C = \frac{\pi \times 5^2 \times 2,5}{4\pi \cdot 0,005 \times 3^2 \times 10^5} = 0,00347 \text{ microfarad.}$$

La charge sera :

$$Q = \frac{\pi \times 5^2 \times 2,5}{4\pi \times 0,005 \times 3^2 \times 10^5} = 0,00347 \text{ microcoulomb.}$$

Si nous éloignons le plateau condensateur, le plateau collecteur prend sa capacité normale; celle-ci est représentée, pour un plateau circulaire éloigné de tout corps électrisé, par la formule :

$$C = \frac{2 \cdot r}{\pi \times 3^2 \times 10^5} \text{ microfarads.}$$

Le potentiel du plateau collecteur s'élève et devient égal à :

$$V = \frac{Q}{C}, \quad \text{d'où} \quad V = \frac{0,00347}{\dfrac{2 \times 5}{3,1416 \times 3^2 \times 10^5}} = 982 \text{ volts.}$$

CHAPITRE VIII

ÉLECTROSCOPES. — ÉLECTROMÈTRES
MESURE DES POTENTIELS

311. Théorie de l'électroscope à feuilles d'or. — L'électroscope à feuilles d'or (*fig.* 329) peut être considéré comme un condensateur fermé, dont l'armature externe est constituée par la cage métallique et l'armature interne, par les feuilles d'or et la tige métallique qui les supporte. La charge que prend l'armature interne ne dépend que de la différence de potentiel qui existe entre cette armature et l'enveloppe métallique de l'électroscope, et la divergence des feuilles d'or ne dépendra que de cette différence de potentiel. La capacité de l'électroscope étant faible, la charge qu'il prend ne mo-

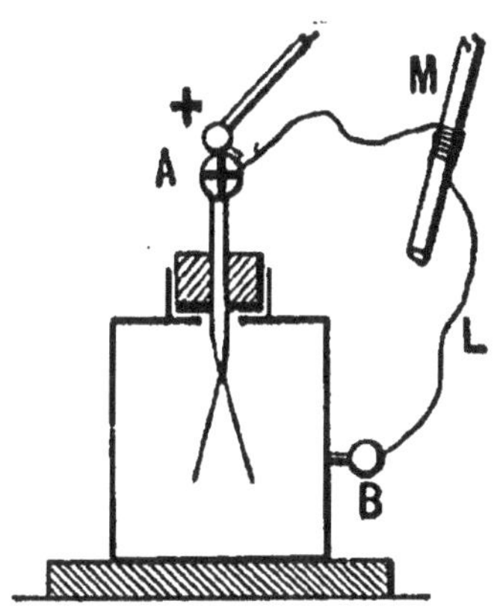

Fig. 329.

difie pas sensiblement celle du conducteur avec lequel il est mis en communication lointaine. Si l'on met la cage de l'électroscope en communication avec le sol, la divergence des feuilles indiquera la différence de potentiel entre le conducteur et le sol.

Pour le vérifier, mettons en communication le bouton de l'électroscope, isolé sur une plaque de paraffine, avec la cage métallique, par l'intermédiaire d'un fil métallique L, supporté par un bâton de paraffine M. Les deux armatures du condensateur, c'est-à-dire la tige A et la cage métallique B, sont au même potentiel V.

1° Si nous mettons le bouton A de l'électroscope en communication avec une source électrique, les feuilles ne divergent pas.

2° Si nous supprimons la communication entre le bouton et

la cage, les feuilles ne divergent pas, car les deux armatures sont encore au même potentiel.

3° Établissons une différence de potentiel entre A et B.

En touchant le bouton A avec le doigt, le potentiel de A devient égal à zéro; celui de la cage est égal à V: les feuilles divergent. En mettant la cage en communication avec le sol, son potentiel devient égal à zéro et les feuilles d'or divergent, comme dans le cas précédent.

On peut également produire la divergence des feuilles d'or en diminuant ou en augmentant le potentiel d'une armature quelconque. Après avoir supprimé la communication entre A et B, on touche, avec un conducteur à l'état neutre, soit le bouton A, soit la cage B; le potentiel de l'armature touchée diminue et les feuilles divergent.

On peut élever le potentiel de l'une des armatures en lui communiquant une charge électrique; on constatera la divergence des feuilles.

Emploi de l'électroscope pour reconnaître le signe de la charge d'un corps. — Pour reconnaître le signe de l'électricité qui

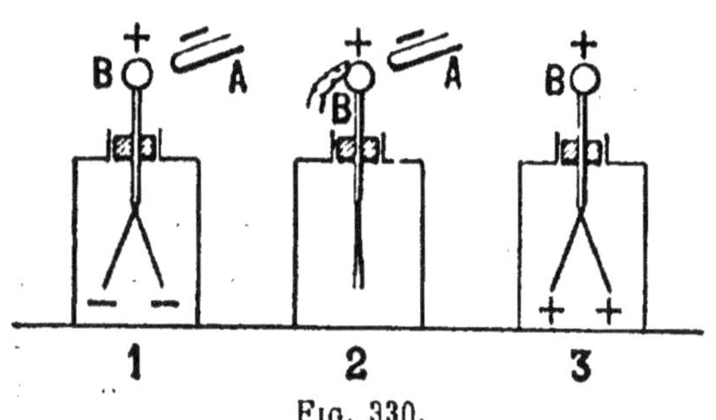

Fig. 330.

charge un corps, on commence par charger l'électroscope (*fig.* 330) d'une électricité connue; on approche du bouton B une baguette d'ébonite A qui développe, par influence, de l'électricité positive dans le bouton et de l'électricité négative dans les feuilles qui divergent.

On touche le bouton avec le doigt : l'électricité négative s'écoule dans le sol, les feuilles retombent et, *en retirant le doigt d'abord et la source ensuite,* l'électricité positive se répartit dans la tige et dans les feuilles, qui divergent à nouveau. Pour reconnaître le signe de la source inconnue, on approche le corps électrisé du bouton de l'électroscope.

1° Le corps est positif : il induit par influence une charge positive, qui est repoussée dans les feuilles et qui s'ajoute à la précédente; les feuilles divergent d'un angle plus grand.

2° Le corps est négatif : approchons-le *lentement* du bouton de l'électroscope ; il induit par influence une charge négative, qui vient neutraliser en partie la charge positive des feuilles ; celles-ci se rapprochent ; mais, si l'on approche davantage le corps électrisé, les feuilles retombent, la charge positive neutralisant la charge négative. A une distance encore plus petite, la charge positive l'emporte sur la charge négative et les feuilles divergent à nouveau.

Il est nécessaire, pour cette raison, d'approcher lentement le corps électrisé de l'électroscope et d'examiner le premier mouvement des feuilles.

Remarque. — Si l'on approche d'un électroscope chargé un conducteur à l'état neutre, les feuilles se rapprochent comme si le corps était chargé d'électricité de nom contraire à celle de l'électroscope ; mais, dans ce cas, le rapprochement des feuilles n'est jamais suivi d'une divergence. Pour éviter toute erreur, il est préférable de s'assurer, au moyen d'un électroscope à l'état neutre ou d'un pendule électrique, que le corps est électrisé.

312. Étalonnage en volts de l'électromètre à feuilles d'or. — Pour étalonner l'électromètre à feuilles d'or, on mettra le bouton B en communication avec le pôle positif d'une *pile de charge* dont le pôle négatif est à la terre, ainsi que la cage de l'électroscope.

Cette pile de charge (*fig.* 331) est formée d'une série d'élé-

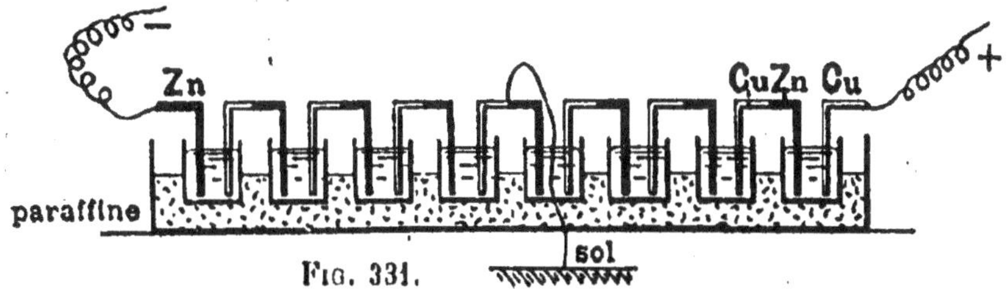

Fig. 331.

ments Volta([1]), dont chacun est constitué par un fil de cuivre, soudé à un fil de zinc, replié en forme de V. Le liquide excitateur est une dissolution étendue de sulfate de zinc, contenue dans un vase de 2 à 3 centimètres cubes.

On peut ainsi disposer plusieurs centaines d'éléments, que l'on isole sur une plaque de paraffine.

([1]) Voir la pile de Volta, paragraphe 316.

La force électromotrice de chaque élément est à peu près de $0^{volt},85$.

On notera la déviation des feuilles correspondant à 50 volts, 100 volts, 150 volts, 200 volts, etc., et l'on tracera une courbe en portant en abscisses les potentiels et en ordonnées les divergences des feuilles d'or. Mais cet appareil n'est pas suffisamment sensible. Nous emploierons, pour la mesure des potentiels, l'électromètre à quadrants de lord Kelvin.

313. Électromètre à quadrants (*fig*. 332, 333). — L'électromètre à quadrants est un appareil qui sert à mesurer une différence de potentiel. Il se compose d'une boîte cylindrique plate, en laiton, divisée en quatre secteurs ou quadrants, par deux plans diamétraux rectangulaires ; les secteurs opposés 1 et 3, 2 et 4 (¹) communiquent entre eux ; les secteurs 1 et 3 sont reliés à la borne A et les secteurs 2 et 4, à la borne B.

A l'intérieur de la boîte, se trouve suspendue une aiguille H, mince et très légère, en aluminium, en forme de huit, à coins arrondis et formée de deux secteurs de 90°, opposés par le sommet. Cette aiguille est portée par une tige D, dont l'extrémité porte un crochet qui passe dans l'anse d'un fil de cocon, dont les deux brins parallèles s'enroulent sur un treuil

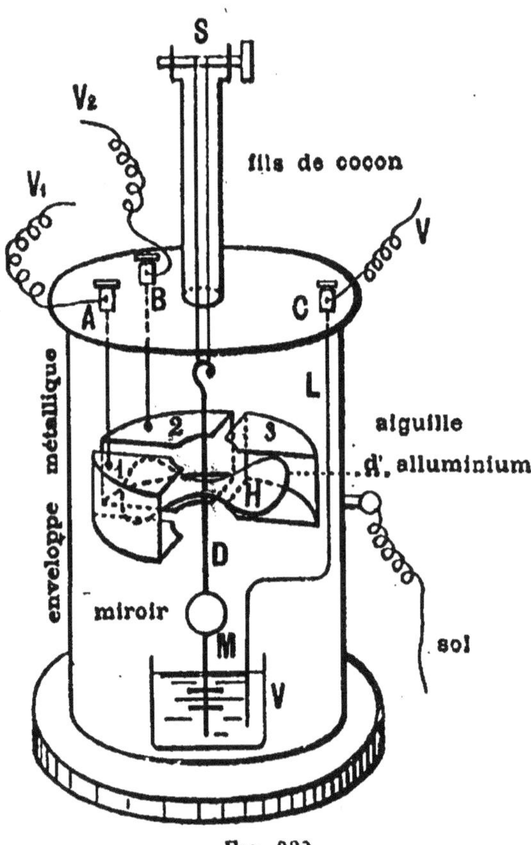

Fig. 332.

S et forment une suspension bifilaire. La tige D porte un miroir concave M et est terminée par une lame transversale, plongeant dans l'acide sulfurique et servant d'*amortisseur*.

(¹) Le secteur 4 est supposé enlevé.

Une troisième borne C communique, par une tige en platine, avec
le vase V contenant de l'acide sulfurique.

L'appareil est logé dans une enveloppe métallique, en communication avec le sol et ser-
vant d'écran.

Lorsque l'appareil est à
l'état neutre, l'aiguille est
partagée en parties égales
par la fente qui sépare les
quadrants.

Si nous supposons l'ai-
guille chargée à un potentiel positif, les plateaux A
à un potentiel négatif et
les plateaux B à un poten-

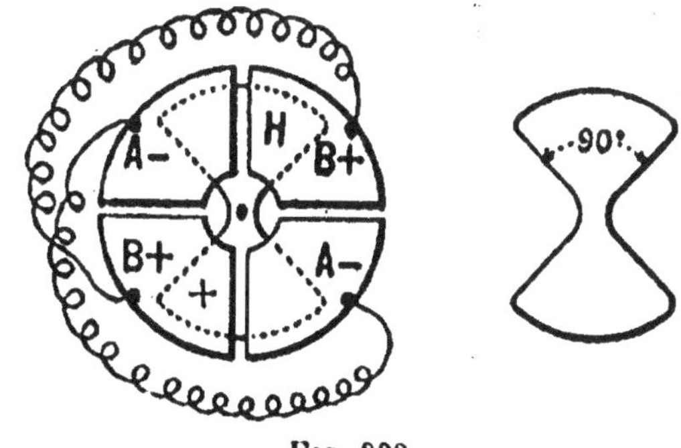

Fig. 333.

tiel positif, l'aiguille se déplace du côté des quadrants négatifs.

L'aiguille, par son déplacement, tord le bifilaire ; celui-ci réagit et
fait équilibre au couple produit par les forces électriques ; or, l'angle
de torsion est proportionnel au couple de torsion.

Mesure des potentiels. — 1° Pour mesurer un potentiel, on porte
.es quadrants 1,3 et 2,4 à des potentiels égaux et de signes contraires, en mettant en communication les bornes A et B avec les
pôles d'une pile constante, composée d'un nombre pair d'éléments
dont l'élément du milieu est au sol, et l'on met la troisième borne C
en communication avec le conducteur dont on veut mesurer le potentiel. Si le nombre des éléments est $2n$ et que le milieu de la pile
soit à la terre, nous avons, aux pôles de la pile, des potentiels
$+ ne$ et $- ne$.

Le couple de torsion imprime au système bifilaire, qui supporte
l'aiguille, un angle d'écart proportionnel au potentiel V de l'aiguille.

L'angle d'écart $\alpha = 2AV_1V$, V_1 étant le potentiel des quadrants.

On pourra déterminer la constante A, en chargeant l'aiguille à un
potentiel connu.

Pour mesurer l'angle α, on se servira de la méthode du miroir,
décrite dans le cours d'optique, § 70.

2° Pour mesurer une différence de potentiel, on donne à l'aiguille
un potentiel constant, en la mettant en communication avec le pôle
d'une pile d'un grand nombre d'éléments, dont l'autre pôle est à la
terre, et on relie les deux paires de quadrants 1,3 et 2,4 respectivement aux conducteurs dont on veut mesurer la différence de
potentiel. L'angle de rotation α de l'aiguille est proportionnel à la
différence de potentiel ; on peut, avec cet appareil, mesurer de très

faibles potentiels, jusqu'à $\dfrac{1}{1.000}$ de volt.

314. Électromètre absolu (*fig.* 334, 335). — Cet électromètre est employé pour la mesure des potentiels élevés, de 1.000 à 100.000 volts. Il se compose d'un premier plateau P, supporté par un pied isolant, qui peut s'élever ou s'abaisser au moyen d'un pignon et d'une cré-

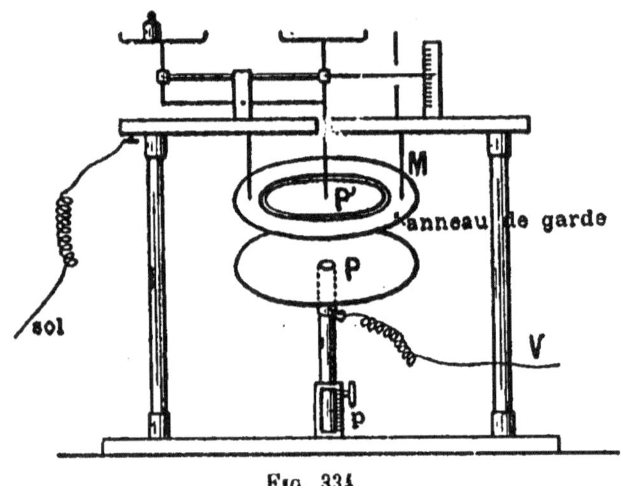

Fig. 334.

maillère ; au-dessus, se trouve un deuxième plateau P', parallèle au premier, mais de plus petit diamètre, suspendu à l'extrémité du fléau d'une balance très sensible et mis en communication avec le sol. Ce plateau est entouré d'un anneau métallique M, en communication avec le sol et disposé dans son plan, que l'on appelle *anneau de garde* et qui a pour but de rendre le champ uniforme entre les deux plateaux.

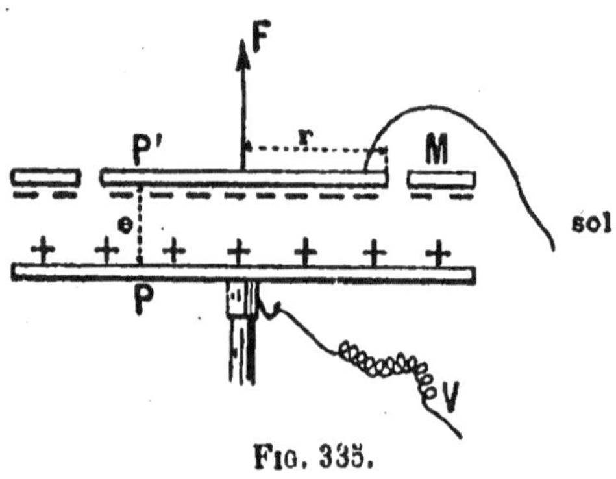

Fig. 335.

Si l'on électrise le plateau P, il développe sur le plateau P' une charge contraire et les plateaux s'attirent ; les poids placés dans le plateau de la balance équilibrent la force attractive et permettent de déterminer le potentiel du plateau P. L'ensemble des deux plateaux P, P' forme un condensateur plan, le plateau P étant au potentiel V et le plateau P', de surface égale à S, au potentiel zéro ; la charge de l'armature P' du condensateur est égale à :

$$Q = \frac{SV}{4\pi e}.$$

Comme la densité électrique est constante sur les deux plateaux,

$$Q = S\sigma, \qquad \text{d'où} \qquad \sigma = \frac{V}{4\pi e}.$$

La pression électrostatique par centimètre carré, sur la surface inférieure du plateau P', est égale à $2\pi\sigma^2$; et sur la surface totale du plateau P', elle est égale à :

$$F = 2\pi\sigma^2 S \text{ dynes.}$$

En remplaçant σ par sa valeur,

$$F = \frac{2\pi S V^2}{16\pi^2 e^2} = \frac{S V^2}{8\pi e^2}; \qquad \text{or,} \qquad S = \pi r^2; \qquad \text{donc,} \qquad F = \frac{r^2 V^2}{8 e^2}.$$

Pour maintenir le plateau P' dans le plan de l'anneau de garde, il faudra exercer une force antagoniste égale à F :

$$V = \frac{e}{r} \sqrt{8F}.$$

Dans cette formule, V, F, sont exprimées en unités C. G. S. électrostatiques. Si V est donné en volts, la formule devient :

$$F = \frac{r^2 V^2}{8 \times 300^2 e^2} \qquad \text{et} \qquad V = 300 \frac{e}{r} \sqrt{8F}.$$

Pour une même attraction exercée par les plateaux chargés à des potentiels différents,

$$\frac{V}{V'} = \frac{e}{e'}.$$

Au moyen de la formule :

$$F = \frac{r^2 V^2}{8 \times 300^2 e^2} \text{ dynes,}$$

déterminons le rayon du plateau P' qui, chargé au potentiel de 5.000 volts, produit une attraction de 2 grammes, à une distance de 1 centimètre : on trouve r égal à $7^{cm},05$.

Pour déterminer le potentiel d'une source, on mettra le plateau P' en communication avec le sol; on équilibrera la balance, et on mettra une surcharge de 2 grammes sur le plateau de gauche. On porte le plateau inférieur au potentiel à mesurer V et on le soulève progressivement jusqu'à ce que l'équilibre de la balance soit rompu.

Le potentiel V' sera donné par la formule :

$$\frac{V'}{5000} = \frac{e}{1}, \qquad \text{d'où} \qquad V' = 5000e.$$

315. Mesure du potentiel en un point d'un champ électrique. — Si l'on place dans un champ (*fig.* 336, 337) une pointe très fine, telle qu'une

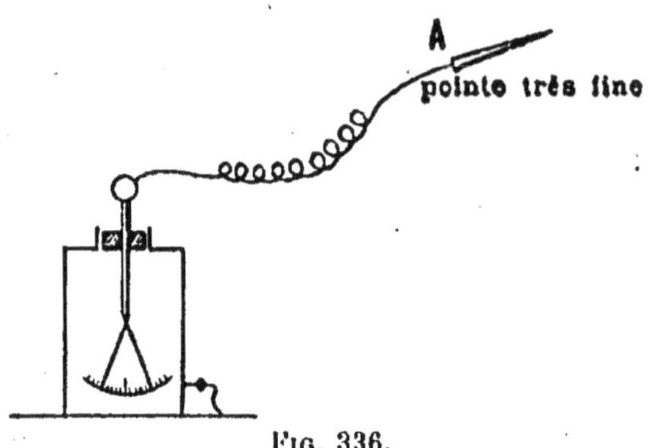

Fig. 336.

pointe d'aiguille A, en communication avec un électromètre, l'électricité induite par le champ sur cette pointe s'écoule par celle-ci, jusqu'à ce que l'électricité contraire, qui reste sur l'électromètre, ait porté ce dernier à un potentiel égal à celui qui existe à l'extrémité de la pointe, potentiel qui sera mesuré par la divergence des feuilles de l'électromètre. La pointe peut être remplacée par un écoulement d'eau. Au point du champ considéré, on amène l'extrémité d'un long tube de verre C très étroit, fixé à la partie inférieure d'un réservoir d'eau isolé A et mis en communication avec l'électromètre ; on fait écouler l'eau goutte à goutte, jusqu'à ce que l'appareil indique une déviation maxima, qui mesure le potentiel à l'extrémité du tube.

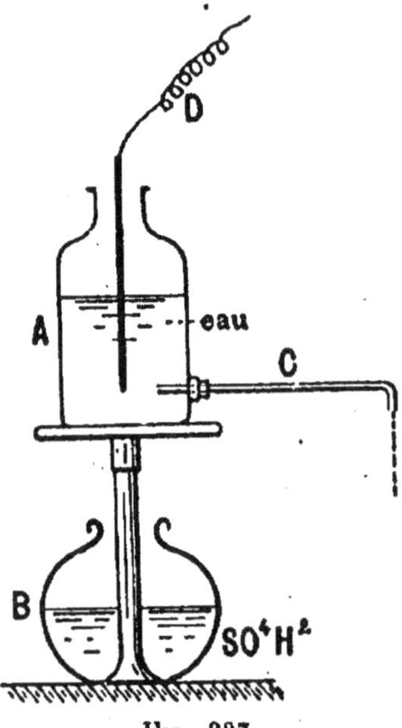

Fig. 337.

Action des flammes. — Les flammes agissent plus énergiquement que les pointes pour décharger les surfaces électrisées. On décharge instantanément un corps électrisé en le passant sur la flamme d'une lampe à alcool.

On peut déterminer le potentiel d'un point d'un champ plus rapidement avec une flamme qu'avec une pointe. Pour déterminer le champ électrique de la terre, on dispose une bougie, dont la flamme est protégée du vent par une cheminée en cuivre, sur une plaque de laiton isolée sur une tige d'ébonite et traversée par une tige de cuivre, terminée à une de ses extrémités par un fil de platine plongé dans la flamme ; l'autre extrémité communique avec l'électromètre, qui se met immédiatement au potentiel du lieu où se trouve la flamme.

CHAPITRE IX

EFFETS DE LA DÉCHARGE ÉLECTRIQUE

DIFFÉRENTES TRANSFORMATIONS DE L'ÉNERGIE ÉLECTRIQUE D'UNE DÉCHARGE

316. Étincelle électrique. — Si l'on met un conducteur électrisé en communication avec le sol, le travail produit par la décharge peut se manifester par des effets *calorifiques, lumineux, mécaniques, chimiques et physiologiques.*

Si l'on approche l'un de l'autre deux conducteurs électrisés à des potentiels différents, une étincelle jaillit quand la pression électrostatique surpasse la résistance de la couche d'air ou de tout autre diélectrique qui sépare les conducteurs, et les potentiels s'égalisent. L'étincelle éclate entre les deux conducteurs, sous forme d'un trait de feu, avec un bruit sec plus ou moins fort. La chaleur dégagée par la décharge porte les particules de métal arrachées aux conducteurs et les particules d'air à une température élevée, qui peut les rendre lumineuses. La longueur de l'étincelle dépend de la différence de potentiel et de la nature du diélectrique, et de la forme des conducteurs entre lesquels elle jaillit ; ainsi, pour une même distance, la différence de potentiel pour produire l'étincelle est plus grande entre deux sphères qu'entre deux plateaux.

Potentiel explosif. — La différence de potentiel nécessaire pour que l'étincelle éclate entre deux conducteurs, pour une distance donnée, s'appelle *potentiel explosif* et la longueur de l'étincelle représente la *distance explosive*, qui croît plus

rapidement que la différence de potentiel, ainsi que le montre
le tableau suivant :

DISTANCES EXPLOSIVES	DIFFÉRENCE DE POTENTIEL
1 millimètre	5.000 volts
10 millimètres	25.000 —
50 —	50.000 —
100 —	100.000 —

La différence de potentiel qui correspond à une même longueur d'étincelle est plus grande dans les solides que dans
les liquides, et dans les liquides que dans les gaz.

Ainsi, une différence de potentiel donnant une étincelle de
20 centimètres dans l'air, ne pourra percer qu'une lame de
verre de 2 millimètres d'épaisseur.

Dans les gaz, la différence de potentiel diminue quand la
température s'élève, ce que l'on peut vérifier en disposant
une flamme au-dessous des deux pôles d'une machine de
Holtz. L'étincelle peut jaillir
à une plus grande distance à
chaud qu'à froid.

La compression du gaz diminue la distance explosive et peut
arrêter la décharge pour une
pression suffisante.

La distance explosive permet
de mesurer la différence de potentiel en volts, entre les deux
pôles d'une machine électrostatique. La forme de l'étincelle
varie avec la longueur ; une

Fig. 338.

étincelle courte (*fig.* 338), de 4 à 5 centimètres, est rectiligne ;
plus longue, elle devient sinueuse et présente des ramifications ;
pour les grandes distances explosives, elle est en forme de
zig-zag. La longueur de l'étincelle ne dépend que de la différence de potentiel ; elle est indépendante de la capacité du
conducteur ; mais l'éclat et le bruit de l'étincelle augmentent
avec la capacité du conducteur, c'est-à-dire avec la quantité

d'énergie électrique $\frac{1}{2}QV$ mise en jeu pendant la décharge.

Pour le vérifier, mettons un des pôles d'une machine électrostatique à la terre, l'autre pôle en communication avec un électromètre d'Henley[1]. Nous constatons qu'au moment où l'étincelle éclate, l'électromètre donne le même angle de divergence. On vérifiera également que la divergence de l'électromètre croît avec la distance explosive.

Si l'on relie les deux pôles de la machine aux deux armatures d'une bouteille de Leyde, l'étincelle est plus brillante, éclate avec plus de bruit; mais, pour la même distance explosive, la divergence de l'électromètre reste la même.

Aigrette. — Si l'on éloigne le pôle de la machine au plus bas potentiel, il ne se produit plus d'étincelle, l'électricité s'échappe et l'on entend un bruissement particulier; dans l'obscurité, il se forme au pôle positif une aigrette violette, en forme de gerbe, d'un angle d'ouverture de plus de 90°, très peu lumineuse, composée d'un grand nombre de ramifications déliées, portées, à la partie saillante du conducteur, par un pédicule rougeâtre assez brillant. Au pôle négatif, l'aspect est différent, l'aigrette a la forme d'un pinceau dont les rayons ne se distinguent pas, elle est entourée d'une sorte de gaine violette.

S'il existe une pointe, l'aigrette négative se réduit à une petite étoile brillante. Dans le vide, l'aspect de l'étincelle est entièrement différent. L'étude de la décharge dans les gaz raréfiés sera faite dans le cours de la classe de mathématiques.

Durée de l'étincelle. — La durée de l'étincelle est infiniment courte; quelques cent millièmes de seconde; on peut s'en rendre compte au moyen de l'expérience suivante : si l'on actionne une machine Whimshurst dans l'obscurité, les bandes d'étain des plateaux, ceux-ci étant brusquement éclairés au moment où l'étincelle éclate entre les pôles, paraissent immobiles; ce qui prouve que, pendant la durée de l'éclairement, les plateaux ne se sont pas déplacés, quoique leur vitesse atteigne plus de 10 mètres par seconde.

317. Effets mécaniques. — Si la différence de potentiel sur les deux faces opposées d'un diélectrique devient suffi-

<hr>

[1] L'électromètre d'Henley se compose d'un pendule électrique, formé d'un brin de paille à l'extrémité duquel est fixée une boule en moelle de sureau, qui se déplace sur un cadran gradué.

sante, l'électricité traverse le diélectrique. Ce passage de la décharge à travers un corps solide mauvais conducteur produit un choc violent ; le corps est percé ou brisé.

On le vérifie au moyen de l'expérience du perce-carte. Si l'on dispose une carte entre les deux pôles d'une machine Whimshurst, la carte est percée par l'étincelle ; on la crible de trous en la déplaçant entre les deux pôles. On peut remplacer la carte par un cahier d'une vingtaine de feuilles : il est percé par l'étincelle.

Expérience du perce-verre (*fig.* 339). — Plaçons, entre deux pointes verticales A et B, une lame de verre V, posée horizon-

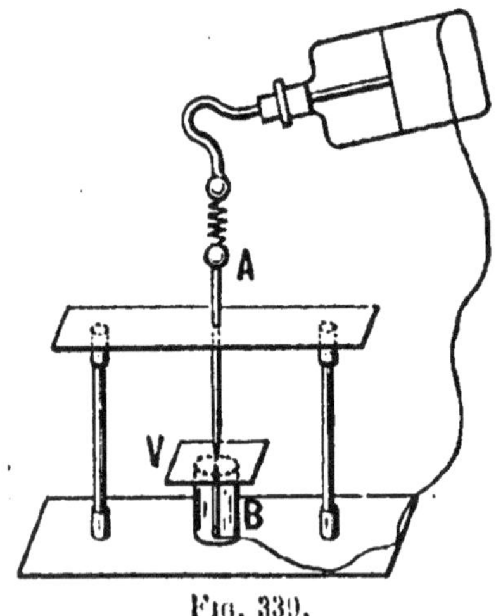

Fig. 339.

talement sur un support en verre et sur laquelle on a coulé une goutte de stéarine ou de paraffine, pour éviter que la décharge passe d'une pointe à l'autre en contournant la lame de verre. Faisons communiquer l'armature externe d'une batterie avec la pointe inférieure B, par l'intermédiaire d'une chaîne et la tige A, avec l'armature interne : l'étincelle éclate entre les deux pointes, perce la lame de verre, et la fait éclater autour du trou pratiqué par l'étincelle.

On peut également faire éclater un morceau de bois bien sec, en le faisant traverser par l'étincelle électrique produite par une batterie.

318. Phénomènes calorifiques. — Nous avons vu que l'étincelle résultant de la décharge électrique produit un dégagement de chaleur dans l'air qu'elle traverse.

L'énergie électrique provenant de la décharge d'une batterie passant à travers un fil d'or ou de platine est transformée en chaleur et, suivant le degré de finesse du fil, peut le faire rougir, le fondre ou le volatiliser. Pour le vérifier, on réalise les expériences suivantes :

Première expérience (*fig.* 340). — On dispose, entre deux tiges métalliques terminées par des boules, un galon d'or, formé d'un fil de soie recouvert d'or, derrière lequel on place une feuille de carton : la décharge de la batterie volatilise l'or, qui vient se déposer, sous forme d'une poussière noirâtre, sur la feuille de carton ; le fil de soie reste intact.

DEUXIÈME EXPÉRIENCE (*fig.* 341). — On peut, avec l'étincelle électrique, produire l'inflammation de l'éther. On place de l'éther dans une petite coupe en métal, que l'on met en communication avec l'armature externe d'une bouteille de Leyde

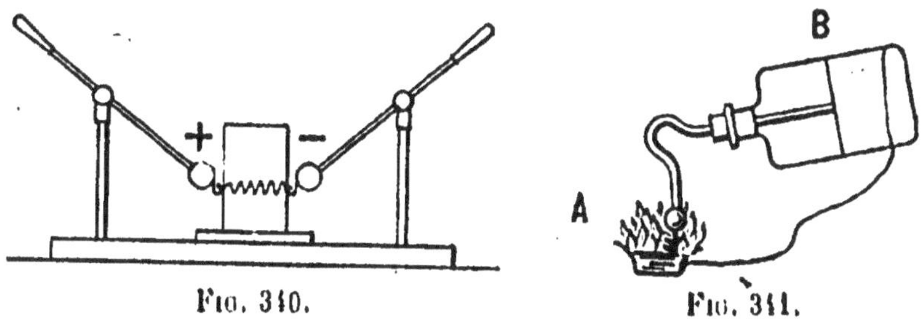

FIG. 340.   FIG. 341.

chargée, et l'on approche le bouton du fond du vase : l'étincelle éclate au milieu du mélange tonnant formé par la vapeur d'éther et d'air ; le liquide s'enflamme.

TROISIÈME EXPÉRIENCE. — On fait plonger, dans l'eau contenue dans un vase de verre, un fil de platine de 1/10 de millimètre et d'une longueur de 2 centimètres ; on décharge une batterie à travers ce fil, dont la vaporisation produit instantanément une force élastique très grande et un choc brusque sur le liquide : le verre est brisé.

Lorsque l'on fait passer la décharge d'une batterie dans un fil métallique fin, d'une longueur de 50 centimètres, on constate que l'étincelle résultant de la décharge est très atténuée, car presque toute l'énergie de la décharge est transformée en chaleur dans le fil.

319. Effets chimiques. — L'étincelle n'agit que par la haute température que produit son passage et peut provoquer certaines combinaisons *endothermiques*, qui se forment avec transformation de la chaleur créée par l'étincelle.

1° Lorsque l'on fait passer une série d'étincelles, produites par une machine électrostatique, dans un mélange gazeux formé de 1 volume d'azote et 2 volumes d'oxygène sec, il se produit une combinaison lente des deux gaz et il se forme du peroxyde d'azote, AzO^2, qui est un composé formé par réaction endothermique. En opérant au contact de la potasse, AzO^2

est absorbé; il se forme un azotate et un azotite de potassium, et la totalité du mélange gazeux peut entrer en combinaison.

2° Lorsqu'une série d'étincelles traversent un composé gazeux, formé de deux éléments par réaction *exothermique*, le gaz est généralement décomposé progressivement en ses deux éléments. Si, à l'aide d'une machine de Holtz, on fait passer une série d'étincelles dans un eudiomètre à mercure, contenant du gaz ammoniac et dont l'un des fils communique avec la machine et l'autre avec le sol, on obtient un volume de gaz double, résultant de la décomposition du gaz ammoniac en azote et hydrogène.

Effluve. — Si les deux conducteurs entre lesquels on établit une différence de potentiel sont recouverts d'une lame d'un diélectrique, verre ou mica, suffisamment épaisse pour qu'elle ne soit pas brisée, on observe, entre les deux surfaces isolantes placées en regard, pour une différence de potentiel suffisamment grande, une lueur violette très pâle, qui se produit sans bruit. Ce mode de décharge se nomme l'*effluve*. L'effluve possède la propriété de transformer l'oxygène en *ozone* ou oxygène condensé O^3, d'une odeur caractéristique, que l'on peut sentir dans le voisinage des machines électrostatiques, pendant leur fonctionnement.

320. **Effets physiologiques.** — Lorsque l'on tire avec le doigt une étincelle d'une machine électrique faiblement chargée, on ressent une légère piqûre. Si la charge est plus forte, on reçoit une commotion dans le poignet. Si l'on prend d'une main la panse d'une bouteille de Leyde, et qu'on approche l'autre main du bouton de l'armature interne, on éprouve, au moment de la décharge, une commotion qui peut se faire sentir jusque dans les épaules. La décharge d'une forte batterie devient dangereuse et peut tuer des animaux.

CHAPITRE X

COURANT ÉLECTRIQUE

INTENSITÉ. — LOIS DE OHM

321. Courant. — Si, aux deux extrémités d'un conducteur, on établit et on maintient une différence de potentiel $V - V_1$ *constante*, il s'établit dans ce conducteur un courant électrique continu, qui laisse passer, dans des temps égaux, une quantité toujours égale d'électricité dans toute section du fil, et que l'on peut comparer au courant d'eau qui s'établirait dans une canalisation mettant en communication deux réservoirs, dont la différence de niveau resterait constante.

Unité d'intensité de courant : ampère. — On appelle *intensité du courant* la quantité d'électricité qui traverse une section quelconque du conducteur pendant une seconde.

L'unité pratique d'intensité se nomme *l'ampère;* c'est l'intensité d'un courant continu qui débite, par seconde, une quantité d'électricité égale à un coulomb.

Si un courant débite Q coulombs en t secondes, son intensité en ampères est donnée par la formule :

$$I = \frac{Q}{t}, \text{ ampères.}$$

Un courant constant, qui débite 100 coulombs en 10 secondes, possède une intensité égale à $\frac{100}{10} = 10$ ampères.

Sens du courant. — On donne au courant un sens purement conventionnel, en supposant que l'écoulement du flux d'électricité va du point où le potentiel est le plus élevé au point où il est le plus bas; dans le cas d'une pile, du pôle $+$ au pôle $-$.

322. Effets produits par le courant électrique. — Les effets produits par le passage d'un courant à travers un conducteur se manifestent :

1° **Par des phénomènes calorifiques.** — Un fil de platine traversé par un courant s'échauffe et, s'il est suffisamment fin, il est porté à l'incandescence et peut être fondu.

2° **Par des phénomènes électro-magnétiques.** — Le passage du courant dans un fil placé au-dessus d'une aiguille aimantée fait dévier l'aiguille de sa première position.

3° **Par des phénomènes chimiques.** — Un courant traversant une dissolution d'un sel métallique de sulfate de cuivre, par exemple, décompose le sel en cuivre, acide sulfurique et oxygène.

Nous étudierons, dans les chapitres suivants, ces différents phénomènes.

323. Lois de Ohm, déduites de l'expérience. — Disposons (*fig.* 342) dans quatre godets A, B, C, D, contenant du mercure, des fils de manganine([1]) de 1 mètre de longueur et d'un demi-millimètre de diamètre ; relions les godets extrèmes A et D avec les pôles d'un accumulateur ([2]), qui établira entre les points A et D une différence de potentiel constante.

Nous allons établir : 1° que, quand un conducteur est traversé par un courant constant, *le courant a même intensité en tous les points du circuit.* En effet, nous pouvons vérifier que le potentiel a une valeur déterminée et constante aux différents points A, B, C, D ; il n'y a donc accumulation d'électricité en aucun point

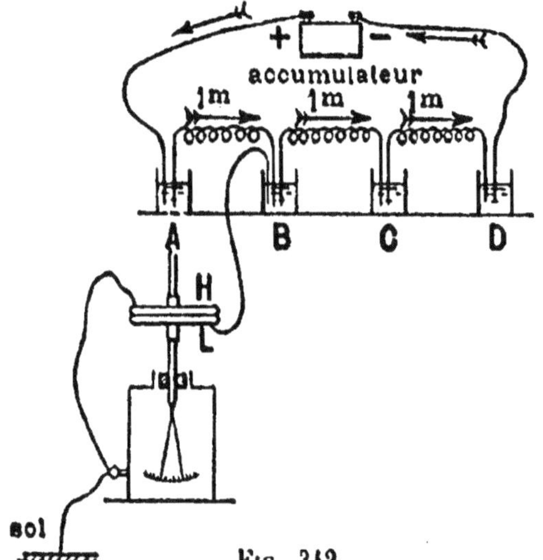

Fig. 342.

du conducteur; ce qui revient à dire que la quantité d'électricité qui traverse une section quelconque du conducteur est toujours la même.

Pour faire cette vérification, mettons l'armature L de l'électroscope condensateur en communication avec un godet quelconque, et l'armature H ainsi que le godet D, à la terre ; en éloignant cette armature, nous vérifierons que la divergence des feuilles est toujours la même, même en répétant l'expérience à différents intervalles de temps : donc, le potentiel reste constant.

Nous établirons : 2° *que la différence de potentiel entre deux points d'un conducteur homogène, de section constante, traversé par un courant constant, est proportionnelle à la longueur du conducteur*. Mettons le godet A en communication avec l'armature L d'un électroscope condensateur et l'armature H, en communication avec le godet B. La déviation α des feuilles, après avoir éloigné l'armature H, représentera la différence de potentiel $V - V'$ entre A et B.

En répétant la même opération pour les points B et C, C et D, et en représentant par V, V', V'', V''' les potentiels aux points A, B, C, D, nous vérifierons que :

$$V - V' = V' - V'' = V'' - V'''.$$

Il en résulte que :

$$\frac{V - V'}{l} = C^{te},$$

c'est-à-dire que la différence de potentiel entre deux points d'un conducteur homogène, de section constante, traversé par un courant constant, est proportionnelle à la longueur du conducteur. Nous pouvons représenter graphiquement (*fig.* 313) cette loi, en portant en abscisse la longueur du conducteur OB, par exemple 6 mètres, et en ordonnées OA et BD, les potentiels en O et en B,

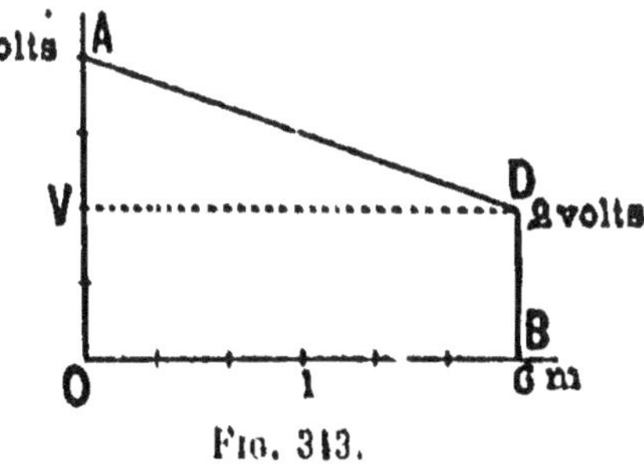

Fig. 313.

soient 4 volts et 2 volts, aux extrémités du conducteur. Nous obtenons une ligne droite AD, qui représentera la distribution du potentiel en chaque point du conducteur.

3° Nous allons établir que, si deux conducteurs homogènes de même substance, de même longueur, mais de sections différentes, sont traversés par le même courant, *la différence de potentiel, aux extrémités de ces conducteurs, varie en raison inverse de leur section.*

Pour le vérifier, disposons entre les deux godets B et C deux fils de manganine, de deux mètres de longueur et d'un diamètre de 1/2 millimètre ; cela revient à disposer, entre B et C, un fil de section double.

Nous vérifierons que la différence de potentiel entre B et C, $V''_1 - V'_1$, est égale à la différence de potentiel $V_1 - V'_1$, entre A et B. Donc, d'après la loi précédente, la différence de potentiel, pour deux points distants de 1 mètre, serait égale à $\dfrac{V_1 - V'_1}{2}$; la loi peut s'exprimer par la relation :

$$s(V - V') = C^{te}.$$

Représentons graphiquement ce résultat (*fig.* 344) en portant en abscisse la longueur $l = 4$ mètres du premier conducteur et en ordonnées, les potentiels $OA = 4$ volts, $BD = 2$ volts, des extrémités. AD représentera la distribution du potentiel sur le premier conducteur ; en portant, à partir de B, la longueur l du deuxième conducteur égale à 4 mètres et

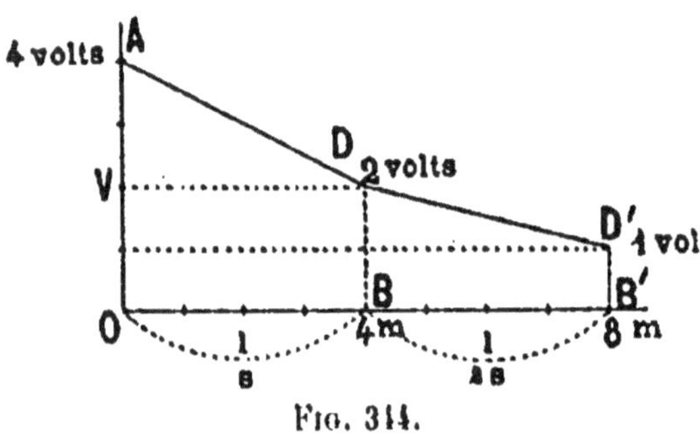

Fig. 344.

l'ordonnée $B'D' = 1$ volt, la ligne DD' représentera la distribution du potentiel sur le deuxième conducteur.

4° Établissons que la différence de potentiel, entre deux points également distants d'un conducteur dans lequel passe un courant constant, *dépend de la substance du conducteur.* Remplaçons le fil de manganine, placé entre les godets A et B, par un fil de maillechort de même diamètre. Nous vérifierons que, pour obtenir entre A et B la même différence de potentiel que précédemment, il faudra disposer un fil de maillechort sensiblement une fois et demie plus long que le fil de manganine.

5° Établissons que la différence de potentiel entre deux points d'un conducteur homogène *est proportionnelle à l'intensité du courant qui le traverse.*

Pour le vérifier, disposons, entre les godets B et D, un fil de manganine de 2 mètres et de 1/2 millimètre de diamètre. Il est évident que le courant qui arrive au point B se partagera dans chacun des conducteurs BD et BCD, qui sont de même substance, même longueur, même section, en deux courants égaux ; donc, si le courant principal a une intensité égale à I, de A à B il sera égal à $\frac{I}{2}$, dans les branches BD et BCD.

Prenons la différence de potentiel $V_1 - V_2$ entre A et B et la différence de potentiel $V_2 - V_3$ entre B et C ; nous vérifierons que $V_1 - V_2 = 2 (V_2 - V_3)$, ce qui vérifie la loi.

REMARQUE. — Nous pourrons obtenir des mesures plus exactes en déterminant les différences de potentiel aux points A, B, C, D, avec l'électromètre à quadrants : nous mettrons le godet A en communication avec la paire de quadrants 1,3, et la paire de quadrants 2,4, successivement avec les godets B, C, D.

Nous pourrons également faire une vérification plus rapide en mesurant les différences de potentiel entre les points A, B, C, D au moyen d'un voltmètre([1]), c'est-à-dire d'un galvanomètre étalonné en volts, et en répétant les mêmes expériences.

324. Deuxième méthode pour la vérification des lois de Ohm([2]). — Pour vérifier les lois de Ohm (*fig.* 345), relions les deux conducteurs polaires P et N d'une machine Whimshurst ou d'une machine de Holtz avec un fil L, de 4 à 5 mètres de longueur, dont le point L est à la terre, et disposons un électromètre formé de deux gros fils de laiton *a* et *b*, dont les extrémités sont rapprochées de façon que l'intervalle qui les sépare soit une fraction de millimètre ; *b* est mis en communication avec la terre par l'intermédiaire d'une chaîne, et *a* peut être mis en communication, par l'intermédiaire d'un fil *ae*, avec les différents points du circuit PLN et avec un électroscope à feuilles d'or E. Actionnons maintenant la machine avec une vitesse constante ; il arrive un moment où les pôles de la machine perdent, par défaut d'isolement ou pour d'autres causes,

---

(1) Voir le voltmètre paragraphe 432.
(2) Nous donnons cette méthode parce qu'elle est facile à réaliser avec une machine électrostatique.

autant d'électricité qu'ils en reçoivent; à partir de ce moment, la différence de potentiel devient constante. En mettant en contact l'extrémité *e* du fil *ea* avec les différents points du circuit PLN, il s'écoule de l'électricité vers la terre ou de la terre au circuit en courant intermittent, selon que le potentiel, au point de contact du fil, est positif ou négatif. Pour une distance explosive constante entre les fils *a* et *b*, la différence de potentiel entre *a* et *b* arrive toujours à la même valeur avant la décharge et les feuilles d'or de l'électroscope présentent la même divergence; au moment où se produit la décharge, elles retombent instantanément. Nous pourrons ainsi compter le nombre des décharges par minute par le nombre de déviations

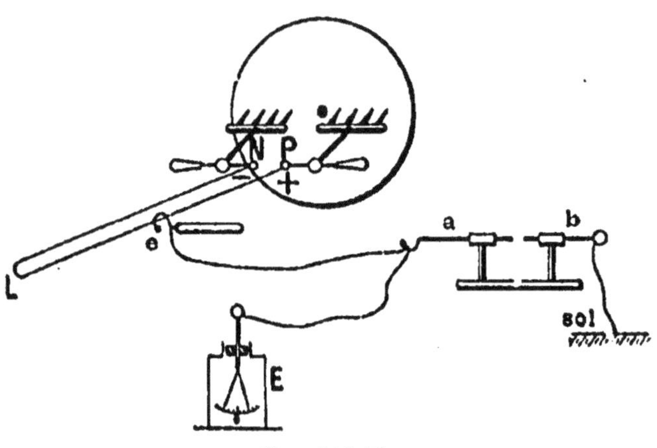

Fig. 311 bis.

des feuilles : ce nombre nous donnera une mesure, en unités arbitraires, de la quantité d'électricité traversant l'électromètre pendant un temps donné.

Nous vérifierons : 1° que le potentiel va en décroissant dans le sens du courant et qu'il est constant en chaque point du circuit PLN.

Pour cela, déplaçons le crochet métallique *e* de P à L : nous verrons que le nombre des décharges diminue jusqu'à L, puis croît de L à N et qu'en L, le courant est nul.

2° *L'intensité du courant qui traverse un conducteur dépend de la substance de ce conducteur.* Remplaçons le fil métallique *ea* par un fil de coton ciré de même longueur et sensiblement de même diamètre : le nombre des décharges diminue dans une grande proportion.

3° *L'intensité d'un courant qui traverse un conducteur homogène est inversement proportionnelle à la longueur du conducteur et proportionnelle à sa section.* Si nous remplaçons le fil *ea* par un fil deux fois plus long, le nombre des décharges diminue de moitié. Enfin, si nous remplaçons le fil *ea* par deux fils identiques, de même longueur et de même diamètre, le nombre des décharges sera doublé.

EXPRESSION ALGÉBRIQUE DES LOIS DE OHM
RÉSISTANCE

325. Nous pouvons représenter toutes ces lois par une formule unique. Considérons un conducteur homogène, de longueur l, de section constante s, aux extrémités duquel existe une différence de potentiel $V - V'$. Par un choix d'unités convenables, nous avons :

$$V - V' = I \times \frac{l}{s} \rho, \qquad \text{d'où} \qquad I = (V - V') \frac{s}{l\rho} = \frac{V - V'}{\frac{l\rho}{s}}.$$

ρ est un coefficient qui ne dépend que de la nature du conducteur et de sa température.

L'expression $\frac{\rho l}{s}$, qui ne dépend que des dimensions, de la nature et de la température du conducteur et qui le caractérise, se nomme *résistance électrique* du conducteur. On la désigne par R. Ce terme R est, par analogie, comparable à la résistance créée par les frottements dans une canalisation d'eau, lesquels diminuent le débit de la canalisation. Nous voyons que lorsque ce terme R augmente, l'intensité du courant diminue. L'inverse de la résistance $\frac{s}{l\rho}$ s'appelle la *conductibilité*.

Énoncé général de la loi de Ohm. — Nous pouvons maintenant donner un énoncé général de la loi de Ohm.

L'intensité d'un courant qui traverse un conducteur est égale au quotient de la différence de potentiel qui règne aux extrémités de ce conducteur, par la résistance du conducteur. La résistance d'un conducteur est proportionnelle à sa longueur, inversement proportionnelle à sa section et proportionnelle à un coefficient qui dépend de sa substance et de sa température.

Unité de résistance. — Ohm. — L'unité pratique de résistance se nomme *l'ohm*. C'est la résistance d'un conducteur qui est traversé par un courant d'un ampère, pour une différence de potentiel d'un volt entre ses extrémités. L'ohm est représenté pratiquement par la résistance, à 0°, d'une colonne de mercure de 1 millimètre carré de section et de $106^{cm},3$ de longueur. Il peut être représenté par la résistance d'un fil de cuivre de 1/2 millimètre de diamètre et de $12^{m},50$ de longueur.

326. Résistance spécifique ou résistivité. — Si, dans la formule qui représente la résistance d'un conducteur,

$$R = \rho \, \frac{l}{s},$$

nous faisons $l = 1$ centimètre ; $s = 1$ centimètre carré, nous avons $R = \rho$.

ρ est la résistance d'un conducteur cylindrique ayant 1 centimètre de longueur et 1 centimètre carré de section. On donne à ce coefficient le nom de *résistance spécifique* ou *résistivité* ; il est exprimé en ohms centimètres ; pour les conducteurs métalliques, en millionièmes d'ohms, ou *microohms* ; et, pour les mauvais conducteurs, en millions d'ohms ou *mégohms*.

Variation de la résistivité avec la température. — La résistivité d'une substance varie avec la température ; elle augmente avec elle pour les métaux et les alliages ; elle est représentée par la formule :

$$\rho = \rho_0 \, (1 + at),$$

ρ représentant la résistivité à t et ρ_0 la résistivité à zéro, a un coefficient positif qui dépend du métal.

Pour les dissolutions salines et pour les corps faiblement conducteurs, ρ décroît quand la température s'élève. Dans ce cas, la valeur de a est négative.

Exemple. — Quelle est, en ohms, la résistance d'une ligne télégraphique en fil de fer galvanisé, de 4 millimètres de diamètre et de 32 kilomètres de longueur ?

$$\rho = 15,33 \text{ microohms-centimètres} ;$$
$$R = \frac{15,33 \times 10^{-6} \times 3,2 \times 10^{6}}{\pi \times (0,2)^2} = 300 \text{ ohms.}$$

Exemple. — Comment varie la résistance d'un fil de cuivre

d'un demi-millimètre de diamètre, de 12^{m},50 de long, entre
0° et $+$ 100°?

$$R = \frac{1,56\,(1 + 0,00428 \times 100)\,1250 \times 10^{-6}}{\pi \times (0,025)^2} = 1,428 \text{ ohm.}$$

La résistance à zéro est égale à 1 ohm.

RÉSISTIVITÉ A 0° ET COEFFICIENTS MOYENS DE TEMPÉRATURE (a)
ENTRE 0° ET 100°, POUR LES PRINCIPAUX MÉTAUX ET ALLIAGES
LIQUIDES, CONDUCTEURS, ISOLANTS.

MÉTAUX	ρ_0 EN MICROOHMS-CENTIMÈTRES	a ENTRE 0° ET 100°
Platine	10,95	0,003520
Argent	1,468	0,00400
Cuivre	1,561	0,00428
Fer	9,065	0,00625
Nickel	12,323	0,00622
Plomb	20,380	0,00411
Aluminium	2,665	0,00435
Mercure	94,07	0,00072
PRINCIPAUX ALLIAGES		
Maillechort (Cu, 60,1 ; Zn, 25,37 ; Ni, 14,03 ; Fe, 0,36)	30	0,00036
Manganine (Cu, 84 ; Ni, 4, Mn, 12)	46,7	0,00000
Acier au manganèse (12 0/0 de Mn)	67,14	0,00127
Acier au nickel (4,35 0/0 de Ni)	20,45	0,00201
Fer galvanisé des fils télégraphiques)	15,33	0,00036

LIQUIDES CONDUCTEURS	RÉSISTIVITÉ EN OHMS-CM. à 16°
Acide azotique (D = 1,36)	1,30
Chlorure d'ammonium (D = 1,07)	7,0
Chlorure de sodium, solution saturée	5,0
Sulfate de cuivre, solution saturée avec 25 0/0 d'acide sulfurique	19,5
Eau acidulée 1/10 de SO^4H^2 en volume	1,12
Eau distillée	72,00

SUBSTANCES DIVERSES	RÉSISTIVITÉ EN MICROOHMS-CENTIMÈTRES
Charbon des filaments de lampe...............	6,000
— de cornue.............................	66,750

ISOLANTS	RÉSISTIVITÉ EN MÉGAMÉGOHMS-CENTIMÈTRES
Verre ordinaire :	
Température $+61°$............	0,705
— $+20°$............	91
— $-17°$............	797,0
Mica.......................	84 à 20°
Gutta-percha..................	450 à 24°
Ebonite.......................	28.000 à 46°
Paraffine	34.000 à 46°
Air sec.......................	pratiquement, infini, à la température ordinaire.
Benzine.......................	14

CHAPITRE XI

EXPRESSION GÉNÉRALE DE L'ÉNERGIE ÉLECTRIQUE
TRANSFORMATION DE L'ÉLECTRICITÉ EN CHALEUR
LOI DE JOULE

327. Énergie électrique. — Puissance d'un courant. — Nous avons vu que, si l'on établit aux extrémités A et B d'un conducteur une différence de potentiel V — V', ce conducteur est traversé par un courant qui débite I unités d'électricité par seconde. Ces I coulombs subiront, entre A et B, une chute de potentiel :

$$V - V' = RI \text{ volts.}$$

Quand un coulomb subit une chute de potentiel d'un volt, il produit un travail d'un joule ; donc, entre A et B, il y aura, par seconde, production d'une quantité de travail ou énergie égale à $W = I(V - V')$ ou I^2R joules.

Le travail produit par la chute d'une quantité d'électricité Q d'un potentiel V à un potentiel V' moins élevé, est entièrement comparable au travail produit par la chute d'une masse d'eau P, tombant d'une hauteur h, représentant la différence de niveau entre deux surfaces liquides.

Ce travail est exprimé par le produit $P \times h$. Si une chute d'eau de 10 mètres débite 100 kilogrammes par seconde, le travail par seconde sera égal à $100 \times 10 = 1.000$ kilogrammètres. Si un courant débite 25 coulombs par seconde, pour une chute de potentiel de 10 volts, le travail produit est égal à $25 \times 10 = 250$ joules.

Le produit $I (V - V')$ de l'intensité du courant par la différence de potentiel $(V - V')$ mesure l'énergie fournie par le courant par seconde. La *puissance* d'un courant électrique est l'énergie fournie par seconde.

Unité de puissance. — Watt. — Si l'intensité du courant I est mesurée en ampères, et la différence de potentiel V — V' en volts, le produit $(V - V')$ I est mesuré en *watts*. Le *watt* est l'unité de puissance ; c'est la puissance transmise par seconde, par un courant de 1 ampère, dans un circuit où la différence de potentiel est égale à 1 volt. On évalue, en pratique, la puissance des machines en *kilowatts*.

328. Relations entre les unités électriques pratiques et les unités mécaniques. — La calorie g. d. est équivalente à 0,425 kilogrammètre. Le kilogrammètre est égal à 9,81 joules ; donc, la calorie g. d. sera équivalente à :

$$0,425 \times 9,81 = 4,17 \text{ joules}, \qquad J = 4,187 \text{ joules } (^1).$$

L'unité mécanique de puissance, le cheval-vapeur est égal à 75 kilogrammètres $= 75 \times 9,81 = 736$ joules.

Le kilowatt égale 1,36 cheval-vapeur.

329. Transformation de l'énergie électrique en chaleur. — Si l'énergie électrique n'est pas dépensée dans le conducteur sous forme chimique ou mécanique, comme dans un voltamètre ou un moteur électrique, cette énergie est convertie

(¹) D'après le Congrès de 1900, E = 0ᵏᵍᵐ,427, J = 4,187 joules.

en chaleur dans le circuit lui-même et elle est exclusivement employée à échauffer le fil. La quantité de chaleur fournie par seconde sera équivalente à $(V - V')I$ unités d'énergie. Si M représente la quantité de chaleur fournie par seconde et J, l'équivalent mécanique de la calorie en joules, c'est-à-dire le nombre de joules équivalant à une calorie g. d., qui est égale à 4,18, nous aurons :

$$MJ = RI^2, \qquad \text{d'où} \qquad M = \frac{RI^2}{J};$$

et, pour un temps t :

$$M = \frac{RI^2t}{J} = ARI^2t = RI^2t\,0,24.$$

$A = \dfrac{1}{J}$ est l'*équivalent calorifique* du joule. Il est égal à 0,24.

M est exprimée en calories g. d., I en ampères, t en secondes.

Loi de Joule. — La quantité de chaleur dégagée par unité de temps dans un fil conducteur homogène, par le passage d'un courant, est proportionnelle :

1° au carré de l'intensité du courant ;
2° à la résistance du conducteur ;
3° au temps pendant lequel le courant passe.

EXEMPLE. — Quelle sera la quantité de chaleur dégagée, pendant cinq minutes, dans un fil de maillechort de 1 mètre de longueur, de 1/2 millimètre de diamètre, par un courant produit en établissant aux extrémités du conducteur une différence de potentiel de 4 volts ?

La résistance spécifique du maillechort est égale à :

$$\rho = 30 \times 10^{-6} \text{ ohms centimètres.}$$

La résistance du fil est donnée par la formule :

$$R = \rho\,\frac{l}{s} = \frac{30 \times 10^{-6} \times 100}{\pi\,(0,025)^2} = 1,527 \text{ ohm.}$$

L'intensité du courant sera :

$$I = \frac{4}{1,527} = 2,62 \text{ ampères,}$$

la quantité de chaleur pendant cinq minutes :

$$Q = 1,527 \times (2,62)^2 \times 5 \times 60 \times 0,24 = 754,56 \text{ calories g. d.}$$

330. Expériences sur la loi de Joule. — 1° Influence de l'intensité du courant. — On prend un fil de platine fin, dont on peut faire varier la longueur et que l'on intercale dans le circuit d'une pile. A mesure que la longueur du fil diminue, il s'échauffe davantage et finit par devenir incandescent; en effet, la résistance ayant diminué, l'intensité du courant a augmenté.

On peut également montrer l'influence du courant en plongeant dans la glace fondante, pendant qu'il est porté au rouge sombre par un courant, un fil fin de platine : on verra ce fil passer au rouge vif dans les parties non immergées.

L'immersion dans la glace fondante a diminué la résistance du fil et, par suite, a augmenté l'intensité du courant ; par conséquent, la partie du fil non refroidie a été portée à une température plus élevée.

2° Influence de la résistance. — Si l'on fait passer un courant dans un conducteur formé d'une chaîne de fils de platine et d'argent, de même longueur et de même diamètre, les fils de platine seront portés au rouge, leur résistance étant plus grande que celle des fils d'argent, par unité de longueur et pour des sections égales. De même, si l'on fait passer un courant suffisamment intense dans une chaîne formée de bouts de fil de platine de diamètres différents, on verra les fils fins rougir, pendant que les gros fils s'échaufferont à peine ; le fil fin étant plus résistant, la quantité de chaleur créée est plus grande.

La loi de Joule s'applique aux liquides traversés par les courants. Si l'on met une batterie de piles en court-circuit, en reliant les pôles par un gros fil de résistance négligeable, le liquide de la pile s'échauffe rapidement; l'énergie du courant est convertie en chaleur dans la batterie elle-même.

Au contraire, si l'on interpose une grande résistance dans le circuit interpolaire, le courant est faible ; une fraction de l'énergie est transformée en chaleur dans la batterie, la plus grande partie étant transformée en chaleur dans le circuit extérieur.

331. Applications de la loi de Joule. — La transformation de l'énergie électrique en chaleur présente de nombreuses applications, que nous étudierons dans un chapitre spécial :

lampes à incandescence et à arc ;

chauffage électrique; fours électriques;

soudure électrique;

coupe-circuit, etc.

332. Loi de Joule, déduite de l'expérience. — Nous allons établir (*fig.* 345) :

1° *Que la quantité de chaleur dégagée est proportionnelle au carré de l'intensité du courant.* Disposons dans un circuit deux éléments d'accumulateur; un calorimètre contenant 100 centimètres cubes d'eau, dans lequel on plonge un fil de maillechort de 1 mètre de longueur et de 1/2 millimètre de diamètre environ, roulé en spirale ; un ampèremètre ou un galvanomètre des tangentes ; une résistance variable (un rhéostat). Nous allons faire passer le courant jusqu'à ce que la température augmente à peu près de 3 ou 4° C. On notera la déviation α du galvanomètre ou l'intensité du courant en ampères à l'ampèremètre, la température, et l'on arrêtera le courant. Soient m la masse réduite en eau du calorimètre et t, l'élévation de température : la quantité de chaleur sera égale à $mt = M$. On répétera l'opération en diminuant la résistance dans le circuit, de façon à augmenter l'intensité du courant, et l'on notera l'élévation de température après avoir fait passer le courant pendant le même temps. Soient M' la nouvelle quantité de chaleur et α', la déviation du galvanomètre, ou I' l'indication de l'ampèremètre ; nous vérifierons que :

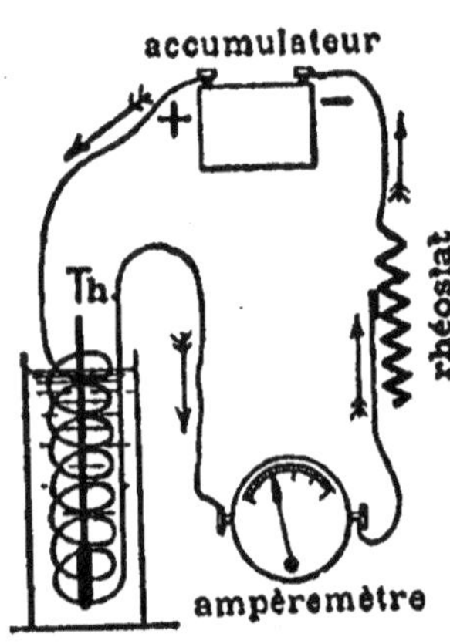

Fig. 345.

$$\frac{M}{M'} = \frac{\lg^2 \alpha}{\lg^2 \alpha'} \qquad \text{ou} \qquad \frac{M}{M'} = \frac{I^2}{I'^2}.$$

2° *La quantité de chaleur dégagée est proportionnelle à la résistance du fil.* Pour le vérifier, nous disposerons sur un même circuit deux calorimètres A et B (*fig.* 345 *bis*), dans lesquels nous ferons plonger deux fils de maillechort roulés en spirales, l'un de 1 mètre de

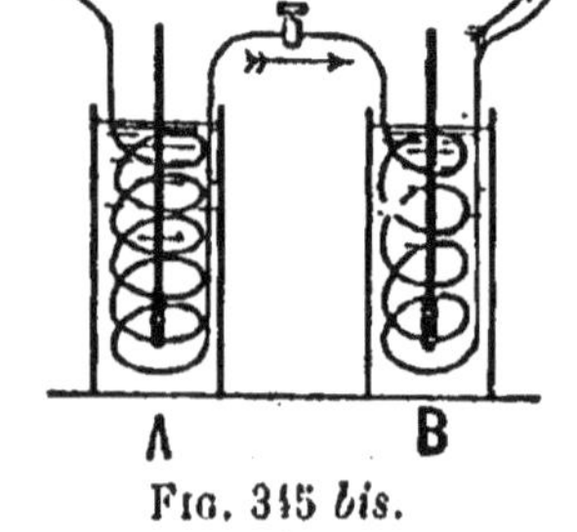

Fig. 345 *bis*.

longueur et de 1/2 millimètre de diamètre et l'autre, de 50 centimètres. Nous vérifierons que les quantités de chaleur dégagées pendant le même temps sont dans un rapport égal à 2, c'est-à-dire dans un rapport égal à celui des résistances.

333. Détermination de l'équivalent mécanique de la calorie en joules. — Nous pourrons, au moyen d'une des mesures précédentes, déterminer la valeur de l'équivalent mécanique de la calorie en joules, connaissant :

1° M, quantité de chaleur dégagée;

2° I, intensité du courant, au moyen du galvanomètre des tangentes ou de l'ampèremètre;

3° t, le temps en secondes.

Nous avons :

$$M = \frac{R\,I^2 t}{J}, \qquad \text{d'où} \qquad J = \frac{R\,I^2 t}{M}, \qquad J = 4,18 \text{ joules.}$$

334. Elévation de température d'un fil traversé par un courant. — Soient l, la longueur du fil;

d, son diamètre ;

ρ, sa résistance spécifique;

h, son pouvoir émissif [1].

θ, l'excès de température du fil sur la température du milieu ambiant.

La température du fil sera constante lorsque la perte extérieure de chaleur par rayonnement sera égale à la chaleur fournie par le courant.

La perte de chaleur par rayonnement est égale à :

$$M = h\theta\pi dl \text{ . calories g. d.}$$

et la chaleur que le courant produit par seconde est égale à :

$$0,24\,r I^2 = 0,24\,\frac{4\rho l}{\pi d^2}\,I^2, \qquad \text{d'où} \qquad h\theta\pi dl = 0,24\,\frac{4\rho l}{\pi d^2}\,I^2,$$

$$\theta = 0,0974\,\frac{\rho I^2}{h d^3}.$$

L'excès θ de température du fil conducteur sur l'air ambiant est indépendant de la longueur du fil, si le courant est constant.

Exemple. — Quel sera le diamètre d'un fil de plomb, qui devra fondre pour une intensité du courant de 10 ampères? Nous suppo-

---

[1] Le pouvoir émissif (émissivité thermique) représente la quantité de chaleur rayonnée par un corps chaud en calories g. d., par centimètre carré et par seconde, pour une différence de température de 1° avec celle du milieu ambiant.

serons $\rho = 20,380$ microohms centimètres, $h = 0,00025$, $\theta = 320°$, point de fusion du plomb :

$$320 = \frac{0,0974 \times 20,380 \times 10^{-6} \times 100}{25 \times 10^{-5} \times d^3},$$

d'où :

$$d^3 = 0,00035, \qquad d = 0^{cm},07 \qquad \text{ou} \qquad 0^{mm},7.$$

Remarque. — Dans la pratique, pour éviter un échauffement excessif, on ne doit pas dépasser 2 à 3 ampères par millimètre carré de section pour un fil de cuivre recouvert et pour un fil nu, 6 ampères par millimètre carré.

CHAPITRE XII

EFFETS CHIMIQUES DU COURANT ÉLECTRIQUE
ÉLECTROLYSE

335. Conductibilité métallique, électrolytique. — Électrolytes, ions. — Si nous faisons communiquer les pôles d'une pile ou d'un générateur électrique quelconque, à courant continu, avec deux lames métalliques plongeant dans un liquide quelconque, trois cas peuvent se présenter :

1° les métaux fondus ou liquides et leurs alliages, tels que l'étain, le plomb, le mercure, laissent passer le courant et il apparaît, dans le liquide conducteur, de l'énergie sous forme de chaleur, d'après la loi de Joule ;

2° certains liquides, comme l'eau parfaitement pure, l'alcool, l'éther, la benzine, le sulfure de carbone, etc., ne laissent pas passer le courant : le liquide est dit *isolant ;*

3° enfin, une troisième catégorie de liquides, comprenant les sels fondus, les dissolutions d'acides, de bases ou de sels dans l'eau, laissent passer le courant et sont décomposés. Pour le vérifier, prenons un vase contenant du chlorure de zinc maintenu en fusion, dans lequel nous plongeons deux lames de charbon, dont l'une communique avec le pôle positif d'une pile et l'autre, avec le pôle négatif, donnant une différence de potentiel d'une dizaine de volts ; on voit se dégager des bulles de chlore sur la lame qui communique avec le pôle positif, et du zinc sur la lame qui communique avec le pôle négatif.

Nous pouvons donc distinguer deux espèces de conductibilités : la conductibilité *métallique*, telle que celle du mercure, et la conductibilité *électrolytique*, telle que celle du chlorure de zinc.

On appelle *électrolytes* les corps tels que les *sels*, les *acides* et les *bases* à l'état de dissolution ou fondus, qui laissent passer le courant et sont décomposés. Ce phénomène de décomposition est appelé *électrolyse*, et les lames métalliques qui plongent dans l'électrolyte se nomment *électrodes*. L'électrode par laquelle entre le courant, ou électrode positive, est l'*anode* ; celle par laquelle le courant sort, ou électrode négative, est *la cathode*. La molécule $ZnCl^2$ est séparée en deux : le radical Zn, qui va à la cathode et se nomme le *cathion*, et le radical Cl^2, qui va à l'anode et qui se nomme l'*anion*.

336. Loi qualitative de l'électrolyse. — *Dans la décomposition des électrolytes, le métal ou l'hydrogène se porte à la cathode ou électrode de sortie du courant ; le reste de la molécule, c'est-à-dire le radical simple comme Cl dans NaCl, ou composé comme SO^4 dans SO^4Cu, se porte à l'anode ou électrode d'entrée ; le cathion est toujours un métal ou l'hydrogène.* Les produits de la décomposition ou les ions n'apparaissent jamais qu'aux électrodes, car il ne se produit aucun changement dans la masse du liquide électrolysé.

Ainsi, l'électrolyse de la molécule de chlorure de cuivre $CuCl^2$, avec électrode en charbon, donnera un cathion Cu et un anion Cl^2. La molécule d'acide chlorhydrique HCl, en dissolution dans l'eau, donnera un cathion H et un anion Cl. (L'acide chlorhydrique pur n'est pas un électrolyte).

337. Actions secondaires. — La décomposition des électrolytes ne présente pas toujours le degré de simplicité de celle du chlorure de zinc ou de HCl. Les ions peuvent réagir soit entre eux, soit sur l'électrolyte ou les électrodes. On a donné le nom d'*actions secondaires* à ces réactions, qui se produisent pendant la décomposition électrolytique.

Réaction des ions sur les électrodes. — 1° *Réaction sur l'anode.* — Si l'anode est attaquable par les radicaux acides, son métal se combine au radical acide pour former un sel correspondant. Si le sel est soluble dans l'eau qui baigne l'anode, il se dissout et l'anode est rongée.

Exemple : *Décomposition du sulfate de cuivre avec une anode en cuivre.* — SO^4Cu est décomposé en ions SO^4 et Cu; les ions Cu se portent sur la cathode; les ions SO^4 se portent sur l'anode et se combinent au cuivre, pour former du sulfate de cuivre SO^4Cu, qui se dissout dans l'eau. La perte de cuivre de l'anode est égale au gain en cuivre de la cathode; tout se passe comme s'il y avait simplement transport de cuivre de l'anode sur la cathode; *la concentration du sel reste constante.* L'anode, qui se dissout peu à peu, est appelée *électrode soluble.* L'électrolyse de l'azotate d'argent AzO^3Ag avec une anode en argent donnerait le même résultat. L'électrolyse du chlorure d'or $AuCl^3$, avec anode en or, en argent ou en cuivre, ne donne pas de chlore à l'anode; le chlore se combine avec le métal de l'anode pour donner des chlorures correspondants. Si le composé qui se forme avec l'anode est insoluble dans le liquide qui baigne celle-ci, il forme une gaine isolante autour de l'anode et oppose une résistance au passage du courant.

Si l'on décompose l'acide sulfurique dilué dans un voltamètre, avec une anode en platine et une cathode en aluminium, le courant passe ; mais si l'on prend une anode en aluminium, le courant est totalement arrêté, l'alumine qui se forme s'opposant au passage du courant.

Nous étudierons plus tard une application très intéressante de ce phénomène dans les *soupapes électrolytiques,* qui transforment les courants alternatifs en courants continus.

Réaction sur la cathode. — Dans l'électrolyse de l'acide sulfurique étendu, en prenant comme cathode une lame de palladium, l'hydrogène se combine avec le palladium pour former un hydrure de palladium.

Réaction des ions sur l'électrolyte. — **Electrolyse de l'acide sulfurique dilué.** — **Voltamètre.** — Pour décomposer l'acide sulfurique étendu d'eau, on se sert d'un appareil appelé *voltamètre* (*fig.* 346), composé d'un vase en verre dont le fond est traversé par deux électrodes en platine E, E', communiquant avec les pôles d'une pile. Le vase contient de l'eau, acidulée par de l'acide sulfurique étendu au 1/10. Sur les électrodes, sont renversées deux éprouvettes graduées, destinées à recueillir les gaz provenant de l'électrolyse, et munies à la partie supérieure de tubes en caoutchouc, pour les remplir par aspiration. Aussitôt que le courant passe, on voit se dégager, dans chaque éprouvette, des bulles de gaz : de l'hydrogène à la cathode et de l'oxygène sur l'anode. Le volume de l'hydrogène, pendant la décomposition, est double de celui de l'oxygène. D'après la loi de l'électrolyse, la molécule d'acide sulfurique SO_4H_2 est décomposée en un cathion H_2 et un anion SO_4; H_2 se porte à la cathode, mais l'anion SO_4, qui se porte à l'anode, ne peut subsister libre; il réagit sur l'eau de la dissolution et donne de l'acide sulfurique et de l'oxygène, qui se dégagent à l'anode par la réaction :

$$SO_4 + H_2O = SO_4H_2 + O.$$

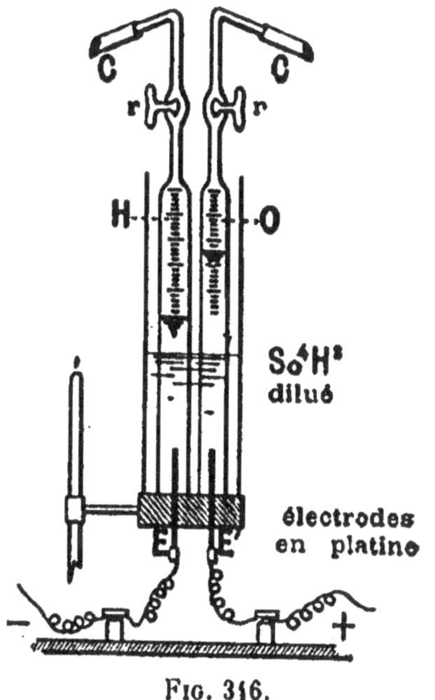

Fig. 316.

L'acide sulfurique décomposé se trouve régénéré.

Enfin, tout se passe comme si l'on avait décomposé l'eau en hydrogène et en oxygène.

C'est pour cette raison qu'on citait autrefois cette expérience pour prouver la décomposition de l'eau par le courant, tandis qu'en réalité, c'est l'acide sulfurique dilué qui a été décomposé.

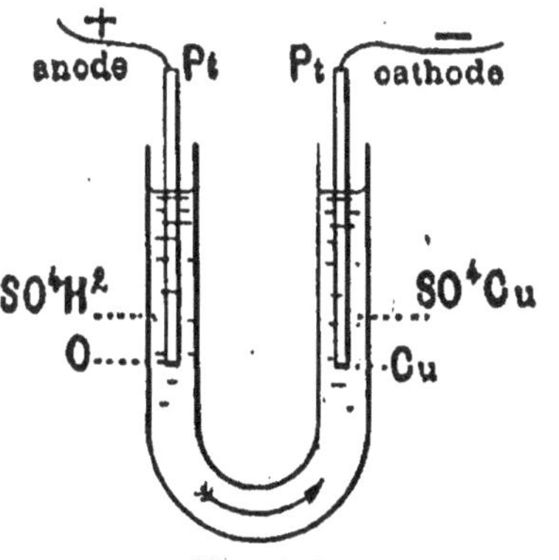

Fig. 317.

Électrolyse du sulfate de cuivre, avec électrodes en platine ou en charbon. — Dans un tube en U (*fig* 347), contenant une dissolution de sulfate de cuivre, plongent deux électrodes en platine, en communication avec les pôles d'une pile.

Par le passage du courant, la molécule de sulfate de cuivre SO_4Cu est décomposée en cathion Cu, qui se porte sur la cathode, et anion SO_4, sur l'anode; mais SO_4 ne peut subsister à l'état libre : il réagit sur l'eau en donnant de l'acide sulfurique SO^4H^2, qui se concentre autour de l'anode, et de l'oxygène, qui se dégage à l'anode.

Électrolyse des sels alcalins; décomposition du sulfate de sodium SO^4Na^2. — On introduit dans un tube en U (*fig.* 348) une dissolution de sulfate de sodium, colorée en violet par une infusion de fleurs de mauve. Pendant le passage du courant, l'hydrogène se dégage à la cathode et l'oxygène à l'anode; en même temps, le liquide rougit à l'anode et verdit à la cathode.

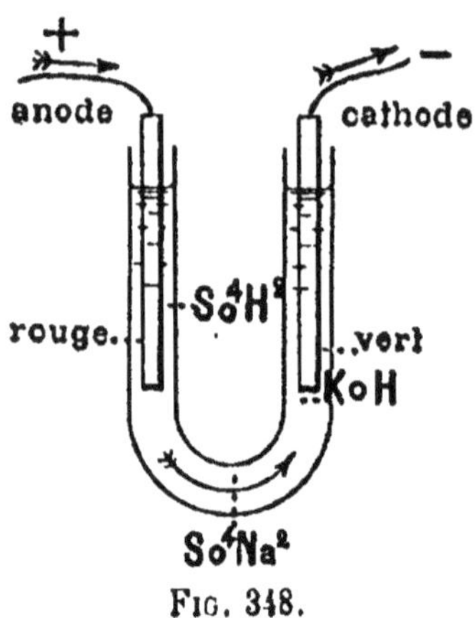

Fig. 348.

La molécule de sulfate de sodium SO^4Na^2 est décomposée en un anion SO^4 et un cathion Na^2; mais Na^2, qui se dépose à la cathode, décompose l'eau en donnant de l'hydrogène, et de la soude caustique qui verdit la teinture de mauve :

$$Na^2 + 2H^2O = 2NaOH + H^2.$$

Enfin, l'anion SO^4 décompose l'eau et forme de l'acide sulfurique, qui rougit la teinture de mauve, et de l'oxygène, qui se dégage :

Si nous produisons l'électrolyse du sulfate de sodium avec une cathode en mercure (*fig.* 349), une partie du métal alcalin s'unit au mercure pour former un *amalgame*, dont on pourra séparer le sodium par distillation.

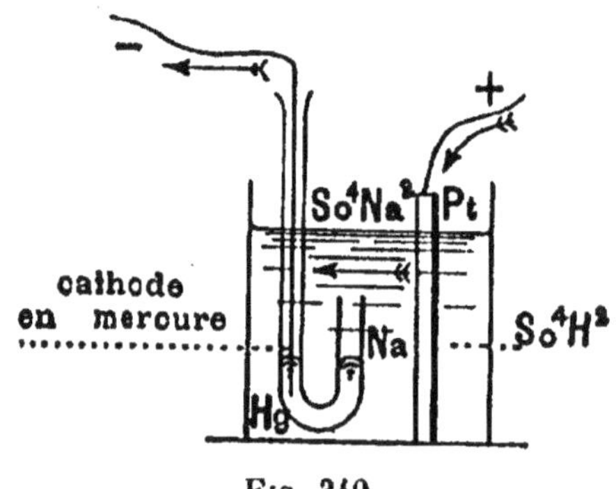

Fig. 349.

Décomposition d'un hydrate basique. — L'électrolyse d'une dissolution de potasse caustique KOH donne un cathion K, qui se porte à la cathode et décompose l'eau en donnant de l'hydrogène, lequel se dégage sur la cathode, et de la potasse caustique :

$$Na + H^2O = NaOH + H,$$

et un anion OH, qui ne peut subsister libre et donne de l'eau et de l'oxygène, lequel se dégage à l'anode :

$$OH = \frac{1}{2} H^2O + \frac{1}{2} O.$$

Ce résultat est identique à celui de la décomposition d'une demi-molécule d'eau. Cette réaction est utilisée industriellement dans des voltamètres destinés à la préparation de l'hydrogène et de l'oxygène.

Nous citerons encore un exemple caractéristique de ces actions secondaires.

Dans l'électrolyse du chlorure ferreux $FeCl^2$, avec des électrodes en platine, il ne se produit pas de chlore à l'anode, car celui-ci transforme le chlorure ferreux en chlorure ferrique Fe^2Cl^6 :

$$2FeCl^2 + 4Cl = Fe^2Cl^6.$$

Inversement, l'électrolyse d'une solution de chlorure ferrique ne donne pas de fer sur la cathode ; il réduit le chlorure ferrique en le transformant en chlorure ferreux.

338. Lois de Faraday. — Première loi. — *La masse d'électrolyte décomposée par un courant est proportionnelle à la quantité d'électricité $Q = It$ qui traverse l'électrolyte.*

C'est-à-dire que : 1° pendant l'unité de temps, la masse de l'électrolyte décomposé est proportionnelle à l'intensité du courant ; 2° pour un courant d'intensité constante, la masse de l'électrolyte décomposé est proportionnelle au temps.

Il est indifférent de savoir comment la quantité d'électricité $Q = It$ a traversé l'électrolyte.

Pour vérifier cette loi (*fig.* 350), disposons un premier voltamètre V sur le circuit principal, où passe un courant d'intensité I, et des voltamètres V' et V″ sur chaque branche de la dérivation. Mesurons les volumes d'hydrogène

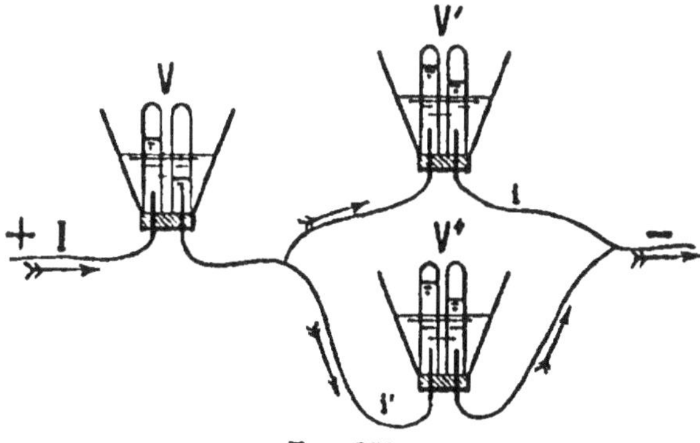

FIG. 350.

dégagé dans chaque voltamètre; soient v, v', v'', ces volumes. Nous vérifierons que $v = v' + v''$; si les courants dérivés i et i' ont même intensité :

$$v' = v' = \frac{v}{2}.$$

Enfin, si nous mesurons les volumes après 1, 2 ou 3 minutes, les volumes d'hydrogène dans chaque voltamètre seront doubles, triples, quadruples. La quantité d'hydrogène est indépendante de la distance et de la surface des électrodes.

DEUXIÈME LOI. — *Lorsque différents électrolytes sont traversés par un même courant, une quantité d'électricité égale à 96.600 coulombs décompose, dans chaque voltamètre, une quantité d'électrolyte égale au quotient de la masse de la molécule par le nombre de valences qui relient les ions dans la molécule gramme.*

C'est-à-dire que 96.600 coulombs sont nécessaires pour rompre une valence dans une molécule gramme d'un électrolyte quelconque. Si, à travers une série de voltamètres contenant $NaCl$, $CuCl^2$, $AuCl^3$, $PtCl^4$, sachant que Na est *monovalent*, Cu *bivalent*, Au *trivalent*, Pt *tétravalent*, nous faisons passer un courant, les masses d'électrolyte décomposées par 96.600 coulombs seront :

$$\frac{Nacl}{1}, \qquad \frac{CuCl^2}{2}, \qquad \frac{AuCl^3}{3} \qquad \frac{PtCl^4}{4};$$

à l'anode, nous obtiendrons le même poids de chlore 35,5, et à la cathode,

$$23 \text{ grammes de Na}, \qquad \frac{63,6}{2} \text{ de Cu}, \qquad \frac{196}{3} \text{ d'or} \quad \text{et} \quad \frac{104,4}{4} \text{ de platine.}$$

REMARQUE. — Une même quantité d'électricité peut mettre en liberté des masses différentes d'un même métal. Si nous faisons traverser par un même courant deux voltamètres contenant SO^4Fe et $(SO^4)^3Fe^2$, 96.600 coulombs décomposeront $\frac{SO^4Fe}{2}$; dans le premier voltamètre, Fe étant bivalent, nous aurons $\frac{Fe}{2}$; et $\frac{(SO^4)^3Fe^2}{6}$ dans le second, Fe^2 étant hexavalent, nous aurons :

$$\frac{2Fe}{6} = \frac{Fe}{3}.$$

Equivalents électro-chimiques. — On appelle équivalent électro-chimique d'un corps simple, la masse de ce corps libérée par l'unité de quantité d'électricité, c'est-à-dire par un coulomb.

On obtiendra l'équivalent électro-chimique en divisant le poids atomique par le produit de 96.600, par la valence du corps simple. L'équivalent électro-chimique de l'argent est égal à :

$$\frac{108}{96600} = 0^g,001118.$$

Vérification de la deuxième loi de Faraday (*fig.* 351). — Pour vérifier cette deuxième loi, disposons sur le circuit d'une pile : 1° un voltamètre à acide sulfurique dilué ; 2° un voltamètre à

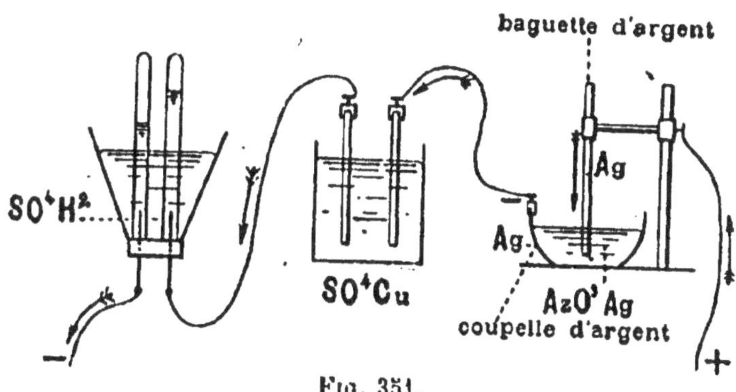

Fig. 351.

sulfate de cuivre ; 3° un voltamètre à azotate d'argent. Pour une masse p d'hydrogène dégagé pendant un temps t, nous aurons une masse p' d'argent et p'' de cuivre.

Pour 1 d'hydrogène, le poids d'argent correspondant sera :

$$\frac{p'}{p} = 31,5, \qquad \frac{p'}{p} = 108,$$

ce qui vérifie la loi.

En effet, 96.600 coulombs détruisent :

1° une valence dans la molécule SO⁴H², et mettent en liberté 1 atome gramme d'hydrogène à la cathode.

2° une valence dans la molécule AzO³Ag, décomposent la molécule gramme et mettent en liberté 108 d'argent ; enfin, ils décomposent $\dfrac{SO^4Cu}{2}$ et mettent en liberté la moitié d'un atome gramme de cuivre, 31,5.

339. Expression algébrique des lois de Faraday. — Quelle est la masse de métal ou d'hydrogène mise en liberté par un courant d'intensité I, pendant un temps t?

96.600 coulombs mettent en liberté $\dfrac{A}{n}$, A étant la masse atomique du radical considéré et n sa valence ; 1 coulomb décomposera :

$$\frac{A}{n \times 96600} ;$$

et une quantité d'électricité It :

$$p = \frac{A \times It}{n \times 96600}.$$

Cette formule résume les lois de Faraday.

Exemple. — Quel est le poids d'eau décomposé par un courant de 89 ampères, pendant une minute?

$$p = \frac{18 \times 89 \times 60}{2 \times 96600} = 0^{gr},50.$$

340. Définition du coulomb. — *Le coulomb est la quantité d'électricité qui, traversant un voltamètre à azotate d'argent, met en liberté $0^{gr},001118$ d'argent.*

L'ampère est représenté par l'intensité d'un courant débitant par seconde un coulomb, c'est-à-dire que, traversant un voltamètre à azotate d'argent, il met en liberté $0^{gr},001118$ d'argent par seconde.

341. Mesure d'une quantité d'électricité et d'une intensité de courant. — Pour mesurer une quantité d'électricité, nous pourrons employer un voltamètre à azotate d'argent ou à acide sulfurique dilué. Nous nous servirons de préférence du voltamètre à azotate d'argent (*fig.* 351), qui se compose d'une capsule d'argent formant la cathode et dans laquelle plonge une baguette d'argent formant l'anode ; l'augmentation de poids de la cathode permet de déterminer l'intensité du courant. Sachant qu'un coulomb met en liberté sur la cathode $0^{gr},001118$ d'argent, la quantité d'électricité débitée par le courant, p étant le poids d'argent déposé, sera :

$$Q = \frac{p}{0,001118} \text{ coulombs ;}$$

et, si le courant passe pendant un temps t, exprimé en secondes, l'intensité du courant sera égale à :

$$I = \frac{p}{0,001118 \times t} \text{ ampères.}$$

Exemple. — On recueille, dans un voltamètre à acide sulfurique dilué, 30 centimètres cubes d'hydrogène, en dix minutes. Quelle est l'intensité du courant, sachant que la pression barométrique est égale à 735 millimètres, la température à 15°, et la tension maxima de la vapeur d'eau à 15°, 12^{cm},67 ?

La masse des 30 centimètres cubes sera :

$$p = \frac{0,0000896 \, (735 - 12,67) \times 30}{(1 + 0,00367 \times 15)760} = 0^{gr},002415.$$

Comme 1 coulomb met en liberté 0^{gr},000105 d'hydrogène,

$$I = \frac{0,002415}{0,000105 \times 10 \times 60} = 0,038 \text{ ampère.}$$

341. Théorie d'Arrhénius. — Dans l'hypothèse d'Arrhénius, on admet que, dans une dissolution étendue, un certain nombre de molécules de l'électrolyte, sel, acide ou base, sont dissociées en ions, métal et radical, et que cette dissociation est d'autant plus complète que la solution est plus étendue.

Par exemple, les molécules de chlorure de potassium sont dissociées en un ion potassium et en un ion chlore, que l'on considère comme chargés d'électricité, l'ion métal portant une charge positive et l'ion radical, une charge négative. De plus, cette dissociation préexiste avant le passage du courant.

Si l'on établit une différence de potentiel en fermant le circuit, il se produit un champ électrique. Les ions positifs sont soumis à une force électrique dans le sens du champ et le métal ou l'hydrogène, entraînés dans le sens du courant, viennent à la cathode et abandonnent leur charge ; l'ion déchargé reprend ses propriétés chimiques ordinaires, c'est-à-dire redevient métal ou hydrogène.

L'ion négatif se porte à l'anode. Ces électricités de noms contraires, apportées par les ions à la cathode et à l'anode, constituent le courant. L'existence du courant est reliée à un transport matériel des ions : ces ions disparaissent de la dissolution, mais de nouvelles molécules d'acide ou de sel se dissocient.

L'ion monovalent possède une charge de 96.600 coulombs; et l'ion bivalent, une charge double.

On a vérifié, comme justification de cette théorie, que la conductibilité des électrolytes était en rapport avec le nombre de molécules dissociées.

342. Différence de potentiel nécessaire pour décomposer un électrolyte. — Force électromotrice de polarisation. — Si l'on décompose un électrolyte, par exemple du sulfate de zinc SO^4Zn, avec des électrodes en platine, il se dépose sur la cathode du Zn et sur l'anode, de l'oxygène, qui est adhérent à l'électrode.

Si l'on supprime la source électrique qui retenait le courant et que l'on mette les électrodes en communication avec l'électromètre à quadrants ou avec un voltmètre, on constatera une différence de potentiel entre les deux électrodes; on aura constitué un véritable élément de pile, appelé *pile secondaire*(1), formé par le zinc, le sulfate de zinc et l'électrode de platine recouverte d'oxygène; le pôle positif sera à l'anode et le pôle négatif, à la cathode.

Si nous fermons cette pile sur un conducteur, il se produira un courant en sens inverse du courant primitif : SO^4 se portera sur l'électrode recouverte de Zn, pour former du sulfate de zinc et l'hydrogène se combinera avec l'oxygène qui recouvre l'anode, pour former de l'eau.

Il se produit donc dans le circuit une force électromotrice E' (2), opposée à celle qui entretenait le courant, et que l'on appelle force *électromotrice de polarisation*, ou force *contre-électromotrice*.

Pour faire passer le courant à travers l'électrolyte, il faudra que la force électromotrice E, qui doit entretenir le courant, soit plus grande que la force électromotrice de polarisation E'.

Pour l'eau, la force électromotrice de polarisation est égale à $E' = 1,49$ volt.

Si nous prenons une pile de Bunsen, dont la force électromotrice $E = 1,9$, la différence $1,9 - 1,49 = 0,41$ volt, entretiendra le courant dans le circuit. Il est donc facile de voir qu'un élément de pile de Daniell, dont la force électromotrice est seulement égale à 1 volt, ne peut décomposer l'eau, dont la force électromotrice de polarisation est égale à 1,49 volt.

343. Électrolyse avec électrode soluble. — Si l'on décompose du sulfate de cuivre avec des électrodes en cuivre, l'ion SO^4 se porte sur le cuivre, forme du sulfate de cuivre qui se dissout, et l'ion cuivre est entraîné sur la cathode et en augmente l'épaisseur. Les deux électrodes restent *identiques*; il ne se produit pas de force électromotrice de pola-

(1) Voir paragraphe 346.
(2) Voir paragraphe 349.

risation. La force électromotrice nécessaire, dans ce cas, pour entretenir le courant, devra être suffisante pour vaincre la résistance de l'électrolyte.

314. Calcul de la force électromotrice de polarisation d'un électrolyte. — Pour décomposer un électrolyte, il faut dépenser une certaine quantité d'énergie, qui est fournie par le courant lui-même. La puissance de ce courant se trouve diminuée d'une quantité qui dépend de la valeur du travail nécessaire pour effectuer la décomposition de l'électrolyte.

Soit M la quantité de chaleur nécessaire pour décomposer une molécule gramme de l'électrolyte.

L'énergie électrique correspondante, MJ joules, représente la quantité d'énergie que devra fournir le courant pour produire la décomposition de la molécule. Soit n le nombre de valences rompues ; nous avons vu que, pour rompre une valence, il faut 96.600 coulombs et pour n valences $n \times 96.600$, auxquels il faudra communiquer une quantité d'énergie égale à $n \times 96.600$ E.

Donc,

$$MJ = n \times 96600 \times E ; \qquad \text{d'où} \qquad E = \frac{M \times 4,18}{n \times 96600}.$$

Dans cette formule, M est la chaleur de formation de la molécule en calories-g. d., n le nombre de valences qui relient les ions, E est la force électromotrice exprimée en volts.

EXEMPLE. — Quelle est la valeur de la force électromotrice de polarisation nécessaire pour la décomposition de l'eau ?

$$M = 68000 \text{ g. d.,} \quad n = 2 \quad E = \frac{68000 \times 4,17}{n \times 96600} = 1,49 \text{ volt.}$$

FORCES ÉLECTROMOTRICES DE POLARISATION
DES PRINCIPAUX ÉLECTROLYTES

SUBSTANCES DÉCOMPOSÉES	SUBSTANCES SÉPARÉES	VALENCES	CHALEUR DE COMBINAISON	FORCE ÉLECTROMOTRICE de polarisation
			Calories g. d.	
H^2O	H^2 O	2	68.400	1,482
HCl	H Cl	1	22.000	0,904
Na^2Cl^2	Na^2 Cl^2	2	195.380	4,235
$ZnCl^2$	Zn Cl^2	2	97.200	2,107
Ag^2Cl^2	Ag^2 Cl^2	2	58.760	1,274
PbO^2	PbO O	2	12.140	0,263
PbO	Pb O	2	50.300	1,000

CHAPITRE XIII

GÉNÉRATEURS ÉLECTRIQUES

CLASSIFICATION. — PILES. — ACCUMULATEURS
PILES THERMO-ÉLECTRIQUES.

345. Définition. — Classification. — On appelle *générateur* tout appareil servant à transformer une forme quelconque de l'énergie en *énergie électrique.*

On distingue trois types de générateurs :

1° les appareils qui transforment l'énergie chimique en énergie électrique, comme les piles ; ils se divisent en piles *primaires*, comme la pile de Volta et en piles *secondaires*, comme les accumulateurs ;

2° les appareils qui transforment l'énergie *thermique* en énergie électrique ; exemple : les piles thermo-électriques, piles Noé, Clamond, etc. ;

3° les appareils qui transforment l'énergie mécanique en énergie électrique, comme la machine de Gramme.

Ces trois groupes d'appareils, basés sur des principes différents, fournissent de l'énergie électrique possédant les mêmes propriétés. Les courants fournis par une pile hydro-électrique, par une pile thermo-électrique, par une machine dynamo possèdent les mêmes propriétés.

ÉTUDE DE LA PILE

346. Principe de la pile. — La pile est un générateur d'électricité, qui transforme l'énergie chimique en énergie électrique.

Prenons une lame de zinc *pur* (*fig.* 352) et une lame de cuivre, et plongeons-les dans un vase contenant de l'eau, acidulée par de l'acide sulfurique étendu au 1/10 ; fixons des fils de cuivre aux extrémités des deux lames. Nous constatons, entre les extrémités de ces deux fils, l'existence d'une différence de potentiel. Mettons le fil fixé à la lame de cuivre en communication avec le plateau inférieur de l'électroscope condensateur, et le fil fixé à lame de zinc en communication avec le plateau supérieur : en soulevant le plateau, nous constaterons que le fil relié au cuivre est positif et que le fil relié au zinc est négatif.

En mettant les deux fils en communication avec les quadrants de l'électromètre de Thomson, nous pourrons mesurer en volts la différence de potentiel.

Si maintenant nous réunissons les fils reliés aux lames de cuivre et de zinc par un fil conducteur, il se produit un courant continu d'électricité ; nous pourrons en constater l'existence en disposant le fil dans lequel passe le courant parallèlement à une aiguille aimantée, qui sera déviée. Cet assemblage de lames de cuivre, de zinc et d'eau acidulée constitue un *élément de pile ;* les lames de cuivre et de zinc sont appelées les *électrodes* et les fils de cuivre reliés aux électrodes se nomment les *pôles* de la pile. Le fil de cuivre fixé à la lame de cuivre est le pôle positif, et celui qui est fixé à la lame de zinc est le pôle négatif. En résumé, une pile se compose de trois corps conducteurs, dont l'un est un électrolyte.

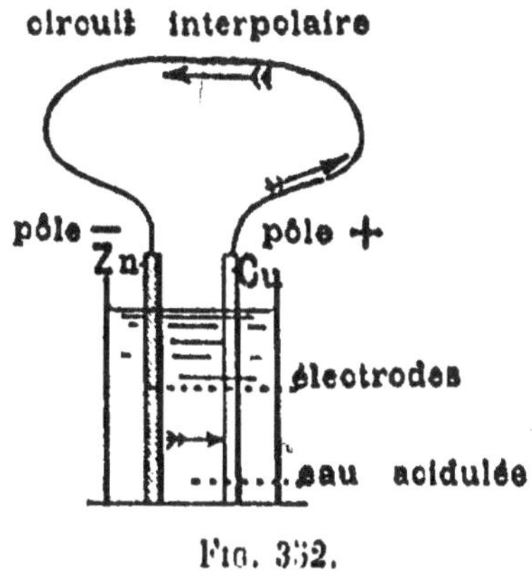

Fig. 352.

On peut substituer à l'acide sulfurique l'acide chlorhydrique, l'acide azotique ou même l'eau pure ; on peut remplacer le zinc par un autre métal capable de se dissoudre dans l'acide. Dans toutes les piles actuelles, le zinc forme l'électrode négative et l'électrode positive est constituée par une lame de cuivre, de charbon ou de platine. Si les deux métaux ne sont pas attaqués, il n'y a pas de courant. C'est toujours le métal le plus attaqué qui constitue l'électrode négative et qui est au plus bas potentiel.

Sens du courant. — Par convention, on suppose que le courant est dirigé, dans le circuit extérieur, du pôle positif au pôle négatif et par conséquent, à l'intérieur de l'élément, du pôle négatif au pôle positif.

347. Origine de l'énergie dans la pile. — *L'énergie électrique fournie par le courant de la pile a sa source dans les réactions chimiques dont la pile est le siège.* Pen-

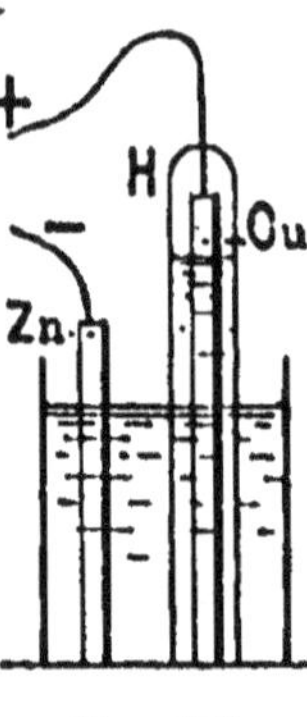

Fig. 353.

dant le passage du courant dans le circuit, il se dégage, sur la lame de cuivre, de l'hydrogène, que l'on peut recueillir en recouvrant l'électrode positive (*fig.* 353) d'une éprouvette; et on pourra constater, en pesant la lame de zinc avant et après le passage du courant, qu'elle a diminué de poids et que le liquide contient du sulfate de zinc SO^4Zn en dissolution. On vérifiera que, pour 2 grammes d'hydrogène recueilli sur l'électrode positive, le poids de zinc dissous est de 65 grammes, c'est-à-dire que le poids d'hydrogène est au poids de zinc dans le rapport de leurs équivalents chimiques. On peut déduire de cette expérience, connaissant l'intensité du courant en ampères, que 96.600 coulombs qui traversent la pile dissolvent $\frac{65}{2} = 32^{gr},5$ de zinc.

L'action chimique dans la pile revient, en définitive, à la transformation du zinc en sulfate, par la réaction exothermique suivante :

$$SO^4H^2 + Zn = SO^4Zn + H^2 + 38.000 \text{ calories g. d.}$$

En résumé, nous avons constaté qu'une lame de zinc *pur* et une lame de cuivre, plongées dans l'eau acidulée par l'acide sulfurique, prennent une différence de potentiel sans action chimique sensible ; mais que, malgré l'existence de cette différence de potentiel, on ne peut entretenir le courant dans le circuit interpolaire sans qu'il se produise des réactions chimiques à l'intérieur de la pile, c'est-à-dire un travail chimique qui, dans le cas de la pile de Volta (zinc, cuivre, eau acidulée), consiste à transformer le zinc en sulfate de zinc.

348. L'énergie chimique dépensée dans la pile est équivalente à la chaleur dégagée dans le circuit. — Plaçons la pile, dont les deux pôles sont réunis par un fil conducteur, c'est-à-dire à *circuit fermé*, dans un calorimètre Nous supposerons que toute l'énergie du courant est transformée en chaleur, d'après la loi de Joule. Mesurons la chaleur M dégagée et le poids p de zinc dissous : nous vérifierons que cette quantité de chaleur M est égale à celle qui est dégagée par la dissolution d'un poids p de zinc dans l'acide sulfurique, laquelle a été déterminée par des mesures thermo-chimiques.

Enfin, si l'on mesure séparément les quantités de chaleur dégagées dans le circuit interpolaire et à l'intérieur de la pile, la somme de ces deux quantités est égale à la chaleur totale dégagée dans l'élément.

Si le fil interpolaire a une très grande résistance vis-à-vis de la pile, la chaleur dégagée dans la pile pourra être rendue aussi petite que l'on voudra.

Si le conducteur interpolaire est de résistance négligeable, toute la chaleur est développée dans l'élément, qui s'échauffe rapidement.

Il résulte de ces expériences que *la chaleur totale développée dans la pile, et par conséquent l'énergie électrique, correspond au travail chimique développé pendant le même temps.*

349. Force électromotrice d'un générateur électrique. — On appelle *force électromotrice* d'un générateur électrique la différence de potentiel constante qui existe entre les deux pôles d'un élément de pile à l'état d'équilibre statique, à *circuit ouvert*, c'est-à-dire dont les deux pôles sont séparés. Cette valeur est mesurée en volts au moyen de l'électromètre à quadrants, en reliant les paires de quadrants avec les pôles de la pile.

Nous pouvons comparer un générateur électrique à une machine hydraulique, capable d'élever une masse d'eau de P kilogrammes à une différence de niveau de h mètres par seconde; le travail produit est égal à $W = Ph$ kilogrammètres.

Si nous supposons $P = 1$, la différence de niveau h exprimera en kilogrammètres l'énergie communiquée par la machine à une masse d'eau d'un kilogramme.

Par analogie, nous pouvons dire que la *force électromotrice d'un générateur, qui est comparable à une différence de niveau en hydrostatique, exprime en joules l'énergie qu'il communique à 1 coulomb.*

La force électromotrice d'une pile dépend des *réactions chimiques* des substances en présence, de leur concentration et de leur température ; en résumé, elle dépend de la nature des électrodes et de l'électrolyte ; elle est indépendante de la forme et de la distance des électrodes. Un petit et un grand élément de Daniell, montés dans les mêmes conditions, ont même force électromotrice.

351. Constantes d'une pile. — Les constantes d'une pile sont la *force électromotrice* et la *résistance intérieure*.

Il faut remarquer, néanmoins, que ces deux grandeurs, qui possèdent une valeur bien déterminée au début de la mise en marche, varient pendant le fonctionnement et ne sont pas en réalité des constantes.

Résistance intérieure (*fig.* 351). — Le courant de la pile traverse les électrodes et l'électrolyte, mais la résistance des 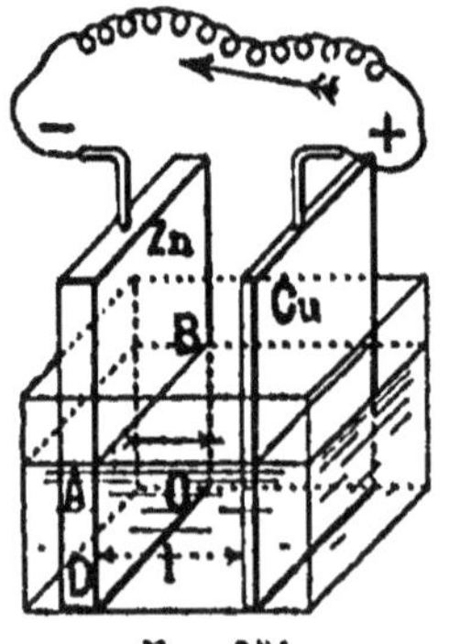 acides et des dissolutions salines qui constituent l'électrolyte est très grande vis-à-vis de celle des électrodes, qui est négligeable. En effet, le cuivre a une résistance de 1,86 microohms-centimètres, tandis que celle d'une dissolution de sulfate de cuivre à 2,5 0/0 est égale à 92,5 × 10⁶ microohms-centimètres : elle est 58 × 10⁶ fois plus grande.

La résistance intérieure de la pile sera représentée par la résistance d'un parallélipipède liquide ayant pour base ABCD

Fig. 351.

et de longueur l, dont la résistance sera égale à :

$$r = \rho \frac{l}{s}.$$

Nous en concluons que la résistance de la pile dépend de la nature de l'électrolyte et qu'elle sera d'autant plus faible que la surface des électrodes plongée dans le liquide sera plus grande, et que la distance de ces électrodes sera plus petite.

352. Polarisation d'un élément de pile. — Si nous plaçons dans le circuit d'un élément de pile de Volta (zinc, cuivre, eau acidulée) un *galvanomètre* ([1]), le courant, intense

[1] Voir paragraphe 421, le galvanomètre.

au début, va en diminuant rapidement d'intensité et peut devenir nul : on dit que la pile est *polarisée*.

Causes qui peuvent faire varier l'intensité du courant. — Pendant le passage du courant : 1° *la résistance de la pile augmente;* 2° *la force électromotrice diminue.*

Le changement de résistance de la pile provient d'un dégagement de bulles gazeuses d'hydrogène sur le cuivre. Le courant traversant l'élément du zinc au cuivre, l'hydrogène est entraîné dans le sens du courant et se dépose sur le cuivre; ce dépôt d'hydrogène augmente la résistance : c'est un effet purement mécanique.

La transformation de l'acide en sulfate de zinc augmente la résistance de l'électrolyte; la diminution de concentration de l'acide l'augmente également.

Diminution de la force électromotrice de la pile. — Force électromotrice de polarisation. — Nous avons vu qu'en décomposant l'acide sulfurique dilué dans un voltamètre, avec des électrodes en platine, l'anode se recouvre d'oxygène, lequel peut adhérer au métal par un phénomène d'*occlusion*, et la cathode, d'hydrogène. Si nous réunissons les deux électrodes aux deux paires de quadrants de l'électromètre de Thomson ou avec un voltmètre, nous constatons une différence de potentiel : on dit que les électrodes sont *polarisées*, c'est-à-dire qu'elles présentent des pôles.

Si on les réunit par un fil conducteur, on obtient un courant en sens inverse du premier, qui traverse l'électrolyte; SO^4 se combine avec H^2 pour former SO^4H^2; H^2 se combine avec O pour former de l'eau.

Ce phénomène de *polarisation* est dû à ce que les lames de platine ne sont plus *identiques;* nous avons un nouvel élément de pile, formé d'une lame de platine enveloppée d'une gaine d'oxygène, d'eau acidulée par l'acide sulfurique, et d'une lame de platine recouverte d'hydrogène.

Cet élément possède une force électromotrice opposée à celle qui produit le courant. Soient E' cette force électromotrice et E la force électromotrice de la pile : la nouvelle force électromotrice sera E — E' et l'intensité du courant deviendra

$$I = \frac{E - E'}{R},$$ R étant la résistance totale du circuit.

Dans l'élément Volta, les électrodes se polarisent comme

les électrodes d'un voltamètre et ne sont plus identiques. Nous avons un couple formé de cuivre recouvert d'une gaine d'hydrogène, d'eau acidulée et de zinc; il se développe une *force contre-électromotrice* ou *force électromotrice de polarisation*, qui a pour effet de s'opposer à la force électromotrice de la pile et de la diminuer graduellement et par conséquent, de diminuer l'intensité du courant.

352. Substances dépolarisantes. — Pour avoir une pile à *courant constant*, il faut se débarrasser de l'hydrogène, qui est la *cause essentielle* de l'affaiblissement du courant; le meilleur moyen est d'employer une substance conductrice, liquide ou solide, qui fournit de l'oxygène pour se combiner avec l'hydrogène en donnant de l'eau, et que l'on appelle la *substance dépolarisante*.

Ces substances dépolarisantes sont des sels facilement réductibles, des *peroxydes* ou des substances riches en oxygène ou en chlore.

FORCES ÉLECTROMOTRICES DE CONTACT

353. Loi du contact. — *Entre deux corps hétérogènes au contact, par exemple le cuivre et le zinc, à la même température, il s'établit une différence de potentiel appelée force électromotrice de contact, qui dépend de la nature des corps en contact et qui est indépendante de leurs dimensions, de leur forme, de l'étendue des surfaces en contact et de la valeur initiale du potentiel de chacun d'eux.*

Ces deux corps prennent des charges *positive* et *négative* : le zinc, une charge positive; le cuivre, une charge négative et le potentiel est constant sur chaque plaque.

Pour le vérifier (*fig.* 335), prenons : 1° une lame de zinc juxtaposée à une lame de cuivre. Si, tenant la lame de zinc à la main, on touche le plateau collecteur A de l'électroscope condensateur, dont le plateau supérieur B est en communication avec le sol, en soulevant le plateau B, on vérifiera que le plateau A est chargé négativement. En effet, le zinc étant au potentiel zéro, le cuivre est à un potentiel négatif.

2° Remplaçons le plateau de cuivre B par un plateau de zinc; tenons le cuivre à la main; touchons le plateau B avec le zinc et mettons le plateau A en communication avec le sol ; soulevons le plateau B : nous vérifierons que le plateau A

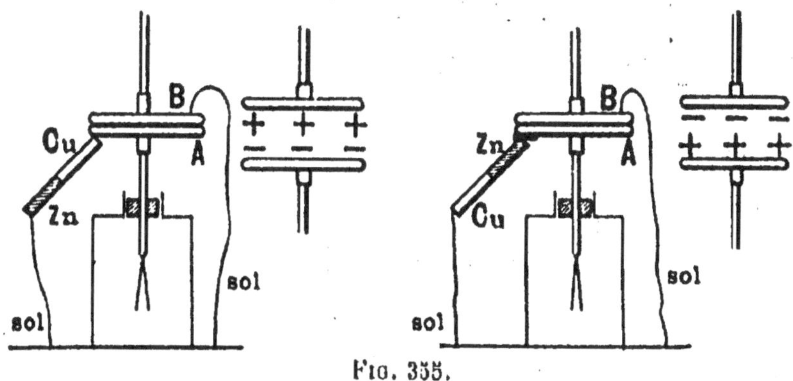

Fig. 355.

est négatif et que, par conséquent, le plateau B est chargé positivement.

Forces électromotrices de contact de quelques métaux. — Si nous classons les métaux de façon que chaque métal qui précède se charge positivement, nous aurons, pour les forces électromotrices de contact :

Zn volts +	Pb	Sn	laiton	Fe	Cu	Au	Ag	Pt	C
	0,39	0,45	0,69	0,75	0,89	0,98	1,05	1,09	1,15

Si le zinc et le cuivre sont en contact, la différence de potentiel entre eux sera de 0,89 volt.

354. Loi des contacts successifs. — *Lorsque plusieurs métaux à la même température sont réunis les uns aux autres, de manière à former une chaine continue, la différence de potentiel des métaux extrêmes est la même que si ces deux métaux étaient directement en contact, quel que soit l'ordre dans lequel se trouvent les métaux intermédiaires.*

Si nous représentons par le symbole A | B la force électromotrice de contact entre A et B, nous aurons, d'après la loi précédente,

$$A \,|\, B + B \,|\, C + C \,|\, D \ldots L \,|\, M = A \,|\, M.$$

Le tableau suivant donne les forces électromotrices de contact entre deux métaux successifs :

Zn	Pb	Sn	laiton	Fe	Cu	Au	Ag	Pt	C
Volt. 0,30	0,06	0,24	0,06	0,14	0,09	0,07	0,04	0,00	

Pour deux métaux quelconques de cette série, la différence de potentiel produite est égale à la somme de chacune des différences que donnent entre eux les membres intermédiaires.

EXEMPLE. — La différence de potentiel entre le zinc et le cuivre Zn | Cu = 0,89 volt.

$$\text{Zn | Pb} + \text{Pb | Sn} + \text{Sn | laiton} + \text{laiton | Fe} + \text{Fe |.Cu}$$
$$0,39 \qquad 0,06 \qquad 0,24 \qquad 0,06 \qquad 0,14$$

d'où :

$$0,39 + 0,06 + 0,24 + 0,06 + 0,14 = 0,89 \text{ volt.}$$

Prenons une deuxième chaîne, dont les métaux extrêmes sont le zinc et le cuivre et dont les métaux intermédiaires sont dans un ordre différent :

$$\text{Zn | Sn} + \text{Sn | Pb} + \text{Pb | Cu}$$
$$+ 0,45 \qquad - 0,06 \qquad + 0,50,$$

Nous trouvons, en faisant la somme,

$$+ 0,45 - 0,06 + 0,50 = 0,89 \text{ volt.}$$

Les deux extrémités de toute chaine terminée par deux métaux identiques sont au même potentiel; la force électromotrice est égale à zéro.

En effet,

$$\text{A | B} + \text{B | C} + \text{C | D} \ldots + \text{L | M} = \text{A | M,}$$

mais :

$$\text{A | M} = - \text{M | A,}$$

d'où :

$$\text{A | B} + \text{B | C} + \text{C | D} \ldots + \text{L | M} + \text{M | A} = 0.$$

On peut vérifier cette loi expérimentalement (*fig.* 335), en tenant la lame de cuivre à la main et en mettant la lame de zinc en contact avec le plateau A de l'électroscope à feuilles d'or, tandis que le plateau B communique avec le sol ; en soulevant le plateau B, les feuilles d'or ne divergent pas ; les deux extrémités de la chaîne étant terminées par le cuivre, le potentiel du plateau est égal à zéro.

Considérons la chaîne :

$$\text{Zn | Fe} + \text{Fe | Ag} + \text{Ag | Zn}$$
$$0,75 \qquad 0,30 \qquad - 1,05 = 0.$$

355. Forces électromotrices de contact entre les liquides et les solides. — Les corps solides donnent, au contact des liquides, des forces électromotrices de contact, qui sont beaucoup plus faibles que celles produites entre les métaux.

Théorie de la pile de Volta. — Prenons un élément de pile de Volta (cuivre, zinc, eau acidulée); nous avons une chaîne ainsi formée :

$$Cu \mid SO^4H^2 + SO^4H^2 \mid Zn + Zn \mid Cu.$$

Lorsque la chaîne renferme un électrolyte tel que SO^4H^2 dilué, *ses extrémités constituées par un même métal, le cuivre, présentent une force électromotrice que l'on peut montrer par l'expérience suivante (fig. 355) :*

On prend le cuivre à la main et on interpose, entre le zinc et le plateau A de l'électroscope condensateur, une rondelle de drap, imprégnée d'eau acidulée; on met le plateau B en communication avec le sol; en écartant le plateau B, on constate que le plateau A est chargé positivement.

La rondelle de drap a supprimé le contact du zinc avec le cuivre, sans introduire de différence de potentiel importante.

La force électromotrice de contact, dans le cas d'une chaîne contenant un électrolyte, est égale à la somme algébrique des différences de potentiel aux divers contacts :

$$Cu \mid SO^4H^2 + SO^4H^2 \mid Zn + Zn \mid Cu.$$

Si v, v', v'', représentent les forces électromotrices aux différents contacts,

$$E = v + v' + v''.$$

On peut, au moyen de cette formule, calculer la force électromotrice d'une pile.

Calculons la force électromotrice d'un élément Grove, formé d'une chaîne cuivre, platine, acide azotique, acide sulfurique dilué, zinc et cuivre.

Cet élément est disposé comme l'élément Bunsen [1] :

$$Cu \mid Pt + Pt \mid AzO^3H + AzO^3H \mid SO^4H^2 + SO^4H^2 \mid Zn + Zn \mid Cu$$
$$+ 0,20 \quad + 0,472 \qquad + 0,078 \qquad + 0,211 \quad + 0,89$$
$$E = 1,88 \text{ volt.}$$

Par mesure directe, un élément formé de 1 partie de H^2SO^4,

[1] Voir paragraphe 356, l'élément Bunsen.

de 12 parties de H^2O et d'acide azotique fumant AzO^3H donne une force électromotrice égale à 1,93 volt.

PILES

356. Piles dépolarisables à deux liquides. — Pile de Daniell. — La pile de Daniell (*fig.* 356) se compose d'un vase en verre, d'une lame de zinc amalgamé formant l'électrode négative, plongeant dans l'eau acidulée au 1/10 ou dans une dissolution de sulfate de zinc, et d'une lame de cuivre formant l'électrode positive, plongeant dans une dissolution saturée de sulfate de cuivre. Ces dissolutions sont séparées par une cloison poreuse en porcelaine dégourdie.

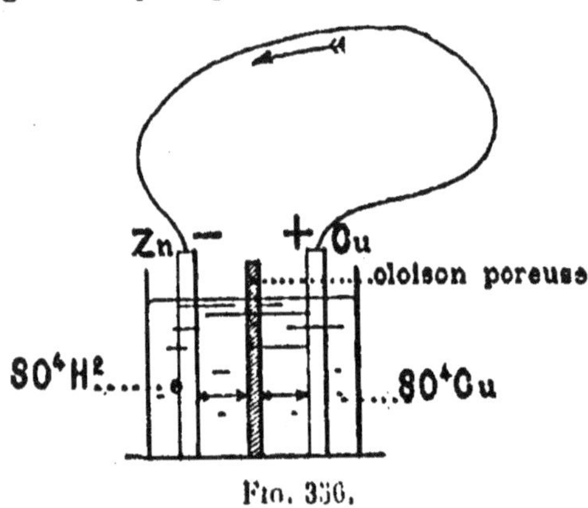

Fig. 356.

À circuit fermé, l'électrolyse de l'acide sulfurique dilué donne des ions SO^4, qui remontent le courant, se portent sur la lame de zinc et donnent du sulfate de zinc; les ions H^2 se portent vers la lame poreuse, à la surface de séparation des deux liquides.

L'électrolyse du sulfate de cuivre donne des ions cuivre, entraînés dans le sens du courant, qui se déposent sur la lame de cuivre et en augmentent l'épaisseur; les ions SO^4 remontent le courant vers la plaque poreuse et forment, avec les ions H^2, de l'acide sulfurique SO^4H^2.

La substance dépolarisante est, dans cette pile, le sulfate de cuivre.

La réaction peut être représentée par l'équation suivante :

$$Zn + H^2SO^4 + CuSO^4 = ZnSO^4 + H^2SO^4 + Cu.$$

En définitive, il y a substitution du zinc de l'électrode au cuivre du sulfate de cuivre.

La dissolution de sulfate de cuivre s'appauvrit; on la maintient saturée en disposant dans une corbeille des cristaux de sulfate de cuivre.

Il ne se produit pas de dégagement d'hydrogène et *la nature des contacts* entre les électrodes et les liquides reste exactement la même.

Il en résulte que l'élément Daniell possède une force électromotrice *constante*, qui est d'environ 1,08 volt; sa résistance intérieure varie suivant les dimensions des vases et le degré de concentration du sulfate de cuivre.

La résistance intérieure de cette pile est généralement élevée, par le fait que la résistivité des dissolutions salines est très grande.

Cette pile est généralement employée pour produire des courants constants et de longue durée, dont l'intensité ne dépasse pas une fraction d'ampère.

On peut diminuer la résistance intérieure de cette pile en supprimant le vase poreux. L'acide sulfurique et le sulfate de cuivre sont simplement superposés par différence de densité; c'est ce qui a été réalisé dans l'élément Callaud.

Pile Callaud (*fig.* 357). — Dans l'élément Callaud, l'électrode positive se compose d'une spirale plate en cuivre, disposée au fond d'un vase de verre et reliée à l'extérieur par un fil de cuivre, isolé dans un tube de caoutchouc; l'électrode négative est formée d'un cylindre de zinc, suspendu par des crochets sur le rebord du vase de verre.

Pour monter la pile, on remplit la moitié du vase avec une dissolution de sulfate de zinc à 8 0/0, puis

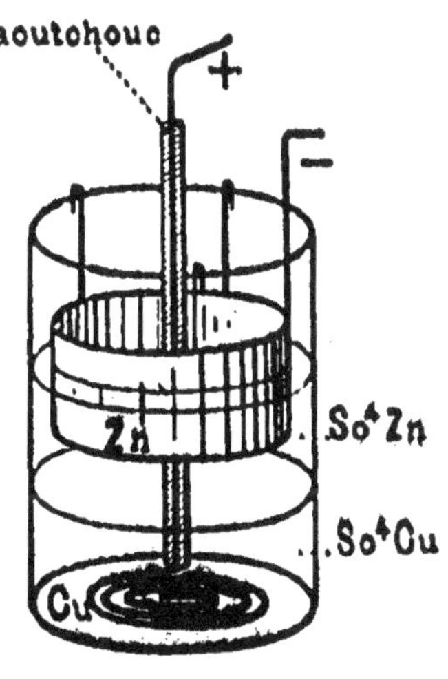

Fig. 357.

on verse, avec un entonnoir effilé, la solution saturée de sulfate de cuivre qui en occupera le fond.

Pile Bunsen. — L'élément de pile de Bunsen (*fig.* 358, 359) se compose d'un vase en grès, contenant de l'eau acidulée au 1/20, dans laquelle plonge un cylindre de zinc *amalgamé*, qui constitue l'électrode négative. Au centre, se trouve un vase poreux contenant de l'acide azotique du commerce, de 36 à 40°

Baumé, dans lequel plonge un prisme de charbon, qui forme l'électrode positive.

A circuit fermé, l'électrolyse de l'acide sulfurique dilué donne des ions SO^4 qui forment, avec l'électrode négative, du sulfate de zinc SO^4Zn; et des ions H^2, qui traversent la cloison poreuse. L'électrolyse de l'acide azotique donne des ions H^2 et AzO^3, qui se combinent à travers la cloison poreuse pour donner AzO^3H, et les ions H de l'acide azotique réduisent AzO^3H :

$$H + AzO^3H = AzO^2 + H^2O.$$

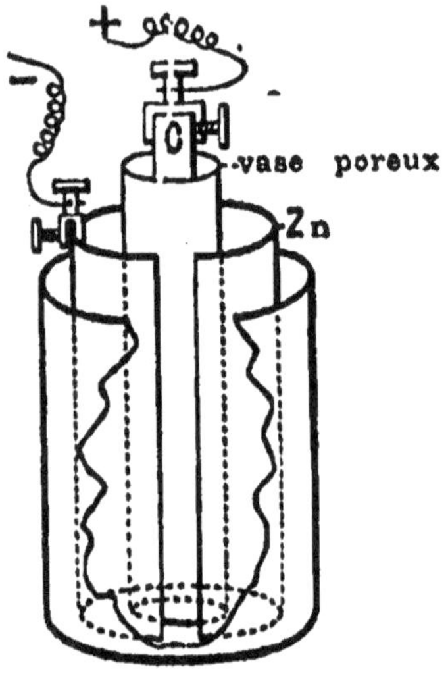

Fig. 358.

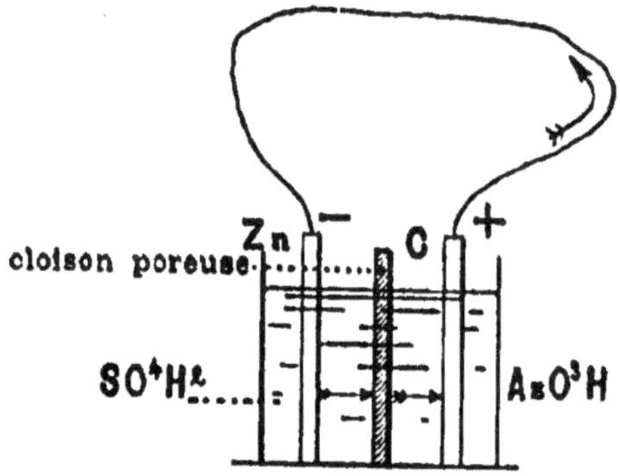

Fig. 359.

La réaction chimique peut être représentée par la formule :

$$Zn + H^2SO^4 + 2HAzO^3 = ZnSO^4 + 2AzO^2 + 2H^2O.$$

La force électromotrice de cette pile nouvellement montée est 1,9 volt; elle est presque double de celle de Daniell. Sa grande force électromotrice est due à la chaleur provenant de la formation du sulfate de zinc et de la chaleur de décomposition de l'acide azotique (réaction endothermique). Sa résistance intérieure est plus faible que celle de Daniell, car la résistivité des acides est inférieure à celle des dissolutions salines; elle est en général d'une fraction d'ohm et varie suivant les dimensions de l'élément.

Pour un élément de 20 centimètres de hauteur, la résistance intérieure varie de 0,08 ohm à 0,11 ohm. La force électromotrice varie peu pendant les premières heures. Cette pile est à grand débit. Par exemple, un élément moyen de 20 centimètres peut débiter 5 ampères. Monté avec de l'acide azotique de

32 à 36° Baumé, le couple Bunsen brûle $1^{gr},30$ de zinc par ampère-heure : la loi de Faraday indique $1^{gr},22$. On peut obtenir avec cette pile des courants de 10 à 15 ampères, pendant quelques heures. Elle ne donne un courant constant que pendant quelques heures ; le liquide excitateur SO^4H^2 s'épuise et le dépolarisant AzO^3H s'appauvrit.

Elle présente l'inconvénient de dégager des vapeurs nitreuses et ne doit pas, pour cette raison, être montée dans une salle fermée.

357. Piles dépolarisables à un seul liquide. — Pile au biohromate (*fig.* 360). — La pile au bichromate se compose d'une bouteille à large goulot, fermée par un couvercle en ébonite, auquel se trouvent fixées deux électrodes en charbon C, rapprochées l'une de l'autre et reliées à la borne positive. L'électrode de zinc, placée entre les deux électrodes de charbon, est supportée par une tige en laiton t, qui coulisse à frottement dans un tube de laiton fixé sur le couvercle, et qu'une vis de serrage peut maintenir en place ; cette tige t communique avec la borne négative.

Pour faire fonctionner la pile, on fait descendre la lame de zinc au contact du liquide, car le zinc s'attaque en circuit ouvert ; pour l'arrêter, on soulève la lame de zinc au-dessus du liquide.

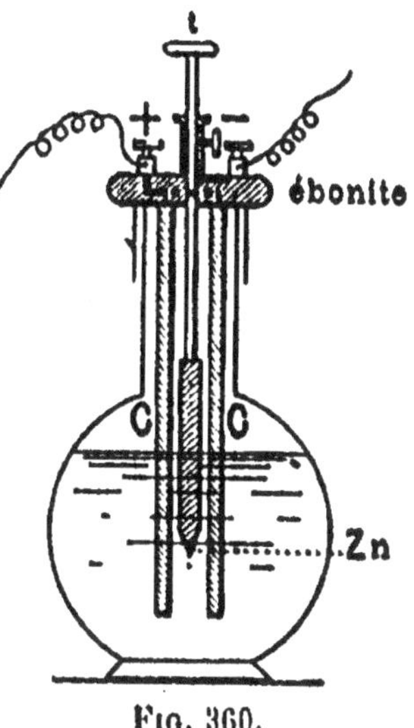

Fig. 360.

Le liquide excitateur se compose d'un litre d'eau, de 120 grammes de bichromate de potassium $Cr^2O^7K^2$ ou de bichromate de sodium $Cr^2O^7Na^2$, et de 250 grammes d'acide sulfurique SO^4H^2.

A circuit fermé, il y a formation de sulfate de zinc et l'hydrogène provenant de l'électrolyse de l'acide sulfurique dilué réagit sur le bichromate, dont il réduit l'acide chromique en oxyde de chrome, qui se combine avec l'acide sulfurique pour former du sulfate chromique, lequel, avec le sulfate de potassium, forme de l'alun de chrome :

$$3Zn + Cr^2O^7K^2 + 7SO^4H^2 = 3ZnSO^4 + Cr^2(SO^4)^3 + SO^4K^2 + 7H^2O.$$

La force électromotrice est de 1,9 volt et la résistance intérieure est faible, vu la faible résistance du liquide.

Cette pile produit un courant intense, sans dégager de vapeurs ; elle est généralement employée dans les laboratoires, pour des expériences de courte durée.

Une pile au bichromate de sodium, à deux liquides, peut fournir 400 ampères-heure par kilogramme de bichromate de sodium, 2,6 grammes par ampère-heure ; la théorie donne $1^{gr},8$. La consommation de zinc est de $1^{gr},20$ par ampère-heure.

358. Piles à dépolarisants solides. — Pile Leclanché. —

L'élément Leclanché (*fig.* 361) se compose d'un vase en verre contenant une solution *concentrée* de *chlorure d'ammonium*

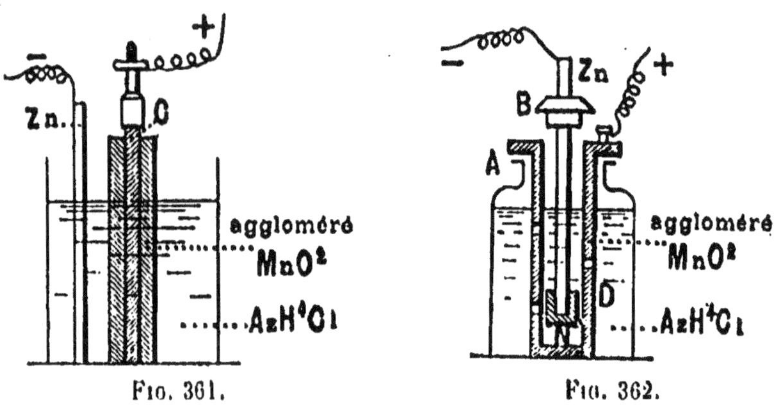

Fig. 361.   Fig. 362.

AzH⁴Cl, d'une baguette de zinc amalgamé formant l'électrode négative et d'une lame de charbon, entourée de deux lames dépolarisantes formées d'un aggloméré, obtenu en comprimant une pâte de bioxyde de manganèse MnO^2, de charbon en poudre et de gomme laque. Le modèle (*fig.* 362) Leclanché-Barbier, plus récent, se compose d'un cylindre d'aggloméré, terminé par un anneau de plomb qui porte la borne + et d'un bâton de zinc, isolé au moyen d'un manchon de bois B et d'une bague de caoutchouc N.

A circuit fermé, le chlorure d'ammonium est électrolysé en ions chlore, qui dissolvent le zinc à l'état de chlorure de zinc $ZnCl^2$, et en AzH^4,

$$2AzH^4Cl + Zn = ZnCl^2 + 2AzH^3 + 2H,$$

lequel, par des actions secondaires, donne de l'hydrogène qui réduit MnO^2 à l'état de sesquioxyde Mn^2O^3 et AzH^3, qui se dissout dans le liquide :

$$2MnO^2 + 2H = Mn^2O^3 + H^2O,$$

Les réactions peuvent être représentées par la formule :

$$2AzH^4Cl + 2MnO^2 + Zn = ZnCl^2 + 2AzH^3 + Mn^2O^3 + H^2O$$

Les réactions secondaires donnent également de l'oxychlorure de zinc ; ce dernier sel, peu soluble, se forme quand l'élément ne fonctionne pas et s'attache au zinc. Il faut le gratter après un certain temps ; pour cette raison, on doit employer une dissolution concentrée de chlorure d'ammonium, parce que l'oxychlorure est plus soluble dans cette dissolution.

Mais l'hydrogène agissant lentement sur le dépolarisant solide, cette pile se polarise facilement.

Son emploi est avantageux pour des courants faibles et *intermittents*, sonneries, téléphones, car elle se dépolarise pendant les périodes d'arrêt du courant. A circuit ouvert, les électrodes ne sont pas attaquées, la pile ne consomme rien et est d'une très longue durée. La force électromotrice est environ 1,46 volt et sa résistance intérieure, dans les modèles ordinaires, est de 0,3 ohm à 1,2 ohm.

La solubilité du chlorure d'ammonium est de 26,297 0/0, à la température de 15°. La production de 1 ampère-heure exige 1,22 de zinc et $2^{gr},0062$ de chlorure d'ammonium. Une pile contenant 1 litre de solution saturée peut fournir 130 ampères-heure avant son complet épuisement théorique.

Pile Lalande-Chaperon. — L'élément Lalande-Chaperon (*fig.* 363) se compose d'un vase en verre, au fond duquel se trouve une cuvette en fer ou en cuivre, contenant du bioxyde de cuivre CuO et reliée à un fil de cuivre isolé par de la gutta-

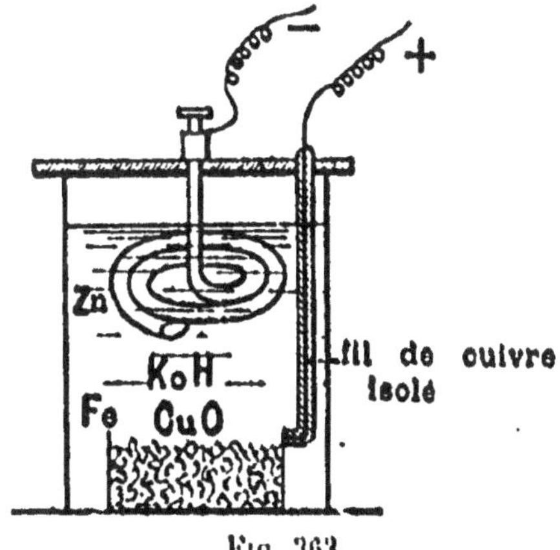

Fig. 363.

percha ; au-dessus, se trouve l'électrode négative, formée d'une grosse spirale de zinc amalgamé. Le liquide excitateur est une dissolution de potasse caustique KOH, à 30 ou 40 0/0. Dans des modèles plus récents, le dépolarisant est sous forme de plaques d'agglomérés, obtenues en comprimant, à la presse hydraulique, un mélange de 95 parties de battitures de cuivre et de 5 parties d'argile, que l'on cuit à 600° pour oxyder le cuivre. Chaque élément comprend une plaque d'aggloméré et une plaque de zinc. L'électrolyse de KOH donne de l'oxygène, qui forme de l'oxyde de zinc, lequel se dissout à l'état de zincate de potassium :

$$Zn + 2KOH = Zn\,(KO)^2 + 2H,$$

et de l'hydrogène, qui se porte sur l'électrode positive et réduit l'oxyde de cuivre en cuivre métallique :

$$CuO + 2H = Cu + H^2O.$$

Les réactions chimiques peuvent être représentées par l'équation suivante :

$$Zn + 2KOH + CuO = (KO)^2 Zn + H^2O + Cu.$$

La force électromotrice de cette pile ne dépasse pas 1 volt, en moyenne 0,8 à 0,9 volt. Certains modèles peuvent donner un débit normal de 5 ampères. Le liquide excitateur est sans action, à circuit ouvert, sur les électrodes ; la pile ne dépense rien à circuit ouvert. Elle est à *débit constant* et à faible résistance intérieure. Un élément dont les électrodes ont une surface de 1 décimètre carré et sont espacées de 5 centimètres, a une résistance de 0,25 ohm.

En général, la résistance intérieure ne dépasse pas 0,2 ohm et peut descendre à 0,05 ohm. Cette pile a été proposée pour les petites installations d'éclairage et pour les téléphones.

359. Piles à liquide immobilisé. — Ces piles, qui ont l'avantage d'être transportables, sont employées sur les automobiles, pour l'inflammation du mélange tonnant dans les moteurs.

Élément Leclanché-Barbier. — Cet élément se compose d'un vase extérieur en zinc, qui forme l'électrode négative et, à l'intérieur, d'un cylindre d'aggloméré, semblable à celui de la pile décrite (*fig.* 362). La partie annulaire, comprise entre le vase et le cylindre, est remplie par une pâte à la *gélosine* et au chlorure d'ammonium. Sa force électromotrice est égale à

$E = 1,5$ volt et sa résistance intérieure est égale à $r = 0,3$ à 0,6 ohm, suivant les dimensions.

360. Rôle du zinc amalgamé dans les piles. — Le zinc *pur redistillé* n'est attaqué qu'en circuit fermé, tandis que le zinc du commerce contient des impuretés Fe, Pb, qui, à sa surface, donnent des couples locaux ; chaque grain de fer devient le pôle positif d'une pile et le zinc qui forme le pôle négatif est attaqué par l'acide dilué, qui est électrolysé ; l'ion SO' se porte sur le zinc et le dissout.

Nous pouvons le vérifier en plongeant une lame de *zinc pur* dans l'eau acidulée ; elle ne s'attaque que très peu ; la petite quantité d'hydrogène qui se dégage l'enveloppe d'une couche gazéuse, laquelle la protège de l'action de l'acide. Mais si nous touchons cette lame de zinc avec une lame de cuivre, l'attaque se produit immédiatement et l'hydrogène se dégage sur la lame de cuivre ; nous avons alors un circuit fermé constitué par le zinc, le cuivre et l'eau acidulée ; un courant s'établit du zinc au cuivre à travers l'acide sulfurique dilué ; l'hydrogène se dirige dans le sens du courant et se porte sur la lame de cuivre.

Amalgamation du zinc. — On empêche cette action par l'*amalgamation* du zinc ; on explique la préservation du zinc pur et amalgamé par l'adhérence de l'hydrogène à la surface de ces corps, car on a vérifié qu'en faisant le vide au-dessus de la solution, le gaz se dégage et l'attaque du zinc amalgamé commence. Pour amalgamer les zincs, on frotte les lames avec une brosse en fil de fer, plongée préalablement dans un vase plat contenant du mercure, recouvert d'eau acidulée par l'acide sulfurique.

361. Piles étalon. — Pour comparer les forces électromotrices des piles entre elles, il faut un étalon. Cet étalon est représenté par un élément de pile dont la force électromotrice est aussi *constante que possible*, ce que l'on réalise en employant des produits purs et des solutions de composition chimique bien déterminée.

L'un des étalons de force électromotrice les plus employés est l'élément Latimer-Clark (*fig.* 304), qui se compose d'une électrode positive constituée par du mercure, dans lequel plonge un fil de platine qui traverse un tube de verre ; l'élec-

trode négative est constituée par un bâton de zinc pur redistillé, qui plonge dans une pâte de sulfate mercureux SO^4Hg^2,

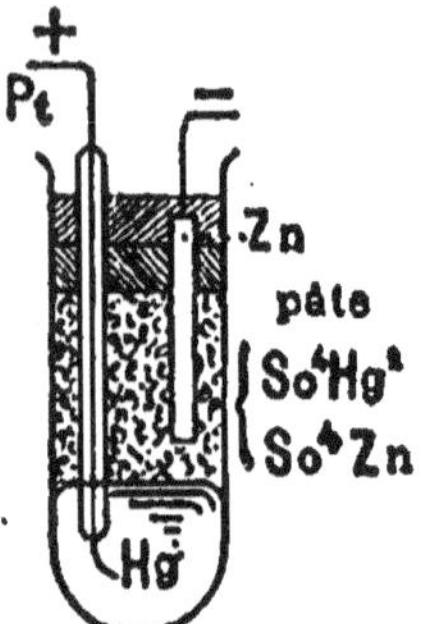

Fig. 364.

faite avec une solution de sulfate de zinc et
qui recouvre la couche de mercure; le tout est
contenu dans un tube de verre, fermé par
un bouchon et mastiqué à la glu marine.
La force électro motrice est remarquable-
ment constante : elle est, à 15°, 1,4238 volt ;
aux environs de 15°, elle est égale à :

$$E = 1,434 - (t - 15)\,0,001.$$

· Elle diminue de $\dfrac{1}{1000}$ de volt par degré.

Cette pile doit être toujours employée en circuit ouvert.

**362. Quantités d'électricité et d'énergie fournies par la disso-
lution d'un poids de zinc déterminé. — Prix de l'énergie électrique
fournie par les piles.** — La dissolution de $32^{gr},45$ de zinc dans
la pile produit 96.600 coulombs. Le poids de zinc brûlé par
ampère-heure, ou 3.600 coulombs, sera :

$$\frac{32,45 \times 3600}{96600} = 1^{gr},22.$$

L'énergie produite dans un élément de pile par $32^{gr},45$
brûlés sera :

$$W = 96600 \times E \text{ joules,}$$

E étant la force électromotrice de la pile ; le poids de zinc
nécessaire pour produire 1 kilowatt-heure, ou 3.600.000 joules,
sera :

$$p = \frac{32,45 \times 3600000}{96600 \times E}.$$

Pour un élément Bunsen :

$$p = \frac{32,45 \times 3600000}{1,9 \times 96600} = 636 \text{ grammes.}$$

La dépense serait sensiblement double avec un élément
Daniell.

Prix de l'énergie électrique. — En ajoutant au prix du zinc
celui du liquide actif et du dépolarisant, le prix du kilowatt-
heure varie entre 2 fr. 70 et 4 francs. La même quantité
d'énergie, obtenue avec le charbon, pourrait revenir à 0 fr. 18.
C'est pour cette raison que les piles actuelles, dans lesquelles

on brûle du zinc, ne présentent aucune application industrielle ; on ne les utilise que pour produire des courants de faible intensité.

ACCUMULATEURS

363. Définition. — Les accumulateurs ou *piles secondaires* sont des *transformateurs d'énergie*, qui transforment et emmagasinent l'énergie d'un générateur électrique sous forme d'énergie chimique pendant la charge, et qui trans-forment et restituent cette énergie chimique sous forme d'énergie électrique, pendant la décharge.

Principe des accumulateurs. — Les accumulateurs sont des piles *secondaires, ayant pour force électromotrice* la force *électromotrice de polarisation : tout courant qui traverse une cuve électrolytique polarise les électrodes, qui ne sont plus iden-tiques et donnent naissance à une force électromotrice,* ainsi que nous l'avons vérifié en décomposant l'acide sulfurique dilué avec des électrodes en platine ; on obtient une pile dite *secon-daire,* et le courant produit est dit *courant secondaire ;* son pôle positif est à l'anode et son pôle négatif à la cathode.

Les électrodes d'un voltamètre quelconque peuvent se pola-riser et donner une pile secondaire, *excepté dans le cas où les électrodes seront constituées par le métal même de l'électrolyte*

Par exemple, si nous décompo-sons du sulfate de cuivre avec des *électrodes en cuivre,* les électrodes restent *identiques :* il ne se produit pas de force électromotrice de po-larisation.

364. Théorie de l'accumulateur au plomb. — Un accumulateur est simplement un voltamètre à lames de plomb.

Période de charge (*fig.* 365). — Décomposons l'acide sulfurique di-lué dans un voltamètre à électrodes de plomb ; le plomb est toujours recouvert d'une légère couche d'oxyde. Pendant l'électrolyse de SO_4H_2, H_2 se porte sur la cathode et réduit l'oxyde de

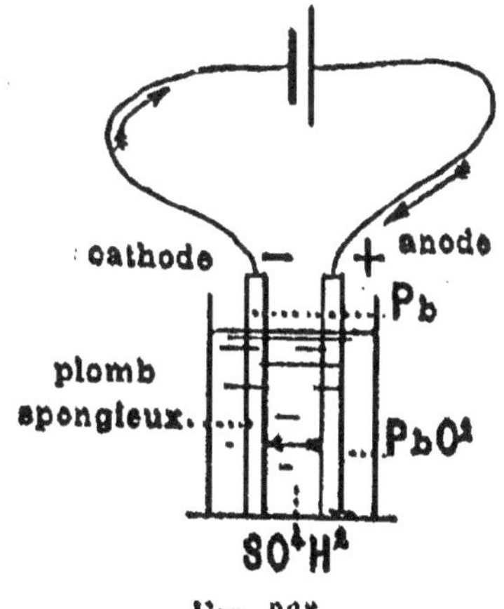

Fig. 365.

plomb; le plomb est régénéré à l'état de plomb spongieux :

$$PbO + 2H = Pb + H^2O ;$$

O se porte sur l'anode et transforme PbO en PbO^2, *oxyde puce de plomb* :

$$PbO + O = PbO^2.$$

L'anode prend une teinte rougeâtre, due à la présence de PbO^2, et la cathode prend une couleur d'un gris bleu, due au plomb *réduit* ou *spongieux*.

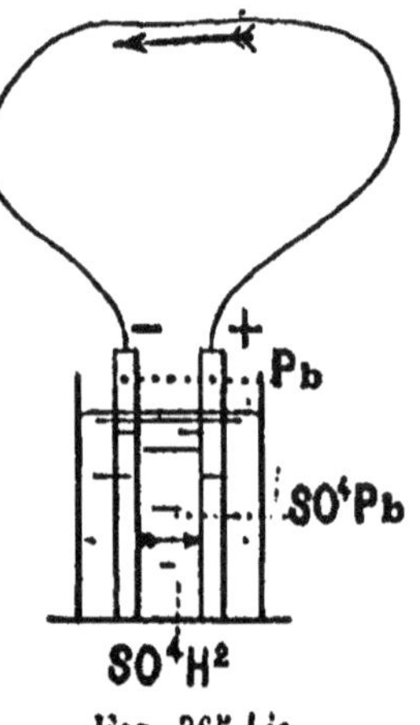

Fig. 365 *bis*.

Les deux électrodes ne sont plus identiques : l'une est constituée par du plomb *spongieux*, l'autre, par du *peroxyde de plomb*; une force électromotrice de polarisation prend naissance; nous obtenons une *pile secondaire*, dont l'anode est le pôle + et la cathode le pôle —; nous pouvons mesurer cette force électromotrice avec l'électromètre à quadrants ou avec un voltmètre. Si l'on relie les deux pôles par un circuit interpolaire, on obtient un courant.

Période de décharge (*fig.* 365 *bis*). — Pendant la décharge, l'acide sulfurique dilué est électrolysé. H^2 se porte sur l'électrode positive, réduit PbO^2 à l'état de PbO, lequel, en présence de l'acide sulfurique SO^4H^2, forme du sulfate de plomb SO^4Pb :

$$PbO^2 + H^2 + SO^4H^2 = PbSO^4 + 2H^2O ;$$

SO^4 se porte sur l'électrode négative et forme, avec le plomb spongieux, du sulfate de plomb :

$$Pb + SO^4 = PbSO^4.$$

Les deux lames sont alors recouvertes de sulfate de plomb et l'accumulateur est en partie déchargé.

Si nous faisons passer à nouveau le *courant de charge*, l'hydrogène se porte sur la cathode, réduit le sulfate de plomb à l'état de plomb spongieux,

$$PbSO^4 + 2H = Pb + SO^4H^2,$$

et il se reforme sur l'anode, par oxydation du sulfate de plomb et mise en liberté de l'acide sulfurique, du bioxyde de plomb PbO^2 :

$$PbSO^4 + SO^4 + 2H^2O = PbO^2 + 2SO^4H^2.$$

Nous pouvons représenter toutes ces réactions par une seule équation :

$$PbO^2 + Pb + 2SO^4H^2 = 2PbSO^4 + 2H^2O.$$

Si nous lisons cette équation de gauche à droite, elle représente le phénomène de *décharge*, et de droite à gauche, le phénomène de *charge*.

365. Accumulateur Planté. — Le premier accumulateur, établi par Planté, en 1860, se composait de deux lames de plomb, séparées l'une de l'autre par des bandes de caoutchouc et roulées en spirales, plongées dans un vase cylindrique contenant de l'eau acidulée au 1/10.

L'accumulateur au plomb, tel qu'il est construit actuellement (*fig.* 366), se compose d'un certain nombre de plaques de plomb disposées côte à côte, maintenues séparées par des baguettes de verre ou des bracelets de caoutchouc. Les plaques de rang pair, 2 et 4, sont reliées entre elles par une bande de plomb qui forme le pôle positif et celles de rang impair, 1, 3, 5, sont reliées par une lame de plomb, qui forme le pôle négatif ; ces deux séries de plaques sont introduites dans un bac en verre. Les extrémités de l'élément sont toujours formées par une plaque négative.

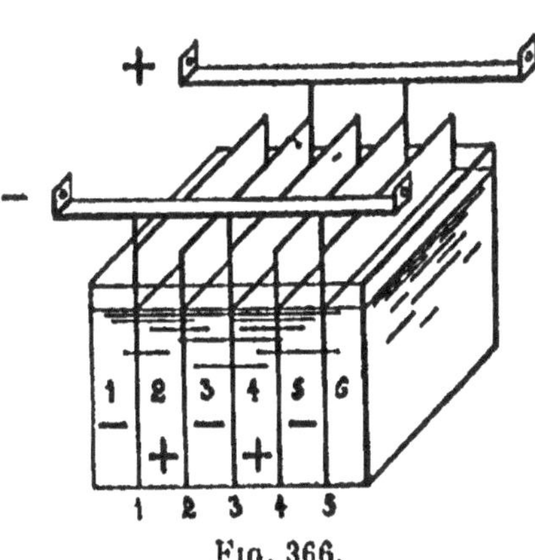

Fig. 366.

Le liquide est formé de 10 centilitres d'acide sulfurique à 66° Baumé pour 1 litre d'eau distillée ou de pluie ; la densité du liquide est égale à 1,18.

366. Force électromotrice. — Résistance intérieure d'un accumulateur. — La force électromotrice d'un accumulateur est de 2 volts et sa résistance intérieure, de 0,12 ohm par décimètre carré de plaque. Cette résistance est très faible ; elle varie ; dans les modèles industriels, elle est environ d'un millième d'ohm.

367. Charge d'un accumulateur. — Pour charger l'accumulateur, on établit entre les bornes, au moyen d'une machine dynamo ou d'une batterie de piles, une différence de potentiel plus grande que la force électromotrice de la batterie d'accumulateurs.

Pendant la charge, la force électromotrice atteint presque immédiatement 2,1 volts; pour 25 éléments accouplés en série, il faudra une différence de potentiel :

$$E > 2,1 \times 25 = 52,5 \text{ volts.}$$

Le courant de charge est généralement de 1 ampère par kilogramme d'électrode; la force électromotrice monte à 2,2 volts, puis à 2,5 volts; les gaz se dégagent en abondance, car le courant est utilisé à l'électrolyse de l'acide sulfurique dilué; l'accumulateur *bouillonne*, la période de charge est terminée.

368. Formation d'un accumulateur au plomb. — La *formation* d'un accumulateur au plomb est une opération préalable, qui consiste à *peroxyder* le plus profondément possible la lame de plomb positive et à transformer la lame négative, sur la plus grande épaisseur possible, en plomb *réduit* ou *spongieux*. On y arrive en produisant une série de charges et de décharges successives dans les deux sens, pendant un mois et demi à deux mois, tout en changeant, par intervalles, le sens du courant de charge; afin de rendre la formation plus rapide, on plonge les plaques, pendant vingt-quatre à quarante-huit heures, dans un bain d'acide azotique étendu de la moitié de son volume d'eau; l'attaque de l'acide donne aux plaques une certaine porosité, qui facilite l'action ultérieure du courant.

369. Facteurs caractéristiques d'un accumulateur. — Capacité. — Puissance. — La *capacité* d'un accumulateur est le produit du nombre d'ampères par le nombre d'heures pendant lequel la force électromotrice tombe de 2,5 volts à 1,8 volt.

La capacité est donnée en ampères-heure par kilogramme de plaque. On compte de 10 à 20 ampères-heure par kilogramme d'électrode.

Une batterie dont les plaques pèsent 40 kilogrammes aura une capacité de 400 ampères-heure.

Puissance disponible. — La puissance disponible du courant est égale au produit de la force électromotrice moyenne d'un élément pendant la décharge, par la capacité par kilogramme d'électrode.

Si nous représentons par E la force électromotrice moyenne de décharge, et par C la capacité en ampères-heure, nous aurons la puissance en watts-heure par kilogramme d'électrode :

$$W = E \times C \text{ watts.}$$

En prenant pour force électromotrice moyenne 1,9 volt et pour capacité, 10 ampères-heure, la puissance par kilogramme de plaque est égale à $10 \times 1,9 = 19$ watts-heure, et 24 pour les accumulateurs légers.

Poids d'électrodes pour produire une puissance d'un kilowatt. — Prenons un débit de 1,5 ampère par kilogramme d'électrode, et une force électromotrice moyenne $E = 1,9$ volt ; la puissance par kilogramme d'électrode est égale à :

$$1,5 \times 1,9 = 2,85 \text{ watts,}$$

et pour 1 kilowatt, le poids sera :

$$\frac{1000}{2,85} = 350 \text{ kilogrammes.}$$

On compte généralement, dans la pratique, 3 watts par kilogramme d'électrode.

Exemple. — Trouver le poids de plomb d'une batterie de 5 chevaux-vapeur de puissance :

$$p = \frac{730 \times 5}{3} = 1227 \text{ kilogrammes.}$$

Rendement en énergie d'un accumulateur. — Le rendement d'un accumulateur est le quotient de l'*énergie utilisable* par l'énergie dépensée pour la charge.

L'énergie utilisable est :

$$W = E \times C \text{ watts,}$$

E est la différence moyenne de potentiel pendant la décharge ; elle est égale à 1,92 volt ; C est la capacité en ampères-heure.

L'énergie dépensée pendant la charge est :

$$W' = E' \times C',$$

E' est la force électromotrice de charge égale à 2,1 volts ; C' est le nombre d'ampères-heure correspondant au courant de charge; le rendement sera :

$$\frac{W}{W'} = \frac{E \times C}{E' \times C'} = \frac{80}{100}.$$

C'est le chiffre sur lequel on peut compter actuellement.

EXEMPLE. — Quel est le rendement en énergie d'une batterie d'accumulateurs, sachant que le poids de plomb est 10 kilogrammes? La charge a été produite par un courant de 10 ampères pendant 10 heures; la quantité d'électricité fournie à été de 88 ampères-heures. Le rendement sera égal à :

$$\frac{88 \times 1,92}{100 \times 2,1} = 0,80.$$

Décharge de l'accumulateur. — Débit spécifique. — Le courant de décharge est, en moyenne, de 2 ampères par kilogramme d'électrode. La valeur de la force électromotrice de l'accumulateur au repos est de 2,1 volts; pendant la décharge, elle tombe rapidement à 1,95 volt, 1,90 volt; puis elle descend à 1,80 volt; on arrête alors la décharge, car il se formerait une couche de sulfate de plomb, exigeant un courant très intense pour la réduction.

Durée de la décharge. — La durée de la décharge est exprimée par le quotient de la capacité de l'accumulateur par l'intensité du courant :

$$t = \frac{C}{I}.$$

Si $C = 10$ ampères-heure, pour un courant de décharge de 1 ampère, la durée de la décharge sera :

$$t = \frac{10}{1} = 10 \text{ heures}.$$

On peut augmenter la durée de la décharge en diminuant le débit ou en augmentant la capacité des plaques.

370. Différents types d'accumulateurs. — On distingue deux groupes d'appareils :

1° les accumulateurs à formation Planté, dits à formation *autogène*, constitués par des électrodes en plomb; 2° les accumulateurs à oxydes rapportés, ou à formation *hétérogène*, type Faure.

Les accumulateurs à oxydes rapportés sont formés d'un grillage en plomb antimonié (*fig.* 367), présentant une série d'alvéoles à l'intérieur desquelles est déposée la *matière active*, comprimée sous forme de pâte, obtenue en malaxant du minium Pb^3O^4 pour les plaques positives et de la litharge PbO pour les plaques négatives, avec de l'acide sulfurique dilué.

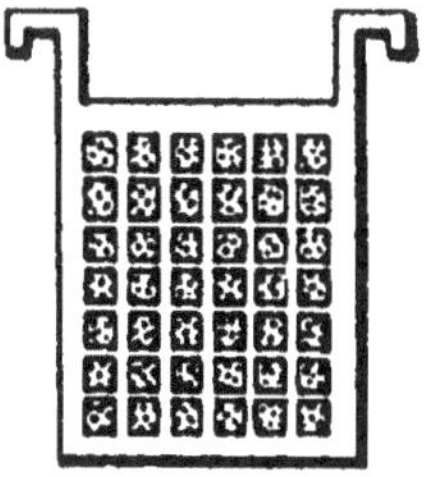

Fig. 368.

Fig. 367.

Une seule charge suffit pour transformer le minium Pb^3O^4 en PbO^2, et pour réduire à l'état de plomb spongieux l'oxyde de plomb de l'électrode négative.

Nous ne décrirons qu'un seul type de ces accumulateurs, le modèle Gadot (*fig.* 368), dans lequel les électrodes sont formées de deux plaques de plomb grillagées, unies à la soudure autogène et pourvues d'alvéoles tronconiques, accolées par leur grande base pour mieux retenir les oxydes.

371. Applications des accumulateurs.

— Nous allons passer rapidement en revue les principales applications des accumulateurs. Ils peuvent fournir le courant pour la production de l'éclairage électrique. Dans les usines, si pendant le jour la puissance de la machine à vapeur n'est pas entièrement utilisée, on peut actionner une dynamo qui charge une batterie d'accumulateurs, laquelle pourra fournir l'éclairage pendant la soirée.

Dans les stations électriques, on installe une puissante batterie d'accumulateurs pour régulariser le *voltage* et pour entretenir le courant, en cas d'arrêt accidentel du moteur.

Sur certaines lignes de tramways, la traction électrique est produite par l'énergie que fournit une batterie d'accumulateurs placés sur la voiture; on actionne de même les automobiles électriques. Les accumulateurs sont utilisés pour l'éclairage des trains, pour actionner l'hélice des bateaux sous-marins, des bateaux de plaisance, pour fournir le courant primaire destiné à produire l'inflammation du mélange tonnant dans les moteurs à essence.

Enfin, ils peuvent servir de transformateurs de tension, en chargeant une batterie de plusieurs éléments avec un courant d'un voltage déterminé; en groupant les éléments de différentes façons, on pourra obtenir un voltage différent.

372. Calcul de la force électromotrice d'un élément de pile. — Si nous supposons l'énergie chimique de la pile transformée intégralement en énergie électrique :

Soit Q la chaleur produite par la dissolution de 1 atome de zinc, et par les réactions concomitantes; l'énergie en joules correspondante à cette quantité de chaleur sera égale à $Q \times J$, J étant l'équivalent mécanique de la calorie g. d. en joules, égal à 4,18.

Dans la pile, la dissolution de 1 atome de zinc produit une quantité d'électricité égale à 96.600 coulombs, multipliée par la valence n du métal.

L'énergie produite par la pile sera représentée par le produit de la quantité d'électricité par la force électromotrice.

$$E \times 96600 \times n.$$

En supposant que l'énergie produite par la pile est égale à l'énergie chimique de la réaction, nous pouvons écrire :

$$QJ = E \times 96600 \times n, \qquad \text{d'où} \qquad E = \frac{QJ}{96600 \times n}.$$

Appliquons cette formule à la pile de Volta :

$$Q = 38000, \qquad E = \frac{38000 \times 4,18}{2 \times 96600} = 0,82 \text{ volt.}$$

Dans la pile de Daniell, la réaction chimique se réduit à la formation de sulfate de zinc SO^4Zn et à la décomposition du sulfate de cuivre SO^4Cu. La quantité de chaleur dégagée sera égale à l'excès de la chaleur de formation du sulfate de zinc sur celle du sulfate de cuivre.

Cette différence est égale à 49.600 calories g. d., d'où :

$$E = \frac{49600 \times 4,18}{2 \times 96600} = 1,07.$$

REMARQUE. — *Cette formule que nous venons d'établir ne convient que dans quelques cas particuliers,* car nous avons supposé que toute l'énergie chimique des réactions qui se produisent à l'intérieur de la pile était transformée en énergie électrique ; mais une partie de cette énergie chimique peut être transformée simplement en chaleur, et cette chaleur peut rester confinée à l'intérieur de la pile, constituant ainsi une perte d'énergie électrique. Certaines piles, au contraire, empruntent de la chaleur au milieu ambiant et alors on a :

$$E > \frac{QJ}{96600 \times n}.$$

Cette formule ne donne un résultat exact que pour les piles où la *force électromotrice est indépendante de la température*. Ces conditions correspondent bien à la pile de Daniell. Pour celles dont la force électromotrice diminue quand la température augmente, *la force électromotrice réelle est plus petite que la force électromotrice déduite de la formule précédente. Mais, en général, une pile dans laquelle les réactions chimiques dégagent une grande quantité de chaleur, aura une force électromotrice élevée.*

CHAPITRE XIV

EXTENSION DE LA LOI DE OHM A UN CIRCUIT HÉTÉROGÈNE ET A UN CIRCUIT CONTENANT DES GÉNÉRATEURS ET DES RÉCEPTEURS

373. Circuit hétérogène. — Supposons un circuit hétérogène (*fig.* 369), formé de plusieurs conducteurs de longueur,

$$\text{V} \quad \text{R} \quad \text{V}' \quad \text{R}' \quad \text{V}'' \quad \text{R}'' \quad \text{V}'''$$
$$x \qquad\qquad \text{A} \qquad\qquad \text{B} \qquad\qquad y$$

Fig. 369.

de section et de nature différentes, XA, AB, BY, parcourus par un même courant.

En appliquant la loi de Ohm à chaque conducteur, nous avons, en représentant par V, V', V'', V''', les potentiels aux points X, A, B, Y, et par R, R', R'', les résistances des conducteurs,

$$\text{V} - \text{V}' = \text{IR}, \quad \text{V}' - \text{V}'' = \text{IR}', \quad \text{V}'' - \text{V}''' = \text{IR}'.$$

En additionnant ces égalités, nous avons :

$$\text{V} - \text{V}''' = \text{I}(\text{R} + \text{R}' + \text{R}'), \qquad \text{d'où} \qquad \text{I} = \frac{\text{V} - \text{V}'''}{\text{R} + \text{R}' + \text{R}'}.$$

374. Extension de la loi de Ohm aux circuits contenant des générateurs et des récepteurs. — 1° Cas d'un générateur (*fig*. 370). — *La force électromotrice d'un générateur exprime en joules l'énergie qu'il communique à 1 coulomb.*

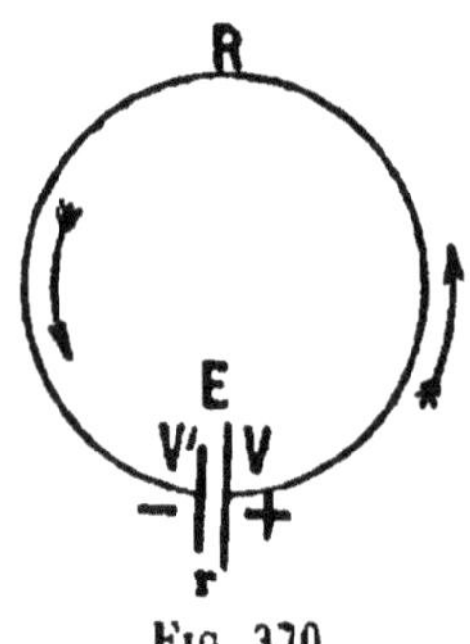

Fig. 370.

Nous avons vu que, pour élever 1 coulomb au potentiel de 1 volt, il faut dépenser une quantité d'énergie égale à 1 joule.

Le courant d'un générateur traverse le circuit interpolaire et le générateur lui-même. Dans une pile, si nous supposons cette énergie transformée en chaleur dans le circuit interpolaire et dans l'intérieur de la pile, I étant la quantité d'électricité débitée par le courant pendant une seconde, l'énergie fournie par le générateur pendant une seconde sera EI; et comme nous supposons toute l'énergie transformée en chaleur dans le circuit total, d'après la loi de Joule,

$$EI = I^2R + I^2r, \quad E = IR + Ir, \quad \text{d'où} \quad I = \frac{E}{R + r};$$

mais IR représente la différence de potentiel $V - V'$ aux extrémités du circuit interpolaire de résistance R ; c'est ce que l'on appelle *la différence de potentiel* aux bornes du générateur, *en circuit fermé*. Représentons-la par $V - V'$, nous aurons :

$$V - V' = IR,$$

d'où

$$E = V - V' + Ir \tag{1}$$

et

$$V - V' = E - Ir.$$

Nous voyons que la force électromotrice d'un générateur est plus grande que la différence de potentiel aux bornes et que cette dernière peut prendre toutes les valeurs comprises entre zéro et E.

Si la résistance intérieure du générateur est très voisine de zéro, $E = V - V'$: c'est le cas qui se présente dans les accumulateurs pour lesquels r peut être plus petit qu'un millième d'ohm ; si r est très grand, $V - V'$ tend vers zéro.

2° Cas d'un récepteur (*fig*. 371). — *On appelle récepteur tout appareil destiné à convertir l'énergie électrique en une autre forme quelconque d'énergie.*

On divise les récepteurs en trois classes :

1° les récepteurs chimiques, qui transforment l'énergie électrique en énergie chimique, par la séparation de deux corps combinés, exemple : le voltamètre à sulfate de cuivre ;

2° les récepteurs thermiques, qui transforment l'énergie électrique en chaleur, comme la lampe à arc, la lampe à incandescence, etc. ;

3° les récepteurs mécaniques, qui transforment l'énergie électrique en énergie mécanique, comme les moteurs électriques.

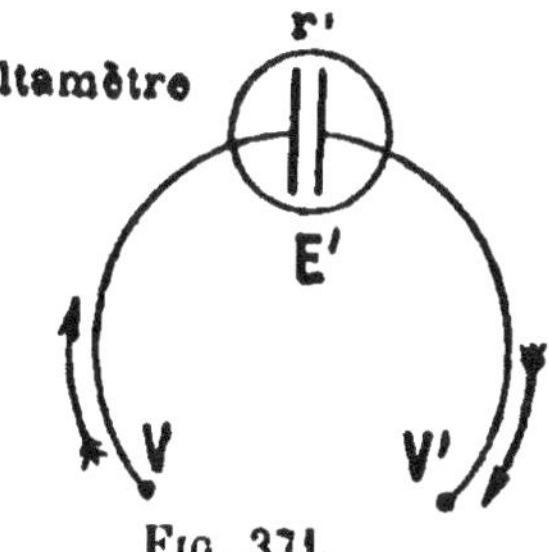

Fig. 371.

Nous avons vu qu'un récepteur d'énergie chimique, par exemple un voltamètre, donnait naissance à une force *contre-électromotrice* ou force *électromotrice de polarisation*, opposée à la différence de potentiel qui entretient le courant. Le récepteur abaisse le potentiel aux bornes. Si l'on établit une différence de potentiel de 10 volts aux bornes d'un voltamètre à acide sulfurique étendu, de 10 ohms de résistance, on vérifie qu'il est traversé par un courant de 0,851 ampère, qui nécessiterait une différence de potentiel de 8,51 volts. Le potentiel aux bornes est donc abaissé de 1,49 volt.

Si nous utilisons une chute d'eau pour actionner un moteur hydraulique, une masse d'eau de P kilogrammes, tombant d'une hauteur de h mètres, subit une perte d'énergie représentée par Ph kilogrammètres, en traversant le récepteur hydraulique.

Si nous supposons P $=$ 1 kilogramme, h représente en kilogrammètres la perte d'énergie d'une masse d'eau de 1 kilogramme, traversant le moteur.

Par analogie, h représentant la chute de potentiel dans un récepteur, ou la force contre-électromotrice, nous pourrons dire que la *force contre-électromotrice* E' *d'un récepteur exprime en joules la perte d'énergie subie par* 1 *coulomb, en traversant le récepteur.*

Si un courant d'intensité I traverse un récepteur, la perte d'énergie sera égale à E'I joules par seconde.

L'énergie fournie par seconde, par le générateur, sera dépensée dans le récepteur sous forme de travail mécanique dans un moteur électrique, ou sous forme d'énergie chimique dans un voltamètre et sous forme de chaleur à travers les résistances du circuit. Si nous établissons entre les bornes du récepteur une différence de potentiel $V - V'$, l'énergie dépensée sera :

$$I(V - V') = E'I + I^2 r,$$

d'où

$$(V - V') = E' + Ir. \qquad (2)$$

La force contre-électromotrice du récepteur est plus petite que $(V - V')$, différence de potentiel aux bornes du récepteur.

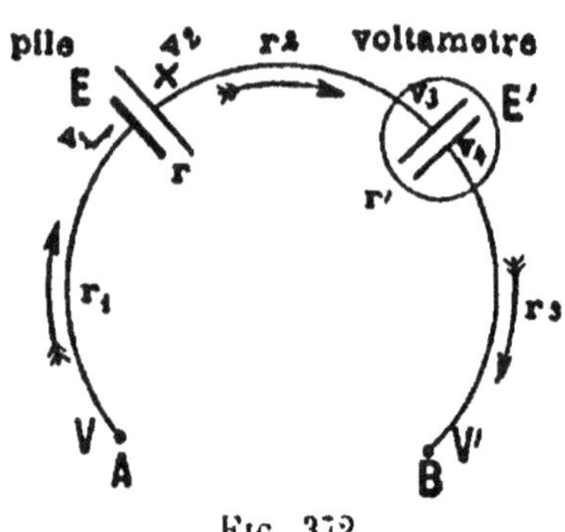

Fig. 372.

375. Circuit contenant un générateur et un récepteur. — Supposons un circuit (*fig*. 372) contenant un générateur, par exemple une pile, de force électromotrice égale à E et de résistance r ; un récepteur, par exemple un voltamètre, de force contre-électromotrice E' et de résistance intérieure r', et supposons aux extrémités A et B du circuit une différence de potentiel $V - V'$. Appliquons la loi de Ohm aux différents points du circuit. Nous avons, en supposant :

$$V_2 > V_1 \quad \text{et} \quad V_3 > V_1, \quad V - V_1 = Ir_1;$$

d'après la formule (1) (cas d'un générateur) :

$$E = V_2 - V_1 + rI, \quad V_2 - V_3 = Ir_2;$$

d'après la formule (2) (cas d'un récepteur) :

$$V_3 - V_1 = E' + Ir', \quad V_1 - V' = Ir_3;$$

en additionnant ces égalités :

$$V - V' + E = E' + I(r_1 + r + r_2 + r' + r_3),$$

d'où

$$I = \frac{V - V' + E - E'}{R}.$$

REMARQUE. — On comptera les forces électromotrices comme positives lorsqu'elles tendent à faire passer le courant de A vers B et comme négatives, lorsqu'elles tendent à faire passer le courant en sens contraire.

EXEMPLE. — On dispose entre les points A et B d'un circuit, où l'on établit une différence de potentiel de 10 volts : 1º une pile, de force électromotrice E égale à 1,08 volt et de résistance égale à 0,4 ohm ; 2º un voltamètre, dont la force contre-électromotrice est de 1,19 volt et dont la résistance est de 10 ohms entre ses électrodes. Quelle est l'intensité du courant ?

$$I = \frac{\Sigma e}{R}, \qquad I = \frac{1,08 + 10 - 1,19}{0,4 + 10} = 0,92 \text{ ampère.}$$

CHAPITRE XV

COURANTS DÉRIVÉS. — CONDUCTEUR ÉQUIVALENT THÉORÈME DE KIRCHHOFF. — COUPLAGE DES PILES RENDEMENT D'UN GÉNÉRATEUR

376. Courants dérivés (*fig.* 373). — Lorsque l'on établit, entre deux points A et B du circuit interpolaire d'un généra-

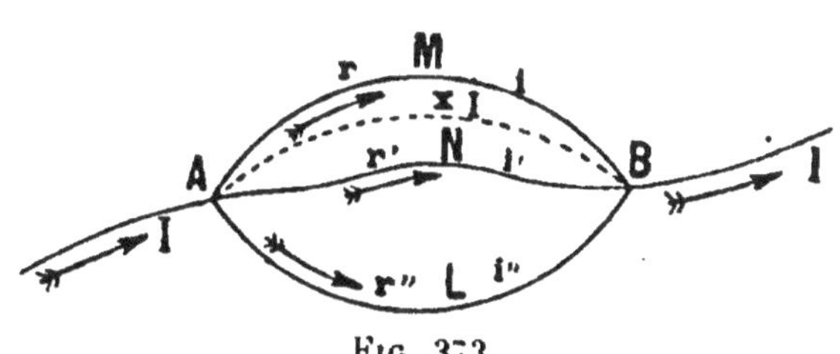

FIG. 373.

teur, deux ou plusieurs circuits intermédiaires, tels que AMB, ANB, ALB, le courant d'intensité I du générateur, en arrivant au point A, se partage en autant de courants qu'il y a de circuits intermédiaires, et ces courants se rejoignent au point B. A partir de ce point, le courant reprend la même valeur I qu'il avait en arrivant au point A. Ces courants AMB, ANB, ALB se nomment *courants dérivés*.

377. Conducteur équivalent (*fig.* 373). — Supposons, entre deux points A et B d'un circuit, une série de dérivations de résistances r, r', r''. Nous allons calculer la résistance d'un *conducteur équivalent*, produisant la même *résistance* que l'ensemble des conducteurs AMB, ANB, ALB. Appliquons la loi de Ohm à chaque dérivation :

$$A - B = ri, \qquad A - B = r'i', \qquad A - B = r''i'',$$

d'où

$$i = \frac{A - B}{r}, \qquad i' = \frac{A - B}{r'}, \qquad i'' = \frac{A - B}{r''};$$

en additionnant ces égalités :

$$I = (A - B)\left(\frac{1}{r} + \frac{1}{r'} + \frac{1}{r''}\right);$$

en appliquant la loi de Ohm au conducteur unique, de résistance x :

$$A - B = xI, \qquad \text{d'où} \qquad \frac{1}{x} = \frac{1}{r} + \frac{1}{r'} + \frac{1}{r''}.$$

Si les conducteurs en dérivation ont même résistance, $r = r' = r''$, etc., et si n est le nombre des dérivations,

$$\frac{1}{x} = \frac{n}{r}, \qquad \text{d'où} \qquad x = \frac{r}{n}.$$

Calcul de l'intensité des courants dérivés. — Nous allons, au moyen de la formule qui donne la valeur de la résistance d'*un conducteur équivalent*, calculer les intensités des courants i, i', i'', qui passent dans les dérivations de résistance r, r', r'' :

$$A - B = ri, \qquad \text{mais} \qquad A - B = \frac{I}{\frac{1}{r} + \frac{1}{r'} + \frac{1}{r''}},$$

d'où

$$i = \frac{I}{\left(\frac{1}{r} + \frac{1}{r'} + \frac{1}{r''}\right) r}, \quad i' = \frac{I}{\left(\frac{1}{r} + \frac{1}{r'} + \frac{1}{r''}\right) r'}, \quad i'' = \frac{I}{\left(\frac{1}{r} + \frac{1}{r'} + \frac{1}{r''}\right) r''}.$$

378. Lois de Kirchhoff. — Les lois de Kirchhoff permettent de résoudre les différents problèmes que l'on peut se proposer sur les courants dérivés, dans un grand nombre de cas compliqués, et sont d'une très grande utilité dans la pratique.

Première loi (*fig. 374*). — *En un point A, d'où partent et où arrivent plusieurs fils conducteurs, la somme des courants qui arrivent est égale à la somme des courants qui en partent* ; c'est-à-dire qu'en comptant comme positifs les courants qui se dirigent vers le point A, et comme négatifs ceux qui s'en éloignent,

$$i + i + i' + i'' - i''' - i^{iv} = 0,$$

d'où

$$\Sigma i = 0.$$

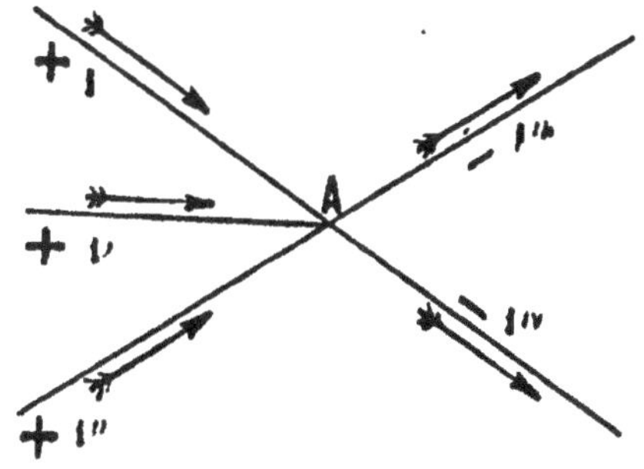

Fig. 374.

Deuxième loi (*fig. 376*). — *Si l'on parcourt plusieurs branches d'un réseau de fils conducteurs, de manière à revenir au point de départ, la somme des produits ri de la résistance par l'intensité du courant relatif à chacune des branches parcourues, est égale à la somme algébrique des forces électromotrices que l'on a rencontrées.*

Considérons un réseau ABC... Soient V, V', V'', les potentiels des points A, B, C ; i_1, i_2, i_3, les intensités des courants qui passent dans les branches; r_1, r_2, r_3, les résistances correspondantes, et soient E, E', des forces électromotrices. Nous conviendrons d'affecter du signe $+$ les forces électromotrices représentant une chute de potentiel dans le sens du courant, et du signe $-$ les forces électromotrices de sens contraire. Appliquons à chaque branche la loi de Ohm ; nous avons :

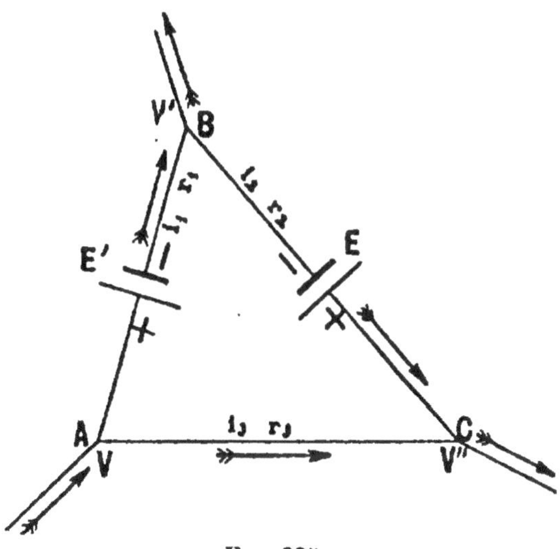

Fig. 375.

$$V - V' + E' = i_1 r_1, \qquad V' - V'' - E = i_2 r_2 ;$$
$$- V + V'' = i_3 r_3,$$

en additionnant ces égalités,

$$E - E' = i_1 r_1 + i_2 r_2 + i_3 r_3, \qquad \Sigma e = \Sigma i r.$$

Dans le cas où il n'existe pas de forces électromotrices, $\Sigma i r = 0$.

Application des lois de Kirchhoff. — *Exemple.* — *Calcul des intensités de deux courants pris en dérivation sur le circuit principal d'une pile (fig. 376).* — En appliquant la première loi au point B, nous avons $I = i + i'$; et en appliquant la deuxième loi au réseau AMBNA,

$$ir - i'r' = 0,$$

d'où

$$\frac{i}{i'} = \frac{r}{r'}, \quad \frac{i}{i+i'} = \frac{r}{r+r'}, \quad \frac{i}{I} = \frac{r}{r+r'},$$

$$i = I\,\frac{r}{r+r'}, \quad i' = \frac{Ir'}{r+r'}.$$

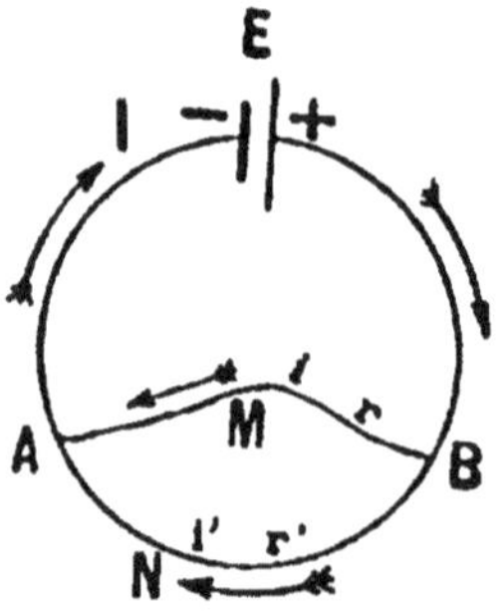

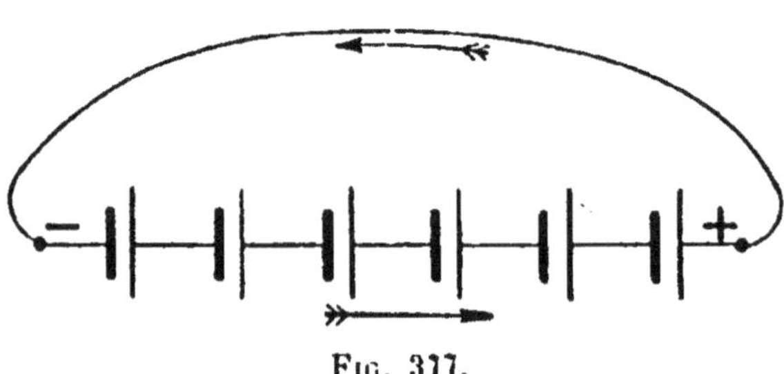

Fig. 376.

379. Couplage des piles. — Pour augmenter la différence de potentiel ou l'intensité du courant, on réunit un certain nombre d'éléments de piles. Nous distinguerons différents modes de couplages.

Couplage des éléments en série ou en tension (*fig.* 377). — Dans ce mode de montage, les éléments sont réunis par leurs pôles de noms contraires.

Fig. 377.

Dans ce cas, les forces électromotrices s'ajoutent, ainsi que les résistances intérieures; ce que nous voyons en appliquant la formule établie précédemment :

$$I = \frac{\Sigma E}{\Sigma r}.$$

Le pôle positif du premier élément et le pôle négatif du dernier forment les pôles de la batterie de piles. Si e est la force électromotrice et r la résistance intérieure d'un élément, la force électromotrice de la batterie E sera égale à ne et la résistance intérieure, à nr; et si R est la résistance du circuit interpolaire, en appliquant la loi de Ohm, l'intensité du courant sera :

$$I = \frac{nE}{R + nr}.$$

EXEMPLE. — Quelle sera l'intensité d'un courant produit par 10 éléments de pile, de force électromotrice égale à 1 volt et de résistance intérieure de 0,5 ohm, couplés en tension sur une résistance interpolaire de 1 ohm ?

$$I = \frac{10 \times 1}{1 + 0,5 \times 10} = 1,666 \text{ ampère.}$$

Couplage des éléments en quantité ou en surface (*fig.* 378).— Dans ce mode de montage, on réunit tous les pôles positifs d'un côté et tous les pô-les négatifs de l'autre ; l'ensemble des premiers forme le pôle positif de la batterie et l'ensemble des seconds, le pôle né-gatif.

On obtient ainsi une pile dont la force élec-tromotrice est égale à la force électromotrice d'un élément, mais dont la surface des électrodes est devenue n fois plus grande. Il en résulte que

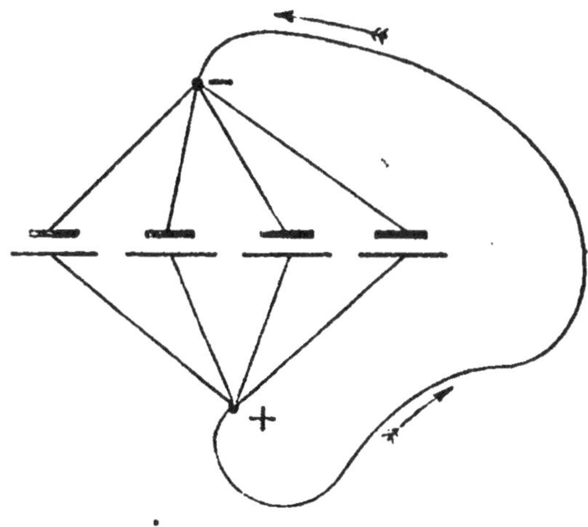

Fig. 378.

la résistance intérieure est devenue n fois plus petite et sera égale à la résistance r d'un élément, divisée par le nombre des éléments. Si e est la force électromotric d'un élément, r sa résistance intérieure, la résistance de la batterie sera $\dfrac{r}{n}$; et si R est la résistance du circuit interpolaire, l'intensité du courant sera :

$$I = \frac{e}{R + \dfrac{r}{n}}.$$

EXEMPLE. — Quelle sera l'intensité d'un courant produit par 10 éléments de pile, de force électromotrice égale à

1 volt et de résistance intérieure de 0,5 ohm, couplés en surface sur une résistance interpolaire égale à 1 ohm ?

$$I = \frac{1}{1 + \dfrac{0,5}{10}} = 0,052 \text{ ampère.}$$

Couplage mixte (*fig.* 379). — Dans ce mode de montage, on réunit un certain nombre d'éléments de piles en tension, puis tous ces groupes, considérés comme une pile unique, sont réunis en quantité.

Soient t éléments réunis en tension : la force électromotrice de l'un de ces groupes sera te et la résistance intérieure tr ; et soit q le nombre de groupes réunis en quantité : la force électromotrice de la batterie sera te, et la résistance

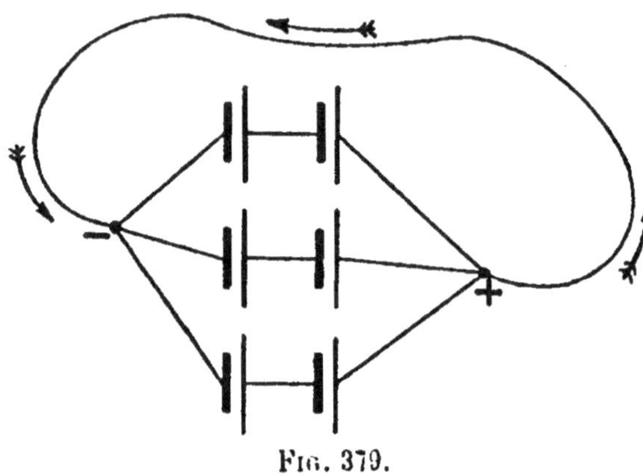

Fig. 379.

intérieure, $\dfrac{tr}{q}$; et si R est la résistance du circuit interpolaire, l'intensité du courant sera égale à :

$$I = \frac{te}{R + \dfrac{tr}{q}}.$$

Le nombre total des éléments est égal à $n = t \times q$.

Exemple. — Quelle est l'intensité du courant produit par 10 éléments de pile, de force électromotrice égale à 1 volt et de résistance intérieure égale à 0,5 ohm, sur un circuit interpolaire de résistance égale à 1 ohm, en supposant 2 éléments en tension et 5 en quantité ?

$$I = \frac{2 \times 1}{1 + \dfrac{2 \times 0,5}{5}} = 1,666 \text{ ampère.}$$

Remarque. — Tous ces modes de couplage, ainsi que les formules, peuvent être appliqués à des générateurs électriques quelconques.

380. Courant d'intensité maximum produit par un groupement de piles.
— Nous allons déterminer, comme exercice, le mode de groupement
à employer pour obtenir un courant d'intensité maximum avec n
éléments. Nous ferons remarquer que ce problème ne présente aucun
intérêt pratique.

Soient t le nombre des éléments en tension et q, le nombre des
éléments en quantité, l'intensité du courant sera :

$$I = \frac{te}{R + \frac{tr}{q}} = \frac{e}{\frac{R}{t} + \frac{r}{q}}.$$

Il faut chercher le *minimum* du dénominateur $\frac{R}{t} + \frac{r}{q}$; le produit

des deux facteurs $\frac{R}{t} \times \frac{r}{q} = \frac{Rr}{n}$ est constant. Le minimum sera

obtenu quand les deux facteurs seront égaux.

$$\frac{R}{t} = \frac{r}{q}, \qquad \text{d'où} \qquad t = \frac{Rq}{r}, \qquad \text{mais } t = \frac{n}{q},$$

d'où

$$\frac{n}{q} = \frac{Rq}{r}, \qquad q^2 = \frac{rn}{R}, \qquad q = \sqrt{\frac{rn}{R}} \qquad \text{et} \qquad t = \sqrt{\frac{nR}{r}}.$$

381. Choix d'un mode de couplage. — Si l'on a à
vaincre une résistance extérieure ou une force contre-électromotrice, il faudra employer le couplage en tension.

Si l'on veut obtenir un courant intense dans une résistance
extérieure faible, on devra employer le couplage en quantité ;
enfin, le couplage mixte pour les cas intermédiaires.

382. Rendement d'un générateur électrique. — Le rendement d'un générateur est le rapport qui existe entre la
puissance disponible dans le circuit extérieur et *la puissance
totale produite.*

*La puissance électrique utilisable dans le circuit interpolaire
est égale au produit de l'intensité du courant par la différence
de potentiel aux bornes : $e \times I$.*

*La puissance électrique totale est é   au produit de l'inten-
sité du courant par la force électromotrice du générateur
$E \times I$.*

On a donc, pour le rendement,

$$\frac{e \times I}{E \times I} = \frac{e}{E}.$$

Le rendement d'un générateur électrique est égal au rapport de la différence de potentiel aux bornes e à la force électromotrice E.

Comme la différence de potentiel aux bornes est plus petite que la force électromotrice, il s'ensuit que le rendement est toujours plus petit que 1.

DISCUSSION. — Nous avons établi que :

$$E = e + rI, \qquad e = E - rI.$$

Donc, le rendement est égal à :

$$\frac{e}{E} = \frac{E - rI}{E} = 1 - \frac{r}{E} I.$$

Le rendement sera d'autant plus près de 1 que I sera plus petit, c'est-à-dire que l'on fera produire au générateur un courant plus faible.

Il en résulte que, *pour une même dépense de zinc, la quantité d'énergie utilisable dans le circuit extérieur sera d'autant plus grande que le courant sera plus faible.*

EXEMPLE. — Quel sera le rendement de chaque groupement de piles correspondant aux trois modes de couplages précédents ?

1° Pour le couplage en tension, le rendement sera égal à :

$$\frac{e}{E} = \frac{10 - 0,5 \times 10 \times 1,666}{10} = 0,167.$$

2° Pour le couplage en surface :

$$\frac{e}{E} = \frac{1 - \dfrac{0,5}{10} \times 0,952}{1} = 0,952.$$

3° Pour le couplage mixte :

$$\frac{e}{E} = \frac{2 \times 1 - \dfrac{2 \times 0,5}{5} \times 1,666}{2} = 0,833.$$

383. Couplage d'éléments de pile donnant une distribution avec puissance maxima. — L'intensité du courant du générateur est, en appliquant la loi de Ohm :

$$I = \frac{E}{R + r}.$$

Si nous représentons par V la différence de potentiel aux bornes, à circuit fermé :

$$I = \frac{V}{R}, \qquad \text{d'où} \qquad \frac{E}{R+r} = \frac{V}{R} = \frac{E-V}{r}.$$

La puissance utilisable est égale à $\left(\dfrac{E-V}{r}\right)$ V ; r étant constant et la somme des deux facteurs E — V et V étant constante, la puissance sera maxima quand les deux facteurs seront égaux :

$$E - V = V, \qquad V = \frac{E}{2}, \qquad \text{d'où} \qquad r = R.$$

Pour qu'un générateur travaille dans des conditions de puissance utile maxima, il faut que la différence de potentiel aux bornes soit la moitié de la force électromotrice du générateur.

Méthode graphique. — Ce résultat peut être représenté graphiquement (*fig.* 380). Traçons deux axes de coordonnées rectangulaires.

Soient un élément de pile de force électromotrice E, V la différence de potentiel aux bornes, et r la résistance intérieure ; l'intensité du courant sera égale à :

$$I = \frac{E-V}{r},$$

et la puissance utilisable :

$$VI = V\left(\frac{E-V}{r}\right).$$

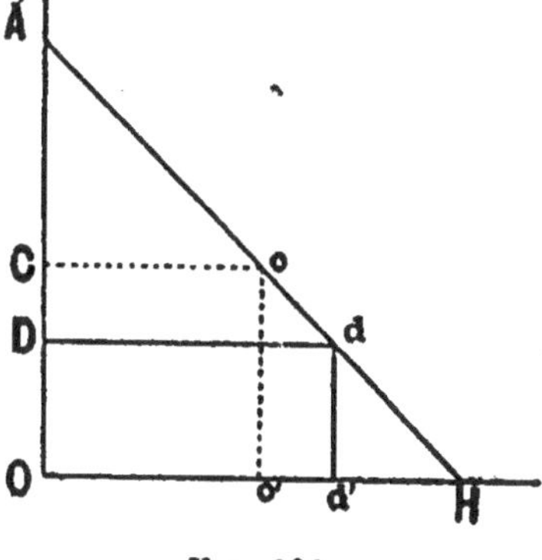

Fig. 380.

Il faut que $V\left(\dfrac{E-V}{r}\right)$ soit maximum. Comme nous supposons r constant et que nous faisons varier seulement la résistance extérieure du circuit, nous pouvons supposer :

$$r = 1, \qquad \text{d'où} \qquad I = E - V.$$

Portons, à partir du point O, une ordonnée OA = E et une ordonnée OD = V, et portons en abscisse OH égal à AO ; pour chaque point D,

$$Dd = AD = E - V = I.$$

Donc, la surface du rectangle Ddd'O représente la puissance utile V (E — V).

De tous ces rectangles, celui qui a la surface maxima est le carré dans lequel :

$$OC = \frac{OA}{2};$$

donc, la puissance utile maxima correspond à :

$$V = \frac{E}{2}.$$

Rendement. — Dans le cas de la distribution à puissance utile maxima, le rendement est égal à :

$$\frac{V}{E} = \frac{\frac{E}{2}}{E} = \frac{1}{2},$$

c'est-à-dire que l'on n'utilise sous forme d'énergie disponible, dans le circuit interpolaire, que la moitié de l'énergie chimique du zinc; le reste se trouve, sous forme de chaleur, à l'intérieur de la pile.

PILES THERMO-ÉLECTRIQUES

384. Principe des piles thermo-électriques. — Les piles thermo-électriques sont des générateurs qui transforment l'énergie thermique en énergie électrique.

Il résulte de la loi des contacts ([1]) qu'une chaîne formée de différents métaux soudés bout à bout et dont les extrémités sont constituées par un même métal, ne donne pas de différence de potentiel et que, si l'on réunit les extrémités, il ne se produit pas de courant.

Mais, si nous chauffons l'une quelconque des soudures, cette chaîne devient le siège d'un courant; l'énergie nécessaire à la production de ce courant est fournie par la source de chaleur.

Pour étudier ces phénomènes, formons un circuit composé de deux métaux différents, par exemple le bismuth et le cuivre, et chauffons l'une des soudures: nous réalisons ainsi un *couple thermo-électrique*, et le courant qui prend naissance se nomme *courant thermo-électrique.*

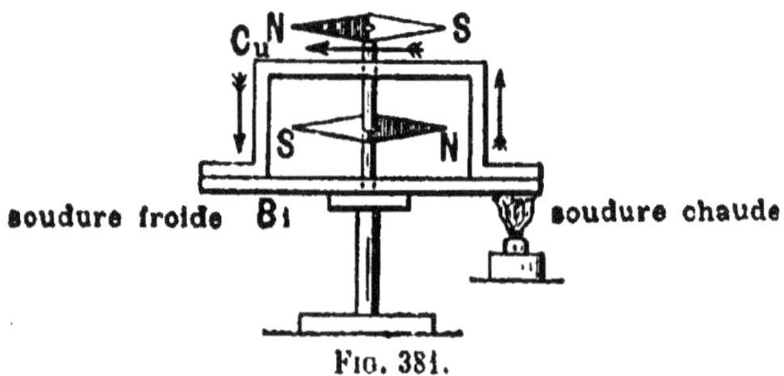

Fig. 381.

Prenons, comme couple thermo-électrique, la pile de Seebeck, (*fig.* 381), qui se compose d'un barreau de bismuth, sur lequel est

(1) Voir les lois du contact (paragraphe 353).

soudée une lame de cuivre, repliée à angle droit à ses deux extrémités. A l'intérieur du cadre ainsi formé se trouve un pivot vertical, sur lequel on place une aiguille aimantée ou un système d'aiguilles astatiques [1], qui rend l'appareil plus sensible. On oriente le cadre dans la direction du méridien magnétique et l'on chauffe une des soudures; l'aiguille aimantée dévie, sous l'influence d'un courant qui va du bismuth au cuivre, en passant par la soudure chaude. On dit que le bismuth est positif.

Si nous prenons un couple thermo-électrique cuivre et fer, nous constaterons que le courant va du cuivre au fer par la soudure chaude : le cuivre est positif.

Dans le tableau ci-après, chaque métal est positif par rapport à ceux qui le suivent, et négatif par rapport à ceux qui le précèdent :

+ bismuth — argent — or — nickel — étain — zinc
— platine — plomb — fer — antimoine.

Dans la série thermo-électrique, un métal est dit positif, par rapport à un autre, lorsque la force électromotrice de contact est dirigée du premier au second, à travers la soudure chaude.

385. Température d'inversion. — Si l'on maintient l'une des soudures d'un couple bismuth et cuivre à 0° (*fig.* 382) dans la glace fondante, et si l'on porte l'autre à une température croissante, la force électromotrice croît progressivement, passe par un maximum qui, pour le couple cuivre et fer, est atteint à + 274°, puis va en diminuant, jusqu'à devenir nulle pour une température que l'on appelle *température d'inversion*. Si l'on continue à élever la température de la soudure chaude, le *courant change de sens*.

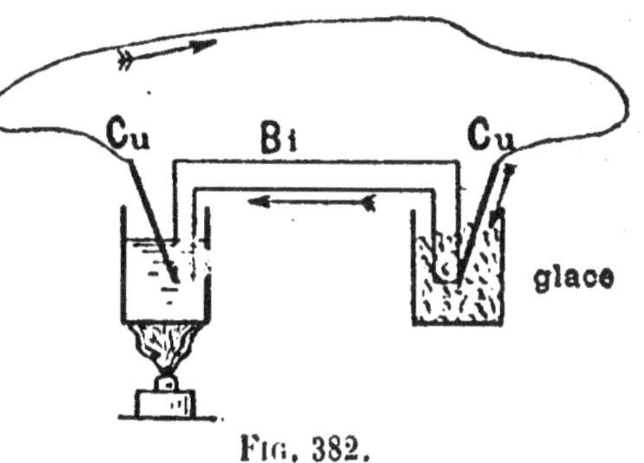

Fig. 382.

Les températures d'inversion sont :

pour le couple Pb | Fe égale à............. 360°
—   —   Pb | Pt   —   150
—   —   Cu | Fe   —   550

On peut montrer facilement ces variations de la force électromotrice pour un couple Cu | Fe, formé de deux gros fils de cuivre et de fer, relié à un galvanomètre de *faible résistance*; en plaçant l'une des soudures au-dessus d'un bec Bunsen, on constate que le courant augmente, passe par un maximum, puis change de sens.

385. Forces électromotrices des couples thermo-électriques. — Les forces électromotrices des couples thermo-électriques sont *très faibles*.

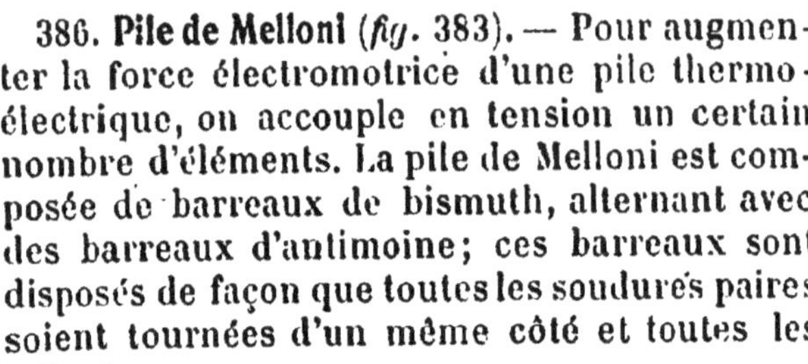

Fig. 383.

La force électromotrice du couple Fe | Cu est, pour une différence de température de 1° C., égale à 11,52 microvolts.

Celle du couple Bi | Sb, qui donne une des plus grandes forces électromotrices, est égale, pour 1° C., à 57 microvolts.

La résistance métallique intérieure de ces couples entièrement métalliques peut être extrêmement faible; ils peuvent, pour cette raison, donner des courants intenses.

386. Pile de Melloni (*fig.* 383). — Pour augmenter la force électromotrice d'une pile thermo-électrique, on accouple en tension un certain nombre d'éléments. La pile de Melloni est composée de barreaux de bismuth, alternant avec des barreaux d'antimoine; ces barreaux sont disposés de façon que toutes les soudures paires soient tournées d'un même côté et toutes les soudures impaires, de l'autre.

La force électromotrice totale de la pile est égale à celle d'un couple, multiplié par le nombre des couples.

387. Pile Noé (*fig.* 384). — La pile Noé se compose de couples

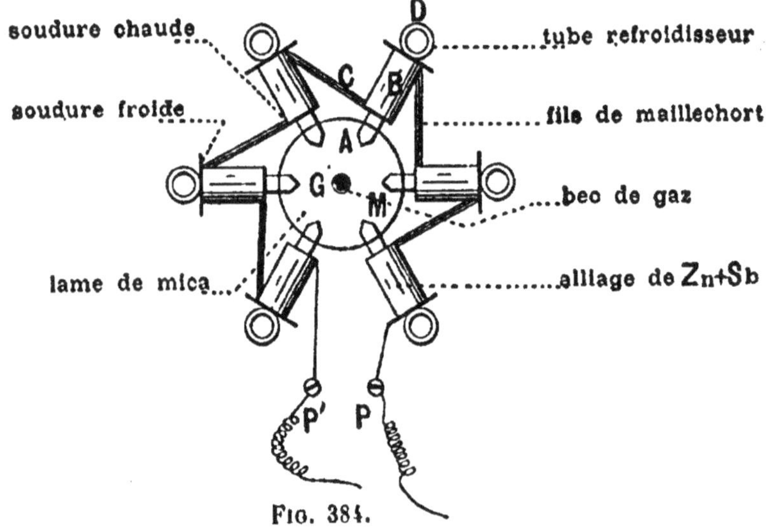

Fig. 384.

formés de maillechort et d'un alliage à base de zinc et d'antimoine.

Cet alliage est sous forme de gros barreaux cylindriques B, au nombre de 12 ou de 20. Quatre fils de maillechort C sont soudés, d'une part, à l'extrémité centrale d'un barreau B et, d'autre part, à l'extrémité périphérique du barreau voisin. Ces éléments sont disposés en couronne, les soudures paires au centre; ces soudures ne sont pas chauffées directement; les barreaux B se terminent par un cylindre de cuivre A, terminé en cône et protégé par des disques de mica M, qui se trouvent au-dessus de la flamme d'un bec de gaz. Les soudures impaires sont refroidies par circulation d'air dans des tubes verticaux D.

La force électromotrice de chaque élément est égale à 0,06 volt; la résistance intérieure est égale à 0,025 ohm.

La pile de 20 éléments a une force électromotrice de 1,25 volt et une résistance intérieure de 0,45 ohm.

388. Applications des piles thermo-électriques. — Les piles thermo-électriques ne sont actuellement utilisées que pour la mesure des températures.

La force électromotrice d'un couple, pour une température fixe de la soudure froide, est une fonction de la température de la soudure chaude; en partant de ce principe, il est possible de mesurer les températures.

Pyromètre de Le Chatelier. — Le pyromètre Le Chatelier, utilisé pour la mesure des hautes températures, se compose d'un couple thermo-électrique formé de deux fils, l'un de platine pur, l'autre de platine rhodié (à 10 0/0 de rhodium). Ces deux fils sont soudés à leurs extrémités, ou simplement tordus et isolés par des cylindres d'argile, par exemple des tuyaux de pipe.

Dans le circuit, on place un galvanomètre très sensible, étalonné en millivolts. L'une des soudures est placée dans le four où l'on veut mesurer la température, l'autre dans l'air extérieur.

La force électromotrice de ce couple est sensiblement proportionnelle à la différence de température des deux soudures.

Pour l'étalonner, on plonge une des soudures dans une série de bains de métaux fondus, dont les points de fusion sont connus :

Fusion du plomb.........................	325°
— du zinc...........................	415
Ébullition du soufre	448
Fusion de l'aluminium....................	625
— de l'argent	945
— du cuivre........................	1.034

et l'on trace une courbe, en portant en abscisses les forces électromotrices et en ordonnées, les températures.

CHAPITRE XVI

MAGNÉTISME

PHÉNOMÈNES GÉNÉRAUX

389. Aimants naturels et artificiels. — On appelle *aimant* un corps qui possède la propriété d'attirer et de retenir la limaille de fer.

On a donné le nom de *magnétisme* à la cause, de nature inconnue, à laquelle est due cette propriété, et les substances qui peuvent être aimantées ont été appelées *substances magnétiques*.

Substances magnétiques. — Il existe dans la nature un minerai, l'oxyde de fer magnétique Fe^3O^4, qui possède la propriété d'attirer la limaille de fer et que l'on appelle un *aimant naturel*. L'aimant naturel peut, par frottement, communiquer à un barreau d'*acier trempé* ses propriétés magnétiques et le transformer en un *aimant artificiel*. Parmi les substances magnétiques les plus parfaites, nous avons le *fer*, l'*acier* et la *fonte*, et à un degré moindre, le *nickel* et le *cobalt*.

390. Pôles d'un aimant (*fig.* 385). — Si l'on plonge un barreau aimanté dans la limaille de fer, celle-ci est attirée

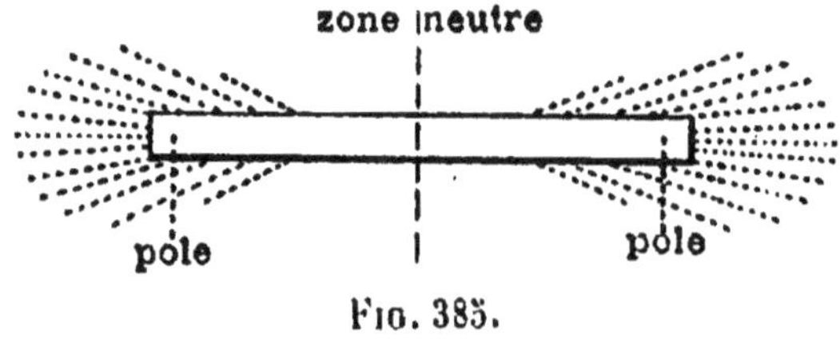

Fig. 385.

aux extrémités sous forme de houppes serrées. L'action magnétique semble n'exister qu'aux extrémités de l'aimant; il ne se produit aucune attraction au milieu du barreau. On donne le nom de *pôles* aux extrémités du barreau où s'attache la limaille de fer, et l'on appelle *zone neutre* la région intermédiaire où ne se produit aucune attraction.

391. Action de la terre sur un aimant. — Distinction des pôles. — Si l'on suspend un barreau aimanté sur un pivot vertical ou dans un étrier (*fig.* 386-387), l'un des pôles se dirige

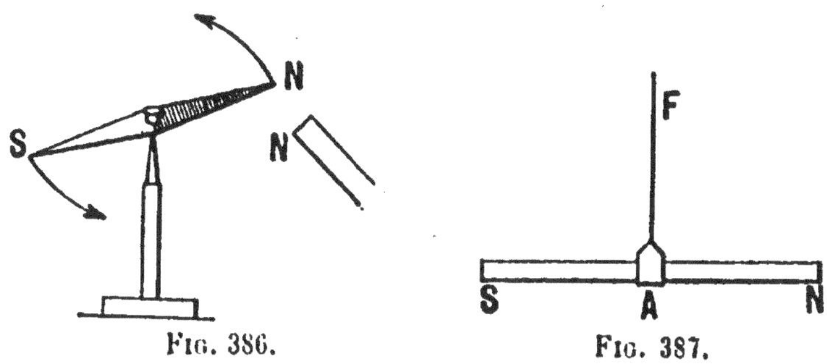

Fig. 386.   Fig. 387.

approximativement vers le nord géographique, l'autre vers le sud. Nous appellerons pôle nord l'extrémité qui se tourne vers le nord et pôle sud, l'autre extrémité. Les deux pôles de 'aimant ne sont pas identiques, car, si l'on fait perdre au barreau aimanté sa position d'équilibre, il tend toujours à y revenir; et si l'on met le pôle nord à la place du pôle sud, l'aimant se retourne de façon à présenter toujours la même extrémité vers le nord.

392. Actions réciproques des pôles de deux aimants. — Si l'on approche du pôle nord d'un aimant mobile dans un plan horizontal, le pôle sud d'un deuxième aimant, il y a attraction; il y a répulsion si c'est le pôle nord que l'on approche. Donc, *les pôles de même nom de deux aimants se repoussent et les pôles de noms contraires s'attirent.*

393. Procédé d'aimantation. — Pour obtenir un aimant (*fig.* 388), on prend un barreau d'acier trempé, que l'on frotte, toujours dans la même direction, avec le pôle d'un autre aimant; au dernier point frotté, prend naissance un pôle de nom contraire à

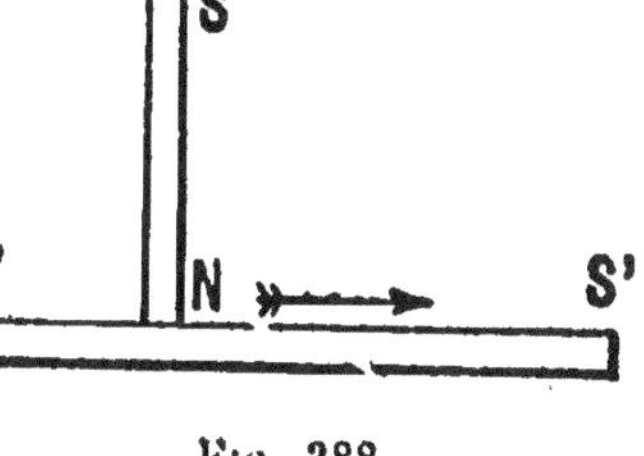

Fig. 388.

celui qui frotte. Nous étudierons, au paragraphe 458, d'autres procédés d'aimantation.

On donne aux aimants (*fig.* 389) la forme de barreaux cylindriques, parallélipipédiques, de losanges allongés, que l'on appelle aiguilles aimantées, de fer à cheval ou d'anneau.

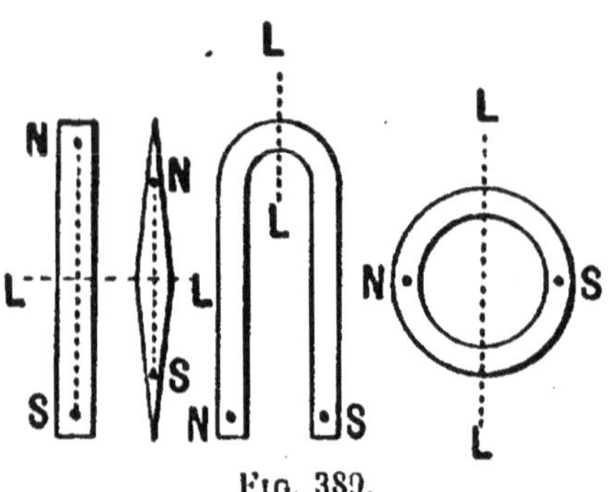

Fig. 389.

394. Lois des attractions et des répulsions magnétiques. — Notion de masse magnétique. — Unité d'intensité de pôle. — Nous avons vu qu'un aimant exerce à distance, comme un corps électrisé, des forces attractives ou répulsives sur le pôle d'un autre aimant. Nous allons établir les lois de ces attractions ou de ces répulsions. Prenons deux barreaux aimantés longs et minces (*fig.* 390), par exemple des aiguilles à tricoter SN et N_1S_1, trempées sec, ce que l'on obtient en chauffant au rouge vif les aiguilles et en les plongeant dans l'eau. Le premier barreau est placé dans un étrier en cuivre, suspendu par un fil de laiton L et dirigé suivant le méridien magnétique, c'est-à-dire dans la direction que prend une aiguille aimantée libre de se mouvoir dans un plan horizontal; l'extrémité du fil de laiton est fixée à un bouton mobile B, lequel porte une aiguille qui se déplace sur un cadran gradué. Approchons, du pôle nord N de cet aimant, celui d'un deuxième aimant N_1S_1, à une distance de 4 centimètres, dans la

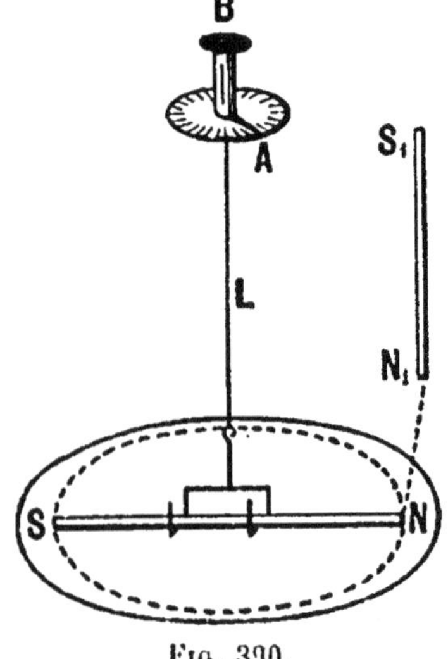

Fig. 390.

direction de la tangente au cercle décrit par le pôle N ; ce dernier est repoussé. Pour le ramener dans sa première position, nous tournons le bouton B de n divisions, qui représentent la torsion du fil. Si nous écartons le pôle N_1 de 8 centimètres, le nombre de divisions dont il faudra tordre le fil pour le ramener dans sa première position sera de $\frac{n}{4}$ divisions ; enfin, si nous rapprochons le pôle N_1 à 2 centimètres, il faudra tordre le fil de $4n$ divisions. Or, ces nombres n, $\frac{n}{4}$, $4n$, sont proportionnels aux forces de torsion équilibrant les forces répulsives qui s'exercent entre les pôles N et N_1 des deux aimants.

Nous en concluons *que les forces répulsives ou attractives qui s'exercent entre les pôles de même nom ou de noms contraires de deux aimants, sont inversement proportionnelles aux carrés des distances des pôles de ces aimants.*

Notion de masse magnétique ; pôles de même intensité. — Approchons un deuxième barreau aimanté N_2S_2 à 4 centimètres du pôle N : le pôle est repoussé. Soit n l'angle de torsion nécessaire pour ramener le pôle N dans sa première position ; si cet angle est le même que précédemment, les deux barreaux N_1S_1 et N_2S_2 ont même *intensité de pôle ou même masse magnétique.*

Si des barreaux dont le pôle N est placé à 4 centimètres du pôle N_1 exigent un angle de torsion $2n$, $3n$, $4n$, etc., pour ramener le pôle N dans sa première position, nous dirons que ces barreaux ont des intensités de pôle ou des masses magnétiques doubles, triples, quadruples de celles du barreau N.

Unité d'intensité de pôle. — On choisit, comme unité d'intensité de pôle, l'intensité d'un pôle qui exerce sur un autre pôle identique, d'intensité égale, placé à 1 centimètre de distance, une force d'une dyne, c'est-à-dire sensiblement d'un milligramme.

395. Loi de Coulomb. — Il résulte de la définition de l'unité d'intensité du pôle ou masse magnétique et de la loi de l'inverse du carré, que la force magnétique qui s'exerce entre deux pôles de masses m, m' est représentée par la formule :

$$F = \pm \frac{m \times m'}{d^2},$$

qui exprime la loi de Coulomb, m et m' représentant les masses magnétiques des aimants, d, leur distance en centimètres, F, la force attractive ou répulsive en dynes.

L'action exercée entre les deux pôles d'un aimant est proportionnelle au produit des intensités des pôles et inversement proportionnelle au carré de leur distance.

Remarque. — L'expérience montre que les deux pôles d'un même aimant exercent des actions égales et de signes contraires. Il en résulte que les masses magnétiques des deux pôles d'un même barreau sont égales et de signes contraires.

396. Vérification de la loi de l'inverse du carré par une méthode graphique. — Plaçons un aimant NS (*fig.* 391) sur une feuille de carton ; traçons-en le contour avec un crayon et marquons la position des pôles N et S ([1]); enlevons l'aimant et supposons placé, en un point P quelconque de son voisinage, le pôle sud d'un autre aimant. Joignons PN et PS. Portons sur PN une longueur PA proportionnelle à $\dfrac{1}{PN^2}$ et sur PS, une longueur PB proportionnelle à $\dfrac{1}{PS^2}$.

Construisons le parallélogramme BPAC : la diagonale PC représentera la direction de la force magnétique exercée par l'aimant au point P, et suivant laquelle se dirigerait une petite aiguille aimantée dont le centre serait au point P.

Plaçons en P une aiguille à coudre aimantée suspendue par un fil de cocon sans torsion, ou tout simplement une petite boussole, et

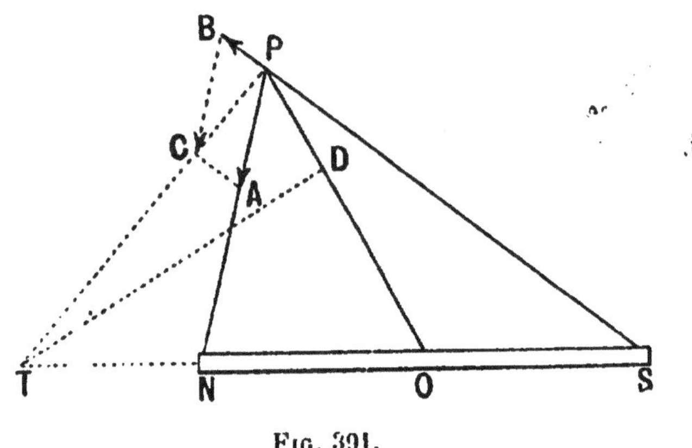

Fig. 391.

déplaçons la feuille de carton jusqu'à ce que la ligne PC soit dirigée suivant l'aiguille. Remettons l'aimant en place : l'aiguille de la boussole restera dans la direction PC. La résultante PC représente, en grandeur et en direction, une force proportionnelle à la force magnétique exercée par l'aimant sur un pôle placé au point P.

Remarque. — La direction de la résultante PC peut être obtenue par une construction plus simple : on joint P à O, milieu du barreau ; on divise PO en trois parties égales. Par le point D, au 1/3 de PO, on mène une perpendiculaire DT ; on joint P à T ; TP est la direction de la résultante.

397. Mesure de l'intensité de pôle d'un aimant. — Prenons deux aimants ayant (*fig.* 392) même intensité de pôle. Plaçons l'un d'eux

---

([1]) On peut *approximativement* déterminer la position des pôles d'un barreau aimanté, en disposant une petite boussole sur le côté du barreau ; dans le voisinage d'une des extrémités, on marque sur la feuille de carton des points correspondant aux extrémités de l'aiguille ; on transporte la boussole de l'autre côté du barreau et l'on recommence l'opération ; on joint ces points. Le point de rencontre de ces deux directions donne la position du pôle.

sur le plateau d'une balance sensible et approchons le pôle de l'autre aimant, à une distance d.

D'après la loi de Coulomb, l'attraction sera :

$$F = \frac{m^2}{d^2}.$$

Nous ferons équilibre à cette force F en mettant des masses marquées sur le plateau de la balance. Nous avons :

$$m = \sqrt{Fd^2} = d\sqrt{F},$$

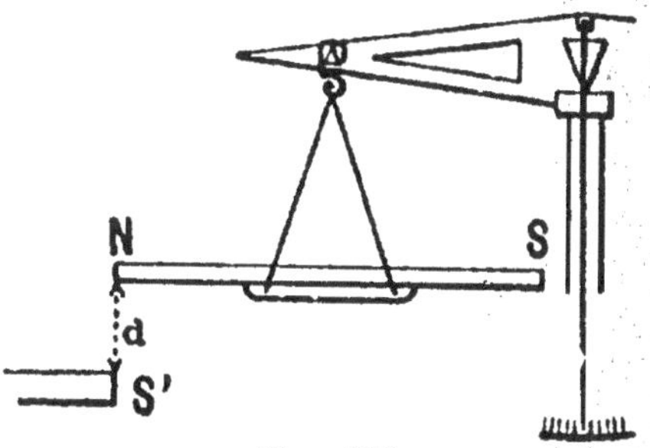

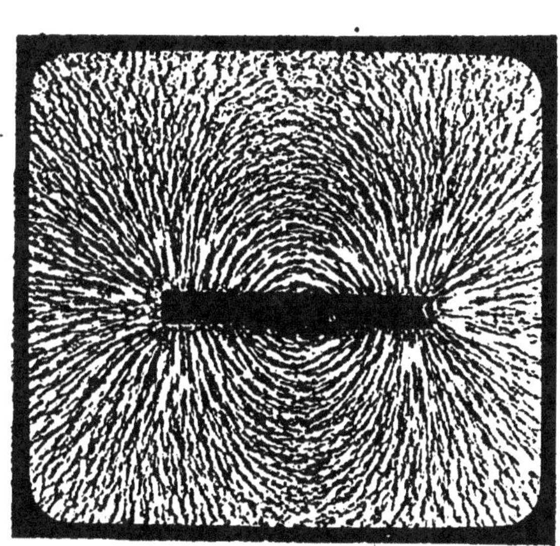

Fig. 392.

F étant exprimé en dynes et d en centimètres. D'après ce qui précède, on pourra, connaissant l'intensité de pôle d'un aimant, déterminer celle d'un aimant quelconque ; en répétant la même opération, on aura :

$$F = \frac{mm'}{d^2}, \qquad \text{d'où} \qquad m' = \frac{Fd^2}{m} = d\sqrt{\frac{F}{m}}.$$

398. Champ magnétique créé par un aimant. — Le champ magnétique est l'espace qui existe autour d'un aimant et où les forces magnétiques exercent une attraction ou une répulsion sur le pôle d'un aimant.

Pour explorer un champ magnétique, on peut employer deux procédés.

Spectre magnétique : lignes de force (*fig.* 393). — Disposons au-dessus d'un aimant, une feuille de carton ou une lame de verre horizontale, et projetons sur sa surface de la limaille de fer, en produisant une série de petits chocs, pour donner de la mobilité aux particules de limaille. Nous verrons les grains de limaille se grouper de manière à dessiner le contour du barreau et former de

Fig. 393.

longs filaments, qui iront converger vers les pôles de l'aimant et se recourberont en arcs autour de la zone neutre réunissant les points symétriques des deux moitiés du barreau. Ces filets de limaille représentent la direction des *lignes de force* du champ magnétique de l'aimant.

Chaque grain de limaille peut être considéré comme un petit barreau de fer, qui s'aimante sous l'influence du champ et dont la plus grande longueur se dirige suivant la direction du champ, et dont tous les pôles nord sont situés d'un côté et tous les pôles sud de l'autre.

En examinant ces spectres magnétiques, on constate que la limaille de fer se rassemble en plus grande quantité dans les régions où le champ est le plus intense, de sorte que l'intensité du champ est graphiquement représentée par des lignes de force plus ou moins serrées.

La production des spectres magnétiques nous montre, de plus, que les forces magnétiques peuvent s'exercer à travers les corps solides, comme le carton, une lame de verre, une lame de cuivre; mais cette action ne s'exerce pas à travers une lame de fer.

399. Deuxième procédé. — On peut encore explorer le champ magnétique en déplaçant (*fig.* 394), dans le voisinage

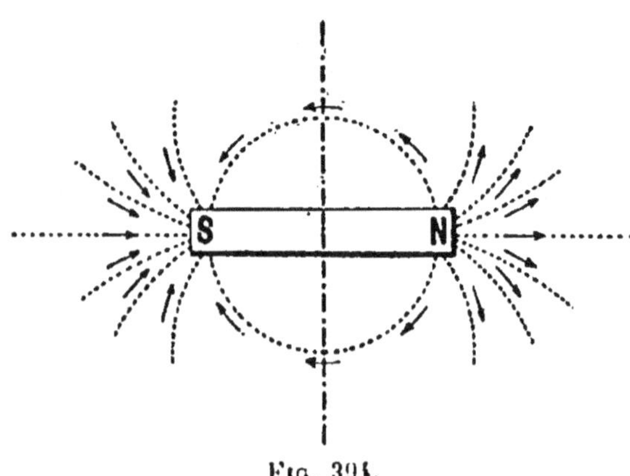

Fig. 394.

d'un barreau aimanté, une petite aiguille aimantée suspendue par son centre de gravité, de façon à éliminer l'action de la pesanteur; par exemple, une aiguille à coudre suspendue par un fil de cocon.

Si l'on place cette petite aiguille aux différents points du champ, elle prend la direction de la tangente à la ligne de force représentée par le filet de limaille qui passe par ce point, et donne en chaque point la direction du champ.

Sens des lignes de force. — Le sens d'une ligne de force est celui dans lequel un pôle nord serait sollicité de la part du champ. Les lignes de force sortent par le pôle nord de l'aimant et rentrent par le pôle sud.

400. Direction, sens, d'un champ magnétique en un point. — La direction d'un champ magnétique en un point est la direction d'équilibre d'une petite aiguille aimantée très courte, suspendue par son centre de gravité en ce point.

En effet (*fig.* 391), en un point P du champ, la résultante PC représente la direction de l'intensité du champ sur un pôle sud. Si nous plaçons en ce point P une très petite aiguille, dont les deux pôles n et s seront très rapprochés, l'action exercée sur le pôle nord de cette petite aiguille sera égale et de signe contraire à PC : l'aiguille prendra donc la direction PC. Or, la direction du champ est tangente à la ligne de force qui passe par P : donc, la direction de la petite aiguille donne celle du champ. Le sens d'un champ magnétique est le sens qui va du pôle sud au pôle nord de la petite aiguille.

401. Intensité du champ en un point. — **Unité d'intensité.** — **Gauss.** — L'intensité d'un champ magnétique en un point est représentée par le rapport $\mathcal{K} = \dfrac{F}{m}$ de la force exercée par le champ sur un pôle de masse magnétique égale à m, à l'intensité m du pôle; si $m = 1$, $\mathcal{K} = F$.

Le champ d'intensité égale à l'unité est celui qui exerce une force d'une dyne sur un pôle de masse égale à l'unité. Cette unité de champ se nomme *gauss*.

402. Champ magnétique uniforme. — Un champ magnétique uniforme est celui dont toutes les lignes de force sont parallèles, et partout également distantes. Son intensité est alors constante en tous les points.

403. Spectres magnétiques de champs produits par les aimants. — Les figures 395 et 396 représentent le spectre magnétique de deux aimants dont les pôles de noms contraires sont en regard, et les figures 397 et 398, le spectre de deux aimants dont les pôles de même nom sont en regard.

Dans les figures 399, 400 et 401, on voit le spectre magnétique de deux aimants disposés parallèlement; dans le premier cas, les pôles de noms contraires sont en regard; dans le second, les pôles de même nom.

La figure 402 représente le spectre magnétique du pôle d'un aimant, disposé perpendiculairement à la feuille de carton.

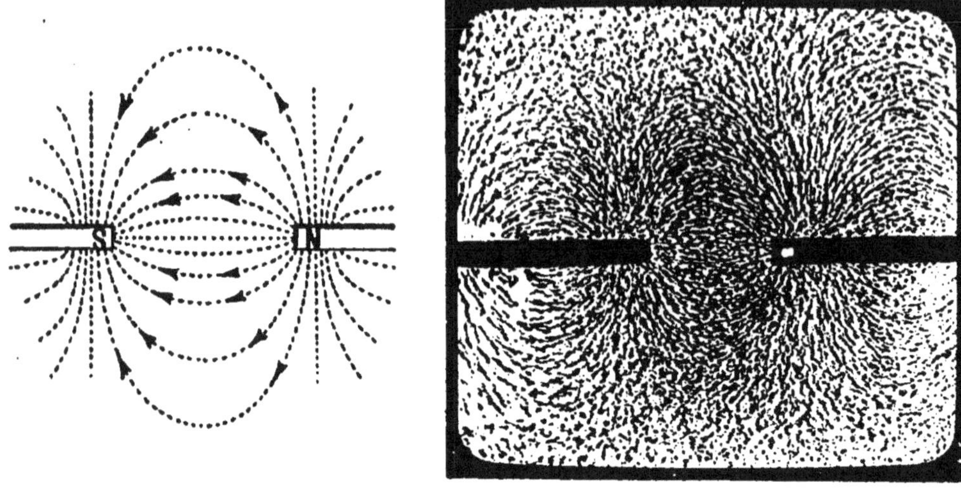

Fig. 395.   Fig. 396.

Les figures 403 et 404 donnent le spectre magnétique fourni par les pôles de noms contraires et de même nom de deux aimants, disposés perpendiculairement à la feuille de carton.

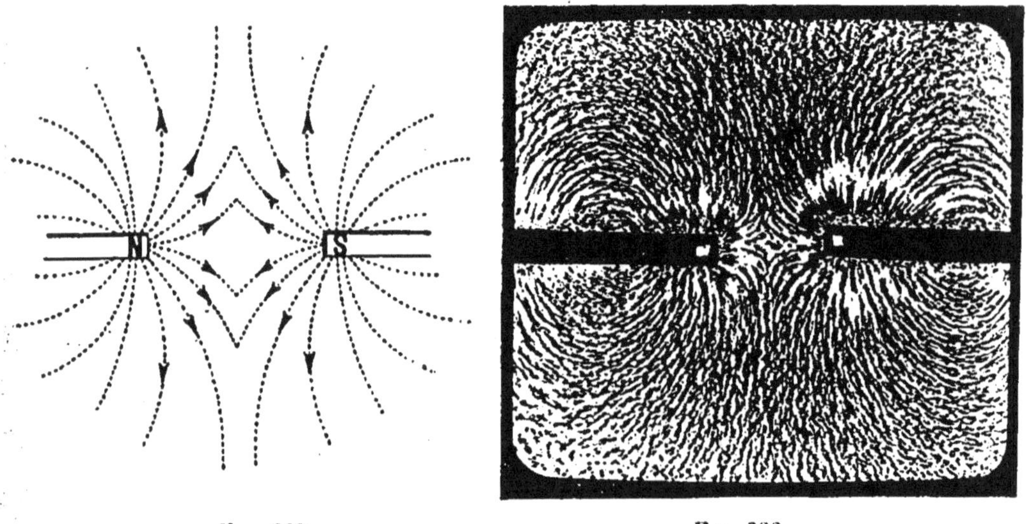

Fig. 397.   Fig. 398.

Les figures 405 et 405 bis représentent le spectre magnétique d'un aimant en forme de fer à cheval. Dans cet aimant, les pôles N et S

étant rapprochés, les lignes de force sont beaucoup plus resserrées
dans la partie du champ comprise entre les pôles où le champ peut

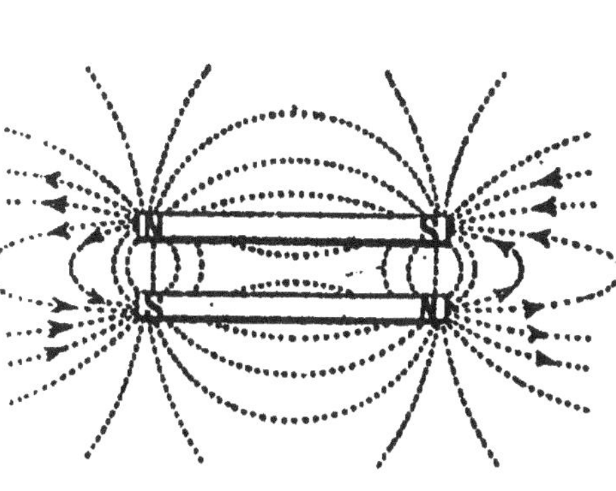

Fig. 399.   Fig. 400.

être considéré comme uniforme. Elles sont plus ou moins clairse-
mées dans l'espace environnant. Ces caractères sont d'autant

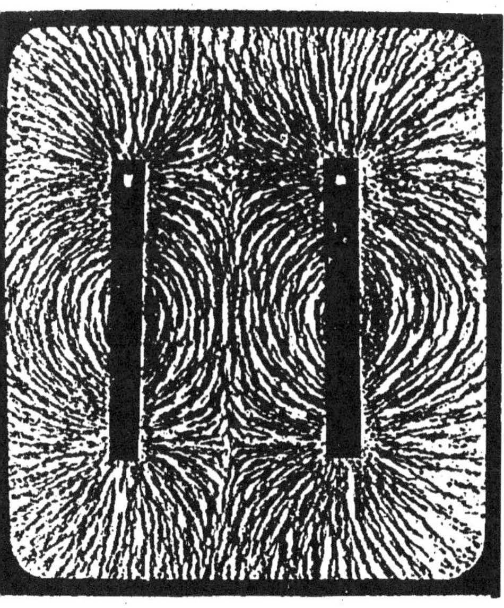

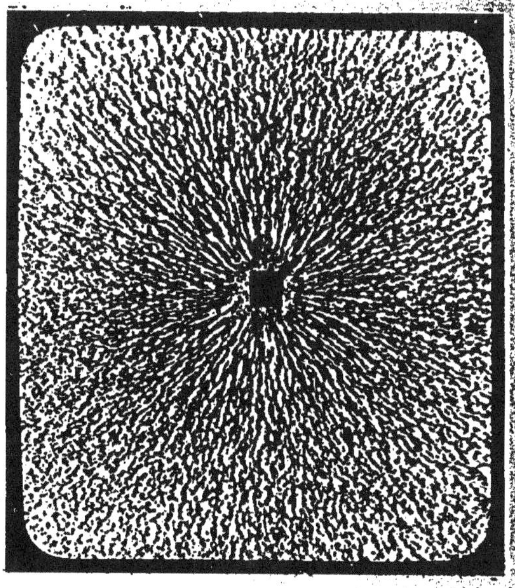

Fig. 401.   Fig. 402.

plus accentués que les pôles N et S sont plus rapprochés. Quand les
deux pôles sont réunis, toutes les lignes de force extérieures ont

disparu; on obtient un aimant sans pôle, qui n'exerce aucune action
magnétique extérieure et n'attire pas la limaille de fer; mais on peut

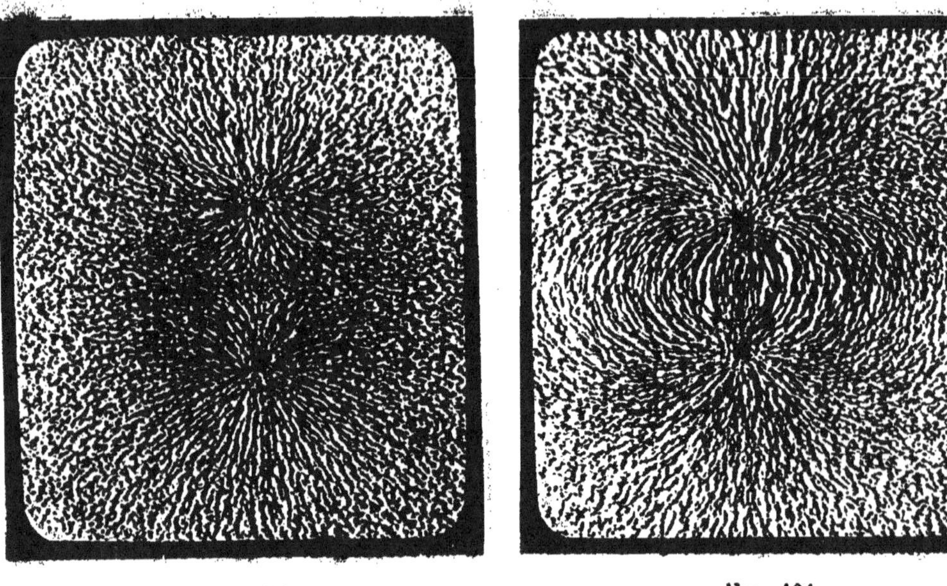

Fig. 403.   Fig. 404.

prouver (*fig.* 406) que c'est bien un aimant, en le brisant en deux
moitiés : on obtient alors quatre pôles.

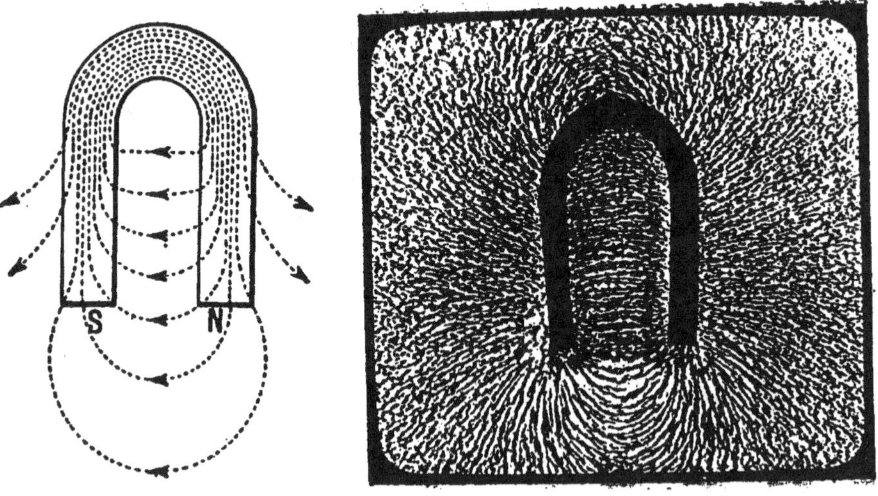

Fig. 405.   Fig. 405 *bis*.

Il résulte de l'examen de ces spectres magnétiques que toutes les
lignes de force émanées d'un pôle nord vont à la rencontre de celles

qui émanent d'un pôle sud et se confondent avec elles ; au contraire, les lignes de force émanées de deux pôles de même nom semblent se repousser mutuellement.

404. Champ magnétique terrestre. — Si nous plaçons dans le voisinage de la terre (*fig.* 407) un aimant mobile, suspendu par son centre de gravité et éloigné de tout autre aimant, il s'oriente dans une direction déterminée. On peut le vérifier au moyen d'une aiguille aiman-

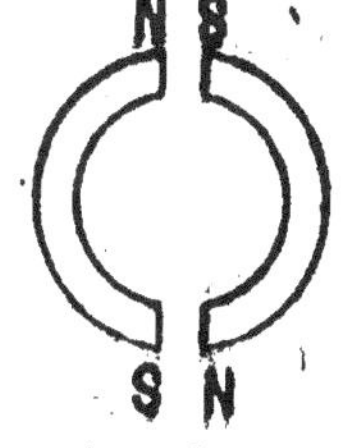

Fig. 406.

tée, traversée par un axe horizontal porté par un étrier, lequel est suspendu par un fil sans torsion. Cette aiguille peut s'orienter dans toutes les directions. Si l'on répète l'expérience en différents points voisins, l'aiguille NS se place toujours dans une *direction fixe*.

Nous en concluons qu'il existe autour de la terre un champ magnétique uniforme, dont les lignes de force sont des droites parallèles, dirigées vers le nord et inclinées sur l'horizon.

Méridien magnétique. — On appelle *méri-*

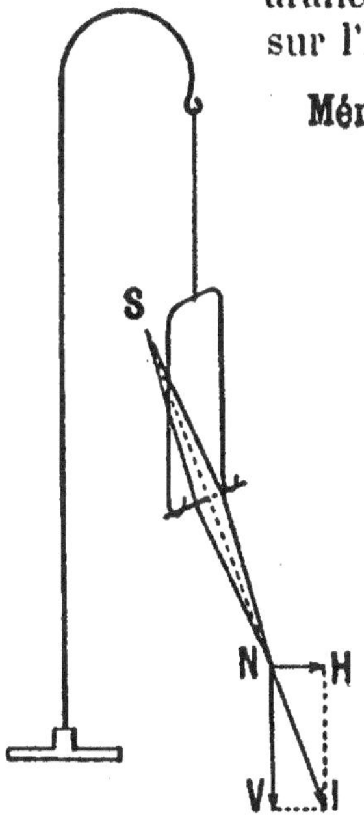

Fig. 407.

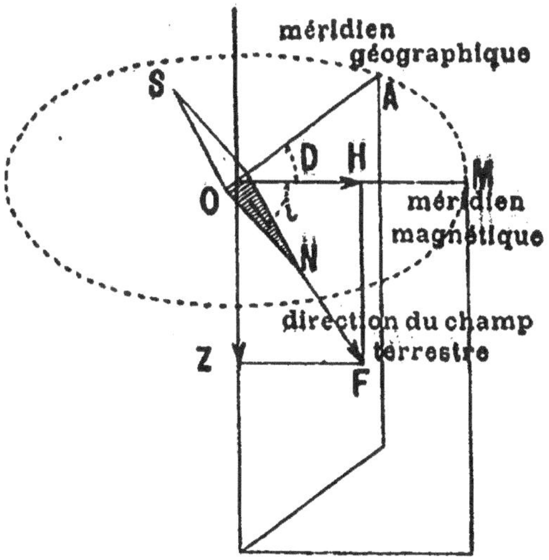

Fig. 408.

dien magnétique en un point, le plan vertical (*fig.* 408) passant par la direction de l'aiguille aimantée en ce point.

La direction du *champ terrestre* est déterminée en un point donné :

1° par l'angle de *déclinaison*, qui est l'angle D du plan du *méridien géographique* avec le *méridien magnétique* ;

2° par l'angle *d'inclinaison* qui est l'angle *i* que fait la direction d'une aiguille aimantée, suspendue par son centre de gravité, avec un plan horizontal, c'est-à-dire l'angle que font des lignes de force du champ terrestre avec un plan horizontal.

Les éléments du champ magnétique terrestre étaient, au 1ᵉʳ janvier 1904 :

$$D = 14°,36', \qquad i = 64°,44' ;$$

l'intensité du champ terrestre :

$$F = 0,467 \text{ gauss},$$

et la composante horizontale :

$$H = F \cos i = 0,2 \text{ gauss}.$$

Ces valeurs varient avec le temps et le lieu.

405. L'action du champ terrestre sur un aimant se réduit à un couple. — L'action magnétique de la terre sur un aimant est *purement directrice*, c'est-à-dire qu'il n'existe ni composante verticale, ni composante horizontale :

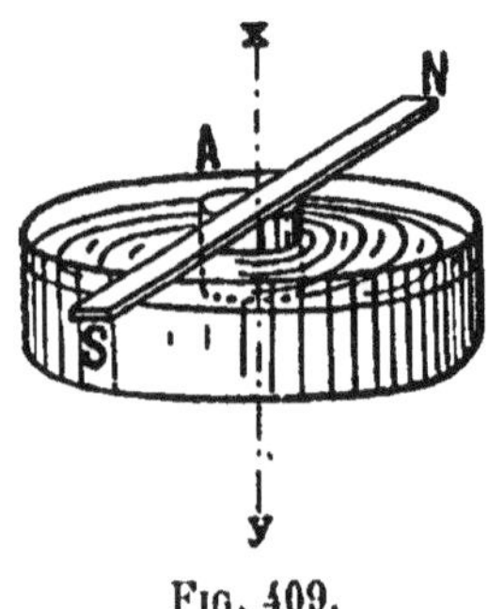

Fig. 409.

1° il n'y a pas de composante verticale, car un barreau d'acier ne change pas de poids après son aimantation ;

2° il n'y a pas de composante horizontale, car, si l'on pose un aimant sur un flotteur en liége (*fig.* 409) placé sur l'eau, le système tourne sur lui-même autour de l'axe XY, pour orienter le barreau dans la direction du méridien magnétique, mais ne prend aucun mouvement de *translation*. L'action du champ terrestre n'ayant ni composante verticale, ni composante horizontale et n'étant pas nulle, se réduit à *un couple*.

406. Définition exacte des pôles. — Axe magnétique (*fig.*410). — Le mot pôle ne signifie pas extrémité de l'aimant : il désigne deux points bien déterminés de cet aimant. Nous avons vu que l'action de la terre sur un aimant n'a ni composante horizontale, ni composante verticale et se réduit à un *couple*. Les deux forces F, égales et de sens contraires, qui constituent ce couple et qui représentent les résultantes de toutes les forces parallèles produites par le champ terrestre sur les masses magnétiques réparties aux extrémités du barreau, sont appliquées en deux points des extrémités de l'aimant, que l'on appelle *pôles*. Telle est la définition précise de ce mot.

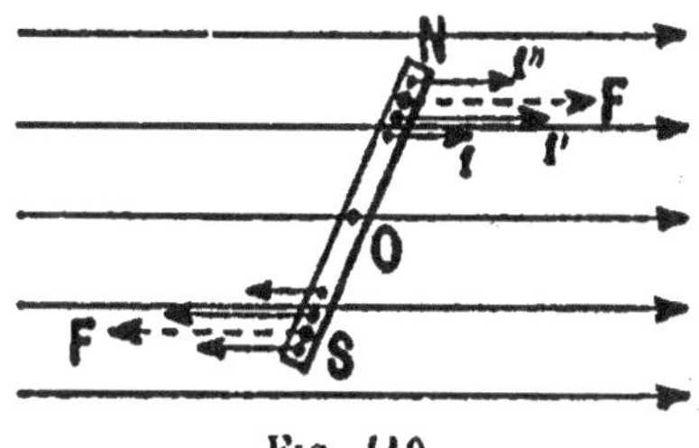

Fig. 410.

La ligne qui joint les pôles s'appelle *axe magnétique*.

Plus le barreau est mince, plus les pôles se rapprochent des extrémités et plus la zone neutre est grande. Dans un barreau ordinaire, comme ceux que l'on trouve dans les laboratoires de physique, les pôles sont généralement à une distance des extrémités égale au 1/12 de la longueur.

MOMENT MAGNÉTIQUE.—FLUX DE FORCE MAGNÉTIQUE
INTENSITÉ D'AIMANTATION

407. Moment magnétique (*fig.* 411). — Plaçons un barreau aimanté NS dans un champ magnétique *uniforme* et orientons-le perpendiculairement à la direction des lignes de force du champ, d'intensité $\mathcal{H}$. Ce champ exerce, sur les deux pôles de l'aimant, d'intensité m, des forces F égales à $\mathcal{H}m$, qui donnent naissance à un couple, lequel tend à diriger le barreau dans la direction des lignes de force du champ.

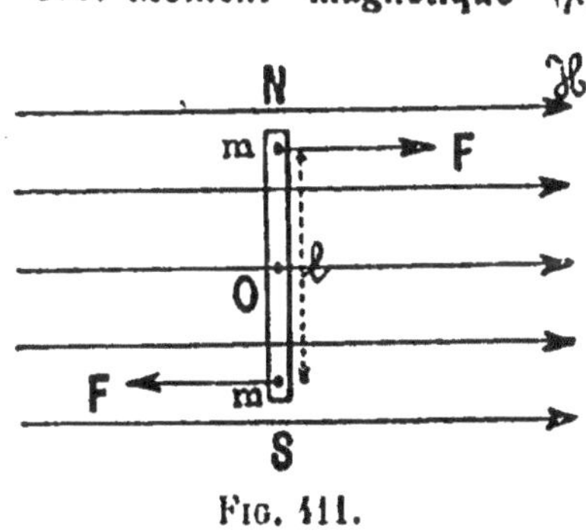

Fig. 411.

Le moment de ce couple est égal au produit de la force par la longueur du barreau :

$$C = \mathcal{H}ml.$$

Le produit ml, qui ne dépend que de l'*intensité du pôle m* de l'aimant et de la longueur *l* de l'*axe magnétique*, se nomme *moment magnétique* : nous le représenterons par $\mathcal{M}$.

Le moment magnétique d'un barreau aimanté est égal au produit de l'intensité de pôle par la longueur de l'axe magnétique.

Le moment du couple qui agit sur un aimant placé dans un champ magnétique est proportionnel à l'intensité du champ magnétique.

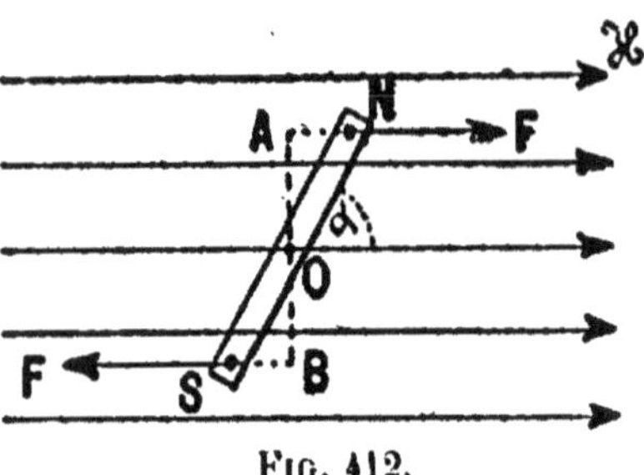

FIG. 412.

Dans le cas (*fig.* 412) où l'axe magnétique fait un angle α avec la direction du champ, le moment du couple est égal à :

$$C = m\mathcal{H}AB, \qquad AB = l \sin \alpha,$$
$$C = \mathcal{M}\mathcal{H} \sin \alpha.$$

Flux de force. — Unité de flux de force. — Maxwell. — *On appelle flux de force à travers une surface, le produit de l'intensité du champ par la surface et par le cosinus de l'angle que fait la normale à la surface avec la direction du champ :*

$$\Phi = \mathcal{H}s \cos \alpha.$$

Dans le cas où α = 0,

$$\Phi = \mathcal{H}s.$$

L'unité de flux de force est le *maxwell;* c'est le flux de force produit par un champ égal à 1 gauss, à travers une surface de 1 centimètre carré.

Intensité d'aimantation. — L'intensité d'aimantation est le rapport du *moment magnétique* d'un barreau aimanté à son *volume :*

$$\mathfrak{I} = \frac{\mathcal{M}}{V}.$$

Cette expression caractérise le degré d'aimantation. A volume égal, plus le moment magnétique est grand, plus l'aimantation est intense.

Dans le cas d'un barreau long et mince, nous pouvons supposer le magnétisme réparti aux extrémités du barreau sur les faces polaires :

$$\mathfrak{I} = \frac{ml}{ls} = \frac{m}{s} = \sigma.$$

σ représente la *densité magnétique,* c'est-à-dire la quantité de magnétisme répartie sur l'unité de surface polaire du barreau.

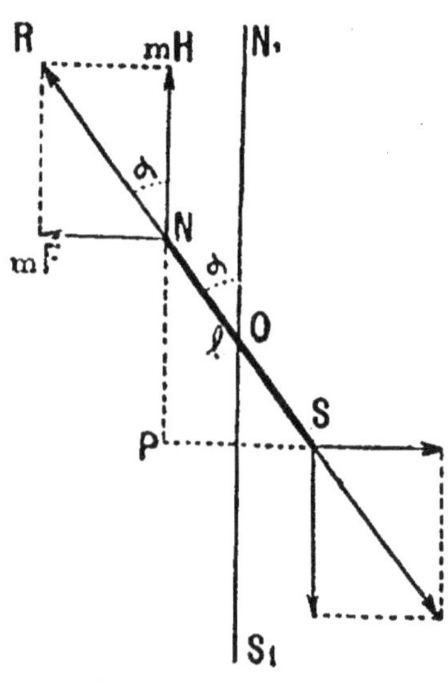

FIG. 413.

408. Composition de deux champs magnétiques ; principe du magnétomètre. — Soit (*fig.* 413) un barreau aimanté NS, mobile dans un plan horizontal et soumis : 1° à l'action de la composante horizontale du champ magnétique terrestre, d'intensité H, dirigée suivant la direction du méridien magnétique N_1S_1; et 2°, à l'action d'un deuxième champ F, perpendiculaire au premier. Le pôle N est soumis à une force mH, due à l'action du premier champ et dirigée parallèlement à N_1S_1, et à la force mF, due à l'action du deuxième champ et dirigée perpendiculairement à N_1S_1. Sous l'action de ces deux forces, le barreau aimanté NS prendra une position d'équilibre suivant la résultante NR de l'action des deux champs, en faisant un angle α avec le méridien magnétique, déterminé par la relation :

$$F = H \,\lg \alpha.$$

409. Magnétomètre. — Le magnétomètre (*fig.* 414) se compose d'une petite aiguille aimantée NS, qui se déplace sur un cercle

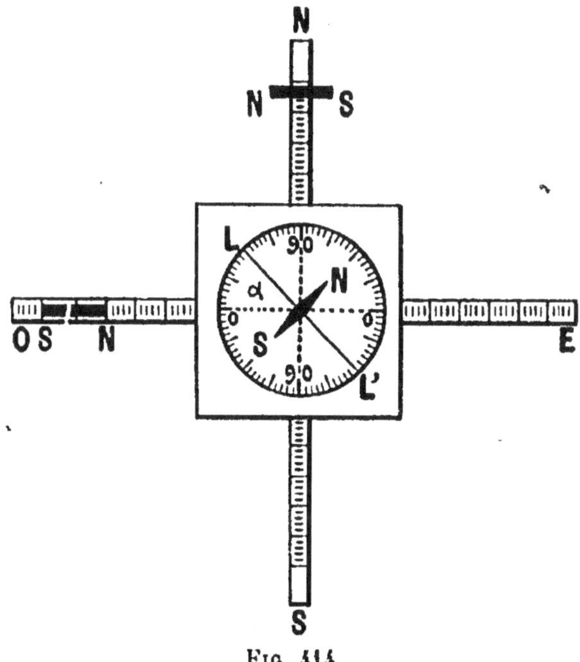

Fig. 414.

divisé. A angle droit avec l'aiguille, se trouve un index LL' très léger, en verre ou en aluminium, qui se déplace en même temps que l'aiguille. Le cercle divisé est tracé sur un miroir plan, lequel permet de faire des lectures exactes en plaçant l'œil de façon que l'index et son image dans le miroir coïncident. Le cadre de la boussole est fixé sur quatre bras à angle droit divisés en millimètres, sur lesquels on peut disposer de petits aimants NS. Pour se servir de l'appareil, on l'oriente de façon que le bras NS soit placé dans la direction de l'aiguille, c'est-à-dire dans la direction du méridien magnétique, ce que l'on reconnaît lorsque l'index LL' est au zéro du cercle divisé.

410. Intensité du champ produit par un barreau aimanté. — Premier cas (*fig.* 415). — Supposons un pôle nord en M, sur la direction

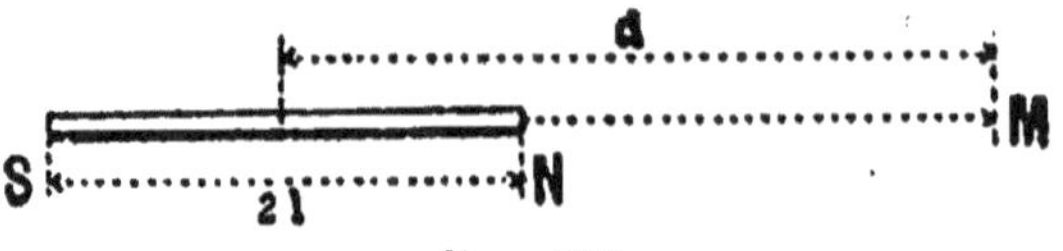

Fig. 415.

de l'axe de l'aimant. Soient $2l$ la longueur de l'aimant et d la distance du milieu de l'aimant au pôle M, que nous supposerons égal à l'unité. L'intensité du champ résultant créé par l'aimant au point M est égale à la différence entre la force répulsive du pôle N et la force attractive du pôle S, d'où :

$$F = m\left[\frac{1}{(d-l)^2} - \frac{1}{(d+l)^2}\right] = \frac{4mld}{(d^2-l^2)^2};$$

mais $2ml$ est égal au *moment magnétique* du barreau, que nous représenterons par $\mathfrak{M}$; donc :

$$F = \frac{2\mathfrak{M}d}{(d^2-l^2)^2} = \frac{2\mathfrak{M}}{d^3\left(1 - \dfrac{l^2}{d^2}\right)}.$$

Si nous supposons d très grand, comparé à l, nous avons :

$$F = \frac{2\mathfrak{M}}{d^3}.$$

Deuxième cas (*fig.* 416). — Le pôle n est sur la perpendiculaire élevée au milieu de NS. Ce pôle est soumis à l'action répulsive de N, qui est égale à $\dfrac{m}{nN^2}$, et à l'action attractive de S, qui est égale à $\dfrac{m}{Sn^2}$.

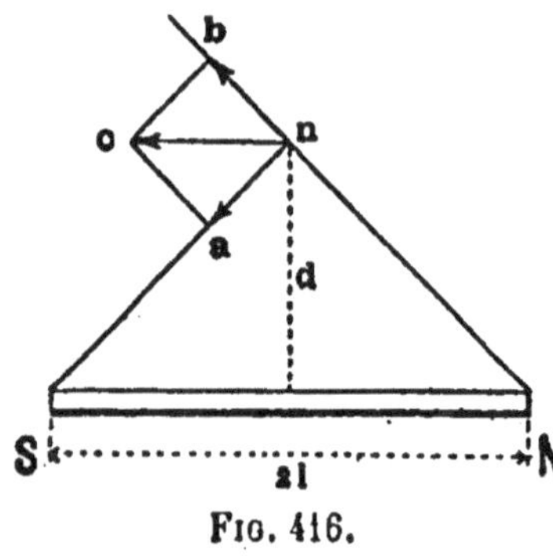

Fig. 416.

Ces deux forces égales donnent une résultante nc, parallèle à l'axe de l'aimant.

Les triangles semblables cna et SnN donnent :

$$\frac{nc}{na} = \frac{NS}{nS}, \qquad nc = \frac{NS}{nS}\, na,$$

d'où

$$F = \frac{2ml}{d^3\left(\sqrt{1 + \dfrac{l^2}{d^2}}\right)^3}$$

Si d est grand par rapport à l :

$$F = \frac{\mathfrak{M}}{d^3}.$$

411. Comparaison des moments magnétiques de deux petits barreaux aimantés. — Plaçons (*fig.* 414), sur le bras O d'un magnétomètre, un

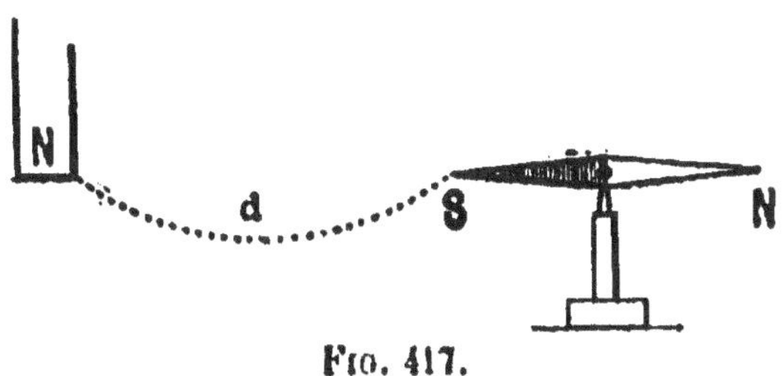

Fig. 417.

barreau aimanté NS; l'aiguille du magnétomètre est soumise à l'action de deux champs rectangulaires :

1° le champ terrestre ;

2° le champ créé par l'aimant NS.

Nous pouvons appliquer la formule précédemment établie :

$$F = H \operatorname{tg}\alpha, \quad \text{mais,} \quad F = \frac{2\mathfrak{M}}{d^3} ;$$

d'où :

$$\frac{2\mathfrak{M}}{d^3} = H \operatorname{tg}\alpha, \quad \frac{\mathfrak{M}}{H} = \frac{d^3 \operatorname{tg}\alpha}{2}$$

Pour un deuxième barreau placé sur le bras O, à la même distance d du centre de l'aiguille, nous avons :

$$\frac{\mathfrak{M}'}{H} = \frac{d^3 \operatorname{tg}\alpha'}{2} \quad \text{d'où :} \quad \frac{\mathfrak{M}}{\mathfrak{M}'} = \frac{\operatorname{tg}\alpha}{\operatorname{tg}\alpha'}.$$

Le rapport des moments magnétiques sera égal au rapport des tangentes des angles de déviation de l'aiguille du magnétomètre.

412. Mesure du moment magnétique d'un barreau aimanté. — Connaissant la valeur de la composante horizontale du champ terrestre, qui est sensiblement égale à 0,2 gauss, on peut, au moyen du magnétomètre, déterminer le moment magnétique d'un petit barreau aimanté.

On place ce petit barreau NS sur le bras O du magnétomètre et on le rapproche ou on l'éloigne de l'aiguille aimantée, de façon que la déviation de l'aiguille soit égale à 45°. On mesure la distance d du milieu du barreau au centre du cadran et l'on applique la formule :

$$\mathfrak{M} = H \frac{d^3 \operatorname{tg}\alpha}{2}, \quad \mathfrak{M} = \frac{0,2 \; d^3 \operatorname{tg}45}{2} \quad \text{d'où} \quad \mathfrak{M} = \frac{0,2 \, d^3}{2}.$$

413. Pendule magnétique. — Si nous faisons osciller (*fig.* 417) une aiguille aimantée très légère SN devant le pôle N d'un fort aimant, placé à une distance d, en supposant l'aimant assez long pour n'avoir à considérer que l'action du pôle N sur l'aiguille, et si nous supposons également l'action du champ terrestre négligeable vis-à-vis de celle du champ de l'aimant, nous avons réalisé un *pendule magnétique*. Nous vérifierons par l'expérience que les petites oscillations sont isochrones. On démontre en mécanique que la durée des oscillations du pendule magnétique est représentée par la formule :

$$T = 2\pi \sqrt{\frac{K}{\mathfrak{M}\,\mathcal{JC}}}, \qquad (1)$$

dans laquelle T est la durée d'une oscillation en secondes, $\mathfrak{M}$ le moment magnétique de l'aimant, $\mathcal{JC}$ l'intensité du champ créé par le pôle N de l'aimant.

K [1] est une grandeur mécanique que l'on peut déterminer expérimentalement et qui ne dépend que de *la masse* et des dimensions du barreau aimanté.

Pour un barreau cylindrique de longueur l et de rayon r,

$$I = P\left(\frac{l^2}{12} + \frac{r^2}{4}\right),$$

P étant la masse du barreau.

Dans le cas d'un barreau à section carrée,

$$I = P\left(\frac{b^2 + l^2}{12}\right).$$

414. Détermination de la composante horizontale du champ terrestre.

— Dans le cas où l'aiguille aimantée est seulement soumise à l'action de la composante horizontale du champ terrestre, on tire de la formule (1) :

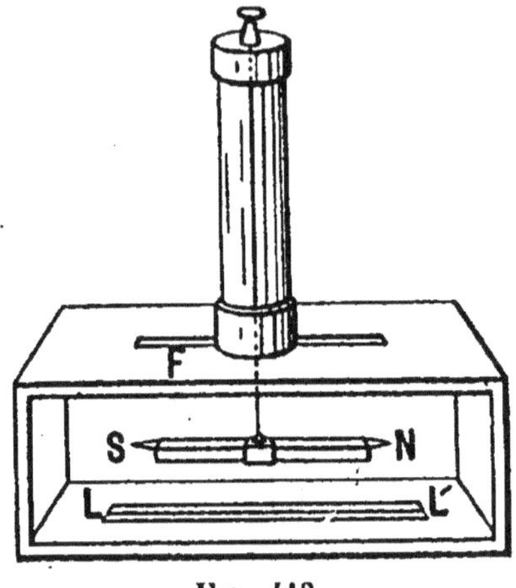

Fig. 418.

$$t = 2\pi \sqrt{\frac{K}{\mathfrak{M}\,H}}, \quad \mathfrak{M}\,H = \frac{4\pi^2 K}{t^2}.$$

On détermine la durée de 20 oscillations de ce pendule magnétique.

Pour mesurer le nombre d'oscillations, on emploie l'appareil très simple représenté (*fig.* 418), qui se compose d'une caisse dont les parois latérales sont munies de glaces, et à l'intérieur de laquelle un barreau aimanté NS est supporté par un étrier fixé à un fil sans torsion, logé à l'intérieur d'un tube de verre qui surmonte la caisse.

(1) Voir, dans un *Cours de mécanique*, la détermination expérimentale d'un moment d'inertie.

Sur le fond de celle-ci, se trouve un miroir plan, sur lequel est tracée, avec un diamant, une ligne LL'. Les extrémités du barreau portent de petites pièces en papier, de forme triangulaire, pour repérer facilement l'axe du barreau.

On commence par orienter l'appareil de façon que la ligne LL' soit dans la direction du méridien magnétique, c'est-à-dire de façon à faire coïncider la ligne LL' avec l'image de l'axe du barreau. On place l'œil au-dessus d'une fente ménagée dans le couvercle de la caisse et on détermine la durée de 20 oscillations.

Connaissant t la durée d'une oscillation et K le moment d'inertie du barreau, on déduit de la formule (1) :

$$\mathcal{M}\,H = \frac{4\pi^2 K}{t^2} = a ; \qquad \text{mais} \qquad \frac{\mathcal{M}}{H} = \frac{d^3\,\mathrm{tg}\,\alpha}{2} = b,$$

tg α est mesurée en disposant l'aimant sur le bras O du magnétomètre et en mesurant d et α.

En multipliant et en divisant les valeurs de $\mathcal{M}H$ par $\dfrac{\mathcal{M}}{H}$:

$$\mathcal{M}\,H \times \frac{\mathcal{M}}{H} = \mathcal{M}^2 = ab, \quad \mathcal{M} = \sqrt{ab}, \quad \frac{\mathcal{M}H}{\dfrac{\mathcal{M}}{H}} = H^2 = \frac{a}{b}, \quad H = \sqrt{\frac{a}{b}}.$$

On détermine en même temps la composante H du champ terrestre et le moment magnétique $\mathcal{M}$ du barreau.

CHAPITRE XVII

ÉLECTROMAGNÉTISME

CHAMPS MAGNÉTIQUES PRODUITS PAR LES COURANTS
ACTION D'UN COURANT SUR UN AIMANT

415. Expérience d'Oersted. — L'action d'un courant sur une aiguille aimantée a été observée pour la première fois par Oersted, en 1819.

Une aiguille aimantée (*fig.* 419), placée sur un pivot vertical et mobile dans un plan horizontal, se dirige, sous l'influence de la composante horizontale du champ terrestre, suivant la direction du méridien magnétique. Disposons au-dessus de l'aiguille un fil dirigé parallèlement à sa direction

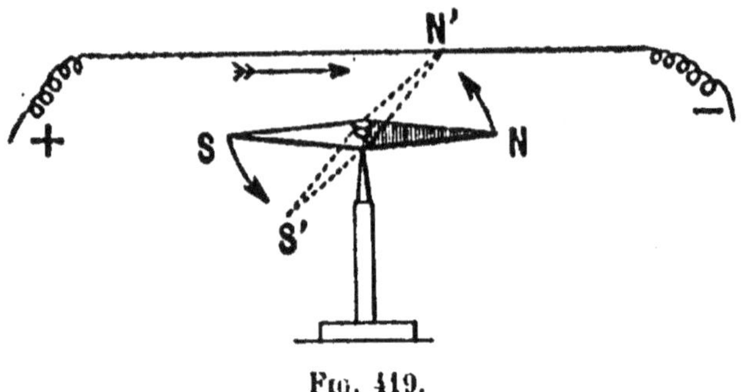

Fig. 419.

et faisons passer un courant : l'aiguille est déviée et se met en croix avec la direction du courant.

Règle d'Ampère. — Pour trouver le sens de la déviation de l'aiguille, connaissant celui du courant, on se sert de la règle d'Ampère.

Un courant, placé dans le voisinage d'une aiguille aimantée, fait dévier l'aiguille de façon que son pôle nord se déplace vers la gauche du courant. On appelle gauche du courant la gauche d'un observateur couché le long du fil et regardant l'aiguille, de façon que le courant lui entre par les pieds et lui sorte par la tête ; la gauche de cet observateur sera la gauche du courant.

Règle de la main droite. — Nous emploierons la règle suivante (*fig.* 419 *bis*), plus facile à appliquer.

Fig. 419 *bis*.

On place la main droite sur le fil, les doigts allongés dans le sens du courant, la paume de la main tournée du côté de l'aiguille; le pouce tendu donne la direction de la gauche du courant.

Si nous plaçons (*fig.* 420) une aiguille aimantée à l'intérieur d'un cadre ABCDE, formé par un fil dans lequel passe un courant, le pouce de la main droite indique le sens de l'action du courant, de chaque côté du cadre, sur le pôle nord de l'aiguille aimantée.

Nous voyons que les quatre côtés du cadre agissent simultanément pour faire dévier le pôle nord de l'aiguille, en avant du plan de la figure.

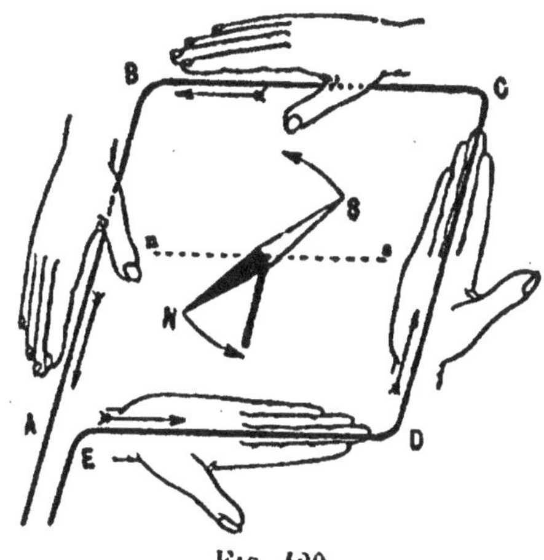

Fig. 420.

416. Champ d'un courant rectiligne (*fig.* 421 et 422). —
Il résulte de l'expérience d'Oersted, qu'un courant qui passe dans un conducteur crée autour de lui un *champ magné-*
tique. Pour obtenir le spectre magnétique de ce champ, on prend une feuille de carton ou une plaque de verre horizontale, percée d'un trou et traversée par un gros fil

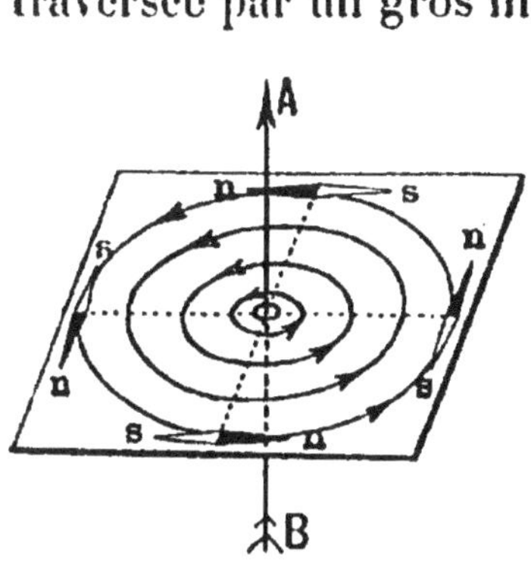

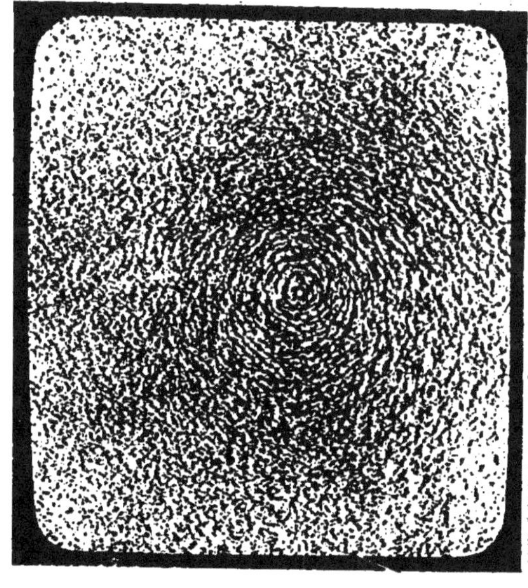

Fig. 421.

Fig. 422.

de cuivre vertical AB, dans lequel on fait passer un courant d'une dizaine d'ampères. On projette de la limaille de fer et l'on obtient un spectre magnétique, dont les lignes de force se disposent en cercles concentriques, ayant leur centre sur l'axe du fil et dont les plans sont perpendiculaires à cet axe. Si l'on promène autour du fil une petite aiguille aimantée, celle-ci fait connaître, en chaque point, la direction du champ. Nous obtiendrons le sens du champ en un point, en plaçant la main droite sur le fil, les doigts allongés, dans la direction du courant, la paume de la main tournée du côté du point considéré : le pouce tendu donne le sens du champ.

Explication de l'expérience d'Oersted. — Nous pouvons maintenant donner l'explication de l'expérience d'Oersted (*fig.* 423).

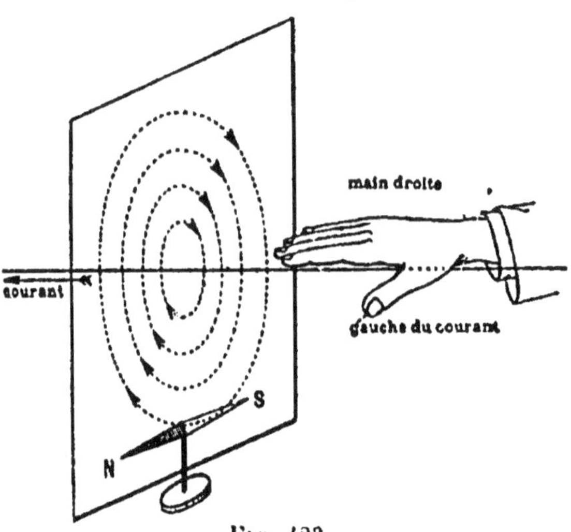

Fig. 423.

Un courant horizontal crée un champ magnétique, dont les lignes de force sont représentées par des cercles concentriques, placés dans des plans verticaux.

En supposant l'action du champ terrestre négligeable, une aiguille aimantée NS se dirigera dans la direction des lignes de force du champ créé par le courant ; elle se mettra en croix avec la direction du courant, le pôle nord tourné vers la gauche du courant.

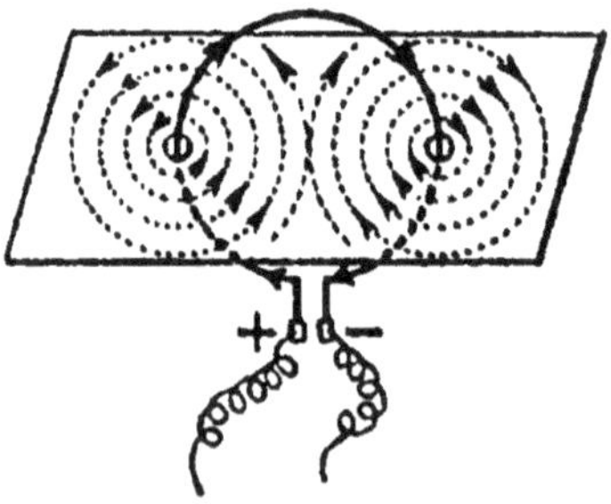

417. Champ d'un courant circulaire (*fig.* 424, 425, 426). — Si l'on donne à un fil conducteur, dans lequel passe un courant, la forme d'une boucle composée de plusieurs tours de fil traversant en deux points A et B une feuille de carton horizontale, dont le plan est perpendiculaire à celui de la boucle, et si l'on projette de la limaille de fer sur la feuille de

Fig. 424.

horizontale, dont le plan est perpendiculaire à celui de la boucle, et si l'on projette de la limaille de fer sur la feuille de carton, on la voit se disposer suivant des courbes qui entourent les points A et B et qui, suivant l'axe de la boucle, se dirigent

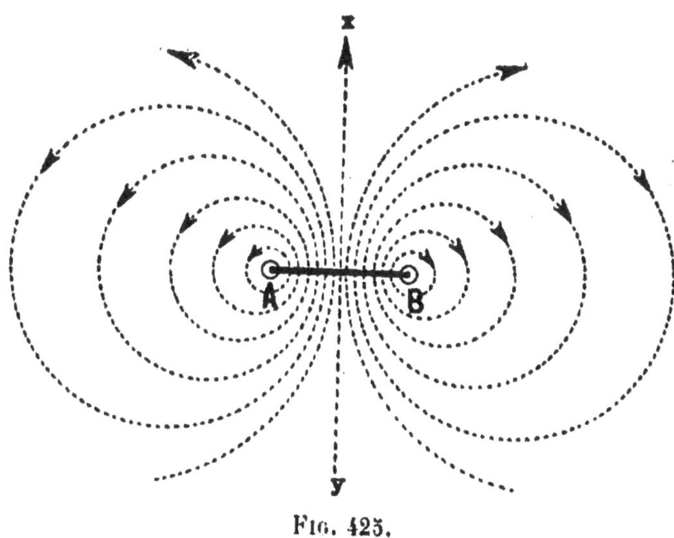

Fig. 425.

perpendiculairement au plan de celle-ci ; on peut le vérifier expérimentalement en disposant, au centre du cadre, une petite aiguille aimantée ; on la voit se diriger suivant l'axe XY, perpendiculaire au plan de la boucle.

Nous déterminerons le sens des lignes de force par la règle de la main droite.

Les lignes de force du champ entrent par l'une des faces et sortent par l'autre.

Nous appellerons *face sud* du circuit celle par laquelle entrent les lignes de force : un observateur

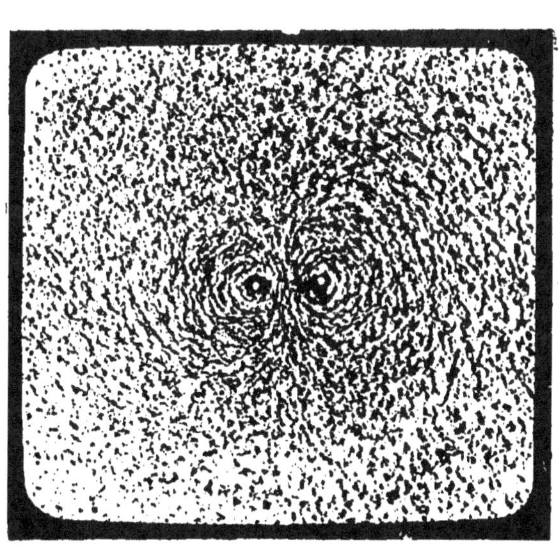

Fig. 426.

placé devant cette face voit le courant tourner dans le sens des aiguilles d'une montre ; l'autre se nomme *face nord* ;

c'est celle où l'observateur voit le courant tourner en sens inverse des aiguilles d'une montre. Nous justifierons plus loin ces définitions de faces nord et sud.

Ce circuit circulaire peut être comparé à une lame mince d'aimant, à faces parallèles, recouverte sur ses deux faces de quantités de magnétisme égales et de signes contraires, limitée par le contour du circuit circulaire, et que l'on appelle un *feuillet magnétique*.

En effet, les lignes de force entrent du côté de la face sud et sortent par la face nord, et elles atteignent leur maximum de concentration à l'intérieur de la boucle, comme dans un aimant.

418. Champ magnétique d'une bobine. — Solénoïde. — Un *solénoïde* (*fig.* 427) se compose d'un grand nombre de

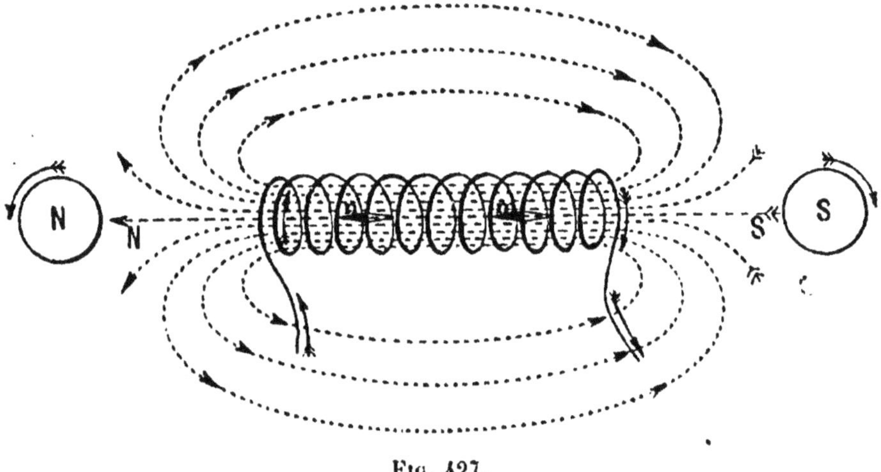

Fig. 427.

courants circulaires, serrés les uns contre les autres et dont les plans sont perpendiculaires à un axe commun, passant par leur centre.

On obtient un solénoïde en enroulant en hélice, sur un cylindre, un fil de cuivre isolé par de la soie, de façon que les boucles soient très serrées les unes contre les autres. Si l'on fait passer un courant dans ce solénoïde, les lignes de force de chaque boucle se confondent à l'intérieur et à l'extérieur. Si les boucles sont très serrées, aucune ligne de force ne sort sur les côtés; toutes sont dirigées parallèlement à l'intérieur du solénoïde et forment un champ magnétique uniforme ; elles sortent par les extrémités et se ferment sur elles-mêmes. Pour montrer (*fig.* 428) la direction des lignes de force à l'intérieur et à l'extérieur d'un solénoïde, on fait deux incisions dans une feuille de carton, de façon à pouvoir l'introduire le long de l'axe, dans une large bobine AB. On projette de la limaille de fer en produisant une série de petits chocs ; la limaille s'oriente suivant les

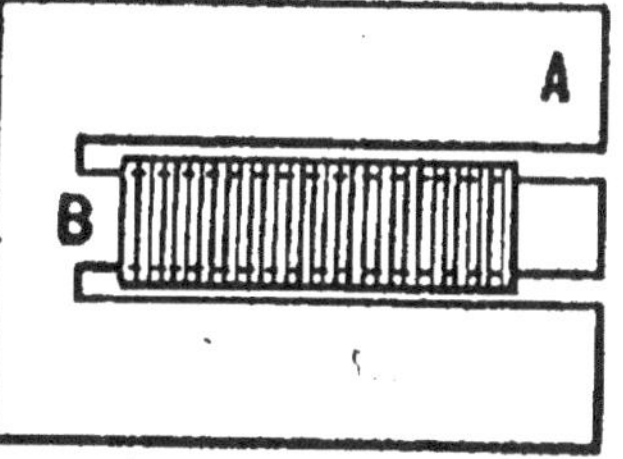

Fig. 428.

lignes de force, qui font connaître les dispositions du champ à l'intérieur et à l'extérieur du solénoïde.

Sens du champ magnétique d'un solénoïde (*fig.* 429). — Pour trouver le sens des lignes de force du champ, on place la main

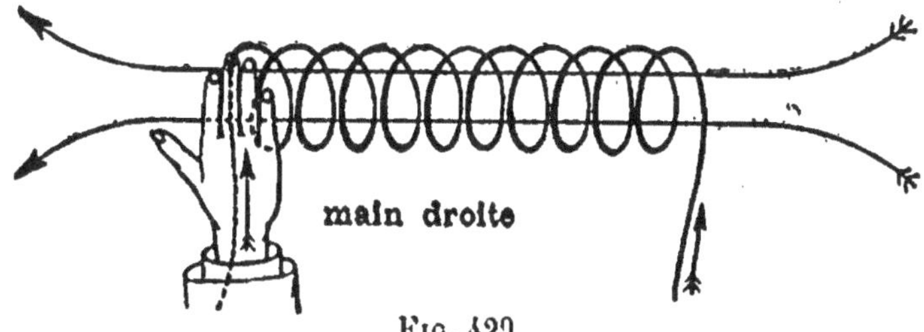

Fig. 429.

droite sur le fil, les doigts allongés dans le sens du courant : le pouce tendu donne le sens des lignes de force. On peut déterminer expérimentalement cette direction en plaçant une petite aiguille aimantée à l'intérieur du solénoïde : son pôle nord se dirigera dans le sens du champ.

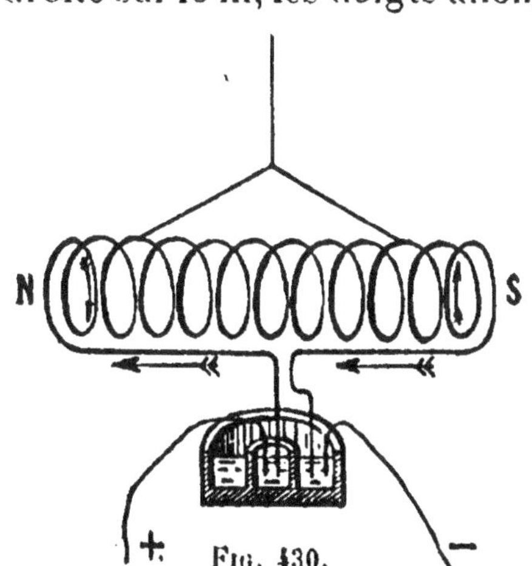

Fig. 430.

419. Un solénoïde est assimilable à un aimant. — On suspend par un fil fin de coton (*fig.* 430), un solénoïde formé d'un fil d'aluminium dans lequel passe un courant de quelques ampères ; on ramène les deux extrémités du fil dans la région médiane, en les recourbant à angle droit, et l'on fait plonger l'une dans une rainure annulaire creusée dans un bloc de bois, l'autre dans une cavité creusée au centre, contenant du mercure ; on met la rainure annulaire et la cavité centrale en communication avec les pôles positif et négatif d'une pile.

Le solénoïde s'oriente dans le plan du méridien magnétique ; l'extrémité qui se dirige vers le nord se nomme le pôle nord du solénoïde : c'est l'extrémité où l'observateur voit le courant tourner en sens inverse des aiguilles d'une montre, et par laquelle sortent les lignes de force du champ.

L'autre extrémité se nomme le pôle sud ; c'est l'extrémité où l'observateur voit le courant tourner dans le sens des aiguilles d'une montre et par laquelle entrent les lignes de force.

Relations entre les solénoïdes et les aimants. — Si, du pôle nord d'un solénoïde (*fig.* 431), on approche le pôle nord d'un

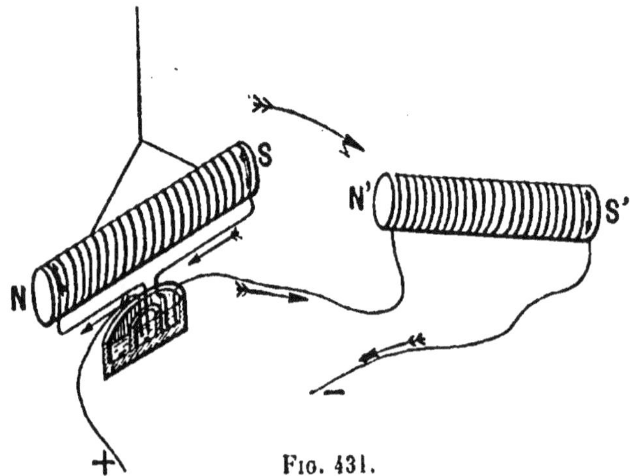

Fig. 431.

autre solénoïde, il se produit une répulsion ; il y a attraction avec un pôle sud. Enfin, les mêmes phénomènes d'attraction et de répulsion se produisent si, du pôle nord d'un solénoïde, on approche les pôles nord ou sud d'un aimant.

On peut obtenir, avec les solénoïdes, des spectres magnétiques identiques à ceux obtenus avec les aimants. La figure 432 représente le spectre magnétique obtenu au moyen d'un courant circulaire et d'un aimant, le circuit circulaire présentant sa face sud en regard du pôle nord de l'aimant.

420. Composition du champ d'un circuit circulaire et du champ terrestre (*fig.* 433). — Si nous suspendons une aiguille aimantée NS, très courte, au centre d'un *circuit circulaire* orienté dans le plan du méridien magnétique N_1S_1, cette aiguille aimantée est soumise à l'action de deux champs :

1° à l'action de la composante horizontale du magnétisme terrestre, agissant suivant la direction N_1S_1 du méridien magnétique ;

2° à l'action exercée par le courant, qui crée un champ magnétique dont les lignes de force au centre sont, ainsi que nous l'avons vu,

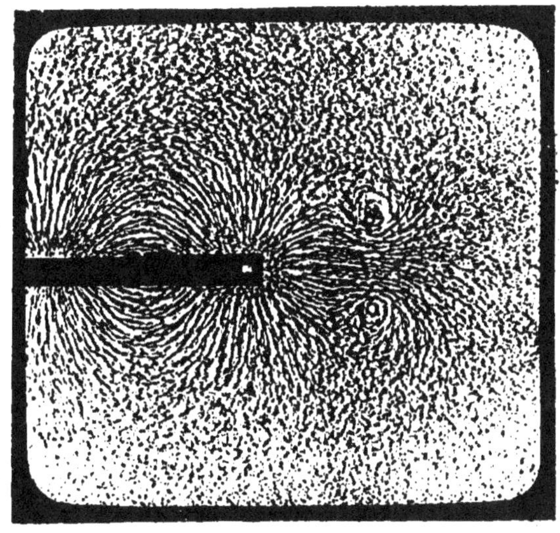

FIG. 432.

dirigées perpendiculairement au plan du circuit. Par l'action du magnétisme terrestre et du courant, l'aiguille prendra une position d'équilibre suivant la direction NR de la résultante de l'action des deux champs. Si H représente l'intensité de la composante horizontale du champ terrestre et F, l'intensité du champ créé par le courant, on a :

$$mF = Hm\, \mathrm{tg}\,\alpha, \qquad \text{d'où} \qquad F = H\, \mathrm{tg}\,\alpha,$$

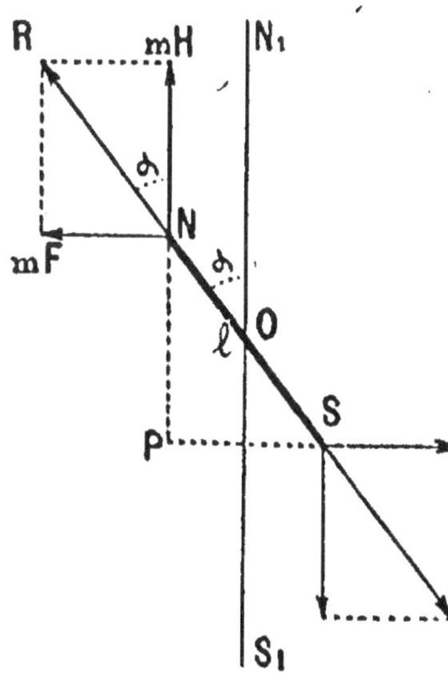

FIG. 433.

421. Intensité du champ au centre d'un circuit circulaire (*fig.* 433). — *L'intensité du champ, au centre d'un circuit circulaire, d'intensité* I, *de rayon* R *et de* n *tours de fil, est proportionnelle :* 1° *à l'intensité* I *du courant;* 2° *au nombre de tours* n

*du fil dont se compose le circuit ; 3° inversement proportion-
nelle à* R, *rayon des boucles ;* d'où :

$$F = \frac{KIn}{R}.$$

Nous allons établir cette formule par l'expérience, en nous
servant de la boussole des tangentes.

422. Boussole des tangentes (*fig.* 434). — La boussole
des tangentes est un appareil qui permet de réaliser les con-

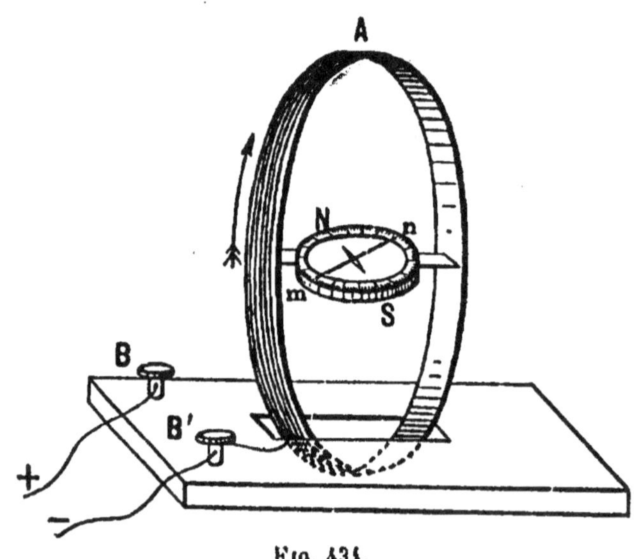

Fig. 434.

ditions du problème précédent. Elle se compose d'un cadre
circulaire A, de grand rayon, sur lequel est enroulé plusieurs
fois un fil dont les extrémités aboutissent à deux bornes B, B'.
Au centre de ce cadre se trouve une petite aiguille aimantée NS,
qui se déplace dans un plan horizontal et à laquelle est fixée,
à angle droit, une longue et légère aiguille d'aluminium *mn*,
se mouvant sur un cercle horizontal gradué. On oriente le
cadre A dans le plan du méridien magnétique ; l'index porté
par l'aiguille doit se trouver devant le zéro de la graduation.
La petite aiguille étant soumise à l'action du champ terrestre
et à celle du courant, on a :

$$F = H \, \mathrm{tg}\, \alpha.$$

Mais la proportionnalité entre I et *tg* α n'existe, pour de grandes déviations, que si l'aiguille a une longueur plus petite que le 1/10 du rayon du cadre. L'aiguille étant très petite par rapport au rayon du cadre, on peut appliquer la formule :

$$F = H\, tg\,\alpha.$$

423. Vérification expérimentale de la formule qui donne l'intensité du champ au centre d'un circuit circulaire (*fig.* 435). — Disposons la boussole des tangentes dans un circuit comprenant un accumulateur A, un rhéostat R, un ampèremètre C ou un voltamètre à azotate d'argent ou à sulfate de cuivre.

1° *L'intensité F du champ du circuit circulaire est proportionnelle à* I. Faisons passer un courant d'intensité I, mesuré à l'ampèremètre, qui nous donne une déviation α de l'aiguille aimantée ; faisons varier, au moyen

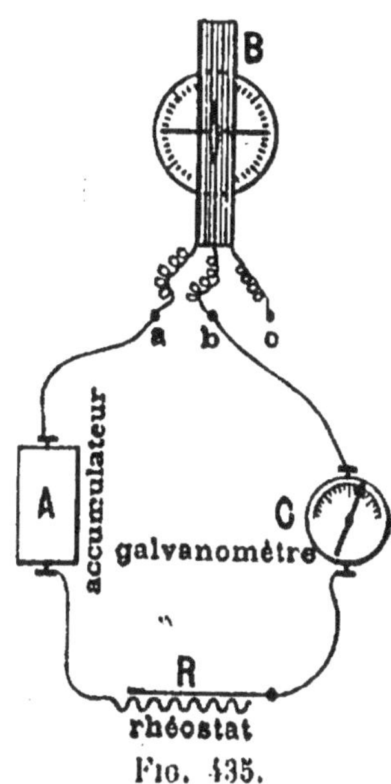

Fig. 435.

du rhéostat, l'intensité du courant. Soient I' et α' l'intensité du courant et la déviation de l'aiguille de la boussole.

Nous vérifierons que

$$\frac{tg\,\alpha}{I} = \frac{tg\,\alpha'}{I'} = \frac{tg\,\alpha''}{I''}, \quad \text{d'où} \quad \frac{F}{I} = \frac{F'}{I'} = \frac{F''}{I''}.$$

2° *L'intensité F du champ est proportionnelle à n*. On fera passer le même courant I, d'abord dans *n* tours de fils, ensuite dans *n'* tours et l'on vérifiera que

$$\frac{F}{n} = \frac{F'}{n'},$$

3° *L'intensité F du champ est inversement proportionnelle à* R. Nous ferons passer des courants de même intensité I dans deux circuits de rayons différents R et R', et nous vérifierons que

$$\frac{F'}{F} = \frac{R}{R'},$$

Nous déterminerons par l'expérience la constante K de la formule :

$$F = \frac{KIn}{R}; \quad \text{mais} \quad F = H\,\mathrm{tg}\,\alpha, \quad \text{d'où} \quad \mathrm{tg}\,\alpha = \frac{F}{H}.$$

H est la composante horizontale du magnétisme terrestre, qui est sensiblement égale à 0,2 gauss, d'où

$$\mathrm{tg}\,\alpha = \frac{nKI}{HR}.$$

Nous déterminerons I avec l'ampèremètre ou le voltamètre et nous en déduirons :

$$K = 0,628 = \frac{2\pi}{10}.$$

L'intensité du champ, au centre d'un circuit circulaire, est représentée par l'expression :

$$\mathfrak{K} = \frac{2\pi nI}{10R} \text{ gauss.}$$

Exemple. — Un courant de 0,24 ampère passe dans un cadre circulaire, ayant 72 tours de fil ; le diamètre moyen du cadre est de 20 centimètres. Quelle est l'intensité du champ au centre ?

$$\mathfrak{K} = \frac{2 \times 3,1416 \times 72 \times 0,24}{10 \times 10} = 1,086 \text{ gauss.}$$

424. Mesure de l'intensité d'un courant avec la boussole des tangentes. — La boussole des tangentes peut servir à mesurer l'intensité d'un courant :

$$F = H\,\mathrm{tg}\,\alpha, \quad \text{mais} \quad F = \frac{2\pi nI}{10R} = H\,\mathrm{tg}\,\alpha,$$

d'où

$$I = \frac{H\,\mathrm{tg}\,\alpha \times 10R}{2\pi n} \text{ ampères.}$$

Exemple. — Quelle est l'intensité du courant qui traverse une boussole des tangentes dont le cadre est formé de 10 tours de fil de 20 centimètres de rayon, et qui donne une déviation de l'aiguille aimantée égale à 45° ?

$$I = \frac{0,2 \times 1 \times 10 \times 20}{2 \times \pi \times 10} = 0,636 \text{ ampère.}$$

425. Détermination de la constante d'une boussole des tangentes. — La constante d'une boussole des tangentes est la quantité qui, multipliée par la tangente de l'angle de déviation, donne l'intensité du courant en ampères :

$$I = \frac{H \times 10R}{2\pi n}\, \mathrm{tg}\,\alpha.$$

Nous disposerons l'expérience comme dans la figure 435. En faisant varier la résistance du circuit au moyen du rhéostat, nous obtiendrons un courant produisant une déviation de 45°. Nous mesurerons I avec le voltamètre à azotate d'argent.

Comme tg 45° = 1,

$$I = K.$$

Donc I' = K tg α. Il suffira, pour déterminer l'intensité d'un courant avec la boussole des tangentes, de mesurer tg α et de multiplier cette valeur par la constante K, pour obtenir le courant en ampères.

426. Définition de l'ampère en partant des phénomènes électromagnétiques. — **Unité C. G. S. électromagnétique.** — En employant les unités C. G. S., l'intensité I du courant est représentée par la formule :

$$I = \frac{HR}{2\pi n}\, \mathrm{tg}\,\alpha.$$

Construisons une boussole telle que $\frac{HR}{2\pi n} = 1$; l'intensité du courant, mesurée avec cette boussole, sera :

$$I = \mathrm{tg}\,\alpha.$$

Si le courant donne une déviation de 45°, I = 1.
Calculons le rayon du circuit pour lequel

$$\frac{HR}{2\pi n} = 1, \qquad \text{d'où} \qquad R = \frac{2\pi n}{H},$$

$$H = 0,1942 \text{ gauss}, \qquad \text{d'où} \qquad R = \frac{6,28 \times n}{0,1942} = 32^{cm},35.$$

Si le fil ne fait qu'un seul tour, le rayon du cadre sera égal à 32^{cm},35.

L'unité C. G. S. électromagnétique d'intensité de courant, est un courant donnant une déviation de 45° à l'aiguille d'une boussole dont le cadre n'a qu'un seul tour de fil, de rayon égal, à Paris, à 32^{cm}35.

L'ampère étant le 1/10 de l'unité C. G. S. électromagnétique, nous pourrons le définir comme étant l'intensité d'un courant donnant, dans une boussole des tangentes dont le circuit est formé de 10 tours de fil, de 32^{cm},35 de rayon, une déviation de 45°, à Paris.

427. Loi de Laplace (*fig.* 436). — Laplace a établi par le calcul que l'action d'un élément de courant AB, de longueur *l* et d'intensité I, agissant sur un pôle magnétique d'intensité *m*, à une distance *d*, est proportionnelle à l'intensité I du courant, à la longueur *l* de l'élé-

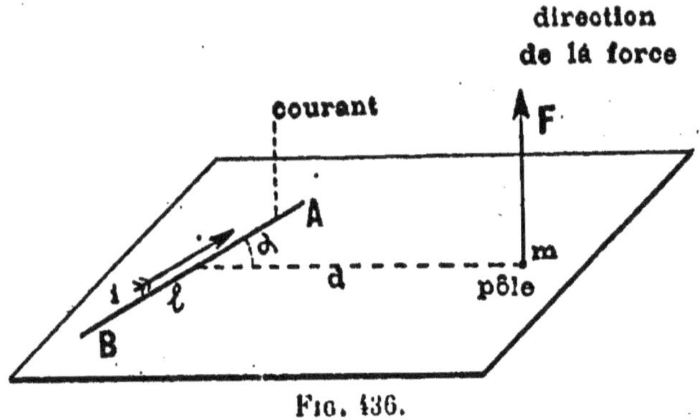

Fig. 436.

ment, à la masse magnétique du pôle, au sinus de l'angle formé par la droite qui joint le pôle de l'aimant au centre de l'élément, et inversement proportionnelle au carré de la distance d^2 du milieu de l'élément au pôle :

$$F = \frac{mIl \sin \alpha}{10d^2} \text{ dynes.}$$

Cette force est dirigée perpendiculairement au plan déterminé *d* et par AB, et son sens peut être déterminé par la règle de la main droite. Dans cette formule, I est exprimé en ampères, *l d* en centimètres, *m* en unités C. G. S. de masse magnétique ; F est exprimée en dynes.

428. Intensité du champ d'un circuit circulaire en un point de son axe (*fig.* 437). — Considérons un élément du circuit circulaire suffisamment

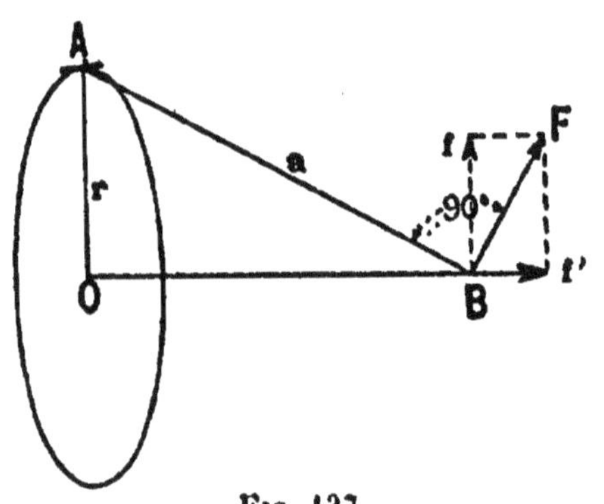

Fig. 437.

petit pour le supposer rectiligne ; calculons la force exercée par cet élément de courant au point B sur un pôle égal à l'unité, en appliquant la formule de Laplace et en faisant $\alpha = 90$, $\sin \alpha = 1$:

$$F = \frac{Il}{a^2}.$$

Cette force F est dirigée perpendiculairement au plan déterminé par l'élément de courant et le point B.

Elle peut être décomposée en deux composantes f et f', l'une perpendiculaire et l'autre parallèle à OB; toutes les composantes f s'annulent.

La composante f' est égale à :

$$f' = \mathrm{F} \cos \mathrm{BAO} = \mathrm{F}\,\frac{r}{a} = \frac{llr}{a^3}.$$

Or, la somme de toutes ces composantes

$$\Sigma f' = \frac{2\pi r^2 \mathrm{I}}{a^3}$$

représentera l'intensité du champ au point B. Si nous supposons le point B au centre du circuit, $r = a$

$$\mathrm{F} = \frac{2\pi r^2 \mathrm{I}}{r^3} = \frac{2\pi \mathrm{I}}{r}.$$

429. Galvanomètres. — Les galvanomètres sont des appareils qui servent à mesurer l'intensité d'un courant, soit par la déviation d'un aimant mobile sous l'action d'un courant fixe, soit par la déviation d'un courant mobile sous l'action d'un aimant fixe.

De là, deux espèces de galvanomètres : 1° galvanomètres à aimant mobile; 2° galvanomètres à cadre mobile.

Un galvanomètre du premier groupe se compose : 1° d'un cadre circulaire ou rectangulaire, autour duquel est enroulé un fil et que l'on appelle le *multiplicateur*, orienté dans le plan du méridien magnétique, qui donne un champ proportionnel à l'intensité I du courant et normal à son plan; 2° d'un aimant mobile, dirigé suivant la direction du méridien magnétique et qui, sous l'action de la résultante du champ créé par le courant et de celui de la terre, s'orientera en faisant un angle α donné par la formule :

$$\operatorname{tg}\alpha = \frac{\mathrm{F}\mathrm{I}}{\mathrm{H}}$$

où F est une constante égale, dans le cas d'un cadre circulaire et d'une aiguille très petite, à $\dfrac{2\pi n}{10\mathrm{R}}.$

Si l'angle α est très petit, il se confond avec sa tangente; d'où

$$\alpha = \frac{\mathrm{F}\mathrm{I}}{\mathrm{H}}.$$

La déviation de l'aimant est proportionnelle à l'intensité du courant.

430. Sensibilité des galvanomètres. — La sensibilité d'un galvanomètre est caractérisée par la grandeur de la déviation de l'aiguille, sous l'influence d'un courant déterminé.

Dans le cas d'un cadre circulaire, la sensibilité est représentée par le rapport de la tangente de l'angle de déviation à l'intensité I du courant :

$$\frac{\operatorname{tg} x}{\mathrm{I}} = \frac{\mathrm{F}}{\mathrm{H}}.$$

Un galvanomètre sensible doit, pour un courant de très faible intensité, donner une valeur notable pour x ; le rapport $\dfrac{\operatorname{tg} x}{\mathrm{I}}$, qui mesure la sensibilité, est proportionnel à F et inversement proportionnel à H. Or,

$$\mathrm{F} = \frac{2\pi n}{\mathrm{R}}.$$

On peut augmenter la sensibilité d'un galvanomètre : 1° en augmentant le nombre n de tours du fil ; 2° en diminuant le rayon R du cadre multiplicateur, ce qui veut dire que le fil du multiplicateur doit être aussi près que possible de l'aiguille aimantée.

Enfin, 3°, on peut encore augmenter la sensibilité en diminuant la valeur de H, c'est-à-dire l'action de la composante horizontale du champ terrestre.

On y arrive par deux procédés : 1° en employant un système d'aiguilles astatiques ; 2° au moyen d'un aimant compensateur.

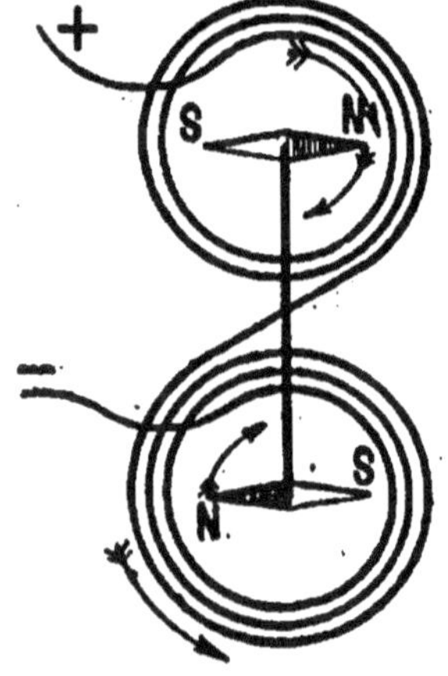

Fig. 438.

431. Système d'aiguilles astatiques. — Un système d'aiguilles astatiques (*fig.* 438) se compose de deux aiguilles parallèles, de même longueur, de même intensité de pôle, reliées par une tige rigide suspendue par un fil de cocon sans torsion, de manière que leurs pôles de noms contraires se trouvent en regard. Ce système est presque indépendant de l'action de la terre.

Si les moments magnétiques des deux aimants étaient égaux, l'action directrice de la terre sur le système serait nulle ; celui-ci ne serait pas dirigé par le champ terrestre, serait en équilibre dans toutes les positions et se disposerait toujours perpendiculairement au plan du circuit circulaire, dans lequel passe le courant; mais en général, il y a une petite différence d'aimantation; il en résulte que l'action est très faible.

Dans les galvanomètres, on soumet chaque aiguille du système astatique à l'action d'un multiplicateur spécial, en ayant soin de faire circuler le courant en sens inverses dans les bobines, de manière à obtenir des actions concordantes sur les deux aiguilles.

432. Aimant compensateur (*fig.* 439). — Le deuxième procédé, pour diminuer l'action du champ terrestre, consiste dans l'emploi d'un aimant auxiliaire qui donne, dans le voisinage de l'aiguille aimantée, un champ magnétique en sens opposé à celui du champ terrestre et d'une intensité presque égale.

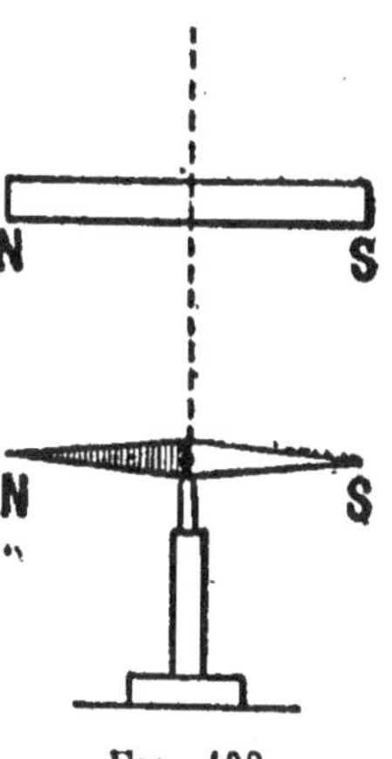

Fig. 439.

Si nous disposons un aimant NS parallèlement à une aiguille aimantée et au-dessus d'elle, de façon que les pôles de même nom se correspondent, l'action de cet aimant est opposée à celle de la terre, les champs sont en sens contraires, et l'action directrice est la résultante des actions de l'aimant et de la terre, c'est-à-dire la différence des deux champs.

Pour une position déterminée de l'aimant, l'action directrice peut devenir nulle; si l'on rapproche l'aimant de l'aiguille et si l'on dépasse la position pour laquelle l'action directrice de la terre devient nulle, le champ de l'aimant devenant plus grand que celui de la terre, l'aiguille se retourne; en éloignant légèrement l'aimant, l'action du champ terrestre sera très faible et, par conséquent, le galvanomètre sera plus sensible.

433. Amortissement. — On dit qu'un galvanomètre est *amorti* lorsque les oscillations de l'équipage mobile s'éteignent plus ou moins rapidement.

On amortit les oscillations de l'équipage mobile en le munissant d'ailettes contre lesquelles l'air exerce une résistance, ou en plaçant dans son voisinage, ainsi que nous l'expliquerons dans l'étude des phénomènes d'induction, des masses de cuivre. Un galvanomètre est dit *apériodique* lorsque l'équipage mobile prend immédiatement sa position d'équilibre.

434. Galvanomètre d'action maxima. — Choix d'un galvanomètre. — Supposons un galvanomètre dont le volume du fil du multiplicateur est déterminé; quelle sera la longueur de fil à employer pour que l'intensité du champ, au centre du multiplicateur, soit maxima?

Soit E la force électromotrice de la source qui fournit le courant;

ρ, la résistance spécifique du fil; n, le nombre de spires; l, la longueur moyenne d'un tour; s, la section du fil; G, la résistance du galvanomètre; cette résistance est égale à :

$$G = \rho\,\frac{nl}{s};$$

R représentant la somme des résistances que traverse le courant en dehors du galvanomètre, nous avons :

$$I = \frac{E}{R + G} = \frac{E}{R + \rho\,\dfrac{nl}{s}}.$$

L'intensité F du champ produit par le multiplicateur est proportionnelle à nl et égale à :

$$F = \frac{KnE}{R + \rho\,\dfrac{nl}{s}}.$$

En divisant par n, on a :

$$F = \frac{KE}{\dfrac{R}{n} + \rho\,\dfrac{l}{s}}.$$

Le volume du fil du multiplicateur, qui est égal à nls, est constant. Nous allons chercher le minimum du dénominateur de F. Comme $\dfrac{R}{n} \times \rho\,\dfrac{l}{s}$ est constant, la somme $\dfrac{R}{n} + \rho\,\dfrac{l}{s}$ sera minima pour $\dfrac{R}{n} = \rho\,\dfrac{l}{s}$, ou $R = n\,\dfrac{\rho l}{s}$, c'est-à-dire, lorsque la résistance du galvanomètre sera égale à la résistance du circuit.

Pour faire une mesure dans les meilleures conditions de sensibilité, il faut que la résistance du galvanomètre employé soit égale à la résistance totale du circuit.

Il résulte du calcul précédent que, pour des sources de faible résistance, on emploie des galvanomètres à fil gros et court, de faible résistance. Pour une grande résistance, on emploiera un galvanomètre dont le multiplicateur présentera un grand nombre de tours.

435. Description de quelques modèles de galvanomètres. — Nous allons d'abord décrire un modèle de galvanomètre, très simple et facile à construire, qui se compose (*fig.* 440) d'un multiplicateur formé d'un cadre en bois C, sur lequel est enroulé le fil dont les deux extrémités aboutissent aux bornes B et B'. A l'intérieur de ce multiplicateur, se trouve une aiguille aimantée horizontale NS, mobile sur un pivot vertical et portant un index I, qui lui est perpendiculaire et qui se déplace sur un cercle divisé D. On oriente le cadre du mutiplicateur dans le plan du méridien magnétique : l'index se trouve au zéro de la graduation et l'on fait passer le courant.

Dans le cas où les déviations sont faibles, elles sont sensiblement proportionnelles aux intensités de courant.

On peut rendre l'appareil plus sensible en disposant au-dessus de l'aiguille un petit barreau aimanté N'S'.

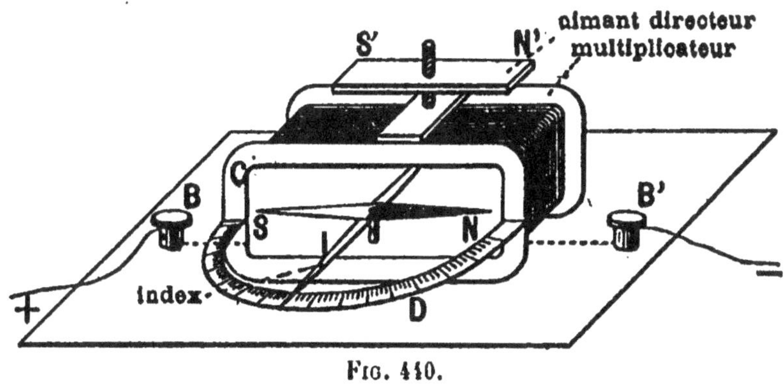

Fig. 440.

On peut s'affranchir de l'obligation d'orienter le multiplicateur dans le plan du méridien magnétique, en disposant parallèlement au cadre du multiplicateur un *aimant directeur*. On pourra alors donner au cadre toutes les directions, sans que l'aiguille aimantée cesse de lui être parallèle.

436. Galvanomètre Thompson (*fig.* 441). — Le galvanomètre de Thompson est un galvanomètre très sensible, qui se compose de deux multiplicateurs circulaires A et A', d'un grand nombre de tours, dans lesquels le courant circule en sens contraires, et d'un système astatique, formé de cinq petits barreaux d'acier de 3 millimètres de longueur, disposés parallèlement et réunis par une tige d'aluminium, suspendue à un fil de cocon. Chaque groupe d'aimant est placé à l'intérieur d'un mutiplicateur circulaire. L'ensemble de ces petits aimants constitue un aimant plus fortement aimanté qu'un barreau

25*

unique de même poids et de même moment d'inertie. L'équipage étant très ramassé, il en résulte un grand amortissement

Sur la tige d'aluminium se trouve un miroir concave M, pour la lecture des angles de déviation, par la méthode indiquée au paragraphe 70.

Derrière le miroir, se trouve une palette d'aluminium, pour produire l'amortissement.

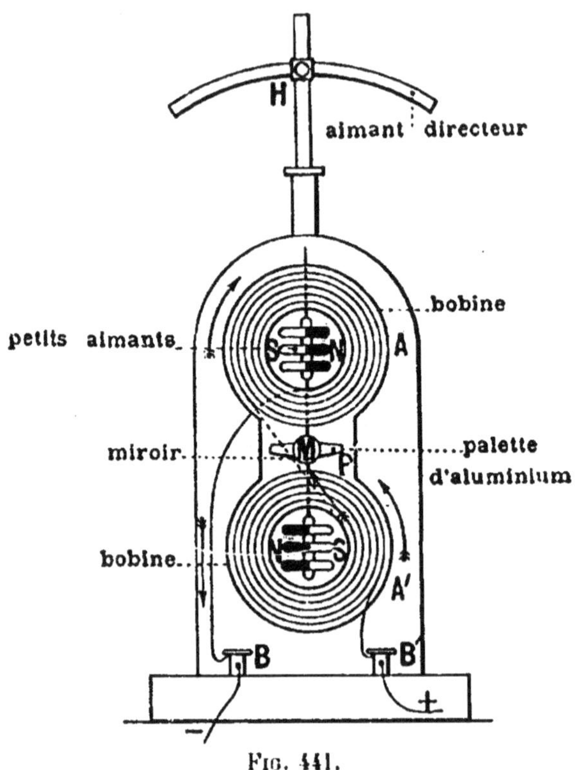

Fig. 441.

Au-dessus des bobines, se trouve un aimant directeur H, supporté par une tige verticale, lui permettant de glisser et de tourner autour d'elle; il servira à faire varier la sensibilité et à orienter l'équipage mobile dans un azimuth quelconque, parallèlement au multiplicateur, si on le fait tourner jusqu'à ce que le miroir fixé à la tige d'aluminium se tienne dans une position perpendiculaire aux axes des bobines.

On construit des galvanomètres dont les bobines ont jusqu'à 30.000 tours de fil et dont la résistance est de 10.000 ohms.

Avec ces appareils, un courant d'un microampère peut produire, sur l'échelle divisée placée à 1 mètre, une déviation de 5 centimètres.

Si l'angle de déviation des barreaux ne dépasse pas quelques degrés, l'intensité I du courant est proportionnelle à l'angle de déviation α.

437. Ampèremètres. — Voltmètres (*fig.* 442). — **Ampèremètres.** — Les ampèremètres sont des galvanomètres industriels à très faible résistance, dont le multiplicateur est formé d'un gros fil de cuivre, de façon qu'intercalé dans un circuit, il n'introduise qu'une résistance négligeable et ne change pas l'intensité du courant. Ils doivent être apériodiques et indépendants du champ terrestre, c'est-à-dire qu'ils peuvent être orientés dans une direction quelconque; l'aiguille doit toujours rester au zéro.

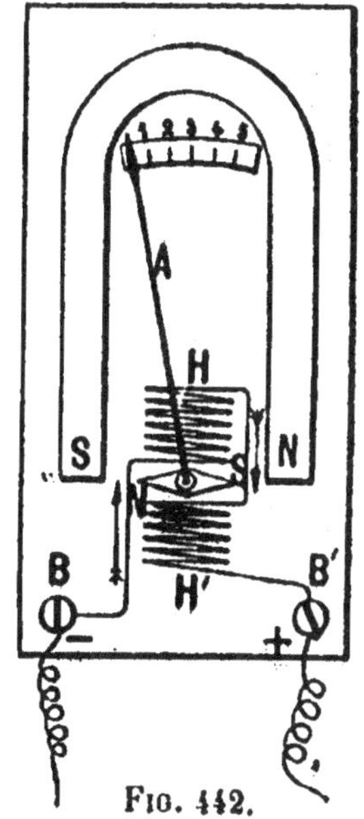

Fig. 442.

L'ampèremètre se compose d'une petite palette de fer doux NS, placée à l'intérieur d'une bobine en deux parties H, H' et disposée entre les pôles d'un aimant puissant, en forme de fer à cheval, qui aimante la palette par influence. Une aiguille A, fixée sur la palette de fer doux, oscille avec celle-ci et se déplace sur un cadran gradué en ampères.

Quand aucun courant ne passe dans le multiplicateur du galvanomètre, la palette se dirige suivant la ligne des pôles de l'aimant fixe, quelle que soit l'orientation de l'appareil par rapport au méridien magnétique, et y revient d'elle-même, presque sans oscillation.

On emploie de préférence aujourd'hui des ampèremètres à cadre mobile, dont nous donnerons la description dans le chapitre suivant.

Voltmètres (*fig.* 443). — Les voltmètres sont des galvanomètres servant à mesurer des forces électromotrices ou des différences de potentiel en volts. Ils ne diffèrent des ampèremètres qu'en ce que leur multiplicateur est formé d'un fil fin et long, c'est-à-dire de grande résistance. Cette résistance R doit être suffisamment grande pour que, le voltmètre mis en dérivation entre deux points A et B d'un circuit traversé par un courant, la différence de potentiel entre ces deux points ne se trouve pas sensiblement diminuée.

Le courant dérivé i', qui passe dans le galvanomètre, est, en appelant G la résistance du voltmètre, $i' = \dfrac{IR}{R + G}$. Si, entre A et B, R = 1 ohm, et si la résistance G = 1.000 ohms, $i' = \dfrac{I}{1001}$; le courant I variera sensiblement de $\dfrac{1}{1000}$ et, comme

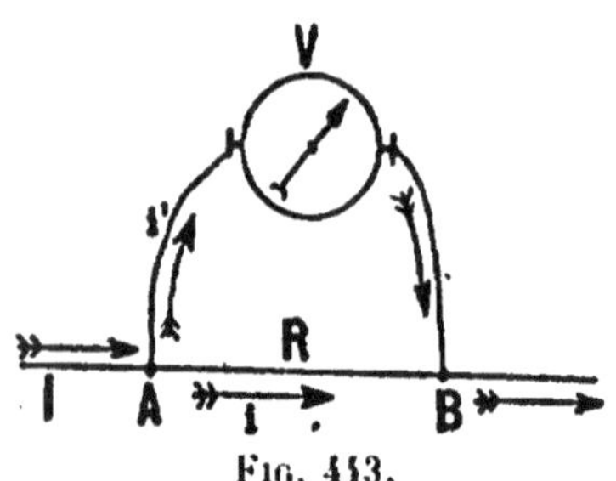

Fig. 443.

la différence de potentiel entre A et B est égale à RI, I étant égal, par exemple, à 1 ampère, la différence de potentiel entre A et B est égale à 1 volt ; en intercalant le voltmètre, la différence de potentiel entre A et B variera de 1/1000 de volt.

Les résistances des voltmètres varient de 2.000 à 4.000 ohms, quelquefois plus.

Si V désigne la différence de potentiel entre A et B, l'intensité i'' du courant qui passe dans le voltmètre est donnée par la formule : $i'' = \dfrac{V}{G}$.

Comme G est une constante, on voit que le courant qui circule dans le voltmètre a une intensité proportionnelle à V.

438. Graduation des ampèremètres et des voltmètres. — On gradue un ampèremètre par comparaison avec une boussole des tangentes ou avec un voltamètre. On dispose dans le circuit une batterie d'accumulateurs, un rhéostat, l'ampèremètre que l'on veut graduer, une boussole des tangentes ou un voltamètre à azotate d'argent ou à sulfate de cuivre. Les pesées de la cathode ou les mesures de tg α permettent de déterminer les intensités de courant, que l'on inscrit sur un cadran, au point où s'arrête l'aiguille.

Ces appareils présentent un inconvénient : au bout de quelque temps, le magnétisme des aimants permanents varie légèrement ; il est utile de les comparer alors avec un voltamètre.

439. Shuntage des galvanomètres. — Shunt-réducteur. — Pour certaines mesures, où l'on emploie des courants trop forts pour le galvanomètre que l'on a à sa disposition, courants qui produiraient des déviations en dehors de a graduation, on réduit l'intensité du courant qui passe dans le galvanomètre à une fraction connue, en établissant, entre les bornes du galvanomètre, une résistance que l'on appelle *réducteur* ou *shunt*. Soient G (*fig.* 444) la résistance du galvanomètre, S celle du shunt, et I l'intensité du courant :

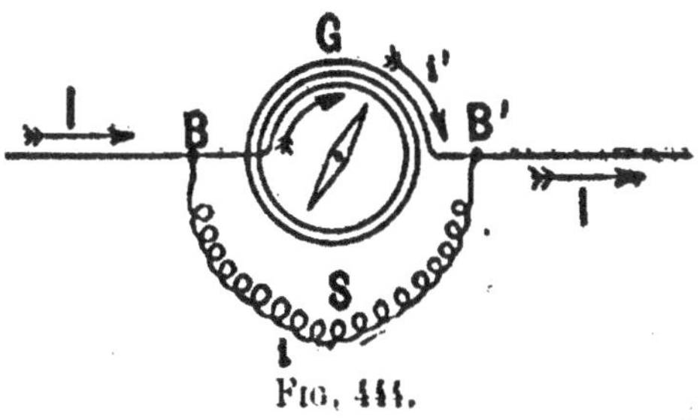

Fig. 444.

en appliquant la formule des courants dérivés, l'intensité du courant i', qui passe dans le galvanomètre, est donnée par la formule :

$$i' = \frac{IS}{G + S}.$$

Si l'on veut que i' soit le $\frac{1}{n}$ de I, il faudra établir un shunt dont la résistance sera égale à $S = \frac{G}{n - 1}$. En effet, en remplaçant G par sa valeur dans celle de i', on a :

$$i' = \frac{IS}{(n - 1)S + S} = \frac{I}{n}.$$

Dans la pratique, on établit des shunts égaux à :

$$\frac{1}{9}G \qquad \frac{1}{99}G \qquad \frac{1}{999},$$

pour lesquels le courant passant dans le galvanomètre est $\frac{1}{10}$, $\frac{1}{100}$, $\frac{1}{1000}$ du courant principal.

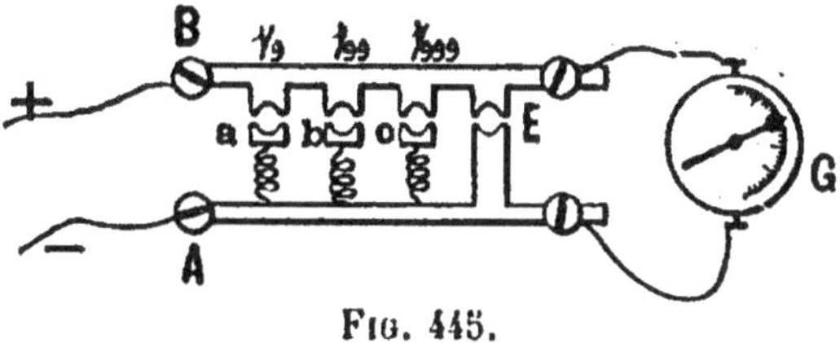

Fig. 445.

Ces shunts sont disposés dans une boîte (*fig.* 445), sur le couvercle de laquelle sont fixées deux bandes métalliques épaisses A et B ; à la barre A, communiquent les extrémités des bobines de shunt ; les autres communiquent avec trois pièces de cuivre, qui peuvent être mises en communication avec la barre B au moyen de chevilles en cuivre. Les fils qui amènent le courant et les bornes du galvanomètre sont reliées aux barres A et B.

Si aucune cheville n'est en place, tout le courant passe dans le galvanomètre ; si la cheville a est en place, il passe 1/10 du courant ; si la cheville E est en place, il ne passe aucun courant.

Disposition d'un ampèremètre et d'un voltmètre dans le circuit d'un générateur. — L'ampèremètre (*fig.* 446) se place

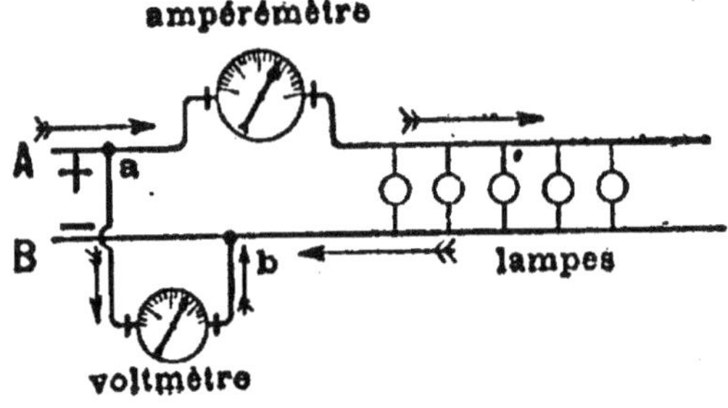

Fig. 46.

dans le circuit même, et le voltmètre est branché en dérivation sur les deux conducteurs qui amènent le courant.

CHAPITRE XVIII

ACTION D'UN CHAMP MAGNÉTIQUE SUR UN COURANT

440. Direction, sens, intensité de la force électromagnétique exercée par un champ magnétique sur un courant. — D'après la formule de Laplace (*fig.* 447), un élément de courant de longueur l, d'intensité i, exerce sur un pôle magnétique d'intensité m, placé à une distance d, une force égale à $F = \dfrac{mlI}{10d^2}$ dynes ; or $\dfrac{m}{d^2}$ représente l'intensité du champ

créé par le pôle m au point C ; représentons l'intensité de ce champ par $\mathcal{H}$. La valeur de F est alors représentée par la formule :

$$F = \frac{\mathcal{H}lI}{10} \text{ dynes.}$$

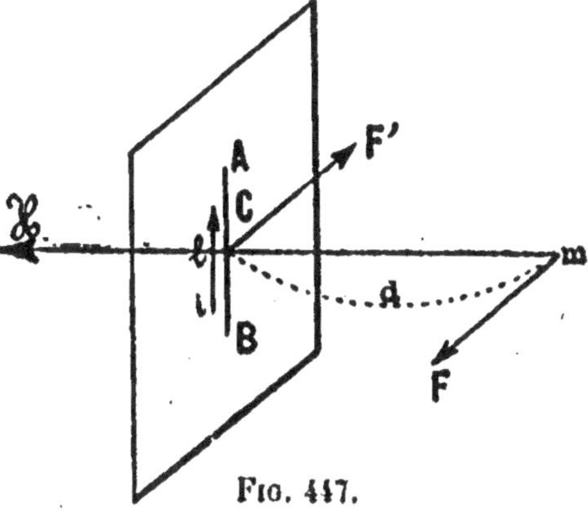

Fig. 447.

Réciproquement, si le pôle m est fixe, il exerce sur l'élément de courant une force F', égale à F et dirigée en sens contraire, et dont la valeur aura pour expression :

$$F' = \frac{\mathcal{H}lI}{10} \text{ dynes.}$$

Si une portion de courant AB, *de longueur l et d'intensité* I, *est dirigée perpendiculairement aux lignes de force d'un champ magnétique d'intensité $\mathcal{H}$, elle est soumise à l'action d'une force électromagnétique, dirigée perpendiculairement au plan déterminé par l'élément de courant avec la direction du champ, et égale à :*

$$F = \frac{\mathcal{H}lI}{10} \text{ dynes.}$$

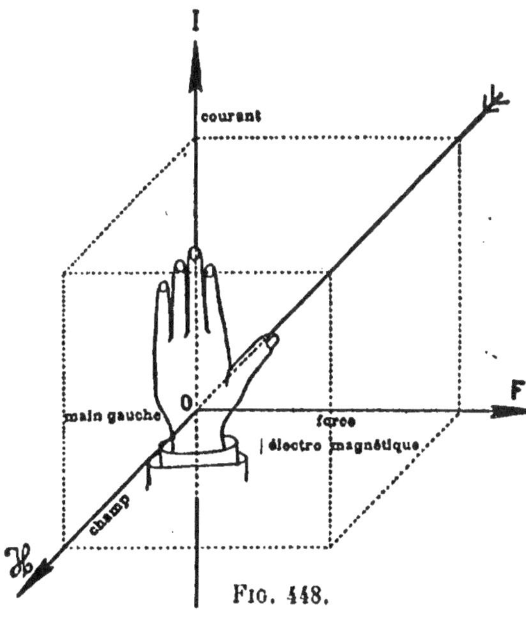

Règle pour déterminer le sens de la force. — Pour déterminer (*fig.* 448) le sens de la force électromagnétique, on place la *main gauche* de façon que les lignes de force du champ $\mathcal{H}$ entrent par la paume de la main, les doigts allongés dans le sens du courant I ; le pouce tendu donne le *sens* de la force *électromagnétique* F.

441. Mouvements produits par les forces électromagnétiques. — Les mouvements produits par les forces électromagnétiques peuvent se diviser en mouvements de translation, de rotation et d'orientation.

Mouvement de translation. — Un fil conducteur L (*fig.* 449), mobile autour d'un axe horizontal et pouvant osciller dans un plan vertical, plonge, par son extrémité inférieure, dans une petite cuve contenant du mercure et est placé entre les pôles d'un aimant en forme de fer à cheval. Les lignes de force du champ sont horizontales, et perpendiculaires à la direction du fil L. Si l'on met l'extrémité supérieure du fil et le bain de mercure en communication avec les pôles d'une pile, le fil dans lequel passe le courant est soumis, de la part du champ de l'aimant, à l'action d'une force F, qui déplacera ce

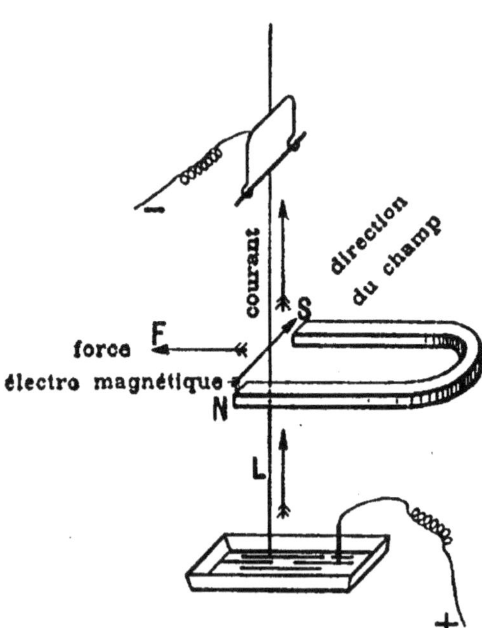

Fig. 449.

fil de droite à gauche, sens facile à déterminer au moyen de la règle de la main gauche.

Si l'on change le sens du courant, le fil se déplacera en sens inverse.

Deuxième expérience (*fig.* 450). — On creuse dans une planchette deux rainures parallèles *aa*, dans lesquelles on met du mercure en

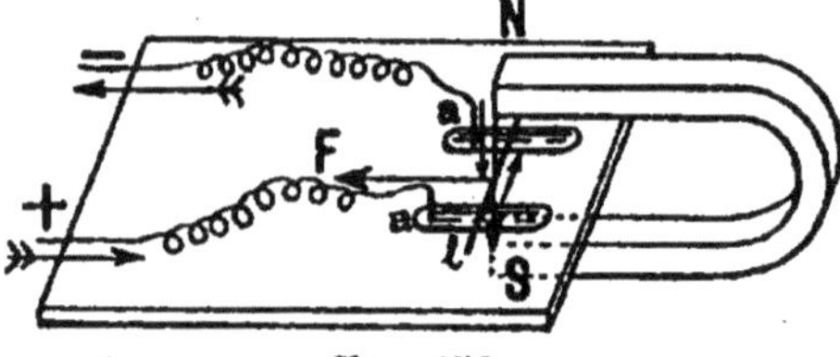

Fig. 450.

quantité suffisante pour obtenir un ménisque convexe ; on fait ensuite flotter en travers des deux rainures un fil de cuivre, dans lequel on fait passer un courant de quelques ampères. Si l'on approche un aimant, de manière que le fil de cuivre soit perpendiculaire aux lignes de force de cet aimant, c'est-à-dire à la direction du champ, le courant étant dirigé perpendiculairement aux lignes de force du champ, le fil se met en mouvement dans le sens de la force électromagnétique F, sens déterminé par la règle de la main gauche ; en changeant le sens du courant, le fil se déplace en sens inverse.

EXEMPLE. — Quelle est la valeur de la force électromagnétique F, exercée par un champ d'intensité égale à 100 gauss, sur un élément de courant de 10 centimètres de longueur, d'une intensité de 10 ampères, dirigé perpendiculairement aux lignes de force du champ ?

Appliquons la formule précédemment établie :

$$F = \frac{\mathcal{H}Il}{10} = \frac{100 \times 10 \times 10}{10} = 1.000 \text{ dynes ou } 981 \text{ milligrammes.}$$

442. Rotations produites par les forces électromagnétiques. — Rotation d'un courant produite par un aimant.

— Pour montrer ces mouvements (*fig.* 451), on peut disposer un appareil très simple, qui se compose d'un gros tube de verre, fermé par deux bouchons ; le bouchon inférieur est traversé en son milieu par un petit barreau aimanté, autour duquel on verse du mercure. Le courant mobile est formé par un fil de platine, fixé au bouchon supérieur et dont l'extrémité inférieure plonge dans le mercure. Si le pôle qui émerge du mercure est un pôle nord et si nous supposons le courant descendant, le fil tourne dans le sens des aiguilles d'une montre, ce qu'il est facile de reconnaître par la règle de la main gauche.

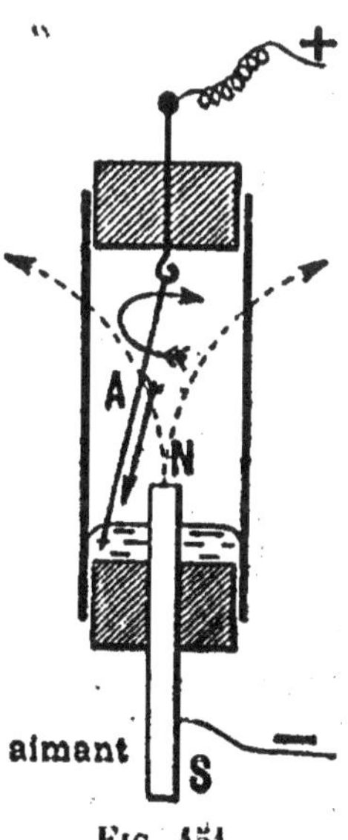

Fig. 451.

443. DEUXIÈME EXEMPLE. — **Roue de Barlow** (*fig.* 452). — La roue de Barlow se compose d'un disque R, mobile autour d'un axe horizontal passant par son centre et plongeant d'une petite quantité dans un bain de mercure, contenu dans une petite cuve ; on relie l'axe de rotation et le bain de mercure aux pôles d'une pile et on établit un courant vertical, qui se dirige

toujours de l'axe de la roue au mercure, ou inversement. Ce disque se déplace entre les branches d'un aimant en fer à cheval.

Les lignes de force du champ de l'aimant sont horizontales et normales au plan du disque; la force électromagnétique créée par l'action du champ sur le courant est constante et dirigée dans le plan de la roue, perpendiculairement à la direction du courant. Dans le cas de la figure, elle communiquera à la roue un mouvement de rotation continu, en sens inverse des aiguilles d'une montre ; si l'on change le sens du courant, la roue tourne en sens inverse. La force étant constante, la vitesse irait en augmentant indéfiniment, si les résistances passives, telles que les frottements des supports, la résistance de

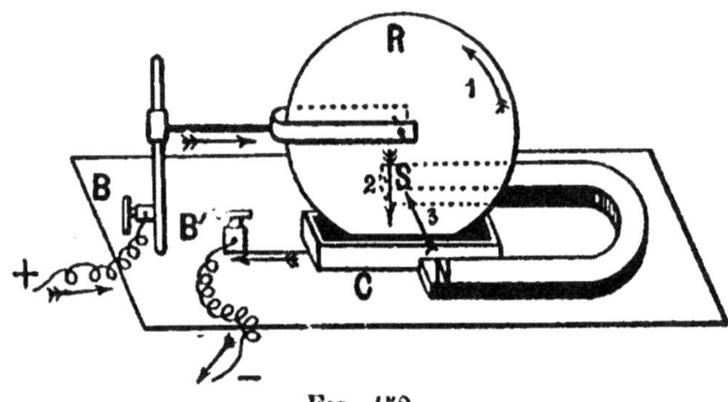

Fig. 452.

l'air, etc., n'augmentaient en même temps. On pourrait également lui faire produire un travail, par exemple lui faire monter un poids. Dans tous les cas, un état d'équilibre finit par s'établir, et le mouvement devient *uniforme* et persiste pendant le passage du courant. La roue de Barlow est le premier exemple de moteur électrique fondé sur les actions électromagnétiques.

444. Orientation d'un circuit sous l'action d'un champ magnétique. — Nous rappelons qu'un courant circulaire peut être assimilé à un *feuillet magnétique*, dont la face nord est celle où l'observateur voit le courant tourner en sens inverse des aiguilles d'une montre et la face sud, celle où il voit le courant tourner dans le sens de ces aiguilles.

Première expérience. — Si nous disposons (*fig.* 453) un barreau aimanté dans le plan d'un circuit circulaire, celui-ci

oscille jusqu'à ce que son plan soit orienté perpendiculairement à l'axe du barreau ai-
manté, de façon que le pôle
nord se trouve à gauche du
courant.

DEUXIÈME EXPÉRIENCE
(*fig*. 454, 455). — Si, d'un
cadre mobile ABCD, nous approchons le pôle nord d'un aimant, les côtés AC et BD sont
soumis aux forces électromagnétiques F F, égales et de
sens contraires, lesquelles produisent un couple qui oriente

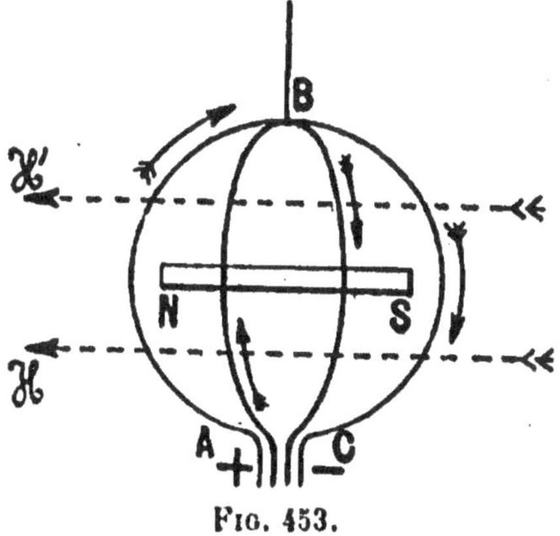

FIG. 453.

le cadre de façon que le pôle nord se trouve à gauche du courant; le flux de force de l'aimant entre par la face sud du

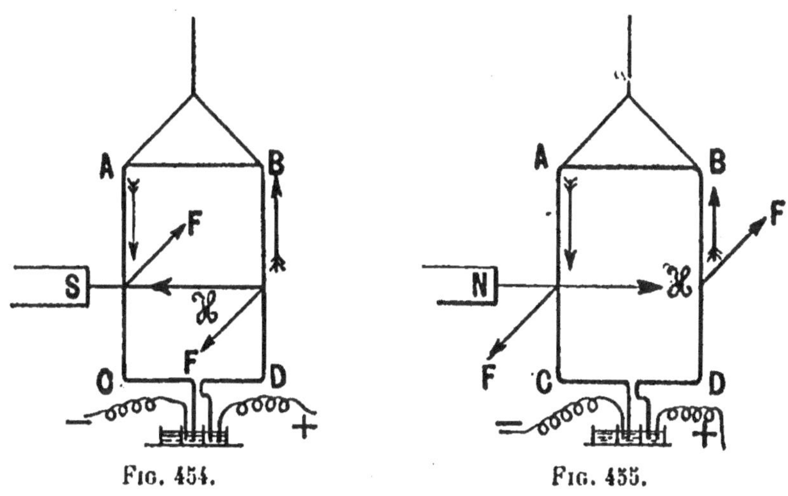

FIG. 454.   FIG. 455.

circuit, et les flux de force de l'aimant et du circuit
circulaire s'ajoutent.

**445. Orientation d'un circuit sous l'action du champ
magnétique terrestre.** — 1° Les lignes (*fig*. 456) de force du
champ magnétique terrestre sont dirigées suivant l'*aiguille
d'inclinaison*. Nous allons vérifier qu'un cadre, parfaitement
mobile autour d'un axe horizontal perpendiculaire au plan
du méridien magnétique, s'oriente normalement aux lignes de
force du champ terrestre, et de façon que ces lignes de force

entrent par sa face sud, c'est-à-dire celle où l'observateur voit le courant tourner dans le sens des aiguilles d'une montre.

2° Prenons (*fig.* 457) un cadre ABC mobile autour d'un axe vertical : nous le verrons s'orienter de façon que son plan soit normal au méridien magnétique et que les lignes de force du champ terrestre entrent par la face sud, ce qui revient à dire

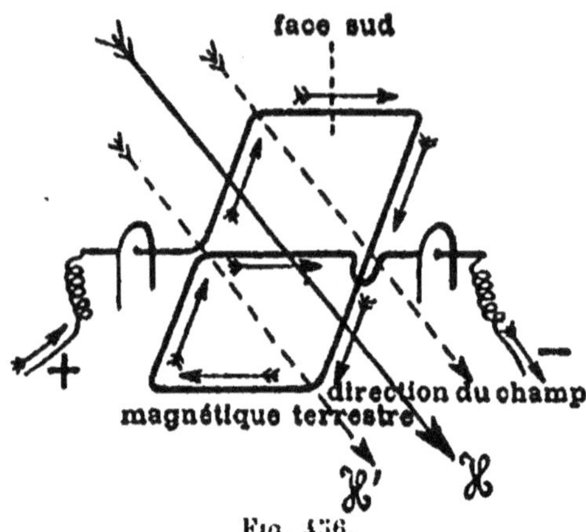

Fig. 456.

que la face nord du circuit se dirige, comme celle d'un aimant, du côté du nord magnétique. Ceci justifie les noms de face sud et de face nord données à celles d'un circuit circulaire.

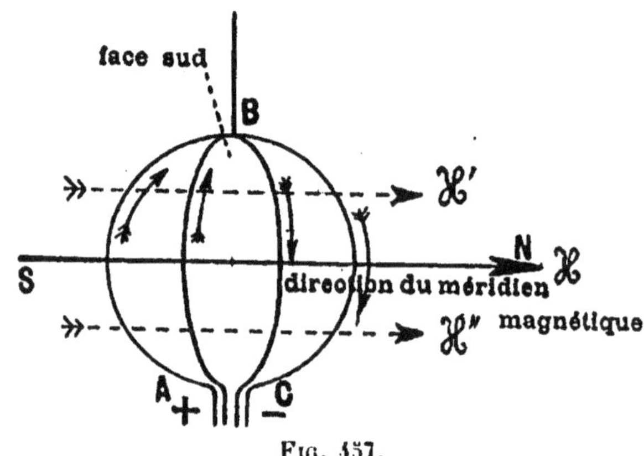

Fig. 457.

Nous remarquerons que, dans ces deux cas, l'orientation est telle que les flux de force résultant du champ terrestre et du circuit s'ajoutent.

446. Travail des forces électromagnétiques. — Supposons qu'un conducteur métallique CD, de longueur l (*fig.* 458), dans lequel passe un courant d'intensité I, puisse se déplacer parallèlement à lui-même sur deux barres métalliques, communiquant avec les pôles d'un générateur électrique, perpendiculairement à la direction d'un champ magnétique, d'intensité $\mathcal{H}$, ainsi que cela a été réalisé paragraphe 436.

La portion du conducteur DC dans laquelle passe le courant sera soumise, de la part du champ, à une force électromagnétique :

$$F = \frac{\mathcal{H}Il}{10},$$

Supposons que le conducteur DC se déplace, sous l'action de la force F, d'une longueur AC $= d$; le travail produit sera égal, en ergs, à :

$$W = \frac{\mathcal{H}Ild}{10}$$

et en joules, à :

$$W = \frac{\mathcal{H}Ild}{10^8}.$$

Or ld représente la surface ACDB balayée par le conducteur mobile DC, se déplaçant parallèlement à lui-même. $\mathcal{H}ld$ représente le

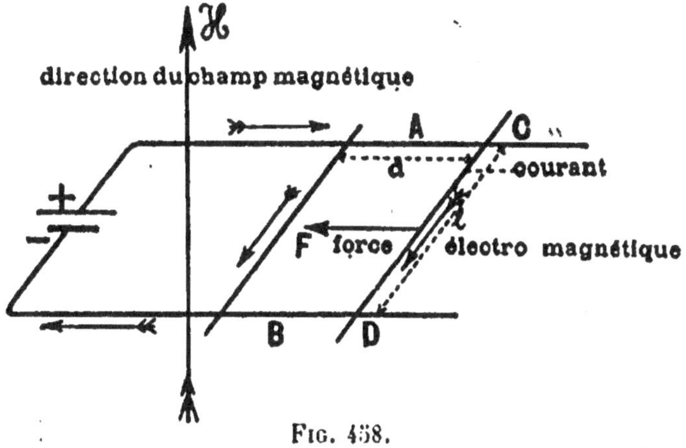

Fig. 458.

flux de force magnétique Φ qui traverse la surface. Le travail des forces électromagnétiques peut être représenté par l'expression :

$$W = \frac{1}{10^8} I\Phi \text{ joules,}$$

Φ étant exprimé en maxwels, et I, en ampères.

Lorsqu'un conducteur parcouru par un courant se déplace dans un champ magnétique, de manière à couper des lignes de force, le travail de la force électromagnétique est égal au produit de l'intensité du courant par le flux magnétique coupé par l'élément de courant pendant son déplacement, divisé par 10^8.

Le travail est positif si le déplacement se produit dans le sens de la force électromagnétique, et négatif en sens contraire.

447. Travail produit par la roue de Barlow. — Supposons le mouvement de la roue uniforme et le champ magnétique uniforme, normal aú plan de la roue. Lorsque la roue fait un tour, le flux coupé par le courant est égal à :

$$\pi r^2 \mathcal{IC}.$$

Le travail produit par tour sera :

$$W = \frac{1}{10^9} \pi r^2 \mathcal{IC} \text{I joules.}$$

448. Travail des forces électromagnétiques produit par un champ magnétique sur un élément de courant se déplaçant parallèlement à lui-même, dans une direction quelconque (*fig.* 459). — Nous avons établi la formule du travail des forces électromagnétiques dans un cas particulier; nous allons l'établir dans le cas général.

Soit $\mathcal{IC}$ l'intensité et la direction du champ ; soit AB un élément de courant faisant un angle α avec la direction du champ, et soient AA_1 la direction et la grandeur du déplacement de l'élément AB, parallèlement à lui-même. La force électromagnétique agissant sur AB est perpendiculaire au plan $\mathcal{IC}$AB, qui est celui du plan de la figure.

Projetons, sur un plan perpendiculaire à ce dernier, AB et AA_1 : nous obtenons les projections Ab et Aa.

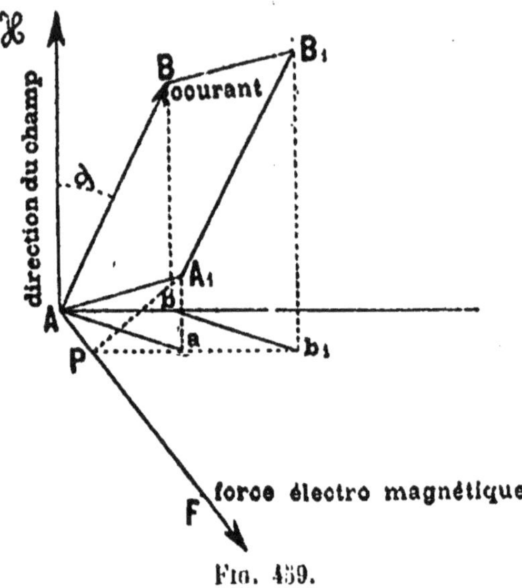

Fig. 459.

Soit AP la projection du déplacement AA_1 sur la direction de la force F. AP représente également la projection de Aa, car aP est perpendiculaire à F (théorème des trois perpendiculaires).

Le travail de déplacement est donc égal au produit de la force par la projection du chemin parcouru par le point d'application, sur sa direction :

$$W = F \times AP, \quad \text{mais} \quad F = \mathcal{IC}AB \times I \sin \alpha = \mathcal{IC}Ab \times I,$$

ou

$$W = \mathcal{IC}Ab \times I \times AP, \quad \text{mais} \quad Ab \times AP = \text{surface } Aa\,b_1\,b.$$

Or, la surface Aab_1b est la projection de la surface ABB_1A_1, parcourue par l'élément de courant pendant son déplacement, et le produit de la projection de cette surface par l'intensité $\mathcal{H}$ du champ est égal au flux de force coupé par l'élément de courant, pendant son déplacement.

449. Déplacement d'un circuit, libre de se mouvoir dans un champ magnétique. — Nous pouvons déduire (*fig.* 460), de tous les mouvements

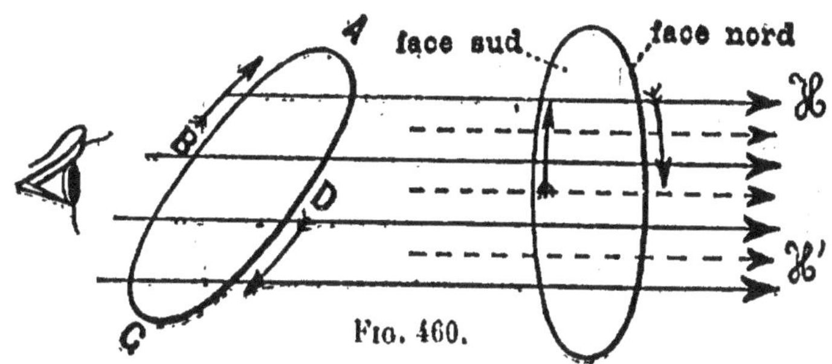

Fig. 460.

d'orientation étudiés précédemment, *qu'un circuit mobile* fermé ABCD, dans lequel passe un courant et libre de se mouvoir dans un champ magnétique, *tend toujours à s'orienter normalement aux lignes de force du champ magnétique, et de façon que le flux de force du champ magnétique pénètre toujours par la face sud du circuit; et que sa position d'équilibre est celle pour laquelle le flux de force magnétique qui traverse le circuit est maximum. Si le circuit est déformable, il s'orientera et se déformera dans le champ, d'après les conditions précédentes.*

Première expérience. — On peut le vérifier (*fig.* 461) en constituant un courant déformable avec une feuille d'or dans laquelle passe un courant, et que l'on place dans le champ magnétique d'un aimant en fer à cheval; les lignes de force traversent normalement le circuit formé par la feuille d'or; lorsque le courant passe,

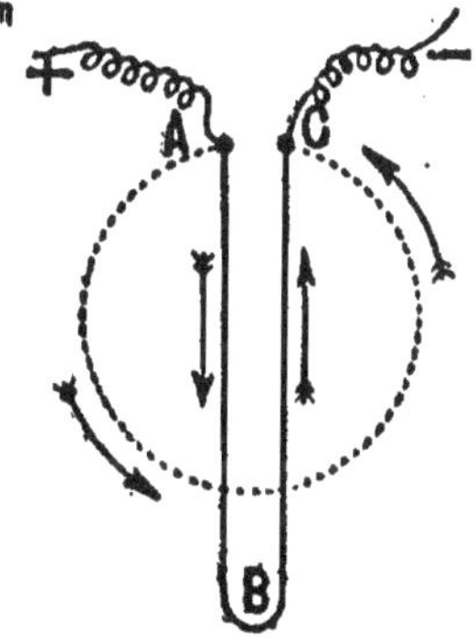

Fig. 461.

la feuille d'or prend la forme d'un cercle, de façon à embrasser le flux de force maximum.

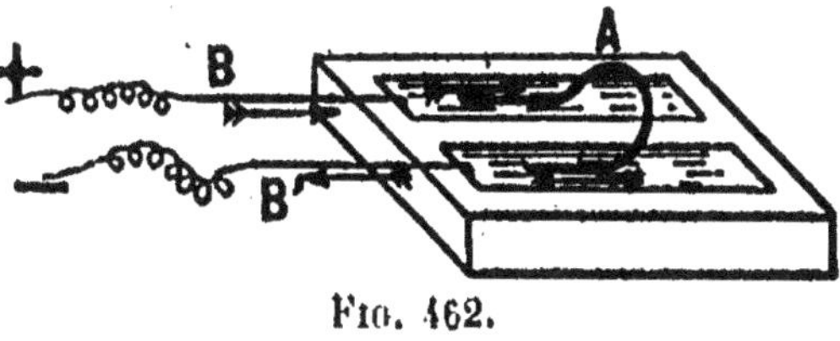

Fig. 462.

Deuxième expérience. — **Action d'un courant sur lui-même; expérience d'Ampère** (*fig.* 462). — Un circuit dans lequel passe un courant crée un champ magnétique dont les lignes entrent par la face sud. Si le circuit est déformable, le flux de force qui le traverse tend à devenir maximum et à embrasser la plus grande surface possible ; c'est ce que l'on peut vérifier par l'expérience d'Ampère. Dans une auge à deux compartiments, séparés par une cloison, on verse du mercure ; sur le mercure, flotte un petit équipage B, en fil conducteur.

Quand le courant est amené, on voit le petit équipage mobile s'éloigner des extrémités du fil qui amène le courant, de manière à embrasser la plus grande surface possible.

TROISIÈME EXPÉRIENCE (*fig.* 463). — Suspendons, au-dessus d'un aimant, un cadre circulaire, formé de plusieurs tours de fil dans lequel passe un courant dirigé en sens inverse des aiguilles d'une montre : le cadre est vivement attiré et se déplace jusqu'à ce qu'il soit à égale distance des deux pôles ; le flux du barreau et celui du circuit étant de même sens, le système se déplace de manière que le flux devienne maximum ; si l'on change le sens du courant, les flux sont de signes contraires, le circuit est repoussé, le système se déplace de façon que le flux de l'aimant fixe diminue. Nous verrons des applications de ces mouvements dans les régulateurs des lampes à arc.

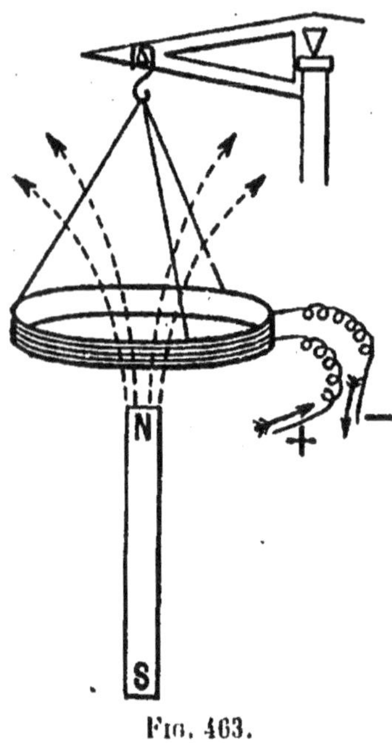

Fig. 463.

450. Travail des forces électromagnétiques dans le cas du déplacement d'un circuit dans un champ magnétique. — Nous avons établi que le travail des forces électromagnétiques, produit par le déplacement d'un élément de courant dans un champ magnétique, était représenté par l'expression :

$$W = \frac{\Phi I}{10^8} \text{ joules,}$$

Φ représentant le flux coupé ou la variation du flux.

Cette formule est générale et peut s'appliquer dans le cas du déplacement d'un circuit dans un champ magnétique.

Si un circuit placé dans un champ magnétique est traversé par un flux Φ_1, tout déplacement qui modifie le flux de la valeur Φ_1 a une valeur Φ_2 et, pour une deuxième position du circuit, correspond à un travail moteur ou résistant des forces électromagnétiques du champ, égal au produit de la variation du flux par l'intensité du courant, divisé par 10^8 :

$$W = \frac{1}{10^8} I(\Phi_2 - \Phi_1) \text{ joules.}$$

D'une manière générale, en représentant par $\Delta\Phi$ la variation du flux,

$$W = \frac{1}{10^8}\,\Delta\Phi I \text{ joules.}$$

Exemple. — Un cadre rectangulaire, de 4 centimètres de hauteur et de 3 centimètres de largeur, formé de 100 tours de fil, est traversé par un courant d'un ampère et placé parallèlement aux lignes de force d'un champ de 200 gauss. Quel est le travail produit lorsque le cadre tourne, sous l'influence des forces électromagnétiques, de 90° à partir de sa position initiale ?

Dans la position initiale $\Phi = 0$; lorsque le cadre a tourné de 90°, le flux de force est maximum et égal à :

$$\Phi = 200 \times 100 \times 4 \times 3 = 240.000 \text{ maxwells};$$
$$W = \frac{1 \times 240000}{10^8} = 24 \times 10^{-4} \text{ joule.}$$

AOTION DES COURANTS SUR LES COURANTS

451. Première loi. — **Courants parallèles.** — *Deux courants parallèles (fig. 464) et de même sens s'attirent; deux courants parallèles et de sens contraires se repoussent.*

Ces actions sont tout à fait identiques aux actions électromagnétiques; en effet, chaque courant est dans le champ magnétique créé par l'autre. Supposons : 1° les deux courants parallèles de même sens. Le courant I' crée un champ magnétique, dont la direction est représentée au point M par la tangente à la ligne de force qui passe par ce point; l'action de ce champ sur le courant donnera une force électromagnétique dirigée suivant F et dont l'action a pour but de rapprocher le courant I du courant I'; si le courant I' change de sens, la force F est dirigée en sens contraire et tend à éloigner le courant I du courant I'.

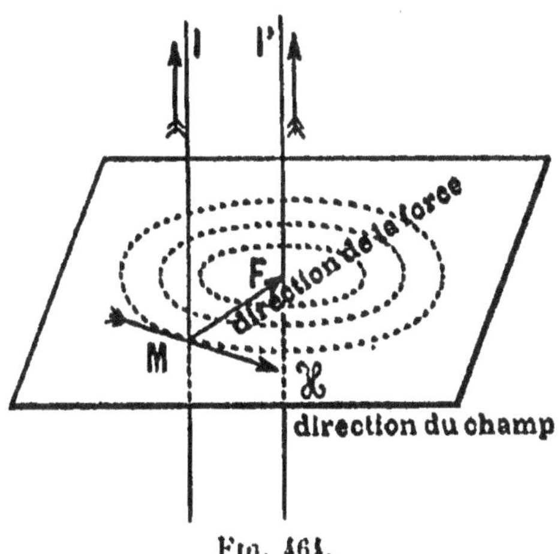

Fig. 464.

Nous pouvons constater que, dans ces mouvements, le courant mobile se déplace de manière à augmenter le flux qu'il reçoit de l'autre, c'est-à-dire *que les deux flux tendent à s'ajouter et à rendre le flux total maximum.*

Pour le vérifier (*fig.* 465), on suspend un circuit rectangulaire ABCD, dans lequel passe un courant, par un fil de coton fin et l'on approche parallèlement à AB, le côté FE d'un cadre, formé de quelques tours de fil et dans lequel passe un courant : AB est

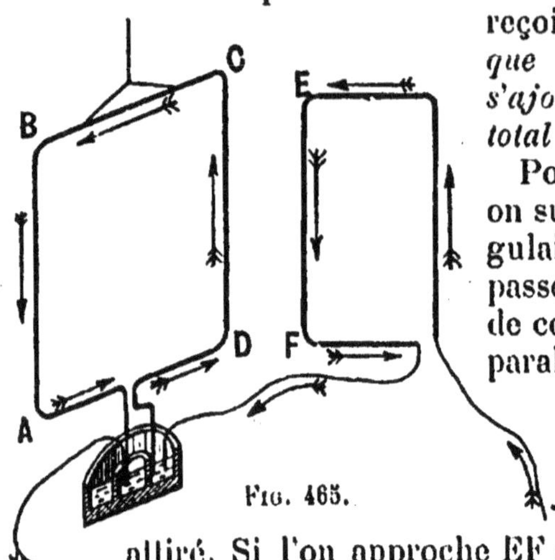

Fig. 465.

attiré. Si l'on approche EF de DC, il y a répulsion.

Si l'on juxtapose (*fig.* 466) deux courants rectilignes d'égale intensité, mais de sens contraires, en repliant le fil sur lui-même, l'ensemble de ces deux courants ne produit pas d'action sur le cadre.

On obtiendrait le même résultat (*fig.* 466) si l'un des courants présentait de petites sinuosités. Le champ d'un courant sinueux est le même que celui d'un courant rectiligne de même longueur, à la condition que l'amplitude des sinuosités soit très petite.

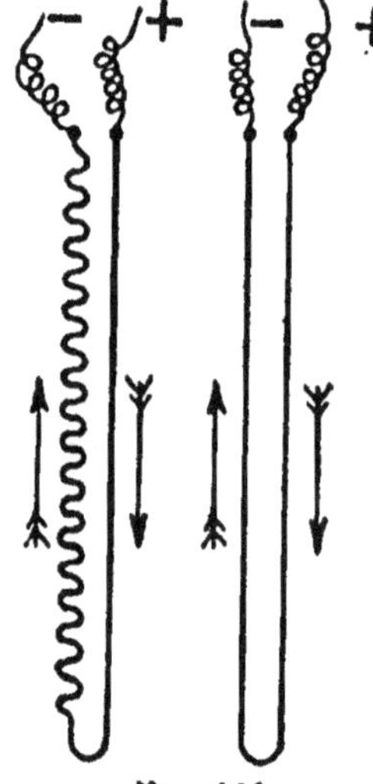

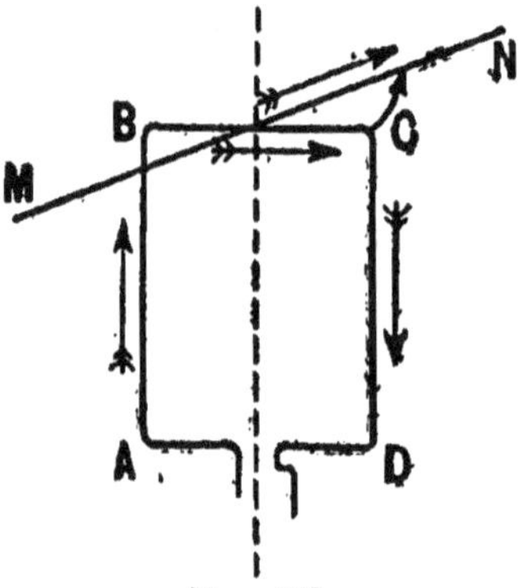

Fig. 466.

DEUXIÈME LOI. — **Courants croisés** (*fig.* 467). — *Deux courants croisés tendent à se placer parallèlement, de façon que les courants soient de même sens.*

Fig. 467.

On peut le vérifier en disposant, au-dessus d'un cadre mobile ABCD, un fil MN dans lequel passe un courant et qui fait avec AB un certain angle : on voit le cadre tourner jusqu'à ce que BC devienne parallèle à MN, et que les courants soient de même sens.

452. Rotation d'un aimant par un courant (*fig.* 468). — Suspendons, par un fil fin, un barreau aimanté NS, dont l'extrémité porte un fil métallique plongeant dans un godet de mercure ; fixons au milieu de l'aimant un fil de cuivre *ab*, dont les extrémités recourbées plongent dans une rainure circulaire contenant du mercure ; mettons le godet de mercure et la rainure circulaire en communication avec les pôles d'une pile et, dans le cas de la figure, le barreau se mettra à tourner en sens inverse des aiguilles d'une montre.

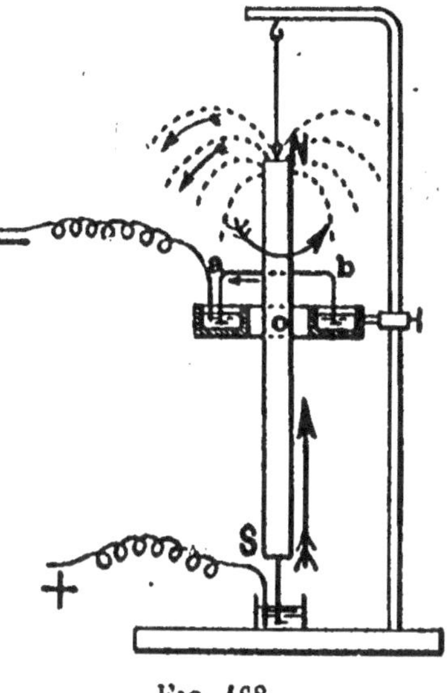

Fig. 468.

453. Moment magnétique d'un circuit circulaire et d'un solénoïde. — Nous avons établi que le champ produit par un circuit circulaire, formé de n tours de fil, de rayon r et dans lequel passe un courant d'intensité I, est représenté, en un point de son axe, par l'expression :

$$\mathcal{H} = \frac{2n\mathrm{I}S}{10d^3};$$

et que le champ produit par un aimant en un point situé sur le prolongement de son axe, à une distance d, est égal à :

$$\mathcal{H} = \frac{2\mathcal{M}}{d^3},$$

$\mathcal{M}$ étant le moment magnétique du barreau.

Si le courant I produit à la même distance d le même champ que l'aimant, il en résulte que :

$$\frac{2n\mathrm{I}S}{10d^3} = \frac{2\mathcal{M}}{d^3}, \quad \text{d'où} \quad \mathcal{M} = \frac{n\mathrm{I}S}{10}.$$

Cette valeur $\frac{n\mathrm{I}S}{10}$ représente le moment magnétique du circuit assimilé à un aimant.

Nous pouvons établir expérimentalement cette formule au moyen du magnétomètre, en disposant le circuit et un barreau aimanté dont le moment magnétique a été déterminé, à la même distance d du centre de l'aiguille, de façon que leurs axes magnétiques soient normaux à la direction de la méridienne magnétique.

Mettons le circuit circulaire en communication avec quelques éléments d'accumulateur, un rhéostat et un ampèremètre et faisons varier l'intensité du courant, de façon que les angles de déviation α de l'aiguille du magnétomètre soient égaux pour l'aimant et le circuit circulaire.

Connaissant le moment magnétique $\mathfrak{M}$ de l'aimant, nous vérifierons que le moment magnétique du circuit est égal à : $\dfrac{n\mathrm{I}S}{10}$.

Moment magnétique d'un solénoïde. — Dans le cas d'un solénoïde, on vérifie avec le magnétomètre que le moment magnétique du solénoïde est égal à :

$$\mathfrak{M} = \frac{n\mathrm{I}\mathrm{L}S}{10},$$

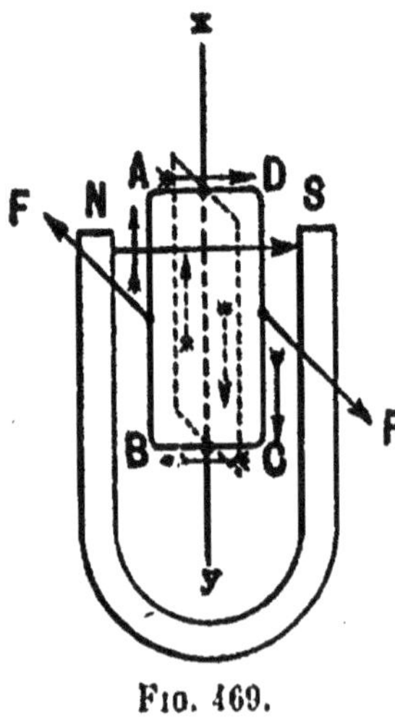

Fio. 469.

L étant la longueur du solénoïde, n le nombre de tours par centimètre, en représentant par N le nombre total de tours de fil, on a :

$$\mathfrak{M} = \frac{\mathrm{N}\mathrm{I}S}{10}.$$

454. Applications. — **Galvanomètre à cadre mobile.** — **Principe du galvanomètre à cadre mobile.** — Le galvanomètre à cadre mobile (*fig.* 469) est basé sur le principe suivant :

Si l'on dispose un cadre mobile ABCD, dans lequel passe un courant, entre les pôles d'un aimant en fer à cheval, les côtés AB et CD du cadre sont soumis à l'action de forces électromagnétiques F, égales et de signes contraires, qui forment un couple. Le cadre s'oriente perpendiculairement aux lignes de force de l'aimant, de façon que le flux de l'aimant pénètre par la face sud du circuit.

455. Galvanomètre Deprez d'Arsonval (*fig.* 470). — Ce galvanomètre se compose d'un aimant fixe très puissant, en forme de fer à cheval, entre les pôles duquel se trouve un multiplicateur très léger, formé de plusieurs tours de fil, suspendu à une potence P au moyen d'un fil fin d'argent F; un deuxième fil d'argent relie la partie inférieure du multiplicateur à une lame métallique flexible V, placée sur le socle de l'appareil; les deux extrémités du fil du multiplicateur sont reliées aux deux fils d'argent, qui serviront à amener le courant dans le multiplicateur; pour cela, la potence P et la lame flexible V communiquent avec les bornes B, B', qui amènent le courant.

Les deux fils d'argent, bien tendus, constituent un axe autour duquel peut tourner le multiplicateur; à l'intérieur du cadre, se trouve un cylindre de fer doux C, qui s'aimante par influence et augmente l'intensité du champ magnétique dans la région comprise entre le cylindre et l'aimant, et a pour but d'augmenter la force électromagnétique qui est, comme nous l'avons vu, proportionnelle à l'intensité du champ magnétique.

Le cadre multiplicateur est soumis à l'action d'un couple égal à $\mathfrak{M}.\mathfrak{H}$, $\mathfrak{M}$ étant le moment magnétique du multiplicateur, égal à $\dfrac{\text{NIS}}{10}$ et $\mathfrak{H}$,

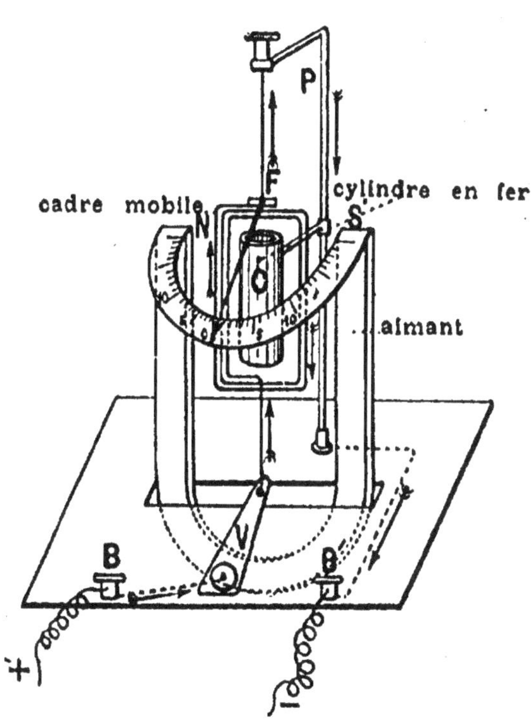

Fig. 470.

l'intensité du champ, qui fait tourner le cadre autour de l'axe vertical formé par les fils d'argent, jusqu'à ce que la torsion qui en résulte produise un couple antagoniste à celui des forces électromagnétiques. Le multiplicateur porte une aiguille en aluminium, qui se déplace sur un cercle divisé. Pour des mesures précises, on fixe sur le fil d'argent F un petit miroir concave, qui permet de faire les lectures par la méthode décrite au paragraphe 70. Pour de faibles déviations, il y a proportionnalité entre l'intensité du courant et la déviation α; le couple électromagnétique est proportionnel à la déviation α

$$\mathfrak{M}\mathfrak{H} = K\alpha, \qquad \alpha = \frac{\mathfrak{H}NIS}{10K};$$

K étant la constante de torsion du fil, α est proportionnel à I, la sensibilité du galvanomètre est proportionnelle à N, à $\mathfrak{H}$ et à S.

Ce galvanomètre peut être très sensible, grâce à l'intensité considérable $\mathfrak{H}$ du champ de l'aimant en fer à cheval.

Il peut être orienté dans n'importe quelle direction par rapport au méridien magnétique, l'action du champ terrestre étant négligeable vis-à-vis de celle du champ de l'aimant.

Il est apériodique; nous expliquerons la cause de l'apériodicité dans l'étude de l'induction électromagnétique.

456. Ampèremètre et voltmètre à cadre mobile (*fig.* 471). — L'ampèremètre à cadre mobile est basé sur le même principe que

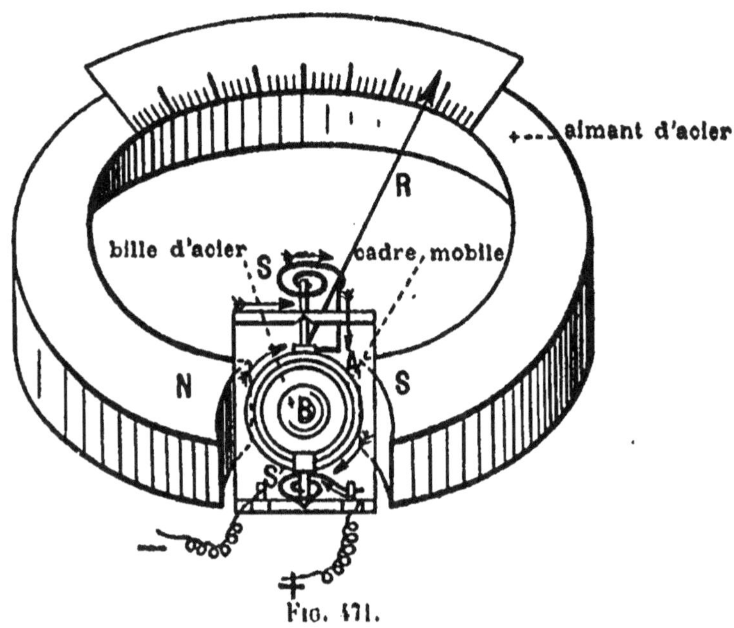

Fig. 471.

le galvanomètre à cadre mobile. Il se compose d'un aimant d'acier en forme d'anneau, terminé par des surfaces polaires cylindriques, entre les pôles duquel se trouve un cadre circulaire mobile A, qui porte une aiguille en aluminium R, se déplaçant sur un cadran gradué en ampères. Ce cadre multiplicateur est constitué par une couronne de fil de cuivre, isolée par de la soie et logée entre deux bagues de cuivre pur, destinées à produire l'apériodicité. Il repose, par l'intermédiaire de deux pivots d'acier, dans des chapes en saphir ; ces deux pivots sont reliés à des ressorts en spirale S S', formés d'un métal non magnétique, qui ont pour but d'assurer la fixité du zéro et d'équilibrer par leur tension l'action des forces électromagnétiques créées par le champ de l'aimant sur le cadre multiplicateur. Le courant entre par le ressort S et sort par le ressort S'. Au centre du cadre se trouve une sphère d'acier B fixe, destinée à concentrer les lignes de force du champ de l'aimant. Le fonctionnement de cet appareil est identique à celui du galvanomètre Deprez d'Arsonval. Le voltmètre présente la même disposition ; mais le multiplicateur est formé d'un fil fin très résistant.

457. Électro-dynamomètre. — Principe de l'électrodynamomètre (*fig*. 472). — Si l'on place, au milieu d'un cadre circulaire

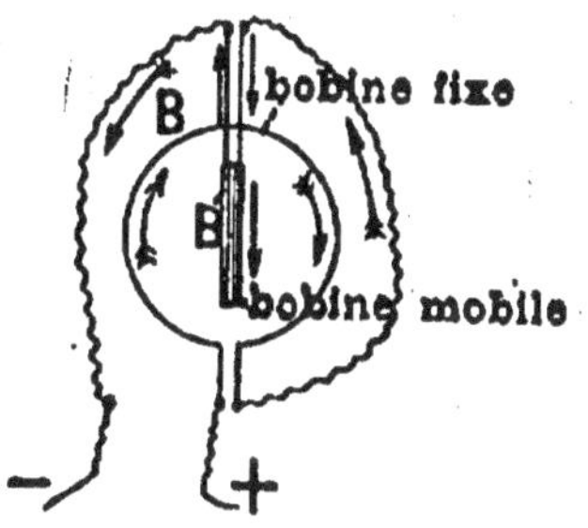

Fig. 472.

fixe B, un cadre circulaire mobile B', orienté dans un plan perpendiculaire au premier, et si l'on fait passer le même courant dans les deux cadres, B' s'orientera et tendra à se placer dans le plan du cadre B, de façon que le flux de B le traverse normalement et entre par sa face sud ; les deux courants seront alors parallèles et de même sens.

Si l'on change à la fois le courant dans les deux cadres, le sens de la déviation ne change pas.

Les électro-dynamomètres diffèrent des galvanomètres précédents parce qu'ils ne comportent pas de barreaux aimantés et qu'ils peuvent servir à la mesure des courants alternatifs.

Fig. 472 *bis*.

Électro-dynamomètre de Siemens. — L'électro-dynamomètre de Siemens se compose d'une bobine fixe A', placée à l'intérieur d'un cadre mobile A (*fig*. 472 *bis*), formé d'un seul tour de fil et placé en série dans le circuit de la bobine fixe, au moyen de deux contacts à mercure a et a'. Le cadre mobile est suspendu par un ressort en spirale R, dont l'extrémité supérieure est fixée à un bouton C, que l'on peut tourner à la main et qui porte un index se déplaçant sur un cercle horizontal divisé. Le cadre mobile porte un index N, qui se déplace en même temps que le cadre sur le cercle gradué et se trouve au zéro lorsqu'il ne passe pas de courant.

Le couple qui fait dévier le cadre mobile est équilibré par la torsion du ressort. Pour faire les mesures, on ramène l'index du cadre mobile N au zéro de la graduation en tournant le bouton C, de façon à tordre le ressort R ; on mesure l'angle α, dont on a tourné le bouton et qui représente l'angle de torsion.

Le moment du couple de déviation est proportionnel à I^2 et le moment de torsion est proportionnel à $K\alpha$, d'où :

$$I^2 = K\alpha.$$

En effet, le champ produit par le cadre fixe est égal à FI ; F étant une constante, le couple exercé par ce cadre sur le cadre mobile, de surface S, est égal à :

$$FI \times SI = FSI^2.$$

L'action exercée sur le cadre mobile est proportionnelle au carré de l'intensité du courant.

458. Mesure de la puissance d'un courant. — Wattmètre. — On peut mesurer la puissance d'un courant continu en disposant en série, dans le circuit, un ampèremètre sur lequel on lira la valeur de I en ampères ; et en dérivation un voltmètre, sur lequel on lira la valeur de E en volts.

En multipliant E par I, nous aurons la puissance EI, en watts.

Mais on peut faire directement cette mesure au moyen d'un wattmètre.

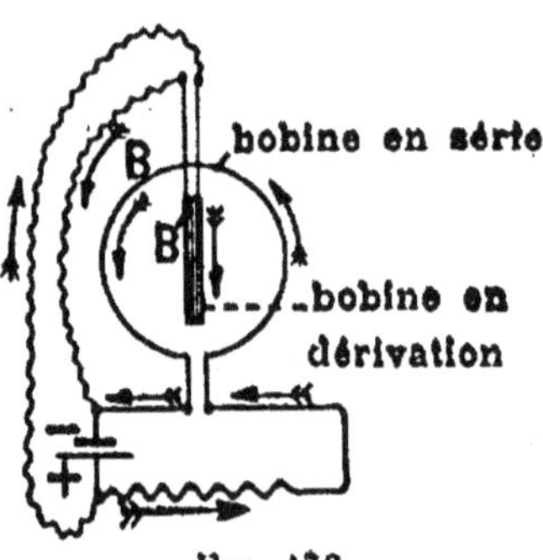

Fig. 473.

459. Principe du wattmètre. — Le wattmètre (*fig.* 473) est un électrodynamomètre dont l'un des cadres a une grande résistance et se met en dérivation dans le circuit ; il joue le rôle d'un voltmètre. Le courant I, qui le traverse, est proportionnel à E ; l'autre cadre a une faible résistance ; il se met en série dans le circuit et joue le rôle d'un ampèremètre. L'action mutuelle des deux cadres est proportionnelle à EI. Cet appareil est gradué en watts.

CHAPITRE XIX

AIMANTATION PAR LES CHAMPS MAGNÉTIQUES

460. Aimantation sous l'influence d'un aimant. — Il se produit, dans le champ (*fig.* 474) d'un aimant, des phénomènes analogues à ceux de l'influence électrique.

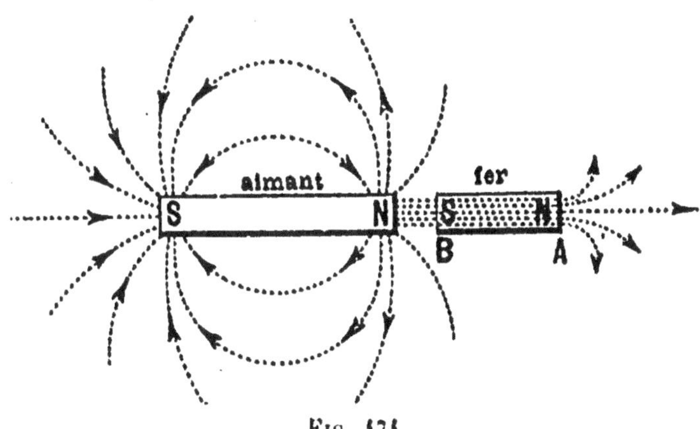

Fig. 474.

Si l'on approche du pôle d'un aimant un barreau de fer doux ou d'acier, ce barreau devient un aimant et possède la propriété d'attirer la limaille de fer et de s'orienter dans la direction du méridien magnétique.

Le spectre magnétique nous montre que le flux de force qui émane du pôle nord de l'aimant NS traverse le barreau de fer doux ou d'acier, et qu'il se forme un pôle sud à l'extrémité du barreau par laquelle entrent les lignes de force de l'aimant et un pôle nord à l'extrémité par laquelle elles sortent.

Ce phénomène se nomme induction magnétique et le magnétisme développé, *magnétisme induit.*

Tout corps magnétique placé dans un champ magnétique s'aimante. Le pôle de l'aimant inducteur produit, sans rien perdre de son magnétisme, un pôle de nom contraire à l'extrémité la plus rapprochée et un pôle de même nom à l'extrémité la plus éloignée.

Il en résulte que, pour obtenir un aimant, il faut placer un barreau d'acier ou de fer dans le champ magnétique créé par un aimant ou par un courant.

Aimantation temporaire du fer. — Si l'on place un barreau de fer doux dans le champ d'un aimant, on obtient un aimant temporaire ; aussitôt qu'on éloigne l'aimant inducteur, le barreau de fer doux se désaimante.

Aimantation permanente de l'acier. — Au contraire, un barreau d'acier trempé, placé dans le champ d'un aimant, s'aimante lentement, d'autant plus lentement qu'il est plus fortement trempé ; si l'on éloigne l'aimant inducteur, une partie du magnétisme, appelé *magnétisme rémanent*, subsiste et l'on obtient un aimant *permanent*. On donne le nom de force *coercitive* à la propriété que possède l'acier de conserver une partie du magnétisme développé par l'induction.

461. Explication des spectres magnétiques. — On peut, en partant de l'expérience précédente, expliquer la formation des spectres magnétiques. Chaque fragment de limaille peut être considéré comme un petit barreau de fer doux qui, placé dans le champ de l'aimant, s'aimante par induction et s'oriente, suivant sa plus grande longueur, dans la direction du champ. Tous ces petits barreaux, disposés bout à bout, forment les lignes de force.

462. Attraction du fer par un aimant. — L'attraction du fer doux par un aimant résulte de ce qu'un morceau de

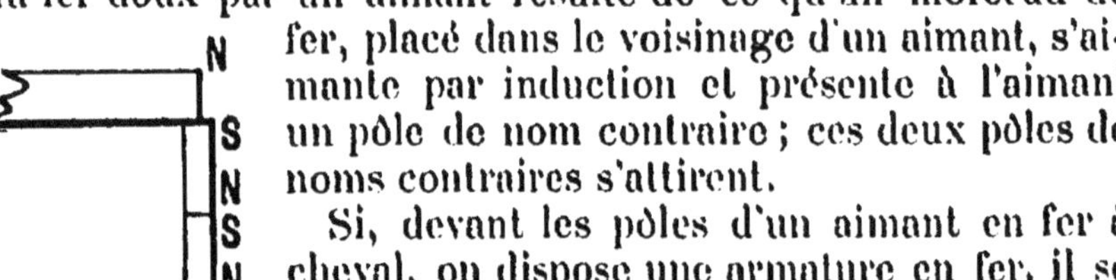

Fig. 175.

fer, placé dans le voisinage d'un aimant, s'aimante par induction et présente à l'aimant un pôle de nom contraire ; ces deux pôles de noms contraires s'attirent.

Si, devant les pôles d'un aimant en fer à cheval, on dispose une armature en fer, il se produit une attraction très énergique, parce que les actions inductrices des deux pôles produisent deux pôles de noms contraires à ceux de l'aimant qui se trouvent en regard.

Si l'on approche (*fig.* 175) un barreau aimanté d'un morceau de fer doux, ce dernier est attiré, s'aimante et peut à son tour en attirer un second ; mais ces barreaux successifs prennent une aimantation de plus en plus faible et ne peuvent à leur tour soutenir d'autres barreaux.

463. Champ magnétique à l'intérieur d'un aimant (*fig.* 476). — Nous avons vu, dans l'étude du spectre magnétique d'un solénoïde, que les lignes de force du champ se ferment sur elles-mêmes et forment, à l'intérieur du solénoïde, un champ magnétique dont les lignes de force sont dirigées parallèlement à l'axe du solénoïde.

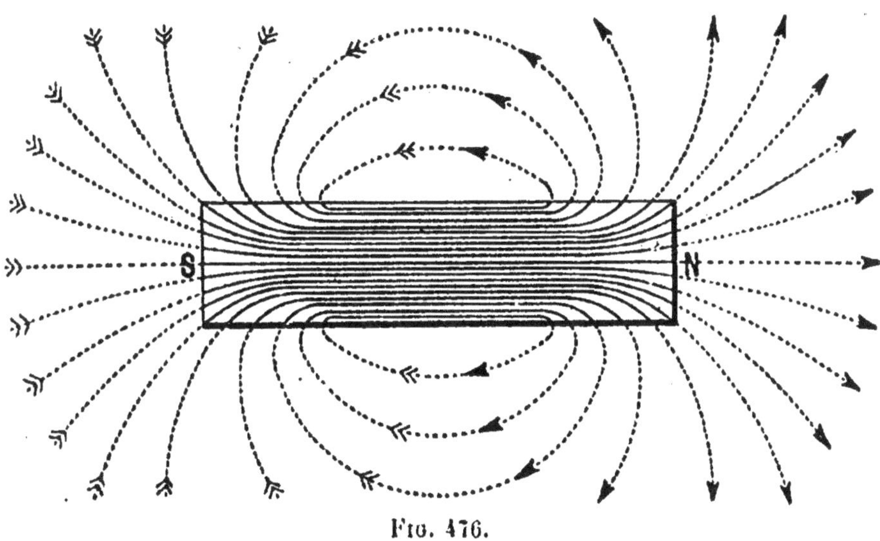

Fig. 476.

En comparant le spectre magnétique d'un aimant à celui d'un solénoïde, nous supposerons que les lignes de force de l'aimant, comme celles du solénoïde, se ferment sur elles-mêmes à travers le barreau, en formant un faisceau serré de lignes de force droites et parallèles à l'axe du barreau. On peut justifier cette hypothèse en brisant un aimant et en écartant les deux moitiés de quelques millimètres : si l'on produit le spectre magnétique de la partie interrompue, on voit un faisceau serré de lignes de force indiquant entre les deux parties du barreau un champ intense et uniforme.

464. Lignes d'induction. Induction. — Flux d'induction. — Nous donnerons le nom de *ligne d'induction* à la ligne qui complète, à l'intérieur de l'aimant, la ligne de force extérieure.

L'aimant étant traversé par des lignes d'induction, nous pouvons admettre l'existence d'un champ à l'intérieur de l'aimant.

On appelle *induction magnétique* l'intensité du champ à l'intérieur de l'aimant; on la représente par $\mathfrak{B}$ et elle s'exprime en gauss.

On peut également la définir en disant que l'induction magnétique est égale au flux qui traverse une section d'un centimètre carré, à l'intérieur de l'aimant.

Le *flux d'induction* à travers un barreau est égal au produit de la section S du barreau, normale aux lignes d'induction, par l'induction magnétique $\mathfrak{B}$; représentons-le par Φ : d'où $\Phi = \mathfrak{B}S$.

Il est exprimé en *maxwells*.

EXEMPLE. — Un aimant de 5 centimètres carrés de section est traversé par un flux d'induction Φ de 2.000 maxwells.

Quelle est la valeur de l'induction $\mathfrak{B}$?

$$\mathfrak{B} = \frac{\Phi}{S} = 400 \text{ gauss.}$$

465. Constitution des aimants. — Expérience de l'aimant brisé. — Si nous brisons par le milieu un barreau aimanté (*fig.* 477), des

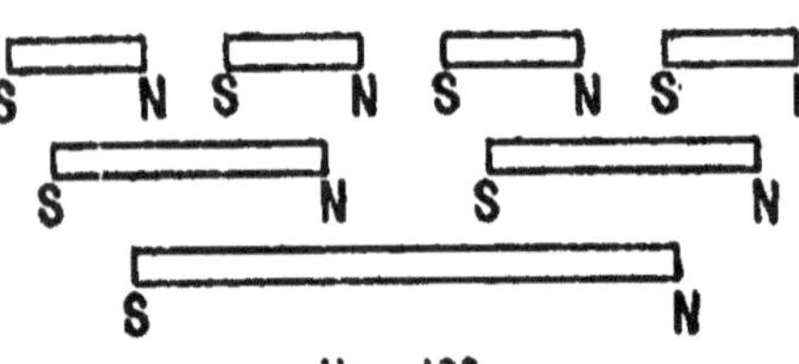

Fig. 477.

pôles de noms contraires apparaissent de part et d'autre de la ligne de rupture. Chaque moitié du barreau brisé constitue un aimant, présentant à une extrémité un pôle nord, à l'autre un pôle sud. Si nous brisons ces nouveaux barreaux, chacun des fragments, même les plus petits, forme un nouvel aimant avec deux pôles.

Si nous réunissons dans leur position première tous ces fragments de barreau aimanté, en les collant bout à bout sur une lame de verre, nous reconstituons l'aimant primitif.

Cette expérience de l'aimant brisé nous prouve qu'il est impossible d'isoler l'un de l'autre le magnétisme nord et le magnétisme sud. Nous voyons là une différence entre l'électricité et le magnétisme.

Il résulte de cette expérience que les propriétés magnétiques sont d'ordre *moléculaire* ; chaque particule de l'aimant, aussi petite qu'elle soit, possède deux pôles et est chargée de masses magnétiques égales et de signes contraires ; elle constitue un petit aimant. Quand le barreau est à l'état neutre (*fig.* 478, 479), ces petits aimants sont orientés en tous les sens et se trouvent, les uns par rapport aux autres, dans des positions telles que leurs pôles se neutralisent.

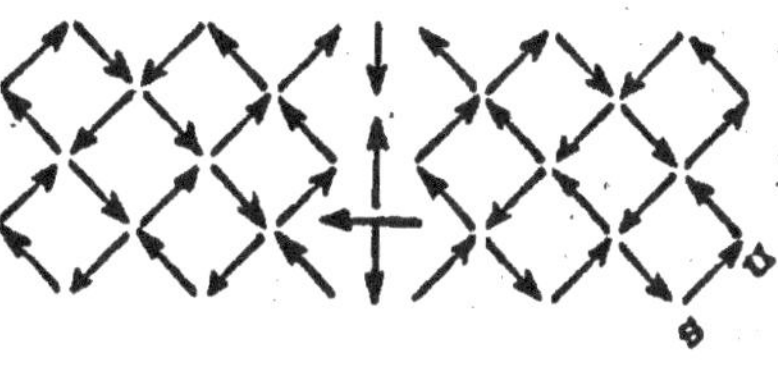

Fig. 478.

Si l'on soumet ce barreau à l'état neutre à l'action d'un champ magnétisant, tous ces aimants particuliers s'orientent et viennent se placer bout à bout, par leurs pôles de noms contraires, ne laissant libres, à chaque extrémité du barreau, que des pôles nord et sud.

Fig. 479.

Donc, tout barreau d'acier possède naturellement du magnétisme qui ne lui est pas fourni par l'aimantation. En effet, si nous aimantons un nombre quelconque de barreaux d'acier avec un fort aimant, cet aimant ne perd rien de son magnétisme.

Cette théorie nous explique pourquoi l'on soumet, pendant l'aimantation, le barreau à une série de chocs, qui sont destinés à faciliter l'orientation des aimants particuliers et enfin, pourquoi les molécules d'acier, dépourvues d'élasticité magnétique, s'opposent à la perte du magnétisme créé par le champ magnétisant.

Un barreau aimanté étant formé d'une infinité de files de petits aimants particuliers, les files s'influencent respectivement et, par suite, ne restent pas parallèles : elles s'infléchissent vers les extrémités, de sorte que les pôles ne sont pas sur les surfaces polaires, mais près des extrémités.

On peut vérifier cette théorie en aimantant par frottement, avec un fort aimant, de la limaille de fer enfermée dans un tube de verre : les particules de limaille s'orientent en files parallèles. Si l'on approche, en évitant les secousses, le tube de verre d'une aiguille aimantée, on constate qu'il s'est formé deux pôles. Si l'on secoue la limaille, la polarité des particules de limaille disparaît et les deux extrémités du tube se comportent de la même façon sur chaque pôle de l'aiguille aimantée.

Enfin, les changements de dimension que subit un barreau de fer ou d'acier pendant l'aimantation prouvent qu'il se produit en même temps un déplacement des particules.

Par l'aimantation, un barreau de fer devient plus long, tout en conservant le même volume.

Un fil de fer tordu, soumis à l'aimantation, tend à se détordre.

Les aimantations et désaimantations successives et rapides d'un barreau de fer produisent une augmentation de température.

566. Aimantation par les courants (*fig*. 480, 481). — Le courant électrique, en passant dans un solénoïde, crée à

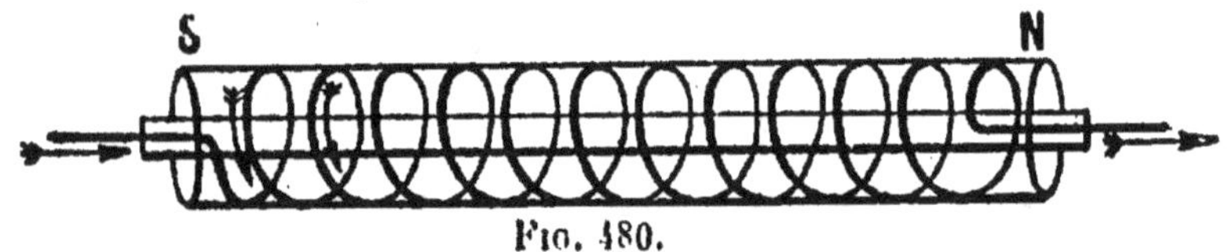

Fig. 480.

l'intérieur de ce solénoïde un champ magnétique. Si l'on place à l'intérieur d'un solénoïde un barreau de fer doux ou d'acier, par exemple une aiguille à tricoter trempée, le barreau s'aimante : il se forme un pôle nord à l'extrémité du barreau par laquelle sortent les lignes de force du champ, et un pôle sud à celle par laquelle elles entrent. On déterminera le pôle nord en plaçant la main droite sur le fil, les doigts allongés dans le sens du courant ; le pouce tendu donne le pôle nord.

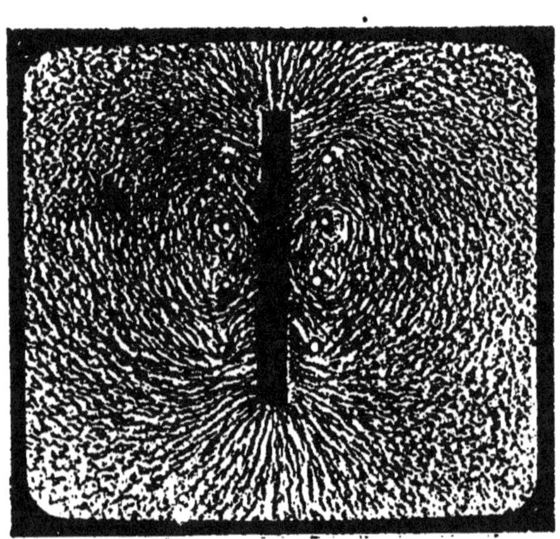

Fig. 481.

Si l'on place à l'intérieur du solénoïde un barreau de fer doux, on obtient un aimant temporaire ; l'aimantation disparaîtra après l'arrêt du courant.

Si l'on place à l'intérieur du solénoïde un barreau d'acier, celui-ci conserve, après l'arrêt du courant, une partie du magnétisme développé et que nous avons appelé *magnétisme rémanent;* on obtient ainsi un *aimant artificiel.* On facilite l'aimantation du barreau d'acier en le soumettant à de petits chocs répétés pour produire l'orientation des aimants particulaires.

Points conséquents (*fig.* 482). — Si, en des points quelconques du solénoïde, on change le sens de l'enroulement de l'hélice

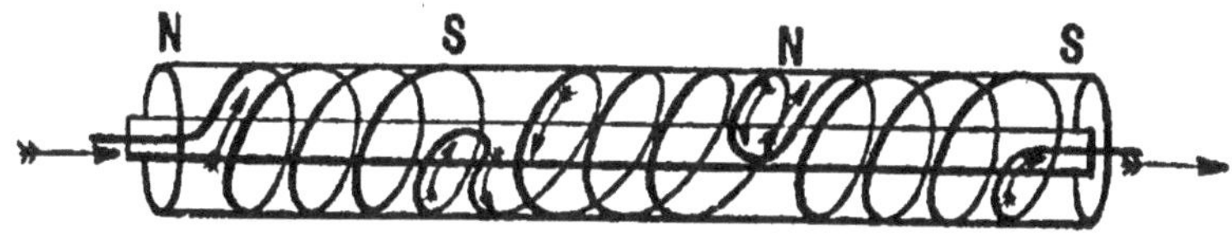

Fig. 482.

magnétisante, on produit dans le barreau aimanté des *points conséquents,* c'est-à-dire que le barreau aimanté présentera des pôles non seulement à ses extrémités, mais encore aux points où l'enroulement de l'hélice change de sens.

Si le pôle nord est à l'entrée du courant, on obtient d'abord un pôle sud; en changeant encore une fois le sens de l'enroulement, on obtient un pôle nord; ces pôles se déterminent par la règle que nous avons donnée.

On a ainsi en réalité trois aimants, placés bout à bout et juxtaposés par deux pôles de même nom.

467. Électro-aimant. — L'électro-aimant est un aimant temporaire, qui se compose soit d'un barreau de fer doux rectiligne (*fig.* 483), soit, plus généralement, d'un barreau de fer doux (*fig.* 484, 485) recourbé en forme de fer à cheval, sur les deux branches duquel est enroulé un fil de cuivre isolé, de telle façon que le sens de l'enroulement soit le même sur les deux bobines, c'est-à-dire que, supposant le barreau redressé, cet enroulement soit continu; il se forme ainsi à l'une des extrémités du noyau un pôle nord et à l'autre extrémité, un pôle

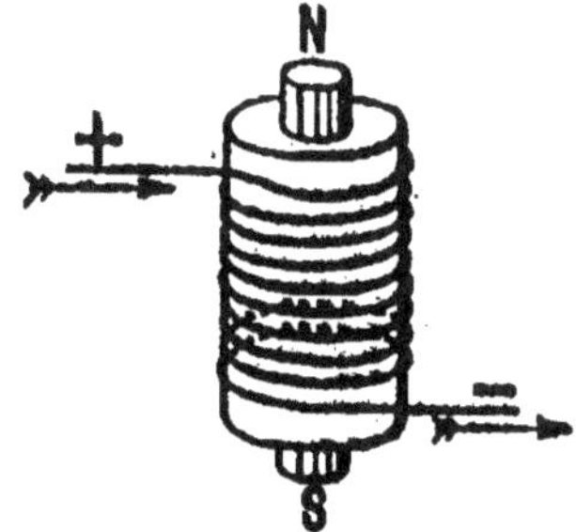

Fig. 483.

sud. Si, après avoir fait passer le courant dans les bobines, nous approchons une armature en fer doux N, l'armature s'aimante par influence et vient s'appliquer contre les surfaces polaires de l'électro. L'ensemble de l'électro et de l'armature forme un *circuit magnétique fermé*. Après l'arrêt du courant, l'armature conserve une certaine adhérence et ne retombe pas. Cette aimantation *rémanente* que conserve le fer, après la rupture du courant, peut atteindre une valeur notable, surtout si le fer n'est pas pur. Pour éviter l'aimantation rémanente, on empêche le circuit magnétique de se fermer sur lui-même. En intercalant entre l'électro et les armatures des substances non magnétiques, il suffit de coller sur les surfaces polaires une mince feuille de papier, qui constitue un *entrefer*; ou bien on établit, sur le trajet de l'armature, des butoirs qui l'empêchent de venir au contact des surfaces polaires, au moment de l'attraction.

Dans ces deux cas, l'armature se détache immédiatement, au moment de la rupture du courant.

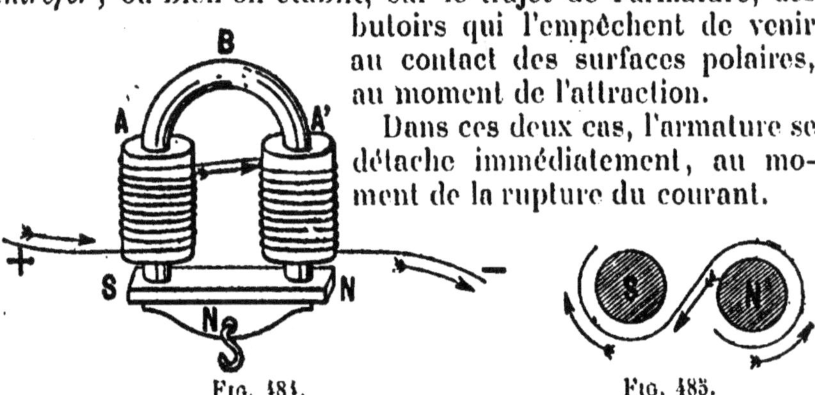

Fig. 484.

Fig. 485.

Les électro-aimants utilisés dans les applications sont formés de noyaux reliés, au moyen de vis, par une pièce de fer appelée *culasse*. Cette disposition a pour but de diminuer la force coercitive, impossible à faire disparaître avec les noyaux d'une seule pièce, recourbés en forme de fer à cheval. Les armatures sont formées par des lames de fer doux. Les électro-aimants sont utilisés soit pour produire des attractions ou des mouvements au moyen de leur armature, soit pour créer des champs magnétiques intenses.

468. Champ à l'intérieur d'un solénoïde. — Un solénoïde étant assimilable à un aimant, son moment magnétique est égal à :

$$\mathfrak{M} = \frac{n\mathrm{ILS}}{10},$$

n étant le nombre de tours de fil par centimètre de longueur ; L, la longueur du solénoïde ; S, sa section et I, l'intensité du courant en ampères.

D'après le théorème de Gauss, appliqué aux aimants, le flux sortant par la face polaire de l'aimant est égal à :

$$4\pi m = \mathcal{H}S,$$

$\mathcal{H}$ étant l'intensité du champ à l'intérieur du solénoïde ; d'où :

$$m = \frac{\mathcal{H}S}{4\pi}.$$

Le moment de ce solénoïde, assimilé à un aimant de longueur L, dont les masses magnétiques $m = \dfrac{\mathcal{H}S}{4\pi}$ seraient réparties sur les faces polaires, est égal à :

$$\mathfrak{M} = \frac{\mathcal{H}SL}{4\pi}.$$

D'autre part, le moment magnétique d'un solénoïde est représenté, ainsi que nous l'avons vérifié, par l'expression :

$$\mathfrak{M} = \frac{nILS}{10}.$$

En égalant ces deux valeurs,

$$\frac{\mathcal{H}SL}{4\pi} = \frac{nILS}{10}, \qquad \text{d'où} \qquad \mathcal{H} = \frac{4\pi nI}{10} = 1{,}25\, nI,$$

n représentant le nombre de tours de fil par centimètre. Le facteur nI se nomme le nombre *d'ampères-tours* par centimètre.

Cette formule n'est exacte que pour un solénoïde suffisamment long et pour sa partie médiane, où le champ est uniforme.

Le champ exprimé en gauss, à l'intérieur d'un solénoïde, est égal au produit du nombre d'ampères-tours par centimètre, par 1,25.

Remarque. — Dans l'expression $\mathfrak{M} = \dfrac{nILS}{10}$, LS représente le volume du solénoïde en centimètres cubes, nI le nombre d'ampères-tours par centimètre ; or :

$$nI = \frac{1{,}25}{\mathcal{H}}, \qquad \text{d'où} \qquad \mathfrak{M} = \frac{\mathcal{H}V}{1{,}25}.$$

Le moment magnétique d'un solénoïde est proportionnel à son volume et au champ intérieur.

Exemple. — Quelle sera l'intensité du champ à l'intérieur d'un solénoïde formé d'une seule couche de fil, de 10 tours par centimètre, pour un courant de 5 ampères ?

$$\mathcal{H} = 1{,}25 \times 10 \times 5 = 62{,}5 \text{ gauss.}$$

469. Déformation d'un champ magnétique, produite par un barreau de fer. — Perméabilité magnétique. — L'expérience des spectres magnétiques nous montre (*fig.* 486) qu'un barreau de fer doux *ab*, placé dans un champ magnétique, produit la déformation de ce champ ; les lignes de force s'infléchissent, de façon à pénétrer en plus grand nombre à travers le fer, comme si celui-ci offrait au flux magnétique un passage plus facile que l'air ambiant. Cette propriété du fer caractérise la *perméabilité magnétique*. Dans un solénoïde de section S, le flux de force est égal à $\Phi = \mathcal{H}S$ maxwells. Si nous plaçons

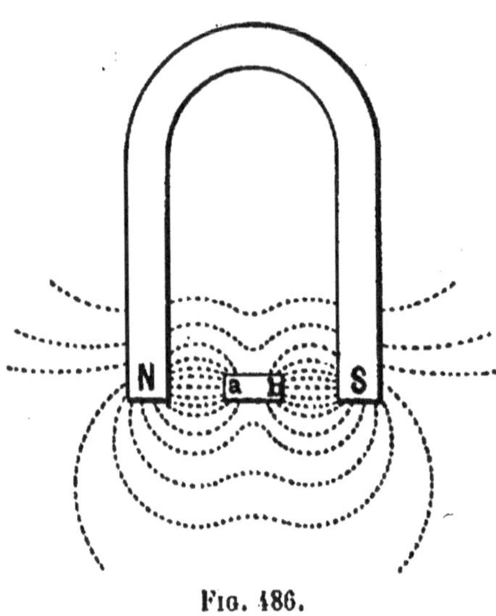

Fig. 486.

à l'intérieur du solénoïde un noyau de fer doux de même section S, le flux d'induction devient $\Phi' = S\mathcal{B}$; or, Φ' est plus grand que Φ ; le rapport $\dfrac{\Phi'}{\Phi} = \dfrac{\mathcal{B}}{\mathcal{H}}$ représente *la perméabilité magnétique* du noyau de fer.

La perméabilité d'une substance est égale au rapport de l'induction $\mathcal{B}$ à l'intensité du champ magnétisant $\mathcal{H}$. Ce coefficient est représenté par la lettre μ ; d'où

$$\mu = \frac{\mathcal{B}}{\mathcal{H}}.$$

On prend le coefficient de perméabilité de l'air égal à 1. Les substances pour lesquelles μ est > 1 sont dites substances magnétiques : le fer, l'acier, le nickel ; et celles où $\mu < 1$, substances diamagnétiques : le bismuth, etc.

470. Susceptibilité magnétique ou coefficient d'aimantation. — Le flux de force sortant de l'aimant est, d'après le théorème de Gauss, égal à :

$$4\pi m = 4\pi \mathcal{I} S,$$

car nous avons démontré que $\mathcal{I} = \sigma$ et $m = S\mathcal{I}$,

D'autre part, le flux d'induction est égal à $\mathfrak{B}S$, qui est égal à la somme du flux produit par le champ magnétisant $\mathfrak{IC}S$, plus le flux provenant du magnétisme induit $4\pi\mathfrak{I}S$.

$$\mathfrak{B}S = \mathfrak{IC}S + 4\pi\mathfrak{I}S, \quad \text{d'où} \quad \frac{\mathfrak{B}}{\mathfrak{IC}} = 1 + 4\pi\,\frac{\mathfrak{I}}{\mathfrak{IC}}.$$

Le rapport $\dfrac{\mathfrak{I}}{\mathfrak{IC}}$ de l'intensité d'aimantation au champ magnétisant $\mathfrak{IC}$ se nomme *coefficient d'aimantation* ou *susceptibilité magnétique* :

$$\frac{\mathfrak{B}}{\mathfrak{IC}} = \mu \qquad \mu = 1 + 4\pi K.$$

Pour les corps magnétiques, K est > 0, et pour les corps diamagnétiques, < 0 :

$$K = 0 \text{ pour le vide}$$

471. Mesure de l'induction $\mathfrak{B}$, de la perméabilité μ et de l'intensité d'aimantation $\mathfrak{I}$ d'un barreau de fer doux, placé dans un solénoïde. — On dispose sur le bras O du magnétomètre (*fig.* 414) la bobine magnétisante qui doit créer le champ magnétique, et dont l'axe est dirigé normalement à la méridienne magnétique. Dans le circuit de cette bobine, on intercale quelques accumulateurs, un rhéostat et un ampèremètre. Soient N le nombre de spires, S la section, L la longueur du solénoïde, I l'intensité du courant : le moment magnétique du solénoïde est égal à :

$$\mathfrak{M}' = \frac{NIS}{10}.$$

Calculons $\mathfrak{M}'$ pour chaque valeur de I, ainsi que le champ magnétisant à l'intérieur de la bobine, par la formule :

$$\mathfrak{IC} = \frac{1,25\ NI}{L} \text{ gauss.}$$

Déterminons, au moyen du magnétomètre, l'angle de déviation α produit par le solénoïde sans fer :

$$\text{tg } \alpha = \frac{2\mathfrak{M}'}{Hd^3}, \qquad \mathfrak{M}' = K \text{ tg } \alpha,$$

K étant une constante que nous pourrons déterminer par l'expérience.

Introduisons maintenant à l'intérieur du solénoïde un noyau de fer doux occupant tout l'intérieur et faisons passer le courant : la déviation α' correspondra à un moment magnétique représentant la somme des moments magnétiques de la bobine sans fer et du fer doux aimanté :

$$\mathfrak{M} + \mathfrak{M}' = K \, \mathrm{tg} \, \alpha', \qquad \mathfrak{M}' = K \, \mathrm{tg} \, \alpha,$$

d'où :

$$\mathfrak{M} = \mathfrak{M}' \left(\frac{\mathrm{tg}\,\alpha' - \mathrm{tg}\,\alpha}{\mathrm{tg}\,\alpha} \right), \qquad \text{mais} \qquad \mathfrak{M}' = \frac{NIS}{10},$$

d'où :

$$\mathfrak{M} = \frac{NIS}{10} \left(\frac{\mathrm{tg}\,\alpha' - \mathrm{tg}\,\alpha}{\mathrm{tg}\,\alpha} \right).$$

Le flux d'induction est égal à :

$$\mathfrak{B}S = 4\pi \mathfrak{I}S + \mathfrak{H}S, \quad \text{d'où} \quad \mathfrak{B} = 4\pi \mathfrak{I} + \mathfrak{H}, \quad \text{mais} \quad \mathfrak{I} = \frac{\mathfrak{M}}{V},$$

$$\mathfrak{B} = 12{,}56 \, \frac{\mathfrak{M}}{V} + \mathfrak{H};$$

en remplaçant $\mathfrak{M}$ par sa valeur

$$\mathfrak{B} = \frac{12{,}56 \, NIS}{10 \times LS} \left(\frac{\mathrm{tg}\,\alpha' - \mathrm{tg}\,\alpha}{\mathrm{tg}\,\alpha} \right) + \mathfrak{H},$$

$$\mathfrak{B} = \frac{1{,}25 \, NI}{L} \left(\frac{\mathrm{tg}\,\alpha' - \mathrm{tg}\,\alpha}{\mathrm{tg}\,\alpha} \right) + \frac{1{,}25 \, NI}{L},$$

d'où :

$$\mathfrak{B} = \frac{1{,}25 \, NI}{L} \left(\frac{\mathrm{tg}\,\alpha' - \mathrm{tg}\,\alpha}{\mathrm{tg}\,\alpha} + 1 \right).$$

Pour chaque valeur de $\mathfrak{H}$, on détermine, au moyen du magnétomètre, les angles α' et α et l'on calcule $\mathfrak{B}$.

On en déduira la valeur de $\mathfrak{I}$, intensité d'aimantation, par la formule :

$$\mathfrak{I} = \frac{\mathfrak{B} - \mathfrak{H}}{12{,}56},$$

et la valeur de μ, perméabilité magnétique, par la formule :

$$\mu = \frac{\mathfrak{B}}{\mathfrak{H}}.$$

472. Courbes d'aimantation. — Induction rémanente. — Champ coercitif (*fig.* 487). — L'induction $\mathfrak{B}$ est une fonction de $\mathfrak{H}$. Il en est de même de la perméabilité magnétique, qui est égale à $\mu = \dfrac{\mathfrak{B}}{\mathfrak{H}}$.

Plaçons un barreau de fer ou d'acier à l'intérieur d'un solénoïde et faisons varier $\mathfrak{H}$, en faisant varier l'intensité I du courant, de zéro à une valeur déterminée $\mathfrak{H} = 1{,}25nI$. Mesurons l'induction $\mathfrak{B}$ par la méthode indiquée au paragraphe 463 et représentons les différentes valeurs de $\mathfrak{B}$ ainsi déterminées par une courbe, en portant en abscisse la valeur $\mathfrak{H}$ du champ magnétisant exprimée en gauss, et en ordonnée l'induction $\mathfrak{B}$, également exprimée en gauss, ou bien en portant en ordonnée l'intensité d'aimantation $\mathfrak{I}$, que l'on peut déduire de $\mathfrak{B}$, au moyen de la relation.

$$\mathfrak{I} = \frac{\mathfrak{B} - \mathfrak{H}}{12,56},$$

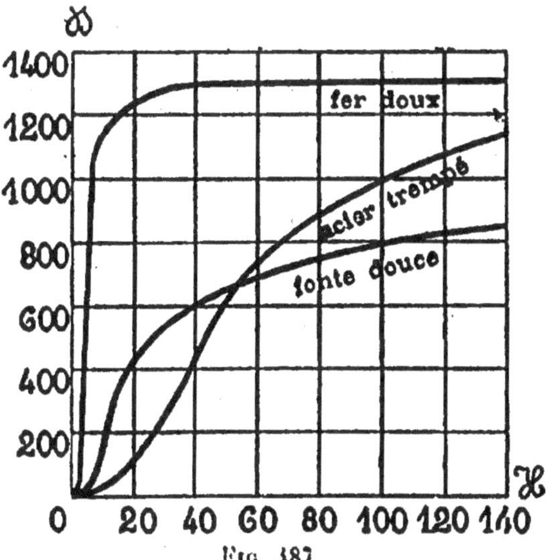

Fig. 487.

On peut également représenter les variations de μ en portant en ordonnées les valeurs de :

$$\mu = \frac{\mathfrak{B}}{\mathfrak{H}},$$

correspondant aux différentes valeurs de $\mathfrak{H}$.

FER FORGÉ RECUIT			FONTE GRISE			ACIER DOUX COULÉ		
$\mathfrak{H}$	$\mathfrak{B}$	μ	$\mathfrak{H}$	$\mathfrak{B}$	μ	$\mathfrak{H}$	$\mathfrak{B}$	μ
2	5.000	2.500	5	4.000	800	2,2	1.000	435
4	9.000	2.250	10	5.000	500	3,9	3.000	769
5	10.000	2.000	42	7.000	166	5,2	5.000	961
6,5	11.000	1.602	127	9.000	71	6,3	7.000	1.111
12	13.000	1.083	292	11.000	37	8	10.000	1.250
17	14.000	823				15,8	14.000	886
200	18.000	90				75	18.000	240
350	19.000	54				275	21.000	70

Ces courbes d'aimantation nous montrent que pour le fer doux, $\mathfrak{B}$ croît d'abord très lentement pour les champs faibles, puis très rapidement avec le champ inducteur, tant que celui-ci reste au-dessous de 10 gauss ; au delà, la variation devient moins rapide ; elle est susceptible d'un maximum ; quand ce maximum est atteint, on dit que le fer est aimanté à *saturation*. A partir d'une certaine valeur de $\mathscr{B}$, vers 18.000 à 20.000 gauss, l'induction ne croît plus et μ est voisin de l'unité.

Saturation. — On trouve, pour chaque métal magnétique, un point du diagramme à partir duquel l'induction magnétique reste constante, quelle que soit la valeur de $\mathscr{H}$; c'est le point de *saturation* qui correspond, pour le fer doux, à $\mathscr{B} = 20.000$ gauss ; pour la fonte, $\mathscr{B} = 16.000$ gauss ; pour un acier au tungstène à 2,7 0/0 $\mathscr{B} = 15.500$.

Si, pour un champ magnétisant, $\mathscr{H}$ égal à 2 gauss, on obtient avec le fer une induction $\mathscr{B} = 2.400$ gauss ; cela veut dire que le flux qui traverse le barreau par centimètre carré est 2.400 fois plus grand que celui qui traverse la bobine sans fer.

La valeur de μ est plus grande pour le fer doux que pour l'acier. Sous l'influence d'un même champ magnétique, le fer doux s'aimante plus fortement que l'acier et celui-ci, plus que la fonte.

La perméabilité magnétique μ croît rapidement avec le champ magnétisant, passe par un maximum et décroît rapidement à mesure que l'intensité $\mathscr{H}$ du champ magnétisant augmente ; le champ continuant à croître, μ tend vers 1.

Pour le fer doux, la valeur maxima de μ est égale à 2.500, ce qui correspond à une induction $\mathscr{B} = 7.500$ gauss et à un champ magnétisant $\mathscr{H} = 3$ gauss.

Pour l'acier trempé, la valeur maxima de μ est de 450, correspondant à une induction de 6.500 gauss et à un champ magnétisant de 30 gauss.

Pour la fonte grise, le maximum de μ est de 850, correspondant à une induction $\mathscr{B} = 3.500$ et à un champ magnétisant $\mathscr{H} = 4$ gauss.

473. Circuit magnétique. — Le flux d'induction qui traverse un noyau de fer placé à l'intérieur d'un solénoïde est égal au produit de l'induction $\mathscr{B}$ par la section S du noyau.

L'induction $\mathscr{B}$ est égale au produit du champ magnétisant $\mathscr{H}$ par la perméabilité μ du noyau de fer.

Le flux d'induction Φ qui traverse le noyau sera donc égal à :

$$\Phi = \frac{1.25\ NI}{l}\ \mu S \text{ maxwells.}$$

Cette expression peut se mettre sous la forme :

$$\Phi = \frac{1,25\ NI}{\dfrac{l}{\mu S}}.$$

Résistance magnétique ou réluctance. — L'expression $\dfrac{l}{\mu S}$, qui est en dénominateur, est analogue à la résistance d'un conducteur $\dfrac{l}{\gamma S}$ au passage d'un courant, γ représentant la conductibilité.

Cette valeur $\dfrac{l}{\mu S}$ se nomme la *résistance magnétique ou réluctance;* elle est représentée par la lettre $\mathfrak{R}$:

$$\mathfrak{R} = \frac{l}{\mu S}.$$

La réluctance est proportionnelle à la longueur du circuit et inversement proportionnelle à la section S et à la perméabilité μ.

Force magnétomotrice. — L'expression 1,25NI, au numérateur, se nomme la force *magnétomotrice;* elle est représentée par $\mathfrak{F}$:

$$\mathfrak{F} = 1,25 \, NI,$$

d'où :

$$\Phi = \frac{\mathfrak{F}}{\mathfrak{R}} = \frac{\text{Force magnétomotrice}}{\text{réluctance}} \; \text{maxwells.}$$

Cette formule est analogue à celle de la loi de Ohm :

$$I = \frac{E}{R} = \frac{\text{Force électromotrice}}{\text{résistance}}.$$

La force magnétomotrice $\mathfrak{F} = 1,25NI$ ne dépend que du nombre d'ampères-tours NI ; à un même nombre d'ampères-tours correspond, pour une variété de fer, la même valeur de l'induction $\mathfrak{B}$, quelle que soit la section de la bobine et du barreau.

Le produit NI peut être réalisé d'une infinité de manières ; par exemple, si NI = 100, nous pourrons prendre 100 tours et 1 ampère, ou 1 tour et 100 ampères.

Le flux d'induction Φ, dans un circuit magnétique, est proportionnel à la force magnétomotrice $\mathfrak{F}$, et en raison inverse de la réluctance $\mathfrak{R}$.

Mais, tandis que la *résistivité* d'un conducteur est constante, pour une température donnée, la perméabilité μ varie avec l'induction $\mathfrak{B}$, c'est-à-dire avec la force magnétomotrice $\mathfrak{F}$.

EXEMPLE. — Quel sera le nombre d'ampères-tours nécessaire pour entretenir un flux de 90.000 maxwells, dans un électro-aimant muni de son armature en fer doux, dont la longueur moyenne $l = 50$ centimètres et la section, 10 centimètres carrés ?

$$\text{L'induction } \mathfrak{B} = \frac{\Phi}{S} = \frac{90000}{10} = 9.000 \text{ gauss.}$$

Pour une induction de 9.000 gauss, on trouve dans les tableaux, pour le fer :

$$\mu = 2.250.$$

La réluctance $\mathscr{R} = \dfrac{l}{\mu S} = \dfrac{50}{2250 \times 10},$

d'où :

$$\Phi = \frac{\mathscr{F}}{\mathscr{R}} = \frac{1,25\ NI}{\dfrac{50}{2250 \times 10}} = 90.000,$$

d'où :

$$NI = 160 \text{ ampères-tours.}$$

Si le courant qui passe dans le fil est de 4 ampères, le nombre de tours sera de :

$$N = \frac{160}{4} = 40 \text{ tours.}$$

Circuit magnétique hétérogène. — Si le flux peut être considéré comme *constant* dans tout le circuit magnétique, c'est-à-dire s'il n'y a pas de perte de flux extérieur, la résistance magnétique totale du circuit est égale à la somme des résistances magnétiques de chacune des parties qui le constituent, et le flux Φ est toujours égal au quotient de la force magnétomotrice $\mathscr{F}$ par la réluctance totale $\mathscr{R}$ du circuit magnétique :

$$\Phi = \frac{\mathscr{F}}{\Sigma \mathscr{R}} \text{ maxwells.}$$

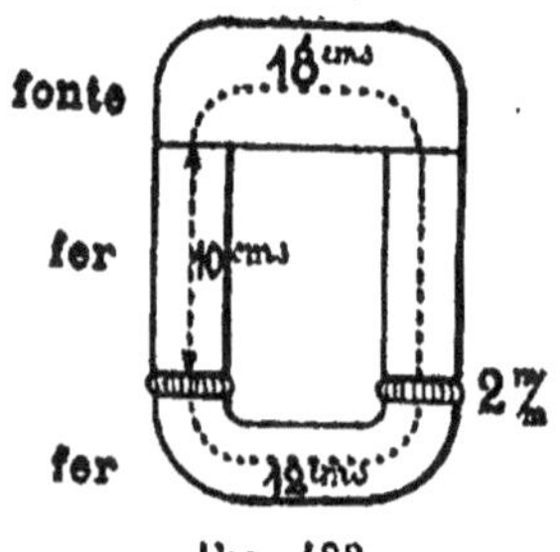

Fig. 488.

EXEMPLE. — Quel sera le nombre d'ampères-tours (*fig.* 488) nécessaire pour entretenir un flux de 90.000 maxwells dans un électro-aimant dont les noyaux en fer doux ont 10 centimètres de longueur et 10 centimètres carrés de section, avec une culasse en *fonte* de 15 centimètres de longueur et de 18 centimètres carrés de section, en supposant un espace libre ou entrefer de 2 millimètres entre l'armature et les noyaux? Nous admettrons que les lignes de force restent parallèles en traversant l'entrefer :

$$\text{L'induction } \mathfrak{B} = \frac{90000}{10} = 9.000 \text{ gauss.}$$

La réluctance $\mathscr{R}$ est égale à la somme des réluctances de chaque partie du circuit magnétique.

Réluctance des noyaux et de l'armature pour une induction $\mathfrak{B} = 9.000$ gauss dans le fer :

$$\mu = 2.250, \qquad \mathscr{R}' = \frac{2 \times 10 + 12}{2.250 \times 10}.$$

Réluctance de la culasse :

$$L'\text{induction } \mathcal{B}' = \frac{90000}{18} = 5.000 \text{ gauss,}$$

μ est égal à 500 pour la fonte :

$$\mathcal{R}'' = \frac{15}{500 \times 18}.$$

Réluctance de la lame d'air :

$$\mu = 1, \quad \mathcal{R}'' = \frac{0,2 \times 2}{10},$$

d'où :

$$\mathcal{R} = \frac{2 \times 10 + 12}{2250 \times 10} + \frac{15}{500 \times 18} + \frac{0,2 \times 2}{10} = 0,0416,$$

$$1,23 \text{ NI} = \mathcal{R} \times 90000, \qquad \text{NI} = 3.001 \text{ ampères-tours.}$$

Avec un courant de 4 ampères, il faudrait 750 tours de fil, 375 tours sur chaque noyau.

Conditions à remplir dans la construction des électro-aimants. — Pour obtenir un flux Φ très grand dans un électro-aimant, il faudra : 1° que la longueur moyenne l de l'électro soit petite, c'est-à-dire employer des noyaux courts et faire grande la section des noyaux S et 2° choisir un fer de grande perméabilité.

Expériences pour montrer les variations de résistance magnétique d'un circuit. — On peut montrer les variations de résistance magnétique dans un circuit en plaçant une armature en fer doux au contact des pôles d'un aimant en fer à cheval, portant, par exemple, 9.250 grammes. Si l'on intercale une feuille de papier entre les pôles et l'armature, la force portante tombe à 4.520 grammes. Enfin, si l'on emploie une armature séparée en deux parties par une lame de cuivre, l'aimant ne porte plus que 1.636 grammes, avec la feuille de papier interposée entre les pôles.

Donc, lorsque la résistance magnétique croît, la force portante diminue et, comme elle dépend du flux Φ, le flux diminue, ainsi que l'induction $\mathcal{B}$.

474. Hystérésis. — Plaçons (*fig.* 489, 490) un noyau de fer doux à l'intérieur d'un solénoïde et faisons croître d'une façon continue le champ magnétisant $\mathcal{H}$, depuis zéro jusqu'à une valeur $\mathcal{H}_1$. Mesurons l'induction $\mathcal{B}$, pour chaque valeur du champ magnétisant ; nous obtiendrons la courbe d'aimantation OA. Faisons maintenant décroître d'une façon continue le champ magnétisant, de $\mathcal{H}_1$ jusqu'à zéro : nous obtenons une nouvelle courbe d'aimantation AC, différente de la première, qui nous montre que, pour une même valeur du champ magnétisant, l'induction $\mathcal{B}$ est toujours plus grande dans la partie où le champ décroît que dans celle où il croît. Pour $\mathcal{H} = 0$, $\mathcal{B}$

conserve une valeur OC, qui représente l'*induction rémanente* et qui mesure ce que nous avons appelé précédemment le *magnétisme rémanent*.

Pour faire disparaître ce magnétisme rémanent, il faut créer un champ magnétisant de sens inverse au premier, en changeant le sens du courant. En faisant varier ce champ inverse de zéro à $\mathcal{H}$, la courbe d'aimantation viendra rencontrer l'axe des abscisses en un point D; DO représente la valeur du champ magnétisant inverse nécessaire pour faire disparaître l'induction rémanente. Ce champ se nomme *le champ coercitif* et mesure ce que nous avons appelé la *force coercitive*. Pour une valeur Oa' du champ magnétisant inverse, on a une induction A'a' égale et de signe contraire à Aa. En faisant décroître $\mathcal{H}$, à partir de la valeur Oa' jusqu'à zéro, nous aurons,

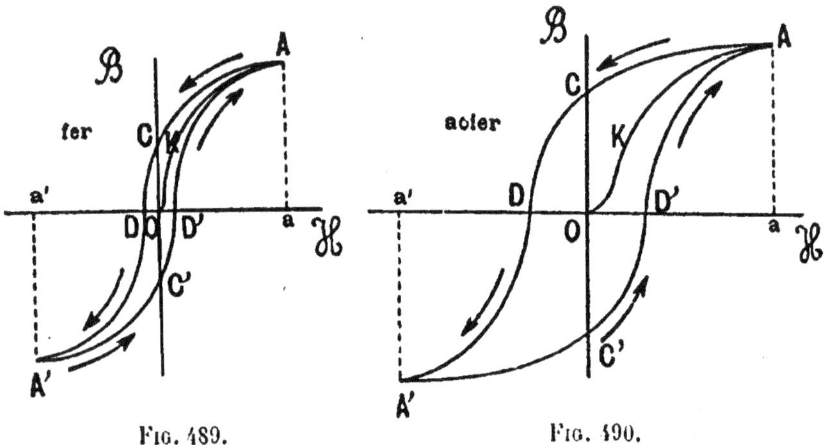

Fig. 489.   Fig. 490.

pour $\mathcal{H} = 0$, une *induction rémanente* OC', égale et de signe contraire à OC; et pour la faire disparaître, il faudra créer un champ magnétique inverse, qui aura pour valeur OD', représentant un champ coercitif égal et de signe contraire à OD.

Enfin, pour une valeur du champ magnétisant égale à Oa, nous retrouverons l'induction Aa.

Cette courbe fermée se nomme *cycle d'aimantation*.

On donne le nom d'*hystérésis* aux phénomènes caractérisés par le retard de l'induction $\mathcal{B}$ sur le champ magnétisant. Au point de vue de l'hystérésis, les propriétés du fer doux sont différentes de celles de l'acier trempé.

Pour le fer doux, une induction $\mathcal{B}$ égale à 14.000 gauss produit une induction rémanente de 10.000 gauss, mais un champ coercitif très faible, de 2 gauss environ.

Pour l'acier trempé, une induction $\mathcal{B}$ égale à 12.000 gauss produit une induction rémanente de 4.000 gauss ; mais le champ coercitif t beaucoup plus considérable ; il peut atteindre 15 gauss. Le magnétisme rémanent du fer est grand, mais très instable ; le moindre choc suffit pour le faire disparaître presque entièrement.

Celui de l'acier trempé est plus faible, mais il est très résistant. Pour supprimer l'aimantation d'un barreau d'acier, il est nécessaire de faire agir un champ de sens contraire ou champ coercitif, qui dépend de l'induction rémanente.

475. Énergie perdue par hystérésis. — Si l'on soumet un noyau de fer doux à l'action de champs alternativement égaux et de signes contraires, produisant une série d'aimantations et de désaimantations successives, il y a création de chaleur ; elle a lieu aux dépens de l'énergie électrique fournie par le courant qui produit le champ magnétisant.

Nous avons vu qu'il faut produire, pendant l'aimantation, un travail destiné à produire l'orientation des aimants moléculaires, d'où résultent des déformations de l'aimant. L'énergie perdue par création de chaleur, pendant le parcours du cycle d'aimantation, est proportionnelle à l'aire de la courbe limitée par le cycle magnétique et au volume du métal magnétique. L'aire du cycle magnétique est d'autant plus grande que le champ coercitif OJ est plus grand. Il en résulte qu'à volume égal de métal magnétique, la quantité d'énergie dégradée sera plus grande pour l'acier que pour le fer, ainsi que nous indiquent les figures 489 et 490, qui représentent les cycles magnétiques du fer et de l'acier.

Il faudra donc choisir, dans la construction des électro-aimants, le métal donnant, pour le cycle magnétique, la plus petite surface. Pour 1 centimètre cube de métal magnétique et pour un cycle complet d'aimantation, où l'induction atteint une valeur $\mathfrak{B}$, l'énergie perdue, exprimée en joules, est donnée par la formule empirique de Steinmetz :

$$W = a\mathfrak{B}^{1,6}10^{-7}.$$

a est un coefficient numérique dont la valeur dépend de la nature du fer.

Pour le fer doux.................... $a = 0,002$,
Pour l'acier trempé................ $a = 0,025$,
Pour la fonte...................... $a = 0,004$.

476. Force portante des aimants. — Si nous approchons d'un barreau aimanté une armature en fer doux, les surfaces en regard sont chargées de quantités égales de magnétisme nord et sud. La densité magnétique σ est constante sur les faces en regard. L'attraction de l'armature par l'aimant se fait dans des conditions identiques à celles de deux plateaux chargés d'électricités de noms contraires.

Dans le cas de l'électromètre absolu, nous avons établi que la force attractive qui s'exerce entre les deux plateaux est égale à :

$$F = \frac{\varphi^2 S}{8\pi}.$$

Dans cette formule, φ représente l'intensité du champ électrique uniforme qui existe entre les deux plateaux. Appliquons cette formule à l'attraction de l'aimant.

Lorsque l'armature vient au contact du barreau aimanté, φ devient égal à l'induction $\mathfrak{B}$, donc :

$$F = \frac{\mathfrak{B}^2 S}{8\pi} \text{ dynes.}$$

et en kilogrammes :

$$P = \frac{\mathfrak{B}^2 S}{8\pi \times 981 \times 10^4} \text{ kilogrammes.}$$

La force portante d'un aimant ou d'un électro-aimant dépend de sa section S et de l'induction $\mathfrak{B}$.

Exemple. — Quelle est la force portante d'un électro-aimant en fer à cheval, de 5 centimètres carrés de section, pour une induction $\mathfrak{B}$ égale à 16.000 gauss ?

$$P = \frac{(16000)^2 \times 5 \times 2}{8 \times \pi \times 981 \times 10^3} = 100 \text{ kilogrammes.}$$

477. Fabrication des aimants permanents. — Les aimants permanents sont fabriqués avec de l'acier trempé, contenant 8 à 15 pour 1.000 de carbone. Pour aimanter un barreau rectiligne, on le place à l'intérieur d'un solénoïde, dans lequel on fait passer un courant intense. Au lieu d'enrouler le fil du solénoïde sur toute la longueur du barreau, on lui fait faire un grand nombre de tours sur une courte bobine, à l'intérieur de laquelle on fait glisser le barreau plusieurs fois.

Pour fabriquer un aimant en fer à cheval, on enroule le fil en décrivant des 8 autour des deux branches ; on fait passer le courant et l'on déplace la double bobine plusieurs fois. On peut encore mettre les deux extrémités du fer à cheval en contact avec les pôles d'un électro-aimant et le frapper, pendant l'opération, avec un maillet de bois : les vibrations produites par le choc facilitent l'aimantation.

Aimants Jamin (*fig.* 491). — Les lames d'acier de faible épaisseur conservent, après l'aimantation, une induction rémanente plus grande que les barreaux épais. En partant de ce principe, Jamin a construit des aimants permanents formés d'un faisceau de lames d'acier longues et minces, aimantées séparément et appliquées les unes sur les autres, de façon que les pôles de même nom soient du même côté; ce faisceau est ensuite courbé en forme de fer à cheval et les extrémités sont encastrées dans deux pièces polaires en fer doux, qui s'aimantent et forment les pôles de l'aimant. Ces aimants peuvent supporter 15 fois leur poids et être utilisés dans les machines magnéto-électriques.

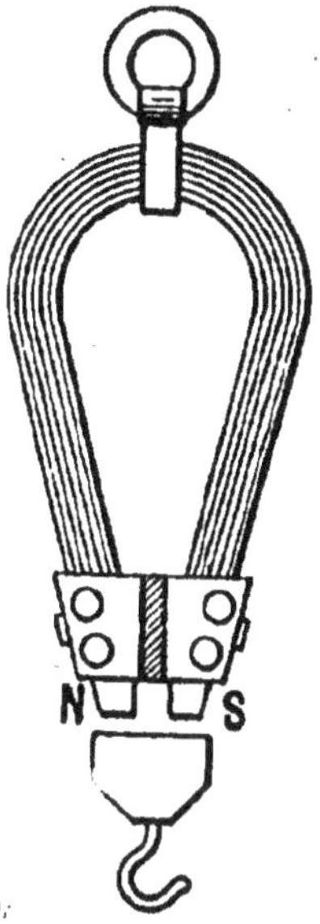

478. Conservation des aimants. — Le champ magnétique (*fig.* 476) extérieur créé par un barreau aimanté est, dans la région moyenne, de sens contraire au champ intérieur de l'aimant, c'est-à-dire à l'induction et, par suite, au champ magnétisant qui a produit l'aimantation. Ce barreau est donc soumis à l'action démagnétisante de son propre champ. Pour conserver son intensité d'aimantation, il faut le soustraire à sa propre action démagnétisante et le mettre dans les conditions d'un aimant annulaire, en formant un circuit fermé, qui ne laisse sortir aucune ligne de force.

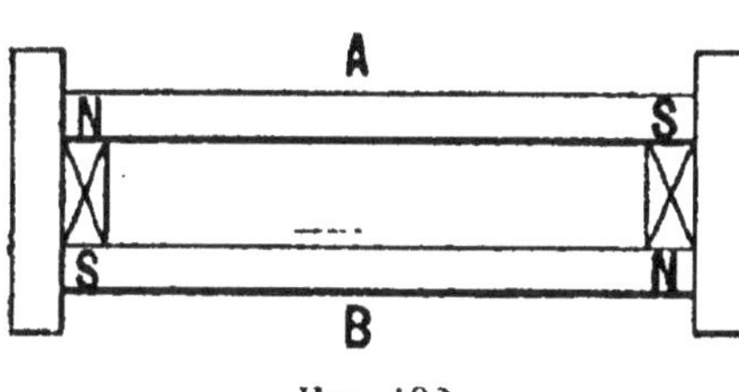

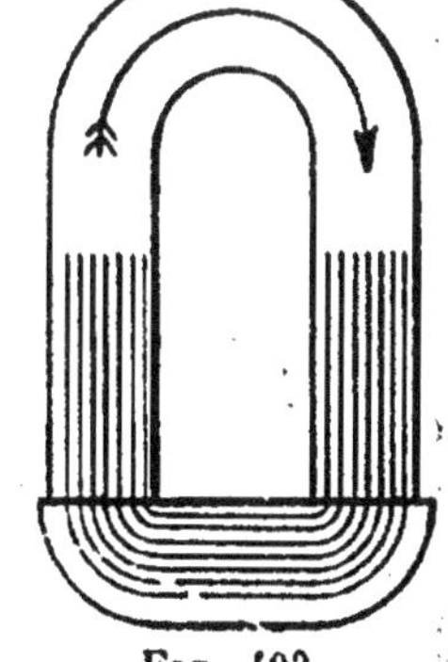

Fig. 491.

Fig. 492.

Pour cela, on dispose (*fig.* 492) parallèlement dans une boîte deux barreaux prismatiques A, B, les pôles de noms contraires en regard, et on les réunit par une armature en fer doux : il ne sort aucune ligne de force. Pour les aimants en forme de fer à cheval (*fig.* 493), il suffit de fermer le circuit magnétique avec une armature en fer doux, appliquée contre les pôles.

479. Influence de la température sur l'aimantation. — Il existe pour le fer, l'acier et la fonte, une température au-dessus de laquelle ces substances perdent leurs propriétés magnétiques.

Le fer doux n'est plus magnétique à 785°; au rouge sombre, le magnétisme de l'acier devient très faible. Un barreau d'acier qui a été porté à 800°, au rouge cerise, après refroidissement a perdu son aimantation. L'acier trempé

Fig. 493.

dur contenant 8 à 15 pour 1.000 de carbone, l'acier au nickel à 25 0/0 de nickel en poids, l'acier au tungstène à moins de 3 0/0 restent magnétiques aux températures inférieures au rouge sombre.

Pour rendre à un barreau désaimanté son aimantation primitive, il est nécessaire de le tremper à nouveau. L'aimantation rémanente résistera d'autant mieux à l'action de la chaleur que la trempe aura été obtenue à plus haute température.

CHAPITRE XX

INDUCTION ÉLECTROMAGNÉTIQUE

PRODUCTION DES COURANTS INDUITS

480. Lois de Faraday. — PREMIÈRE LOI. — Toutes les fois que l'on fait varier, d'une façon quelconque, un flux de force magnétique à l'intérieur d'un circuit fermé constitué par un ou plusieurs tours de fil, ou que l'on déplace un conducteur dans un champ magnétique, de façon à couper les lignes de force du champ, une force électromotrice, appelée force *électromotrice d'induction*, prend naissance pendant la variation du flux et produit, dans le circuit fermé, des courants appelés *courants induits*.

DEUXIÈME LOI. — La durée du courant induit est égale à celle de la variation du flux.

481. Loi de Lenz. — Le sens du courant induit est tel qu'il donne un flux de force qui tend à s'opposer à la variation du flux inducteur qui le produit et, en vertu des réactions électro-dynamiques, à s'opposer au mouvement effectué pour la production du courant induit, c'est-à-dire que si le flux inducteur croît, le flux induit sera de sens contraire, si le flux inducteur décroît, le flux induit sera de même sens. Cette loi est connue sous le nom de loi de Lenz; elle permet dans tous les cas de déterminer le sens des courants induits. Les lois de Faraday et de Lenz résument toute l'étude des courants d'induction.

482. Production des courants induits par la variation d'un flux de force magnétique. — La variation du flux inducteur peut être produite : 1° par le déplacement relatif du circuit et du flux inducteur ;

2° par la variation du flux inducteur, sans déplacement.

483. Production des courants induits par le déplacement relatif du circuit fermé et du flux inducteur. — Le flux d'induction qui traverse un circuit fermé a pour expression :

$$\Phi = \mathcal{H}S\mu \cos\alpha.$$

Nous pouvons réaliser les variations du flux Φ en faisant varier $\mathcal{H}$, S, μ et α.

1° **Courants induits obtenus par la variation de $\mathcal{H}$** (*fig.* 494). Plaçons entre les pôles N et S d'un électro-aimant, normale-

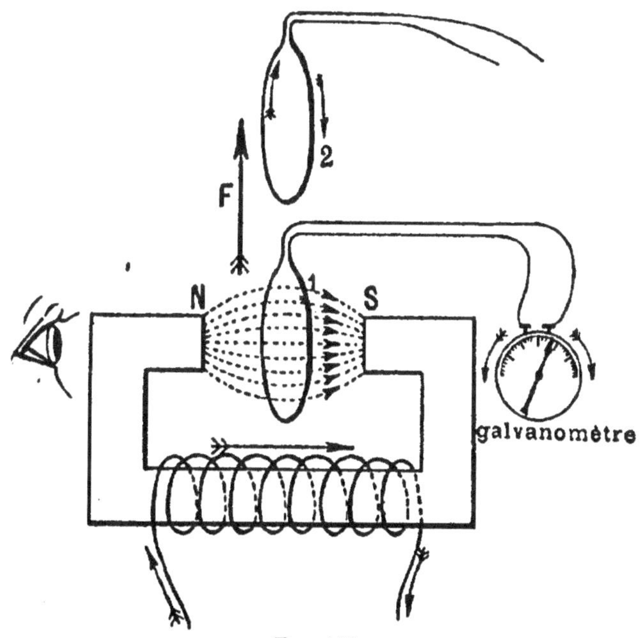

Fig. 494.

ment aux lignes de force, un circuit fermé formé de plusieurs tours de fils, relié à un galvanomètre. Dans la position 1, le circuit embrasse tout le flux de force de l'électro-aimant; Φ est maximum; retirons vivement le circuit du champ magnétique, de façon à l'amener de la position 1 à la position 2 : le flux de force magnétique qui traverse le circuit varie de Φ à zéro.

Pendant cette variation du flux, le galvanomètre indique un courant temporaire, dont la durée est égale à celle du déplacement du circuit de la position 1 à la position 2. Replaçons rapidement le circuit dans sa première position dans le champ : le flux de force qui le traverse varie de 0 à Φ ; le galvanomètre indique un courant induit de sens inverse au premier.

484. Règle pour déterminer le sens des courants induits. — 1° Courants produits par la variation d'un flux de force dans un circuit fermé : *Un observateur (fig. 494), regardant dans la direction des lignes de force du champ inducteur, voit le courant induit qui prend naissance dans le circuit, par la variation du flux, tourner dans le sens des aiguilles d'une montre quand le flux diminue et en sens inverse, quand le flux augmente.*

Pendant le déplacement du circuit de la position 1 à la position 2, le flux décroît de Φ à zéro : l'observateur voit le courant tourner dans le sens des aiguilles d'une montre. Pendant le déplacement du circuit de la position 2 à la position 1, le flux croît : l'observateur voit le courant induit tourner en sens inverse des aiguilles d'une montre.

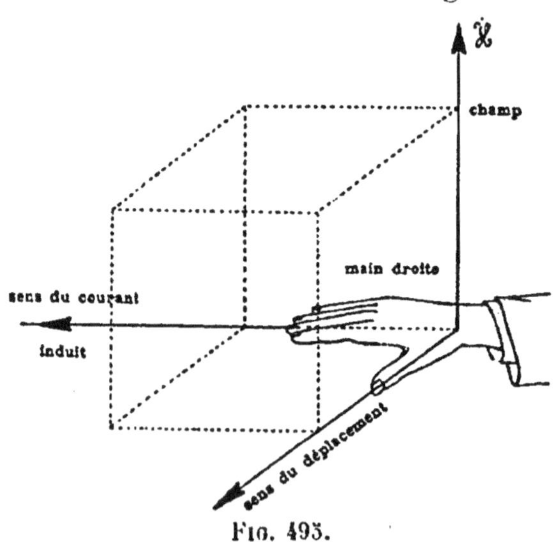

FIG. 493.

2° Courants induits produits par un conducteur qui se déplace dans un champ magnétique, en coupant les lignes de force (*fig.* 493). — Pour trouver le sens du courant induit qui prend naissance dans un conducteur qui se déplace en coupant les lignes de force *du champ, on place la main droite sur le fil de façon que les lignes de force entrent par la paume de la main et que le pouce tendu soit dirigé dans le sens du déplacement du conducteur; la direction des doigts donne le sens du courant induit.*

485. Vérification de la loi de Lenz. — *Le flux créé s'oppose à la variation du flux inducteur (fig. 496).* — Le courant induit qui prend naissance crée un flux qui s'oppose aux variations du flux inducteur; dans le premier cas, lorsque le flux décroît de Φ à zéro, le courant induit tourne dans le sens des aiguilles d'une montre et crée un flux $\mathcal{H}'$ de même

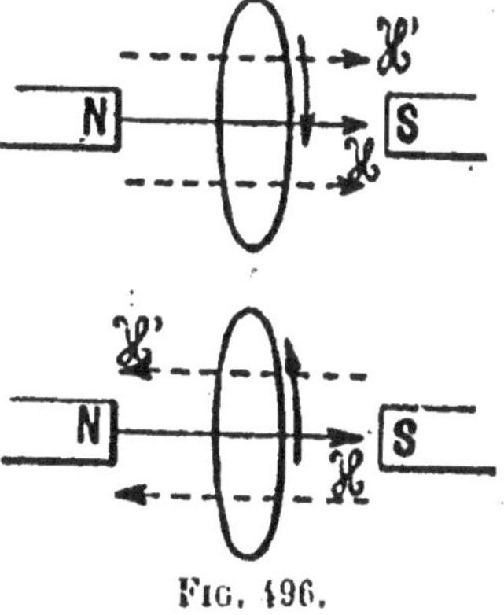

FIG. 496.

sens que celui qui disparaît, à la variation duquel il tend, par conséquent, à s'opposer. Dans le second cas, où le flux croît de 0 à Φ, le courant induit tourne en sens inverse des aiguilles d'une montre et donne un flux $\mathcal{H}'$ opposé au flux inducteur $\mathcal{H}$. Or, sous l'influence des actions électromagnétiques, le circuit tendrait à revenir à sa première position, où le flux inducteur et le flux induit s'ajoutent, cette action tendant à s'opposer au déplacement du circuit.

486. Variations du flux obtenu au moyen d'un aimant *(fig. 497).* — On peut encore faire varier le flux inducteur en introduisant dans le circuit fermé ou en en retirant rapidement un aimant, ou un solénoïde dans lequel passe un courant. Si l'on introduit le pôle nord de l'aimant dans le circuit A formé par un solé-

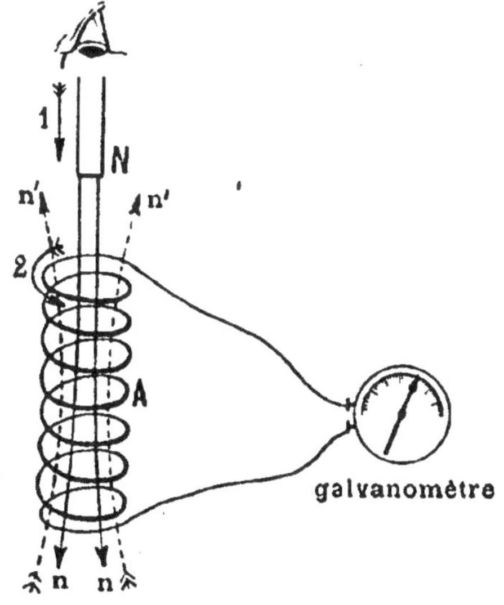

FIG. 497.

noïde, le flux croît. Le courant qui prend naissance est dirigé en sens inverse des aiguilles d'une montre et produit un flux induit *n'*, de sens opposé au flux inducteur *n* et qui produirait, sous l'influence des forces électromagnétiques, la répulsion de l'aimant. Si l'on éloigne l'aimant, le flux décroît ; le courant induit est dirigé dans le sens des aiguilles d'une montre et produit un flux induit de même sens que le flux inducteur, qui disparaît sous l'influence des forces électromagnétiques. Ce pôle nord serait attiré par le solénoïde A. Nous voyons que, dans les deux cas, le courant induit qui prend naissance tend à s'opposer aux mouvements de l'aimant.

487. Variations du flux, dues au déplacement du circuit par rapport à la direction du champ. Variations de α. — On obtient encore les variations du flux (*fig.* 498) en

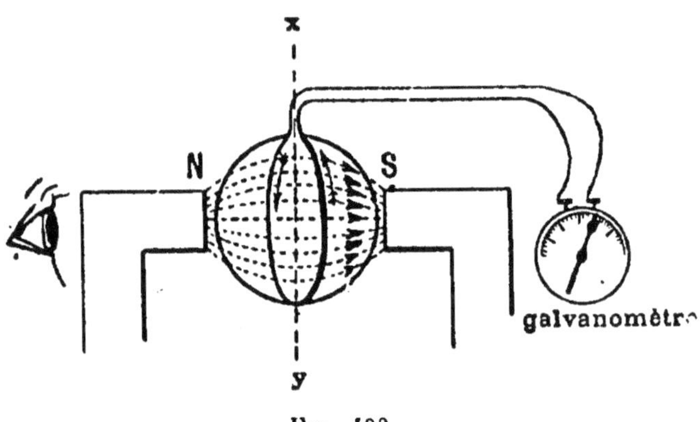

Fig. 498.

faisant tourner, de gauche à droite par exemple, le circuit dans le champ, autour de l'axe *xy*. Lorsque le circuit est dans le plan des lignes de force, $\Phi = 0$; faisons tourner le circuit d'un quart de tour, c'est-à-dire de 90° : son plan devient perpendiculaire aux lignes de force ; le flux croît de zéro à Φ. Le courant induit qui prend naissance est en sens inverse des aiguilles d'une montre et sa durée est égale à celle de la rotation. Sous l'influence des forces électromagnétiques, le circuit dans lequel passe le courant dirigé en sens inverse des aiguilles d'une montre tendrait, ainsi que nous l'avons vu, à présenter sa face sud aux lignes de force du champ inducteur, c'est-à-dire à l'observateur et, par conséquent, à se déplacer de droite à gauche.

488. Courants induits qui prennent naissance par le déplacement d'un conducteur dans un champ magnétique. — Reprenons l'appareil décrit (*fig.* 449), et intercalons dans le circuit un galvanomètre très sensible. Après avoir enlevé la pile, déplaçons rapidement le fil conducteur de droite à gauche : il se produit un courant descendant, qui donnerait naissance à une force électromagnétique dirigée de gauche à droite laquelle tendrait à s'opposer au mouvement. Si nous déplaçons le fil de gauche à droite, le courant est ascendant et produit une force dirigée dans le sens de F, qui s'oppose au mouvement.

RemarQUE. — Si, pendant le déplacement du circuit dans le champ magnétique, le flux de force ne varie pas, il ne se produit pas de courants induits; on peut le vérifier en déplaçant (*fig.* 494) le circuit parallèlement aux lignes de force du champ. Si l'on suppose le champ uniforme, le flux qui traverse la boucle *reste constant;* le galvanomètre n'indique pas de courant.

Si l'on déplace un cadre ABCD (*fig.* 499) dans un champ magnétique uniforme, normalement aux lignes de force, les parties AC et BD du circuit glissent entre les lignes de force sans les couper;

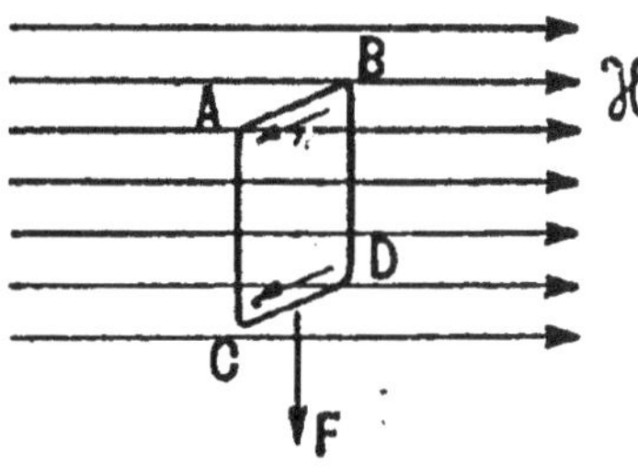

Fig. 499.

dans les parties AB et CD, qui coupent les lignes de force, se développent des forces *électromotrices d'induction*, opposées et égales, correspondant à la même variation du flux ; ces courants opposés se détruisent. Il ne se produit pas de courants induits pendant le déplacement du cadre.

489. Courants induits qui prennent naissance par variation du flux inducteur, sans déplacement (*fig.* 494). — On obtient la variation du flux inducteur, sans déplacement, en ouvrant le circuit qui alimente l'électro-aimant : le flux varie de Φ à zéro et, en fermant le circuit, il varie de 0 à Φ. On obtient des courants induits, lesquels, dans le premier cas, tournent dans le sens des aiguilles d'une montre et dans le second, en sens inverse.

On peut encore faire varier le flux en intercalant, dans le circuit de l'électro-aimant, un rhéostat ou une boîte de résislances, permettant d'augmenter ou de diminuer l'intensité du courant qui produit le champ inducteur.

Champ inducteur produit par un solénoïde. — Le champ inducteur (*fig.* 500) peut être créé par un solénoïde dans lequel passe un courant. Plaçons un solénoïde A à l'intérieur d'un circuit fermé B, formé de plusieurs tours de fil et relié à un galvanomètre ; fermons le circuit de la pile qui produit le courant dans le solénoïde : le flux croît de 0 à Φ ; si l'on ouvre le circuit, le flux décroît de Φ à 0.

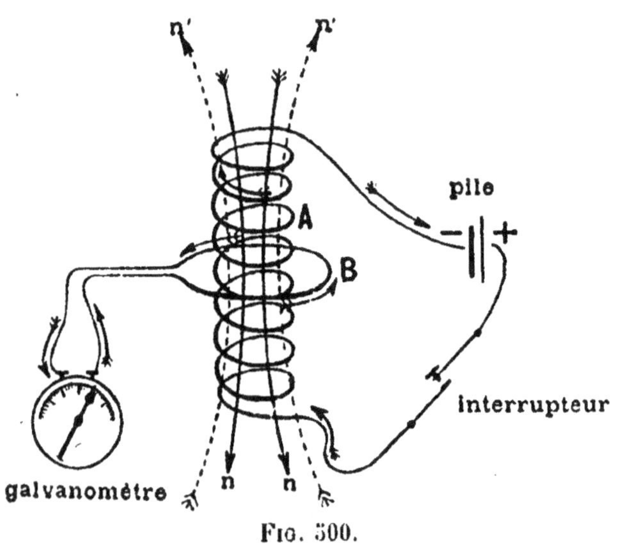

Fig. 500.

Il se produit des courants induits, lesquels, dans le premier cas, sont dirigés en sens inverse des aiguilles d'une montre et créent un flux n', de sens contraire au flux inducteur n ; dans le deuxième cas, un flux de même sens que le flux inducteur.

490. Courants induits produits par la variation de la perméabilité magnétique. — Dans les expériences précédentes, μ est égal à 1.

Le courant qui passe dans le solénoïde A crée un flux $\Phi = \mathcal{H}S$.

$\mathcal{H}$ étant l'intensité du champ à l'intérieur du solénoïde et S sa section, introduisons dans le solénoïde un noyau de fer doux, de même section S : le flux inducteur augmente considérablement et devient égal à $\Phi = \mathcal{H}S\mu$; en effet, si

$\mathcal{H} = 2$ gauss, $\mu = 2500$; le flux de force Φ devient 2.500 fois plus grand.

Il se produit un courant induit qui tourne en sens inverse des aiguilles d'une montre et qui crée un flux opposé au flux inducteur.

Si l'on retire le noyau de fer, le flux diminue ; il se produit un courant qui tourne dans le sens des aiguilles d'une montre et qui donne un flux de même sens que le flux inducteur.

On peut encore faire varier la résistance magnétique en enroulant des solénoïdes sur les branches d'un aimant permanent en fer à cheval, et en intercalant dans le circuit un galvanomètre. Si l'on approche vivement des pôles de l'aimant une armature en fer doux, la résistance du circuit magnétique diminue, l'intensité magnétique de l'aimant augmente et le fil est parcouru par un courant induit de sens inverse. L'armature étant retirée vivement, le courant devient direct. C'est sur cette expérience qu'est basé le téléphone.

491. Self-induction. — Toute variation de courant dans un circuit provoque une induction dans le circuit lui-même. Intercalons, dans le circuit d'une pile, une bobine et un interrupteur : au moment de la *fermeture* du circuit, le courant crée un flux dans la bobine ; ce flux agit sur la bobine elle-même, comme s'il était créé par une bobine voisine : il y développe, d'après la loi de Lenz, un courant induit de sens contraire à celui qui passe dans la bobine et tend à en diminuer l'intensité.

Au moment de la *rupture* du courant, la disparition du flux produit un courant direct, lequel s'ajoute au courant qui traverse la bobine.

Effets de la self-induction. — Le courant *inverse* ou de *fermeture* empêche le courant qui commence de prendre immédiatement son état de régime. On peut le vérifier par l'expérience suivante : si, dans un circuit d'une résistance de 5 ohms, contenant 5 accumulateurs, $E = 10$ volts, on dispose un gros électro-aimant muni de son armature et un ampèremètre, le courant est de 2 ampères. Si l'on ferme le circuit, le courant ne s'établit pas instantanément à 2 ampères dans l'ampèremètre : il met plusieurs secondes. Le courant *direct* ou *d'ouverture* renforce le courant principal au moment de la *rupture* et augmente l'intensité du courant qui va finir.

Les effets de la self-induction deviennent plus accentués en introduisant un noyau de fer doux dans la bobine ; le courant étant brusquement interrompu, la force électromotrice d'induction, qui est proportionnelle à la vitesse de variation du flux, peut devenir très considérable, atteindre plusieurs milliers de volts, vaincre la résistance de l'air et produire une étincelle.

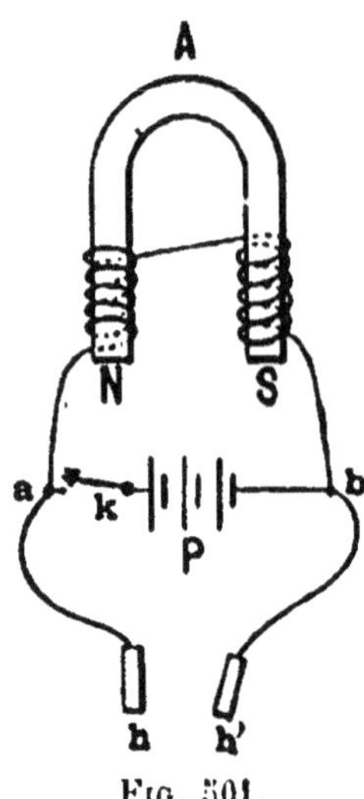

Fig. 501.

C'est la cause de l'étincelle qui jaillit entre les deux extrémités d'un fil, reliées aux pôles d'une pile que l'on sépare, quand le circuit contient une bobine avec du fer ou un électro-aimant.

Première expérience. — On peut montrer les effets du courant de rupture (*fig.* 501) en plaçant un électro-aimant A dans le circuit d'une pile P et en tenant de chaque main les extrémités *h,h'*, d'un fil pris en dérivation. Au moment de la rupture du circuit de la pile, on reçoit une secousse, qui peut être très forte avec un gros électro-aimant, car la force électromotrice d'induction peut atteindre, dans ce cas, plusieurs milliers de volts ; le corps est alors traversé par un courant intense, qui produit une vive commotion.

Deuxième expérience (*fig.* 502). — **Expérience de Faraday.** — On peut montrer le sens des courants de *fermeture* et de *rupture* par l'expérience de Faraday.

Soient une bobine AB, reliée aux pôles d'une batterie de piles E, et une dérivation CD contenant un galvanomètre ; soit α l'angle de déviation quand le courant est stationnaire. Maintenons l'aiguille dans cette position au moyen

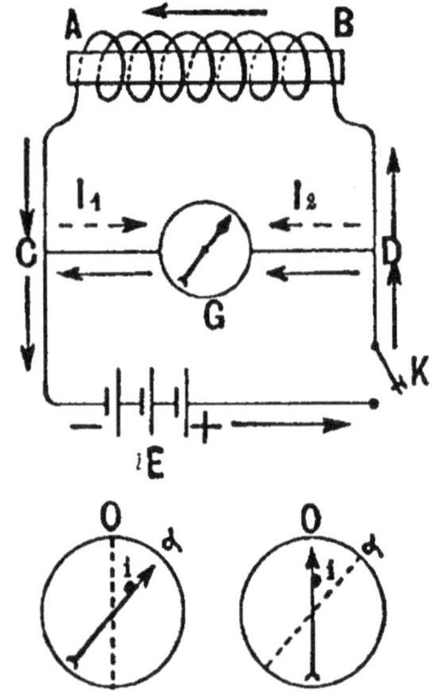

Fig. 502.

d'un butoir I, en l'empêchant de revenir au zéro ; fermons le courant : l'aiguille est rejetée au delà de la déviation α par l'action d'un courant qui s'ajoute à celui de la pile, dans la dérivation CD ; c'est le *courant de fermeture* I_2, qui est opposé au courant principal. Quand le courant est devenu stationnaire, plaçons l'aiguille au zéro et empêchons-la, au moyen d'un butoir I, de se déplacer vers α ; ouvrons le circuit de la pile ; l'aiguille est déviée vers la gauche, indiquant un courant I_1, qui circule dans la bobine de B en A, dans le même sens que le courant principal ; c'est l'*extra-courant d'ouverture*.

TROISIÈME EXPÉRIENCE (*fig.* 503). — On intercale, dans le circuit d'une pile, un électro-aimant et, sur une dérivation CD, une lampe à incandescence. On règle la résistance du circuit de façon que la lampe éclaire faiblement ; on ouvre le circuit en K : la lampe brille d'un vif éclat, ce qui est dû à l'extra-courant d'ouverture qui circule dans le sens de la flèche pointillée I. Si l'on ferme l'interrupteur, la lampe devient brillante ; cela provient de ce que le courant s'établit plus lentement dans la bobine que dans le circuit de la lampe. La self-induction semble créer une résistance dans la bobine ; le courant passe de préférence par la dérivation et la lampe brille plus vivement.

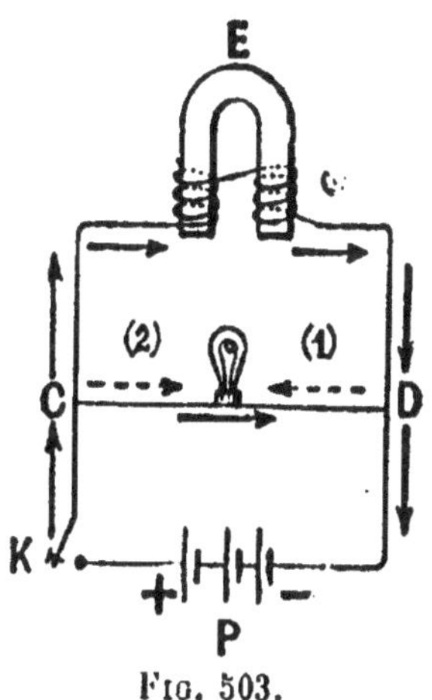

FIG. 503.

492. Calcul de la force électromotrice d'induction. — La roue de Barlow peut être considérée comme un récepteur électrique, auquel il faut fournir de l'énergie électrique, qui sera transformée en travail.

Disposons dans un circuit une roue de Barlow, des accumulateurs et un ampèremètre, et empêchons la roue de tourner : l'ampèremètre indique un courant d'intensité I, qui est égal au quotient de la force électromotrice E du générateur électrique par la somme des résistances du circuit. Si nous abandonnons la roue à elle-même, elle se met à tourner et si nous mesurons l'intensité du courant lorsque la vitesse sera devenue constante, nous constaterons que la nouvelle valeur I' de l'intensité du courant est plus petite que I ; $I' < I$. Comme la résistance du circuit n'a pas changé, cela prouve qu'une force électromotrice opposée à celle qui produit le courant vient de prendre naissance.

L'énergie électrique fournie par le courant à la roue de Barlow s'est, d'après le *principe de la conservation de l'énergie*, transformée 1° en chaleur, dans le circuit, d'après la loi de Joule, et 2° en travail, dans le moteur. Donc, l'énergie fournie par seconde :

$$EI' = RI'^2 + \mathcal{C}.$$

énergie fournie par le générateur	énergie transformée en chaleur	travail des forces électro-magnétiques

Nous avons trouvé, pour le travail par seconde des forces électromagnétiques, dans la roue de Barlow :

$$\tau = \frac{\pi r^2 n \mathfrak{IC} I}{10^8} \text{ joules}, \qquad \text{donc} \qquad EI' = RI'^2 + \frac{\pi r^2 n \mathfrak{IC} I'}{10^8} \,;$$

$$E = RI' + \frac{\pi r^2 n \mathfrak{IC}}{10^8},$$

d'où

$$I' = \frac{E - \dfrac{\pi r^2 n \mathfrak{IC}}{10^8}}{R} = \frac{E - c}{R}, \qquad c = -\,\frac{\pi r^2 n \mathfrak{IC}}{10^8} \text{ volts},$$

c représente la force contre-électromotrice, ou *force électromotrice d'induction*.

Le déplacement d'un circuit dans un champ magnétique crée une force contre-électromotrice d'induction égale au quotient du flux coupé par seconde, par 10^8.

Cette force électromotrice d'induction est indépendante de la force électromotrice E du générateur ; elle ne dépend que de l'intensité du champ magnétique $\mathfrak{IC}$, de la dimension de la roue et de la vitesse de rotation. Si nous supprimons E, il faudra dépenser du travail pour faire tourner la roue et lui faire couper le flux $\pi r^2 n\, \mathfrak{IC}$ par seconde. Cette énergie dépensée donne naissance à une force électromotrice d'induction égale à :

$$c = -\,\frac{\pi r^2 n \mathfrak{IC}}{10^8}$$

d'où résulte un courant :

$$I = \frac{c}{R} = -\,\frac{1}{R}\,\frac{\pi r^2 n \mathfrak{IC}}{10^8} \text{ ampères}.$$

Le courant ainsi produit est de sens contraire au courant primitif, qui, par son action électromagnétique, a communiqué à la roue le mouvement qu'elle possède actuellement : le nouveau courant tendra donc à s'opposer au mouvement de la roue. C'est le résultat exprimé par la loi de Lenz.

En représentant par $\Delta\Phi$ la variation du flux, pour un temps ΔT,

$$c = -\,\frac{\Delta\Phi}{\Delta T \times 10^8} \text{ volts}.$$

Cette formule est générale et s'applique au déplacement d'un circuit fermé dans un champ magnétique.

La force électromotrice d'induction produite par la variation d'un flux de force, dans un circuit fermé, est égale au quotient de la variation du flux par le temps ΔT de la variation, multiplié par 10^8.

Pour obtenir une force électromotrice d'induction intense, il faudra avoir un *champ intense*, un *grand nombre de spires et faire* ΔT *très petit*, c'est-à-dire obtenir une *grande vitesse de variation du flux*.

493. Quantité d'électricité induite. — La quantité d'électricité induite Q, pendant le temps ΔT, est égale à :

$$Q = I\Delta T, \quad \text{mais} \quad I = \frac{\Delta \Phi}{10^8 \Delta T \times R}, \quad \text{d'où} \quad Q = \frac{\Delta \Phi}{R \times 10^8} \text{ coulombs.}$$

La quantité d'électricité induite qui parcourt le circuit est proportionnelle à la variation $\Delta \Phi$ du flux et en raison inverse de la résistance du circuit R. Il résulte de cette formule que la quantité d'électricité mise en jeu dans un phénomène d'induction est indépendante de sa durée. Si la durée ΔT de la variation du flux devient 10 fois plus petite, l'intensité du courant I devient 10 fois plus grande; mais, comme $Q = I\Delta T$, la quantité d'électricité induite Q ne change pas.

EXEMPLE. — Soit une bobine de 500 spires, traversée par un flux de force magnétique de 20.000 maxwells; on retire cette bobine du champ en 1/5 de seconde. Quelle est la force électromotrice d'induction?

REMARQUE. — Avec plusieurs boucles en tension ou plusieurs tours de fil sur une même bobine, les forces électromotrices développées dans les différentes spires s'ajoutent :

$$e = \frac{20000 \times 500}{10^8 \times \frac{1}{5}} = 0,5 \text{ volt.}$$

L'intensité du courant, en supposant la résistance de la bobine égale à 5 ohms, sera :

$$I = \frac{0,5}{5} = 0,1 \text{ ampère.}$$

La quantité d'électricité induite:

$$M = I\Delta T = 0,1 \times \frac{1}{5} = 0,02 \text{ coulomb.}$$

DEUXIÈME EXEMPLE. — Une bobine de 50 centimètres, sans fer, a une section de 100 centimètres carrés et 100 tours de fil; elle est traversée par un courant de 2 ampères ; une boucle formée de 5 tours de fil entoure la partie moyenne de la bobine.

On enlève la bobine intérieure en une 1/2 seconde. Quelle est la valeur de la force électromotrice d'induction?

$$e = \frac{\Delta \Phi}{\Delta T \times 10^8} \text{ volts.}$$

Le flux de force magnétique est égal à :

$$\Delta\Phi = 1,25 \times \frac{NI}{L} \times S \times n = \frac{1,25 \times 100 \times 2 \times 5}{50},$$

$$e = \frac{1,25 \times 100 \times 2 \times 5}{50 \times \frac{1}{2} \times 10^8} = 10^{-6} \times 5 \text{ volt.}$$

2° Supposons que le nombre de tours du fil sur la boucle soit 1000, et introduisons dans la bobine un noyau de fer doux ; supposons également que la durée du déplacement devienne 1/10 de seconde :

$$\Delta\Phi = \mathfrak{B}Sn \qquad \text{comme} \qquad \mathcal{K} = 1,25 \times 2 \times 2 = 5 \text{ gauss.}$$

Pour une valeur de $\mathcal{K} = 5$ gauss,

$$\mathfrak{B} = 10000 \text{ gauss,} \qquad \mu = 2000.$$

La variation $\Delta\Phi$ du champ devient 2.000 fois plus grande :

$$e' = \frac{10000 \times 100 \times 1000}{\frac{1}{10} \times 10^8} = 100 \text{ volts.}$$

Pour une durée du déplacement égale à 1/20 de seconde,

$$e' = 200 \text{ volts.}$$

Supposons la résistance de la boucle égale à 2 ohms. L'intensité du courant sera :

$$I = \frac{100}{2} = 50 \text{ ampères}$$

et la quantité d'électricité induite :

$$M = It = 50 \times \frac{1}{10} = 5 \text{ coulombs.}$$

Dans le deuxième cas,

$$M = 100 \times \frac{1}{20} = 5 \text{ coulombs.}$$

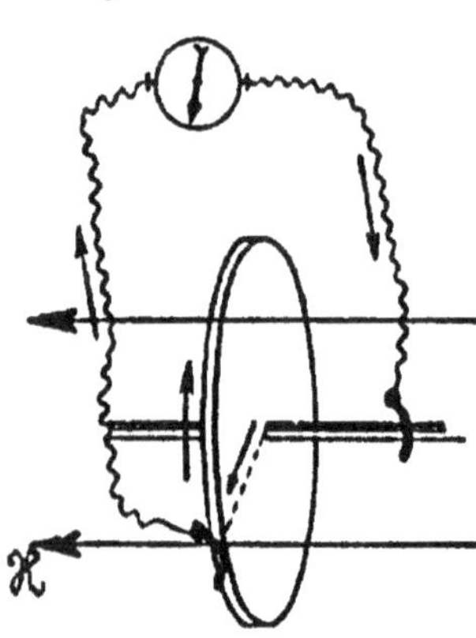

Fig. 504.

494. **Disque de Faraday** (*fig.* 504). — Le disque de Faraday se compose d'un disque en cuivre, de surface S, disposé normalement à la composante horizontale du champ terrestre.

Il est animé d'un mouvement uniforme de n tours par seconde.

La force électromotrice d'induction est égale à :

$$e = \frac{nSH}{10^8}, \quad \text{soit} \quad S = 1 \text{ mètre carré}, \quad n = 10, \quad H = 0,2,$$

$$e = \frac{10 \times 10^4 \times 0,2}{10^8} = 2 \times 10^{-4} \text{ volt.}$$

495. Mesure de l'intensité du champ magnétique terrestre, au moyen du cerceau de Delezenne (*fig.* 505). — Le cerceau de Delezenne se compose d'un cadre multiplicateur B, mobile autour d'un axe de rotation, que l'on oriente dans le plan du méridien magnétique et dont le plan est perpendiculaire à l'aiguille d'inclinaison, c'est-à-dire perpendiculaire aux lignes de force du champ terrestre.

Le flux de force du champ terrestre le traverse perpendiculairement. Si nous imprimons au multiplicateur un mouvement rapide autour de son axe, de façon à lui faire décrire un angle de 180°, tout se passe comme si l'on avait renversé le champ et sa variation est égale à :

$$H - (- H) = 2H.$$

Si n est le nombre des spires du multiplicateur, la quantité d'électricité induite est égale à :

$$Q = \frac{2nSH}{10^8 R}.$$

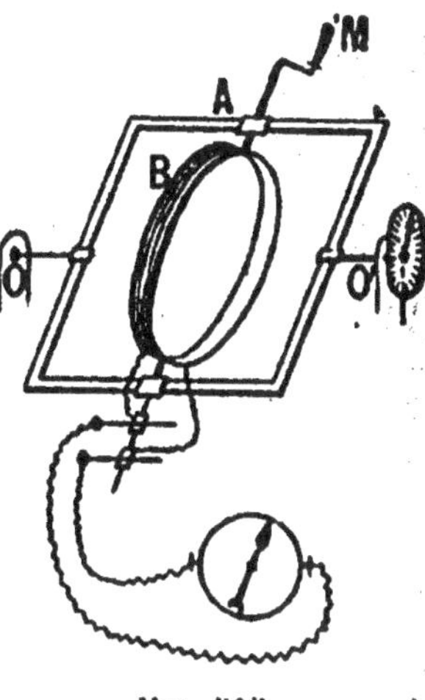

Fig. 505.

En mesurant Q au moyen du galvanomètre balistique, on détermine H.

496. Galvanomètre balistique. — Le galvanomètre balistique sert à mesurer les quantités d'électricité qui traversent un circuit pendant un temps très court, par exemple la décharge d'un condensateur.

C'est un galvanomètre à *longues oscillations, non amorties*.

Lorsqu'on lance le courant dans le galvanomètre, *l'équipage mobile n'a pas encore commencé à se déplacer quand le courant a cessé de circuler*. Cet équipage mobile est alors soumis à un véritable choc.

On démontre que la quantité d'électricité est proportionnelle à l'amplitude α de l'impulsion communiquée à l'équipage mobile :

$$Q = K\alpha.$$

On peut déterminer K par l'expérience, en envoyant une quantité connue d'électricité dans le galvanomètre, par exemple en mesurant l'impulsion produite par la décharge d'un condensateur étalon porté à un potentiel connu.

On peut utiliser comme galvanomètre balistique le galvanomètre de lord Kelvin, sans amortisseur, et le galvanomètre Deprez d'Arsonval, en ayant soin de tendre faiblement le fil qui suspend le cadre mobile et en augmentant le moment d'inertie du cadre, par l'addition d'une tige de cuivre.

497. Courants de Foucault. — Les variations du flux de force ne produisent pas seulement des courants induits dans les circuits fermés formés de fils, mais encore dans des masses métalliques.

Toute masse métallique de cuivre, acier ou fer, en mouvement dans un champ magnétique, est le siège de courants induits.

Ces courants, fermés à l'intérieur de la masse métallique, sont très intenses, en raison de la faible résistance du circuit qu'ils parcourent. La loi de Lenz leur est applicable et ils tendent toujours à s'opposer au déplacement ou à la variation du flux qui leur a donné naissance. Ils absorbent du travail, qui est transformé en pure perte en chaleur.

Soit un disque (*fig.* 506, 507) de cuivre, qui se déplace de gauche à droite devant le pôle nord d'un fort électro-aimant, dans la partie

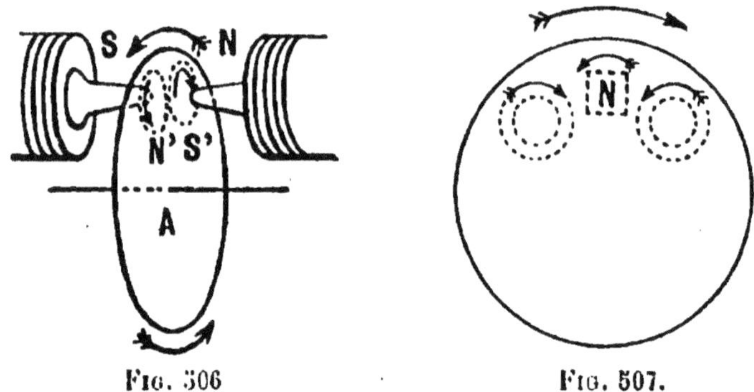

Fig. 506   Fig. 507.

droite qui s'éloigne du pôle et dans laquelle l'intensité du champ diminue : il se forme un système de courants fermés, qui tournent en sens inverse des aiguilles d'une montre ; dans la partie du disque qui s'approche, le champ augmente d'intensité ; il se produit un système de courants fermés, qui tournent dans le sens direct.

Ces systèmes de courants fermés peuvent être assimilés à des feuillets magnétiques, présentant à gauche un pôle sud, à droite un pôle nord. Ces deux pôles tendent à s'opposer, par leurs actions réciproques sur ceux de l'électro, au mouvement du disque.

Si l'on fait tourner le disque de cuivre, au moyen d'un mécanisme convenable, entre les pôles d'un électro-aimant, on ne peut, après l'excitation de l'électro, mouvoir le disque qu'en dépensant du travail mécanique. L'énergie mécanique absorbée est transformée en énergie électrique qui, elle-même, se transforme complètement en chaleur dans la masse métallique et l'échauffe, à 80° et au-dessus.

Violle s'est servi de cette expérience pour déterminer l'équivalent mécanique de la calorie, en mesurant le travail dépensé pour faire tourner le disque et en mesurant également, au moyen d'un calorimètre, la chaleur développée dans le disque et en prenant le rapport de ces deux nombres.

On peut réaliser l'expérience précédente sous une autre forme (*fig.* 508), en faisant osciller, entre les deux pôles d'un électro-aimant, un pendule formé d'un disque de cuivre A suspendu à un fil.

Si l'on excite l'électro-aimant, les oscillations du pendule sont rapidement amorties, car il se produit dans le disque des courants induits qui, d'après la loi de Lenz, s'opposent à son déplacement.

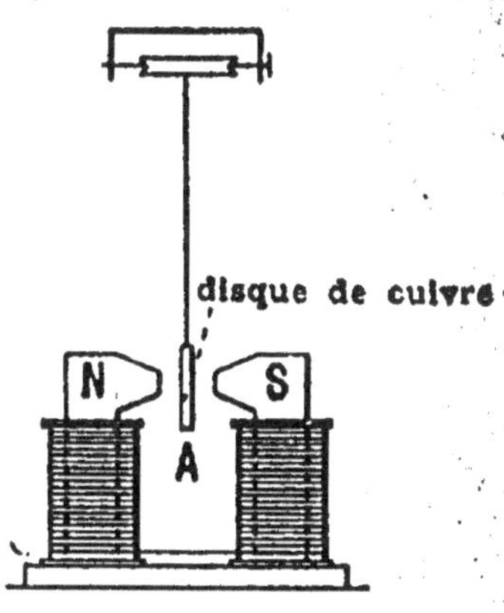

Fig. 508.

Expérience de Faraday (*fig.* 509). — On suspend un cube de cuivre massif A, au moyen d'un fil fin, entre les pôles d'un électro-aimant. Si l'on tord le fil et si l'on abandonne le cube à lui-même, le fil, se détordant, lui communique un mouvement de rotation rapide ; mais il est immédiatement arrêté : aussitôt que le courant passe, il se produit, par le déplacement du cube dans le champ, des courants induits, qui tendent, d'après la loi de Lenz, à s'opposer au mouvement.

Rotation d'un aimant sous l'influence d'un disque de cuivre animé d'un mouvement de rotation. — Si l'on place (*fig.* 510, 511) un disque de cuivre C sur un axe vertical et au-dessus, un disque de verre supportant une aiguille aimantée sur un pivot, aussitôt que le disque de cuivre est mis en mouvement, l'aiguille est déviée de sa direction et, pour une vitesse suffisamment grande du disque,

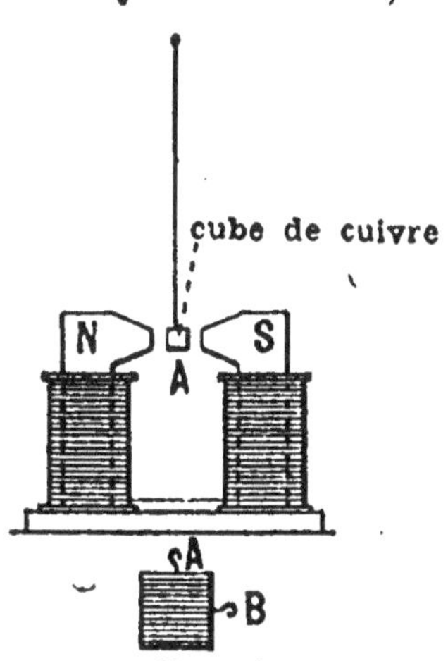

Fig. 509.

de sa direction et, pour une vitesse suffisamment grande du disque,

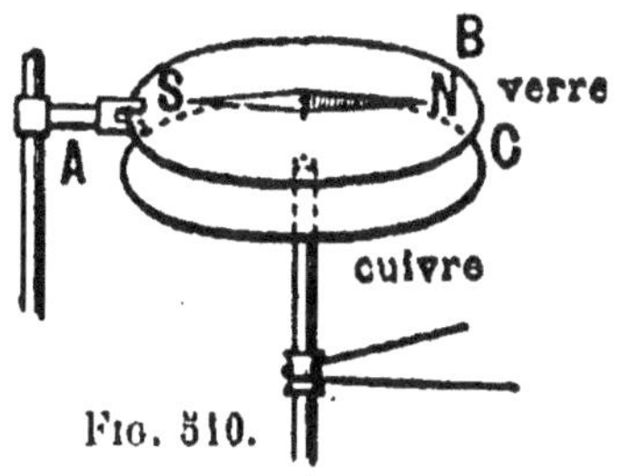

Fig. 510.

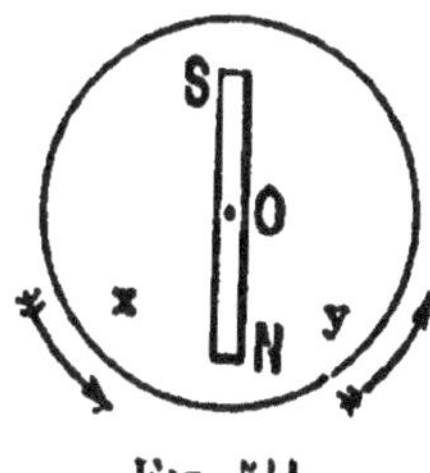

Fig. 511.

elle est entraînée dans le sens du mouvement de rotation de celui-ci. Mais, si l'on sectionne le disque par des traits de scie suivant son rayon, il ne produit plus d'action. Ceci nous prouve que les courants de Foucault circulent principalement à la périphérie; car, si l'on introduit de la soudure dans les coupures, vers les bords, le mouvement de l'aiguille reprend.

On peut expliquer ce mouvement d'entraînement de la façon suivante : supposons d'abord que le mouvement soit communiqué à l'aimant; le pôle N exerce, d'après la loi de Lenz, sur la région x, dont il s'éloigne, une attraction ; et sur y, une répulsion ; ces deux actions s'ajoutent et le disque est entraîné.

Inversement, si le disque tourne, c'est l'aimant qui est entraîné.

498. Amortissement des oscillations de l'aiguille aimantée ou du cadre, dans les galvanomètres. — Galvanomètre à aimant mobile.

— Si l'on écarte une aiguille aimantée du champ magnétique, elle oscille ; si on l'entoure d'une pièce de cuivre A (*fig.* 512), les oscillations durent moins longtemps, pour un même angle d'écart.

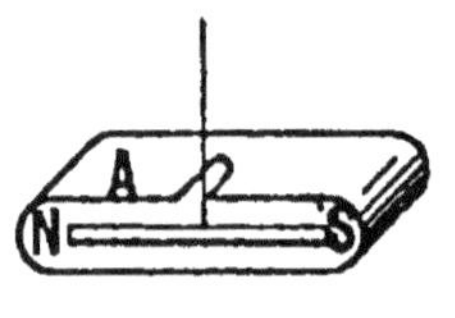

Fig. 512.

L'aiguille, par son mouvement, donne naissance à des courants induits dans la masse du métal conducteur, lesquels s'opposent à son déplacement. Dans les galvanomètres, l'aiguille se déplace au-dessus d'un disque en cuivre rouge ; en s'approchant de la région y, elle y produit un courant qui tend à s'opposer à son mouvement et qui la repousse ; comme elle s'éloigne de x, il se produit un courant qui l'attire. Ces deux effets s'ajoutent pour ramener l'aiguille à sa position d'équilibre.

Galvanomètre à cadre mobile. — Si nous écartons de sa position le cadre d'un galvanomètre Deprez d'Arsonval, à circuit ouvert, le cadre oscille longtemps. Si nous fermons le circuit, le cadre s'arrête presque instantanément, surtout si sa résistance est *faible*. En effet, le cadre constitue un circuit fermé, qui se meut dans un champ magnétique intense, et la force électromotrice d'induction crée un courant induit, qui donne une force électromagnétique, laquelle s'exerce en sens inverse du déplacement du cadre. Ces courants induits sont d'autant plus intenses que la résistance du circuit est plus faible. Les mêmes effets se produisent si le cadre est traversé par un courant: il revient immédiatement à sa position d'équilibre. Ce galvanomètre est dit *apériodique*.

499. Procédés employés pour supprimer les courants de Foucault.

— Pour supprimer les courants de Foucault dans une masse métallique, il faudra la sectionner perpendiculairement à la direction des courants d'induction qui tendraient à s'y produire.

Dans le cas d'un noyau de fer cylindrique (*fig.* 513, 514), se déplaçant dans un champ autour d'un axe, on sectionne le noyau perpendi-

culairement à l'axe, en creusant de profondes et étroites rainures,
ou en constituant le noyau au moyen de rondelles, entre lesquelles
on place de minces feuilles de papier.

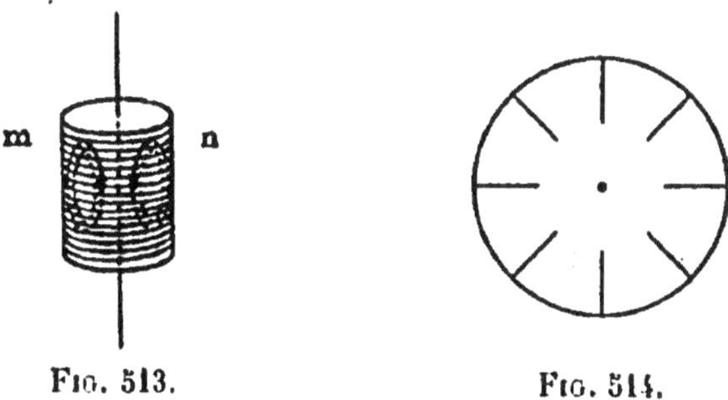

Fig. 513.   Fig. 514.

Pour les disques métalliques, si l'on fait des traits de scie suivant
les rayons, les courants ne peuvent plus circuler autour de l'axe.

APPLICATIONS DE L'ÉLECTRICITÉ

CHAPITRE XXI

MACHINE DE GRAMME. — GÉNÉRATRICE RÉCEPTRICE

500. Description de la machine de Gramme. — La machine de Gramme se compose en principe d'un circuit, qui se déplace dans

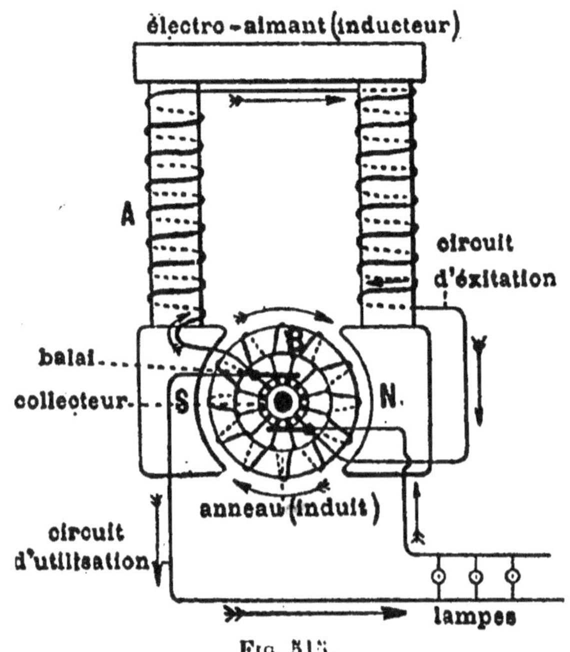

Fig. 515.

un champ magnétique, en tournant autour d'un axe; elle peut, comme la roue de Barlow, jouer le rôle de *réceptrice* ou *moteur électrique* lorsqu'elle est traversée par un courant, ou fonctionner comme *génératrice* ou *électromoteur*, lorsqu'on la fait tourner dans le champ magnétique.

La machine de Gramme se compose de trois parties (*fig.* 515) :

1° l'*inducteur*, constitué par un aimant ou un électro-aimant, qui crée le champ magnétique fixe ou *champ inducteur;*

2° l'*induit*, qui est le circuit mobile, formé d'une bobine annulaire tournant autour de son axe;

3° le *collecteur* et les *balais*, destinés à recueillir les courants induits ou à amener un courant dans l'anneau, lorsque la machine fonctionne comme réceptrice.

Anneau de Gramme. — L'*induit* est formé d'un manchon de fer doux cylindrique A (*fig.* 516, 517), que l'on appelle l'*armature*, autour duquel est enroulé un fil de cuivre isolé, dont toutes les spires sont enroulées dans le même sens et forment un *circuit fermé* sur lui-même.

Ce fil est partagé en *sections*, comprenant le même nombre de spires; chaque section peut être considérée comme une véritable bobine enroulée sur l'anneau; le point *b* de séparation de deux sections, c'est-à-dire le point où finit une section et où commence la suivante, est relié avec le bras L d'une pièce en cuivre, en forme d'*équerre*, dont l'autre bras *a* est dirigé parallèle-

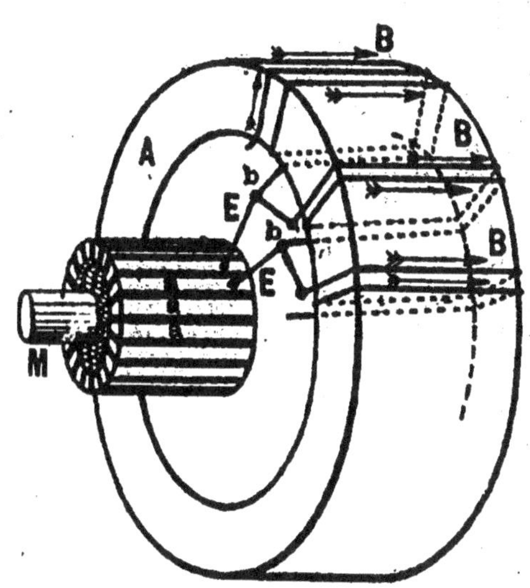

Fig. 516.

ment à l'axe de l'anneau, suivant les génératrices d'un cylindre. Toutes ces lames de cuivre *a* sont réunies autour d'un manchon métallique emboîté sur l'arbre de la machine, et sont séparées de ce manchon par une bague isolante, en fibre, par exemple. Les lames *a* sont séparées les unes des autres par des lames isolantes en mica; il y a autant de lames *a* que de sections ou bobines sur l'anneau; l'ensemble de toutes ces lames de cuivre, isolées et disposées sur un cylindre, forme le *collecteur*.

Balais. — Les balais B et B' sont formés soit d'un faisceau de fils de cuivre, soit d'une lame de charbon, qui s'appuie légèrement sur le collecteur aux deux extrémités du diamètre AA', perpendiculaire à la ligne NS; ils sont reliés au circuit extérieur et servent à recueillir le courant créé par la génératrice, ou bien à faire passer le courant dans l'anneau lorsque la machine fonctionne comme réceptrice, en mettant chaque lame de cuivre *a* du collecteur, et par suite, la spire correspondante de l'anneau, en communication avec le circuit extérieur, au moment où cette lame rencontre le balai.

Inducteur. — Champ magnétique fixe. — L'inducteur (*fig.* 515) se compose soit d'un aimant en forme de fer à cheval, soit d'un électro-

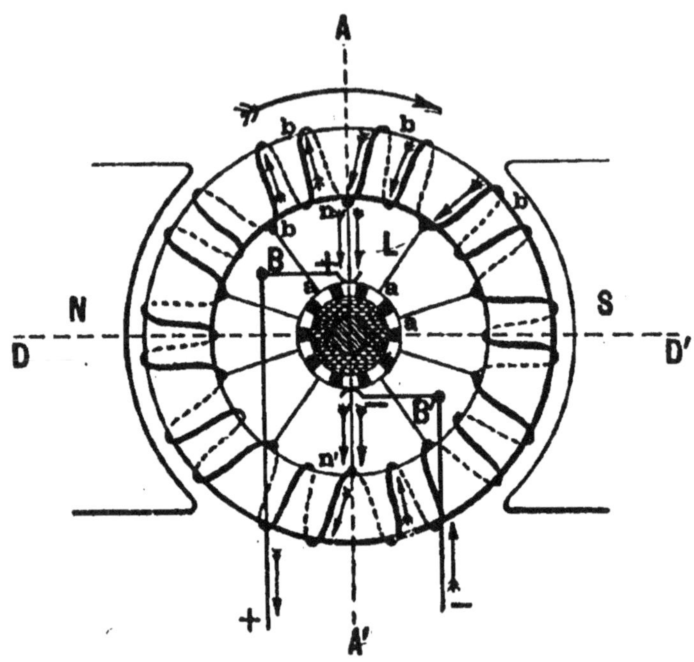

Fig. 517.

aimant. Dans le premier cas, la machine est dite *magnéto-électrique* ; dans le second, *dynamo-électrique*. Les noyaux A de l'électro-aimant sont terminés par des pièces polaires N et S, évidées de façon à ménager une cavité cylindrique, dans laquelle vient se loger l'anneau B.

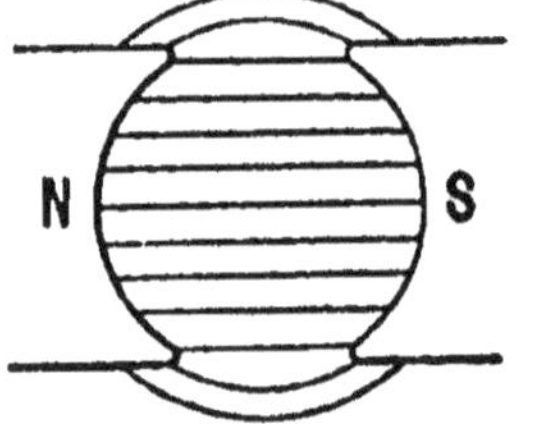

Fig. 518.

L'espace libre compris entre les pièces polaires et la surface externe de l'anneau se nomme l'*entrefer* ; il doit être aussi petit que possible et juste suffisant pour y loger le fil de cuivre enroulé sur l'anneau, afin de rendre la résistance magnétique du circuit le plus faible possible et d'obtenir dans l'entrefer un flux de force ayant la plus grande intensité.

Si l'armature de l'induit n'existait pas, le champ magnétique serait sensiblement uniforme entre les pièces polaires (*fig.* 518) ;

mais après l'interposition de l'armature de fer doux, en raison de la grande perméabilité du fer, le champ est déformé (*fig.* 519), le flux

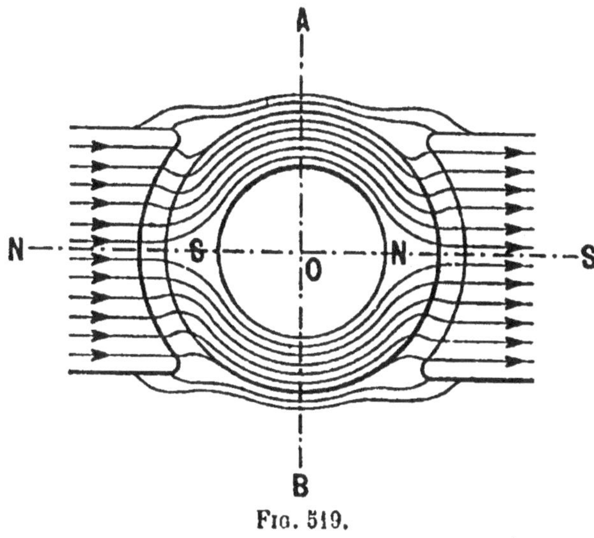

Fig. 519.

de force magnétique qui émane de la pièce polaire nord, N, se bifurque, pour passer dans l'armature ; puis les deux branches du flux de force se réunissent et entrent par la pièce polaire sud S, après avoir traversé l'entrefer normalement aux faces de l'anneau et des pièces polaires qui sont en regard, ce que l'on peut vérifier au moyen des spectres magnétiques.

L'inducteur (*fig.* 520) et l'induit sont traversés par un flux formant un circuit magnétique fermé passant par la *culasse*, les *noyaux*, les *pièces polaires* et l'armature. *Ce flux conserve une forme constante*, que l'armature soit immobile ou animée d'un mouvement de rotation.

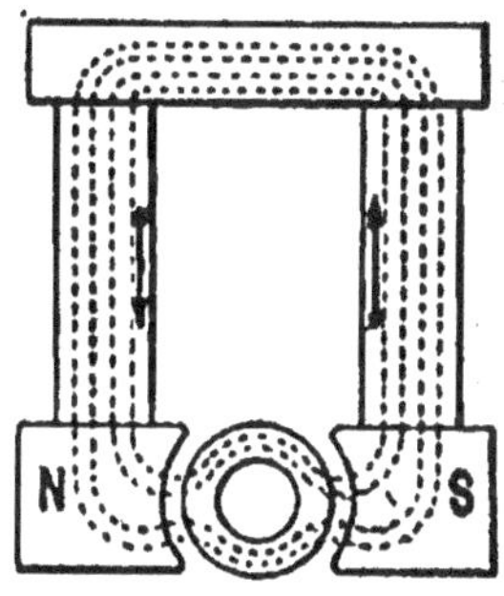

Fig. 520.

501. Machine de Gramme fonctionnant comme génératrice. — Communiquons à l'anneau de la machine de Gramme un mouvement de rotation dans le sens des aiguilles d'une montre, au moyen d'une machine à vapeur, d'une turbine ou d'un moteur quelconque.

Déterminons (*fig.* 521) le sens des courants induits produits par la variation du flux de force dans une spire qui se déplace : dans la position 1, la spire est orientée dans le plan des lignes de force ; le flux de force qui la traverse est nul. En passant de la position 1 à la position 2, le flux de force croît et, d'après la règle donnée au paragraphe 476, l'observateur voit le courant induit tourner dans la spire en sens inverse des aiguilles d'une montre ; dans la position 3, le flux de force est maximum ; de la position 3 à la position 4, le flux décroît ; le courant tourne dans le sens des aiguilles d'une montre ; dans la position 5, le flux est nul ; de la position 5 à la position 6, le flux croît ; le courant est en sens inverse des aiguilles d'une montre, etc.

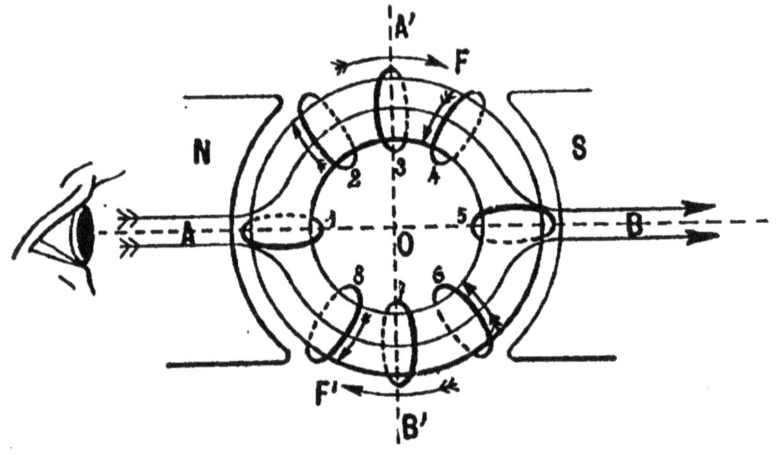

Fio. 521.

En examinant le sens des flèches, qui indiquent le sens du courant induit pour chaque position de la spire, nous voyons que toutes les sections ou bobines qui se trouvent, à un instant donné, dans la moitié de gauche B'AA' de l'anneau sont parcourues par des courants de même sens, dirigés dans le fil de B' vers A' ; et dans la moitié de droite B'B A', tous les courants sont également de même sens ; mais ce sens est inverse de celui des bobines de gauche, et dirigé de B' vers A'.

On peut comparer (*fig.* 522) l'ensemble des n bobines qui se trouvent dans la moitié gauche de l'anneau, ainsi que l'ensemble de celles qui sont dans la moitié droite, à n éléments de piles associés en tension, ces deux groupes de n éléments en tension étant ensuite couplés en quantité.

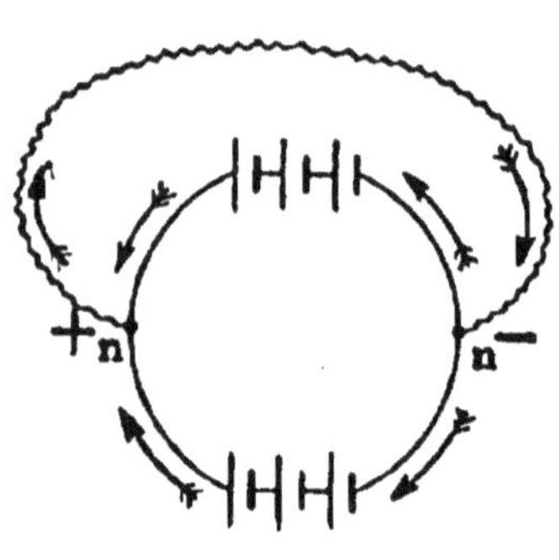

Fio. 522.

Les deux moitiés de l'anneau sont le siège de deux forces électromotrices ; comme elles sont disposées en opposition, le fil de la bobine ne sera parcouru par aucun courant. Mais, si nous disposons un conducteur entre les points n et n', les courants des deux moitiés de l'anneau s'ajouteront et nous aurons un courant circulant dans le conducteur de *n* à *n'*; le point *n* sera un pôle positif et *n'*, un pôle négatif.

En disposant les balais B, B' sur la ligne AA' perpendiculaire à NS, ils recueillent les courants, qui s'ajoutent en *n*; le balai supérieur B donnera le pôle positif et le balai B' inférieur communiquant avec *n'*, le pôle négatif.

502. Production du champ magnétique inducteur. Différents modes d'excitation. — Pour exciter l'électro-aimant qui crée le champ inducteur, on peut employer trois dispositions.

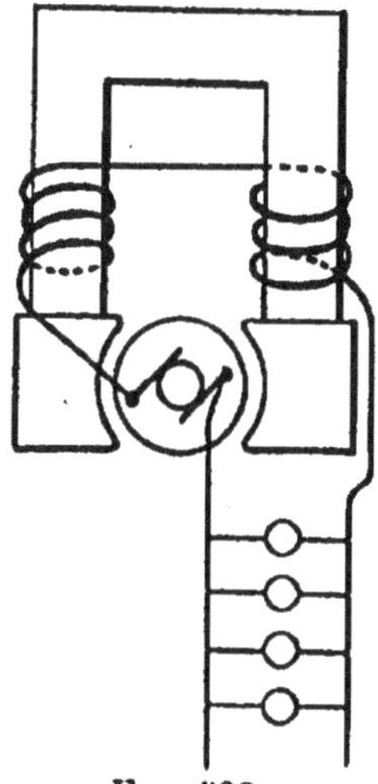

Excitation en série. — 1° On place (*fig.* 523) le fil de l'électro en série dans le circuit que doit parcourir le courant : ce mode d'excitation est appelé *excitation en série*.

Excitation en dérivation. — 2° On place (*fig.* 515) le fil de l'électro en dérivation sur les balais : c'est l'*excitation en dérivation*.

Excitation compound (*fig.* 524). — 3° On com-

FIG. 523.

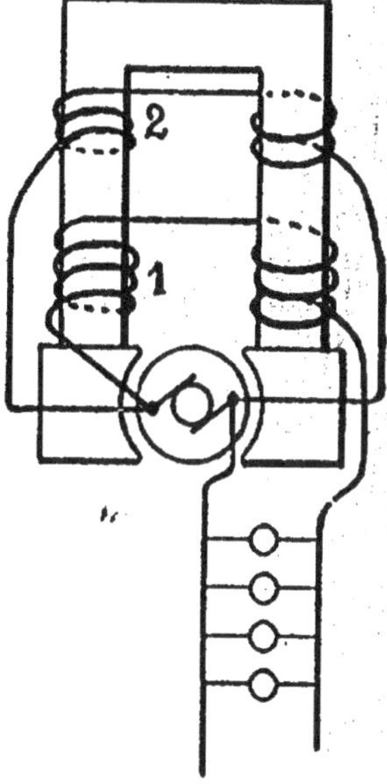

FIG. 524.

bine les deux systèmes, c'est-à-dire que l'on dispose, autour des noyaux de l'électro, deux enroulements : un *fil en série* et un *fil en dérivation*.

Auto-excitation. — Dès que l'on communique à l'anneau un mouvement de rotation, la machine s'excite elle-même : elle est dite *auto-excitatrice*.

On peut admettre que les noyaux de l'électro-aimant, qui sont en acier doux, possèdent, avant la mise en mouvement, une faible aimantation due au *magnétisme rémanent*.

Cette faible aimantation suffit pour créer un champ magnétique, qui peut donner naissance, dès que la rotation commence, à un courant induit, d'abord peu intense, mais qui augmente l'aimantation de l'électro, le champ inducteur, ainsi que les courants induits; l'intensité de ceux-ci augmente progressivement, jusqu'au moment où la machine atteint son régime régulier, correspondant à un voltage déterminé, donné par le voltmètre. On dit que la machine est amorcée.

Remarque. — La machine excitée en dérivation doit être amorcée en circuit ouvert, de manière à faire passer dans le fil de l'électro en dérivation la totalité du courant induit créé; le voltage obtenu, on ferme le circuit extérieur.

Propriétés des différents modes d'excitation. — Dans l'excitation en série, le fil de l'électro est parcouru par la totalité du courant; il faudra lui donner une faible résistance, c'est-à-dire employer un gros fil et un petit nombre de tours, afin de ne pas introduire de résistance dans le circuit. Si, la vitesse restant constante, la résistance du circuit extérieur augmente, ce qui se produit dans un circuit d'éclairage où l'on éteint un certain nombre de lampes, ces dernières étant en dérivation, la résistance augmente et l'intensité du courant diminue; il en est de même pour le champ inducteur et la valeur de la force électromotrice qui en dépend.

Dans l'excitation en dérivation, pour avoir une grande résistance, on emploie un fil fin et un grand nombre de tours, afin de ne faire passer dans le fil de l'électro-aimant inducteur qu'une faible partie du courant principal et de ne pas affaiblir ce dernier.

Si, pour une même vitesse de rotation, la résistance augmente dans le circuit pour la même raison que précédemment, l'intensité du courant qui passe dans la dérivation s'accroît, ainsi que le champ inducteur et la force électromotrice qui en dépend; c'est le contraire de ce qui se passe dans une machine excitée en série.

On peut régler une semblable machine en disposant un rhéostat, c'est-à-dire une résistance variable, dans le circuit d'excitation : en augmentant cette résistance, on ramène le courant dérivé à sa première valeur, ainsi que le champ inducteur et la force électromotrice.

Dans le troisième mode d'excitation, ou excitation *compound*, en combinant les deux modes d'excitation sur une même machine, on peut arriver à rendre la différence de potentiel indépendante des variations de la résistance du circuit extérieur, pour une vitesse de rotation constante.

503. Calcul de la force électromotrice d'une machine de Gramme. — Nous avons établi, au paragraphe 484, que la force électromotrice d'induction qui prend naissance dans un circuit, par une variation de flux de force, est égale à :

$$E = \frac{\Delta\Phi}{\Delta T \times 10^8} \text{ volts;}$$

soient Φ le flux total qui traverse l'armature et N le nombre de tours de la machine par seconde. Le flux se bifurque dans l'armature de l'induit et, dans chaque branche, sa valeur est égale à $\frac{\Phi}{2}$.

Nous allons calculer la force électromotrice qui prend naissance dans une spire se déplaçant d'un quart de tour, en passant de la position 1 à la position 2; pendant ce déplacement, le flux qui traverse la spire varie de 0 à $\frac{\Phi}{2}$.

La durée d'un tour est de $\frac{1}{N}$ seconde et celle d'un quart de tour, $\frac{1}{4N}$ seconde.

La force électromotrice d'induction, pendant ce quart de tour, sera égale à :

$$E = \frac{\frac{\Phi}{2}}{\frac{1}{4N} \times 10^8} = \frac{2\Phi N}{10^8} \text{ volts.}$$

Or, toutes les forces électromotrices qui prennent naissance dans toutes les spires couplées en tension, du côté gauche de l'anneau, sont de même sens et s'ajoutent; il en est de même pour les spires placées à droite.

Nous remarquerons que les forces électromotrices d'induction qui prennent naissance, à un instant donné, dans chaque spire, ne sont pas égales entre elles. En effet, pour un même déplacement d'une spire, la variation du flux n'est pas constante ; dans les spires voisines de N ou de S, où le flux varie rapidement, ainsi que le montre le spectre magnétique (fig. 519), la force électromotrice est maxima; mais, dans les spires voisines de AA′, où le flux est maximum et où

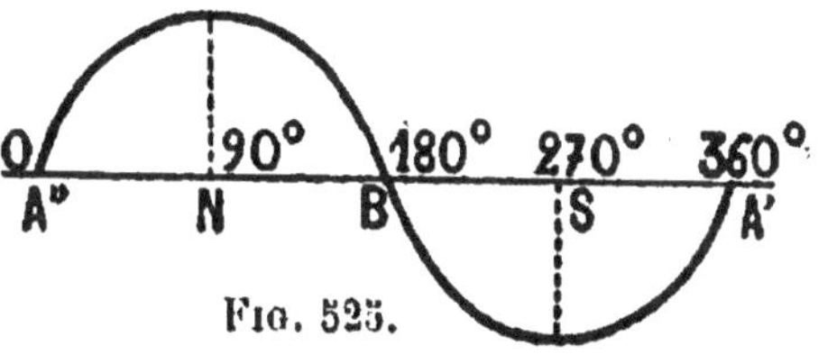

Fig. 525.

la spire se déplace parallèlement aux lignes de force, la force électromotrice d'induction est nulle. La figure 525 représente les variations de la force électromotrice pendant un tour de la spire.

La valeur $\frac{2\Phi N}{10^8}$ représentera la force électromotrice moyenne. Comme les bobines sont associées en tension, si n est le nombre total de spires enroulées sur l'anneau tout entier, sur la moitié de l'anneau, il y en aura $\frac{n}{2}$.

La force électromotrice moyenne d'une spire étant égale à $\frac{2\Phi N}{10^8}$, la force électromotrice *totale d'induction* sera, dans la moitié de l'anneau :

$$E = \frac{n}{2} \frac{2\Phi N}{10^8} = \frac{n\Phi N}{10^8} \text{ volts.}$$

Il résulte de l'examen de la formule qui donne la valeur de la force électromotrice d'induction, que cette force est proportionnelle :

1° au nombre n de spires enroulées sur l'anneau ;

2° au nombre N de tours de la machine par seconde ;

3° à l'intensité du flux d'induction qui traverse l'induit.

Si nous représentons par E la force électromotrice aux balais, par $2r$ la résistance du fil enroulé sur l'anneau, par R la résistance du circuit extérieur, l'intensité du courant sera égale à :

$$I = \frac{E}{R + \dfrac{r}{2}}.$$

Pour obtenir une grande valeur pour E, il faut : 1° réaliser un flux inducteur intense, en employant un électro-aimant puissant, avec noyaux courts à large section ; 2° donner à l'anneau une vitesse considérable.

EXEMPLE. — Calculer la force électromotrice d'une machine de Gramme, pour laquelle le flux d'induction $\Phi = 400.000$ maxwells, le nombre de tours de fil $n = 2000$, le nombre de tours de l'anneau par seconde N $= 50$.

$$E = \frac{2000 \times 400000 \times 50}{10^8} = 400 \text{ volts.}$$

504. Rendement industriel d'une machine dynamo génératrice. — Le rendement industriel d'une génératrice est égal au rapport de la puissance électrique utilisable dans le circuit extérieur de cette génératrice, à la puissance mécanique qu'elle absorbe. Si V — V″ représente la différence de potentiel aux bornes, I l'intensité du courant, la puissance utilisable est égale à :

$$I(V - V'),$$

et si P représente la puissance mécanique absorbée par la machine, le rendement est égal à :

$$\frac{I(V - V')}{P}.$$

Ce rendement peut atteindre de 90 à 95 0/0.

505. Pertes d'énergie dans les dynamos. — Les pertes d'énergie sont dues :

1° à l'échauffement des circuits inducteur et induit, par l'effet Joule ;

2° à la production des courants de Foucault dans l'armature. Pour les éviter, on sectionne l'armature perpendiculairement à l'axe; l'armature est alors formée d'une série de disques annulaires en tôle, séparés par des feuilles de papier;

3° à l'hystérésis du fer de l'armature, dont l'aimantation change de sens deux fois par tour; ces aimantations et désaimantations périodiques absorbent de l'énergie, qui est transformée en chaleur en pure perte;

4° au frottement des pièces tournantes; ces dernières se rencontrent dans toutes les machines.

506. Calage des balais. — L'expérience montre qu'en circuit fermé, si l'on place les balais suivant AB, perpendiculairement à la ligne NS, des étincelles de rupture, dues à la self induction, jaillissent entre

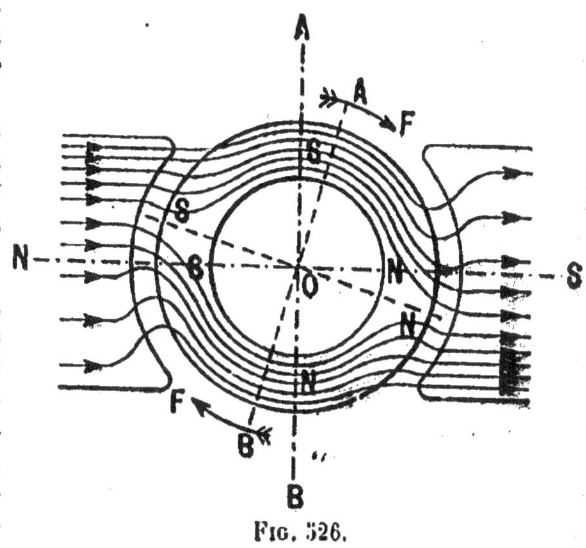

Fig. 526.

les balais et les lames du collecteur, lequel serait rapidement détérioré. En déplaçant simultanément les deux balais, qui sont montés sur un même support autour de l'axe de la machine, on trouve, par tâtonnement, une position A'B' pour laquelle les étincelles disparaissent; cette ligne A'B', inclinée dans le sens de la rotation, fait avec AB un angle aigu, appelé *angle de calage.*

La self-induction et l'hystérésis interviennent pour déplacer la ligne neutre AB dans le sens de la rotation; mais il existe une autre cause qui produit la *distorsion* du champ: le courant qui circule dans l'induit (*fig.* 527) produit lui-même l'aimantation du noyau de fer qui forme l'armature, et crée un flux dirigé dans le sens des

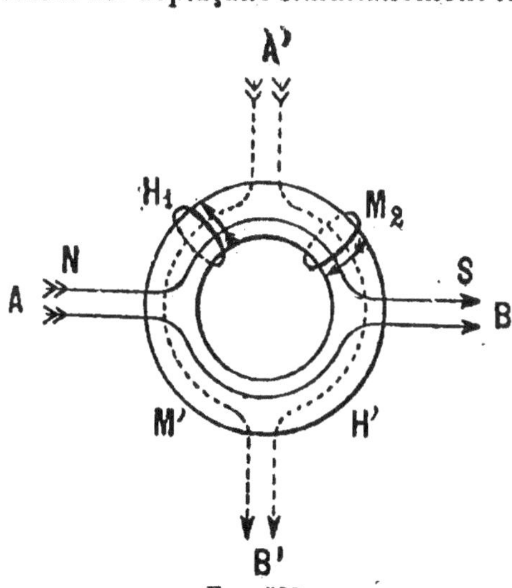

Fig. 527.

de fer qui forme l'armature, et crée un flux dirigé dans le sens des

29*

lignes pointillées. Ce flux et celui qui traverse l'armature se superposent dans les régions M_2 et M' et se retranchent dans les régions H_1 et H'; la région de flux maximum se trouve déplacée vers M_2 et M' et, par suite, la ligne *de flux maximum*, ou *ligne neutre*, est inclinée dans le sens de la rotation.

507. Machine de Gramme, fonctionnant comme réceptrice ou moteur électrique. — Réversibilité de la machine de Gramme. — La machine de Gramme est *réversible*. Faisons communiquer les balais B et B' avec les pôles d'une batterie d'accumulateurs : l'anneau se met à tourner. La machine fonctionne alors comme réceptrice, c'est ce que l'on appelle un *moteur électrique*.

Le courant d'intensité I (*fig.*529) va se partager en deux courants d'intensité $\frac{I}{2}$, dans les deux parties gauche et droite de l'anneau. Nous allons déterminer la direction et le sens de la force électromagnétique qui produit le mouvement de l'anneau.

Considérons une spire ABCD *fig.* 528 : la force électro-magnétique est due seulement à l'action du champ $\mathcal{H}$ sur la partie AB de la spire, car la partie CD ne rencontre pas de ligne de force et les parties AD et BC se déplacent dans le plan de ces lignes.

Nous avons vu que le champ $\mathcal{H}$, dans l'entrefer, est *normal* à la surface de l'anneau et, par conséquent, perpendiculaire à la portion AB de la spire; la force électromagnétique F sera tangente à l'anneau. Dans la partie gauche

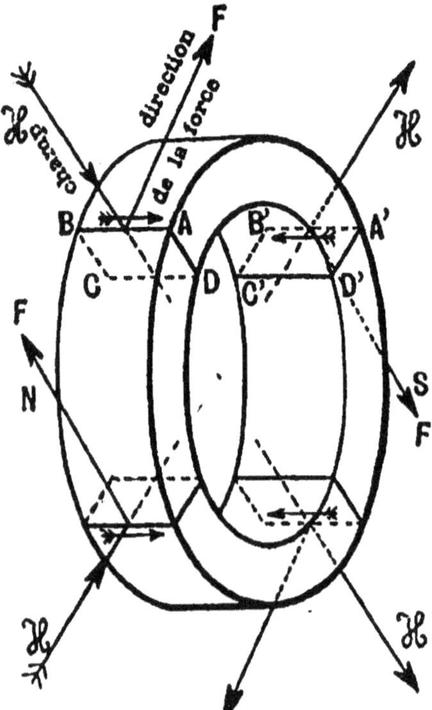

Fig. 528.

de l'anneau, le courant, dans AB, est dirigé d'arrière en avant; plaçons la main gauche sur AB, les doigts étendus dans le sens du courant, les lignes de force entrant par la paume de la main : le pouce tendu donne le sens de la force.

Nous vérifierons que la force F est dirigée vers le haut pour toutes les spires de gauche et vers le bas pour toutes les spires de droite; l'anneau est alors entraîné dans le sens des aiguilles d'une montre, par un couple dont le moment est constant. La vitesse croîtra jusqu'à ce que le travail des forces électromagnétiques, c'est-à-dire le travail moteur, soit égal au travail résistant, qui se compose du travail utile, plus le travail absorbé par les résistances passives.

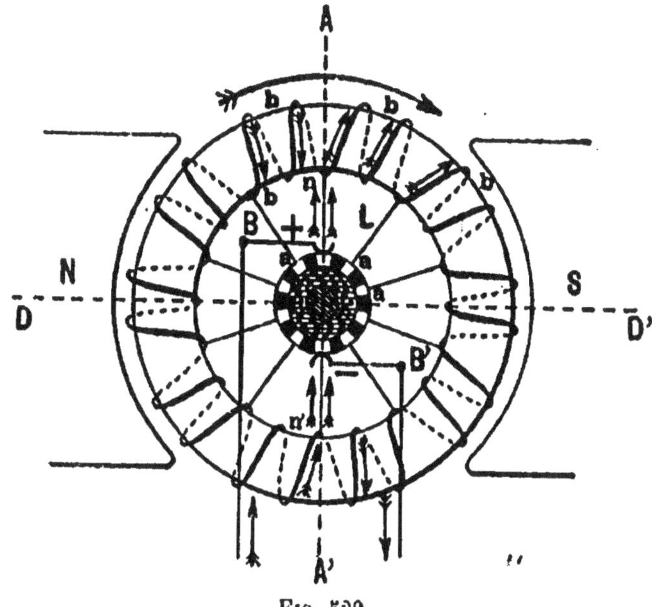

FIG. 529.

Deuxième méthode pour déterminer le sens du mouvement. — On peut encore déterminer le sens de la rotation en partant de la

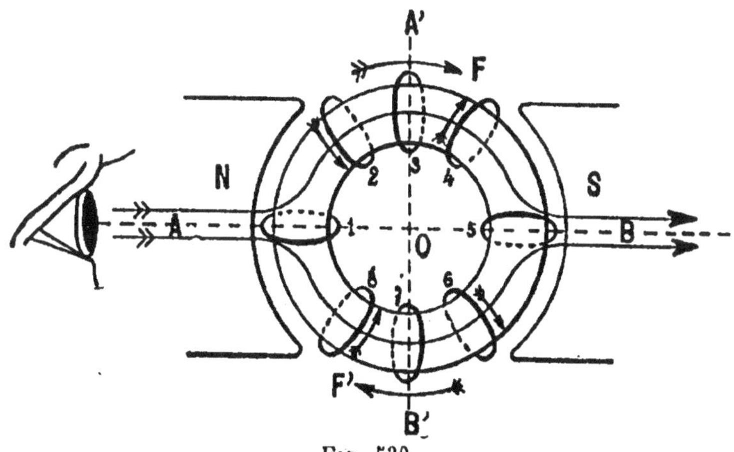

FIG. 530.

loi énoncée au paragraphe 444. Tout circuit fermé, traversé par un courant, tend à se déplacer dans un champ magnétique, de façon que le flux inducteur entre par sa face sud et que le flux résultant soit maximum.

2° Considérons une spire dans la position 2. Le flux de force inducteur pénètre par sa face sud ; elle se déplace dans le sens des aiguilles d'une montre, de façon que le flux qui la traverse devienne maximum en A' ; après le diamètre A'B', le courant change de sens ; le flux entre par la face nord de la spire, qui se déplace jusqu'en B', où le flux entrera de nouveau par la face sud et deviendra maximum, etc.

508. Calcul de la puissance d'un moteur électrique. — La puissance d'un moteur électrique est, ainsi que nous l'avons précédemment établi au paragraphe 442, égale à $P = \dfrac{\Delta\Phi I}{10^8}$ watts, où $\Delta\Phi$ représente la variation du flux pendant une seconde et I, l'intensité du courant qui alimente le moteur.

Calculons le travail produit par le déplacement d'une spire, de la position 1 à la position 3, pendant un quart de tour : le flux varie de 0 à $\dfrac{\Phi}{2}$.

Le travail sera, par quart de tour, égal à :

$$\frac{\Phi I}{2 \times 2 \times 10^8} ;$$

et pour un tour :

$$\frac{4\Phi I}{2 \times 2 \times 10^8} ;$$

pour N tours par seconde et pour un nombre de spires égal à n,

$$P = \frac{\Phi I N n}{10^8} \text{ watts.}$$

Or, $\dfrac{\Phi N n}{10^8}$ représente la force contre-électromotrice du moteur ; *la puissance du moteur est représentée par le produit de sa force contre-électromotrice par l'intensité I du courant.* En représentant cette force contre-électromotrice par E',

$$P = E'I \text{ watts.}$$

EXEMPLE. — Quelle sera la puissance d'un moteur électrique pour un flux $\Phi = 500.000$ maxvells ? nombre de tours de fil, 1.000 ; nombre de tours par seconde, $N = 20$; $I = 50$ ampères :

$$P = \frac{500000 \times 50 \times 1000 \times 20}{10^8} = 5.000 \text{ watts,}$$

ou

5 kilowatts,   ou   6,8 chevaux-vapeur.

La force contre-électromotrice du moteur sera égale à :

$$E' = \frac{500000 \times 20 \times 1000}{10^8} = 225 \text{ volts.}$$

DEUXIÈME EXEMPLE. — Un moteur électrique fait 1.300 tours par minute, avec une intensité de courant de 11 ampères et une force électromotrice de 30 volts. Quelle est la puissance qu'il absorbe?

$$P = 11 \times 30 = 300 \text{ watts.}$$

509. Rendement industriel d'un moteur électrique. — Le rendement industriel d'un moteur est égal au rapport de la puissance fournie par ce moteur à la puissance électrique dépensée. La puissance fournie au moteur est égale à la force électromotrice, multipliée par l'intensité du courant :

$$P = EI.$$

La puissance fournie par le moteur est égale à :

$$P' = E'I;$$

d'où le rendement est égal à :

$$\frac{E'I}{EI} = \frac{E'}{E};$$

EXEMPLE. — Un moteur est alimenté par un courant de 10 ampères, avec une différence de potentiel de 100 volts, et produit 700 watts. Quel est son rendement?

$$P = 100 \times 10 = 1.000 \text{ watts,} \quad P' = 700 \text{ watts;}$$

d'où le rendement est égal à :

$$\frac{700}{1000} = 70 \text{ 0/0.}$$

Les petits moteurs d'un cheval ont un rendement de 50 à 70 0/0. Dans les grands moteurs, le rendement atteint 90 0/0.

510. Excitation des moteurs électriques. — Calage des balais. — Les moteurs peuvent être excités en série ou en dérivation. Lorsque le moteur est excité en série, il tourne en sens inverse de la dynamo qui produirait le courant passant dans l'induit, ce qui est facile à vérifier au moyen des règles que nous avons données pour trouver le sens des courants.

Si l'on change le sens du courant dans le moteur, les pôles de l'inducteur changent de sens et le moteur tourne encore dans le même sens.

Pour changer le sens de rotation d'un moteur excité en série, il faudra changer le sens du courant dans l'inducteur ou dans l'induit.

Dans les moteurs excités en dérivation, le sens de rotation est le même que celui de la dynamo qui produirait le courant passant dans l'induit.

Les balais de la réceptrice doivent être calés en arrière du mouvement de l'anneau, pour les mêmes raisons que dans les génératrices.

511. Mise en marche d'un moteur, rhéostat de démarrage. — Prenons un moteur d'un ohm de résistance ; mettons aux bornes une différence de potentiel de 100 volts et, dans le circuit, un ampèremètre et un rhéostat donnant une résistance de 3 ohms. Supposons que le moteur soit calé ; nous avons dans ce circuit un courant d'intensité :

$$I = \frac{100}{4} = 25 \text{ ampères.}$$

Si nous n'avions pas intercalé le rhéostat, le courant eût été égal à :

$$I = \frac{100}{1} = 100 \text{ ampères.}$$

Ce courant, passant dans le moteur, pourrait le brûler ; ce serait à craindre au moment de la mise en marche, avant que le moteur prenne sa vitesse de régime. Si, maintenant, nous laissons tourner celui-ci, nous constatons que l'intensité du courant tombe, par exemple, à 2 ampères.

L'intensité du courant devient égale à :

$$I' = \frac{E - E'}{R},$$

E′ étant la force contre-électromotrice du moteur, d'où

$$2 = \frac{100 - E'}{4}, \qquad E' = 92 \text{ volts.}$$

E′ représente la force électromotrice du moteur.

Aussitôt le moteur en marche, on enlève le rhéostat du circuit.

512. Applications des moteurs. — Les moteurs à courant continu, les seuls que nous ayons étudiés, sont utilisés pour la mise en mouvement des ascenseurs, monte-charge, ventilateurs, pompes, machines-outils, machines d'imprimerie. Ils permettent de supprimer les courroies et les engrenages et d'éviter ainsi les accidents, et facilitent les installations de machines ; ils sont employés dans les tramways, les automobiles, les sous-marins, etc.

513. Transport de l'énergie par les courants. — Le courant qui actionne un moteur peut être fourni par une autre machine, fonctionnant comme génératrice.

Par exemple, prenons deux machines (*fig.* 531) dynamo-électriques et relions les balais de la première avec ceux de la seconde, par des fils conducteurs; mettons en mouvement la première machine, ou *génératrice*, au moyen d'un moteur quelconque, turbine, machine à vapeur; le courant fourni actionne la deuxième machine, ou *réceptrice*; et l'on peut ainsi recueillir sur la récep-

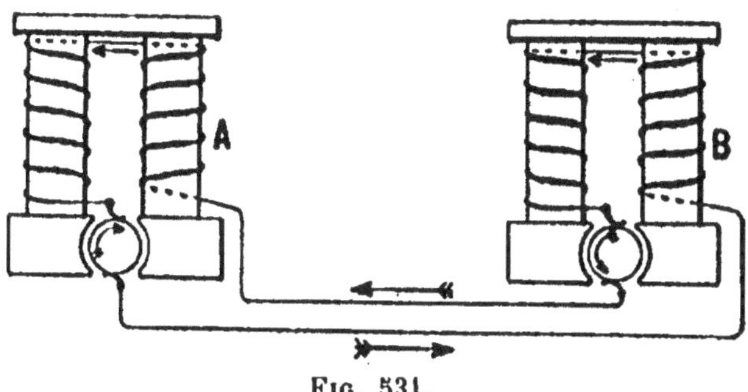

Fig. 531.

trice une partie de l'énergie fournie à la génératrice; l'autre partie est dépensée en chaleur dans les conducteurs et dans les frottements. Cette importante application a pris, dans l'industrie, un développement considérable, et a permis d'utiliser des sources naturelles d'énergie, comme les chutes d'eau, et de transporter cette énergie aux points d'utilisation.

Pour cela, on installe la génératrice, que l'on actionne par une turbine, au point où se trouve la chute et on la met en communication, au moyen de conducteurs, avec une réceptrice placée dans l'usine où l'on veut utiliser la puissance de la chute pour produire la puissance mécanique, l'électrométallurgie, l'électrochimie, l'éclairage ou la traction électrique.

514. Traction électrique (*fig.* 532). — Parmi les applications les

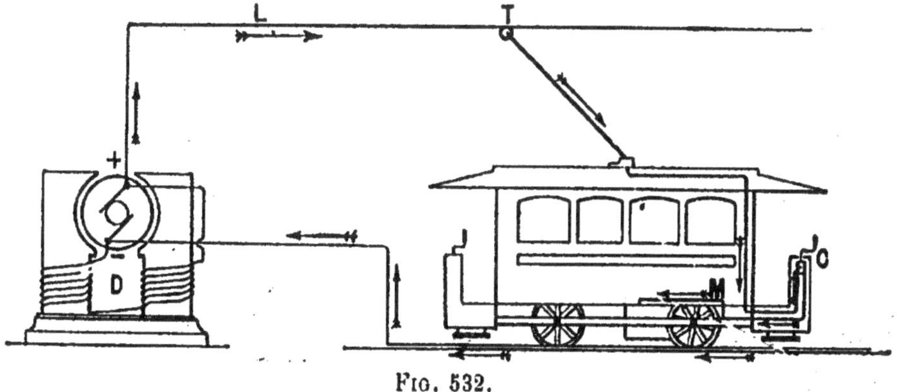

Fig. 532.

plus importantes du transport d'énergie, est la traction électrique, que nous allons étudier sommairement. Presque toutes les villes d'une certaine importance sont aujourd'hui pourvues de tramways électriques.

Une ligne de tramways se compose de trois parties principales: 1° une station centrale, où l'on produit l'énergie électrique au moyen d'une dynamo D, actionnée par une machine à vapeur; 2° une voie métallique, sur laquelle roulent les voitures ; 3° un conducteur L, en cuivre, de 8 millimètres de diamètre, supporté, le long de la voie, par des poteaux ; sur le toit de la voiture est fixée une perche en fer, munie à son extrémité d'une sorte de galet à gorge T, ou d'un frotteur appelé trolley.

Cette perche est reliée (*fig.* 533) à la borne positive C et au balai d'un moteur électrique I, qui communique le mouvement à l'essieu

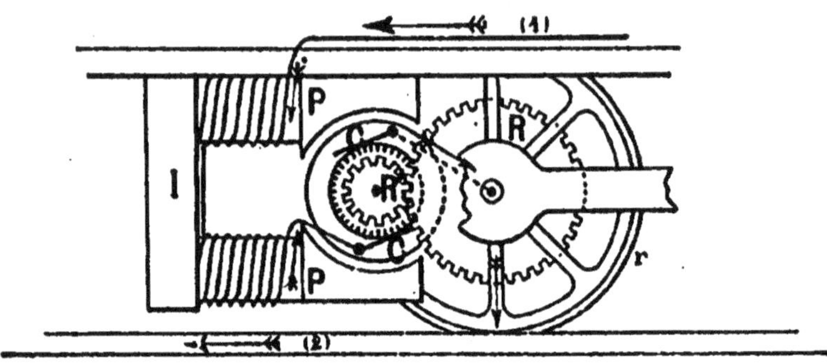

Fig. 533.

de la roue r de la voiture, par l'intermédiaire du pignon denté R' et de la roue dentée R; l'autre borne du moteur est en communication avec les roues et les rails, qui forment le conducteur de retour. A l'avant et à l'arrière du tramway, se trouvent deux *contrôleurs distributeurs* C, permettant d'obtenir un effort considérable au démarrage de la voiture, de renverser le courant et d'envoyer dans les moteurs un courant plus ou moins intense, pour faire varier la vitesse.

Les conducteurs peuvent être souterrains et placés dans un caniveau creusé dans le sol ; la communication est établie avec le moteur par balais ou chariots frottants.

Enfin, sur certaines lignes, c'est une batterie d'accumulateurs, placée sur la voiture, qui actionne les moteurs.

515. Conditions économiques d'un transport d'énergie. — La puissance EI fournie par la génératrice est transformée en puissance utile E'I dans le moteur, et en chaleur RI^2 sur la ligne :

$$EI = RI^2 + E'I.$$

Il faut donc diminuer la perte d'énergie RI^2, et pour cela, rendre R et I aussi faibles que possible. Si l'on réduit R de moitié, il faut doubler sa section et, par conséquent, le prix du conducteur; nous diminuerons donc I. Si nous diminuons I de moitié, pour transmettre une puissance constante EI, il faudra doubler E; c'est pour cette raison que l'on fait les transports d'énergie à haut voltage, 2.000 à 4.000 volts, par exemple, et quelquefois plus.

Nous allons chercher, comme exercice, quelle doit être la valeur de I pour que la puissance du moteur soit maxima, en supposant que la force électromotrice de la génératrice et la résistance du circuit restent constantes.

Ce problème classique ne se rencontre pas dans la pratique.

Si P' est la puissance du moteur, nous avons :

$$EI = RI^2 + P' \qquad \text{d'où} \qquad P' = EI - RI^2.$$

P' est maximum pour $I = \dfrac{E}{2R}$.

Quel est, dans ce cas, le rendement?

$$P' = \frac{E^2}{2R} - \frac{1}{4}\frac{E^2}{R} = \frac{1}{4}\frac{E^2}{2R}.$$

La puissance dépensée est égale à :

$$P = EI = E \times \frac{E}{2R} = \frac{E^2}{2R},$$

d'où le rendement :

$$\frac{P'}{P} = \frac{1}{2} = 50\ 0/0.$$

516. Conditions pratiques d'un transport d'énergie. — Le problème général que l'on a à résoudre dans la pratique est le suivant :

On veut transporter une puissance de P *kilowatts* à une distance *d*, avec une perte d'énergie consentie de *n* 0/0 sur la ligne, au moyen d'un courant de I ampères et de E volts; quels seront la section, le poids et le prix du conducteur?

La perte d'énergie par seconde, transformée en chaleur, est égale à RI^2; l'énergie fournie par la génératrice est égale à EI; donc, d'après les conditions du problème :

$$RI^2 = \frac{n}{100} EI; \qquad \text{d'où} \qquad R = \frac{n}{100}\frac{E}{I}.$$

Calculons la section du câble :

$$R = \frac{l\rho}{s}; \qquad \text{d'où} \qquad s = \frac{l\rho}{R}.$$

Son poids sera :

$$P = sld,$$

d étant le poids spécifique du cuivre, et $P \times m$, le prix, *m* étant le prix du kilogramme de cuivre.

EXEMPLE. — On veut transporter une puissance de 50 kilowatts ou 68 chevaux-vapeur, à une distance de 2.000 mètres, avec une perte de 10 0/0 sur la ligne, au moyen d'un courant de 100 ampères et d'une différence de potentiel de 500 volts.

Quels seront la section, le poids et le prix du conducteur?

La résistance du conducteur est égale à :

$$R = \frac{0,10 \times 500}{100} = 0,5 \text{ ohm};$$

La section est égale à :

$$s = \frac{l\rho}{R}, \qquad s = \frac{400000 \times 1,56 \times 10^{-6}}{0,5} = 1,25 \text{ centimètre carré};$$

Son poids sera :

$$P = 0,0125 \times 40000 \times 8,8 = 4.400 \text{ kilogrammes.}$$

Le prix sera égal à $4.400 \times 3 = 13.200$ francs. Si nous transportons la même quantité d'énergie, avec un courant de 50 ampères et 1.000 volts, la résistance du fil est de 2 ohms; la section de $0^m,31$, le poids, 1.091 kilogrammes, et le prix, 3.273 francs.

CHAPITRE XXII

MESURES ÉLECTRIQUES

517. Mesure de l'intensité d'un courant. — On peut mesurer l'intensité d'un courant au moyen de la boussole des tangentes, des voltamètres à azotate d'argent ou au sulfate de cuivre et avec les ampèremètres.

518. Mesure des forces électromotrices. — On peut mesurer la force électromotrice d'une pile avec un voltmètre ou au moyen de la boussole des tangentes.

On intercale dans le circuit de la pile une boussole des tangentes, dont on a déterminé la constante k, et une boîte de résistances. On introduit d'abord une résistance r_1 et l'on mesure la déviation α_1 ; l'intensité du courant est égale à :

$$I_1 = K \operatorname{tg} \alpha_1, \qquad I_1 = \frac{E}{r + G + r_1},$$

r étant la résistance intérieure de la pile et G celle de la boussole.

Augmentons la résistance; soient r_2 la nouvelle résistance, et α_2 la nouvelle déviation;

$$I_2 = \frac{E}{r + G + r_2} = K \, tg \, \alpha_2.$$

De ces deux équations on tire :

$$E = \frac{I_1 I_2 (r_2 - r_1)}{I_1 - I_2} = \frac{K \, tg \, \alpha_1 \, tg \, \alpha_2 (r_2 - r_1)}{tg \, \alpha_1 - tg \, \alpha_2}$$

519. Mesure des résistances. — On mesure les résistances en les comparant à une résistance prise comme unité, l'ohm. On emploie dans la pratique des copies de l'ohm étalon (*fig.* 534), formées d'une bobine de fil de maillechort replié sur lui-même et contourné en spirales, pour éviter les phénomènes d'induction. Cette bobine est noyée dans la paraffine et ses extrémités aboutissent à deux gros conducteurs, pour les prises de contact; un thermomètre indique la tempé-rature. La bobine vaut 1 ohm à 15°, et la résistance aug-mente de 0,004 ohm par degré.

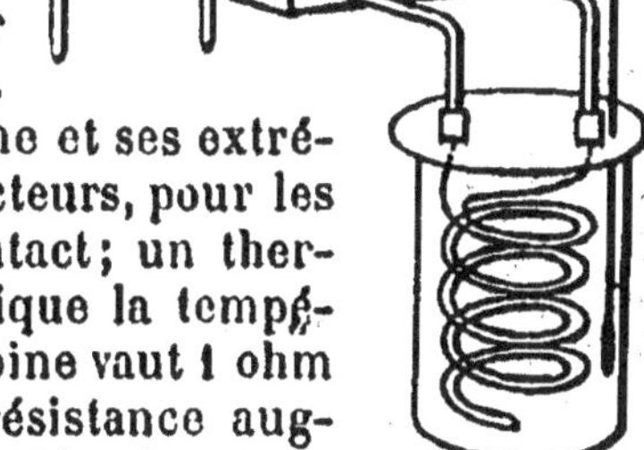

Fig. 534.

Boîte de résistances (*fig.* 535, 536).— Une boîte de résistances se compose d'une série de bobines de fil de maillechort, replié sur lui-même et enroulé en spirales; elles sont placées dans une même boîte, recouverte d'une plaque d'ébonite sur laquelle sont disposées des bandes de cuivre A, B, C, assez épaisses pour que leur résistance soit négligeable; à chacune

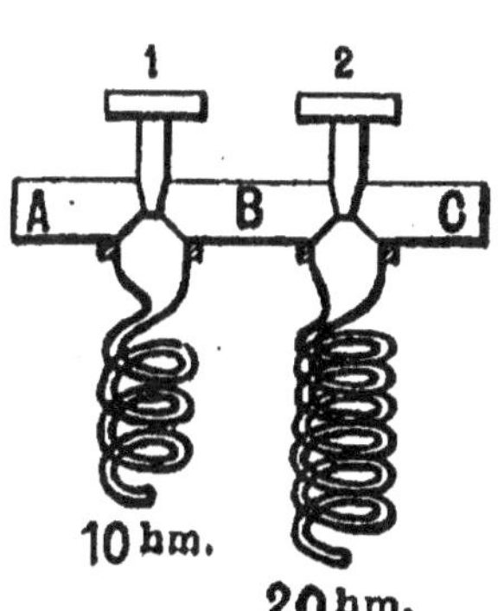

Fig. 535.

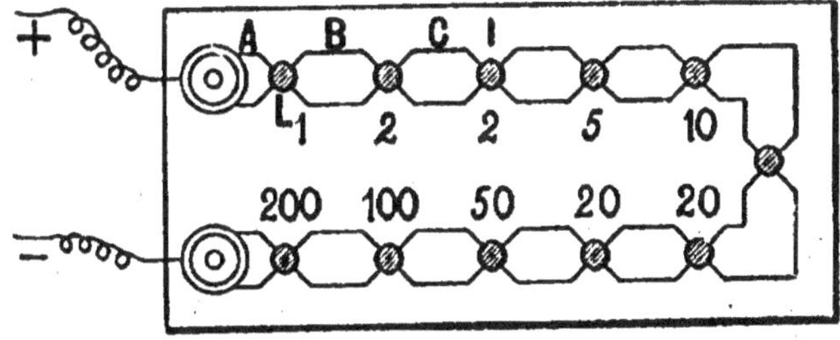

Fig. 536.

de ces bandes, s'attache la fin d'une bobine et le commencement de la suivante. Les bandes sont séparées par des trous ronds, où l'on peut introduire des chevilles en cuivre 1, 2; lorsque toutes les chevilles sont en place, le courant traverse seulement les bandes de cuivre, dont la résistance est nulle; si l'on enlève une cheville, on introduit dans le circuit la résistance de la bobine correspon-dante. Les résistances des bo-bines sont disposées comme dans les boîtes de poids :

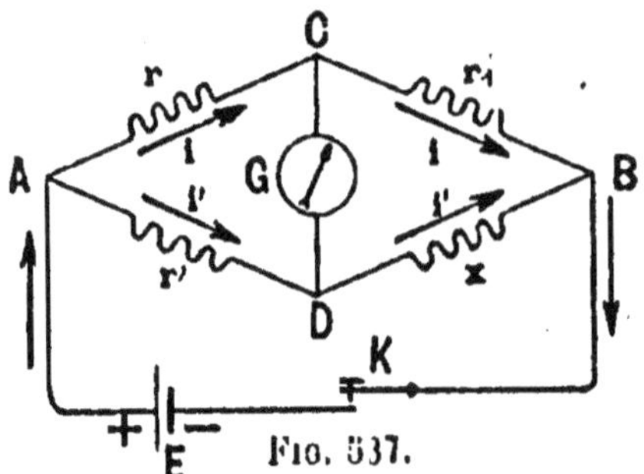

Fig. 537.

1, 2, 2, 5, 10, 10, 20, 50, 100, 100, 200, 500, 1000.

On peut obtenir toutes les résis-tances, jusqu'à 2.000 ohms.

520. Pont de Wheatstone (*fig.* 537). — On mesure les résistances au moyen du pont de Wheatstone. Soit un quadrilatère ACBD sur les côtés duquel sont des résistances r, r', r_1, x, dont deux sommets opposés, A et B, communiquent avec les pôles d'une pile E. Jetons entre les points C et D un pont, sur lequel nous plaçons un galvano-mètre : ce pont va être traversé par deux courants en sens contraires. Faisons varier la résistance r_1, jusqu'à ce qu'il ne passe plus de courant dans le pont, c'est-à-dire que le galva-nomètre reste au zéro : si le courant est nul dans le pont, les points C et D sont au même poten"el.

L'intensité du courant sera la même en AC et CB, de même qu'en AD et DB. Appliquons la deuxième loi de Kirchoff aux circuits ACDA et BCDB, nous aurons :

$$ir - i'r' = 0$$
$$ir_1 - i'x = 0,$$

d'où :

$$\frac{i}{i'} = \frac{r'}{r} = \frac{x}{r_1}, \qquad x = r_1 \times \frac{r'}{r};$$

d'où l'on déduit x, connaissant r, r', r_1.

521. Rhéostats. — Les rhéostats sont des appa-reils destinés à introduire dans un circuit une ré-sistance variable et continue.

Rhéostats liquides (*fig.* 538). — Le plus simple est le rhéostat liquide, qui se compose d'un tube de verre contenant une dissolution de sulfate de cuivre et de deux disques de cuivre B et B', que l'on peut rapprocher ou éloigner pour faire varier la résistance.

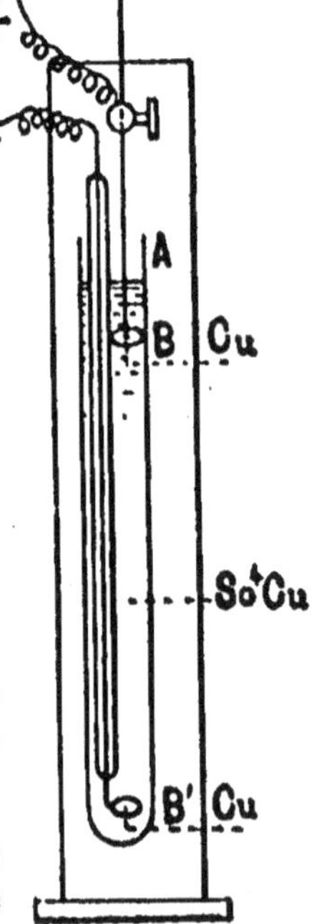

Fig. 538.

Rhéostat de laboratoire (*fig.* 539). — Un deuxième modèle, utilisé dans les laboratoires, se compose d'un fil de maillechort enroulé en hélice, de manière que les différentes spires ne se touchent pas, sur un cylindre en fonte émaillée, garni de bandes d'amiante. Les deux extrémités du circuit communiquent, d'une part à l'un des bouts B du rhéostat, d'autre part avec un curseur A, mobile sur une règle et qui porte un pignon H, dont les dents

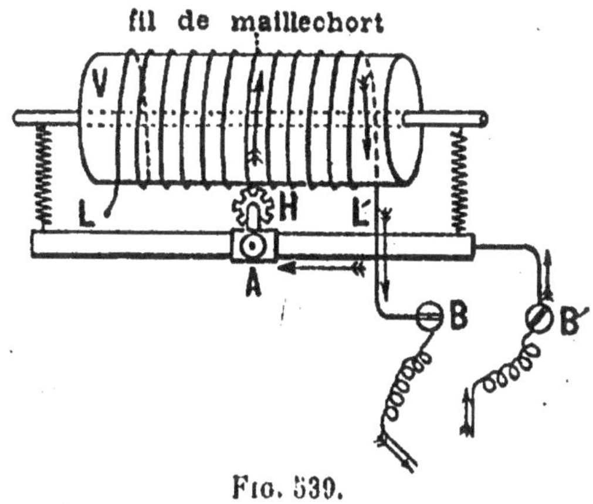

Fig. 539.

sont écartées d'une longueur égale au pas de la spirale; quand on fait glisser le curseur, on change la résistance sans interrompre le courant, car il y a toujours deux dents en contact avec l'hélice.

Rhéostat industriel (*fig.* 540). — Le modèle de rhéostat industriel se compose d'un certain nombre de boudins L en fil de maillechort ou de ferro-nickel, placés parallèlement sur un support isolant en ébonite; tous ces boudins de fil sont en série et reliés par leurs extrémités à un certain nombre de *plots* b, b', disposés suivant un arc de cercle et pouvant être mis en contact avec un levier M en cuivre, manœuvré au moyen d'une manette isolante, qui tourne autour d'un axe en contact avec la borne B' du rhéostat; l'autre borne B est reliée à l'un des boudins extrêmes; le courant passe par l'axe du levier M, puis dans le plot en contact, traverse un certain nombre de boudins et sort par B. En

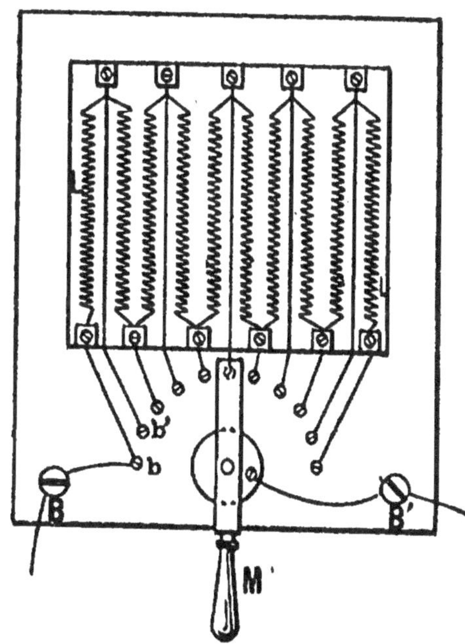

Fig. 540.

tournant le levier vers la droite, on introduit des résistances; en sens contraire, on les enlève.

CHAPITRE XXIII

APPLICATIONS DES ÉLECTRO-AIMANTS
SONNERIES. — TÉLÉGRAPHES

522. Sonneries (*fig.* 541). — Une sonnerie se compose d'un électro-aimant en fer à cheval E, devant les pôles duquel se trouve, à une petite distance, une armature de fer doux *a*, supportée par une lame d'acier flexible R, terminée par un marteau M, destiné à frapper sur un timbre fixe T; sur le dos de la pièce R, se trouve une lame flexible qui, à l'état de repos, est en contact avec une pointe V, communiquant, par l'intermédiaire d'un fil, avec la borne néga-tive B, qui amène le courant. L'une des extrémités du fil de l'électro est reliée à la borne positive A et l'autre, à l'ex-trémité de la lame flexible R. Si l'on réunit les bornes A et B aux pôles d'une pile, le circuit électrique se trouve fermé et le courant passe dans le sens indiqué par les flèches; le noyau de fer doux s'aimante; l'armature *a* est alors attirée et le marteau vient frapper sur le timbre. Dans ce dépla-cement de la pièce R, le contact cesse entre la lame flexible et la pointe V; le courant interrompu, l'armature revient à sa position première; le courant circulant de nou-veau, les mêmes phénomènes se repro-duisent et les chocs du marteau se répètent tant que dure le passage du courant.

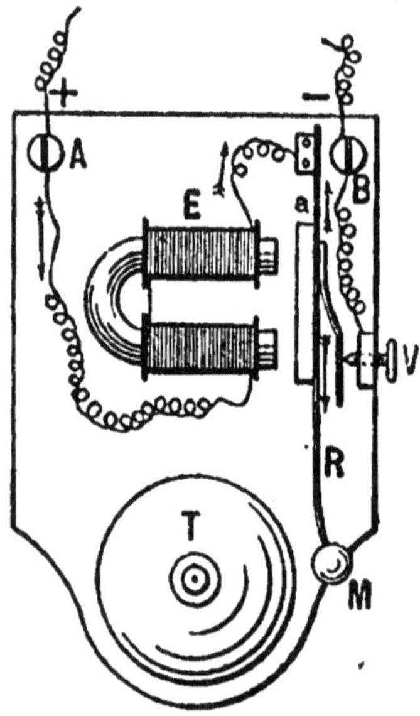

Fig. 541.

Bouton d'appel (*fig.* 542). — Pour faire fonctionner la sonnerie à dis-tance, le circuit électrique dont fait partie la sonnerie est interrompu au point où l'on doit transmettre le signal; en ce point, on dispose un *bouton d'appel*, qui se compose

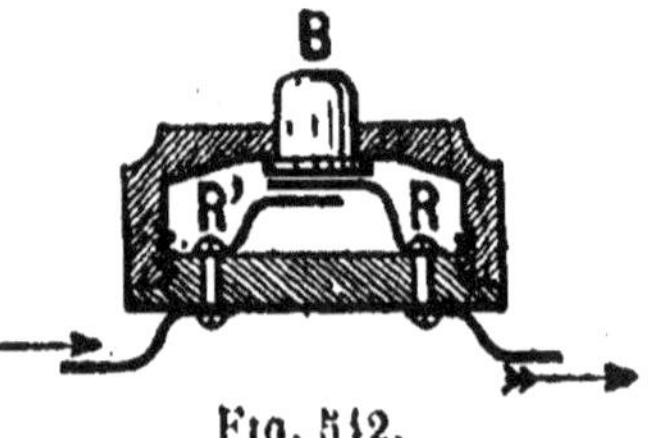

Fig. 542.

d'un petit socle en bois, sur lequel sont fixées deux lames métalliques flexibles R, R', reliées avec les extrémités du fil dans lequel circule le courant. En appuyant sur un bouton B, on met R et R' en contact : le circuit est fermé et la sonnerie fonctionne.

Installation d'une sonnerie (*fig.* 543). — Pour installer une sonnerie, on relie le pôle positif d'une pile P à un fil *ab*, qui court le

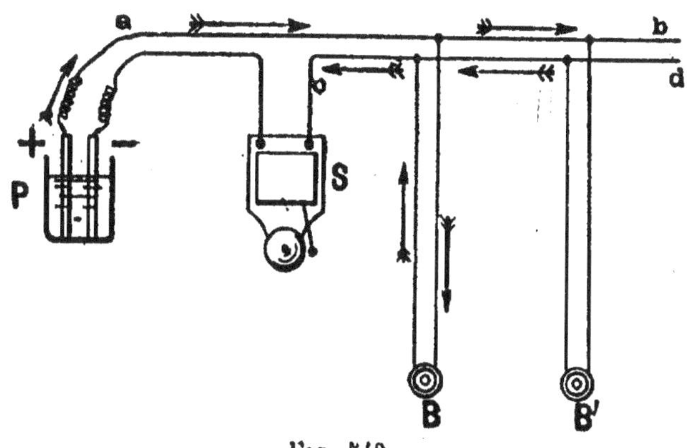

FIG. 543.

long des différentes pièces d'un appartement, et le pôle négatif à un deuxième fil *cd*, dans le circuit duquel se trouve la sonnerie S. Des fils conducteurs partant de *ab* et *cd* aboutissent aux pièces R et R' des boutons d'appel B et B'; si l'on appuie sur le bouton B, par exemple, le circuit est fermé et la sonnerie fonctionne.

TÉLÉGRAPHES

523. Manipulateur-récepteur. — Les appareils télégraphiques servent à transmettre des signaux à distance. Toute transmission télégraphique se compose :

1° d'un générateur d'électricité, généralement une pile ;

2° d'une ligne télégraphique, c'est-à-dire d'un fil conducteur qui relie les deux stations;

3° d'un manipulateur ou transmetteur, destiné à envoyer la dépêche du poste de départ ;

4° d'un récepteur, qui enregistre la dépêche au poste d'arrivée.

Générateurs d'électricité. — Les piles employées dans les télégraphes sont généralement du genre Daniell : pile Callaud ; dans les grands bureaux, ce sont des accumulateurs.

Ligne. — La ligne est constituée par un fil de fer galvanisé (recouvert d'une couche de zinc), de 4 millimètres de diamètre, de 12 ohms de résistance par kilomètre, isolé par des godets en porcelaine sur des poteaux en sapin. Quand les fils doivent traverser une ville, on les prend en cuivre, on les entoure de gutta-percha et on les place le long des voûtes des égouts.

521. Télégraphe Morse (*fig.* 544). — Nous allons décrire quelques modèles d'appareils employés sur les lignes télégraphiques françaises.

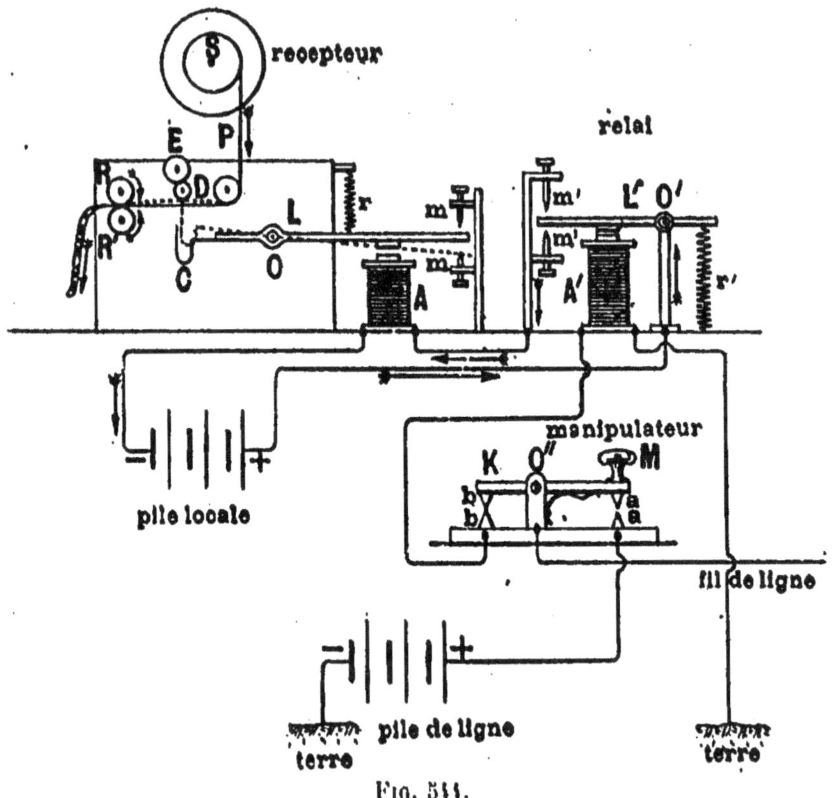

Fig. 544.

Manipulateur. — Le manipulateur de l'appareil Morse se compose tout simplement d'un interrupteur permettant d'ouvrir ou de fermer le courant, pendant un temps plus au moins long.

Il est constitué par un levier métallique KM, mobile autour d'un axe O', en communication permanente avec le fil de ligne ; un ressort le maintient au repos dans la position indiquée sur la figure ; son extrémité k s'appuie sur une pièce b, en communication avec le récepteur ou le relai du même poste.

Quand on appuie sur la manette M, l'extrémité du levier vient en contact avec la pièce a, reliée à la pile du poste ; dans cette position, le courant est lancé dans la ligne et la communication avec le récepteur du poste de départ est interrompue, le contact en *b* étant supprimé.

Récepteur. — Le récepteur se compose d'un électro-aimant A, excité par le courant de la ligne et au-dessus duquel peut osciller, autour du point O, un levier en bronze L. Ce levier porte une petite plaque de fer doux, placée au-dessus du noyau de l'électro; au-dessus de l'extrémité C du levier, se déroule une bande de papier P, entraînée d'un mouvement uniforme entre deux cylindres R et R', animés d'un mouvement de rotation en sens inverses autour de leur axe, par l'intermédiaire d'un mouvement d'horlogerie. Dès que le courant passe, l'électro-aimant attire la plaque de fer doux; la branche droite du levier est abaissée et l'extrémité C, soulevée, applique la bande de papier contre une molette D, formée d'un disque de cuivre, à bord taillé en biseau, constamment imprégnée d'encre grasse par son contact permanent avec un tambour recouvert de drap E.

Le déplacement du levier est limité par deux vis de butée *m*, *m*, qui empêchent le contact de l'armature de fer doux avec les noyaux de l'électro et le développement du magnétisme rémanent, lequel viendrait troubler la marche de l'appareil.

Cette molette imprime sur le papier des *points*, si le courant passe pendant un temps très court dans l'électro, des *traits*, si la durée du passage du courant est plus longue. Lorsque le courant est interrompu, un ressort antagoniste *r* ramène le levier dans sa position première. L'ensemble des points et des traits, convenablement combinés, constitue une lettre.

Le tableau suivant (*fig.* 545) représente l'alphabet Morse. On laisse

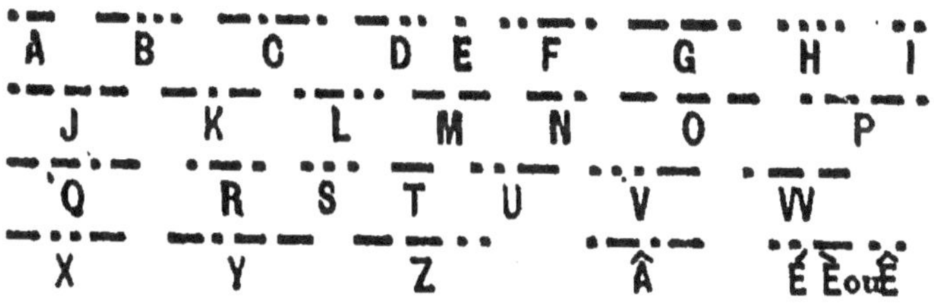

Fig. 545.

entre les lettres constituant un mot un intervalle plus grand que celui qui est ménagé entre les signaux formant une lettre.

525. Relais (*fig.* 544). — Quand la distance de transmission d'une dépêche est très grande, l'intensité du courant au poste d'arrivée est trop réduite pour pouvoir actionner d'une façon nette le récepteur, c'est-à-dire exercer une pression suffisante pour l'impression des signaux; un récepteur Morse exige un courant d'une intensité de 25 milliampères. La production de ce courant, pour une ligne de grande résistance, nécessiterait un grand nombre d'éléments de pile. Pour diminuer le nombre des éléments, on fait passer le courant de la ligne dans un appareil auxiliaire, qui n'est autre chose qu'un manipulateur automatique, appelé *relais*. Il se compose d'un électro-aimant A', mis en communication permanente avec la ligne et avec la terre; lorsque le courant émis sur la ligne arrive au relais, l'électro-aimant A' fait abaisser le levier L', mobile autour de l'axe O' en communication avec le pôle positif d'une *pile locale*, ou *pile de relais*, et vient buter contre la vis *m'*, qui communique avec le pôle négatif de la pile locale, dans le circuit de laquelle est placé l'électro du récepteur du poste. Quand le courant cesse d'agir, un ressort *r'* ramène le levier dans sa première position.

Tous les signes transmis par le poste de départ sont fidèlement traduits par le levier L', qui les transmet à son tour au récepteur du poste d'arrivée.

526. Appareils accessoires. — Chaque poste télégraphique se compose d'une pile de ligne, d'une pile locale ou pile de relais, d'un manipulateur, d'un récepteur; il doit être muni d'appareils accessoires : une *sonnerie d'appel* pour appeler la communication, un *galvanomètre* comme indicateur de courant, un *paratonnerre* ayant pour but de préserver les appareils, ainsi que les employés, des décharges qui peuvent se produire pendant les temps d'orage, sur le fil de ligne.

Paratonnerre (*fig.* 546). — Entre le fil de ligne et le récepteur, on dispose un fil de fer fin *f*, qui fond dès que le courant devient dangereux, de sorte que la communication de la ligne avec les appareils se trouve coupée. Le fil de ligne communique avec une plaque M munie de dents; en regard de M, se trouve une deuxième plaque P, également munie de dents, distantes des premières d'une fraction de millimètre.

Après la fonte du fil *f*, la décharge ne peut plus se produire qu'entre les pointes du parafoudre, dont les unes communiquent avec le fil de ligne, les autres avec la terre.

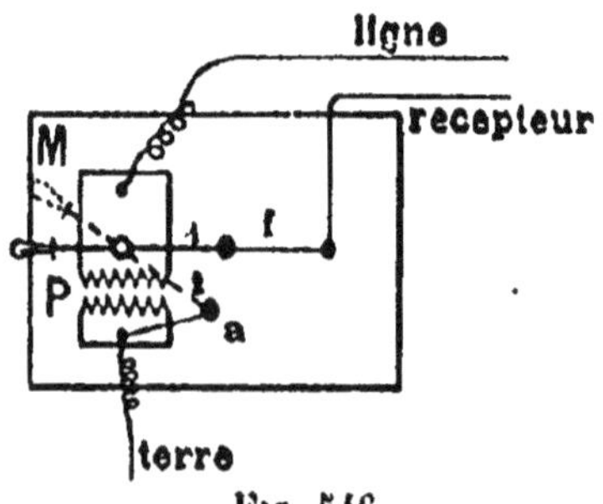

Fig. 546.

Pour plus de sécurité, en temps d'orage, on met directement la ligne en communication avec la terre, en tournant la manette M.

527. Installation d'un poste télégraphique. — Il n'existe entre les deux postes qu'un seul fil de ligne, mais dont les deux extrémités sont en communication avec la terre, l'une d'elles étant en contact avec le pôle positif de la pile de ligne, au potentiel V, et l'autre avec la terre, au potentiel zéro. Le courant s'établit pour une différence de potentiel V; on supprime ainsi la moitié du circuit.

Chacune des deux stations doit pouvoir transmettre et recevoir une dépêche. La figure 544 représente un schéma de l'installation d'un poste télégraphique ; il faut supposer une disposition symétrique à droite de la figure.

Le fil de la ligne arrive au poste et traverse le parafoudre; on peut, au moyen d'un commutateur, faire passer le courant soit dans une sonnerie d'appel, soit dans le relais du récepteur; après avoir traversé le manipulateur du poste, qui est au repos, il actionne le récepteur et retourne à la terre.

Si nous envoyons une dépêche du poste de gauche, nous appuyons sur la manette M du manipulateur : le courant de la pile est envoyé sur la ligne, traverse le manipulateur au repos et actionne le récepteur, puis il va à la terre.

528. Télégraphe imprimant de Hughes (*fig.* 547). — L'organe principal de cet appareil, que l'on rencontre dans les grands bureaux, est

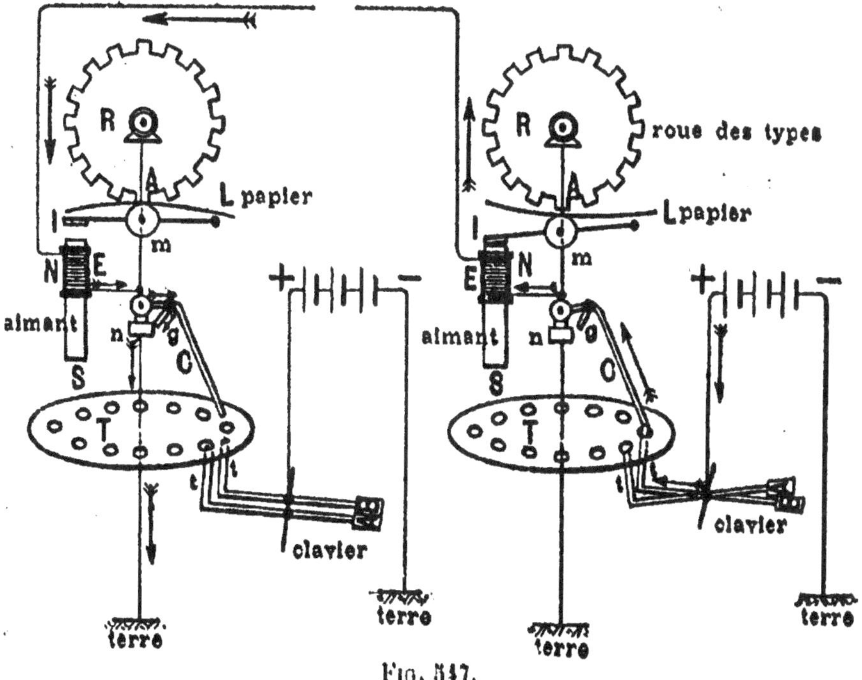

FIG. 547.

une petite roue R, appelée roue des *types*, sur le contour de laquelle sont gravées en relief les 28 lettres de l'alphabet, avec un espace vide entre Z et A. Les lettres sont toujours imprégnées d'encre grasse. La roue R tourne autour de son axe, d'un mouvement uniforme, de manière à faire 1 ou 2 tours par seconde.

Chaque fois qu'une émission de courant passe dans la bobine E, enroulée autour d'un aimant permanent, l'armature I se trouve repoussée et, en se soulevant, applique vivement contre la lettre de la roue qui occupe la position inférieure, une bande de papier L, qui en prend l'empreinte; sans s'arrêter, en retombant, la feuille de papier L avance de l'épaisseur d'une lettre; la lettre suivante s'imprime à la suite de la première. Pour écrire un mot, il suffit donc de faire passer le courant aux instants convenables, en saisissant à leur passage les différentes lettres qui le composent.

Le manipulateur se compose d'une table horizontale fixe T, percée de 26 trous sur une circonférence, lesquels peuvent livrer passage à de petites tiges verticales *t*, appelées *goujons*, qu'on soulève à volonté, légèrement, au-dessus du plan de la table T, en appuyant sur la touche d'un clavier identique à celui d'un piano. Un *chariot* C, articulé autour d'un axe vertical passant par le point O, tourne d'un mouvement uniforme au-dessus des trous de la table T, et chaque fois qu'il rencontre un goujon *t* qui déborde, un courant est lancé dans la ligne et vient actionner la bobine E du récepteur.

Après avoir traversé la bobine E du récepteur, le courant va à la terre par le taquet conducteur *g* et l'axe de l'appareil. Pendant les émissions de courant du manipulateur, le taquet *g* est soulevé et le courant se rend dans le fil de ligne. Il suffit donc, pour la transmission, qu'il y ait *synchronisme* parfait entre le chariot C et la roue des types R, autrement dit, que les deux appareils aient même *vitesse de rotation* et même *phase*. Si ce résultat est obtenu et qu'au manipulateur, on frappe plusieurs fois sur la lettre A, cette lettre s'imprime un nombre égal de fois au récepteur.

Cet appareil présente les avantages suivants : il est plus rapide que l'appareil Morse ; chaque lettre n'exige qu'une seule émission de courant; les caractères sont imprimés sur la bande, qui peut être livrée directement au destinataire.

520. Appareils à transmissions multiples. — Distributeur Baudot. — On compte, pour une transmission entre Paris et Bordeaux, 1/25 de seconde ; on peut donc transmettre 25 signaux par seconde ; mais, comme un appareil télégraphique ne peut en transmettre que 5, au plus, par seconde, la ligne reste inoccupée pendant les 4/5 du temps; il s'ensuit que 5 appareils pourraient fonctionner simultanément sur la même ligne ; de là est venue l'idée de relier au même fil, d'un côté plusieurs transmetteurs, actionnés chacun par un employé et, de l'autre, autant de récepteurs desservis également chacun par un employé. On dispose généralement 4 groupes d'appareils sur un fil, et les employés travaillent simultanément sur 4 manipulateurs différents, mais ils ne sont mis en communication avec la ligne que successivement, et pendant un temps très court.

Le *distributeur Baudot* se compose, à la station de départ et à celle d'arrivée, de secteurs communiquant à tour de rôle avec la ligne, à l'aide de commutateurs tournants, dont les mouvements sont synchrones. Quand le manipulateur 1 du départ travaille, c'est le récepteur 1 qui reçoit le courant.

On peut, avec le distributeur Baudot et 4 appareils Hughes, obtenir une transmission 4 fois plus rapide qu'avec un seul appareil, et 10 fois plus rapide qu'avec l'appareil Morse.

530. Télégraphie sous-marine. — Câble (*fig.* 518). — Dans la télégraphie sous-marine, les deux postes sont reliés par un câble formé d'un toron de fils de cuivre tordus, entourés de plusieurs couches isolantes de gutta, puis d'une couche de filin goudronné, enfin d'un revêtement protecteur, formé de fils d'acier enveloppés de chanvre goudronné et enroulés en hélice.

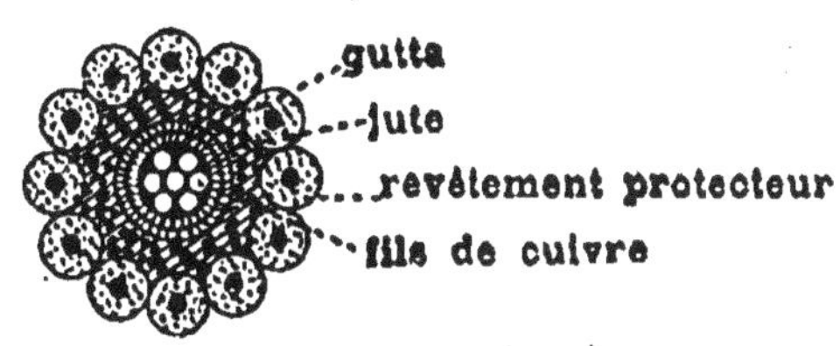

Fig. 518.

Ce câble sous-marin est un véritable condensateur électrique de grande capacité. Il en résulte que le courant est affaibli par la charge électrostatique du câble et que le temps nécessaire pour la transmission de signaux distincts est considérablement augmenté. Ce retard est proportionnel à la capacité et à la résistance du câble. En outre, les courants dus au magnétisme terrestre peuvent troubler les courants télégraphiques employés.

Un courant émis à la station de départ ne parvient à la station réceptrice qu'au bout d'un temps qui peut atteindre 4 secondes pour 500 kilomètres. Il faudrait, pour transmettre un mot, plusieurs secondes, avec les récepteurs à électro-aimant.

Récepteur-siphon-recorder (*fig.* 549). — On utilise comme récepteur un galvanomètre très sensible, à cadre mobile, genre Deprez-d'Arsonval.

Le manipulateur se compose d'une clef qui permet d'envoyer le courant tantôt dans un sens, tantôt dans l'autre, en établissant rapidement la communication du fil de ligne avec le pôle positif ou le pôle négatif d'une pile. Le récepteur se compose d'un multiplicateur, formé d'un fil de cuivre suspendu par un fil de cocon L sur une poulie P, entre les pièces polaires N, S d'un aimant puissant. A l'intérieur du cadre se trouve un cylindre de fer doux C, qui augmente l'intensité du champ. Le courant de la ligne est amené au cadre par deux fils en spirale B B'. Les déviations du cadre mobile, à droite et à gauche de sa position d'équilibre, sont transmises à un petit tube en forme de siphon S, rempli d'encre, qui trace ses déplacements sur une bande de papier mobile, lequel se déroule d'un tambour actionné par un mouvement d'horlogerie. Les sinuosités tracées à droite ou à gauche de l'axe du papier représentent le point ou le trait de

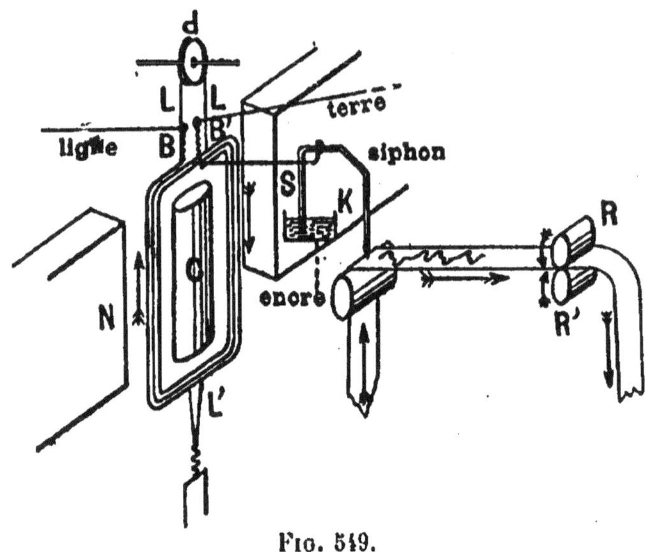

Fig. 549.

l'alphabet Morse (*fig.* 550). La dépêche est transcrite en langage conventionnel, comme pour le récepteur Morse, à raison de 15 mots par minute.

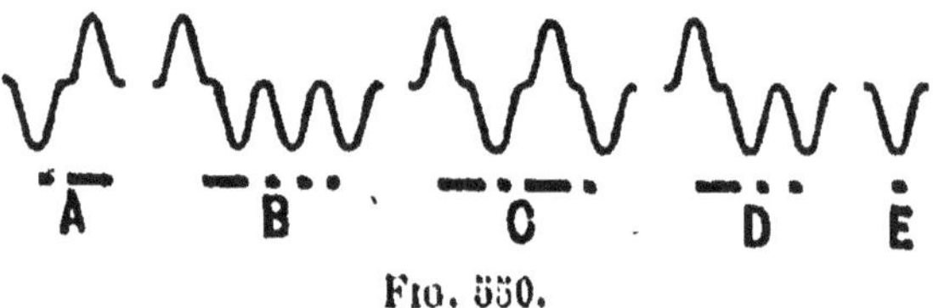

Fig. 550.

Disposition d'un poste (*fig.* 551). — Afin d'empêcher la propagation dans les câbles des courants dus au magnétisme terrestre, qui pourraient troubler les courants transmis, à chaque poste, se trouvent des condensateurs C_1, C_2, dont la première armature est reliée au pôle d'une pile dont l'autre pôle est à la terre, et la deuxième, à une extrémité du câble.

Si, au moyen de la pile, l'armature du condensateur C_1 est chargée positivement, l'autre armature se charge négativement, ainsi que celle qui se trouve à l'autre extrémité du câble; la deuxième armature de C_2, se charge positivement; un courant passe de l'armature C_2 dans le galvanomètre récepteur G', dont l'autre borne est à la terre. Tout courant, si faible soit-il, fait dévier le cadre.

Le manipulateur, qui doit faire circuler le courant dans un sens ou dans l'autre, se compose de deux leviers *c, d* qui, au repos, appuient contre une traverse métallique *a*. Si l'on abaisse le levier *c*, le contact avec *a* est supprimé et le contact avec *b* est établi.

Le pôle positif de la batterie est relié au condensateur C_1; le pôle négatif est à la terre.

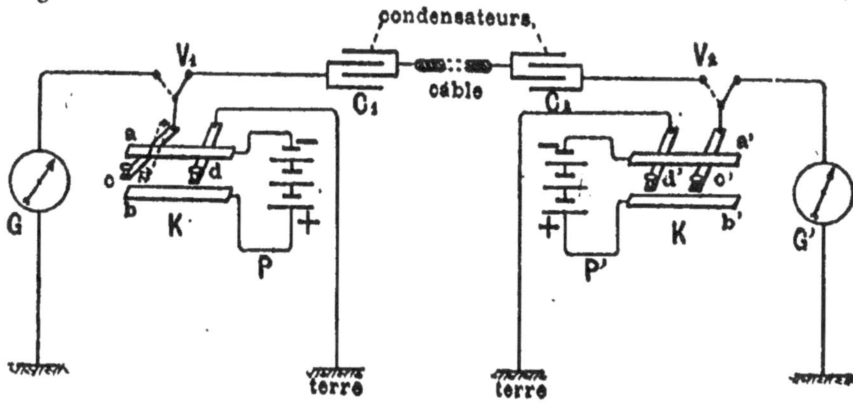

Fig. 551.

Si l'on abaisse le levier *d*, le pôle positif est à la terre et le pôle négatif communique avec le condensateur. V_1, V_2 sont des commutateurs destinés à relier le câble avec le manipulateur ou le récepteur.

CHAPITRE XXIV

TÉLÉPHONES ET MICROPHONES

531. Principe du téléphone. — Le téléphone, inventé par Graham Bell, est un appareil qui permet de transmettre la parole à de

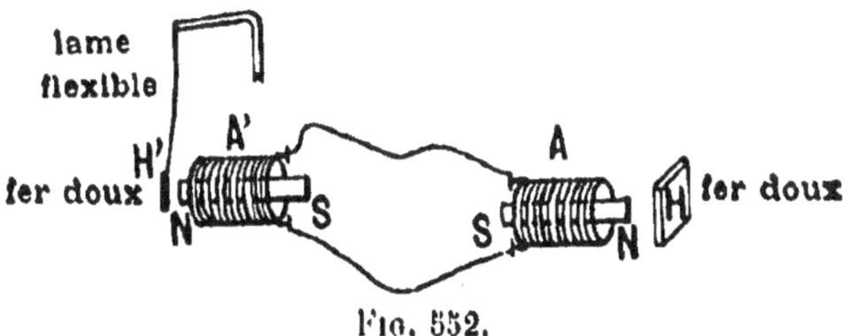

Fig. 552.

grandes distances. Il est basé sur la production des courants d'induction. On peut en montrer le principe au moyen de l'expérience suivante, facile à réaliser.

On prend (*fig.* 552) deux aimants permanents A et A', autour desquels on enroule un solénoïde; on dispose, devant l'aimant A', une petite lame de fer doux H', fixée à un ressort. Si l'on approche de l'aimant N un morceau de fer doux, le magnétisme de l'aimant augmente; le courant induit, qui prend naissance dans la bobine A, est transmis à la bobine A', fait varier le magnétisme de l'aimant A' et, suivant le sens de ce courant induit, la plaque de fer doux H' est attirée ou repoussée et peut reproduire les mouvements de la pièce de fer doux.

532. Téléphone Bell (*fig.* 553). — Le téléphone Bell se compose d'un barreau d'acier aimanté NS, portant, à l'une de ses extrémités, une

Fig. 553.

petite bobine formée d'un assez grand nombre de spires de fil fin, dont les extrémités sont reliées à deux bornes, mises en contact avec les fils de ligne établissant la communication avec un deuxième appareil, identique au premier; en avant de la bobine, à une très faible distance de l'extrémité de l'aimant, se trouve un disque très mince, en fer doux, serré par son bord dans la monture en bois, et qui forme le fond de l'embouchure O. Si l'on parle devant l'embouchure, les vibrations sont transmises au disque, qui prend un mouvement oscillatoire, se rapproche ou s'éloigne de l'aimant, en modifie le magnétisme et modifie en même temps le flux magnétique qui traverse la bobine.

Ce dernier augmente quand la plaque s'approche et alors, un courant induit inverse prend naissance. Autant le son émis produit de vibrations par seconde, autant il y a de courants induits, de sens direct ou inverse.

Ces courants induits, directs ou inverses, se transmettent à la bobine de l'autre téléphone et reproduisent sur son aimant les mêmes variations, augmentant ou diminuant le magnétisme; quand le magnétisme augmente, la partie centrale du disque est attirée; quand le magnétisme diminue, elle revient, par son élasticité, à sa première position.

La membrane métallique du deuxième téléphone ou *récepteur* produit autant de vibrations par seconde que la membrane du premier ou *transmetteur*; la plaque du deuxième vibre à l'unisson de la première et les sons émis sont ainsi reproduits.

Avec deux téléphones magnétiques, on ne peut transmettre la parole qu'à une distance de quelques centaines de mètres, car les courants produits dans le téléphone Bell sont extrêmement faibles : quelques cent millièmes d'ampère.

533. Microphone de Hughes (*fig. 554*). — Pour une transmission à grande distance, on remplace les courants induits par le courant d'une pile : c'est ce qu'on réalise au moyen du *microphone de Hughes*, qui constitue le *transmetteur* et se compose d'un charbon taillé en pointe A, dont les extrémités sont placées dans les petites cavités de deux pièces de charbon C C', fixées à une planchette de sapin verticale H. Ce charbon fait partie d'un circuit contenant la ligne qui relie le transmetteur au récepteur, une pile et un récepteur téléphonique Bell, par exemple.

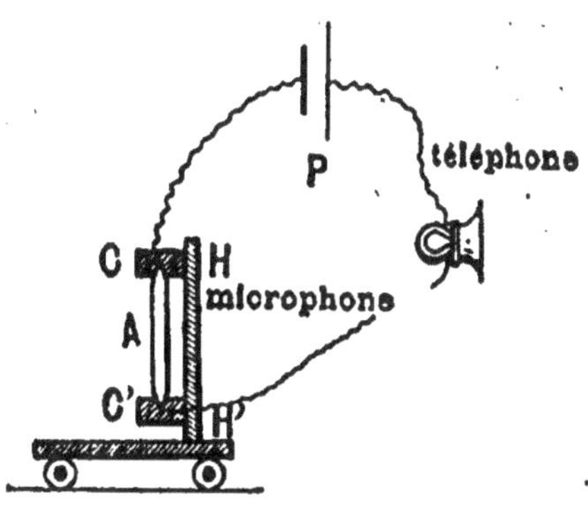

Fig. 554.

Sous l'action du courant *permanent*, la plaque du téléphone ne vibre pas; mais tout déplacement imprimé à la baguette de charbon modifie les contacts avec ses supports et fait varier la résistance du circuit et, par conséquent, l'intensité du courant. Ces variations de courant modifient le magnétisme de l'aimant du téléphone et les sons émis devant la planchette produisent, pendant une seconde, autant de variations de résistance que de vibrations et, par conséquent, autant de vibrations de la membrane du téléphone qui reproduit le son émis devant le microphone. Il est nécessaire de soustraire l'appareil aux vibrations accidentelles de son support, en le faisant reposer sur des morceaux de tube de caoutchouc.

534. Téléphone à circuit secondaire. — Transformateur (*fig. 555*). — Dans le cas de communication à grande distance, on ne dispose pas le transmetteur et le récepteur dans le circuit de la ligne, car la résistance de cette dernière pourrait réduire l'intensité du courant au point de ne pouvoir actionner nettement le récepteur téléphonique.

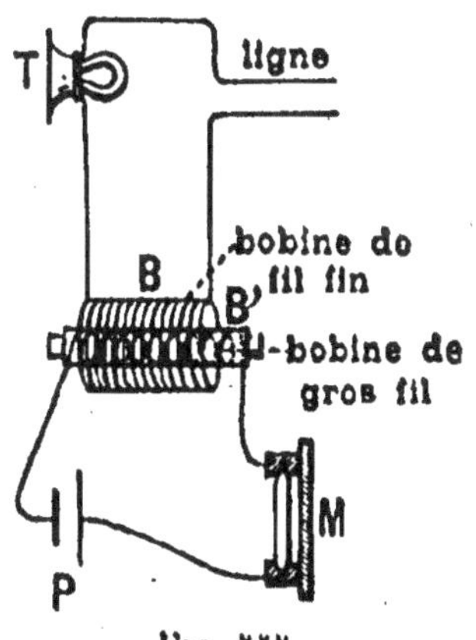

Fig. 555.

On envoie le courant de la pile P, à la sortie du microphone M, dans le circuit d'une bobine à gros fil B', de 1,5 ohm de résistance, munie d'un noyau de fer, laquelle constitue le *circuit primaire*.

Autour de cette première bobine s'en trouve une seconde B, à fil fin et long, de 150 ohms de résistance, qui constitue le *circuit secondaire*, dans lequel se produisent des courants induits, à potentiel plus élevé, qui se rendent au récepteur, lequel est fortement impressionné ; l'ensemble de ces deux bobines B B' constitue le *transformateur*.

Récepteur téléphonique Ader (*fig.* 556). — Ce modèle de téléphone, principalement employé en France, se compose d'un

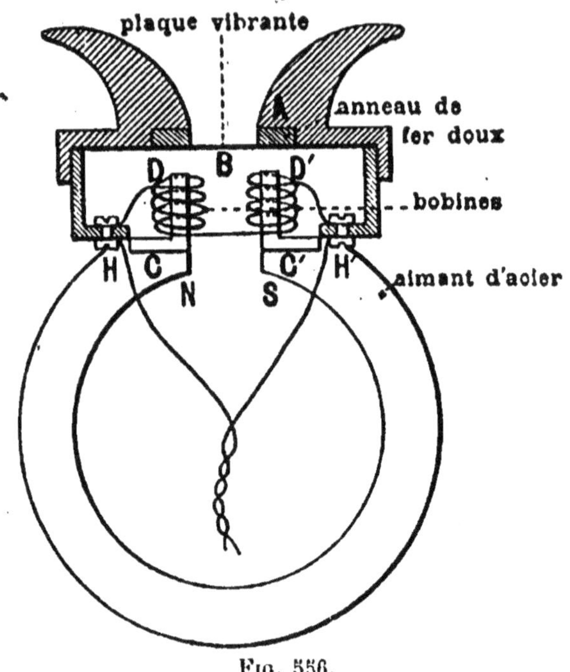

Fig. 556.

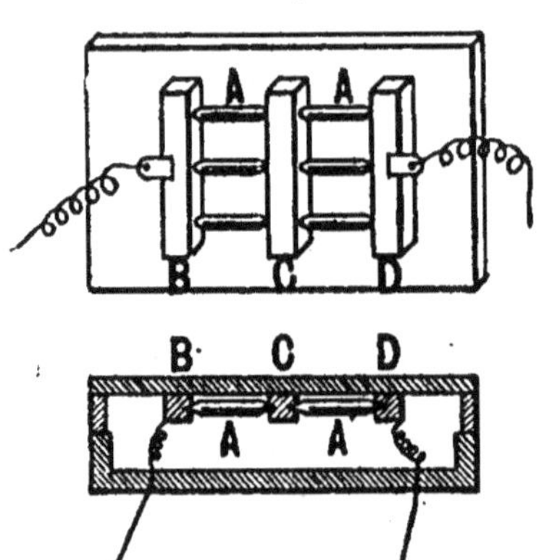

aimant en acier, en forme d'anneau, servant de poignée, aux deux pôles duquel on a fixé deux pièces polaires en fer doux D, D', entourées par des bobines disposées comme dans un électro-aimant ; au-dessus, est la lame vibrante B en fer doux ; le champ magnétique dans lequel elle se trouve est renforcé par un anneau de fer doux A, qui s'aimante par influence.

La sensibilité de l'appareil est beaucoup plus grande que celle du téléphone Bell.

Fig. 557.

Transmetteur microphonique Ader (*fig.* 557). — Le microphone Ader, employé sur les lignes téléphoniques, est une simple modification du microphone Hughes. Il se compose de dix crayons de charbon A, disposés entre trois baguettes de même substance B, C, D ; le tout est fixé à la partie inférieure d'une planchette de sapin, formant le couvercle incliné d'une sorte de pupitre. Les extrémités des charbons peuvent osciller dans des rainures ménagées dans l'épaisseur des trois baguettes. La théorie de cet appareil est identique à celle du microphone de Hughes.

535. Installation d'un poste téléphonique (*fig.* 558). — L'installation d'un poste téléphonique comprend : 1º un transmetteur, micropho-

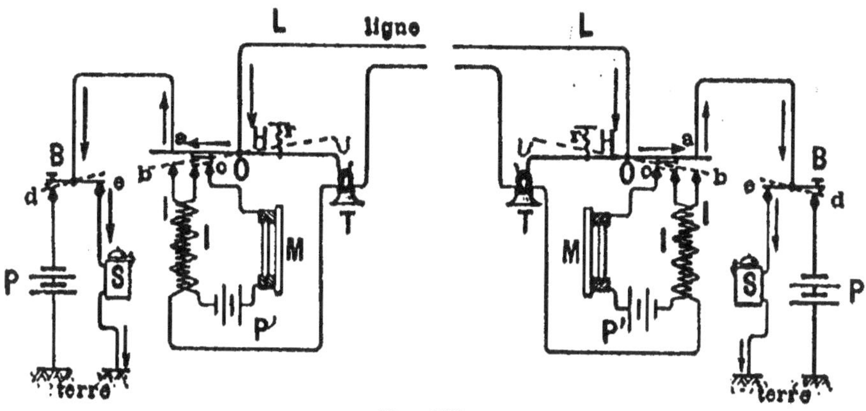

Fig. 558.

nique M ; 2º une pile P' ayant le microphone dans son circuit, un ou deux récepteurs magnétiques T, modèle Ader ; 3º une sonnerie S et une pile d'appel P ; 4º un commutateur automatique H, destiné à maintenir le circuit microphonique ouvert pendant la période de repos et à mettre la sonnerie hors du circuit pendant la conversation.

La figure 558 représente la disposition d'un poste téléphonique. Pour communiquer, on appuie sur le bouton B de la sonnerie et l'on envoie dans la ligne le courant de la pile d'appel P, qui actionne la sonnerie du poste avec lequel on établit la communication. On décroche le récepteur T, le levier H bascule, ferme le circuit primaire du microphone, et établit la communication du circuit secondaire avec la ligne et le récepteur téléphonique du poste d'arrivée.

Lorsque l'on cesse la communication, on remet le récepteur en place et la sonnerie d'appel se trouve remise sur la ligne.

CHAPITRE XXV

APPLICATIONS DE LA LOI DE JOULE

ÉCLAIRAGE ÉLECTRIQUE

536. Production de l'arc électrique (*fig.* 559). — Disposons au contact deux charbons taillés en pointe, et faisons passer un courant avec une différence de potentiel de 50 à 60 volts. Si l'on éloigne les charbons, il se produit une lumière éblouissante. Entre les deux charbons existe une flamme moins éclairante, constituée par de l'air porté à haute température, des parcelles de charbon incandescent et des vapeurs de carbone, lesquelles rendent conducteur l'espace compris entre les pointes de charbon et permettent au courant de passer, pour former *l'arc voltaïque*, ainsi appelé parce que, en disposant les deux charbons horizontalement, la flamme constituée par l'air chaud et les parcelles de charbon incandescent tend à s'élever dans l'air, en forme d'arc.

Fig. 559.

En examinant cet arc à travers un verre coloré, on voit que le charbon positif se creuse en *cratère* et que le charbon négatif s'use en *pointe;* et que des particules de charbon se détachent du premier pour être transportées sur le second.

Les deux charbons s'usent inégalement s'ils sont de même diamètre : le charbon positif s'use deux fois plus vite : l'arc s'allonge, la résistance augmente ; le courant cesse de passer et l'arc s'éteint.

L'intérieur du cratère est toujours également blanc; il fournit les $\frac{90}{100}$ de la lumière de l'arc et donne une intensité lumineuse de 200 bougies par millimètre carré ; on y voit une sorte de bouillonnement dû à la volatilisation du carbone. La température du charbon positif est 3.500°, ainsi que celle de l'arc; à la pointe négative, elle est de 2.700°. Pour l'éclairage, on dispose le cratère du charbon positif en face de l'espace à éclairer. La lumière est due principalement à la vive incandescence des extrémités des charbons, et surtout du charbon positif, plutôt qu'au pouvoir éclairant de l'arc lumineux.

La lumière de l'arc voltaïque donne un spectre assez étendu dans l'ultra-violet et présente les raies du charbon et celles des matières étrangères qui peuvent s'y trouver, comme le fer, le silicium, le manganèse.

Pour que l'arc s'allume, il faut au moins une différence de potentiel de 30 volts. Cette différence de potentiel doit vaincre non seulement la résistance de l'arc, mais une sorte de force contre-électromotrice que fait naître l'arc, et, même en rapprochant les charbons presque au contact, cas où la résistance devient très faible, il faut encore, pour produire l'arc, une différence de potentiel qui varie de 30 à 40 volts. Cette force contre-électromotrice, dont l'origine n'est pas parfaitement connue, agit comme celle qui existe dans un voltamètre. Si l'on mesure, au moyen de l'électromètre, la différence de potentiel entre les deux charbons, on ne la trouve jamais inférieure à 30 volts.

Diamètre des charbons. — Le diamètre des charbons dépend de l'intensité du courant. De 4 à 10 ampères, le diamètre du charbon positif varie entre 6 et 12 millimètres; celui du charbon négatif est moindre. Par exemple, pour un charbon positif de 12 millimètres de diamètre, le charbon négatif aura un diamètre de 8 millimètres. L'usure est, en moyenne, de 2 à 3 centimètres par heure pour le charbon positif et de la moitié pour le charbon négatif.

La tension aux extrémités des charbons varie avec l'intensité :

I AMPÈRES	TENSION aux BORNES, EN VOLTS	LONGUEUR DE L'ARC en millimètres
3	41,0	1,0
6	43,5	1,9
0	44,8	2,8
12	46,0	3,5
15	47,0	3,9
20	48,0	4,7
30	50,0	5,4
40	52,0	6,0

La longueur de l'arc, c'est-à-dire la distance entre les charbons, est d'autant plus grande que l'intensité lumineuse de la lampe est plus grande.

Pour chaque ampère, l'intensité lumineuse est environ de 75 bougies. Pour des foyers puissants, on peut compter 100 bougies par ampère.

L'énergie absorbée par une lampe à arc croît moins vite que l'intensité du foyer lumineux produit; il y a économie à employer des arcs puissants.

Par exemple, un arc de 1.000 bougies nécessite 50 volts et 15 ampères; la puissance consommée est égale à $50 \times 15 = 750$ watts, ce qui fait 0,75 watt par bougie.

La lampe à arc convertit 10 0/0 de l'énergie électrique en lumière.

537. Bougies Jablochkoff (*fig.* 560). — Nous avons vu que les charbons s'usant, l'arc s'allonge et s'éteint. Jablochkoff a eu l'idée, pour maintenir les deux charbons à la même distance, de les disposer parallèlement et, pour avoir une usure égale des deux charbons, d'employer des courants alternatifs; la bougie se compose de deux charbons de cornue C et C', de 4 millimètres de diamètre et de 30 centimètres de longueur, séparés de 3 à 4 millimètres et communiquant, par leurs extrémités inférieures, avec deux bornes disposées sur un pied isolant.

Ces deux charbons sont séparés par un mélange isolant de plâtre et de kaolin (*colombin*); à mesure que les charbons s'usent, l'isolant se volatilise et les extrémités des charbons restent libres. Ces bougies sont abandonnées : elles donnent une lumière sans fixité, et absorbent une trop grande puissance électrique.

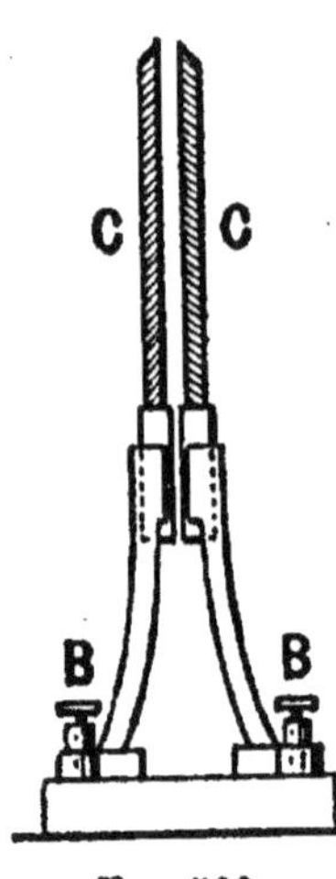

Fig. 560.

538. Régulateurs. — Lampes à arc. — Pour maintenir les deux charbons à une distance constante, on emploie des *régulateurs*, qui ont pour but de faire jaillir l'arc et de l'entretenir entre les deux charbons, en les rapprochant au fur et à mesure de leur usure. Les régulateurs qui produisent automatiquement ce double effet sont utilisés dans les *lampes à arc*.

Lampe Pilsen (*fig.* 561). — Parmi les nombreux modèles de lampes à arc, nous étudierons la lampe Pilsen, munie d'un *régulateur différentiel*. Elle se compose de deux solénoïdes, S, formé d'un gros fil en série avec l'arc, et S', à fil fin, en dérivation aux points a et b; à l'intérieur des solénoïdes, pénètrent des noyaux de fer, coniques et très allongés N et N', suspendus à l'extrémité d'une cordelette qui passe dans la gorge d'une poulie P, et aux extrémités desquels sont fixésl es *porte-charbons* C et C'. Au repos, les deux charbons sont en contact; mais aussitôt que le courant passe, l'action du solénoïde S l'emporte sur celle de S', les charbons s'écartent à une faible distance;

l'arc s'allume; puis, par l'allongement de l'arc, l'intensité du courant principal diminue et celle du courant qui passe dans la dérivation S' augmente; donc, l'action de S diminue et celle de S' augmente; le noyau N descend, l'autre remonte et les deux charbons se rapprochent. On a ainsi une sorte de balance, sensible aux plus légères variations du courant.

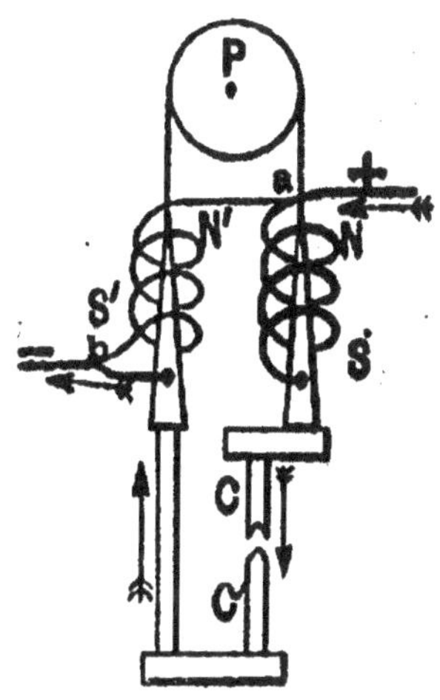

Fig. 561.

Fabrication des charbons. — Les charbons employés dans les lampes à arc sont obtenus en passant à la filière une pâte homogène, formée d'un mélange intime de charbon de cornue, très finement pulvérisé, et de goudron ou de gomme. Ils sont ensuite durcis par une cuisson à température élevée, pendant plusieurs jours.

Intensité lumineuse des lampes à arc. — La lampe à arc la plus intense a donné 5 millions de bougies.

La lampe du phare de Haustholm donne 2 millions de bougies et est visible, par un temps brumeux, à 45 kilomètres. L'intensité des lampes à arc est généralement comprise entre 200 et 3.000 bougies.

539. Lampes à incandescence (*fig.* 562). — La lampe à incandescence consiste en un fil très résistant, que le courant porte à l'incandescence; on ne peut utiliser le fil de platine, qui devient cassant par le passage du courant et fond facilement. On emploie un filament de charbon, d'une grande résistance électrique, que l'on introduit dans une ampoule en verre, dans laquelle on fait le vide pour l'empêcher de brûler. Actuellement, les filaments sont obtenus au moyen d'une pâte épaisse de cellulose, dis-

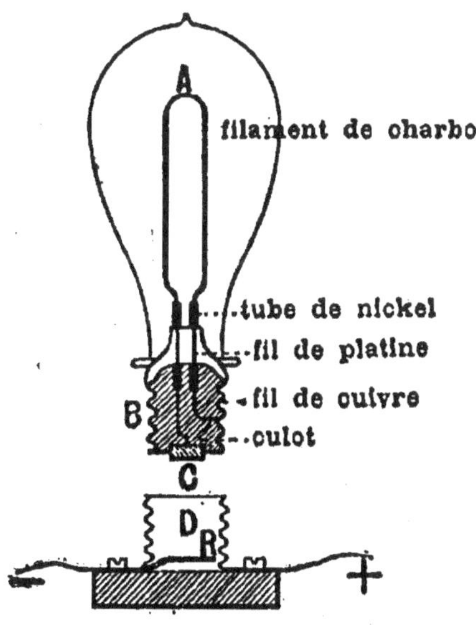

Fig. 562.

soute dans le chlorure de zinc ou l'acide sulfurique, que l'on passe à la filière sous une forte pression. Ces fils, de quelques dixièmes de millimètre, sont séchés et carbonisés à l'abri de l'air sur des gabarits en charbon, qui leur donnent la forme voulue; puis chaque filament subit l'opération du *nourrissage*, qui consiste à le porter à l'incandescence par un courant, dans un récipient contenant un hydrocarbure gazeux, lequel se décompose à son contact. Le carbone se dépose à la surface du filament et principalement sur les parties les plus faibles, qui sont portées à une température plus élevée. Les extrémités des filaments sont soudées à des fils tubulaires de nickel reliés à des fils de platine, soudés à des fils de cuivre qui permettent de soutenir les filaments dans l'ampoule et de lui envoyer le courant. Puis, on fait le vide dans l'ampoule, au moyen d'une trompe à mercure.

La lampe est ensuite étalonnée au photomètre et munie d'un culot, formé d'un manchon fileté en cuivre, relié à l'un des fils de la lampe; l'autre fil est relié à une pièce de cuivre C, à la base de la lampe. Dans l'intérieur du culot, on coule du plâtre.

La lampe est fixée à une deuxième pièce D, appelée douille, constituée par un manchon de cuivre formant écrou, auquel aboutit l'un des conducteurs. Quand on visse le culot dans la douille, les deux manchons viennent en contact et la pièce C appuie sur la pièce R, reliée au deuxième conducteur.

Une lampe est caractérisée par son *voltage* et par son *intensité lumineuse*. Les lampes sont établies pour fonctionner avec un voltage de 50, 65, 110, 220 volts, et pour des intensités lumineuses de 5, 10, 16, 32 bougies, jusqu'à 200 bougies. Les lampes de 16 bougies présentent à chaud une résistance de 200 ohms et sont parcourues par un courant de 0,5 ampère. La puissance absorbée est égale à $0,5 \times 110 = 55$ watts, ce qui représente 3,44 watts par bougie. Une lampe de 16 bougies correspond à l'intensité lumineuse d'un bec de gaz ordinaire; elle consomme de 3 à 4 watts par bougie.

La température du filament est de 1.700 à 1.800°; 3 à 4 0/0 seulement de l'énergie électrique sont transformés en lumière, et le reste en chaleur.

L'intensité lumineuse des lampes diminue avec l'usage; elles sont usées après 600 à 800 heures. L'intensité lumineuse d'une lampe, quand on la pousse, augmente au détriment de sa durée.

540. Montage des lampes (*fig.* 503). — Les lampes à incandescence se montent en dérivation. Si n lampes sont montées en dérivation et exigent 100 volts et 1/2 ampère, et ont une résistance de 200 ohms, il faudra une différence de potentiel de 100 volts et une intensité de courant égale à $n \times 0,5$ ampère. La résistance totale des lampes sera égale à :

$$R = \frac{200}{n} \text{ ohms.}$$

On place sur les conducteurs qui amènent le courant des *coupe-circuit*, formés de lames ou de fils de plomb, que le courant fait fondre quand son intensité dépasse une certaine limite, dangereuse pour les lampes; leur section est de 1 millimètre carré par ampère. On dispose des interrupteurs, qui ont pour but de couper ou de rétablir le courant; ils se composent d'un socle en porcelaine, portant deux

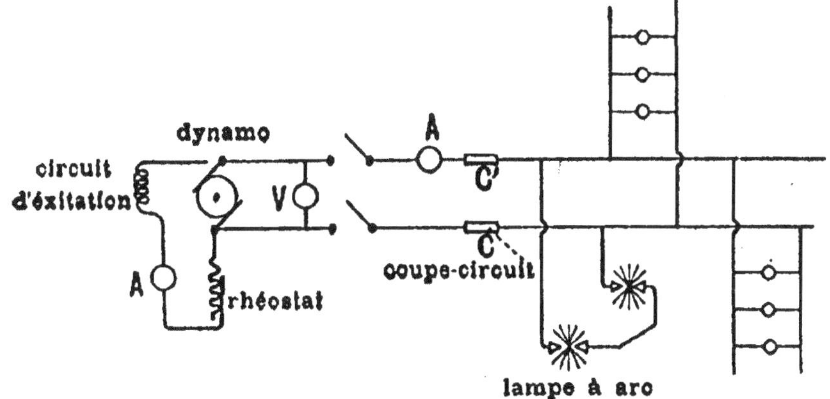

Fig. 563.

plots en cuivre, auxquels aboutissent les conducteurs; sur ces plots, appuie une pièce de cuivre, formée de 2 ailettes montées sur l'axe, et qu'on peut tourner à l'aide d'un bouton isolant. Quand on met la pièce de cuivre sur les plots, la communication est établie; elle est interrompue lorsqu'on tourne le bouton d'une fraction de tour en sens inverse.

Les lampes à arc, sur une distribution à 110 volts, sont montées en série, au nombre de deux sur chaque dérivation, avec rhéostat pour régler le courant; chaque lampe absorbe 45 volts.

Une lampe de 900 bougies de 45 volts exige 10 ampères; la puissance absorbée est égale à $45 \times 10 = 450$ watts, ou 0,5 watt par bougie. Cette consommation est 7 fois moindre que celle des lampes à incandescence.

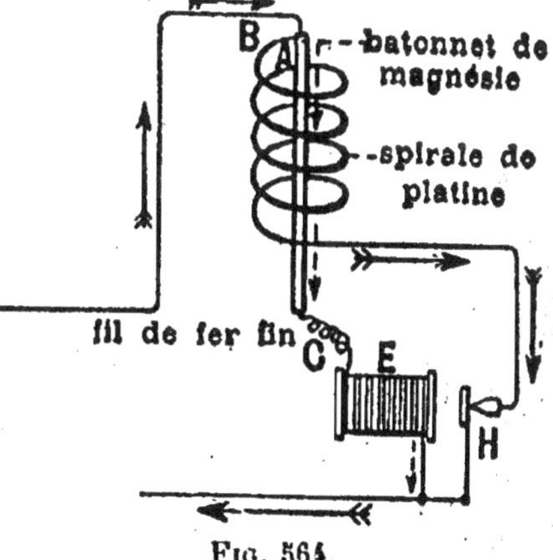

Fig. 564.

541. Lampe Nernst (*fig.* 564). — Dans la lampe Nernst, le filament de charbon est remplacé par un bâtonnet de magnésie AC, d'un diamètre d'un millimètre et d'une longueur de 2 centimètres, placé dans une ampoule qui communique avec l'air et qui a simplement pour but de protéger le bâtonnet. Ce filament n'est pas conducteur à froid, il le devient au rouge ; pour allumer la lampe, il faut au préalable le chauffer, avec une allumette par exemple, mais l'opération est réalisée automatiquement par une spirale de platine très voisine, que le courant traverse dès que la lampe est sur le circuit : la spirale s'échauffe et porte au rouge le bâtonnet ; celui-ci devient à son tour conducteur, laisse passer le courant, qui traverse un électro-aimant E, lequel attire un contact H et supprime le circuit de la spirale de platine. Mais, comme la conductibilité du bâtonnet croît avec la température, toute augmentation de tension dans le réseau produit une augmentation d'intensité, qui peut détériorer la lampe. Pour remédier à cet inconvénient, le bâtonnet est monté en série avec une résistance métallique C, formée d'un fil de fer fin placé dans le vide et appelé *résistance de compensation*. Quand I augmente, le fil de fer s'échauffe et sa résistance diminue ; on conçoit qu'il puisse y avoir compensation.

La consommation de cette lampe est moindre que celle de la lampe à filament de charbon : 2,5 watts, par bougie ; sa lumière est plus blanche, mais il faut une demi-minute pour l'allumage et son prix est plus élevé.

Ces lampes sont généralement de 220 volts et durent 300 heures.

542. Four électrique (*fig*. 565). — Le four électrique permet d'utiliser la très haute température de l'arc voltaïque.

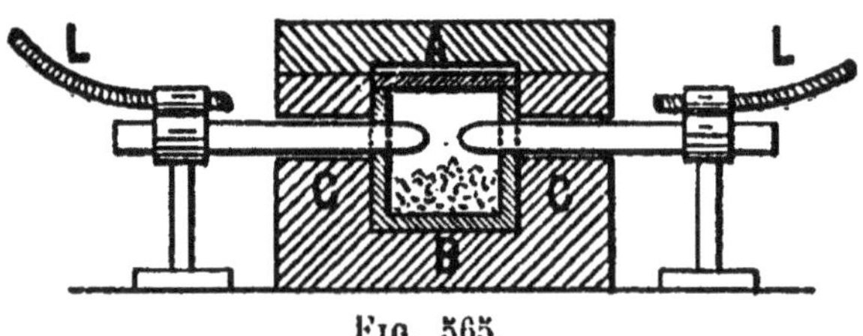

Fig. 565.

Le four Moissan se compose de deux briques de chaux vive A et B, appliquées l'une sur l'autre ; au centre, elles contiennent chacune des excavations en regard.

Des rainures ménagées dans les briques permettent d'introduire les électrodes en charbon C, C, auxquelles le courant est amené par des câbles L, L, maintenus par des supports glissant sur un madrier qui supporte tout l'appareil. La cavité de la brique inférieure peut recevoir un creuset de graphite, où l'on place les matières à chauffer.

On peut obtenir avec ce four une température de 3.600° C.

543. — Chauffage électrique. — Les radiateurs utilisés pour le chauffage domestique se composent de plaques de fonte émaillée, sur lesquelles on dispose un réseau de fils de maillechort recouverts d'émail qui, portés à haute température par le passage du courant, émettent de la chaleur par rayonnement.

Dans un deuxième groupe d'appareils, on utilise des baguettes de silicium, portées au rouge par le passage du courant et placées dans des ampoules où l'on a fait le vide.

544. Ampèremètres thermiques (*fig.* 566). — Les ampèremètres thermiques (*fig.* 566) sont basés sur le principe suivant : si l'on fait passer un courant dans un fil de platine, celui-ci s'échauffe et s'allonge ; la température du fil s'élève jusqu'à ce que la quantité de chaleur qu'il perd par rayonnement, par seconde, soit équivalente à la chaleur développée par le courant pendant le même temps.

Or, cette dernière est fonction de I et elle est indépendante du sens du courant, ce qui permet d'utiliser ces appareils pour des courants alternatifs. L'ampèremètre thermique de Cardew se compose d'un fil de platine, qui passe sur 3 poulies : deux d'entre elles, *p* et *p'*, sont fixes ; *a* est mobile ; les extrémités *t* et *t'* du fil

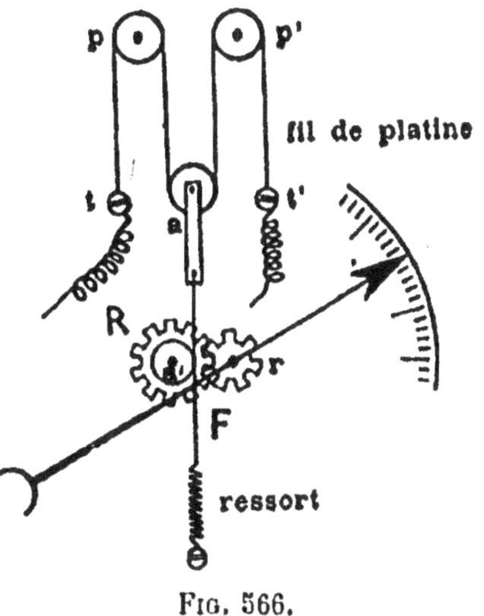

Fig. 566.

sont fixes et reliées aux bornes qui amènent le courant. La poulie mobile *a* est reliée à un fil F, qui s'enroule sur une poulie *a'* et vient s'attacher à l'extrémité d'un ressort. Pendant le passage du courant, le fil s'allonge, la poulie *a* descend et le fil F fait tourner la poulie *a'*, qui transmet le mouvement à une aiguille, au moyen de roues dentées R *r*.

On gradue cet appareil par comparaison, ou au moyen du voltamètre à sulfate de cuivre.

CHAPITRE XXVI

APPLICATIONS DE L'ÉLECTROLYSE

GALVANOPLASTIE. — DORURE. — ARGENTURE

545. Galvanoplastie(*fig.* 567). — Les principales applications du phénomène d'électrolyse sont : la *galvanoplastie*, *l'électrométallurgie* et

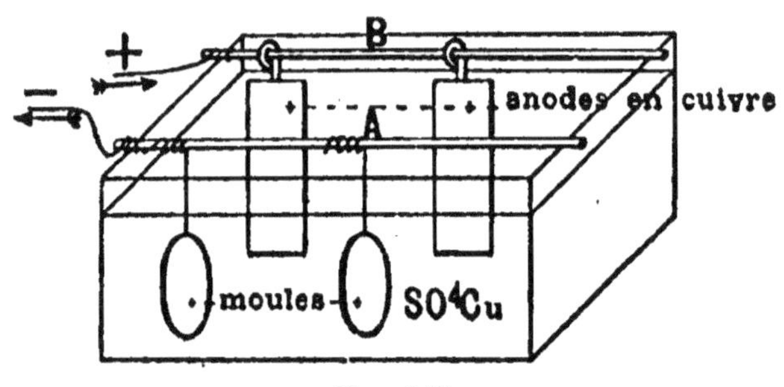

Fig. 567.

l'électrochimie. La galvanoplastie a pour but de produire un dépôt
métallique cohérent de cuivre, nickel, or, argent.

Elle sert principalement à la reproduction en cuivre des médailles,
des statues, des planches gravées. On ne reproduit pas les objets en
argent, parce que ce métal est trop mou.

Pour reproduire la face d'une médaille, on prépare un moule en
gutta-percha, que l'on ramollit dans l'eau chaude et que l'on applique,
à l'aide d'une presse, sur la surface de la médaille, préalablement
recouverte de plombagine en poudre ; au bout de quelques heures
d'exposition à l'air, la gutta devient très dure ; on sépare le moule
de la médaille en le ramollissant. On procède ensuite à la métalli-
sation du moule, laquelle a pour but de rendre sa surface conductrice, en la recouvrant, avec un pinceau fin, d'une couche infiniment
mince de plombagine très pure, jusqu'à ce qu'elle présente un aspect
brillant et uniforme. Le moule est ensuite entouré d'un fil de cuivre,
et on vernit les parties qui ne doivent pas être recouvertes de
cuivre. Puis on procède au dépôt métallique.

L'appareil employé se compose d'une cuve, en grès ou en verre, contenant un bain de sulfate de cuivre formé de 7 à 8 0/0 en poids d'acide sulfurique, et de 8 à 9 0/0 en poids de cristaux pulvérisés de sulfate de cuivre. Le bain, refroidi, doit marquer 25° B. Deux baguettes métalliques A B sont posées sur les bords de la cuve : l'une porte des anodes en cuivre pur et communique avec le pôle positif du générateur électrique ; l'autre, à laquelle sont suspendus les moules, est reliée au pôle négatif. Le métal de l'anode est, ainsi que nous l'avons vu au paragraphe 337, simplement transporté sur les moules ; la force électromotrice, pour produire l'électrolyse, doit être seulement suffisante pour vaincre la résistance de la cuve électrolytique. L'intensité du courant est comprise entre 1 et 1,5 ampère par décimètre carré de

surface du moule. On appelle densité du courant le rapport $\dfrac{I}{S}$ de

l'intensité du courant à la surface de la cathode. Si le courant est trop intense, le cuivre précipité est cristallin et forme des rognons métalliques sur les saillies du moule. Si le courant est trop faible, le dépôt est pulvérulent. Dans un bain très concentré, le dépôt se produit lentement et présente une apparence cristalline ; dans un bain peu concentré, le dépôt se forme rapidement, mais le grain est poreux ; on compte dans la pratique un dépôt de 1 gramme de cuivre par ampère-heure. Le nombre théorique est de 1^{gr},174.

Dans une opération bien conduite, on obtient une épaisseur de cuivre de 1/3 de millimètre en vingt-quatre heures.

L'opération dure un jour ou deux.

Dans la galvanoplastie industrielle, on utilise de préférence une dynamo à courant continu à basse tension, donnant 7 volts et 310 ampères, dont l'induit est formé de lames de cuivre enroulées sur une armature en anneau.

Appareil simple (*fig*. 568). — L'appareil simple est, en réalité, une pile de Daniell. Il se compose d'une cuve en grès ou en verre, contenant le bain de sulfate de cuivre, et d'une série de vases poreux, remplis d'eau acidulée, dans lesquels plongent des lames

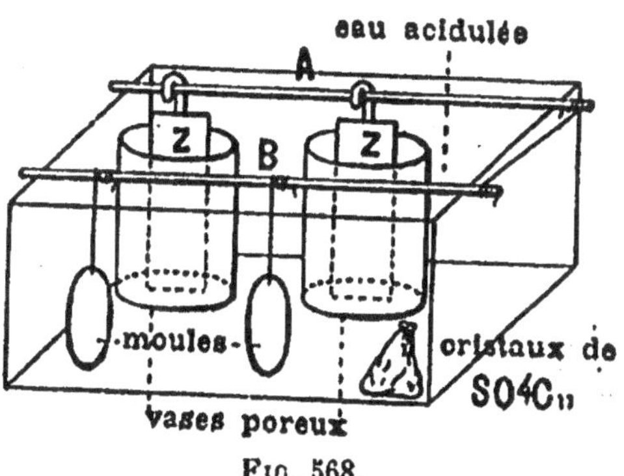

Fig. 568.

de zinc. Deux baguettes métalliques AB reposant sur les bords de la cuve sont reliées, la première aux lames de zinc, l'autre aux moules qui forment l'électrode négative, et sont aussi reliées entre elles par un fil conducteur. Le courant traverse le sulfate de cuivre, qui est électrolysé ; le cuivre se dépose sur les moules. Comme, ici, la dissolution n'est pas régénérée, on la maintient au degré de concentration voulu en mettant des cristaux de sulfate de cuivre dans de petits sacs. Pendant la marche de l'opération, la dissolution s'enrichit en acide sulfurique ; pour cette raison, on ne met dans le bain que 1 à 2 0/0 d'acide sulfurique.

Cuivrage. -- On recouvre d'une couche de cuivre les fils télégraphiques, téléphoniques, la fonte et le zinc d'ornementation. Lorsque l'on plonge une lame de fer dans un bain de sulfate de cuivre, le fer décompose le sulfate de cuivre et se recouvre d'une couche de cuivre sans adhérence. Pour obtenir un dépôt cohérent, la fonte doit être revêtue préalablement d'une couche de vernis, que l'on recouvre ensuite d'une couche de plombagine, sur laquelle se fait le dépôt de cuivre électrolytique.

Dorure et argenture. — Le dépôt d'or ou d'argent ne se fait que sur le cuivre ou sur les métaux cuivrés. Les pièces que l'on veut dorer ou argenter subissent une première opération, qui consiste à les chauffer à feu doux sur du poussier de charbon ou dans un four, pour détruire les matières grasses.

Si les pièces ne peuvent supporter le feu, on les plonge dans une dissolution à 10 0/0 de potasse ou de soude caustique, puis on les lave à grande eau.

On procède ensuite au *dérochage et au décapage*. On plonge les pièces dans un bain d'eau acidulée par l'acide sulfurique au 1/10, qui enlève les oxydes ; on lave, on *décape* en trempant les pièces, pendant quelques secondes, dans un bain acide ainsi formé :

Acide azotique à 36° B.............	100 grammes
Chlorure de sodium	2 —
Noir de fumée..................	2 —

On lave et on porte dans la cuve électrolytique, contenant un bain composé de :

Cyanure d'argent.................	250 grammes
— de potassium	500 —
Eau distillée	10 litres

Dans la cuve est une anode soluble, en argent, de surface approximativement égale à celle des objets, que l'on suspend par des fils de plomb à une distance de 10 centimètres. Le courant est fourni par 1 ou 2 éléments de pile et l'on compte 1/3 d'ampère par décimètre carré de surface à argenter. On obtient un dépôt de 1^{gr},35 d'argent par heure, sur un décimètre carré.

On lave les pièces dans une dissolution de cyanure d'argent, puis à l'eau bouillante et on les sèche dans la sciure de bois ; elles présentent un aspect mat. On les frotte avec *un gratte-bosse*, qui est un pinceau en fil de laiton ; on les passe au tripoli ; enfin on les brunit avec des outils spéciaux, en acier.

La dorure se fait à froid ou à chaud. Pour les petites pièces, l'opération se fait à chaud, à 70°, dans un bain composé d'une dissolution à 70° C. de chlorure d'or dans le cyanure de potassium, auquel on ajoute du phosphate de sodium, et avec anode insoluble en platine.

Pour les grandes pièces, l'opération se fait à froid. Le bain d'or est composé d'une dissolution de cyanure d'or dans le cyanure de potassium.

On emploie un courant de 1/10 d'ampère par décimètre carré de surface à dorer. A la sortie du bain d'or, les pièces sont soumises à l'opération du brunissage.

Nickelage. — Le nickelage a pour but de recouvrir le fer, l'acier, le zinc, d'une couche de nickel, pour empêcher leur oxydation. On commence par polir les objets au colcotar et on les trempe rapidement dans un bain contenant de l'acide azotique, de l'acide sulfurique et du sel marin.

On les porte ensuite dans la cuve électrolytique, contenant un bain composé de 1 kilogramme de sulfate double de nickel et d'ammonium et de 10 litres d'eau distillée, auxquels on ajoute du carbonate d'ammonium.

On dispose l'objet entre deux anodes en nickel. Au début, on mène l'opération rapidement, avec une densité de courant égale à 1,5 ampère par décimètre carré. L'objet se recouvre pendant un temps très court; on ramène ensuite l'intensité à 0,25 ampère. On lave, on polit au colcotar et l'on sèche à l'étuve.

546. Électrométallurgie. — L'électrométallurgie est la métallurgie réalisée par l'intermédiaire des courants électriques.

Affinage de cuivre. — La présence des impuretés dans le cuivre diminue sa conductibilité électrique; on se sert de l'électrolyse pour affiner le cuivre impur, obtenu par les procédés métallurgiques ordinaires. Ce cuivre est coulé en plaques et placé en anodes dans un bain de sulfate de cuivre, où l'on met en cathodes des lames minces de cuivre pur ; le courant transporte le métal pur sur la cathode et les impuretés tombent au fond de la cuve, sous forme de boues. Ce cuivre est principalement utilisé pour fabriquer les induits de dynamos.

Fabrication des tubes de cuivre. — On dispose en cathode un mandrin en acier, recouvert à sa surface d'une légère couche de plombagine, et on dispose, concentriquement au mandrin, des anodes constituées par des barres de cuivre pur. Le mandrin est animé d'un mouvement de rotation autour de son axe, et des brunissoirs en agate frottent sur le dépôt, pour le rendre adhérent.

Au bout d'un certain temps, on obtient un dépôt de cuivre cohérent, formant un tube facile à dégager; ce tube est sans soudure, d'une résistance et d'une homogénéité parfaites.

Extraction de l'aluminium (*fig.* 569). — On obtient l'aluminium par le procédé Héroult, en faisant passer un courant de 6 ampères et de 25 à 40 volts à travers un mélange d'aluminium et de cryolithe ($Al^2Fl^6.6NaF$) ; l'alumine, fondue grâce à la chaleur produite par sa résistance au passage du courant, est électrolysée ; l'aluminium fondu se forme à la cathode, au fond d'un creuset de charbon C contenu dans une enveloppe en fonte, sur laquelle est fixé un gros câble en cuivre qui amène le courant. L'anode est constituée par un cylindre de charbon A. L'aluminium qui se rassemble au fond du creuset s'écoule par un trou de coulée, fermé par un tampon. L'oxygène qui se forme à l'anode en charbon donne de l'oxyde de carbone, qui brûle ; l'anode en charbon s'use et il faut l'abaisser, afin que son niveau inférieur reste le même ; elle doit être à 3 millimètres de l'aluminium fondu ; 1 kilogramme de charbon donne 1 kilogramme d'aluminium ; si l'on ajoute du cuivre, on obtient le bronze d'aluminium.

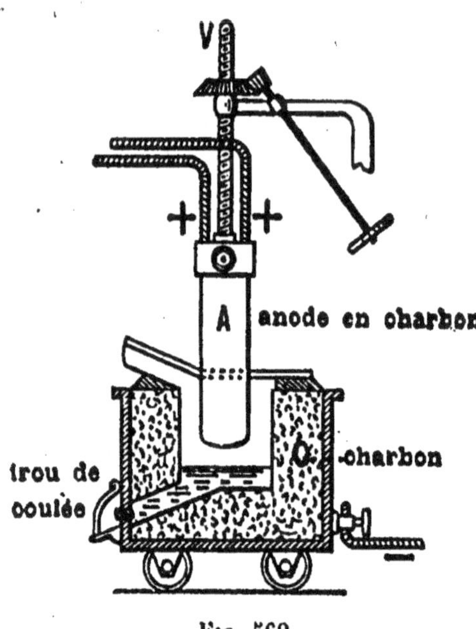

Fic. 569.

Carbure de calcium. — Le carbure de calcium C^2Ca se prépare dans un four électrique analogue au four Héroult, avec un mélange de 55 de chaux vive et de 45 de charbon à l'état de coke, le tout broyé finement et intimement mélangé. La chaleur de l'arc voltaïque produit la réaction suivante :

$$CaO + 3C = C^2Ca + CO.$$

Le carbure de calcium est employé à la préparation de l'acétylène.

Carborundum. — Le carborundum est obtenu au four électrique, en traitant un mélange de charbon de cornue, de sable de verrier et de sel marin ; on obtient de petits cristaux rhomboédriques vert clair, connus sous le nom d'*émeri artificiel*, et qui servent à la fabrication des meules pour le polissage des métaux.

847. Électrochimie. — On peut, par l'électrolyse, préparer un certain nombre de produits chimiques. Comme exemple de ces procédés, nous étudierons la fabrication du chlore, des alcalis, des chlorures décolorants, du chlorate de potasse, et la préparation industrielle de l'hydrogène et de l'oxygène.

Soude et chlore électrolytiques. — Si l'on électrolyse une solution de sel marin NaCl dans l'eau, on obtient, au pôle négatif, du sodium qui, en présence de l'eau, donne de l'hydrogène et une solution de soude et, au pôle positif, du chlore à l'état de gaz. Pour éviter le contact du chlore et de l'alcali, qui donnerait des hypochlorites ou des chlorates, on sépare la cuve électrolytique en deux compartiments par une cloison poreuse en papier parchemin doublé d'amiante, pour empêcher la diffusion.

Les anodes sont constituées par des charbons métallisés, cuivrés et étamés, ou des charbons graphitiques, recouverts de ferro-silicium.

Le chlore ainsi obtenu est utilisé à la préparation des chlorures décolorants; la lessive de soude est concentrée et solidifiée.

Fabrication des hypochlorites. — Si l'on emploie une cuve électrolytique sans diaphragme et que, par l'agitation du liquide, on produise le mélange du chlore et de la lessive de soude, on obtient des hypochlorites, 3 à 6 grammes par litre, qui peuvent être utilisés directement pour le blanchiment de la pâte à papier, des tissus de coton ou pour la désinfection.

Chlorate de potassium. — Si l'on remplace le chlorure de sodium par une dissolution concentrée de chlorure de potassium à une température de 60°C., on obtient du chlorate de potassium par les réactions suivantes :

$$Cl^2 + 2KOH = ClOK + KCl + H^2O,$$
$$3ClOK = ClO^3K + 2KCl.$$

Le chlorate, peu soluble, se dépose au fond de la cuve, d'où on le retire.

Préparation de l'hydrogène et de l'oxygène. — Pour préparer l'oxygène et l'hydrogène, on électrolyse une solution de soude caustique, contenue dans une cuve séparée en deux compartiments par une cloison poreuse, avec des électrodes en fer qui plongent dans chaque compartiment; l'hydrogène se dégage sur la cathode et l'oxygène, sur l'anode.

CHAPITRE XXVII

MAGNÉTISME TERRESTRE

MESURE DE LA DÉCLINAISON ET DE L'INCLINAISON

548. Mesure de la déclinaison. — La direction du champ terrestre est déterminée en un point par les angles de *déclinaison* et d'*inclinaison*, définis au paragraphe 399.

On peut avoir une valeur approchée de la déclinaison (*fig.* 570) au moyen d'un appareil très simple, qui se compose d'un cercle horizontal

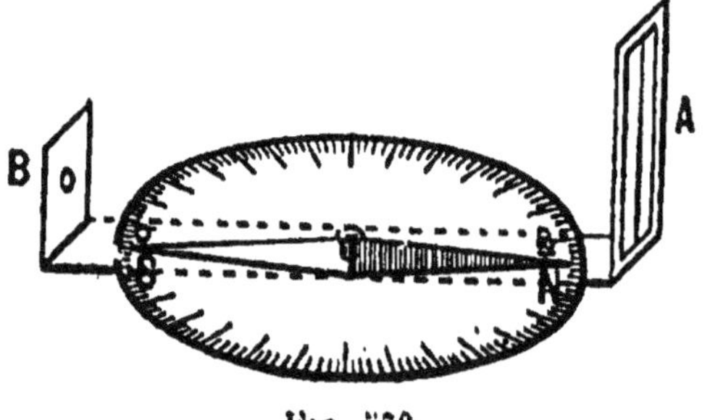

Fig. 570.

gradué, portant une alidade A B, dont l'axe est dirigé suivant le diamètre 0°-180° du cercle, au centre duquel se trouve une aiguille aimantée, montée sur un pivot vertical. On tourne le cercle gradué de façon qu'à midi, l'ombre portée du fil de l'alidade se projette suivant le diamètre 0°-180°, qui donne la direction de la *méridienne géographique ;* la division du cercle gradué devant laquelle se trouve le pôle nord de l'aiguille donne la valeur de l'angle de déclinaison.

Boussole de déclinaison (*fig.* 571). — Pour des mesures précises, on se sert de la boussole de déclinaison, qui se compose d'une boîte cylindrique M, en cuivre rouge, divisée en 360° ; à son centre, se trouve un pivot vertical, qui supporte une aiguille aimantée ; deux montants verticaux LL', en cuivre rouge, supportent l'axe de rotation d'une lunette astronomique K, lequel peut être rendu horizontal au moyen d'un niveau à bulle d'air *n*. Le plan vertical de la lunette passe par la ligne 0°-180° de la graduation du cercle M ; l'ensemble de la boîte M et des supports LL' peut tourner autour d'un axe vertical passant par le centre du cercle M, à l'aide d'une alidade V, qui indique l'angle de rotation sur un cercle fixe R, concentrique au premier et portant une graduation.

On vise avec la lunette les deux positions occupées par une même étoile à ses deux hauteurs égales au-dessus de l'horizon, avant et après son passage au méridien astronomique du lieu ; la bissectrice de l'angle fait par les deux positions de la lunette, pour ces deux visées, donne la direction de la méridienne astronomique.

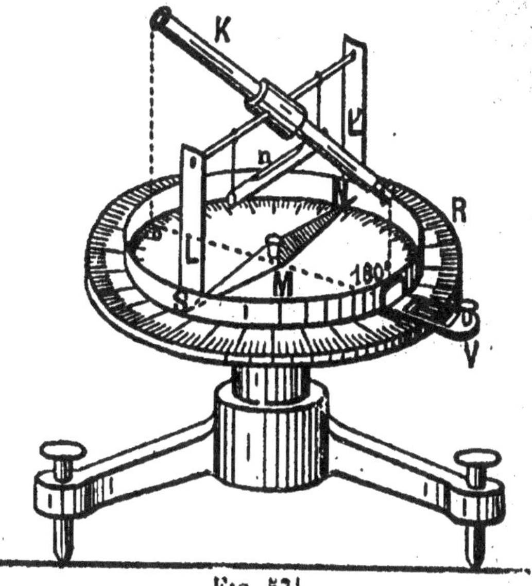

Fig. 571.

On dispose le plan de la lunette suivant cette bissectrice ; la ligne 0°-180° du cercle M se confond alors avec la méridienne astronomique ; en lisant l'angle indiqué par le pôle nord de l'aiguille aimantée, on obtient l'angle de déclinaison magnétique.

Corrections (*fig.* 572). — Une seule lecture ne donnerait pas l'angle exact, car la ligne qui passe par les pointes de l'aiguille aimantée ne coïncide pas, généralement, avec la ligne des pôles. Si la ligne des pôles est dirigée suivant *ab*, l'angle de déclinaison exact sera :

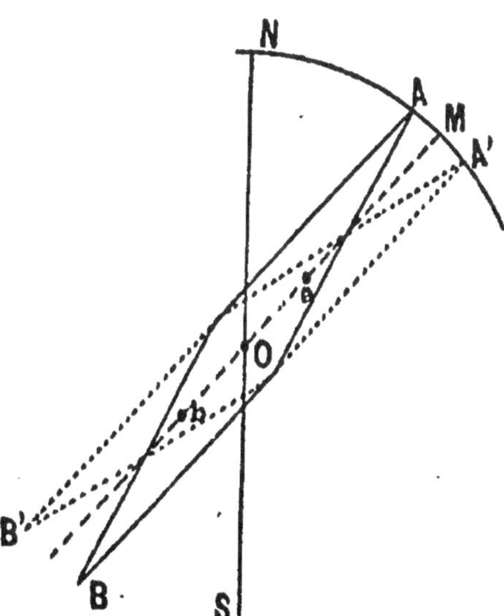

Fig. 572.

$$D = NM = NA + MA.$$

Dès lors, en retournant l'aiguille face pour face, la ligne AB deviendra A'B', à droite de la ligne *ab*, et l'angle D sera égal à

$$D = NA' - A'M.$$

En additionnant ces deux valeurs de D, nous avons $2D = NA + NA'$; comme $A'M = AM$:

$$D = \frac{NA + NA'}{2}.$$

519. Mesure de l'inclinaison. — Boussole d'inclinaison (*fig.* 573). — La boussole d'inclinaison se compose d'une aiguille mobile autour d'un axe horizontal passant par son centre de gravité, et qui tourne devant un cercle vertical gradué A, que l'on peut orienter autour d'un axe vertical passant par son centre, au moyen d'une alidade V qui se déplace sur un cercle horizontal gradué B, sur lequel on peut repérer

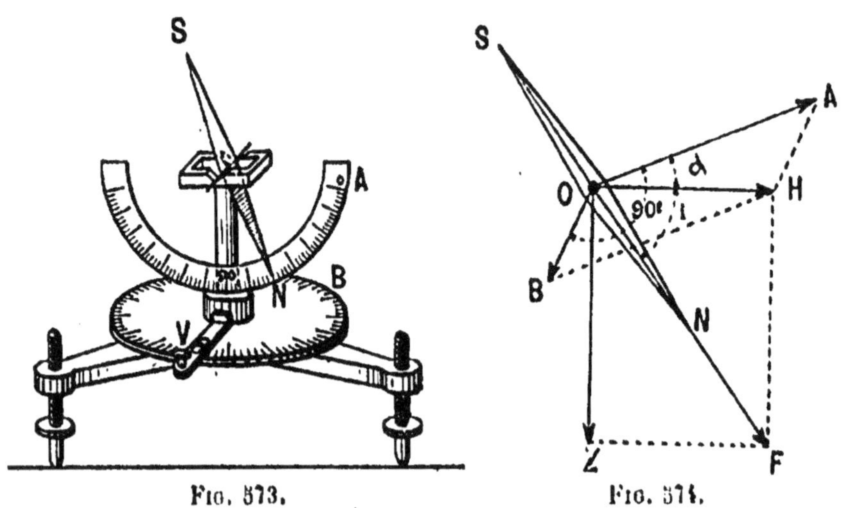

Fig. 573.   Fig. 574.

le déplacement du cercle vertical. On oriente le plan du cercle vertical dans le plan du méridien magnétique. Pour cela, on fait tourner le cadre autour de son axe jusqu'à ce que l'aiguille soit dirigée suivant la verticale; le cercle mobile A se trouve alors dans un plan perpendiculaire au méridien magnétique; il suffira ensuite de le faire tourner de 90° pour l'orienter dans le plan du méridien magnétique. La position que prend l'extrémité nord de l'aiguille sur le cercle divisé A fait connaître l'angle d'inclinaison du lieu.

En effet, soient Z et H les composantes verticale et horizontale du champ terrestre, OA et OB deux directions rectangulaires dans un plan horizontal; décomposons la force H suivant ces deux directions; soient α l'angle de OA avec la direction de la composante horizontale H et i, l'angle d'inclinaison :

$$OA = H \cos\alpha = F \cos i \cos\alpha,$$
$$OB = H \sin\alpha = F \cos i \sin\alpha.$$

Si nous faisons $\alpha = \dfrac{\pi}{2}$,

$$OA = F\cos i \cos \dfrac{\pi}{2} = 0.$$

Donc, si nous orientons le cercle vertical perpendiculairement au plan du méridien magnétique, la composante horizontale OA est nulle et l'aiguille, qui n'est plus soumise qu'à l'action de la composante verticale Z, se place verticalement.

550. Variations de la déclinaison et de l'inclinaison. — La déclinaison, en un même lieu, est soumise à des variations, les unes régulières, les autres accidentelles. Les variations régulières se divisent en variations diurnes et en variations séculaires.

Au 1ᵉʳ janvier 1904, à Paris, la déclinaison était occidentale et égale à D = 14° 36'; l'inclinaison, I = 64° 44'; la composante horizontale, H = 0,1084 gauss.

Variations diurnes. — Dans nos régions, l'extrémité nord de l'aiguille se déplace de quelques minutes vers l'ouest pendant la matinée, jusqu'à l'heure où la température atteint son maximum; puis elle revient sur elle-même, pour reprendre le même maximum le jour suivant; cette variation est plus grande pendant l'été que pendant l'hiver.

Variations séculaires. — En 1580, la déclinaison était, à Paris, de 11° 30' est; elle diminua et, en 1666, devint nulle, puis occidentale; en 1814, elle atteignit un maximum de 22° 35' ouest et depuis, elle diminue de 4' environ par an.

L'inclinaison, qui est actuellement de 64° 44' subit des variations, comme la déclinaison, avec le lieu et le temps; depuis 1671, où elle était égale à 75°, elle diminue constamment de 3' par an.

551. — Cartes magnétiques. — Lignes isoclines (*fig.* 575). — **Lignes isogones** (*fig.* 576). — Si l'on relie sur un globe les lieux de même inclinaison, on a des lignes appelées lignes *isoclines* qui, comme les parallèles, circulent autour de la terre, mais sans se confondre avec eux. On trouve une ligne d'*inclinaison nulle*, dont le trajet ne s'écarte pas notablement de l'équateur terrestre et le long de laquelle l'aiguille d'inclinaison est horizontale, et que l'on appelle l'*équateur magnétique*. Pour toutes les régions au nord de l'équateur magnétique, le pôle nord pointe sous l'horizon; l'inclinaison croît à mesure que l'on se rapproche du *pôle nord magnétique*, où elle est de 90°; au sud de l'équateur magnétique, c'est le pôle sud qui pointe en-dessous de l'horizon; au *pôle sud magnétique*, l'aiguille est verticale.

Les lignes qui relient les lieux de même déclinaison sont appelées lignes *isogones*.

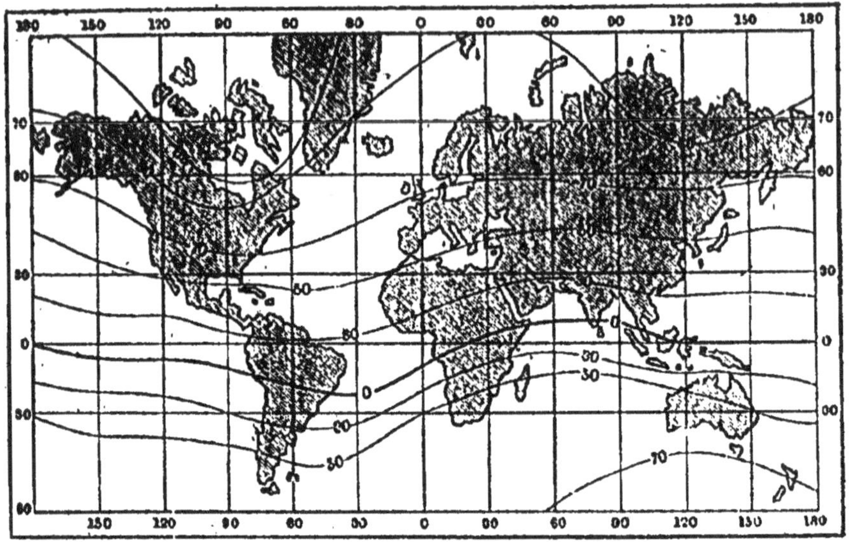

Fig. 575.

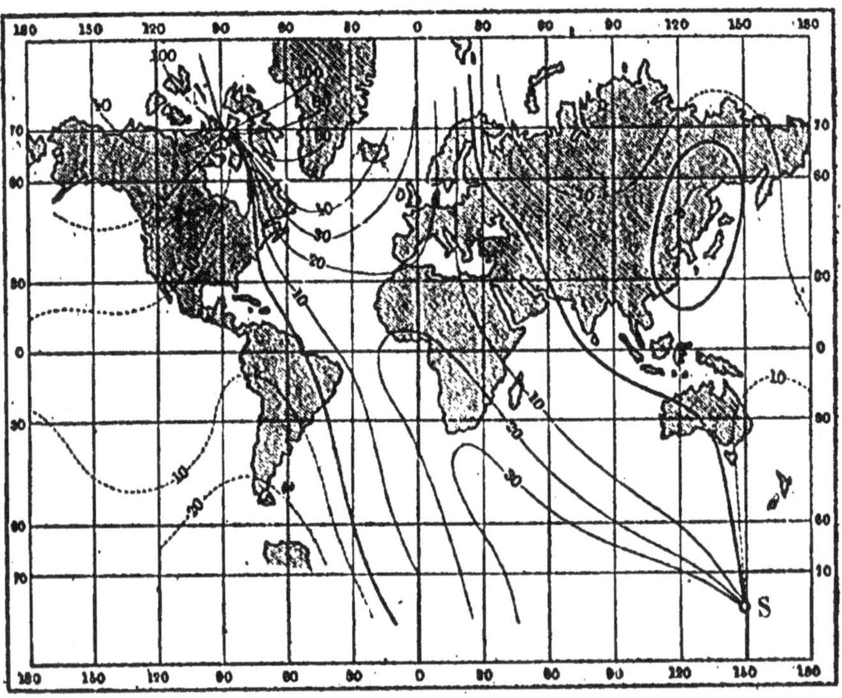

Fig. 576.

Elles se coupent, sauf certaines lignes fermées en ovale à l'est de l'Asie, aux deux *pôles magnétiques*, nord et sud. A ces deux pôles, qui sont assez éloignés des pôles géographiques, l'aiguille d'inclinaison se place verticalement.

Les coordonnées du pôle nord magnétique sont 97° de longitude ouest, 70° de latitude nord et, pour le pôle sud magnétique, 147° de longitude est, 73° de latitude sud.

Ces lignes isogones et isoclines se déplacent à la surface de la terre en se déformant, par suite des variations séculaires.

Variations accidentelles. — Les *orages magnétiques*, qui produisent de véritables perturbations de l'aiguille aimantée, ne durent que quelques heures et coïncident généralement avec l'apparition des *aurores boréales*, lesquelles sont dues à de véritables courants, produits par des décharges électriques entre les hautes régions de l'atmosphère et la terre.

Des observations nombreuses ont montré que ces orages magnétiques apparaissent simultanément, avec des intensités diverses, en des points extrêmement éloignés les uns des autres, et ne peuvent être dus qu'à des phénomènes qui s'accomplissent à une grande distance de la surface du globe.

La fréquence des orages magnétiques paraît liée à la fréquence des taches sur la surface du soleil.

552. Boussoles usuelles. — Connaissant la déclinaison en un point du globe, on peut employer l'aiguille aimantée pour s'orienter. La boussole se compose d'un cercle divisé, au centre duquel est une aiguille aimantée, montée sur un pivot; sur le cadran, se trouvent marqués les quatre points cardinaux N, O, E, S. La pointe bleue donne la direction du nord.

553. Boussole marine ou compas (*fig.* 577, 578). — Cette boussole sert à guider la marche des navires. Elle se compose d'une boîte cylindrique en cuivre rouge, suspendue à la *cardan*, de façon à con-

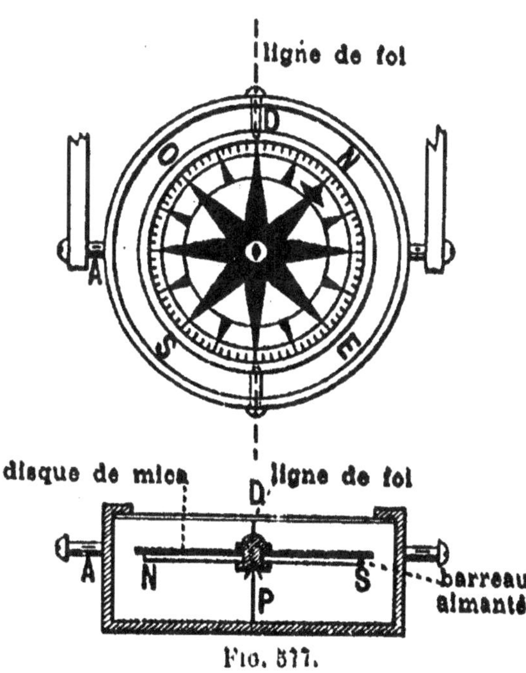

Fig. 577.

server sa position horizontale, malgré les oscillations du navire.

Au centre de la boîte est fixé un pivot vertical P, sur lequel repose, par une chape en agate, un barreau aimanté NS, qui supporte un

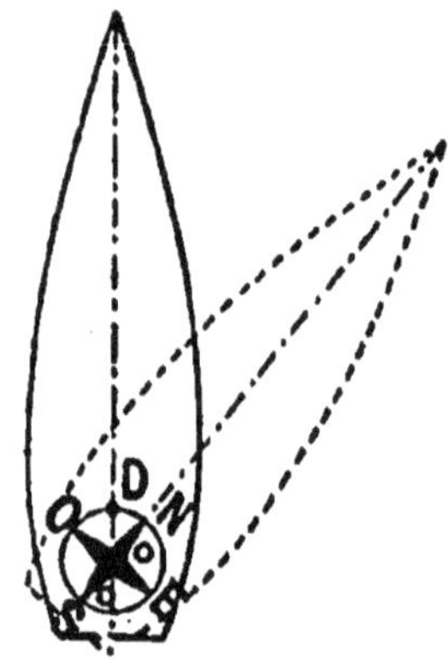

disque de mica, sur lequel est collé un disque de papier, portant le tracé de la rose des vents; celle-ci est composée d'une étoile à 32 branches et d'une division en degrés, dont la ligne 0°-180° coïncide avec l'axe du barreau.

Sur la paroi interne de la caisse est marqué un trait D, appelé *ligne de foi*, qui forme avec le pivot P une direction parallèle à l'axe du navire. Pour orienter le navire dans une direction voulue, par exemple vers le nord, en supposant la déclinaison nulle, le timonier agit sur le gouvernail, jusqu'à ce que la ligne de foi coïncide avec la branche nord de la rose des vents.

Fig. 578.

L'axe OD du navire est alors orienté dans la direction du nord. Connaissant, au moyen des cartes, l'angle que fait la route à suivre par le bateau avec la direction du nord et, d'autre part, la déclinaison, on déduit l'angle que doit faire l'aiguille aimantée avec la ligne de foi.

Sur les navires en fer, l'aiguille aimantée est influencée par la masse de fer ou d'acier. Il est nécessaire de compenser l'action de ces masses magnétiques par des aimants et des masses de fer convenablement disposés.

554. Boussole d'arpenteur (*fig.* 579). — Cette boussole est employée dans le levé de plans, pour la mesure des angles; elle se compose

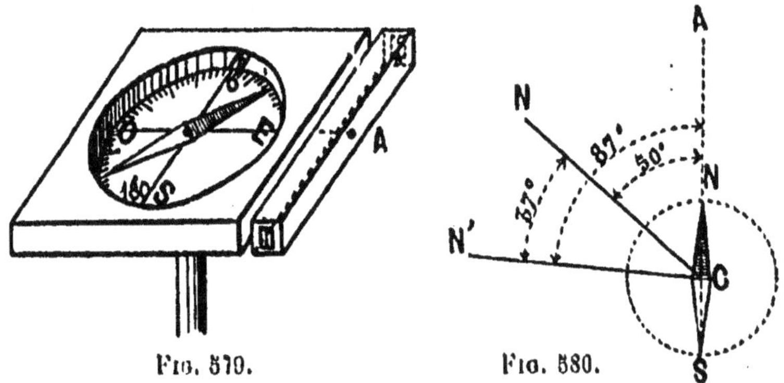

Fig. 579.   Fig. 580.

d'un limbe circulaire, divisé en 360°, au centre duquel se trouve une aiguille aimantée, supportée par un pivot. Le diamètre 0°-180° est marqué nord-sud; sur le côté de la boîte se trouve une alidade A ou une lunette, qui peut se mouvoir autour d'un axe horizontal et décrire un plan perpendiculaire au limbe ; à chaque extrémité de l'alidade, se trouvent une fenêtre sur laquelle est tendue un fil et une petite ouverture, l'œilleton, pour la visée.

Pour mesurer un angle NCN' (*fig.* 580), on place la boussole au sommet de l'angle ; on dirige l'alidade dans la direction NC ; l'aiguille aimantée prend une position indiquée par AC, et l'on constate que l'angle NCA = 50° ; l'alidade est ensuite dirigée suivant CN' ; l'aiguille aimantée, pendant ce déplacement, reste invariablement dans la direction CA du pôle magnétique ; mais le limbe de l'instrument se déplace en dessous de cette aiguille et l'on trouve, par exemple, 87° pour la direction CN' ; l'angle demandé est la différence 87° — 50° = 37°.

CHAPITRE XXVIII

ÉLECTRICITÉ ATMOSPHÉRIQUE

555. État électrique de l'atmosphère. — Variation du potentiel. — L'atmosphère est le siège d'un champ électrique. Par un temps sec, un conducteur isolé, disposé verticalement, s'électrise positivement à sa partie inférieure et négativement à sa partie supérieure. Si l'on expose dans l'espace une pointe fine, reliée à un électroscope [1], on constate que le potentiel, en un point, est généralement positif et croît, quand on s'élève au-dessus du sol, à peu près proportionnellement à la hauteur, avec une rapidité différente, de 10 à 1.000 volts par mètre, suivant l'état hygrométrique de l'air et les circonstances locales ; mais ce nombre peut être dépassé et atteindre, par temps d'orage, une différence de potentiel de 4.000 volts par mètre et quelquefois plus.

La chute de potentiel, pour un lieu déterminé, n'est pas une grandeur constante. Elle présente des variations annuelles, avec un maximum en hiver et un minimum en été ; une variation diurne, avec un maximum le soir et un deuxième, plus faible, le matin. Les lignes de force du champ électrique de l'atmosphère sont dirigées de haut en bas. En plaine, les surfaces de niveau, ou équipotentielles, sont des plans horizontaux ; au-dessus des montagnes, des maisons, des arbres, les surfaces de niveau suivent les reliefs de ces élévations et

[1] Voir paragraphe 315.

se rapprochent les unes des autres; à partir d'une centaine de mètres, les inégalités disparaissent et elles redeviennent parallèles; au contraire, elles s'écartent les unes des autres dans les endroits encaissés, les cours, le fond des vallées. Par un beau temps, l'électricité est toujours positive; mais pendant les tempêtes, les valeurs positives se changent en quelques minutes en valeurs négatives.

Causes de l'électrisation de l'atmosphère. — Plusieurs hypothèses ont été émises pour expliquer l'électrisation permanente de l'atmosphère. Cette électrisation serait due à la charge négative de la terre, ou aux charges positives des hautes régions de l'atmosphère terrestre, occasionnées par la condensation de la vapeur d'eau ou l'action des radiations *ultraviolettes* du soleil sur les aiguilles de glace qui forment les *cirrus*, ou enfin, à l'ionisation de l'air en ions positifs et négatifs, sous l'influence de ces mêmes radiations.

556. État électrique des nuages. — Les orages sont toujours liés à une formation rapide de nuages. Ces nuages orageux se forment ordinairement à une hauteur de 1.000 à 1.500 mètres. Un nuage peut être considéré comme une masse plus ou moins conductrice. La charge d'un nuage orageux est différente de celle d'un conducteur ou d'un diélectrique; elle se répartit dans toute la masse, à l'intérieur comme à l'extérieur, puisqu'elle siège dans les gouttelettes d'eau qui forment le nuage. Ce dernier doit s'électriser par influence dans le champ électrique de l'atmosphère, et présente de l'électricité négative sur sa face supérieure et de l'électricité positive sur sa face inférieure. Si la partie inférieure vient à se résoudre en pluie, ou si elle arrive au contact avec une montagne, il y aura déperdition de l'électricité positive dans le sol et le nuage restera chargé d'électricité négative.

Si le nuage, sous l'influence de courants atmosphériques en sens contraires, vient à se rompre par le milieu, il en résulte deux nuages, positif et négatif.

Enfin, un nuage chargé positivement ou négativement peut produire, par influence, une charge de signe contraire sur un nuage préalablement à l'état neutre, si celui-ci est mis momentanément en communication avec le sol.

557. Phénomènes de la foudre. — Éclair. — Tonnerre. — La *foudre* est la décharge électrique qui éclate soit entre deux nuages, soit entre un nuage et la terre. L'*éclair* est le phénomène lumineux qui l'accompagne; le *tonnerre* est le bruit causé par la décharge.

L'éclair, dont la durée est évaluée à $\dfrac{1}{10000}$ de seconde, présente l'aspect d'un trait de feu sinueux et ramifié. Il peut franchir des distances de 15 à 20 kilomètres, ce que l'on peut expliquer ainsi : l'intervalle compris entre les nuages orageux est généralement occupé par un brouillard formé de gouttelettes liquides, en suspension dans l'air ; la décharge peut alors franchir des distances considérables, en passant d'une gouttelette à une autre.

Le roulement du tonnerre est dû à la production de décharges entre plusieurs nuages, placés à des distances différentes de l'observateur, ou à des phénomènes d'écho sur le nuage lui-même.

Le bruit du tonnerre se produit quelques secondes après l'apparition de l'éclair ; en effet, la vitesse de la lumière étant infiniment grande relativement à celle du son, qui n'est que de 340 mètres par seconde, si l'éclair se produit à une distance de 3.400 mètres, l'observateur entendra le bruit 10 secondes après l'apparition de l'éclair.

La foudre tombe généralement sur les points culminants : les clochers, les arbres. C'est pour cette raison qu'il ne faut pas se placer sous les arbres pendant l'orage, mais à une petite distance, à 5 mètres des branches extrêmes.

Choc en retour. — L'homme et les animaux peuvent être foudroyés, sans être directement atteints par l'étincelle électrique, au moment où un nuage électrisé se décharge. Le nuage orageux électrise par influence le corps de l'animal qui, au moment de la décharge, revient brusquement à l'état neutre ; la décharge, en traversant le corps, produit une commotion pouvant déterminer la mort.

558. Paratonnerre (*fig.* 581). — Le paratonnerre, inventé par Franklin, est basé sur le pouvoir des pointes ([1]).

Il se compose d'une tige de fer de 8 à 10 mètres, terminée par une pointe en cuivre doré.

Cette tige est reliée à un conducteur, de 12 millimètres de diamètre en fer ou de 6 millimètres en cuivre, qui est mis en communication avec toutes les parties métalliques de l'édifice et avec une nappe d'eau souterraine ; ou bien, le câble est relié directement au sol par des plaques de cuivre de 1 mètre carré, établies à

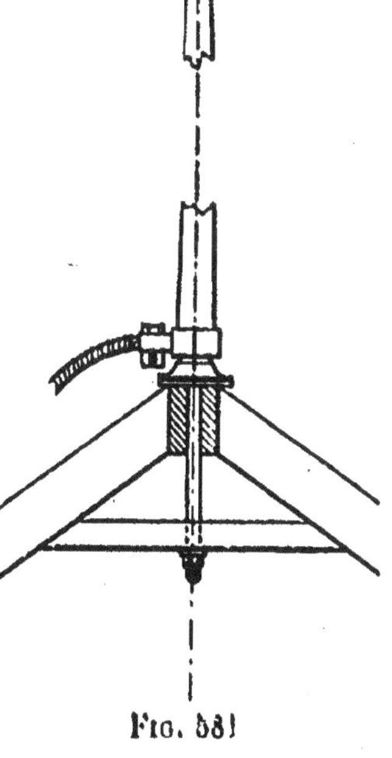

Fig. 581

50 centimètres de profondeur dans la couche d'humus, laquelle, rendue humide par la pluie d'orage, établit la communication avec

([1]) Voir paragraphe 271.

le sol. Sous l'influence du nuage, la pointe du paratonnerre laisse échapper l'électricité de signe contraire qui, portée par les molécules d'air, vient neutraliser l'électricité du nuage, lequel se trouve déchargé. Si le coup de foudre éclate malgré la pointe, il frappe la tige du paratonnerre et le conducteur amène l'électricité dans le sol, sans aucun accident.

On admet que le paratonnerre étend sa protection sur un cercle d'un rayon égal au double de sa hauteur.

Paratonnerre Melsens (*fig.* 582). — Un deuxième système de paratonnerre est basé sur les propriétés des écrans électriques non iso-

Fig. 582.

lés. Si un corps est placé à l'intérieur d'un conducteur en communication avec le sol, il échappe à l'influence des corps électrisés. On entoure l'édifice d'un réseau métallique formé d'un fil de fer galvanisé, de 5 millimètres de diamètre, qui court le long du faîte du bâtiment, le long de la corniche et qui est relié au sol par plusieurs branches descendantes, suivant les arêtes.

Aux cheminées et aux autres parties saillantes, on met des faisceaux de tiges de cuivre, terminées en pointes.

559. Effets de la foudre. — Les effets de la foudre sont en grand ceux de l'étincelle électrique : elle échauffe les conducteurs au point de les fondre et de les volatiliser, produit des incendies ; les mauvais conducteurs sont brisés ; les troncs d'arbres sont déchirés en filaments, les rochers vitrifiés ; elle produit des effets chimiques donnant lieu à la formation d'acide azotique, d'ozone ; des effets physiologiques occasionnant la mort des animaux.

La foudre peut encore produire l'aimantation des pièces d'acier et renverser les pôles de la boussole.

PROBLÈMES

OPTIQUE

PROPAGATION DE LA LUMIÈRE. — PHOTOMÉTRIE

1. Quelle est la longueur de l'ombre portée de la terre et de la lune lors de la nouvelle lune, le rayon du soleil étant égal à 108 rayons terrestres et le rayon de la lune étant les 3/11 de celui de la terre? La distance du soleil à la terre est de 23.300 rayons terrestres et celle de la lune à la terre, de 60 rayons terrestres.

2. Quelle est la grandeur de l'image d'un objet, produite dans une chambre noire par une petite ouverture, si cet objet a 2 mètres et est placé à 10 mètres de l'ouverture, le fond de la chambre noire étant à 60 centimètres de l'ouverture?

3. Une source lumineuse, d'intensité égale à une bougie, se trouve à 2 mètres de la flamme d'un bec de gaz, dont l'intensité est 9 fois plus grande. A quelle distance des deux sources faut-il placer un écran, pour que ses deux surfaces soient également éclairées?

4. A quelle distance d'un écran faut-il placer une source lumineuse, d'intensité égale à 1, pour qu'une autre source, d'intensité 2,5, placée à 50 centimètres de l'écran, y produise le même éclairement?

5. Quelle est, en bougies décimales, l'intensité d'une source lumineuse dont l'éclairement, à 5 mètres de distance, est égal à 15 bougies-mètre?

RÉFLEXION. — MIROIRS PLANS

6. Deux miroirs plans font entre eux un angle de 30°; un rayon lumineux se réfléchit successivement sur les deux miroirs. Quel est l'angle formé par le rayon incident avec le rayon réfléchi final?

7. Un rayon lumineux SI se réfléchit successivement sur deux miroirs plans M et M', dans le plan perpendiculaire à leur ligne d'intersection. On demande quel angle doivent faire entre eux les deux miroirs pour que le rayon, après la seconde réflexion, soit perpendiculaire au rayon incident.

8. Quelle hauteur minima doit avoir un miroir plan placé verticalement et à quelle hauteur doit-il être suspendu, pour qu'une personne placée devant ce miroir, s'y voie par réflexion de la tête aux pieds.

9. Une lunette astronomique, mobile autour d'un point O, a son axe optique dirigé suivant OA, de façon que l'image d'une étoile, vue par réflexion sur un miroir plan CM, se fasse au point de croisement des fils du réticule de la lunette. Le miroir est amené en CM', en tournant d'un angle MCM' = α autour d'une perpendiculaire au plan de la figure. On demande quelle est la nouvelle position que doit prendre l'axe optique de la lunette, pour que l'image de l'étoile se fasse encore au point de croisement des fils du réticule.

MIROIRS SPHÉRIQUES

10. On a trouvé par l'expérience, avec un miroir sphérique concave, les valeurs suivantes : grandeur de l'objet O = 30 centimètres ; de l'image I = 118 centimètres ; distance de l'objet 200 centimètres. Calculer le rayon de courbure du miroir.

11. Quel est le diamètre de l'image du soleil obtenue avec un miroir concave de 8 mètres de distance focale, le diamètre apparent du soleil étant supposé égal à 32' ?

12. L'image d'un objet se trouvant à 9 centimètres d'un miroir concave sphérique, de 6 centimètres de distance focale, est de 10 centimètres plus grande que l'objet. Quelle est la dimension de celui-ci ?

13. Quelle est la distance d'un objet placé devant un miroir concave, de distance focale f = 20 centimètres, si son image virtuelle est 5 fois plus grande que l'objet ?

14. Des rayons convergents tombent sur un miroir concave, de distance focale f = 50 centimètres et convergent en un point situé sur l'axe, à 1 mètre derrière le miroir ; où se réunissent-ils en réalité ?

15. Une bougie est placée à 4 mètres d'un écran. A quelle distance de l'écran faut-il placer un miroir concave, de 2 mètres de rayon de courbure, pour que l'image de la bougie se projette sur l'écran ?

16. On donne un miroir sphérique concave de rayon R, dont le sommet est en A, le centre en C' ; un objet PQ est placé devant le miroir, à une distance AP du sommet égale à d ; on dispose un miroir plan MN, dont la face réfléchissante est tournée du côté du miroir concave. On demande à quelle distance du sommet A doit se trouver le miroir plan, pour que tous les rayons partis de P reviennent au point P, après réflexion sur les miroirs.

RÉFRACTION ET PRISMES

17. Calculer le déplacement que subit un rayon lumineux traversant une lame à faces parallèles, d'épaisseur e = 4 millimètres et d'indice de réfraction n = 1,53, pour un angle d'incidence de 30°.

18. Quelle est la valeur de l'angle de réfraction d'un rayon lumineux passant du verre dans l'air, sous un angle d'incidence de 30°, l'indice de réfraction du verre étant de 1,530. Indiquer la construction du rayon.

19. Soient n_1 et n_2 les indices de réfraction de deux milieux A et B par rapport au vide. Trouver : 1° l'indice de réfraction du milieu A par rapport au milieu B ; 2° l'indice de réfraction du milieu B par rapport au milieu A.

20. Un rayon lumineux passe de l'air dans la glycérine ; l'angle d'incidence est de 52°, celui de réfraction, de 32° 20'. Quel est l'indice de réfraction de la glycérine ?

21. Quelle est la valeur de l'angle limite d'un rayon passant de la glycérine dans l'air ? L'indice de réfraction de la glycérine est 1,4703.

22. Quelle déviation subit un rayon de lumière simple, tombant sur l'une des faces perpendiculaires d'un prisme ayant pour section droite un triangle rectangle isocèle, et parallèlement à l'hypothénuse $n = 1,51$?

23. Sous quel angle d'incidence un rayon lumineux rencontre-t-il une des faces latérales d'un prisme d'indice $n = 1,525$ et dont l'angle réfringent est de 40°, si, après réflexion totale sur la deuxième face, il tombe perpendiculairement sur la base du prisme ?

24. Quel est le minimum de déviation d'un prisme de crown-glass, d'indice $n = 1,530$ et dont l'angle réfringent est de 45° ?

25. Quel est l'indice de réfraction de l'essence de térébenthine, à 10° C., contenue dans un prisme creux dont l'angle réfringent est de 60° et qui produit un minimum de déviation égal à 30° 54' ?

26. Sous quel angle d'incidence un rayon devra-t-il rencontrer un prisme, d'indice $\frac{3}{2}$ et dont l'angle réfringent est de 60°, pour qu'il y ait réflexion totale sur la deuxième face ?

27. Quelle doit être la valeur de l'angle réfringent d'un prisme d'indice de réfraction n pour qu'un rayon, tombant normalement sur une des faces latérales, sorte dans le plan de l'autre face ?

LENTILLES SPHÉRIQUES

28. Calculer la distance focale d'une lentille biconvexe en verre, d'indice de réfraction $n = 1,6$ et dont les rayons de courbure sont égaux à 50 centimètres. Que devient cette distance focale : 1° si l'une des faces devient plane ; 2° si on lui donne un rayon de courbure de 80 centimètres ?

29. Où doit-on placer une lentille convergente, de distance focale $f = 10$ centimètres, pour que, sur un écran éloigné de 1m,80 d'un point lumineux, il se produise une image nette de ce dernier ?

30. Quel est le diamètre de l'image du soleil, obtenue avec une lentille de distance focale égale à 1 mètre, le diamètre apparent du soleil étant de 32' ?

31. Une lentille convergente a 10 centimètres de distance focale. Quelle est sa convergence en dioptries ?

32. Un objet est placé devant une lentille convergente, de manière que son image réelle soit 3 fois plus grande que l'objet. Quelle est la distance de l'objet à la lentille ?

33. Quelle est la distance focale produite par un système de deux lentilles plan convexe de 25 centimètres et de 32 centimètres de distance focale : 1° si elles sont séparées de 10 centimètres l'une de l'autre ? 2° lorsqu'elles sont appliquées l'une contre l'autre ?

34. Deux lentilles convergentes sont placées à 1 mètre l'une de l'autre. On place un objet à 1 mètre de la première lentille : l'image obtenue se forme à 3 mètres en arrière de la seconde. Quelle est la convergence du système des deux lentilles ?

35. Une lentille convergente a, dans l'air, une distance $f = 30$ centimètres. Quelle distance focale aura-t-elle dans l'eau, si les indices de réfraction de l'eau et du verre sont 4/3 et 3/2?

36. Une lentille convergente L et un miroir sphérique concave, dont les axes principaux coïncident, sont placés à 34 centimètres l'un de l'autre ; une flèche de 1 centimètre de hauteur est placée à 32 centimètres de la lentille. On demande de déterminer la position et la grandeur de l'image obtenue avec le système optique ainsi constitué. La distance focale principale de la lentille est de 16 centimètres, celle du miroir, 1 mètre.

37. Derrière une lentille convergente et à une distance égale à la moitié de la distance focale, on place un miroir plan, normal à l'axe principal de la lentille ; les rayons émanés d'un point lumineux situé en avant du système traversent la lentille, se réfléchissent sur le miroir et traversent de nouveau la lentille en sens contraire. Tracer la marche d'un rayon incident parallèle à l'axe, et d'un rayon incident passant par le centre optique de la lentille. Déterminer l'image d'un point fourni par le système.

38. Une lentille convergente de 10 centimètres de distance focale, et une lentille divergente de 5 centimètres de distance focale, sont distantes de 5 centimètres ; la première reçoit un faisceau de lumière parallèle à l'axe commun. On demande quelle sera la direction des rayons émergents.

39. Une lentille convergente projette sur un écran l'image d'un objet ; entre la lentille et l'écran, on introduit une lentille divergente, dont la distance focale est de 40 centimètres. A quelle distance de l'écran doit-on la placer, pour que la nouvelle image se fasse à 20 centimètres de cette lentille? Quel est le rapport de la nouvelle image à l'ancienne ?

40. Une lentille plan convexe, de distance focale f, est argentée sur sa face plane ; un objet est placé devant la face convexe, à une distance de la lentille égale à $2f$. On demande : 1° de construire l'image de cet objet ; 2° de calculer la formule générale reliant la position d'une image à celle de l'objet qui l'a fournie.

DISPERSION DE LA LUMIÈRE

41. On donne un prisme de crown-glass, dont la section droite est un triangle ABC ; l'angle $A = 50°$, l'angle $B = 90°$; un rayon de lumière blanche, contenu dans le plan de la section droite, tombe sur la face AC, en un point I ; le rayon SI est parallèle à AB ; il se réfracte et se disperse en pénétrant dans le prisme ; la lumière vient frapper la face AB, y subit la réflexion totale et va ressortir par la face BC. Indiquer la marche du rayon jaune et celle du rayon bleu provenant du rayon blanc SI, et calculer l'angle que font, à la sortie du prisme, le rayon jaune JJ' et le rayon bleu BB'. L'indice de réfraction du crown-glass dont est fait le prisme est pour le jaune, $nj = 1,5153$, pour le bleu, $nb = 1,5214$.

42. Quelle est la distance des foyers conjugués rouge et violet, dans une lentille de flint-glass de 40 centimètres de rayon de courbure, pour un point lumineux placé à 50 centimètres de la lentille? $nr = 1,53$, $nv = 1,55$.

43. Un prisme triangulaire ABC, en verre, d'indice n, est accolé à deux prismes triangulaires BDA, CAE, en verre, d'indice n', de telle sorte que l'ensemble constitue un parallélipipède rectangle BDEC. Étudier la marche d'un rayon de lumière homogène ou blanche, qui tombe sur ce système.

INSTRUMENTS D'OPTIQUE

44. Quelle doit être la distance focale d'une loupe qui donne un grossissement linéaire égal à 8, avec une vision distincte égale à 25 centimètres? Quel grossissement donnera cette loupe avec un minimum de vision distincte égal à 18 centimètres ?

45. Une loupe est formée d'une lentille biconvexe, de 10 centimètres de rayon de courbure et d'indice $n = \frac{3}{2}$; l'œil est supposé réduit à un point et placé à 2 centimètres de la loupe. On demande : 1° comment se fera la mise au point pour un œil normal, dont la distance minima de la vision distincte est de 15 centimètres ; 2° comment variera cette mise au point pour un œil myope ou hypermétrope, en supposant que l'œil reste à une distance constante de la loupe.

46. Un myope voit distinctement les objets situés à des distances comprises entre 8 et 50 centimètres. De quelle espèce de bésicles devra-t-il se servir pour voir nettement les objets très éloignés, et quelle devra être la distance focale de ces verres? Un deuxième myope, qui ne distingue pas les objets au delà de 25 centimètres, se sert de ces mêmes bésicles. On demande jusqu'où s'étendra la vision distincte.

47. Une lunette astronomique, dans laquelle l'objectif a une distance focale de 1 mètre, et l'oculaire, une distance focale de 2 centimètres, est braquée sur le soleil ; le tube de tirage de l'oculaire porte un écran, perpendiculaire à l'axe optique de la lunette et situé à 10 centimètres en arrière du centre optique de l'oculaire. 1° Quelle doit être la distance entre les centres optiques de l'objectif et de l'oculaire, pour que l'image réelle du soleil se forme sur l'écran? 2° Quel sera le diamètre de cette image, sachant que le diamètre apparent du soleil est de 32' ?

48. Une lunette astronomique a un objectif de 1 mètre de distance focale et un oculaire de 1 centimètre de distance focale; l'image d'un astre se formant dans le plan focal principal de l'objectif, si le foyer de l'objectif coïncide avec celui de l'oculaire, l'image virtuelle est rejetée à l'infini. L'appareil est alors mis au point pour un œil infiniment presbyte. On demande : 1° de combien il faut rapprocher ou éloigner l'oculaire de l'objectif pour la mise au point pour un œil myope, dont la vision distincte serait de 20 centimètres ; 2° quel est le grossissement dans les deux cas ?

49. Un observateur, dont le minimum de vision distincte est d, regarde un objet lumineux, placé à la distance p, à l'aide d'une lunette de Galilée. Les distances focales de l'objectif et de l'oculaire de la lunette étant respectivement F et f, on demande de calculer : 1° l'écartement des deux lentilles; 2° le grossissement de la lunette. Discuter le problème.

50. Une lunette de Galilée étant réglée pour la vision des objets éloignés, on la retourne. Dire ce que l'on observe; construire l'image et calculer le grossissement.

51. On donne un microscope dont l'objectif et l'oculaire ont pour distances focales 2 millimètres et 3 centimètres ; un objet est placé à 3 millimètres de l'objectif. On demande quelle doit être la distance des deux lentilles pour qu'un observateur, dont la distance de la vision distincte est de 27 centimètres, voie nettement l'image de l'objet dans le microscope. On supposera que l'œil de l'observateur coïncide avec le centre optique de l'oculaire.

52. Un appareil photographique pour paysage a son écran à une distance fixe de 20 centimètres de l'objectif, dont il occupe le plan focal principal. On veut s'en servir pour photographier un tableau, en réduisant au 1/5 ses dimensions linéaires. Quelle sera la distance focale de la lentille à placer en avant de l'objectif et contre l'objectif ?

Cette lentille étant biconvexe et ayant 1 mètre de rayon de courbure, quel est son indice ?

Quel rayon commun devront avoir les faces d'une autre lentille biconvexe, de même verre, pour qu'en l'accolant à la précédente, on obtienne une photographie du tableau en vraie grandeur ?

ÉLECTRICITÉ STATIQUE. — LOI DE COULOMB
CAPACITÉ. — CONDENSATEURS

53. Deux petites sphères métalliques sont chargées d'électricité positive, l'une de la quantité $+ M$, l'autre de la quantité $+ m$; la distance de leur centre est de d centimètres. Une petite balle en sureau, suspendue par un fil de cocon suivant la ligne des centres, est placée de telle sorte qu'elle ne s'approche ni de l'une, ni de l'autre des deux sphères ; quelle est sa position ?

54. Deux petites sphères métalliques pesant chacune 1 gramme sont suspendues par deux fils (sans poids) de 500 centimètres de longueur, de manière qu'elles soient en contact ; on leur communique des charges égales, jusqu'à ce qu'elles s'écartent de 1 centimètre. Quelle est la charge commune ?

55. La capacité d'une sphère étant égale à son rayon, quel doit être le rayon d'une sphère pour que sa capacité soit de 1 microfarad ?

56. Quelle est la force répulsive qui s'exerce entre deux sphères métalliques à 1 kilomètre de distance, et chargées chacune de 1 coulomb ?

57. Une petite sphère a une charge de 24 unités C. G. S. électrostatiques. Quels sont les potentiels à 1, 2, 4, 8 centimètres ?

58. Une sphère de 10 centimètres de rayon est chargée de 200 unités C. G. S. électrostatiques. Quels sont les rayons des sphères concentriques à la sphère électrisée, et dont les potentiels sont exprimés par des nombres entiers ?

59. Une sphère électrisée, de 10 centimètres de rayon, est chargée de 6 microcoulombs ; elle se trouve à l'intérieur d'une sphère métallique creuse concentrique, dont les rayons sont 15 et 20 centimètres. Quel est le potentiel de la sphère intérieure, si tout le système est isolé de la terre ?

60. Deux sphères, de 5 centimètres et de 8 centimètres de rayon, sont chargées chacune de 2 microcoulombs. Quelle est leur charge après la communication lointaine ?

61. Deux sphères, de 2 centimètres et de 9 centimètres de rayon, sont en communication lointaine et au potentiel de 15.000 volts. Quelle était la charge de chacune d'elles avant la communication, si la petite sphère était au potentiel initial de 2.000 volts ?

62. On a deux sphères métalliques, de rayon égal à 3 centimètres et à 2 centimètres, contenant ensemble 3 microcoulombs. Quelle est la densité électrique sur chacune des sphères, si elles sont mises en communication lointaine?

63. On forme un condensateur en recouvrant d'une mince couche d'argent les deux faces d'une boule de verre, de 12 centimètres de diamètre et d'une épaisseur de $0^{cm},001$. Quelle est la capacité de ce condensateur? Le coefficient inducteur spécifique est égal à $K = 5$.

64. Une batterie de 6 bouteilles de Leyde, de 450 centimètres carrés de surface, dont l'épaisseur du verre est de $0^{cm},2$ et le coefficient inducteur spécifique $K = 3$, est chargée avec une machine au potentiel de 90.000 volts. Quelle est la charge totale de l'armature interne et quelle est la capacité de la batterie?

65. Quelle doit être la surface d'un condensateur plan, pour qu'il ait une capacité de 2 microfarads, le coefficient inducteur spécifique étant égal à 2,4, et l'épaisseur de la couche isolante $e = 0,03$ millimètres?

66. Les deux plateaux d'un condensateur à lame d'air ont 50 centimètres carrés de surface, et ils sont à $0^{cm},1$ de distance; l'attraction qui s'exerce entre eux est de 50 grammes. Calculer la densité électrique sur chaque plateau.

67. Quel est le rayon d'une sphère chargée au potentiel de 90.000 volts, pour que la pression électrostatique soit de 1 kilogramme par centimètre carré?

68. Une batterie de 10 bouteilles de Leyde, de 50 centimètres de hauteur, de 15 centimètres de diamètre et de $0^{cm},01$ d'épaisseur de verre, dont le coefficient inducteur spécifique $K = 4$, est chargée à un potentiel de 90.000 volts. Quelle est la quantité d'énergie développée par la décharge? Quelle est la quantité de chaleur équivalente? La décharge traversant un fil de fer fin de 1 gramme, quelle sera l'augmentation de température de ce fil? La chaleur spécifique du fer $c = 0,113$ calorie.

RÉSISTANCE ÉLECTRIQUE. — LOI DE JOULE

69. Quelles doivent être les longueurs d'un fil de fer, de cuivre, de platine, de nickel, de plomb, de 1 millimètre de diamètre, ayant une résistance de 1 ohm?

70. Calculer la résistance d'une ligne télégraphique de 100 kilomètres, de 4 millimètres de diamètre; $\rho = 15,33 \times 10^{-6}$. On fait passer dans ce fil un courant de 0,03 ampère. Calculer la quantité de chaleur dégagée dans le fil.

71. Une spirale de platine de 5 ohms plonge dans un vase contenant 2.000 grammes d'eau à 15°. Pendant combien de temps faut-il faire passer un courant de 2 ampères, pour porter l'eau à 17°?

72. Dans un calorimètre à eau, on plonge une lampe à incandescence de 200 ohms de résistance; deux fils isolés la réunissent aux bornes d'une distribution à 110 volts; on laisse passer le courant pendant 10'. De combien s'élèvera l'eau du calorimètre, qui en contient 1.500 grammes, l'équivalent en eau de la lampe et du calorimètre étant de 5 grammes.

73. Un élément Bunsen a une force électromotrice égale à 1,9 volt, et sa résistance intérieure est de 0,1 ohm. Quel est le rapport de la quantité de chaleur dégagée dans l'élément en fermant le circuit avec une résistance de 3 ohms, à la quantité dégagée en fermant le circuit avec une résistance de 30 ohms?

74. Un fil de maillechort peut supporter, sans se détériorer, environ 3 ampères par millimètre carré. Quel poids de maillechort faut-il employer pour faire un rhéostat atteignant 5 ohms et pouvant supporter 10 ampères?

ÉLECTROLYSE. — LOI DE FARADAY

75. On monte en série 5 piles de Daniell, de force électromotrice de 1,08 volt et de résistance intérieure $r = 0,50$ ohm; dans le circuit, on dispose un voltamètre à acide sulfurique dilué, dont la force contre-électromotrice est égale à 1,49 volt et dont la résistance égale 2 ohms. Calculer le volume d'hydrogène dégagé en une heure et le poids de zinc dissous.

76. Dans un voltamètre à acide sulfurique dilué, on a recueilli, en 80 minutes, 30 centimètres cubes d'hydrogène. La pression barométrique étant de 735 millimètres et la température de 15° C., quelle était l'intensité du courant?

77. On a pu déposer 200 grammes de cuivre avec un certain courant; quel poids et quel volume d'hydrogène ce courant aurait-il produits?

78. Un courant de 1 ampère traverse une série de 5 voltamètres placés sur le même circuit, contenant SO^4Cu, Cl^2Cu, SO^4Fe, Cl^2Fe et H^2O. Quelles sont les quantités de métal déposé pendant une heure dans chaque voltamètre?

79. Quel est, pour un même courant, le rapport des temps nécessaires pour déposer un même poids de cuivre, d'argent, d'or et de nickel?

80. Trois voltamètres, disposés en série, contiennent : le premier, de l'acide chlorhydrique, le second, de l'eau, et le troisième, de l'ammoniaque. Quelles sont les quantités de ces gaz dégagées aux 6 électrodes, par un courant de 2 ampères, pendant 30 minutes?

LOI DE OHM. — COUPLAGE DES PILES

81. Dans un circuit, on intercale un élément Daniell, de force électromotrice $E = 1,08$ volt, une boussole des tangentes, de résistance négligeable, et une colonne de mercure de 1 millimètre carré de section et de 3 mètres de longueur; la boussole indique un courant de 0,27 ampère. Quelle est la résistance intérieure de l'élément Daniell?

82. Deux piles sont intercalées en opposition dans un circuit de 5 ohms de résistance : il ne passe aucun courant; on les met en série : il passe un courant de 0,4 ampère; on retire l'une des piles : le courant devient 0,1 ampère. Calculer les forces électromotrices et les résistances intérieures des deux éléments de pile.

83. Combien faut-il d'éléments de pile, de force électromotrice $E = 0,9$ volt et de résistance intérieure $r = 0,05$, pour alimenter 15 lampes de 16 bougies en dérivation, exigeant chacune 0,5 ampère, avec un voltage de

110 volts? Comment devra-t-on les grouper, si l'on veut un rendement de 75 0/0? On suppose négligeable la résistance des conducteurs. Calculer, pour un éclairage de 10 heures : 1° la quantité d'électricité consommée ; 2° l'énergie électrique dépensée ; 3° le poids de zinc dissous.

84. On veut produire un courant d'intensité $I = 3$ ampères, à travers un fil de cuivre de résistance $R = 0,9$ ohm, au moyen d'éléments de pile dont la force électromotrice $E = 1,8$ volt, et la résistance intérieure $r = 0,1$ ohm. Quel est le nombre minimum d'éléments à disposer en tension dans le circuit? Quelle sera la résistance supplémentaire qu'il faudra introduire en même temps?

85. Huit lampes à incandescence, chacune de 50 ohms de résistance à chaud, sont disposées en série; le conducteur a une résistance de 4 ohms; le courant produit par la machine est de 1,25 ampère. Quelle est la force électromotrice de la machine?

MAGNÉTISME

86. Deux aimants rectilignes, placés en ligne droite, ont leurs pôles de même nom placés en regard; les masses magnétiques des pôles étant m et m', et la distance des aimants d, où faut-il placer une petite sphère en fer doux, pour qu'elle ne s'approche ni de l'un, ni de l'autre des aimants?

87. Quelle est la valeur du couple déterminé par le magnétisme terrestre, sur une aiguille aimantée dont les pôles sont situés à 4 centimètres de distance l'un de l'autre, et dont la masse magnétique est 1 unité C. G. S., la composante horizontale du magnétisme terrestre étant $H = 0,2$ gauss?

88. Un barreau dont les dimensions sont 12 centimètres, $0^{cm},9$ et $0^{cm},3$, a un moment magnétique égal à 997 unités. On demande quelle est : 1° son intensité d'aimantation; 2° l'intensité de pôle?

89. L'intensité du champ, en deux points distants de 5 centimètres, situés sur l'axe d'un aimant, est égale à 12 et à 4 gauss. Quelle est l'intensité du pôle de l'aimant et quelle est la distance des deux points?

90. Quel est le rapport des composantes horizontales du magnétisme terrestre, à Paris et à Londres, si un même barreau fait 20 oscillations en 59 secondes à Paris, et 20 oscillations en 61 secondes à Londres?

91. Une aiguille aimantée AB, convenablement équilibrée, est suspendue par son centre I à un fil OI; elle se tient dans le méridien magnétique, horizontalement, sans qu'il y ait torsion du fil. La composante horizontale de l'action terrestre, qui agit sur l'un des deux pôles identiques A, est égale à 18; une force de torsion de $0^{gr},1$, appliquée au point M, à 3 centimètres du point I, perpendiculairement au plan OIM, tordrait le fil OI, si elle agissait seule, de 1°. La longueur AI $= 15$ centimètres et la force de torsion du fil est proportionnelle à l'angle de torsion. On demande quel angle l'aiguille fera avec le méridien, lorsque, dans cette position, on lui appliquera en M une force horizontale perpendiculaire à l'aiguille, ayant une valeur de $0^{gr},2$.

92. Déterminer le couple nécessaire pour maintenir normalement aux lignes de force d'un champ magnétique uniforme, égal à 2 gauss, un aimant dont la longueur est de 20 centimètres et l'intensité de pôle, 10 unités C. G. S.

ACTION DES COURANTS SUR LES AIMANTS
CHAMP MAGNÉTIQUE

93. Un courant de 0,5 ampère passe dans une bobine circulaire de 50 tours de fil, dont le diamètre moyen est de 30 centimètres. Quelle est l'intensité du champ magnétique produit par le courant au centre de la bobine ?

94. La bobine d'un galvanomètre à miroir a 3.000 tours sur 3 centimètres de longueur. Quelle est l'intensité du champ magnétique $\mathcal{H}$ à l'intérieur de cette bobine, pour un courant de 0,00001 d'ampère?

95. La bobine d'un téléphone Bell a 1 centimètre de longueur et 1.000 tours de fil; le courant qui la traverse pendant la conversation est égal à $i = 0,00005$ ampère. Quelle est l'intensité du champ magnétique au milieu de la bobine sans noyau ?

96. Le flux d'induction qui traverse l'induit d'une machine dynamo est égal à $\Phi = 600.000$m axwells; la section $S = 200$ centimètres carrés. Quelle est l'induction $\mathcal{B}$?

97. Quel est le rayon r et quel est le nombre de tours de fil n qu'il faut donner à une boussole des tangentes, pour que l'intensité I du courant soit égale à la tangente de l'angle de déviation?

98. Dans un même circuit sont intercalées une pile, une boussole des tangentes et un voltamètre à azotate d'argent. La déviation de l'aiguille de la boussole est maintenue pendant 30 minutes à 30°; la quantité d'argent déposée est de 1gr,5. Quelle est la constante de la boussole ?

99. Une bobine formée d'une seule couche d'un fil de cuivre de 2 millimètres de diamètre doit donner une induction magnétique $\mathcal{B} = 9.000$ gauss : 1° sans noyau et 2° avec un noyau de fonte, pour lequel $\mu = 70$. Quelles doivent être les intensités de courant dans les deux cas ?

100. La bobine d'un électro-aimant a 800 spires sur une longueur de 20 centimètres, et un noyau de fer de 5 centimètres de diamètre. Quelle est l'induction magnétique $\mathcal{B}$, pour un courant de 7 ampères $\mu = 54$?

101. Une machine dynamo, de 33 kilowatts de puissance, possède un électro-aimant inducteur de longueur $l = 91^{cm},4$, de section $S = 980$ centimètres carrés et de perméabilité $\mu = 650$. Le nombre total des spires sur les bobines est $N = 3260$; la longueur totale du circuit magnétique (inducteur, induit, entrefer) est égale à $172^{cm},9$. Quels sont, pour un courant de 6,21 ampères, l'induction magnétique $\mathcal{B}$, la force magnétomotrice $\mathcal{F}$, la résistance magnétique $\mathcal{R}$ et le flux de force magnétique total Φ ?

TRANSPORT DE L'ÉNERGIE

102. Supposons une génératrice donnant une différence de potentiel $E = 3.000$ volts et une perte d'énergie de 2 0/0, par échauffement, sur la ligne. Quelles sont l'intensité I du courant et la puissance recueillie P', pour un rendement de 50 0/0, si la ligne a une résistance : 1° $R = 10$ ohms; 2° $R = 100$ ohms?

103. Une machine génératrice a une force électromotrice de 300 volts celle de la réceptrice est de 200 volts ; les deux machines sont identiques ; la résistance de chacune d'elles est de 1 ohm et celle du câble conducteur, de 5 ohms. Quelles sont les énergies électriques de la génératrice et de la réceptrice, et quel est le rendement électrique ?

INDUCTION. — MACHINES DYNAMO-ÉLECTRIQUES

104. Un cadre circulaire, formé de 20 tours de fil et de rayon moyen $r = 20$ centimètres, tourne autour d'un axe vertical ; sa résistance $R = 0,1$ ohm. Quelle est l'intensité du courant induit par le champ magnétique terrestre, dont la composante horizontale est $H = 0,2$ gauss, la vitesse de rotation du cadre étant de 25 tours par seconde ?

105. Un fil métallique, de longueur $l = 30$ centimètres, tourne autour d'une de ses extrémités fixes, dans un plan qui est perpendiculaire aux lignes de force d'un champ magnétique, dont l'intensité $\mathcal{H} = 8.000$ gauss. Quelle est la force électromotrice induite dans le fil, si ce fil fait $n = 50$ tours par seconde ?

106. Dans une machine dynamo, on a mesuré la différence de potentiel aux bornes $= 80$ volts, la résistance de l'induit, 0,5 ohm, l'intensité du courant, 10 ampères et la résistance extérieure, 15 ohms. Quelle est la force électromotrice de cette machine dynamo ?

107. Une machine à vapeur, dont la puissance est égale à 2.250 watts, actionne une dynamo dont la résistance intérieure R est de 0,025 ohm, la résistance extérieure du circuit $Re = 0,18$ ohm et l'intensité du courant, 100 ampères. Quelle est l'énergie débitée dans le circuit extérieur ? Quelle est l'énergie absorbée par la résistance intérieure et quels sont les rendements électrique et mécanique ?

TABLE DES MATIÈRES

OPTIQUE

CHAPITRE I
PROPAGATION DE LA LUMIÈRE

CHAPITRE II
PHOTOMÉTRIE

CHAPITRE III
RÉFLEXION DE LA LUMIÈRE

CHAPITRE IV
MIROIRS SPHÉRIQUES

CHAPITRE VIII

L'ŒIL

CHAPITRE IX

INSTRUMENTS D'OPTIQUE

CHAPITRE X

PHOTOGRAPHIE

ÉLECTRICITÉ ET MAGNETISME

CHAPITRE I

PHÉNOMÈNES ÉLECTRIQUES FONDAMENTAUX

CHAPITRE II

CYLINDRE DE FARADAY. — MESURE DES QUANTITÉS D'ÉLECTRICITÉ DISTRIBUTION ÉLECTRIQUE

Distribution de l'électricité

CHAPITRE III

CHAMP ÉLECTRIQUE. — ÉCRANS ÉLECTRIQUES

CHAPITRE IV

PHÉNOMÈNES D'INFLUENCE OU D'INDUCTION ÉLECTROSTATIQUE

CHAPITRE V

NOTIONS ÉLÉMENTAIRES SUR LE POTENTIEL ET LA CAPACITÉ

CHAPITRE VI

MACHINES ÉLECTROSTATIQUES

CHAPITRE VII

CONDENSATEURS ÉLECTRIQUES

Principe des condensateurs

CHAPITRE XI

EXPRESSION GÉNÉRALE DE L'ÉNERGIE ÉLECTRIQUE
TRANSFORMATION DE L'ÉLECTRICITÉ EN CHALEUR
LOI DE JOULE

CHAPITRE XII

EFFETS CHIMIQUES DU COURANT ÉLECTRIQUE
ÉLECTROLYSE

CHAPITRE XIII

GÉNÉRATEURS ÉLECTRIQUES

Classification. — Piles. — Accumulateurs. — Piles thermo-électriques

Forces électromotrices de contact

CHAPITRE XIV

EXTENSION DE LA LOI DE OHM A UN CIRCUIT HÉTÉROGÈNE ET A UN CIRCUIT CONTENANT DES GÉNÉRATEURS ET DES RÉCEPTEURS

CHAPITRE XV

COURANTS DÉRIVÉS. — CONDUCTEUR ÉQUIVALENT THÉORÈMES DE KIRCHHOFF. — COUPLAGE DES PILES RENDEMENT D'UN GÉNÉRATEUR

Pages.

Piles thermo-électriques

CHAPITRE XVI

MAGNÉTISME

Phénomènes généraux

Flux de force magnétique. — Intensité d'aimantation

CHAPITRE XVII

ÉLECTROMAGNÉTISME

Champs magnétiques produits par les courants
Action d'un courant sur un aimant

CHAPITRE XVIII
ACTION D'UN CHAMP MAGNÉTIQUE SUR UN COURANT

CHAPITRE XIX
AIMANTATION PAR LES CHAMPS MAGNÉTIQUES

CHAPITRE XX

INDUCTION ÉLECTROMAGNÉTIQUE

CHAPITRE XXI

MACHINE DE GRAMME. — GÉNÉRATRICE. — RÉCEPTRICE

CHAPITRE XXII
MESURES ÉLECTRIQUES

CHAPITRE XXIII
APPLICATIONS DES ÉLECTRO-AIMANTS. — SONNERIES
TÉLÉGRAPHES

Télégraphes

CHAPITRE XXIV
TÉLÉPHONES ET MICROPHONES

CHAPITRE XXV
APPLICATIONS DE LA LOI DE JOULE
ÉCLAIRAGE ÉLECTRIQUE

CHAPITRE XXVI
APPLICATIONS DE L'ÉLECTROLYSE

Galvanoplastie. — Dorure. — Argenture

CHAPITRE XXVII
MAGNÉTISME TERRESTRE

CHAPITRE XXVIII
ÉLECTRICITÉ ATMOSPHÉRIQUE

TOURS. — IMPRIMERIE DESLIS FRÈRES, RUE GAMBETTA, 6.